SJ
1842

Horst Klingenberg

Automobil-Meßtechnik

Band C: Abgasmeßtechnik

Mit 301 Abbildungen

Springer-Verlag
Berlin Heidelberg New York
London Paris Tokyo
Hong Kong Barcelona Budapest

Prof. Dr. rer. nat. Horst Klingenberg
Otto-von-Guericke-Universität Magdeburg
Institut für Maschinenmeßtechnik
und Kolbenmaschinen
Universitätsplatz 2
39106 Magdeburg

ISBN-13: 978-3-642-79650-0   e-ISBN-13: 978-3-642-79649-4
DOI: 10.107/978-3-642-79649-4

CIP-Eintrag beantragt

Satz: Reproduktionsfertige Vorlage des Autors

SPIN: 10054124   60/3020 - 5 4 3 2 1 0 - Gedruckt auf säurefreiem Papier

Vorwort

Umweltschutz, Energie-Einsparung und Sicherheit im Straßenverkehr stellen an die Eigenschaften eines Automobils ständig wachsende Anforderungen. Bei der Lösung der daraus resultierenden Aufgaben für die Automobilforschung und -entwicklung treten meßtechnische Probleme auf, die oft mit herkömmlichen Verfahren oder mit handelsüblichen Meßgeräten nicht gelöst werden können. Dadurch ist die "Meßtechnik in der Kraftfahrzeugentwicklung" zu einem eigenständigen Fachgebiet geworden, auf dem u. a. vorhandene Meßverfahren an die vorliegenden Aufgaben angepaßt und in vielen Fällen auch meßtechnische Verfahren und Geräte neu entwickelt werden. Dazu werden Prinzipien aus allen Gebieten der Physik herangezogen sowie moderne Elektronik und Rechnertechnologie eingesetzt.

Die Anwendung neuer Meßverfahren führt oft zu weitergehenden Erkenntnissen, die gezielte Verbesserungen am Fahrzeug erst ermöglichen.

Eine Lösung der zahlreichen, häufig komplexen Probleme innerhalb der Automobil-Meßtechnik setzt vertiefte Kenntnisse der Physik, der experimentellen Methoden sowie der Verfahren der Meßwerterfassung und -verarbeitung voraus und erfordert neue Ansätze der Modellbildung und der Experimentiertechnik, effiziente numerische Methoden und leistungsfähige Rechnersimulationen.

Die Automobil-Meßtechnik läßt sich in fünf Hauptgebiete einteilen: Akustik, Optik, Abgasmeßtechnik, Fahrzeugsicherheit und Fahrzeugerprobung.

In dem vorliegenden Buch sind die Grundlagen der Abgasmeßtechnik dargestellt, wobei die Beziehungen zwischen Emission, Immission und Wirkung als Umfeld mit beschrieben werden.

Die dargestellten Ergebnisse stützen sich auf Erfahrungen, die innerhalb von zwei Jahrzehnten der Tätigkeit in der Automobilindustrie gesammelt wurden.

Die Erstellung dieses Buches basiert auf Ergebnissen, die unter meiner Leitung mit meinen früheren Mitarbeitern erarbeitet wurden und auch auf eigenen Ideen beruhen. Insbesondere wurden zwei Berichte publiziert, die weltweit bekannt geworden sind. Im ersten Bericht sind meines Wissens zum erstenmal theoretische Grundlagen für das Gesamtgebiet der Abgasprüfverfahren beschrieben worden. Im zweiten Bericht sind die Ergebnisse von umfangreichen Messungen nichtlimitierter Abgaskomponenten aufgeführt.

Mein besonderer Dank gilt den Herren Dr. D. Schürmann, Dr. K.-H. Lies, Dr. J. Staab, Dr. J. Schulze, Dr. U. Wittkowski. Aus meinem heutigen Arbeitsumfeld, der Otto-von-Guericke-Universität Magdeburg, danke ich meinen Mitarbeitern Herren Dr. H.-E. Heinze und Dipl.-Ing. I. Pietsch für ihre Mitarbeit und die Diskussionen über den Inhalt des Buches, Frau C. Klaeger für das Schreiben und die Textgestaltung und Frau K. Dau für die Gestaltung der Bildvorlagen.

Für die ideelle Unterstützung danke ich Herrn Prof. Dr.-Ing. U. Seiffert (Volkswagen AG). Dem Springer-Verlag, insbesondere Herrn Dr. Riedesel, danke ich für die gute Zusammenarbeit.

Lehre, im Frühjahr 1995 Horst Klingenberg

4 Immissionen

5 Wirkung

6 Meßverfahren und Meßgeräte

7 Messung nichtlimitierter Abgaskomponenten und der Dieselabgas-Partikeln

8 Abgasprüfverfahren

9 Abgasprüfungen - Übersicht und Kritik

10 Abgasmeßtechnik - Quo Vadis?

Literatur

Sachwortverzeichnis

Verwendete Formelzeichen

Formelzeichen	Bedeutung
Indizes	
A	Anfang der Meßphase
aos	Außerortsstraßen
bab	Bundesautobahnen
BJ	Berechnungsjahr
D	Dieselmotor
E	Ende der Meßphase
EFZ	Europäischer Fahrzyklus
$EUDC$	Neuer europäischer Fahrzyklus (mit Hochgeschwindigkeitsanteil)
FTP	US-Fahrkurve
i	Abgas-Komponente i
ios	Innerortsstraßen
j	Abgas-Komponente j Phase im Fahrzyklus
K	Ottomotor mit Katalysator
LFE	Laminar Flow Element
m	molar
$M2$	TÜV-Fahrkurve für Verkehr auf Ausfallstraßen
$M3$	TÜV-Fahrkurve für flüssigen Durchgangsverkehr
$M4$	TÜV-Fahrkurve für flüssigen Stadtverkehr
O	Ottomotor ohne Katalysator

Formelzeichen	Bedeutung
r, rel	relativ
Vv	Verbrennungsverfahren
ZJ	Zulassungjahr

Lateinische Buchstaben

Formelzeichen	Bedeutung
A	Absorption Fahrzeug-Querschnittsfläche Gerätekonstante Kalibrierkonstante Sicherheitsabstand
$A(\tilde{v})$	Korrekturfaktor
A_2	Drosselquerschnittsfläche
a	Parameter
B	Bestandszahl Breite der Straßenschlucht Kalibrierkonstante magnetische Induktion, magnetische Flußdichte Zeitanteil der Beschleunigung
C	Immissionskonzentration Schlupfkorrekturfaktor
c	Konzentration
c_{CO_2j}	Konzentration von CO_2 in Phase j der US-75-Fahrkurve
c_{ijk}	Konzentration der Komponente i in Phase j der US-75-Fahrkurve nach Korrektur
c_{ijL}	Konzentration der Komponente i in Phase j der US-75-Fahrkurve in Verdünnungsluft
c_0	Lichtgeschwindigkeit
c_w	Luftwiderstandsbeiwert
D	Durchlässigkeit

Formelzeichen	Bedeutung
d	Schichtdicke des Gases Länge der Absorptionsstrecke Länge der Meßküvette
D_p	Partikelndurchmesser
E	Entwicklungsziel
$E(\tilde{\nu})$	Extinktion
E_e	Energie der Valenzelektronen
E_i	diskreter atomarer bzw. molekularer Energiezustand
E_{kin}	kinetische Energie
E_{pot}	potentielle Energie
E_R, E_r	Rotationsenergie
E_s	Schwingungsenergie
e	Elementarladung Emissionsteilfaktor kritische Konzentration
F	Kraft systematischer Fehler
$F(t)_R$	Zugkraft an den Antriebsrädern des Fahrzeuges auf der Rolle
F_{Ro}	Rollwiderstandsbeiwert
F_{vj}	Verdünnungsfaktor für Phase j der US-75-Fahrkurve
f	durchschnittliche jährliche Fahrleistung Federkonstante
f_i	Kalibrierfaktor
g	Erdbeschleunigung
H	Höhe der Bebauung, Dachhöhe Hubraum magnetische Feldstärke
h	Plancksches Wirkungsquantum
hv	Häufigkeitsverteilung der Fahrzeuge über Jahre
$h\nu$	Photon

Formelzeichen	Bedeutung
$h(x)$	Dichtefunktion einer Verteilung
I	Trägheitsmoment eines Moleküls
$I(\tilde{\nu})$	Lichtintensität nach Durchgang durch das Medium
$I_0(\tilde{\nu})$	Ausgangs-Lichtintensität
i	Elektronenstromstärke
I^+	Ionenstromstärke
I_{IR}	Infrarotintensität
I_K	Kernspin-Quantenzahl
J	Rotationsquantenzahl
K	Kraft Skalierungsfaktor Verschlechterungsfaktor (deterioration factor) Zeitanteil der Konstantfahrt
K_{2j}	Volumenkorrektur bei Entfernung von CO_2 in Phase j der US-75-Fahrkurve
K_{Fj}	Volumenkorrektur bei Entfernung der Feuchte in Phase j der US-75-Fahrkurve
$K_{NOx\,j}$	Feuchtekorrektur für NO_x in Phase j der US-75-Fahrkurve
K_p	Druckkorrektur
K_T	Temperaturkorrektur
k	Übersetzung zwischen Rollen- und Schwungmassenachse statistischer Faktor
L	Langrange-Funktion
l	Länge des Ionisierungsraumes
l_o	Verwirbelungskorrektur
M	Drehmoment Gasmolekül mittlere Anzahl der Beschleunigungs-Verzögerungs-Wechsel
$\overline{M}$	mittleres Drehmoment
$M(t)_{Br}$	Widerstandsmoment der Prüfstandsbremse

Formelzeichen	Bedeutung
$M(t)_R$	Drehmoment an den Antriebsrädern
m	Masse Fahrzeugmasse Ionenmasse
m^*	effektive Fahrzeugmasse
m_{CO}	gemessene Kohlenmonoxidmassenemission
m_{CO_2}	gemessene Kohlendioxidmassenemission
m_{HC}	gemessene Kohlenwasserstoffmassenemission
M_i, m_i	Masse der Komponente i
$m_{i\,CT}$	in Kaltstartphase der US-75-Fahrkurve emittierte Masse der Komponente i
$m_{i\,HT}$	in Heißstartphase der US-75-Fahrkurve emittierte Masse der Komponente i
$m_{i\,S}$	in stabilisierter Phase der US-75-Fahrkurve emittierte Masse der Komponente i
m_{ij}	Masse der Komponente i in Phase j der US-75-Fahrkurve
M_{mi}	molare Masse der Komponente i
N	Anzahl der Probengasmoleküle Anzahl der Prüfstände
n	Anzahl der Messungen Stoffmenge
n_i	Hauptquantenzahl der Valenzelektronenschale eines Atoms
n_j	Gebläsegesamtumdrehungen während Phase j der US-75-Fahrkurve
OH	Hydroxyl-Radikal
P	Wahrscheinlichkeit
p	Einlaßdruck
p_B	barometrischer Druck
p_{Lj}	Umgebungsluftdruck während Phase j der US-75-Fahrkurve

Formelzeichen	Bedeutung
p_{Pj}	abs. Druck vor Pumpe während Phase j der US-75-Fahrkurve
p_u	Umgebungsdruck
p_{Uj}	Druckabfall vor Pumpe während Phase j der US-75-Fahrkurve
Q	Quellstärke der Linienquelle Emissionsquellstärke Wirkungsquerschnitt
q	Normalkoordinate Parameter Vielfache der Elementarladung
q_i	generalisierte Koordinate
R	Alkyl- bzw. Aryl-Radikal Massenauflösungsvermögen
R_A	Luftwiderstand
R_G	Steigungswiderstand bei Neigung der Straße
R_I	Trägheitswiderstand der rotierenden Massen
R_m	molare Gaskonstante
R_{Ro}	Rollwiderstand Straße/Räder
RO	Alkoxy-Radikal
RO_2	Peroxy-Radikal
r	Radius dynamischer Rollradius
r_e	Radius der Kreisbahn im elektrischen Feld
rF_j	relative Luftfeuchte während Phase j der US-75-Fahrkurve
r_i	Abstand des Atoms i vom Molekülschwerpunkt
r_m	Radius der Kreisbahn im magnetischen Feld
r_R	Radiusder Rollen eines Rollenprüfstandes
S	Linien- oder Oszillatorstärke Straßenart, Prozentualer Betrieb je Straßenart Zeitanteil des Stillstands
S_{ges}	Gesamt-Sicherheitsabstand

Formelzeichen	Bedeutung
S_i	Schwingungsniveau
s	Weg Spiegelweg Standardabweichung
$s_{i\,CT}$	gemessene Fahrstrecke der Kaltstartphase der US-75-Fahrkurve
$s_{i\,HT}$	gemessene Fahrstrecke der Heißstartphase der US-75-Fahrkurve
$s_{i\,S}$	gemessene Fahrstrecke der stabilisierten Phase der US-75-Fahrkurve
s_r	relative Standardabweichung (Streuung)
T	Gastemperatur Kinetische Energie Term Transmission
T_{Pj}	Temperatur vor Pumpe während Phase j der US-75-Fahrkurve
T_u	Umgebungstemperatur
t	Zeit statistischer Faktor der Student-Verteilung
U	Beschleunigungsspannung Elektrostatisches Gleichfeld Hochfrequenzspannung Potentielle Energie Über-Dach-Windgeschwindigkeit
U_g	Gasgeschwindigkeit
U_x	Komponente des Windvektors in x-Richtung
u	Meßunsicherheit des Mittelwertes
V	Hochfrequenzfeld Volumen Zeitanteil der Verzögerung
V_{ges}	Gesamtvolumen

Formelzeichen	Bedeutung
V_i	Volumenanteil der Komponente i
V_{jk}	Gesamtvolumen (Abgas-Luft-Gemisch) während Phase j der US-75-Fahrkurve, korrigiert auf Normbedingungen
V_K	Kraftstoffverbrauch
V_m	molares Volumen
V_n	Nettovolumen des SHED
v	Geschwindigkeit
$\bar{v}_1$	Durchschnittsgeschwindigkeit einer gesamten Fahrkurve
$\bar{v}_2$	Durchschnittsgeschwindigkeit in den Fahrphasen einer Fahrkurve
$\bar{v}_+$	Durchschnittliche Beschleunigung in der Beschleunigungsphase einer Fahrkurve
$\bar{v}_-$	Durchschnittliche Verzögerung in der Verzögerungsphase einer Fahrkurve
W	Wirkung
W_g	Durchmesser des Aerosoljets
W_p	Partikelnkonzentration
x, y, z	Emissionswerte Koordinaten
$\bar{x}$	Mittelwert
$\bar{x}_{rel}$	relativer Mittelwert
$\bar{\bar{x}}$	Gesamtmittelwert
x_G	Grenzwert
x_0	Lageparameter
y	Meßunsicherheit
$\bar{y}$	Immissionsmittelwert
z	Anzahl der Ladungen eines Ions
z_0	Höhe der Linienquelle über dem Boden

Formelzeichen	Bedeutung

Griechische Buchstaben

α	Durchflußzahl Neigungswinkel der Straße
β	Formparameter Winkel
Γ	Gammafunktion
Δ	Differenz
Δp	Wirkdruck
ε	Expansionszahl
$\varepsilon_i (\tilde{\nu})$	molarer dekadischer Extinktionskoeffizient der Komponente i
η_g	Zähigkeit des Gases
ϑ	Maßstabsfaktor
Θ	Trägheitsmoment Gesamtträgheitsmoment des Prüfstandes
Θ_R	Trägheitsmoment der Prüfstandsrollen
Θ_{sim}	zusätzliches, an den Prüfstandsrollen simuliertes Trägheitsmoment
κ	magnetische Suszeptibilität
λ	Luftzahl, Luftverhältnis Parameter zur Berücksichtigung der rotierenden Massen Wellenlänge
$\overline{\lambda}$	mittlere Luftzahl
μ	(wahrer) Mittelwert molekulares Dipolmoment
μ_0	magnetische Feldkonstante (Permeabilität des Vakuums)
μ_r	Permeabilitätszahl (stoffspezifisch)
ν	Frequenz
$\tilde{\nu}$	Wellenzahl

Formelzeichen	Bedeutung
ξ_l	Kernladung
ρ	Gasdichte Luftdichte bei Standardbedingungen Massenkonzentration
$\rho_{C_3H_8}$	Dichte der Kohlenwasserstoffdämpfe bei Kalibrierung mit Propan
ρ_{HC}	Dichte der Kohlenwasserstoffdämpfe (auf C_1 bezogen)
ρ_{HCb}	Dichte der Kohlenwasserstoffdämpfe für Atmungsverluste (breathing)
ρ_{HCh}	Dichte der Kohlenwasserstoffdämpfe für Nachheizverluste (hot soak)
ρ_P	Dichte der Partikeln
ρ_{PK}	Dichte des Prüfkraftstoffs
$\rho_{xy}, \rho_{xz}, \rho_{yz},$	Korrelationskoeffizienten
σ	Standardabweichung
σ^2	Varianz
σ_i	Volumenkonzentration
σ_z	Streuparameter
τ	Mittlere Dauer einer Fahrphase
Φ_p	Trägheitsparameter
ω	Kreisfrequenz

Abkürzungen

AU	Abgasuntersuchung
ASTM	American Society for Testing and Material
ASU	Abgas-Sonderuntersuchung
BAM	Bundesanstalt für Materialforschung und -prüfung
BAST	Bundesanstalt für Straßenwesen

Formelzeichen	Bedeutung
BMFT	Bundesministerium für Forschung und Technologie
CARB	California Air Resources Board
CCMC	Committee of Common Market Automobil Constructors
CFR	Code of Federal Regulations
CFV	Critical Flow Venturi
CI	Chemische Ionisierung
CLA	Chemilumineszenz-Analysators
CLD	Chemilumineszenz-Detektor
COHb	Carboxy-Hämoglobin
CVS	Constant Volume Sampling (Probeentnahme bei konstantem Volumen)
DI	Direkteinspritzer-Dieselmotor
DMS	Dehnungsmeßstreifen Dimethylsulfid
DNPH	Dinitrophenylhydrazin
DSC	Dünnschichtchromatographie
ECE	Economic Commission for Europe
EG	Europäische Gemeinschaft
EPA	Enviromental Protecting Agency
EU	Europäische Union
EWG	Europäische Wirtschaftsgemeinschaft
FAT	Forschungsvereinigung Automobiltechnik
FCKW	Fluor-Chlor-Kohlenwasserstoff
FFT	Fast-Fourier-Transformation
FhG-IPM	Fraunhofer Gesellschaft, Institut für Physikalische Meßtechnik
FhG-ITA	Fraunhofer Gesellschaft, Institut für Toxikologie und Aerosolforschung
FID	Flammenionisationsdetektor
FTIR	Fourier-Transform-Infrarot-Spektroskopie

Formelzeichen	Bedeutung
FTP	Federal Test Procedure (US-75-Test)
FVV	Forschungsvereinigung Verbrennungsmotoren
GASP	Gas Analysis by Sampling Plasmas
GC	Gas-Chromatographie
GC/MS	Kopplung Gaschromatographie/Massenspektrometrie
GMU	Gesamt-Meßunsicherheit
GSC	Gas-Solid(Festkörper)-Chromatographie
HC	Summe der Kohlenwasserstoffe (Hydrocarbons)
HDC	High-Way Driving Cycle (Hochgeschwindigkeitsfahrkurve)
HDL	Halbleiterdiodenlaser
HEI	Health Effects Institute
HPLC	High Pressure Liquid Chromatography High Performance Liquid Chromatography
ICR	Ionencyclotronresonanz
IDI	Vor- oder Wirbelkammer-Dieselmotor
IR	Infrarot
KBA	Kraftfahrtbundesamt
KGH	Kurbelgehäuse
LDT	Light Duty Truck
LEV	Low Emission Vehicle
LIS	Landesanstalt für Immissionsschutz
LFE	Laminar Flow Element
LSC	Liquid-Solid-Chromatographie
MAK	Maximale Arbeitsplatzkonzentration
MBTH	3-Methyl-2-benzothiazolinonhydrazon-hydrochlorid
MIK	Maximale Immissionskonzentration
MJ	Modelljahr
MS	Massenspektrometrie, Massenspektrogramm
MU	Meßunsicherheit
MVEG	Motor Vehicle Emission Group

Formelzeichen	Bedeutung
MW	Mittelwert
NAAQS	National Ambient Air Quality Standard
NBS	National Bureau of Standards
NDIR	Nichtdispersives Infrarotmeßverfahren
NDUV	Nichtdispersiver Ultraviolett-Analysator
NFZ	Nutzfahrzeug
NMHC	Non Methane HC
NMOG	Non Methane Organic Gases
NO_x	Stickoxide
OBD	On-Board Diagnose
OECD	Organisation for Economic Cooperation and Development
PAH	Polycyclic aromatic hydrocarbons (engl. Bezeichnung)
PAK	Polycyclische aromatische Kohlenwasserstoffe (dt. Bezeichn.)
PC	Passenger car
PDP	Positive Displacement Pump
PTB	Physikalisch-Technische Bundesanstalt, Braunschweig-Berlin
PTFE	Polytetrafluorethylen
ROZ	Research-Oktanzahl
RW-TÜV	Rheinisch-Westfälischer TÜV
SEA	Selective Enforcement Auditing
SESAM	System for Emission Sampling and Measurement
SET	Sulfat-Emissions-Test
SHED	Sealed Housing for Evaporative Determinations
SRI	Stanford Research Institute
StVZO	Straßenverkehrszulassungsordnung
TA	Technische Anleitung des VDI
TEM	Transmissions-Elektronenmikroskop
TFR	Total Fertility Rate
TLEV	Transmission Low Emission Vehicle
TID	Thermoionisationsdetektor

Formelzeichen	Bedeutung
TLV	Threshold Limit Value
TOF	Time of Flight
TRK	Technische Richtkonzentration
TÜV	Technischer Überwachungsverein
ULEV	Ultra Low Emission Vehicle
UV	Ultraviolett
VDA	Verband der Automobilindustrie
VDI	Verein Deutscher Ingenieure
VIS	Visible (sichtbares Licht)
YAG	Yttrium-Aluminium-Granat
ZEV	Zero Emission Vehicle

1 Übersicht

1.1 Einleitung

Der technische Fortschritt hat weltweit, nicht nur in den hochindustriealisierten Ländern, dazu geführt, daß sich der Mensch sein Leben angenehmer gestalten kann und in der Lage ist, die Folgen von Katastrophen zu meistern oder zu mildern.

Das Auto leistet dazu einen wesentlichen Beitrag. Die Mobilität, die er dem Menschen verschafft, möchte heutzutage keiner von uns missen - sie ist nahezu ein Grundbedürfnis geworden.

Zu den Umweltanforderungen, die das Auto betreffen, gehören auch die der Reduzierung bestimmter Abgaskomponenten.

Auf dem Gebiet der Automobilabgase werden die gesetzlich festgelegten Grenzwerte für solche Abgaskomponenten in Zukunft zum Teil drastisch verschärft werden. Außerdem wird sich im Zuge der weiteren Erforschung des Wirkungspotentials unterschiedlicher Abgaskomponenten auf die Umwelt die Anzahl dieser Komponenten erhöhen, deren Emission oder die resultierende Konzentration in der Umgebungsluft gesetzlich begrenzt werden wird. Die Festlegung von Grenzwerten hat natürlich nur dann einen Sinn, wenn ihre Einhaltung überwacht werden kann. Das Messen wird aber durch die wachsende Vielzahl der limitierten Abgaskomponenten durch die Festlegung fortlaufend niedrigerer Grenzwerte immer schwieriger. Die Anforderungen an die Meßtechnik wachsen dadurch überproportional. Überproportional auch deswegen, weil die immer kleiner werdenden Konzentrationen mit der herkömmlichen Meßtechnik nicht mehr oder nur unter beträchtlich höherem Aufwand zu erfassen sind.

Zwischen der Entstehung von Abgasen und ihren Auswirkungen auf die Umwelt liegen verschiedene Stadien. Man unterscheidet nach

- der *Emission*, das heißt dem Abgas beim Verlassen z.B. eines PKW-Auspuffes oder eines Schornsteins,
- der *Transmission*, das heißt der Verdünnung des Abgases nach dem Verlassen z.B. eines Auspuffes oder eines Schornsteins und dem Weitertransport in die Atmosphäre, verbunden mit chemischen Reaktionen,
- der *Immission*, das heißt der sich nach der Transmission in der Luft einstellenden endgültigen Konzentration, die für die Wirkung verantwortlich ist,
- und der *Wirkung*, das heißt der Einflüsse dieser Immission auf die Umwelt.

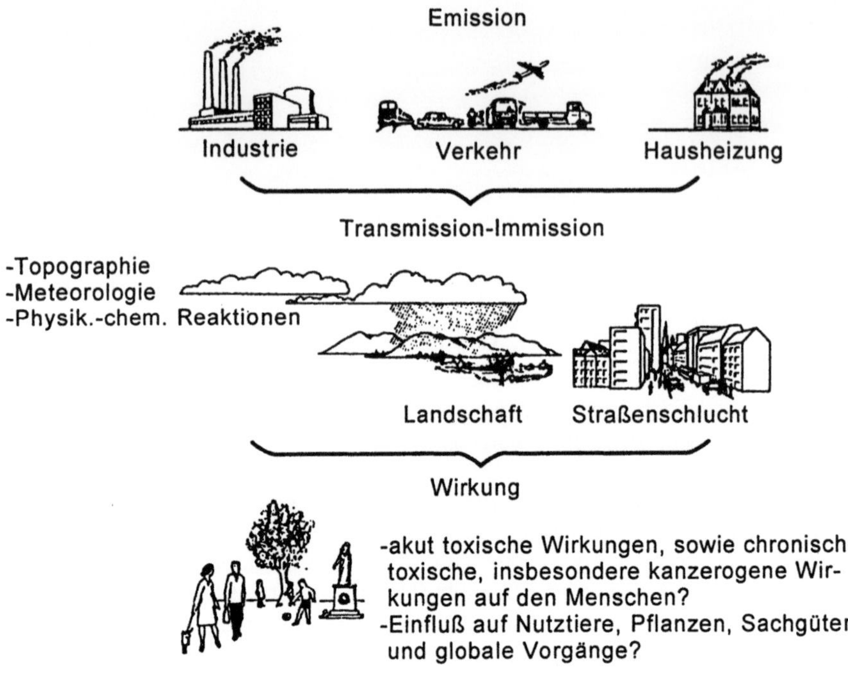

Abb 1.1: Kausalkette der Umweltbeziehungen

Die Kausalkette zwischen Emission - Transmission - Immission - Wirkung verdeutlicht Abb. 1.1.

Neben der Menge an ausgestoßenen Abgasen, der Emission, ist also auch die Transmission, also die Art und Weise von Bedeutung, in der Schadstoffe in unsere Atmosphäre gelangen und sich dort ausbreiten. Abb. 1.2 zeigt ein Beispiel. Sichtbar sind nur Wasserdampf und Partikeln, die Gase sind unsichtbar. Das gilt im allgemeinen auch für Abgasfahnen, die aus dem Auspuff eines Fahrzeugs austreten.

Für die verschiedenen Quellen ist die Art der Ausbreitung unterschiedlich, wie es in Abb. 1.3 dargestellt ist.

Kraftfahrzeuge emittieren ihre Abgase in unmittelbarer Bodennähe. Die Kamine von Wohnhäusern haben in der Regel eine Höhe unterhalb von 30 Metern. Die Schornsteine von Kraftwerken und Industrieanlagen emittieren ihre Schadstoffe in Höhen bis zu 300 Metern und höher. Entsprechend weiträumiger ist die jeweilige Ausbreitung, die u.a. auch von der Windgeschwindigkeit abhängt.

Die weitere Ausbreitung der Abgase erfolgt durch vertikalen und horizontalen Transport überwiegend in der Troposphäre, der untersten Schicht der Atmosphäre. In diesem Bereich laufen auch die Vorgänge des Wetters ab.

In vielen Ländern hat die beobachtete Verschlechterung der Luftqualität bereits zur Einführung von Vorschriften geführt, die einerseits die ausgestoßene Menge (Emission) und andererseits die Anreicherung von Schadstoffen in der Atmosphäre

Abb 1.2: Weiträumige Ausbreitung einer Abgasfahne, die durch Wasserdampf und Staub sichtbar wird

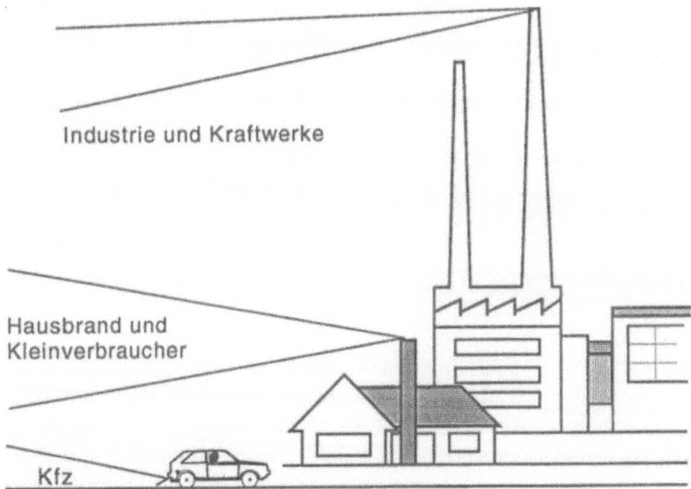

Abb. 1.3: Ausbreitung von Schadstoffen in der Umwelt

(Immission) auf ein maximal zulässiges Maß begrenzen. Durch die Festlegung entsprechender Grenzwerte für bestimmte Stoffe und Stoffgruppen sollen - lokal, regional und global gesehen - schädliche Auswirkungen auf Mensch, Tier, Pflanze, Sachgüter und das Klima vermindert werden.

Die Emissionen kann man meßtechnisch erfassen, wenn auch für viele Komponenten nur mit großem Aufwand und komplizierten Labormethoden.

Auch die Immissionen sind meßbar. Sie können jedoch wegen des sehr hohen Aufwandes nur als Stichproben in räumlicher und zeitlicher Verteilung erfaßt werden. Für gesundheitliche Wirkungen auf den Menschen sind die Immissionen in Straßenschluchten am höchsten und damit entscheidend, wenn die Verweildauer der Menschen lang genug ist. Hier fehlt es an ausreichendem Datenmaterial. Beispielsweise kann schon die Änderung der Höhe eines Hauses in einer Straßenschlucht die Immissionswerte um den Faktor zwei verändern, wobei die Klimaeinflüsse zu berücksichtigen sind. Zur Zeit existieren nur stochastisch ermittelte Werte, die als Bezugswert ungeeignet sind.

Man müßte eine "Norm"-Straßenschlucht definieren, die in ihrem Immissionszustand repräsentativ für den Mittelwert der Straßenschluchten aller Städte ist. Damit könnte man den Zusammenhang zur Ursache herstellen, der mittleren Emission. Die TA[1] -Luft hilft hier nicht weiter, weil die Immissionen nur über Flächen von $1 \times 1 \ km^2$ gemittelt werden.

Über die Transmission ist wenig bekannt. Man versucht zwar über mathematische Modelle die Ausbreitung zu berechnen, kann aber die chemischen Reaktionen wegen der komplexen, noch nicht aufgeklärten Zusammenhänge nicht ausreichend berücksichtigen.

Über die Wirkung auf Menschen, Tiere, Pflanzen, Sachgüter, globale Vorgänge - wie in Abb. 1.1 angedeutet - ist noch weniger bekannt.

Eigentlich müßte man von Kenntnissen der Wirkungen ausgehen und über Transmissionsmodelle die Immissionen berechnen, die nennenswerte Wirkungen hervorrufen. Erst dann ist es sinnvoll, die entsprechenden Emissionen zu quantifizieren und zu begrenzen.

Historisch ist man aber wegen fehlender Kenntnisse der Wirkung von den Emissionen ausgegangen und hat sie seitens des Gesetzgebers aus dem Vorsorgedenken heraus als präventive Maßnahme begrenzt.

1.2 Inhalt des Bandes

Die Automobilabgasemissionen - einschließlich der Gesetzgebung - werden in Abschnitt 2 behandelt. In Abschnitt 3 wird auf die natürlichen und anthropogenen Emissionen eingegangen, in Abschnitt 4 auf die Immissionen und in Abschnitt 5 auf die Wirkung. In Abschnitt 6 werden die Meßverfahren und Meßgeräte beschrieben sowie die zugehörigen theoretischen Grundlagen. Abschnitt 7 enthält die Beschreibung der Messung von nichtlimitierten Abgaskomponenten und von Dieselabgaspartikeln mit der Angabe von Ergebnissen. Abschnitt 8 befaßt sich mit den gesetzlich vorgeschriebenen Abgasprüfverfahren. In Abschnitt 9 werden Abgasprüfungen behandelt mit einer Übersicht und Kritik. Abschnitt 10 gibt schließlich einen Ausblick auf die Zukunft der Abgasmeßtechnik.

---

[1] TA = Technische Anleitung, VDI-Kommission Reinhaltung der Luft

2 Automobilabgasemissionen

2.1 Entstehung der Automobilabgase

Automobilabgase, die aus dem Auspuff austreten, entstehen bei der motorischen Verbrennung, bei der die in den verschiedenen Kohlenwasserstoffen des Kraftstoffes gespeicherte chemische Energie als Oxidationswärme freigesetzt wird. Die grundlegenden physikalischen Vorgänge bei der Umwandlung der Verbrennungswärme in mechanische Arbeit sind experimentell weitgehend untersucht und lassen sich durch geeignete Kreisprozesse gut beschreiben. Im Vergleich dazu ist über die chemischen Abläufe im Verbrennungsmotor relativ wenig bekannt. Aus den bislang - in erster Linie von einigen Abgaskomponenten - vorliegenden Meßergebnissen sowie aus idealisierten Modellversuchen und -rechnungen, z.B. mit laminaren Kohlenwasserstoff-Flammen, kann man versuchen, entsprechende Rückschlüsse auf die chemischen Vorgänge bei der motorischen Verbrennung zu ziehen. Im folgenden sollen die Ausführungen auf Pkw beschränkt bleiben.

2.1.1 Chemie der motorischen Verbrennung

Der bei der motorischen Energieumwandlung entscheidende chemische Vorgang ist die Oxidation der Kohlenwasserstoffe des Kraftstoffes mit dem Sauerstoff der zugeführten Umgebungsluft.

Die ideale Umwandlung wird beschrieben durch

$$C_n H_{2n+2} \quad + \quad \frac{3n+1}{2} O_2 \tag{2.1}$$

Kohlenwasserstoffe $\quad + \quad$ Sauerstoff

$$\Downarrow$$

$$n\, CO_2 \quad + \quad (n+1)\, H_2O \quad + \quad \text{Wärme.} \tag{2.2}$$

Kohlendioxid $\quad + \quad$ Wasser $\quad + \quad$ Wärme.

Aus den bekannten Daten über die Zusammensetzung der Verbrennungsluft (Tabelle 2.1)

Tabelle 2.1: Hauptbestandteile der Luft

Komponente	Formel	Trocken		Feucht (22 °C, 50 % rel.Feuchte)	
		Vol.-%	Gew.-%	Vol.-%	Gew.-%
Stickstoff	N_2	78,08	75,46	77,06	74,88
Sauerstoff	O_2	20,95	23,19	20,68	22,97
Edelgase	-	0,94	1,30	0,93	1,29
Kohlendioxid	CO_2	0,03	0,05	0,03	0,05
Wasser(-dampf)	H_2O	-	-	1,30	0,81

und der Kraftstoffe (Tabelle 2.2), die sich wegen der komplizierten chemischen Zusammensetzung nur auf die C- und die H- Atome der Moleküle bezieht, läßt sich errechnen, wieviel kg Luft zur vollständigen Verbrennung von 1 kg Otto- bzw. Dieselkraftstoff durchschnittlich bei $\lambda = 1$ bzw. $\lambda \approx 3$ benötigt werden .

Tabelle 2.2: Kohlenstoff- und Wasserstoffgehalt handelsüblicher Kraftstoffe

Kraftstoff	Dichte kg/l	C Gew-%	H Gew-%
Normal	0,745	85,5	14,5
Super	0,76	85,8	14,2
Diesel	0,83	86,4	13,1

Als Luftzahl λ wird das Verhältnis von tatsächlich zugeführter Luftmenge zum theoretischen Bedarf bezeichnet:

$$\lambda = \frac{\text{zugeführte Luftmenge}}{\text{theoretischer Luftbedarf}} \tag{2.3}$$

Stöchiometrische Verhältnisse entsprechen $\lambda = 1$. Bei Luftmangel ($\lambda < 1$) spricht man von einem „fetten", bei Luftüberschuß ($\lambda > 1$) dagegen von einem „mageren" Gemisch.

Die Massenbilanz der vollständigen, also idealen Kraftstoffverbrennung beim Otto- bzw. beim Dieselmotor lautet (wobei $\overline{\lambda}$ die mittlere Luftzahl ist):

Ottomotor (Annahme $\overline{\lambda} = 1$):

1 kg Kraftstoff + 14,9 kg Luft ($\hat{=}$ 3,4 kg O_2+ 11,5 kg N_2)

$$\Longrightarrow 3,1 \text{ kg } CO_2 + 1,3 \text{ kg } H_2O + 11,5 \text{ kg } N_2 \tag{2.4}$$

Kohlendioxid und Wasserstoff entstehen als Oxidationsprodukte, der Stickstoffanteil bleibt unverändert.

Dieselmotor (Annahme $\overline{\lambda} \approx 3$):

$$1 \text{ kg Kraftstoff} + 43,7 \text{ kg Luft} \ (\ \hat{=} \ 10,0 \text{ kg O}_2 + 33,7 \text{ kg N}_2)$$

$$\Longrightarrow 3,1 \text{ kg CO}_2 + 1,3 \text{ kg H}_2\text{O} + 6,6 \text{ kg O}_2 + 33,7 \text{ kg N}_2 \qquad (2.5)$$

Der Stickstoffanteil der zugeführten Verbrennungsluft durchläuft den Motor unverändert. Der Dieselmotor arbeitet als Selbstzünder mit einem relativ hohen Luftüberschuß, so daß im Abgas neben den Oxidationsprodukten Kohlendioxid und Wasser entsprechende Mengen nicht umgesetzten Sauerstoffs sowie ein erhöhter Stickstoffgehalt enthalten sind.

2.1.2 Typische Hauptkomponenten der Automobilabgase

In der Paxis läßt sich eine ideale Verbrennung der Kraftstoffe zu Kohlendioxid und Wasser, auch bei einem starken Luftüberschuß, nicht realisieren. Dies liegt daran, daß in der Verbrennungsphase des motorischen Arbeitsprozesses keine Gleichgewichtsbedingungen erreicht werden und inhomogene Gasgemische auftreten, wodurch Sekundärreaktionen ermöglicht werden (unvollständige Verbrennung).

In Tabelle 2.3 sind Meßwerte für Abgaskomponenten eines typischen Ottomotorfahrzeugs ohne Katalysator zusammengestellt. Die Tabelle ließe sich für hunderte von Abgaskomponenten mit allerdings immer geringer werdenden Anteilen fortsetzen, vgl. Abschn. 7.

Über 98 Gew.-% des Abgases (Spalte 5) bestehen aus den Substanzen Kohlendioxid, Wasser, Sauerstoff, Stickstoff und Wasserstoff.

Tabelle 2.3: Typische Zusammensetzung des Ottomotorabgases (Fahrzeug ohne Katalysator)

Komponente	Formel	kg/kg Kraftstoff	kg/l Kraftstoff	Gew.-%	Vol.-%
Kohlendioxid	CO_2	2,710	2,019	17,0	10,9
Wasserdampf	H_2O	1,330	0,990	8,3	13,1
Sauerstoff	O_2	0,175	0,130	1,1	1,0
Stickstoff	N_2	11,500	8,568	72,0	72,8
Wasserstoff	H_2	$5,6 \cdot 10^{-3}$	$4,2 \cdot 10^{-3}$	$3,5 \cdot 10^{-2}$	0,5
Summe				**98,4**	**97,8**
Kohlenmonoxid	CO	0,224	0,167	1,4	1,4
Kohlenwasserstoffe	HC	$2,0 \cdot 10^{-2}$	$1,5 \cdot 10^{-2}$	0,13	0,27
Stickoxide	NO_x	$1,7 \cdot 10^{-2}$	$1,3 \cdot 10^{-2}$	0,11	0.1
Summe				**1,64**	**1,77**
Schwefeldioxid	SO_2	$3,3 \cdot 10^{-4}$	$2,4 \cdot 10^{-4}$	$2 \cdot 10^{-3}$	$9 \cdot 10^{-4}$
Sulfate	SO_4^{2-}	$2,3 \cdot 10^{-5}$	$1,7 \cdot 10^{-5}$	$1,5 \cdot 10^{-4}$	$4 \cdot 10^{-5}$
Aldehyde	RCHO	$3,4 \cdot 10^{-4}$	$2,5 \cdot 10^{-4}$	$2 \cdot 10^{-3}$	$2 \cdot 10^{-3}$
Ammoniak	NH_3	$1,5 \cdot 10^{-5}$	$1,1 \cdot 10^{-5}$	$1 \cdot 10^{-4}$	$1,5 \cdot 10^{-4}$
Bleiverbindungen		$1,0 \cdot 10^{-4}$	$7,5 \cdot 10^{-5}$	$6 \cdot 10^{-5}$	-

Als charakteristische Produkte einer unvollständigen Verbrennung folgen mit insgesamt etwa 1,7 Gew.-% oder 1,8 Vol.-% die limitierten Abgasbestandteile, einmal Kohlenmonoxid, das ist eine Zwischenstufe der Kohlendioxidbildung, weiterhin die Summe der Kohlenwasserstoffe (Hydrocarbons - HC), das sind unverbrannte und gekrackte Kraftstoffkomponenten sowie daraus neu entstandene chemische Verbindungen, und schließlich die Stickoxide (NO_x) (Oxidationsprodukte des Luftstickstoffes), im wesentlichen Stickstoffmonoxid (NO) und Stickstoffdioxid (NO_2).

Bei Einsatz eines geregelten Katalysators verringern sich die Werte für CO, HC und NO_x etwa um den Faktor 20, d.h. für die Summe CO, HC, NO_x erhält man die Werte 0,082 Gewichtsprozent bzw. 0,078 Volumenprozent.

Den mengenmäßig sehr kleinen Rest von weniger als 0,05 Gew.-% für den Fall ohne Einsatz von Katalysatoren stellen die nicht limitierten Abgaskomponenten (vgl. Abschn. 7), deren Hauptvertreter der Wasserstoff (Pyrolyseprodukt der Kohlenwasserstoffe), die Schwefelverbindungen (Oxidationsprodukte des im Kraftstoff enthaltenen Schwefels), die Aldehyde (teiloxidierte Kohlenwasserstoffe) und Ammoniak (Reduktionsprodukt der Stickoxide) sind. Ihre Konzentrationen (Gew.-%) sind um bis zu fünf Zehnerpotenzen geringer als die der limitierten Substanzen. Es handelt sich hier also um Spurenkomponenten. Schließlich werden bei verbleiten Kraftstoffen noch Bleiverbindungen, hauptsächlich Bleihalogenide, emittiert.

Mit Ausnahme der Bleiverbindungen werden alle genannten Substanzen auch im Dieselmotorabgas - wegen des größeren Luftüberschusses mit noch niedrigeren Konzentrationen - wiedergefunden (Tabelle 2.4). Auch hier wäre eine Fortsetzung der Tabelle möglich, vgl. Abschn. 7.

In der Summe sind diese Konzentrationen der limitierten Abgaskomponenten mit denen von Ottomotoren mit geregeltem Katalysator vergleichbar. Die Stickoxidanteile sind jedoch höher.

Tabelle 2.4: Typische Zusammensetzung des Dieselmotorabgases (ohne Dieselkatalysator)

Komponente	Formel	kg/kg Kraftstoff	kg/l Kraftstoff	Gew.-%	Vol.-%
Kohlendioxid	CO_2	3,147	2,612	7,1	4,6
Wasserdampf	H_2O	1,170	0,971	2,6	4,2
Sauerstoff	O_2	6,680	5,554	15,0	13,5
Stickstoff	N_2	33,540	27,838	75,20	77,6
Wasserstoff	H_2	$9 \cdot 10^{-4}$	$7 \cdot 10^{-4}$	$2 \cdot 10^{-3}$	$3 \cdot 10^{-2}$
Summe				**99,9**	**99,9**
Kohlenmonoxid	CO	$1,3 \cdot 10^{-2}$	$1,1 \cdot 10^{-2}$	$3 \cdot 10^{-2}$	$3 \cdot 10^{-2}$
Kohlenwasserstoffe	HC	$3,1 \cdot 10^{-3}$	$2,5 \cdot 10^{-3}$	$7 \cdot 10^{-3}$	$1,4 \cdot 10^{-2}$
Stickoxide	NO_x	$1,3 \cdot 10^{-2}$	$1,1 \cdot 10^{-2}$	$3 \cdot 10^{-2}$	$3 \cdot 10^{-2}$
Summe				**0,067**	**0,074**
Schwefeldioxid	SO_2	$4,4 \cdot 10^{-3}$	$3,7 \cdot 10^{-3}$	$1 \cdot 10^{-2}$	$5 \cdot 10^{-3}$
Sulfate	SO_4^{2-}	$7,2 \cdot 10^{-5}$	$6,0 \cdot 10^{-5}$	$1,6 \cdot 10^{-4}$	$5 \cdot 10^{-5}$
Aldehyde	RCHO	$6,3 \cdot 10^{-4}$	$5,2 \cdot 10^{-4}$	$1,4 \cdot 10^{-3}$	$1,4 \cdot 10^{-3}$
Ammoniak	NH_3	$2,4 \cdot 10^{-5}$	$2,0 \cdot 10^{-5}$	$5 \cdot 10^{-5}$	$9 \cdot 10^{-5}$
Partikeln		$2,5 \cdot 10^{-3}$	$2,1 \cdot 10^{-3}$	$6 \cdot 10^{-3}$	-

Aufgrund des höheren Schwefelgehaltes im Dieselkraftstoff werden außerdem verstärkt Schwefelverbindungen emittiert. Zusätzlich zu den limitierten Komponenten des Ottomotorabgases gewinnt im Dieselmotorabgas mit den Partikeln eine weitere Komponente an Bedeutung, deren Emissionen in den USA und in Europa gesetzlich limitiert sind.

2.1.3 Umrechnung von Massen- in Volumenkonzentrationen

Die Emissionskonzentration einer Komponente i wird üblicherweise entweder als Massenkonzentration

$$\rho_i = \frac{m_i}{V_{ges}} \qquad (2.6)$$

in mg/m^3 bzw. in µg/m^3 oder als Volumenkonzentration

$$\sigma_i = \frac{V_i}{V_{ges}} \qquad (2.7)$$

in Vol.-% oder in "parts per million" ($1\,ppm \hat{=} 10^{-6}$. Teil $\hat{=} 10^{-4}$ Vol % bezogen auf 100 Vol %) bzw. auch in "parts per billion" ($1\,ppb \hat{=} 10^{-9}$. Teil $\hat{=} 10^{-7}$ Vol %) angegeben. Dabei bedeuten:

m_i Masse der Komponente i ,
V_{ges} Gesamtvolumen der betrachteten Gasprobe,
V_i Volumenanteil der Komponente i .

Für Gase gilt folgendes Verhältnis:

$$\frac{\sigma_i}{\rho_i} = \frac{V_i}{m_i} = \frac{V_m}{M_{mi}}, \qquad (2.8)$$

V_m molares Volumen in m^3/kmol
M_{mi} molare Masse der Komponente i in kg/kmol ($\hat{=} 10^6$ mg / kmol)

Für die Umrechnung von Massenkonzentrationen (mg/m^3) in Volumenkonzentrationen (ppm) und umgekehrt ergibt sich damit die Gleichung

$$\sigma_i \text{ in ppm} \hat{=} \frac{V_m}{M_{mi}} \cdot \rho_i, \qquad \left(\rho_i \text{ in } mg / m^3 \right). \qquad (2.9)$$

Beide Seiten dieser Gleichung sind dimensionslos. Der Faktor 10^{-6} ist durch die Umrechnung von kg in mg implizit enthalten. Das molare Volumen berechnet sich für ideale Gase für den Umgebungszustand von $p_u = 1{,}013 \cdot 10^5$ Pa und

$T_u = 293$ K ($\hat{=}$ 20 °C) aus der idealen Gasgleichung zu:

$$V_m = \frac{V_i}{n} = \frac{R_m\,T_u}{p_u} = 24{,}36\,\mathrm{m}^3\,/\,\mathrm{kmol}\,, \qquad (2.10)$$

also

$$\sigma_i \text{ in ppm } \hat{=} 10^{-6} \cdot 24{,}36\frac{\rho_i}{M_{mi}}\,, \quad \left(M_{mi} \text{ und } \rho_i \text{ in } \frac{\mathrm{mg}}{\mathrm{m}^3} \right) \qquad (2.11)$$

oder

$$\rho_i \text{ in } \frac{\mathrm{mg}}{\mathrm{m}^3} = \sigma_i \cdot 10^6 \frac{M_{mi}}{24{,}36}\,, \quad \left(M_{mi} \text{ in } \frac{\mathrm{mg}}{\mathrm{m}^3}, \sigma_i \text{ in ppm} \right) \qquad (2.12)$$

n Stoffmenge in kmol

R_m molare Gaskonstante (8314,5 Pa m³/(kmol K)),

T_u Umgebungstemperatur in K,

p_u Umgebungsdruck in Pa .

Für die Ermittlung der molaren Masse kann man im Rahmen der Genauigkeit von den Massenzahlen der Atome im Periodensystem ausgehen, z. B.

$$M_{m\mathrm{CO}} = 12 + 16 = 28\mathrm{kg}\,/\,\mathrm{kmol} \,\hat{=}\, 28 \cdot 10^6 \text{ mg} / \mathrm{kmol} \qquad (2.13)$$

In Tabelle 2.5 sind molare Massen und Umrechnungsfaktoren für einige wichtige Gase angegeben.

Tabelle 2.5:   Molare Massen und Umrechnungsfaktoren ausgewählter Gase für einen Umgebungszustand von 20 °C und $1{,}013 \cdot 10^5$ Pa

Komponenete	Formel	M_{mi} in kg/kmol	(V_m / M_{mi}) in ppm / mg m^{-3}	(M_{mi} / V_m) in mg m^{-3} / ppm
Kohlenmonoxid	CO	28	0,870	1,149
Kohlenwasserstoffe	HC	1)	-	-
Kohlendioxid	CO$_2$	44	0,554	1,806
Stickstoffmonoxid	NO	30	0,812	1,231
Stickstoffdioxid	NO$_2$	46	0,530	1,888
Ozon	O$_3$	48	0,508	1,970

1) Die Umrechnung von ppm in mg/m³ soll nach VDI 3481 Bl. 1 „Messen der Kohlenwasserstoff-Konzentration, Flammen-Ionisations-Detektor (FID)" vorgenommen werden (vgl. Abschn. 6.2).

2.1.4 Bildung von Rußpartikeln

Für die Bildung von höheren geradkettigen, verzweigten und cyclischen Kohlenwasserstoffen sowie schließlich von elementarem Kohlenstoff (Ruß) bei der Verbrennung sind hauptsächlich Reaktionen mit Radikalen verantwortlich. Eine zentrale Rolle spielt hier das Acetylen (Ethin), das auf komplexen Wege mit Ethylen als Zwischenstufe aus den paraffinischen Kohlenwasserstoffen des Kraftstoffes entsteht. Abb. 2.1 zeigt als hypothetisches Beispiel einen solchen Prozeß schematisiert für Propan.

Ohne auf alle Details dieses Reaktionsschemas einzugehen, bleibt festzustellen, daß bei den einzelnen Teilschritten (Krack-, Dehydrierungs- und Polymerisationsprozesse) immer wieder Kohlenwasserstoff-, Wasserstoff-, Hydroxyl- und Sauerstoffradikale als Reaktanden oder Reaktionsprodukte auftreten.

Weiterhin können aus dem Acetylen durch Polymerisation und Ringschluß cyclische und polycyclische aromatische Kohlenwasserstoffe aufgebaut werden. Zunächst entstehen durch eine Dimerisierung des Acetylens das Butadiin („Diacetylen") und dann durch sukzessive Anlagerung weiterer Acetyleneinheiten größere Strukturen (Abb. 2.2).

Man erhält als Zwischenprodukte mehrringige Aromaten, z.T. mit Seitenketten, die thermisch relativ stabil sind und infolgedessen im Abgas auch nachgewiesen werden (z. B. Naphthalin, Anthracen, Fluoranthen, Pyren, Chrysen und entsprechende Derivate). Wird die Acetylenaddition fortgesetzt, so wächst der Kohlenstoffanteil in den Molekülen auf Kosten des Wasserstoffgehaltes immer stärker an, bis schließlich graphitähnliche Rußteilchen gebildet werden.

Wie Abb 2.3 verdeutlicht, werden diese sogenannten „Kerne" mit einem Durchmesser von rund 0,001 bis 0,01 µm in einer zweiten Phase, der Aggregation, zu

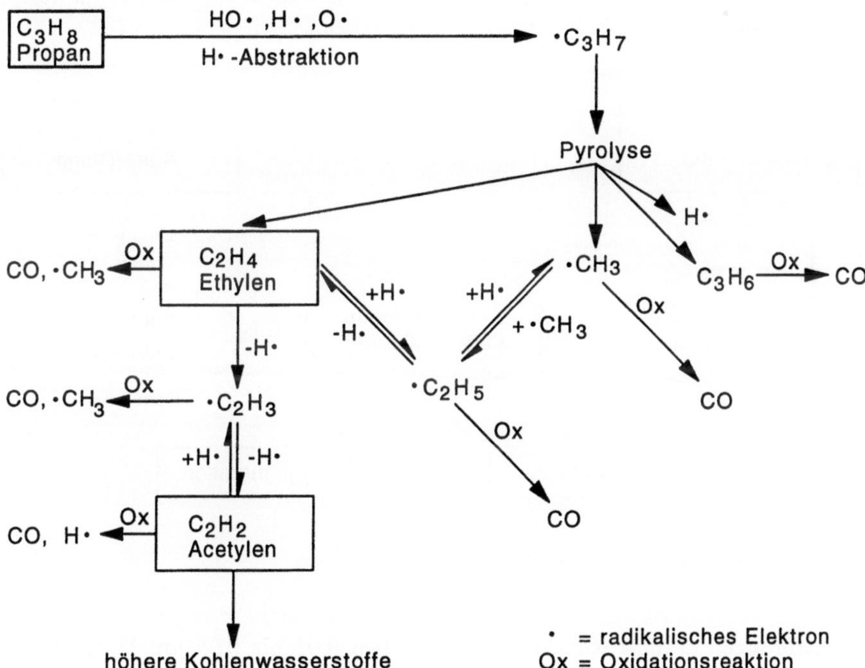

Abb. 2.1: Bildung von Acetylen (Ethin) durch radikalische Krack-, Dehydrierungs- und Polymerisations-prozesse am Beispiel des Propans

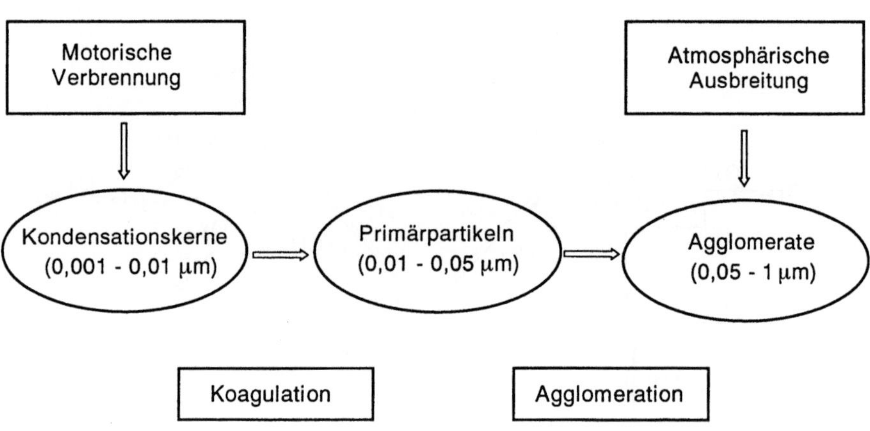

• =radikalisches Elektron

Abb. 2.2: Bildung von polycyclischen aromatischen Kohlenwasserstoffen durch Polymerisation von Acetylen

Abb. 2.3: Physikalischer Prozeß der Dieselpartikelnbildung

kugelförmigen „Primär-Rußpartikeln" von etwa 0,01 bis 0,05 μm Durchmesser vergrößert. Die Primärpartikeln koagulieren in einer dritten Bildungsphase, der Agglomeration, zu losen Ketten mit räumlichen Verzweigungen, die aus mehreren tausend, individuellen Partikeln bestehen können.

Abb. 2.4 und 2.5 vermitteln einen Eindruck vom Aussehen solcher Agglomerate. Diese Abbildungen zeigen Aufnahmen verschiedener Vergrößerung, die mittels eines Transmissions-Elektronenmikroskops (TEM) gewonnen wurden. Man sieht also die Projektion der Agglomerate.

Beim Dieselmotor liegt das Maximum der Größenverteilung bei ca. 0,26 µm. Wegen ihrer schwammartigen Struktur und der sehr großen Oberfläche (50 bis 200 m^2/g Ruß) weisen die Agglomerate eine außerordentliche Adsorptionsfähig-

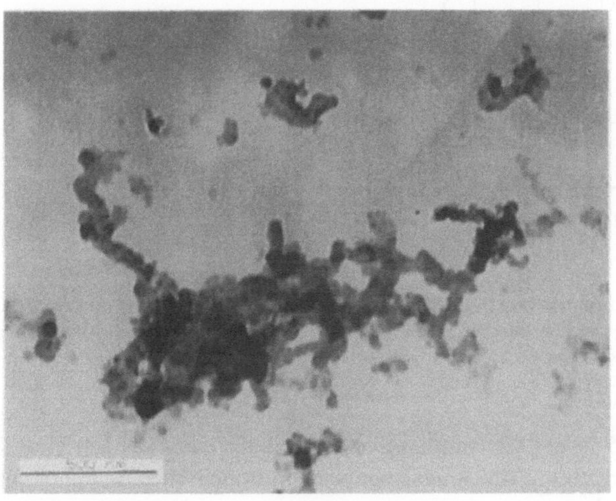

Abb. 2.4: TEM - Aufnahme   500 nm

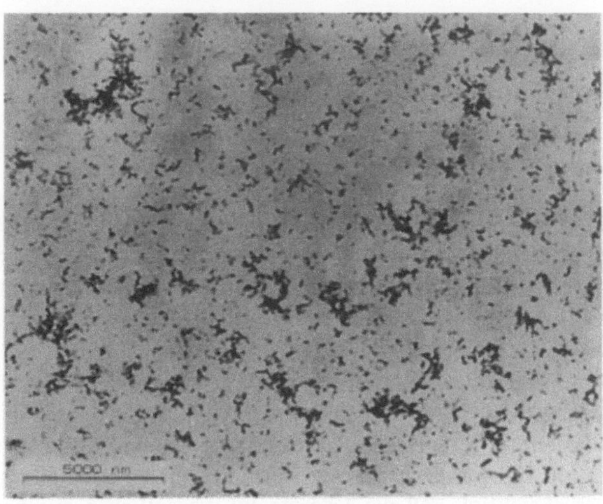

Abb. 2.5: TEM - Aufnahme   5000 nm

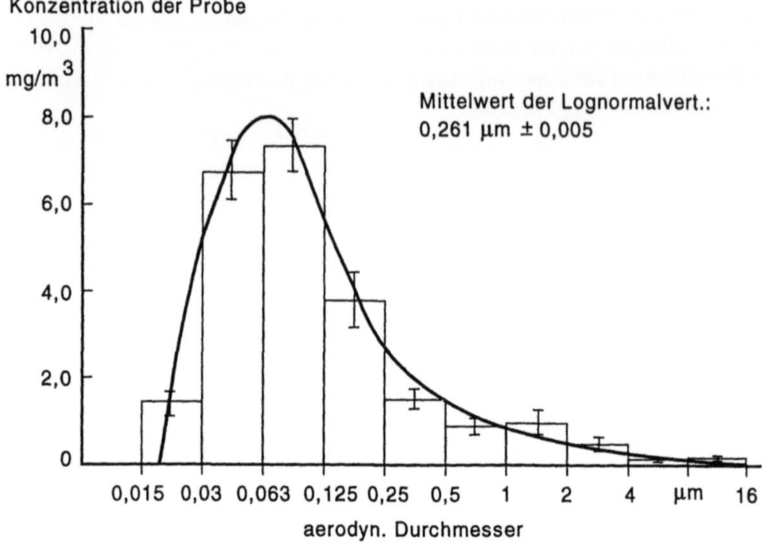

Abb. 2.6: Histogramm der Meßwerte und berechnete Dichtefunktion der aerodynamischen Durchmesser von Partikeln eines Dieselmotors, gemessen nach Probennahme aus dem Abgasstrang hinter dem Oxidationskatalysator

keit auf. Bis zu 75 % der Gesamtmasse der Partikeln kann je nach Umgebungstemperatur und Umgebungsdruck aus angelagerten organischen und anorganischen Verbindungen bestehen.

Abb. 2.6 zeigt für Partikeln aus einem Dieselmotor eine typische, aus einem Meßwerte-Histogramm berechnete Dichtefunktion ihres mittleren aerodynamischen Durchmessers von 0,261 µm ± 0,005 µm (vgl. Abschn. 7.6).

2.2 Verdampfungs- und Betankungsemissionen

2.2.1 Kohlenwasserstoff-Emissionsquellen eines Kraftfahrzeuges

Bei dem Stichwort "Emissionsquelle eines Kraftfahrzeugs" denken die meisten lediglich an das Abgas aus dem Auspuff. Vergessen werden oft die Kohlenwasserstoff (HC)-Verdampfungsemissionen, die zum Teil vom Gesetzgeber limitiert sind. Eine Übersicht über die Emissionsquellen des Kraftfahrzeugs und ihre Emissionsanteile zeigt Abb. 2.7.

Verdampfungs- und Betankungsemissionen sind ein Teil der vom Kraftfahrzeug ausgehenden Belastungen der Luft mit Kohlenwasserstoffen.

Wenn einmal alle Benzin-Motorfahrzeuge mit Katalysator ausgestattet sind, ist mit einer HC-Emission aus dem Auspuff von jährlich 3000 bis 6000 g zu rechnen. Wird außerdem berücksichtigt, daß die Dämpfe im wesentlichen aus harmlosen Komponenten bestehen, dann erhält man für bedenkliche Komponenten Werte von

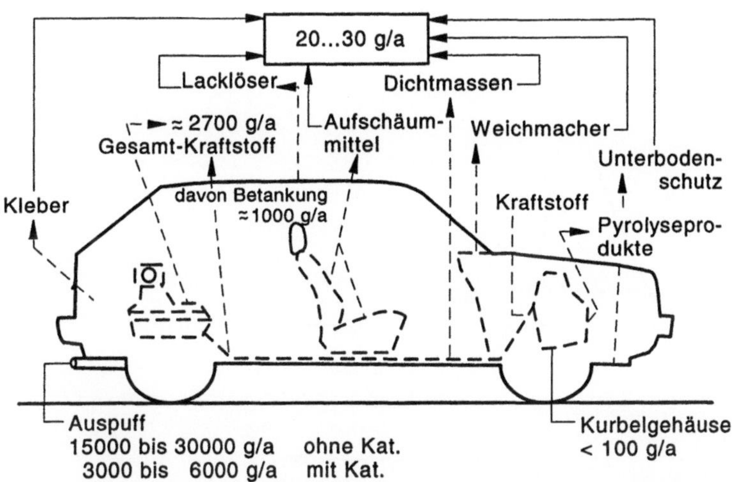

Abb. 2.7: Jährliche HC-Emissionen eines Kfz mit Ottomotor ohne und mit Katalysator

vielleicht 100 bis 300 g pro Jahr und Fahrzeug, also weniger als 15% verglichen mit der Gesamt-HC-Emission aus dem Auspuff von Katalysatorfahrzeugen.

2.2.2 Verdampfungsemissionen

Die Verdampfung ist definiert als die Abgabe gas- und dampfförmiger Kohlenwasserstoffe an die Umgebung durch Verdunstung aus unterschiedlichen Bauteilen der Kraftfahrzeuge. Ausgenommen sind dabei die HC-Emissionen aus dem Kurbelgehäuse und aus dem Motor.

Die Verdampfungsemissionen enthalten auch alle flüchtigen Kohlenwasserstoffverbindungen aus Bauteilen und Materialien, die bei Fertigung oder Nutzung der Fahrzeuge verwendet werden. Dies sind z.B. die Lösungsmittel und Verdünnungen für Lacke, Kleber und Dichtungsmassen, die Aufschäummittel, der Unterbodenschutz und die Konservierungsmittel sowie ihre Pyrolyseprodukte.

Außerdem sind die Kraftstoffanteile enthalten, die aus technisch erforderlichen Öffnungen des Kraftstoffsystems verdunsten und durch die Wandung der Behälter und Leitungen nach außen diffundieren.

Diese Verdampfungsverluste sind charakterisiert durch eine über eine lange Zeit verteilte Abgabe von HC-Dämpfen aus verschiedenen Teilen des Fahrzeuges. Maximal 0,4 g/min verdampfen aus dem Kraftstoffsystem. Die emittierte Menge beträgt dabei pro Fahrzeug im Jahresmittel 7,4 g HC pro Tag (Abb. 2.8). Dabei ist über das Jahr ein dem Temperaturverlauf entsprechender Emissionsverlauf zu beobachten. Es können Werte unter 3 g und über 20 g pro Tag je nach Kraftstoff und Parkbedingungen auftreten. Als Jahresdurchschnittswert ergeben sich ca. 2700 g Kraftstoffdampf pro Fahrzeug (Abb. 2.7).

Die Emissionen von Fahrzeugkarosserien ohne Motor und Kraftstoffsystem können unmittelbar nach Verlassen der Montagelinie (Abb. 2.9) weit über 100 g

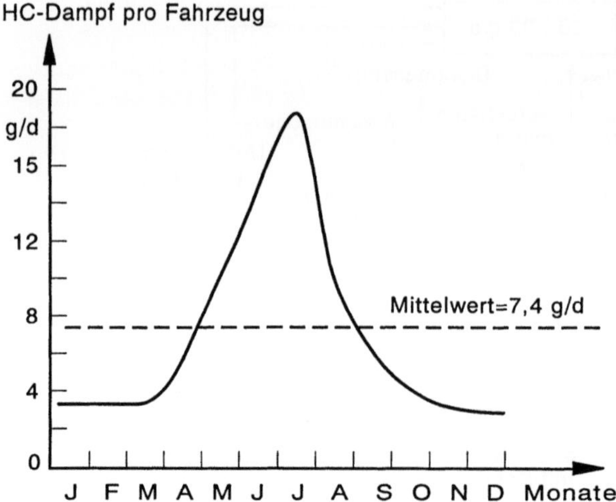

Abb. 2.8: Jahresgang der Verdampfungsemission aus dem Kraftstoffsystem pro Fahrzeug

Kohlenwasserstoff pro Tag betragen. Die Emissionen klingen aber schnell ab und erreichen nach wenigen Tagen Werte unter 1 g pro Tag.

Die Summe über eine angenommene Lebensdauer von 15 Jahren beträgt 300 bis 450 g (vgl. Abb. 2.7).

In den USA ist die Verdampfungsemission auf 2 g pro Prüfung begrenzt. Schweden, die Schweiz und Österreich sind diesem Vorbild gefolgt. Die Bundesrepublik Deutschland verlangt für Fahrzeuge nach Anlage XXIII zur StVZO eben-

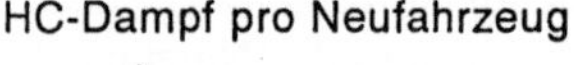

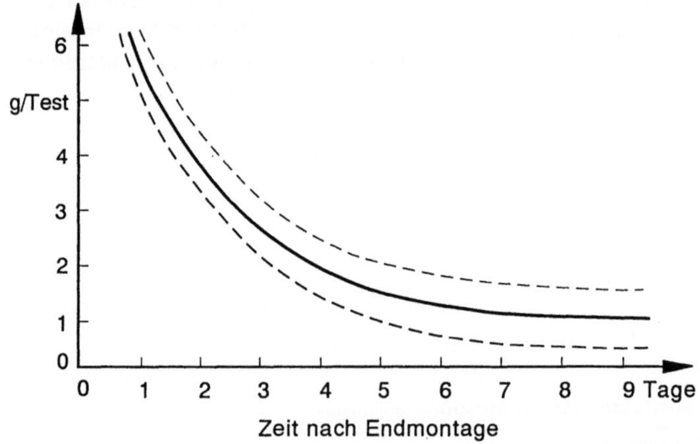

Abb. 2.9: Kohlenwasserstoffemission eines neuen Fahrzeugs ohne Motor- und Kraftstoffsystem (sogenannter Untergrund)

falls die Erfüllung dieser Forderung. In Abschn. 8.2.10 ist das Testverfahren der Prüfung beschrieben.

Erfahrungen der US-Behörden zeigen, daß bei einer großen Anzahl von Fahrzeugen, die den Grenzwert bei der Prüfung sicher erfüllen, Kohlenwasserstoff-Emissionen gemessen werden, die sehr hoch, d.h. weit über den Grenzwert liegen. Und zwar ist dies dann der Fall, wenn diese Fahrzeuge unter Bedingungen geprüft werden, die von den Testbedingungen abweichen, wenn z.B. üblicher Kraftstoff aus Tankstellen anstelle von Prüfkraftstoff benutzt wird, oder wenn die Temperaturen, die Luftfeuchte oder das Fahrverhalten anders sind als beim Labortest.

Die Testbedingungen werden erfüllt, indem in das Fahrzeug ein Speicher mit Aktivkohle eingebaut wird (Abb. 2.10), der die Kraftstoffdämpfe adsorbiert und sie beim Durchleiten trockener Luft allmählich wieder abgibt (Desorption), so daß die Dämpfe z.B. während des Fahrbetriebes über das Ansaugrohr in den Motor geleitet werden.

Dieses Aktivkohlesystem kann 40 bis 50 g HC-Dämpfe zwischenspeichern. Diese Speicherkapazität bietet unter Testbedingungen (vgl. Abschn. 8.2.10) noch eine ausreichende Sicherheitsreserve.

Wenn aber Kraftstoff mit höherem Dampfdruck - also mit mehr Butan - oder mit sauerstoffhaltigen Komponenten, wie Methanol oder Ethanol verwendet wird, wenn feuchte Luft zur Desorption angesaugt wird, wenn die Temperaturen beim Parken oder während der Fahrt höher sind als beim Test, oder wenn das Verhältnis zwischen Standzeit und Betriebszeit der Fahrzeuge zu ungünstig wird, dann reicht die Arbeitskapazität des Speichers bei weitem nicht aus, so daß die Dämpfe ins Freie strömen.

Bei einem Restvolumen von 20 l im Tank können z.B. im Sommer bei einem Anstieg der Kraftstofftemperatur auf 40°C etwa 850 g Dampf entstehen. Dafür wären 8,5 kg Aktivkohle als Speicher notwendig. Um diesen Speicher ohne Verschlechterung des Fahrverhaltens und der Abgasemissionen zu regenerieren, müßte

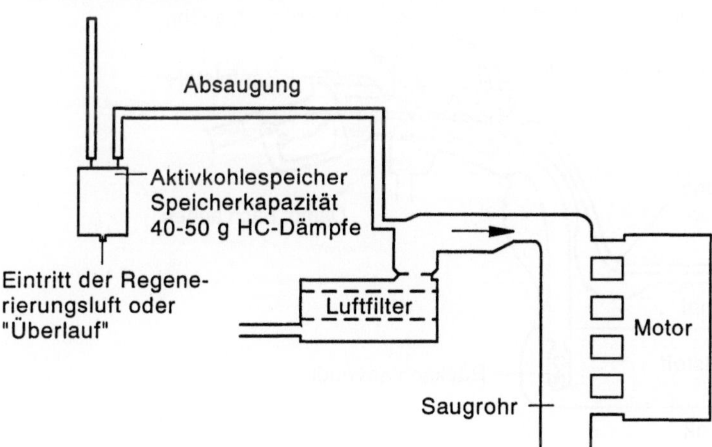

Abb. 2.10: Kraftstoffdampf-Rückhaltesystem

sich nach jeder derartigen Parkphase eine Schnellfahrt von mindestens 200 km durch eine Gegend mit geringer Luftfeuchte anschließen, sonst würde der Speicher nicht freigefahren werden.

2.2.3 Betankungsemission

Die Betankungsemission ist definiert als Austritt gas- und dampfförmiger Kohlenwasserstoffe durch Verdrängung des Gasvolumen aus dem Kraftstoffbehälter beim Betanken. Sie ist folglich durch eine auf wenige Minuten konzentrierte Abgabe von HC-Dämpfen aus einer begrenzten Quelle, dem Einfüllstutzen, charakterisiert. Maximal 80 g/min werden so emittiert.

Flüssige Kraftstoffanteile, die z.B. beim Übertanken oder beim Nachlaufen aus der Zapfpistole ins Freie gelangen, sollten eigentlich durch geeignete Maßnahmen am Fahrzeug und Tankstellen vermeidbar sein und werden hier nicht betrachtet. Unter dieser Prämisse treten wegen des niedrigeren Dampfdruckes von Dieselkraftstoffen Betankungsemissionen nur bei Fahrzeugen mit Otto-Motor auf.

Beim Befüllen des Kraftstoffbehälters (Abb. 2.11) wird die mit Benzindämpfen unterschiedlich stark beladene Luft aus dem Tank verdrängt und gelangt ins Freie. Die Kohlenwasserstoffmengen schwanken dabei in Abhängigkeit von Klimabedingungen, Kraftstoffqualität, Füllrate, innerer Gestaltung des Tankes und der Zapfpistole sowie Art der Einführung der Zapfpistole.

Bei einem Normaldruck des Kraftstoffes nach Reid von 0,6 bar, einer Betankungsgeschwindigkeit von 30 l/min, einer Kraftstofftemperatur und Behältertemperatur unter 15 °C enthält der Dampf etwa 1 g Kohlenwasserstoff pro Liter Kraftstoff. Im Durchschnitt ergeben sich 50 g pro Füllung und jährlich etwa 1000 g pro Fahrzeug bei einer durchschnittlich jährlichen Fahrleistung von etwa 10.000 km.

Die Kohlenwasserstoffmenge steigt mit der Füllgeschwindigkeit und der Temperatur deutlich an (Abb. 2.12).

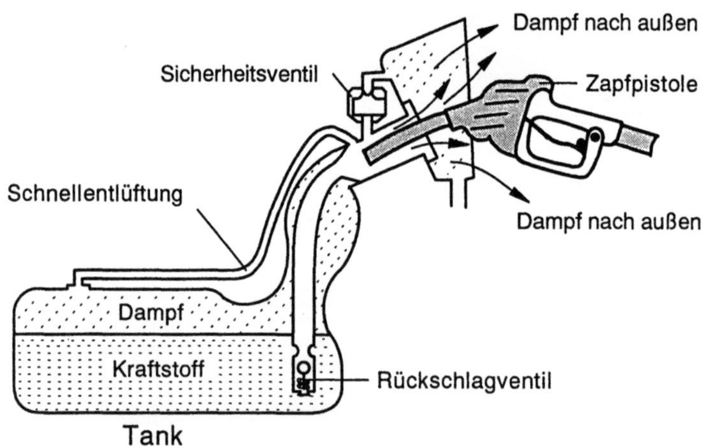

Abb. 2.11: Betankungsemission

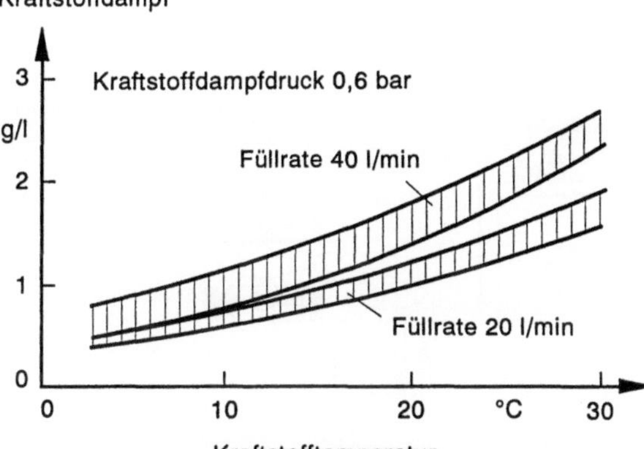

Abb. 2.12: HC-Dampfbildung während der Betankung in Abhängigkeit von der Kraftstofftemperatur mit Streubreiten

Dieser Anstieg ist auf das Austreiben der im Benzin gelösten Gase - vor allem Butan - zurückzuführen. Beim Versuch, einen völlig leeren, nach außen abgedichteten Kunststoffbeutel zu betanken (Abb. 2.13), wird dieser Effekt sichtbar. Etwa ein Drittel des Behälters ist beim endgültigen Abschalten der Zapfpistole mit Gas gefüllt. Der Vorgang ist mit dem unterschiedlich heftigen Entweichen des Kohlendioxids CO_2 beim Umfüllen kohlensäurehaltiger Getränke zu vergleichen. Butan wird von der Mineralölindustrie dem Kraftstoff zusätzlich beigemischt. Mit seinem geringen Verbrennungswert trägt es zur Energieerzeugung nur geringfügig bei.

Die Betankungsemissionen sind bisher nur in einigen Bundesstaaten der USA begrenzt, und zwar ist die Rückführung der Dämpfe in die Vorratsbehälter der Tankstelle vorgeschrieben. Dieses Verfahren wird als Rückpendelung bezeichnet (Abb. 2.14). Auch in Deutschland wird diese Maßnahme schrittweise eingeführt.

Abb. 2.13: Gasaustritt aus Otto-Kraftstoff beim Füllen eines Kunststoffbeutels. Das obere Drittel ist mit Gas gefüllt.

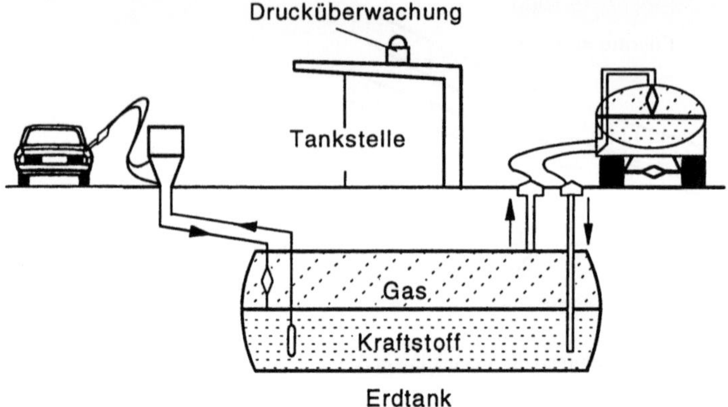

Abb. 2.14: Betanken mit Gaspendelsystem

Zur Rückpendelung benötigt man eine spezielle Zapfpistole, Abb. 2.15. Beim Tanken wird der Einfüllstutzen durch einen federbelasteten Gummiring nach außen hin abgedichtet. Die Dämpfe können neben dem Einfüllrohr des Zapfenventils nicht mehr in die Umgebung entweichen, sie strömen durch den Faltenbalg, durch das spezielle Zapfventil und eine zweite Schlauchleitung in den Erdtank, sie werden also "zurückgependelt". So gelangt der größte Teil der gesamten Betankungsemission an einer derart ausgerüsteten Tankstelle nicht in die Atmosphäre, weil die Emissionen annähernd aller Fahrzeuge, auch die der Altfahrzeuge, erfaßt werden können. Außerdem wird die Gaskonzentration im Erdtank so angepaßt, daß die Dämpfe der Rückleitung zugeführt werden.

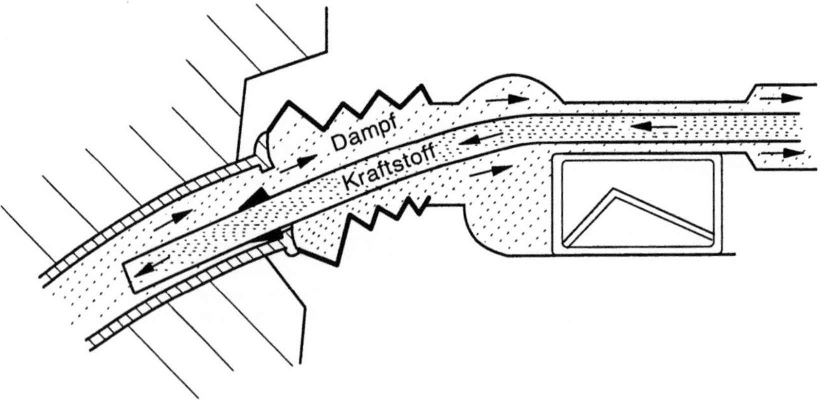

Abb. 2.15: Zapfventil für Gaspendelung

Die US-Abgasbehörde, die EPA, will die einschlägigen Vorschriften noch weiter ändern. Der Dampfdruck der Tankstellenkraftstoffe mit niedrigeren Werten soll normiert werden. Die Betankungsemission soll durch ein im Fahrzeug angebrachtes kombiniertes Aktivkohlespeichersystem begrenzt werden, das auch für die Verdampfungsemissionen wirksam sein soll.

An ein Aktivkohlespeichersystem im Fahrzeug sind die folgenden Anforderungen zu stellen:
- Vermeidung der Emission von Kraftstoffdämpfen während der Betankung;
- Vollständige Ad- und Desorption der Dämpfe im Speicher;
- Sicherung der Arbeitsbedingungen während des Betankens;
- Füllrate 6 bis 50 l/min;
- maximaler Gegendruck ca. 147 Pa;
- keine nachteilige Beeinflussung von Fahreigenschaften, Emissionsverhalten und
  Fahrzeugsicherheit.

Viele Erfahrungen mit kleinen Aktivkohlespeichern und mit Versuchsmustern großer Aktivkohlespeicher ergaben die in der folgenden Übersicht aufgezählten ungeklärten Fragen:
- Optimierung des Speichermediums des Aktivkohlespeichersystems;
- Gestaltung des Speichersystems (Abmessungen des Behälters,
  Raumbedarf des Gesamtsystems, Einbaumöglichkeiten);
- Einbau und Funktion des Kondensatabscheiders;
- Sicherheit im "crash"-Versuch (Gefahr der Entzündung vermeiden);
- Testvorschrift; Korrelation mit der Realität;
- Normung des Kraftstoffes (für Test und Fahrbetrieb), speziell engere Toleranzen für den Dampfdruck;
- Serien- und Alltagstauglichkeit.

Das Funktionsschema in Abb. 2.16 zeigt, wie kompliziert eine solche Anordnung werden kann.

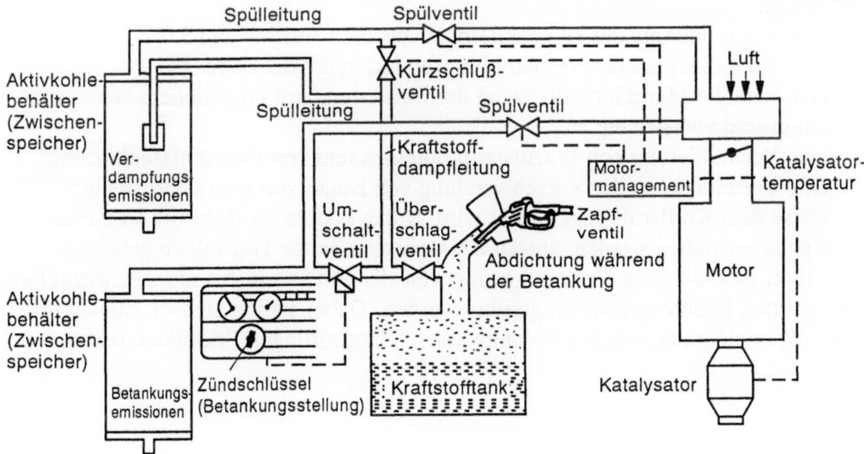

Abb. 2.16: Kraftstoffdampf-Rückhaltesystem, Funktionsschema

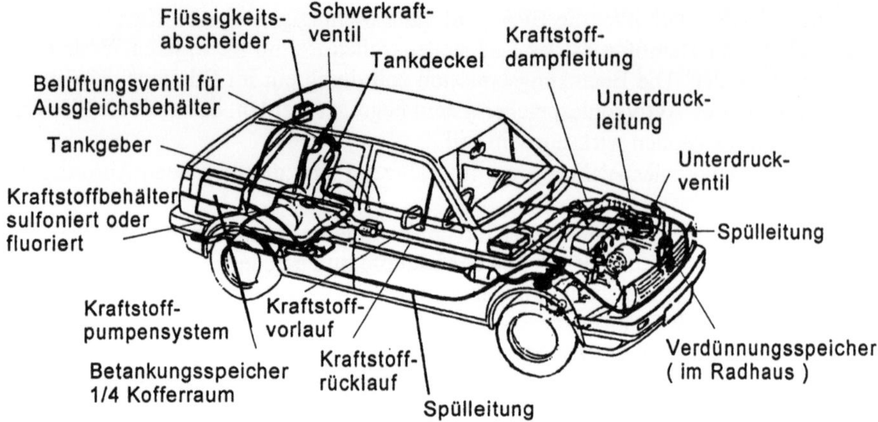

Abb. 2.17: Kraftstoff-Rückhaltesystem (Installationsbeispiel)

Am Beispiel eines Mittelklasse-Fahrzeugs sei in Abb. 2.17 angedeutet, wie ein zusätzlicher Speicher unter Verlust eines Teiles des Kofferraumes installiert werden könnte.

Alle weiteren bisher vorgestellten Systeme für die Verminderung der Betankungsemission sind keineswegs seriennah. Auch andere Möglichkeiten zur fahrzeugseitigen Verminderung der Kraftstoffemission (wie Tankinnenblase, Drucktank), die mit der Rückpendelung zu kombinieren wären, sind noch nicht serienreif. Nachrüstlösungen sind überhaupt nicht in Sicht.

Schneller und besser wirksame Maßnahmen, die auch die im Gebrauch befindlichen Fahrzeuge einbeziehen würden, betreffen den Kraftstoff - besonders den Dampfdruck - und die Verteilungskette.

Die Begrenzung des Dampfdruckes auf 0,5 bar im Sommer und auf 0,7 bar im Winter, also auf Werte, die z.B. im Jahre 1962 üblich waren, würden folgendes bewirken:
- eine Verminderung der HC-Emissionen aus dem Auspuff um 5 %,
- eine Verminderung der Verdampfungsemission um bis zu 55 %,
- eine schnelle Marktdurchdringung der Maßnahme mit erheblichem Wirkungsgrad von Anfang an,
- eine Verminderung von Warmstartproblemen und von Dampfblasenbildung,
- eine Verminderung der Verschwendung von Butan, das jetzt überflüssigerweise dem Kraftstoff zugemischt wird. Butan könnte als Rohstoff oder Flüssiggas vertrieben werden, anstatt auf Umwegen in die Umwelt zu gelangen.

Der total geschlossene Verteilungsring von der Raffinerie bis zum Fahrzeugtank und zurück könnte gezielt eingeführt werden. Dabei ließen sich in Abhängigkeit von allgemeinen, regionalen Kohlenwasserstoffbelastungen Prioritäten setzen.

2.3 Gesetzgebung

2.3.1 Historische Entwicklung

Der Ursprung der heute in verschiedenen Ländern gültigen Emissionskontrollgesetzgebung für Pkw und Pkw-Motoren liegt in Kalifornien.

Bevölkerungswachstum und Verkehrsaufkommen sowie besondere klimatische Bedingungen führten dort schon sehr früh zu den später auch in weiteren US-Bundesstaaten und anderen Ländern der Erde auftretenden Belästigungen oder Schädigungen durch Luftverunreinigungen. Im Jahre 1943 wurde erstmals über ernsthafte Luftverschmutzungen in Los Angeles berichtet, die Pflanzenschäden, Hals- und Augenreizungen von Menschen sowie verschlechterte Sicht verursachten.

Auf Drängen der Öffentlichkeit wurden ab 1948 behördliche Bemühungen eingeleitet, diesen Problemen durch Senkung der Emission aus stationären Quellen zu begegnen. Die als historischer Meilenstein anzusehenden Untersuchungen von J.A.Haagen-Smit des "California Institute of Technology" aus dem Jahre 1952 führte jedoch zu der Erkenntnis, daß Kraftstoff-Verdunstungs- und -Verbrennungsprodukte und damit Versorgung und Betrieb des Automobils einen wesentlichen Beitrag zum typischen Los Angeles Smog lieferten, und legten den Grundstein für die im Dezember 1959 vom kalifornischen " State Board of Public Health" angenommenen Luftqualitätsgrenzwerte (Immissionsgrenzwerte) und die ersten Grenzwerte für Emissionen aus Automobilen, mit deren Erfüllung man bis 1970 wieder die Luftqualität des Jahres 1940 erreichen wollte.

Ab Modelljahr 1961 (Jahr der Zulassung des Neufahrzeugs mit Beginn im Oktober des Vorjahres) wurden dann freiwillig und ab 1964 per Gesetz die ersten Vorschriften zur Kontrolle der Emissionen aus dem Kurbelgehäuse von Pkw mit Otto-Motoren eingeführt. Emissionen aus dem Auspuff erfuhren eine gesetzliche Begrenzung erstmals ab Modelljahr 1966 und Verdampfungsemissionen aus dem Kraftstofftank wurden ab Modelljahr 1970 limitiert. Die folgenden Jahre brachten kontinuierliche Verschärfungen der für diese Emissionen gültigen Zulassungsgrenzwerte, wobei ab Modelljahr 1980 auch Pkw mit Diesel-Motoren in die kalifornische Emissionskontrollgesetzgebung eingeschlossen wurden. Zur Prüfung wurden auch Test- bzw. Meßvorschriften erlassen (vgl. Abschn. 8).

Desweiteren erließ Kalifornien im Jahre 1969 die ersten gesetzlichen Forderungen zur Emissionsüberprüfung von Neufahrzeugen, die ab April 1970 in Kraft traten.

Die US-Bundesgesetzgebung zur Bekämpfung allgemeiner Luftverunreinigungen wurde durch den Zwischenfall in Donara (Pennsylvania) von 1948 ausgelöst, als Industrieabgase und Rauch durch eine Inversionswetterlage gestaut wurden, und nach Meinung der Ärzte tausende von Erkrankungen sowie einige Todesfälle zu beklagen waren. Erste Untersuchungen über die Zusammensetzung und biologische Auswirkungen von Autoabgasen begannen dann im Jahre 1959 durch den "Public Health Service" des "Departement of Health, Education and Wellfare". Eine spezielle Betonung der Abgasemissionen aus Automobilmotoren erfolgte jedoch erst im Zeitraum nach 1960, wobei die Untersuchungen der Bundesbehörde auf den von Kalifornien geschaffenen Grundlagen aufbauten. Vom Bund wurde schließlich auch das 1966er Kalifornien-Test-Verfahren übernommen, ohne daß zunächst eine eigene Emissions-Ausgangsbasis ("baseline") erarbeitet worden war.

In den folgenden Jahren lag die Regie der Fortschreibung der Emissionskontroll-gesetzgebung der USA und ihrer Ausführungsbestimmungen sowie der Verbesserung der Meßvorschriften eindeutig bei der Bundesumweltbehörde, der Environmental Protection Agency (EPA). Die gesetzlichen Vorschriften wurden vom Kongreß in Form des "Clean Air Act" (Luftreinhalte-Gesetz) erlassen, der mehrfach geändert wurde. Ähnlich verlief die Entwicklung der Gesetzgebung in Japan.

Inzwischen haben viele Länder und auch die Europäische Union (EU) Abgasgesetze erlassen. Abb. 2.18 zeigt Einsatzzeitpunkte der Abgasgesetzgebung für Länder in Europa ab 1970.

Zu den gesetzlichen Vorschriften gehören Testvorschriften, die in Abschn. 8 beschrieben sind. Leider sind weltweit in verschiedenen Ländern verschiedene Testvorschriften erlassen worden.

Abb. 2.19 zeigt die Tendenz der relativen Absenkung der Emissionsgrenzwerte in den USA, Abb. 2.20 die in Japan, jeweils für aufeinanderfolgende Modelljahre (Modelljahr ist das Jahr der Zulassung, d.h. das Jahr vor dem Kalenderjahr).

Wegen der verschiedenen Testvorschriften sind absolute Werte nicht vergleichbar. Weitere, geringere Absenkungen wurden in den folgenden Jahren vorgeschrieben.

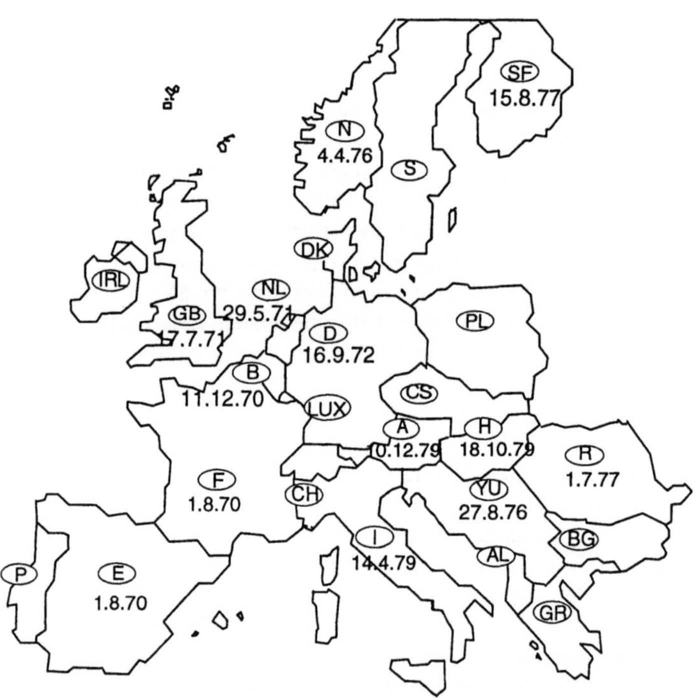

Abb. 2.18: Einsatztermine der Abgasgesetzgebung in Europa in den 70iger Jahren

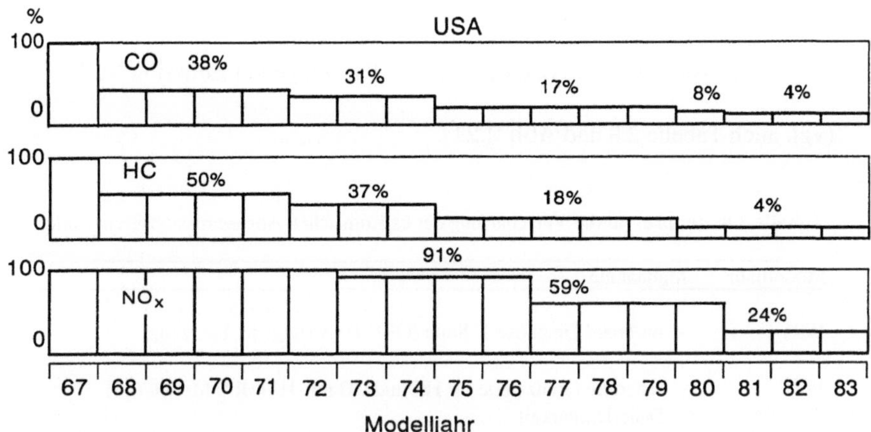

Abb. 2.19: Prozentuale Absenkung der Grenzwerte in den USA relativ zu Werten vor Einführung gesetzlicher Vorschriften bis Modelljahr 1983.

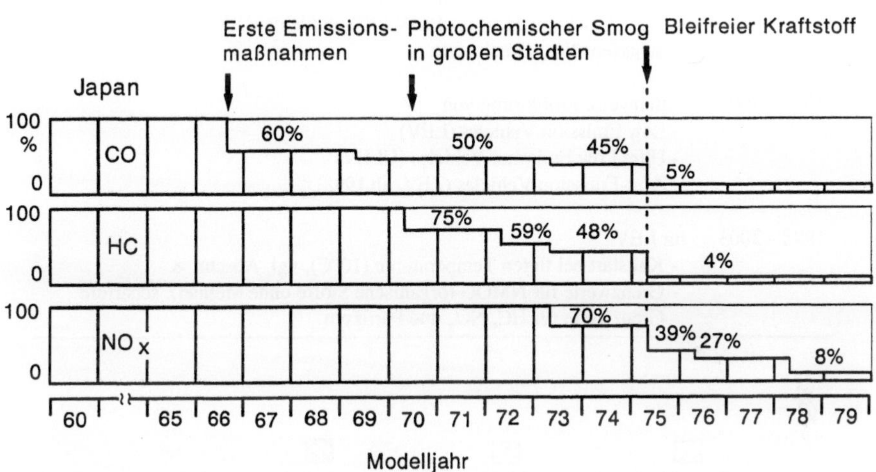

Abb. 2.20: Prozentuale Absenkung der Grenzwerte in Japan relativ zu Werten vor Einführung von gesetzlichen Vorschriften bis Modelljahr 1979

2.3.2 Gesetzgebung aus heutiger Sicht

In Kalifornien wird es in den nächsten Jahren zu einer drastischen Verschärfung der Emissionswerte für Kraftfahrzeuge kommen, die innovative Technik unumgänglich machen wird. Beim CARB (California Air Resources Board), der kalifornischen Umweltbehörde, läuft diese Zielsetzung unter den folgenden Oberbegriffen:

- Low Emission Vehicles (LEV)   Fahrzeuge mit niedriger Emission
- Transmission Low Emission Vehicles   Fahrzeuge im Übergang mit noch
  (TLEV)   niedrigerer Emission

- Ultra Low Emission Vehicles (ULEV)   Fahrzeuge mit extrem niedriger
                                        Emission
- Zero Emission Vehicles (ZEV)   Fahrzeuge mit Emission Null

(vgl. auch Tabelle 2.8 und Abb 2.21).

Tabelle 2.8: Zeitplan für die Verschärfung der kalifornischen Abgasemissionsgrenzwerte

Modelljahr	Maßnahme
1991	- on-board Diagnose 1. Stufe (OBD I) (Anzeige im Fahrzeug)
1993	- schärfere Grenzwerte für HC und CO mit 100 000 Meilen (mi) Dauerhaltbarkeit - neuer Verdampfungstest und Grenzwerte für hohe Umgebungs- temperaturen (40,5 °C $\stackrel{\wedge}{=}$ 105 °F) - Formaldehyd-Grenzwert
1994	- on-board Diagnose 2. Stufe (OBD II) (vgl. Abschn. 9.11.5) für PKW (PC) und leichte LKW (LDT) - schärfere NO_x-Grenzwerte
1997 - 2003	stufenweise Einführung von - Low Emission Vehicles (LEV) - Ultra Low Emission Vehicles (ULEV) - Zero-Emission Vehicles (ZEV, ab 1998)
1998 - 2003	für LEV: - Kaltstart bei tiefen Temperaturen (10°C), vgl. Abschn. 8 - Grenzwerte für NMOG (organische Stoffe ohne Methan), schärfere Grenzwerte für HC, NO_x und Partikeln

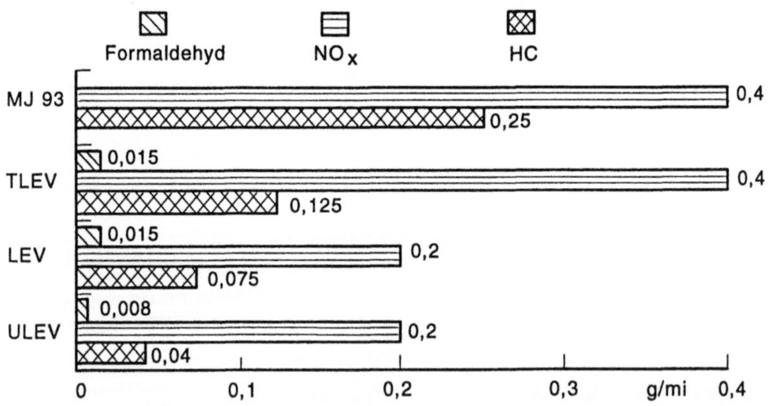

Abb. 2.21: Emissionsgrenzwerte für zukünftige gesetzgeberische Schritte in Kalifornien

Die Emissionsgrenzwerte im Zusammenhang mit den zukünftigen gesetzgeberischen Schritten sind in Abb. 2.21 zusammengestellt.

Tabelle 2.9 zeigt die kalifornischen Emissionsgrenzwerte für PKW, die auch von anderen US-Bundesstaaten erlassen werden könnten.

Tabelle 2.9: Grenzwerte für Kalifornien, Pkw (PC = passenger cars) $\leq$ 12 Personen
(für Typprüfung und Serienfahrzeuge) in g/mi

MJ	Dauer-halt-barkeit in 10^3mi	Σ HC	CO	NO_x	HDC- NO_x	Evapo-ration[d]	KGH-Emis-sion	Parti-keln[e]
Pkw mit Ottomotoren								
1989	50	0,41 (0,39)[b]	7,0	0,7 (0,4)[c]	$NO_x \cdot 1,33$	2,0	0	-
	100	-	-	-	-	-		-
1993[a]	50	0,39 (0,25)	7,0 (3,4)	0,7 (0,4)[c]	$NO_x \cdot 1,33$	2,0	0	-
	100	(0,31)	(4,2)	-	-	-		-
1995	50	0,25	3,4	0,4	$NO_x \cdot 1,33$	2,0	0	-
	100	0,31	4,2	-	-	-	-	-
Pkw mit Dieselmotoren								
1989	100	0,46	8,3	1,0	$NO_x \cdot 1,33$	-	-	0,08
1993[a]	100	0,46 (0,31)	8,3 (4,2)	1,0	$NO_x \cdot 1,33$	-	-	0,08
1995	100	0,31	4,2	1,0	$NO_x \cdot 1,33$	-	-	0,08

[a] Stufenweise Einführung der Grenzwerte in Klammern: MJ ´93: 40 %, MJ '94: 80 %,
   MJ´95: 100 % der geplanten Verkaufszahlen eines Herstellers
[b] Grenzwert in Klammern entspricht methanfreier HC-Messung. Ab MJ '93 nur noch
   methanfreier HC-Grenzwert
[c] Stufenweise Einführung des Grenzwertes in Klammern: MJ '89: 50 %, MJ '90: 90 %,
   MJ '94: 100 % der geplanten Verkaufszahlen eines Herstellers
[d] in g/Test
   Dauerhaltbarkeit: 50 000 mi
[e] HDC-NO_x NO_x im Highway Drive Cycle gemessen   KGH Kurbelgehäuse

Tabelle 2.10 zeigt die Grenzwerte für die nächsten Jahre in den USA und Tabelle 2.11 die für die Länder der Europäischen Union.

Tabelle 2.10: Gegenwärtige und zukünftige Grenzwerte in den USA - 49 Staaten für Pkw (Passenger cars) $\leq$ 12 Personen mit Benzin- oder Dieselmotoren (Typprüfung und Serienfahrzeuge) in g/mi (US FTP 75[a])

MJ	Dauerhaltbarkeit in 10^3mi	Σ HC	NMHC	NMOG	HCHO	CO	NO$_x$ Benzin	NO$_x$ Diesel	Partikeln	Evaporation in g/Test
1992/'93	50	0,41	-	-	-	3,4	1,0	1,0	0,2	2,0
1994/'95	50	0,41[b]	0,25	-	-	3,4[c]	0,4	1,0	0,08[d]	2,0
	100	-	0,31	-	-	4,2	0,6	1,25	0,10	-
	in-use[e]	-	0,32	-	-	3,4	0,4		0,08	2,0
1996/'97	50	0,41	0,25	-	-	3,4	0,4	1,0	0.08	2,0
	100	-	0,31	-	-	4,2	0,6	1,25	0.10	-
	in-use	-	0,32	-	-	3,4	0,4	-	0.08	2,0
	50[f]	-	-	0,125	0,015	3,4	0,4		-	2,0
	100	-	-	0,156	0,018	4,2	0,6		0,08	-
1998/'99/2000	50	0,41	0,25	-	-	3,4	0,4	1,0	0,08	2,0
	100	-	0,31	-	-	4,2	0,6	1,25	0,10	-
	50[f]	-	-	0,125	0,015	3,4	0,4	1,0	-	2,0
	100	-	-	0,156	0,018	4,2	0,6	1,25	0,08	-
2001/'02/'03	50[f]	0,41	0,25	-	-	3,4	0,4		0,08	2,0
	100	-	0,31	-	-	4,2	0,6		0,10	-
	50[f]	-	-	0,075	0,015	3,4	0,2		-	2,0
	100	-	-	0,090	0,018	4,2	0,3		0,08	-

NMHC: Non Methane HC; NMOG: Non Methane Organic Gases;
HCHO: Formaldehyd

[a] Stufenweise Einführung („phase in") der Grenzwerte: MJ'94: 40 %, MJ'95: 80 %, MJ'96: 100 %

[b] HC: 0,41 g/mi und NMHC: 0,25 g/mi zusammen gefordert

[c] Ab MJ'94 CO kalt: Grenzwert: 10 g/mi bei 20°F („phase in" wie [a])

[d] Partikelgrenzwert für Diesel- und Benzin-Fahrzeuge

[e] „In-use"-Grenzwerte: MJ'94: 40 %, MJ'95: 80 % der Fahrzeuge einer Herstellerflotte. Restliche Fahrzeuge müssen die MJ'93-Grenzwerte erfüllen Ab MJ'96 müssen 60 %, ab MJ'97 20 % der Fahrzeuge die „in-use"-Grenzwerte erfüllen, während der Rest die Zertifizierungsgrenzwerte als „in-use"-Grenzwerte zu erfüllen hat. Ab MJ'98 gilt dies für alle Fahrzeuge.

[f] Einsatz von „clean fuel"-Grenzwerten: In Gebieten mit hoher Ozonbelastung und CO-Luftkonzentrationen > 16 ppm müssen alle Neufahrzeuge diesen Grenzwerten genügen. „Clean fuel"-Fahrzeuge in Flotten, die zentral betankt werden können, müssen ab MJ'98 zu folgenden Prozentzahlen vertreten sein: MJ'98: 30 %, MJ'99: 50 %, MJ2000: 70 %

Tabelle 2.11: Gegenwärtige und zukünftige Grenzwerte in der Europäischen Gemeinschaft / Europäischen Union (PKW mit Benzin- oder Dieselmotoren, $\leq$ 6 Personen, $\leq$ 2500 kg Gesamtmasse)

Gesetz	Einsatztermin für n.T	a.P.	Grenzwert für	Typ I[a] HC + NO_x CO		Partikeln[b]	Typ III KGH-Emissionen[c]	Typ IV Evaporation[c]	Typ V Dauerhaltbarkeit über 80000 km
				g/km	g/km	g/km	-	g/Test	-
91/441/	31.12.92	1.7.92	T	2,72	0,97	0,14	0	2,0	
EWG			S	3,16	1,13	0,18	0	2,0	
			T = S						
94/12/	1.1.96	1.1.97	Otto	2,2	0,5	-			
EG			Diesel DI	1,0	0,9	0,1			
			Diesel IDI		0,7	0,08			

n.T.	neue Typzulassung		a	neuer Europazyklus (MVEGA)
a.P.	alle Produktionsfahrzeuge		b	nur Dieselmotoren
T	Typzulassungsgrenzwert		c	nur Ottomotoren
S	Seriengrenzwert		DI:	Direkteinspritzer
			IDI:	Vor- und Wirbelkammermotoren

Ausnahme für DI-Diesel:
HC+ NO_x- und Partikeln-Grenzwerte werden mit dem Faktor 1,4 multipliziert. Gültig bis 1.7.94 für neue Typzulassung und bis 31.12.94 für alle Produktionsfahrzeuge.

Übergangsbestimmungen zur EG-Richtlinie 91/441/EWG:
Alternativ gelten folgende Übergangsbestimmungen weiter:
(neue Typzulassung: bis 1. 7. 93 alle Produktionsfahrzeuge: bis 31.12.94)
- Fahrzeuge $\geq$ 1,4 l (EG-Richtlinie: 88/436/EWG, Anhang IIIA)
  HC: 0,25; CO: 2,11; NO_x: 0,62; Partikeln: 0,124 g/km im US-Zyklus
- Fahrzeuge > 2,0 l (Ottomotorenfahrzeuge) (EG-Richtlinie: 88/76/EWG)
  HC + NO_x: 6,5 (NO_x max: 3,5); CO: 25 g/Test im ECE-Zyklus
- Fahrzeuge $\leq$ 1.4 l (EG-Richtlinie: 89/458/EWG)
  (HC +NO_x: 5; CO: 19; Partikeln: 1,1 g/Test im ECE-Zyklus)
- Testzyklus MVEG A: Für Fahrzeuge $\leq$ 30 kW Leistung und $\leq$ 130 km/h Höchstgeschwindigkeit reduziert sich im Überlandteil des Fahrzyklus die maximale Geschwindigkeit von 120 km/h auf 90 km/h. DieseAusnahmeregelung gilt bis 1.7.94.

Grenzwertverschärfung durch EG-Richtlinie 94/12/EG)
Nationale Förderung ab 7.94 möglich; Ausnahme für DI-Diesel wie oben bis 30.9.99

2.4 Heutiger Stand der Auspuff-Abgasemissionen der Personenkraftwagen

Die Abbildungen 2.22 bis 2.26 zeigen für die limitierten Abgaskomponenten Daten für verschiedene Arten von Fahrzeugen. Die Ergebnisse sind Mittelwerte verschiedener wiederholter Tests (FTP, SET, HDC, vgl. Abschn. 8) an jeweils mehreren Fahrzeugen pro Typ. Der Gesamtmittelwert $\overline{x}$ für jede Fahrzeugkategorie ist mit eingetragen.

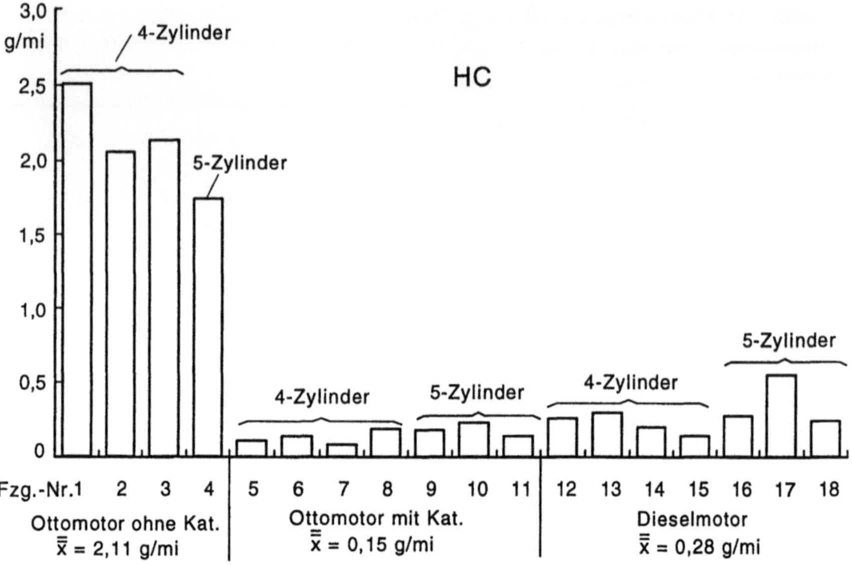

Abb. 2.22: HC-Massenemissionen pro Fahrstrecke in g/mi; 18 Fahrzeuge verschiedener Kategorie

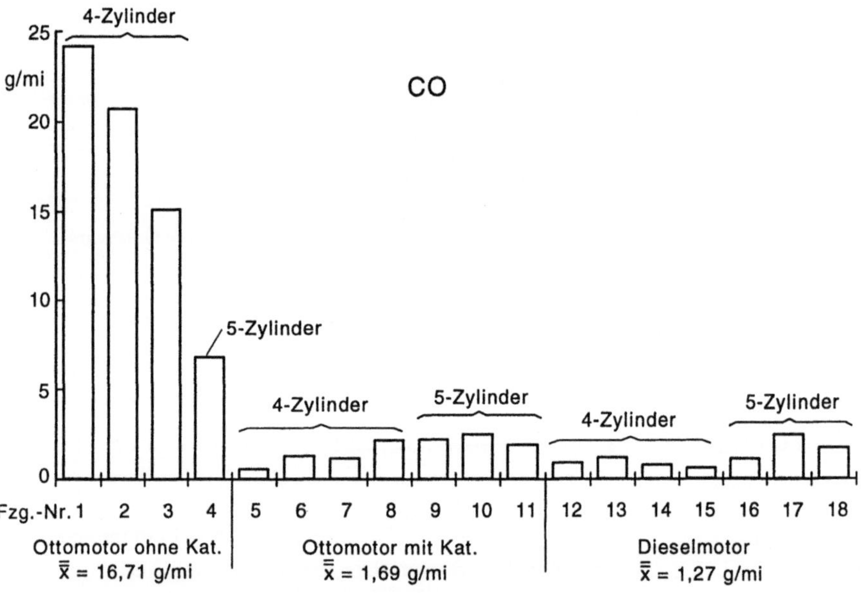

Abb. 2.23: CO-Massenemissionen pro Fahrstrecke in g/mi; 18 Fahrzeuge verschiedener Kategorie

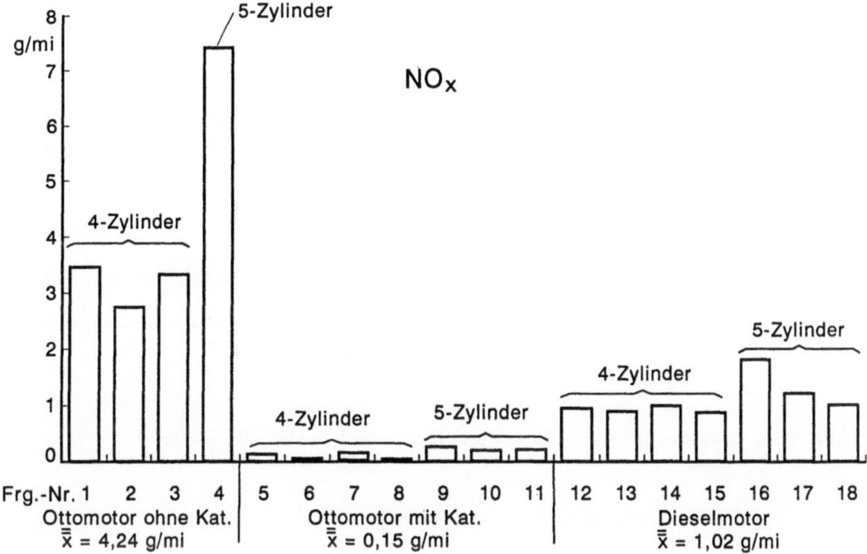

Abb. 2.24: NO_x-Massenemissionen pro Fahrstrecke in g/mi; 18 Fahrzeuge verschiedener Kategorie

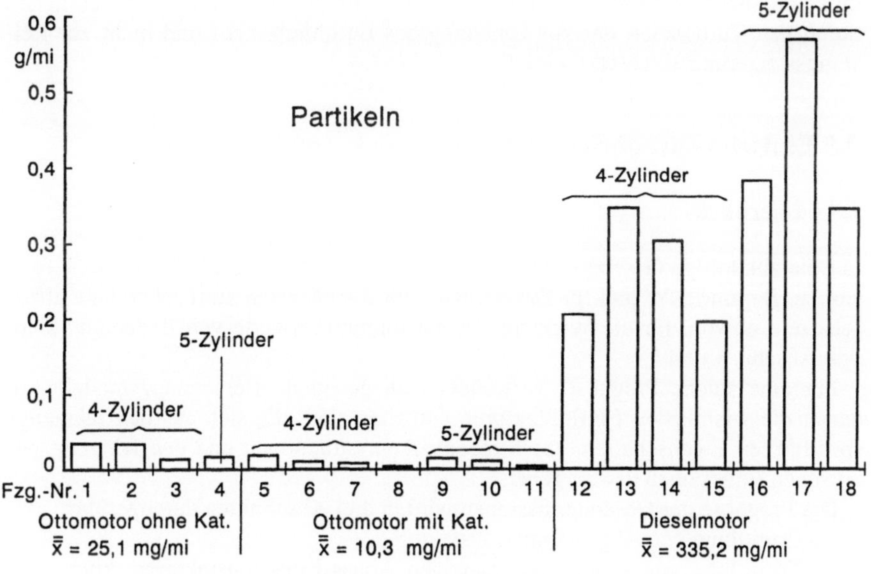

Abb. 2.25: Partikeln-Emissionen pro Fahrstrecke in g/mi; 18 Fahrzeuge verschiedener Kategorie

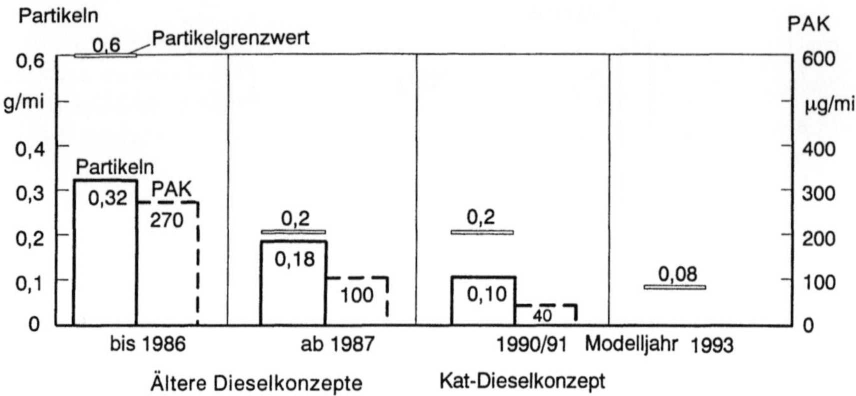

Abb. 2.26: Partikeln - und PAK - Emissionen für verschiedene Modelljahrgänge

Bis auf die Partikelnemission sind die Konzepte Ottomotor + Kat und Dieselmotor etwa vergleichbar. Die NO_x-Werte sind beim Diesel-Konzept allerdings höher.

Während es sich beim Dieselmotor bei den Partikeln im wesentlichen um Rußpartikeln im weiteren Sinne handelt, sind es im Falle des Ottomotors ohne Katalysator Bleiverbindungen, wenn bleihaltiges Benzin getankt wurde. Der Rest der Partikeln beim Ottomotor mit Katalysator besteht aus den unterschiedlichsten chemischen Komponenten, vgl. Abschn. 7.6.

Moderne Dieselkonzepte mit einem Turbolader und einem oxidierenden Katalysator (Oxi-Kat) zeigen geringere Partikeln-Emissionen (Abb. 2.26). Eine Absenkung der PAK(polycyclische aromatische Kohlenwasserstoff)-Emissionen wird durch den Katalysator erreicht; die Partikeln-Emissionsminderung im wesentlichen durch den Turbolader, der zur Erhöhung des Luftdurchsatzes und nicht zur Leistungssteigerung eingesetzt wird.

2.5 Emissionsprognose für Deutschland (1990 berechnet)

2.5.1 Überblick

Für die zukünftige Gesetzgebung ist es wichtig, die Entwicklung der Gesamtemission, z. B. von PKW und für Deutschland, für die nächsten zwei Jahrzehnte abzuschätzen, obwohl für die Wirkung nur die Immissionswerte von Bedeutung sind, vgl. Abschn. 1 und 5.

Für eine solche Prognose, verwendet man geeignete Berechnungsmodelle, in denen die wichtigsten Einflußfaktoren enthalten sind, die sich aus den fahrzeugspezifischen Eigenschaften, aus Straßenverkehrssituationen und den fahrzeugspezifischen Emissionen usw. ergeben.

Die Prognose der Gesamtemissionen wird in drei Abschnitten durchgeführt:
- Ermittlung von Abgas-Emissionsfaktoren.
- Ermittlung von straßentypabhängigen Abgas-Emissionsfaktoren, kurz spezifische Emissionen genannt.
- Ermittlung von Gesamtemissionen.

Mit Hilfe der mathematischen Verknüpfung von Verkehrsdaten mit einem Datensatz, der das vom Fahr- und Betriebszustand abhängige mittlere Emissionsverhalten der Fahrzeuge beschreibt, werden aus den Analysedaten die Prognosedaten der spezifischen Emissionen entwickelt und durch Multiplikation mit den Jahresfahrleistungen zu Gesamtemissionen verknüpft.

Abb. 2.27 zeigt ein einfaches Rechenschema zur Bestimmung der Abgas-Emissionsfaktoren.

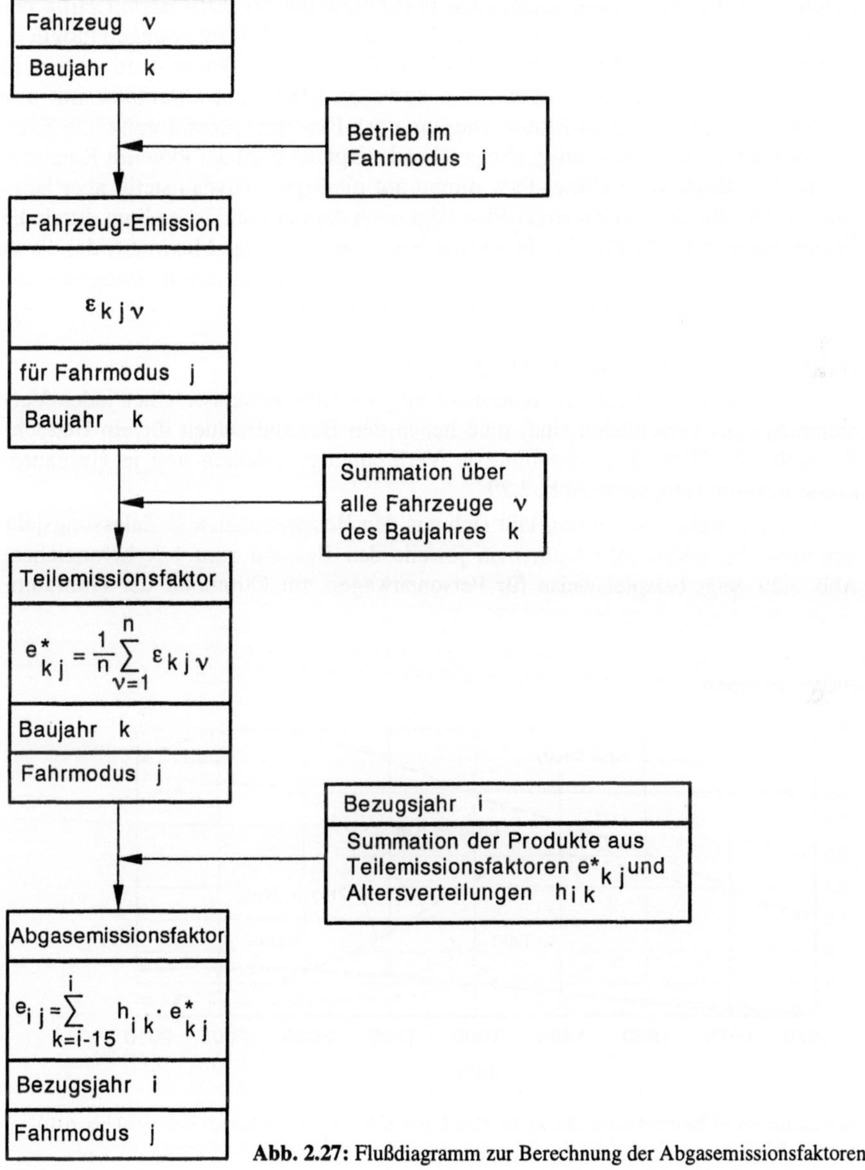

$$\varepsilon_{kjv}$$

$$e^*_{kj} = \frac{1}{n}\sum_{v=1}^{n}\varepsilon_{kjv}$$

$$e_{ij} = \sum_{k=i-15}^{i} h_{ik} \cdot e^*_{kj}$$

Abb. 2.27: Flußdiagramm zur Berechnung der Abgasemissionsfaktoren

2.5.2 Einflußparameter

Zur Errechnung der Emission je Verbrennungstyp und Hubraumkategorie müssen die Bestandszahlen bekannt sein.

Bestandszahlen

Aus den statistischen Unterlagen des KBA (Kraftfahrtbundesamt) und Prognosedaten von Shell lassen sich die Bestandsdaten und Neuzulassungen je Verbrennungsverfahren teilweise bereits nach Zulassungsjahren und Hubraumklassen aufgeschlüsselt bis 1989 entnehmen. Eine Fortschreibung bis 2010 ist mit Hilfe des Abklingverhaltens (s.u.) und plausiblen Schätzungen für Neuzulassungen möglich.

Abb. 2.28 zeigt die Entwicklung des Pkw-Bestandes in Deutschland, aufgeteilt in die Bestandsentwicklung aller Personenwagen (PKW mit Ottomotor mit und ohne Katalysator, Zweitakt-Motor, Dieselmotor). Pkw mit Ottomotoren ohne Katalysator sind deutlich rückläufig, entsprechend steigt die Zahl der Pkw mit Katalysator an. Der Bestand an Diesel-Pkw nimmt auf niedrigem Niveau stetig aber langsam zu. Der Bestand an Zweitakt-Pkw liegt noch darunter und ist bedingt durch die Wiedervereingung rückläufig. Insgesamt betrachtet wird das Maximum des Pkw-Bestandes wohl im Jahre 2000 erreicht werden, bedingt durch Sättigung des Marktes und die Entwicklung der Bevölkerungsstruktur.

Häufigkeitsverteilung und Abklingverhalten

Da Emissionen und gefahrene Kilometer für jede Hubraumklasse eines jeden Verbrennungstyps verschieden sind, muß neben den Bestandszahlen für ein Betrachtungsjahr die Häufigkeitsverteilung je Verbrennungsverfahren und je Hubraumklasse bekannt sein, siehe Abb. 2.29.

Diese Häufigkeitsverteilung läßt sich aus den Bestandszahlen je Zulassungsjahr ermitteln. Im ersten Jahr kann man jeweils den Bestand zum 1.7. heranziehen. Abb. 2.29 zeigt beispielsweise für Personenwagen mit Ottomotor der Hubraum-

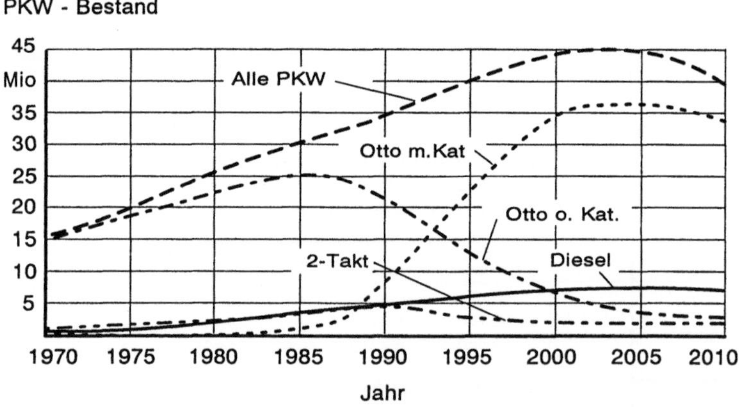

Abb. 2.28: PKW-Bestandsentwicklung in allen Bundesländern Deutschlands von 1970 bis 2010 (Quelle: Metz)

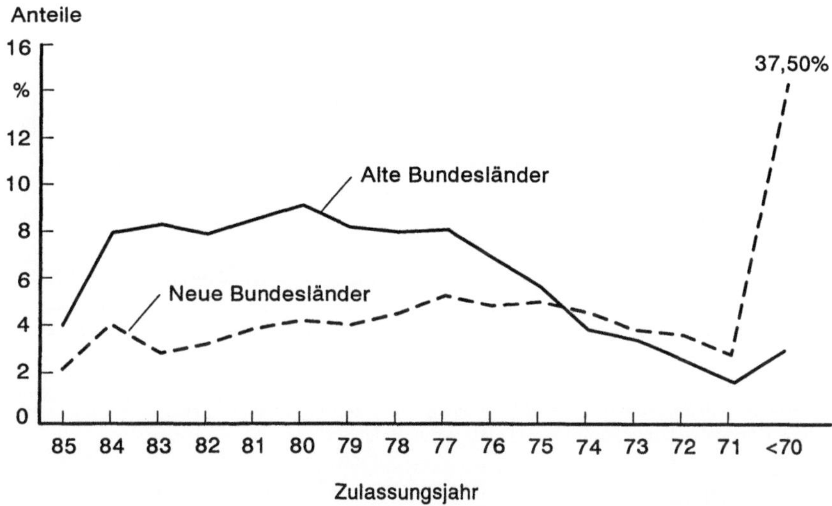

Abb. 2.29: Vergleich der Häufigkeitsverteilung nach Zulassungsjahren in den alten und neuen Bundesländern, PKW mit Ottomotoren der Hubraumkategorie < 1,4 l (Quelle: Metz)

kategorie < 1,4 l für das Betrachtungsjahr 1985 die entsprechende Häufigkeitsverteilung, wobei im 16. Jahr alle noch älteren Fahrzeuge mitenthalten sind. Im vierten Jahr ist ein Einbruch infolge eines überproportional häufigen Fahrzeugwechsels zu verzeichnen. In den folgenden Jahren erfolgt ein leichter Anstieg, danach ein stetiger Abfall.

Die Häufigkeitsverteilung in den neuen Bundesländern ist dagegen völlig anders geartet. Auffallend ist der hohe Anteil an alten Fahrzeugen bedingt durch die langen Wartezeiten für neue Pkw und durch die niedrigere Fahrleistung. Seit der Wiedervereinigung kommen Fahrzeuge aus den alten Bundesländern zum Bestand der neuen Bundesländer bei einem deutlichen Rückgang von Zweitaktern hinzu. Zukünftig wird sich daher die Häufigkeitsverteilung der der alten Bundesländer annähern.

Zur Verbesserung der Abschätzung zukünftiger Bestände ist die Abklingkurve eines Zulassungsjahres hilfreich, siehe Abb. 2.30.

Diese Abklingkurve ist anhand der statistisch erfaßten Daten bekannt und kann deshalb, sofern andere gravierende Störeinflüsse ausbleiben, auf zukünftige Jahre übertragen werden.

Durchschnittliche jährliche Fahrleistung pro Fahrzeugtyp

Die durchschnittliche jährliche Fahrleistung wird von verschiedenen Instituten bestimmt. Auch sie hängt vom Berechnungsjahr sowie vom Verbrennungsverfahren und der Hubraumkategorie ab. Leider sind die Abschätzungen sehr ungenau, weil verläßliche Daten fehlen.

Abb. 2.31 zeigt beispielhaft für das Jahr 1985 und für die drei Hubraumklassen der Personenwagen mit Ottomotor ohne Katalysator und zum Vergleich für die Hubraumklasse > 2 l bei Personenwagen mit Dieselmotor die durchnittliche jährliche Fahrleistung als Funktion des Fahrzeugalters. Unten ist die Fahrleistung 1985

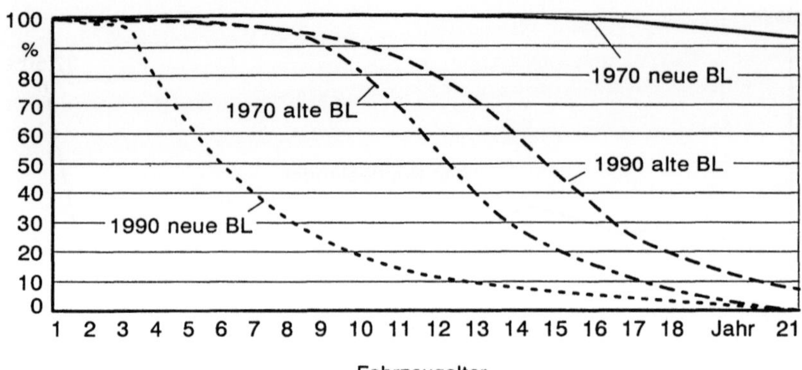

Abb. 2.30: Abklingverhalten zweier Zulassungsjahrgänge nach Fahrzeugalter in den alten und neuen Bundesländern (Quelle: Metz). BL = Bundesländer

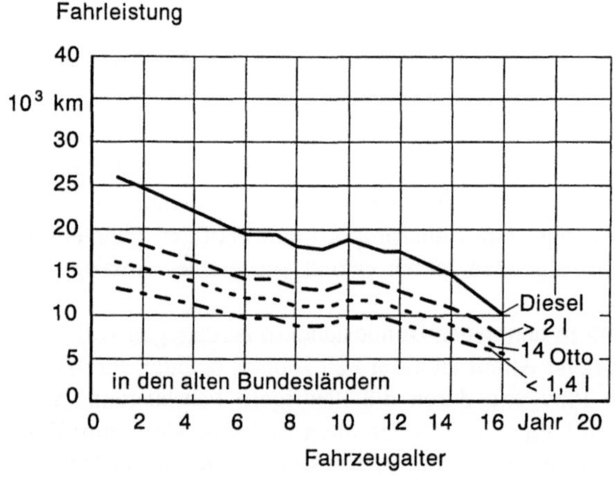

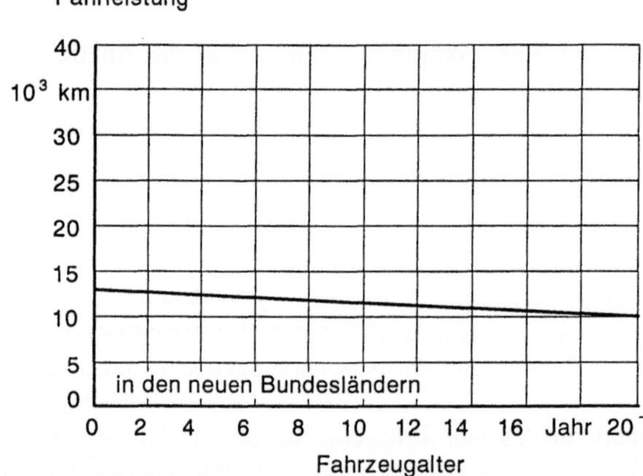

Abb. 2.31: Jährliche Fahrleistung als Funktion des Fahrzeugalters, alte und neue Bundesländer (Quelle: Metz)

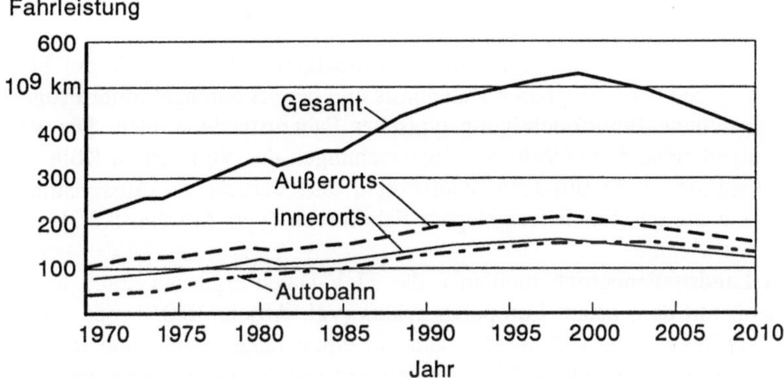

Abb. 2.32: Entwicklung der jährlichen Gesamt-Fahrleistung nach Straßenarten (Quelle: Metz)

für die neuen Bundesländer dargestellt. Sie liegt anfangs tiefer, nimmt jedoch nicht so steil mit zunehmendem Fahrzeugalter ab.

Entwicklung der jährlichen Fahrleistung

Mit den Bestandszahlen und der durchschnittlichen jährlichen Fahrleistung des Einzelfahrzeuges kann dann je Verbrennungsverfahren und Hubraumklasse die jährliche Fahrleistung insgesamt und getrennt für drei Straßenarten Außerorts, Innerorts und Autobahn ermittelt werden, siehe Abb. 2.32.

Trotz der leicht fallenden Fahrleistung des Einzelfahrzeuges infolge wachsender Bestände auf nahezu gleichbleibendem Straßennetz nimmt die jährliche Fahrleistung insgesamt bis zum Jahre 2000 zu und fällt dann leicht ab.

Die prozentuale Verteilung auf die Straßenarten ist:

    Außerorts   ca. 40 %

    Innerorts   ca. 33 %

    Autobahn   ca. 27 %.

2.5.3 Berechnungsmethode

In einer detaillierten Analyse muß die Gesetzgebung der früheren Jahren berücksichtigt werden.

Die Gesamt-PKW-Emission für eine Komponente errechnet sich aus der Summe der Emissionen von Personenwagen mit Ottomotor ohne und mit Katalysator und Personenwagen mit Dieselmotor. Die Gesamtemission jedes Verbrennungsverfahrens setzt sich wiederum zusammen aus der Gesamtemission der Hubraumkategorie $H < 1,4$ l; $H = 1,4...2,0$ l und $H > 2,0$ l, da aufgrund der früheren Gesetzgebung in Europa unterschiedliche Emissionsfaktoren und Einsatzdaten berücksichtigt werden müssen. Für jede Hubraumklasse eines jeden Verbrennungstyps läßt sich die Emission durch Summation von 16 Zulassungsjahrgängen dadurch bestimmen, daß die Anzahl der zugelassenen Fahrzeuge dieser Klasse multipliziert wird mit der prozentualen Häufigkeit für diesen Zulassungsjahrgang, der durchschnittlichen jährlichen Fahrleistung, dem Fahranteil entsprechend der Straßenart und dem zugehörigen Emissionsfaktor.

Der Emissionsfaktor ist abhängig von der betrachteten Straßenart. In der Stadt kann man aufgrund der verfügbaren Datenbasis und bereits durchgeführter Prognosen eine gewichtete Berücksichtigung typischer Fahrzustände wählen. Die vom TÜV Rheinland anhand ausführlicher Untersuchungen des Verkehrs in Köln aufgestellten Fahrkurven für flüssigen Stadtverkehr und Verkehr auf Ausfallstraßen kann man wie die gesetzlich festgelegten Fahrkurven (vgl. Abschn. 8.2.3) nach ihren Anteilen wichten.

Für den Landstraßenbetrieb muß man die TÜV-Daten ergänzen durch neuere Daten, erzielt mit dem neuen Europafahrzyklus (vgl. Abschn. 8.2.3), der anhand der Geschwindigkeit unterteilt werden kann in einen Landstraßen- und in einen Autobahnteil. Der Landstraßenteil ist z.B. definiert mit den ersten 205 s und beinhaltet Geschwindigkeiten bis 70 km/h. Da die Datenbasis vom TÜV Rheinland Emissionsdaten mit einer mittleren Geschwindigkeit von 60 km/h und bei 100 km/h konstant enthält, bildet man ein Polygon mit diesen zwei Stützstellen und ermittelt daraus die Emission bei der angenommenen mittleren Geschwindigkeit von 70 km/h für Landstraßen durch Interpolation.

Für den Autobahnbetrieb kann man die gleiche Vorgehensweise wählen. Die BAST (Bundesanstalt für Straßenwesen) hat in jahrelanger Beobachtung des Verkehrsgeschehens auf Autobahnen eine mittlere Geschwindigkeit von 112 km/h ermittelt. Auch hier kann man die Daten durch neuere Ergebnisse mit dem neuen Europafahrzyklus ergänzen, wobei der Autobahnteil definiert ist durch die Emission von Sekunde 205 bis Sekunde 370 mit Geschwindigkeiten bis 120 km/h.

Als Beispiel wird im folgenden eine Emissionsprognose beschrieben, die auf den Gegebenheiten des Jahres 1990 basiert und für die Jahre 1970 - 2010 ausgeführt wurde.

Das folgende Gleichungssystem deutet die Berechnungsmethode an.

$$E = E_O + E_K + E_D \qquad E_K = E_{K<1,4} + E_{K\,1,4-2} + E_{K>2} \qquad (2.14)$$

$$E_{K>2} = \sum_{i=BJ}^{i=BJ-16} B_{i,BJ>2} \cdot hv_{i,BJ>2} \cdot f_{i,BJ>2} \cdot S(BJ) \cdot e_{i,ios,BJ>2} \qquad (2.15)$$

$$e_{ios} = 0,65 \left(0,65 e_{M3} + 0,35 e_{M4}\right) + 0,35 \left(0,65 e_{FTP} + 0,35 e_{EFZ}\right) \qquad (2.16)$$

$$e_{aos} = 0,5\left\{\left[1/40 \cdot \left(e_{K100} - e_{M2}\right) \cdot (70-60) + e_{M2}\right] + e_{EUDC,aos}\right\} \qquad (2.17)$$

$$e_{bab} = 0,5\left\{\left[1/40 \cdot \left(e_{K100} - e_{M2}\right) \cdot (112-60) + e_{M2}\right] + e_{EUDC,bab}\right\} \qquad (2.18)$$

E	Emission in t/a = f (Vv, H, BJ, ZJ, S)	BJ	Berechnungsjahr
O	Ottomotor ohne Katalysator	ZJ	Zulassungjahr
K	Ottomotor mit Katalysator	S	Straßenart
D	Dieselmotor	$M2$	TÜV-Fahrkurve für Verkehr auf Ausfallstraßen

B	Bestandszahl = f (*Vv, H, BJ, ZJ*)	*M3*	TÜV-Fahrkurve für flüssigen Durchgangsverkehr
hv	Häufigkeitsverteilung = f (Vv, H, BJ)	*M4*	TÜV-Fahrkurve für flüssigen Stadtverkehr
f	durchschnittliche jährliche Fahrleistung	*FTP*	US-Fahrkurve
S	Prozentualer Betrieb je Straßenart	*EFZ*	Europäischer Fahrzyklus
e	Emissionsteilfaktor in g/km als f (*Vv, H, ZJ, BJ, S*)	*EUDC*	neuer europäischer Fahrzyklus
Vv	Verbrennungsverfahren	*ios*	Innerortsstraßen
H	Hubraum	*aos*	Außerortsstraßen
		bab	Bundesautobahnen

Im Rahmen einer solchen Prognose wird also nach drei Straßenarten unterschieden:

– Bundesautobahnen   Straßenartindex *bab*
– Straßen außerorts   Straßenartindex *aos*
– Straßen innerorts   Straßenartindex *ios*

2.5.4 Ergebnisse

Die Abb. 2.33 bis 2.42 zeigen Ergebnisse (Quelle: Metz).

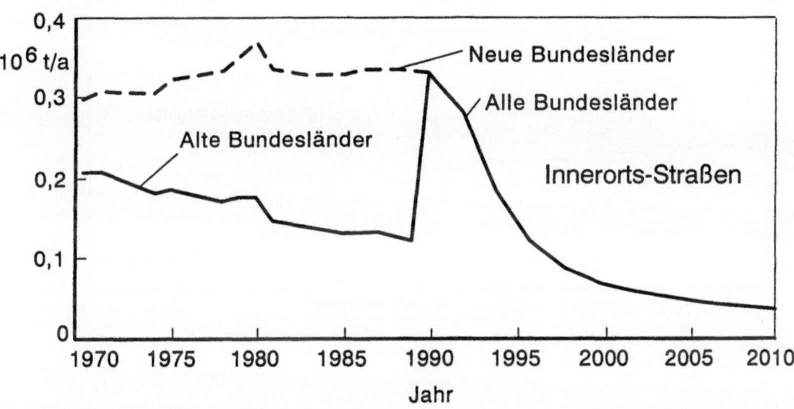

Abb. 2.33: Entwicklung der PKW-HC-Gesamtemission innerorts in allen Bundesländern Deutschlands

HC - Gesamtemission

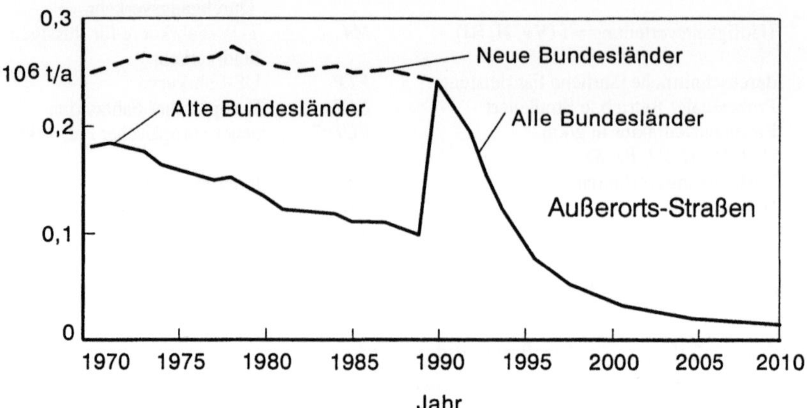

Abb. 2.34: Entwicklung der PKW-HC-Gesamtemission außerorts in allen Bundesländern Deutschlands

HC - Gesamtemission

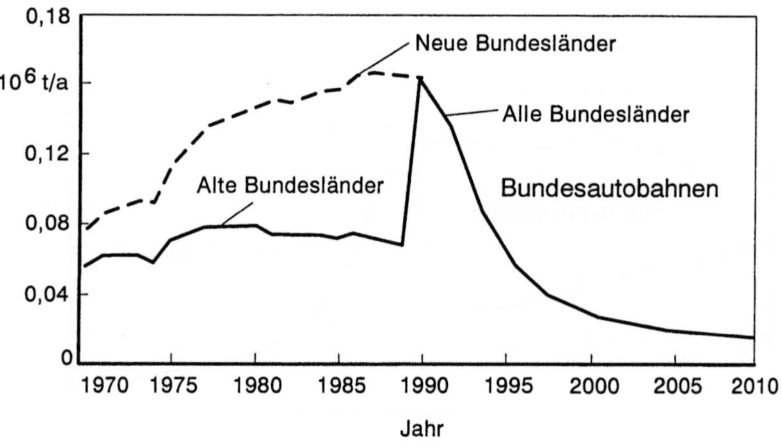

Abb. 2.35: Entwicklung der PKW-HC-Gesamtemission auf Autobahnen in allen Bundesländern Deutschlands

CO - Gesamtemission

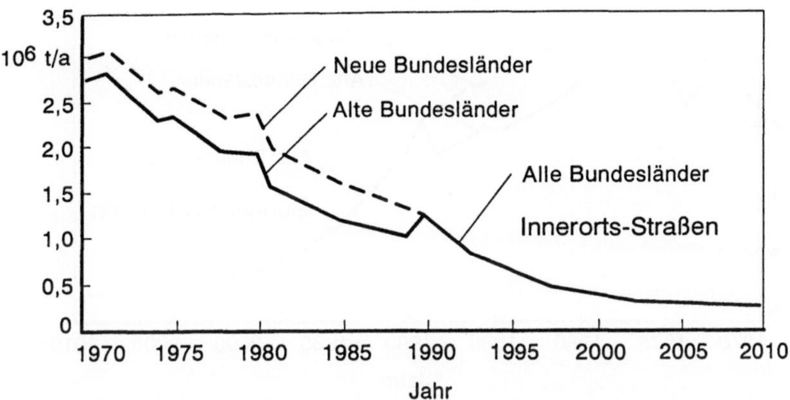

Abb. 2.36: Entwicklung der PKW-CO-Gesamtemissionen innerorts in allen Bundesländern
Deutschlands

CO - Gesamtemission

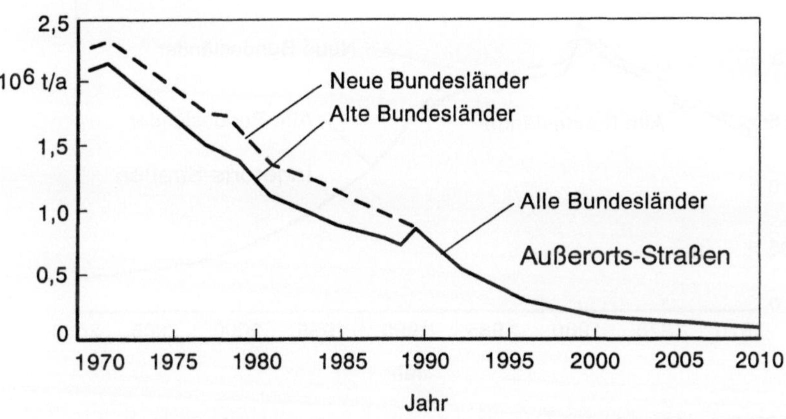

Abb. 2.37: Entwicklung der PKW-CO-Gesamtemissionen außerorts in allen Bundesländern
Deutschlands

CO - Gesamtemission

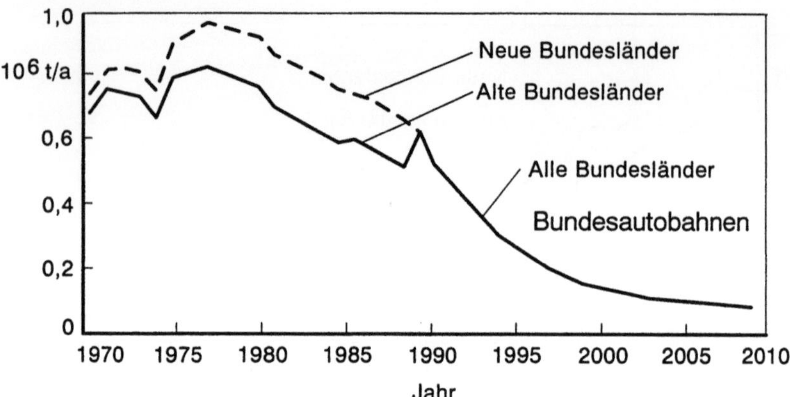

Abb. 2.38: Entwicklung der PKW-CO-Gesamtemissionen auf Autobahnen in allen Bundesländern Deutschlands

NO_x - Gesamtemission

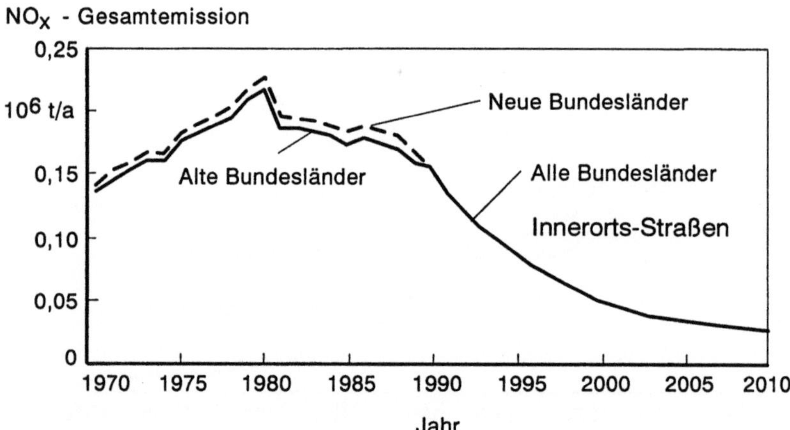

Abb. 2.39: Entwicklung der PKW-NO_x-Gesamtemission innerorts in allen Bundesländern Deutschlands

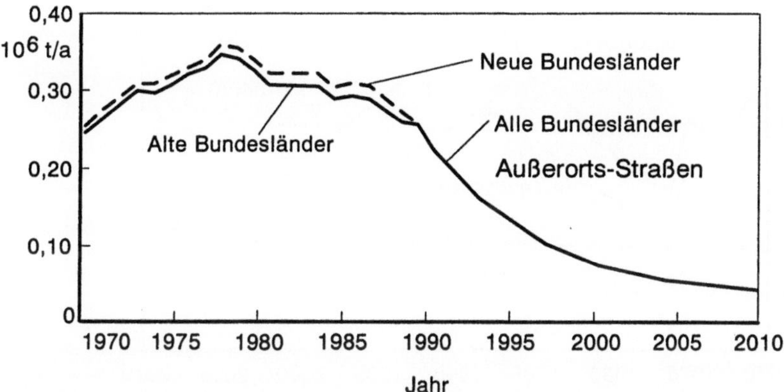

Abb. 2.40: Entwicklung der PKW-NO$_x$-Gesamtemission außerorts in allen Bundesländern Deutschlands

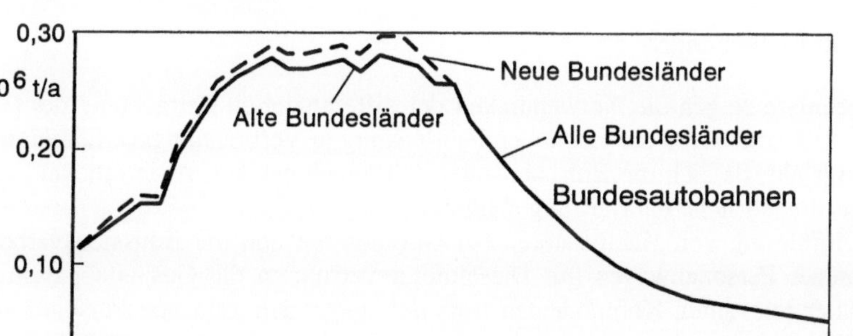

Abb. 2.41: Entwicklung der PKW-NO$_x$-Gesamtemission auf Autobahnen in allen Bundesländern Deutschlands

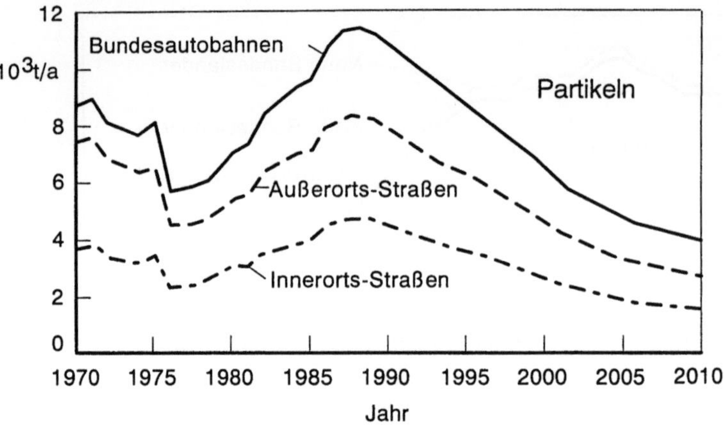

Abb. 2.42: Entwicklung der PKW-Partikeln-Gesamtemission nach Straßenarten

2.5.5 Schlußfolgerungen

Die Ergebnisse zeigen die Notwendigkeit der differenzierten Betrachtung der Gesamtemissionsraten und der jährlichen Fahrleistung je Verbrennungsverfahren und Zulassungsjahr, da sich die Emissionsraten mit zunehmendem Alter erhöhen, andererseits die jährliche Fahrleistung abnimmt.

Die Einführung von Katalysatoren bei Ottomotoren und die Emissionsverbesserung neuer Personenwagen mit Dieselmotor verringern die Gesamtabgasemissionen aller relevanten Komponenten trotz der steigenden Zahl von Personenwagen und ihrer bis zum Jahre 2000 zunehmenden jährlichen Fahrleistung.

Die Gesamtabgasemission von Personenkraftwagen verringert sich von 1991 an

für CO	bis 2000 um ca.	65 %	bis 2010 um ca.	79 %
für HC	"	78 %	"	89 %
für NO_x	"	64 %	"	79 %
für Partikeln	"	49 %	"	63 %
mit schwefelarmem				
Dieselkraftstoff	"	59 %	"	74 %
für SO_2	"	-	"	11 %
mit schwefelarmem				
Dieselkraftstoff	"	12 %	"	50 %
zusätzlich mit schwefel-				
armem Benzin	"	27 %	"	65 % .

Die Emission von CO_2 nimmt bis 2000 zunächst um 7 % zu und fällt im Jahr 2010 um 8 % unter das Niveau von 1991.

3 Natürliche und anthropogene Emissionen im globalen und im Ländermaßstab und resultierende Immissionen

3.1 Einleitung

Neben den durch den Menschen verursachten Emissionen verschiedener Gase gibt es auch Emissionen natürlichen Ursprungs. Das wird oft übersehen. Für die Abschätzung der Belastung der Umwelt durch Abgase werden zuverlässige Zahlen über die Beiträge der einzelnen Quellen benötigt. Neben einer Aufgliederung der durch menschliche Aktivitäten verursachten (anthropogenen) Emissionen nach Verursachergruppen (Emissionskataster), sind auch die Anteile natürlicher Quellen an den insgesamt an die Atmosphäre abgegebenen Mengen derjenigen Spurengase von Interesse, die auch im Automobilabgas vorkommen. Von Interesse sind dabei einmal die globalen, weltweit gerechneten Emissionen, aber auch die Emissionen auf dem Gebiet einzelner Länder, z.B. für die Bundesrepublik Deutschland.

Die Ausbreitung (Transmission) der emittierten Gase erfolgt hauptsächlich in der untersten Schicht der Atmosphäre, die als Troposphäre bezeichnet wird. Auch die Vorgänge des Wetters laufen in der Troposphäre ab. Bild 3.1 gibt einen Überblick über die untere Atmosphäre. Aufgetragen sind außerdem Luftdruck und Temperatur über der Höhe. Zur Veranschaulichung sind einige Wolkenformen und Gebirge schematisch eingezeichnet.

Die Emission von Spurengasen - unabhängig ob anthropogenen oder natürlichen Ursprungs - erfolgt in der Regel am Boden oder in Bodennähe, vgl. Abschn. 1. Die Ausbreitung in der Troposphäre erfolgt durch horizontalen und vertikalen Transport. Im globalen Maßstab erfolgt der horizontale Transport parallel zu den Breitenkreisen relativ rasch, der meridionale Transport dagegen bedeutend langsamer und der vertikale Transport sehr langsam. So benötigen die emittierten Gase vom Boden bis zur Tropopause im Mittel ca. 20 Tage. In der Stratosphäre beträgt die Ausbreitungszeit bis in die oberen Schichten wegen des positiven Temperaturgradienten mehrere Jahre. Im Einzelfall hängt die Ausbreitungszeit von den meteorologischen Bedingungen ab.

Der dabei zurückgelegte Weg hängt von der Windgeschwindigkeit, den turbulenten Diffusionsraten und der mittleren Verweilzeit des betreffenden Spurengases in der Atmosphäre ab. Als mittlere Verweilzeit bezeichnet man den Quotienten aus der in der Atmosphäre vorhandenen Gasmenge und deren Produktions- bzw. Abbaurate unter stationären Bedingungen.

Die mittleren Verweilzeiten oder Lebensdauern der einzelnen Spurengase in der Atmosphäre hängen stark von den jeweiligen lokalen Witterungsbedingungen und der Anwesenheit geeigneter Reaktionspartner ab. Nur bei ausgesprochen langlebigen Spurengasen - Lebensdauern > 1 Monat - mitteln sich diese Einflüsse im globalen Maßstab heraus.

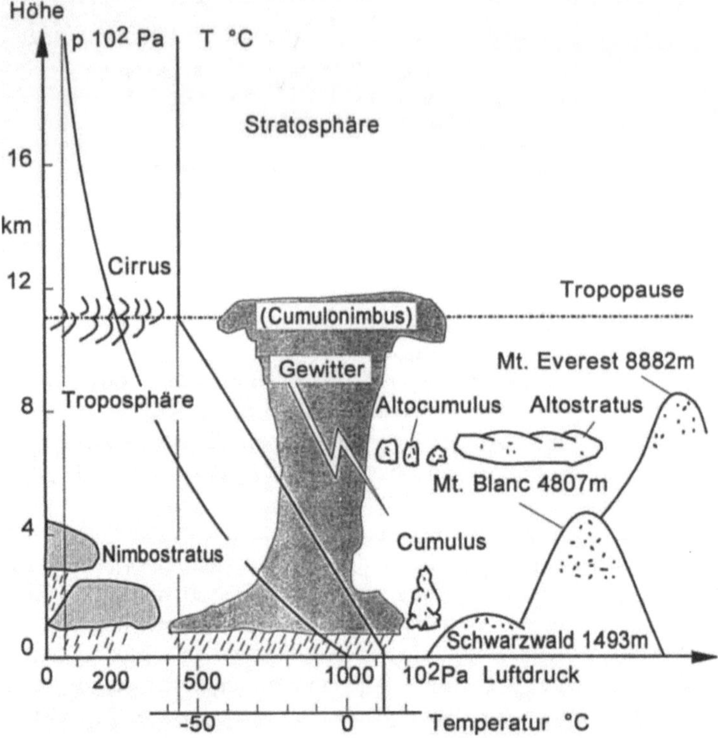

Abb. 3.1: Untere Atmosphäre mit standardisiertem Druck- und Temperaturprofil sowie einigen Wolkenformen. Zum Vergleich sind einige Gebirge schematisch eingezeichnet.

Tabelle 3.1 gibt eine Übersicht über die atmosphärischen Lebensdauern der hier behandelten Gase.

Tabelle 3.1: Zusammenstellung der atmosphärischen Lebensdauern wichtiger Gase

Substanz	Formel	Atmosphärische Lebensdauer
Methan	CH_4	ca. 7 Jahre
Nichtmethan-Kohlenwasserstoffe	NMHC	einige Stunden bis einige Tage
Kohlenmonoxid	CO	ca. 60 Tage
Kohlendioxid	CO_2	2-4 Jahre; 200 Jahre im Austausch für den im Ozean enthaltenen Teil
Stickstoffoxid	NO	3-30 Stunden
Stickstoffdioxid	NO_2	1-2 Tage
Distickstoffoxid	N_2O	100-200 Jahre
Schwefeldioxid	SO_2	ca. 5 Tage
Ozon	O_3	35-40 Tage in Reinluft, wenige Stunden in verunreinigter Luft

Die Emissionen lassen sich in zwei bzw. drei Gruppen einteilen, vgl. Tabelle 3.2.

Tabelle 3.2: Einteilung der Emissionen

natürliche Emissionen	- natürliche, vom Menschen nicht beeinflußte, Emissionen
im erweiterten Sinne	- durch Eingriffe des Menschen in die Natur verursachte Emissionen, z.B. durch Landwirtschaft, Viehzucht und Brandrodung
technisch-anthropogene Emissionen	- anthropogene Emissionen, verursacht durch industrielle Prozesse, Energie- und Wärmeerzeugung sowie durch den Verkehr

Da die Grenze zwischen den ersten beiden Gruppen fließend ist, kann man diese beiden Gruppen als natürliche Emissionen zusammenfassen und unterscheidet nur zwischen natürlichen Emissionen in diesem erweiterten Sinne und anthropogenen Emissionen im engeren Sinne. Bei der Betrachtung und Diskussion dieser Emissionen muß man chemische Reaktionen in der Luft mit berücksichtigen.

Das gilt hauptsächlich für den Fall, daß eine andere emittierte Komponente in eine der hier betrachteten Komponenten umgewandelt wird und als Sekundärprodukt eine Rolle spielt.

Natürliche Emissionen entstehen in erster Linie durch den Aufbau und Zerfall von pflanzlicher Biomasse. In engem Zusammenhang damit steht die Aktivität von Mikroorganismen, durch die ebenfalls große Mengen an Gasen freigesetzt werden. Außerdem emittieren Pflanzen, insbesondere Bäume, Kohlenwasserstoffe.

Eine dritte bedeutende Quelle - und gleichzeitig auch Senke - sind luftchemische Reaktionen, wobei photochemische Reaktionen eine wesentliche Rolle spielen. Ein großer Teil der aus natürlichen und anthropogenen Quellen emittierten Gase unterliegt luftchemischen Umwandlungen. Vielfach wird die Verweilzeit in der Atmosphäre durch die luftchemischen Reaktionen begrenzt, wobei die Reaktionen in hohem Maße von der Temperatur, der Sonneneinstrahlung und der Feuchtigkeit abhängen. Dabei entstehen teilweise die gleichen Substanzen, die auch aus natürlichen oder anthropogenen Quellen emittiert werden. Somit stellt die Atmosphäre selbst eine bedeutende Quelle von Spurengasen dar. Will man z.B. die Auswirkung der Reduzierung anthropogener Quellen auf die Gesamtbelastung für eine bestimmte Substanz beurteilen, so müssen die sekundären Produkte berücksichtigt werden. Allen diesen Quellen gemeinsam ist die Abhängigkeit von den Jahreszeiten, den Klimazonen und der Witterung.

Hinweise auf natürliche Emissionen ergeben sich durch gegenüber der Umgebung erhöhte Konzentrationen, für die anthropogene Emission als Ursache ausgeschlossen werden können. Gewässer kommen als Quellen in Frage, wenn die Konzentration an gelöstem Gas im Wasser höher ist, als es dem Gleichgewicht mit der Konzentration in der darüber befindlichen Luft entspricht.

Die Quellstärken versucht man zu ermitteln, indem man bei bekannten Transport- und Abbauvorgängen die zur Aufrechterhaltung der beobachteten Konzentrationen notwendigen Erzeugungsraten berechnet. Ein anderer Weg besteht darin, durch Messungen an Pflanzen in geschlossenen Behältern mit definiertem Luftdurchsatz (Lysimeter) die Erzeugung bzw. den Verbrauch von Gasen direkt zu messen. Solche Messungen können sowohl im Labor als auch am natürlichen Standort der Pflanze vorgenommen werden. Im letzteren Fall werden die Pflanzen oder Teile davon zeitweise in Glas- oder Folienbehälter eingeschlossen.

Alle diese Methoden sind nicht nur mit erheblichem apparativen sowie Zeitaufwand verbunden, sondern enthalten auch eine Vielzahl von Fehlerquellen. Weitere Fehler kommen bei der Übertragung solcher vereinzelter Ergebnisse auf größere Gebiete oder gar auf den globalen Maßstab hinzu. So sind die teilweise extremen Unterschiede zwischen den Angaben verschiedener Autoren zu erklären.

Eine - immer noch grobe - Kontrolle ermöglicht die Betrachtung von globalen Stoffkreisläufen, häufig auch als Massenbilanzen bezeichnet. Dabei werden alle bekannten Quellen und Senken zusammengefaßt. Die Summe aller Quellen muß gleich der Summe aller Senken sein, sofern die Konzentration des betrachteten Stoffs in der Atmosphäre konstant bleibt.

Ein besonderes Problem besteht darin, natürliche Emissionswerte für ein Land wie die Bundesrepublik Deutschland zu ermitteln, da hierzu nur wenige Angaben vorliegen. Häufig existieren lediglich globale Schätzungen, die nur teilweise als flächenbezogene Angaben vorliegen, z.B. für bestimmte Formen der Bodennutzung bzw. Bodenbeschaffenheit.

Man kann so vorgehen, daß in einem ersten Schritt zunächst Emissionswerte pro Fläche für möglichst ähnliche, d.h. feuchtgemäßigte klimatische Bedingungen (wie in der Bundesrepublik Deutschland) gesucht und dann aus globalen Angaben für die in Frage kommende Fläche berechnet werden.

Sind die entsprechenden Flächen bekannt, so können im zweiten Schritt die entsprechenden Emissionen berechnet werden. Schwierigkeiten können sich ergeben, wenn unterschiedliche Kriterien für die Einteilung der Fläche nach Nutzungsart verwendet werden. Für anthropogenen Quellen stehen oft auch keine genügend abgesicherten Daten zur Verfügung.

3.2 Quellen und Quellstärken einzelner Spurengase

3.2.1 Kohlenwasserstoffe

Unter der Bezeichnung "Kohlenwasserstoffe" ist eine Vielzahl von Einzelsubstanzen mit unterschiedlichen Eigenschaften zusammengefaßt. Darunter nimmt das Methan (CH_4) wegen seines häufigen Vorkommens und seiner Reaktionsträgheit bei luftchemischen Reaktionen eine Sonderstellung ein. Bei Emissions- und Immissionsmessungen wird daher vielfach zwischen "Gesamtkohlenwasserstoffen" (HC = Hydrocarbons) und "Nicht-Methan-Kohlenwasserstoffen" (NMHC) unterschieden. Je nach Problemstellung müssen im Einzelfall von den Kohlenwasserstoffen einzelne Substanzen oder Gruppen, wie z.B. polyzyklische aromatische Kohlenwasserstoffe (PAK auch PAH = Polycyclic Aromatic Hydrocarbons), betrachtet werden.

Mit Ausnahme von Methan, dessen mittlere Verweilzeit in der Atmosphäre auf ca. 7 Jahre geschätzt wird und das eine weltweite Untergrundkonzentration von im Mittel 1,6 ppm aufweist, betragen die Verweilzeiten der meisten übrigen Kohlenwasserstoffe nur wenige Stunden bis einige Tage, so daß sich keine weltweit einheitlichen Konzentrationen einstellen können. In Straßenschluchten wurden Gesamt-HC-Konzentrationen von z.B. 3 - 5 ppm beobachtet (vgl. Abschn. 4). Zur

Zeit wird ein Anstieg des Methangehaltes der Atmosphäre mit $\approx 1,5\%$ pro Jahr entsprechend $+ 0,02$ ppm/a beobachtet.

In den Tabellen 3.3 und 3.4 sind die wichtigsten globalen Quellen von Kohlenwasserstoffemissionen getrennt nach Methan und NMHC-Kohlenwasserstoffen zusammengefaßt.

Tabelle 3.3: Globale jährliche Methanemission (in Klammern auf Literaturangaben basierende Bandbreiten)

Quellen		Emission in		
		10^6 t CH_4/a	10^6 t C/a	%
natürliche Quellen:	Gewässer	4 (1-7)	3	1
	Sümpfe und Feuchtgebiete	34 (11-57)	26	10
	Reisfelder	83 (45-120)	62	24
	Wiederkäuer	86 (72-99)	65	25
	Termiten	4 (2-5)	3	1
	Verbrennung von Biomasse	75 (53-97)	56	21
	Sonstige	8 (6-10)	6	2
Σ natürliche Quellen		294 (190-395)	221	**84** (80-88)
anthropogene Quellen:	Erdgaslecks	24 (19-29)	18	7
	Bergbau	30 (25-35)	23	9
Σ anthropogene Quellen		54 (44-64)	41	**16** (12-20)
gesamt		348 (234-459)	262	**100**

Tabelle 3.4: Globale jährliche Emission von Nicht-Methan-Kohlenwasserstoffen (NMHC) in % bezogen auf t C/a (Gemische verschiedener Kohlenwasserstoffe; in Klammern die Bandbreiten)

Quellen		Emissionen in		
		10^6 t HC/a	10^6 t C/a	%
natürliche Quellen:	Bäume (Terpen und Isoprene)	941 (565 - 1317)	830	94
Σ natürliche Quellen		941 (565 - 1317)	830	**94** (91 - 95)
anthropogene Quellen:	Kraftfahrzeuge mit Kraftstoffverdampfung	40 (32 - 48)	34	4
	Lösungsmittel	10 (8 - 12)	8	1
	sonstige	14 (11 - 17)	12	1
Σ anthropogene Quellen		64 (51 - 77)	54	**6** (5 - 9)
gesamt		1005 (600 - 1400)	884	**100**

Dabei überwiegen im globalen Maßstab für Methan bzw. für NMHC die Emissionen der natürlichen Quellen mit ca. 84% bzw. ca. 94% bei weitem.

Selbst in Deutschland stammt rund die Hälfte bis zu zwei Drittel der Kohlenwasserstoffemissionen aus natürlichen Quellen (Tabelle 3.5). Es werden hier die Gesamt-Kohlenwasserstoffe angegeben.

Tabelle 3.5: Kohlenwasserstoffemissionen einschließlich Methan in Deutschland (ohne Berücksichtigung der neuen Bundesländer) in % bezogen auf t C/a ; PKW ohne Katalysator

Quellen		Emissionen in		
		10^6 t HC/a	10^6 t C/a	%
natürliche	Wälder	1,4 (0,6 - 2,2)	1,2	39
Quellen:	Wiederkäuer	0,7 (0,4 - 1,0)	0,5	16
	Sümpfe	< 0,1	< 0,1	1
Σ natürliche Quellen		2,1 (1,0 - 3,2)	1,7	**56** (44 - 65)
anthropogene	Kraftwerke, Fern-			
Quellen:	heizwerke	0,01 (-)	0,009	< 1
	Industrie	0,45 (0,35 - 0,55)	0,39	12
	Haushalte, Kleinver-			
	braucher	0,52 (0,35 - 0,70)	0,46	15
	Straßenverkehr (Pkw			
	und Nutzfahrzeuge)	0,58 (0,40 - 0,75)	0,49	16
	sonst. Verkehr	0,06 (0,04 - 0,08)	0,05	1
Σ anthropogene Quellen		1,6 (1,2 - 2,0)	1,4	**44** (35 - 56)
gesamt		3,7 (2,2 - 5,2)	3,1	**100**

Bei den Nicht-Methan-Kohlenwasserstoffen existieren im natürlichen Bereich vermutlich noch weitere, hier nicht erfaßte Quellen. Abb. 3.2 zeigt die aus den Daten von Tabelle 3.5 berechneten Daten als Kreisdiagramm für den hypothetischen Fall, daß man für die PKW-Emissionen das Jahr 2010 nach der Emissionsprognose gemäß Abschn. 2.5 zugrunde legt und die Verringerung der Emission anderer anthropogener Quellen vernachlässigt. Dann wird ihr Beitrag vernachlässigbar gering.

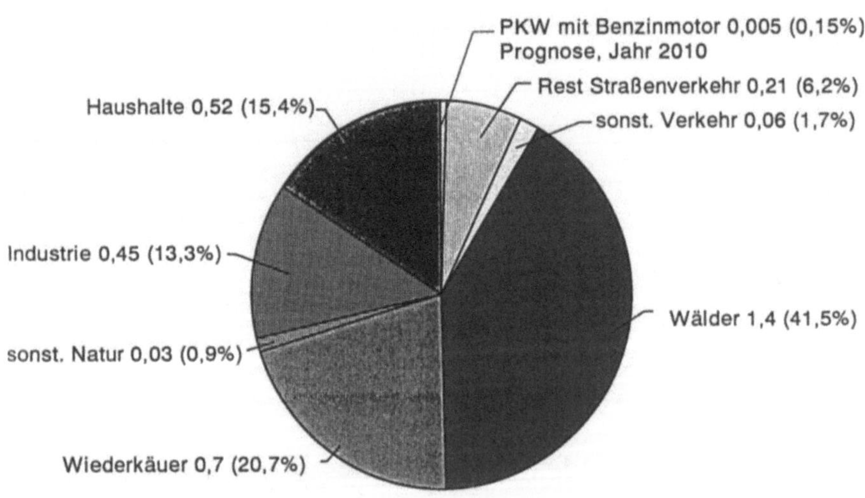

Abb. 3.2: Kohlenwasserstoffemissionen in Deutschland; Pkw-Anteil: Ottomotor-Fahrzeuge mit Katalysator; berechnet mit Angaben der Emissionsprognose aus Abschn. 2.5 unter der hypothetischen Annahme, daß die Emissionen anderer anthropogener Quellen nicht verringert werden.

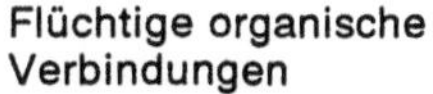

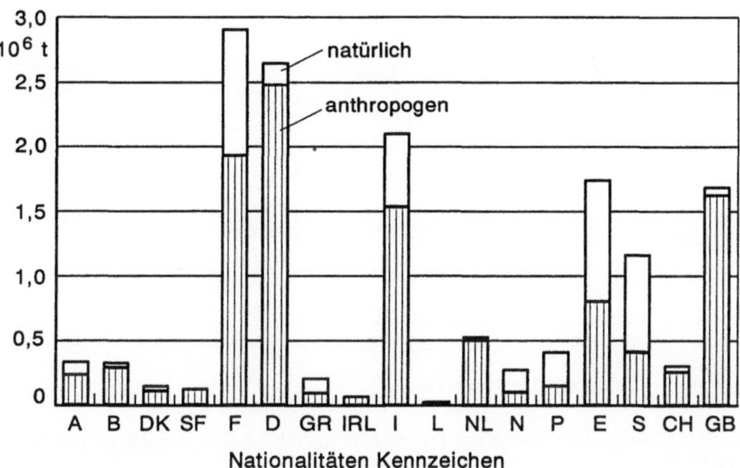

Abb. 3.3: Natürliche und anthropogene Emissionen flüchtiger organischer Verbindungen in europäischen Ländern der OECD im Jahre 1980, Quelle: OECD-Bericht, Paris 1990

Abschließend soll Abb. 3.3 noch einen Überblick geben über die natürlichen und anthropogenen Emissionen flüchtiger organischer Verbindungen in europäischen Ländern.

3.2.2 Kohlenmonoxid

Kohlenmonoxid hat in der Troposphäre eine mittlere Lebensdauer von zwei Monaten. Das reicht nicht zur Bildung einer weltweit einheitlichen Konzentration aus. Wohl aber weisen Zonen gleicher geographischer Breite nahezu gleiche CO-Konzentrationen auf.

Dabei werden auf der Nordhalbkugel mit 0,1 bis 0,2 ppm deutlich höhere Konzentrationen beobachtet als auf der Südhalbkugel (50 bis 80 ppb). Abb. 3.4 zeigt die breitenabhängige Verteilung des Kohlenmonoxids. Dieser Unterschied beruht darauf, daß CO hauptsächlich auf den Kontinenten bzw. durch luftchemische Reaktion aus auf dem Festland emittierten Kohlenwasserstoffen entsteht. Zwei Drittel der Landflächen liegen auf der Nordhalbkugel, dort wird auch der größte Teil des anthropogenen CO erzeugt.

Die Meere, in denen ebenfalls Kohlenmonoxid entsteht, spielen demgegenüber nur eine untergeordnete Rolle. Die CO-Konzentrationen schwanken jahreszeitlich, wobei die Maxima im Winter und Frühjahr, die Minima im Sommer und Herbst auftreten. Dadurch nehmen die Unterschiede zwischen den beiden Hemisphären im Nordwinter bis Frühjahr maximale Werte an, dagegen sind im Nordsommer die Konzentrationsunterschiede nahezu ausgeglichen.

Tabelle 3.6 gibt eine Übersicht über die bekannten CO-Quellen. Dabei überwiegen weltweit die natürlichen Quellen mit einem Anteil von ca. 79% der gesam-

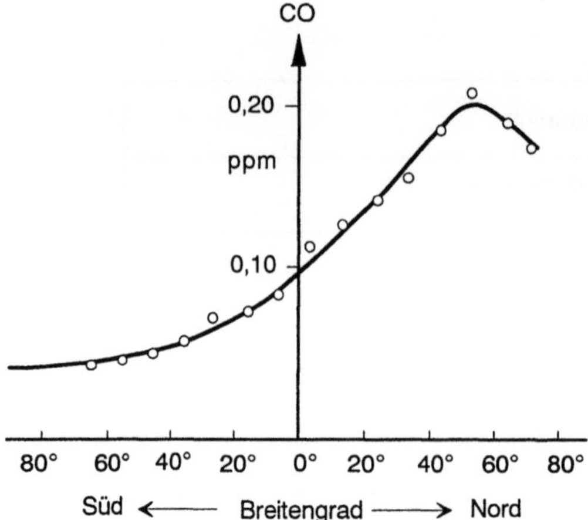

Abb. 3.4: Mittlere CO-Konzentration in der Troposphäre in Abhängigkeit von der geographischen Breite (geglättet)

Tabelle 3.6: Globale jährliche Kohlenmonoxidemissionen

Quellen		Emissionen in		
		10^6 t CO/a	10^6 t C/a	%
natürliche	Ozeane	95 (10 - 180)	41	1
Quellen:	Pflanzen	50 (30 - 70)	21	3
	Oxidation von Methan	650 (370 - 930)	279	20
	Oxidation von höheren Kwst	850 (400 - 1300)	364	25
	Verbrennung von Biomasse	1000 (400 - 1600)	429	30
Σ natürliche Quellen		2645 (1200 - 4100)	1134	**79** (69 - 84)
anthropogene	Brennholz	60 (45 - 75)	26	2
Quellen:	fossile Brennstoffe	640 (480 - 800)	274	19
Σ anthropogene Quellen		700 (525 - 875)	300	**21** (16 - 31)
gesamt		3345 (1700 - 5000)	1424	**100**

ten CO-Erzeugung, wobei wieder die Unsicherheiten aus den Bandbreiten zu berücksichtigen sind.

Hier ist als Quelle auch die luftchemische Umwandlung von Kohlenwasserstoffen berücksichtigt.

Kohlenmonoxid wird hauptsächlich durch überwiegend luftchemische Reaktionen im wesentlichem mit dem OH-Radikal und durch mikrobiologische Prozesse in den obersten Bodenschichten abgebaut.

Abb. 3.5 gibt einen Überblick über den globalen CO-Haushalt.

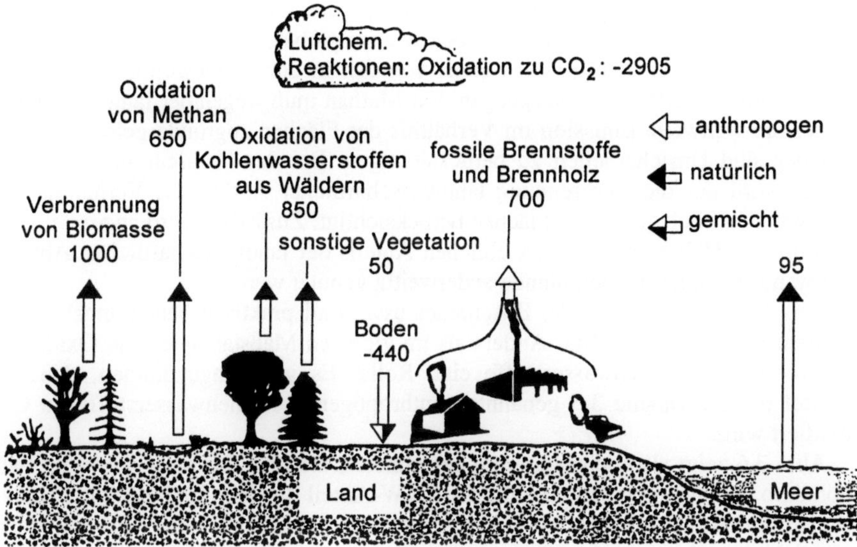

Abb. 3.5: Globaler Kohlenmonoxidhaushalt in Millionen Tonnen pro Jahr mit Quellen und Senken

Tabelle 3.7 gibt einen Überblick über die CO-Emissionen in der Bundesrepublik Deutschland. Hier überwiegen die anthropogenen Quellen mit einem direkten Anteil von ca. 66%, zu dem ca. 9% durch die Oxidation anthropogener Kohlenwasserstoffe hinzugehören.

Tabelle 3.7: Kohlenmonoxidemissionen in Deutschland (ohne Berücksichtigung der neuen Bundesländer; Pkw-Anteil: Ottomotor-Fahrzeuge ohne Katalysator)

Quellen		Emissionen in		
		10^6 t CO/a	10^6 t C/a	%
natürliche Quellen:	Pflanzen	0,3 (0,2 - 0,4)	0,14	2
	Oxidation von Methan	0,2 (0,1 - 0,3)	0,09	1
	Oxidation von Kwst aus Wäldern	1,2 (0,6 - 1,8)	0,53	10
	Verbrennung von Biomasse	1,4 (0,6 - 2,2)	0,6	11
	Σ natürliche Quellen	3,1 (1,5 - 4,7)	1,36	**24** (16 - 33)
anthropogene Quellen:	Oxidation anthropogener Kwst	1,2 (0,6 - 1,8)	0,53	10 (5 - 14)
	Kraftwerke, Fernheizwerke	0,03 (0,02 - 0,04)	0,01	0,2
	Industrie	1,12 (0,8 - 1,5)	0,48	9
	Haushalte / Kleinverbraucher	1,72 (1,2 - 2,2)	0,74	14
	Straßenverkehr (Pkw und Nutzfahrzeuge)	5,15 (3,6 - 6,7)	2,20	41
	sonst. Verkehr	0,25 (0,2 - 0,3)	0,10	2
	Σ anthropogene Quellen (direkte Emission)	8,2 (5,8 - 10,7)	3,53	**76** (57 - 84)
	gesamt	12,5 (8,7 - 19,2)	5,4	**100**

Bei der Berechnung wird davon ausgegangen, daß die gleichen Anteile der HC-Emissionen in CO umgewandelt werden wie im globalen Maßstab. Für die Nicht-Methan-Kohlenwasserstoffe wird dabei von den in der Bundesrepublik Deutschland emittierten Mengen ausgegangen. Für Methan muß wegen der langen Lebensdauer die weltweite Emission im Verhältnis der Flächen zugrunde gelegt werden. Wieder sind Unsicherheiten zu berücksichtigen. Bei der Verbrennung von Biomasse wird nur die Verbrennung landwirtschaftlicher Abfälle im Verhältnis der landwirtschaftlich genutzten Flächen berücksichtigt. Zusätzlich wird angenommen, daß nur die Hälfte des weltweit üblichen Anteils der landwirtschaftlichen Abfälle verbrannt wird, da sie hierzulande anderweitig genutzt werden.

Brandrodung, Waldbrände, Buschfeuer usw. sind praktisch bedeutungslos und werden nicht berücksichtigt. Anders als im globalen Maßstab spielt die Oxidation anthropogener Kohlenwasserstoffe eine Rolle. Es wird angenommen, daß ein Drittel der im Tabelle 3.5 genannten anthropogenen Kohlenwasserstoffe zu CO oxidiert wird.

Abb. 3.6 zeigt als Kreisdiagramm berechnete Daten für den vergleichbaren Fall von Abb. 3.2, nämlich daß man für den PKW-Anteil das Jahr 2010 nach der Emissionsprognose gemäß Abschn. 2.5 zugrunde legt. Ihr Beitrag wird dann praktisch gleich Null.

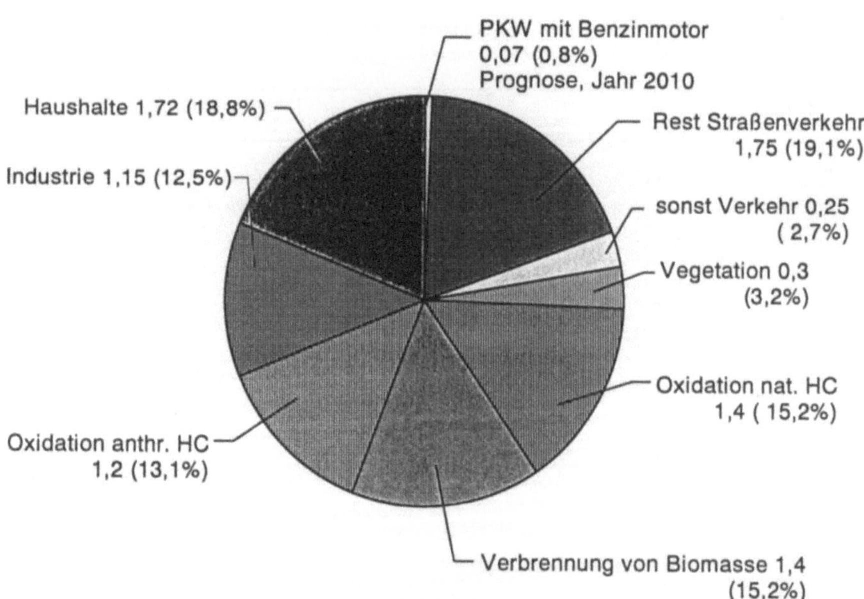

Abb 3.6: Kohlenmonoxidemissionen in Deutschland (Pkw-Anteil: Ottomotoren-Fahrzeuge mit Katalysator lt. Prognose für das Jahr 2010), Ansatz wie für Abb. 3.2

3.2.3 Kohlendioxid

Kohlendioxid ist nach Stickstoff, Sauerstoff und Argon das vierthäufigste Gas in der Atmosphäre ($\approx$ 0,03 Vol.-%), vgl. Tabelle 2.1. Seine Konzentration unterliegt geringen jahreszeitlichen Schwankungen, die sich einem seit längerem zu beobachtenden kontinuierlichen Anstieg überlagern. Abb. 3.7 zeigt den vom Mauna-Loa-Observatorium auf Hawaii beobachteten Verlauf der CO_2-Konzentration. Die durch die Vegetationsperiode bedingten jahreszeitlichen Schwankungen sind deutlich zu erkennen, ebenso der langfristige Anstieg.

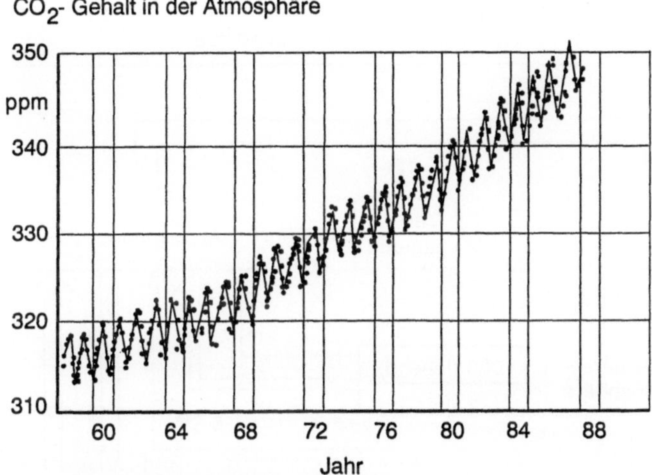

Abb. 3.7: Anstieg der Kohlendioxidkonzentration in der Atmosphäre, überlagert von den jahreszeitlichen Schwankungen

Durch den Stoffwechsel der Pflanzen sowie durch die Zersetzung von Biomasse werden auf dem Lande und im Meer große Mengen Kohlendioxid freigesetzt (Tabelle 3.8).

Tabelle 3.8: Globale jährliche Kohlendioxidemissionen

Quellen		Emissionen in		
		10^9 t CO/a	10^9 t C/a	%
natürliche	Meer	385 (311 - 458)	105	45
Quellen:	Vegetation	227 (183 - 272)	62	26
	Boden	227 (183 - 272)	62	26
	Verbrennung von Biomasse	9 (7 - 12)	2,5	1
	Σ natürliche Quellen	848 (684 - 1014)	231,5	**98**
anthropogene	Brennholz	2 (1,5 - 2,5)	0,5	< 1
Quellen:	fossile Brennstoffe	19 (17 - 21)	5,2	2
	Σ anthropogene Quellen	21 (18,5 - 23,5)	5,7	**2**
	gesamt	869 (702 - 1038)	237,2	**100**

Der Kohlenstoff liegt in der Atmosphäre hauptsächlich als Kohlendioxid vor. Die Massenbilanz ist nicht ausgeglichen. CO_2 reichert sich in der Atmosphäre an, vgl. Abb. 3.7. Große Mengen sind im tiefen Ozean gespeichert.

Die mittlere Lebensdauer des CO_2 in der Atmosphäre beträgt ca. 3 Jahre. Die anthropogenen CO_2-Emissionen betragen nur $\approx 2\%$ der globalen CO_2-Emissionen, vgl. aber Abschn. 5.

Demgegenüber steht ein gleich großer Verbrauch von CO_2 für den Aufbau von Biomasse, so daß der natürliche Kohlenstoff-Haushalt weitgehend ausgeglichen ist, siehe Abb. 3.8.

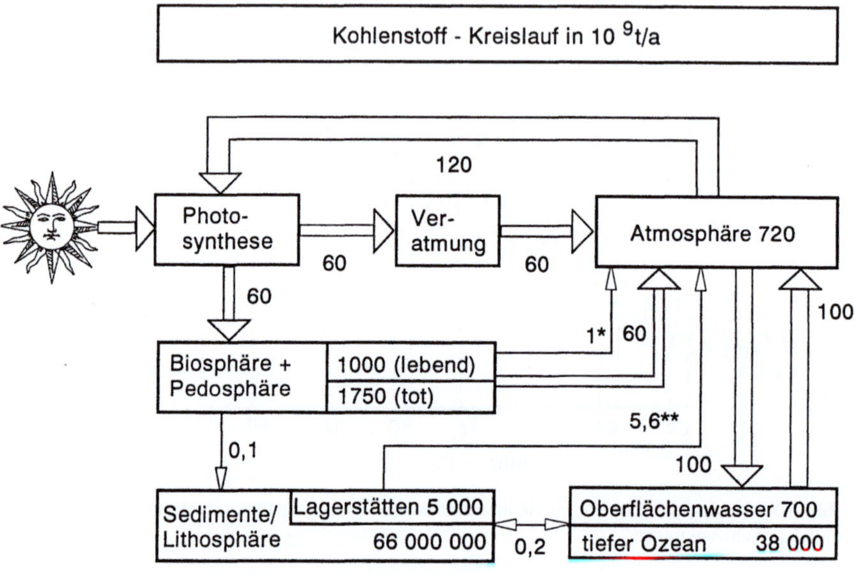

Abb. 3.8: Globaler Kohlenstoffkreislauf in Milliarden Tonnen Kohlenstoff pro Jahr, Quellen und Senken

In der Bundesrepublik Deutschland liegt der anthropogene Anteil mit 50% wesentlich höher (Tabelle 3.9). Die Fehler der Angaben für die anthropogenen Quellen sind durchweg $\leq 10\,\%$, daher werden dafür keine Bandbreiten angegeben. Die Zahlen sind berrechnet aus Verbrauchs- bzw. Produktionsdaten.

Das Gleichgewicht des Kohlenstoffhaushalts wird durch die Verbrennung fossiler Brennstoffe und die Rodung von Tropenwäldern gestört. Rund die Hälfte des auf diese Weise jährlich freigesetzten CO_2 reichert sich in der Atmosphäre an. Sollte die CO_2-Konzentration weiter zunehmen, so muß bei einem Anstieg über ≈ 400 ppm mit merklichen Einflüssen auf das Klima der Erde gerechnet werden, wie verschiedene Modellrechnungen ergaben (vgl. Abschnitt 5).

Tabelle 3.9: Kohlendioxidemissionen in Deutschland

Quellen		Emissionen in		
		10^6 t CO/a	10^6 t C/a	%
natürliche	Böden	457 (365 - 550)	125	25
Quellen:	Vegetation	457 (365 - 550)	125	25
	Σ natürliche Quellen	914 (730 - 1100)	250	**50** (45 - 55)
anthropogene	Benzin	70	19	4
Quellen:	Diesel	42	11	2
	Heizöl	164	45	9
	Steinkohle	282	77	16
	Braunkohle	220	60	12
	Erdgas	102	28	6
	Zementherstellung	16	4	1
	Σ anthropogene Quellen	896	244	**50** (45 - 55)
	gesamt	1810 (1626 - 1996)	494	**100**

3.2.4 Stickoxide

Stickoxide werden bei Verbrennungsvorgängen überwiegend als NO emittiert, das sich aber relativ schnell (in wenigen Stunden) über luftchemische Reaktionen hauptsächlich in NO_2 umwandelt. Dabei dominiert die Oxidation durch Ozon. Für Emissionsangaben werden NO und NO_2 meist unter der Bezeichnung NO_x zusammengefaßt. Dabei ist das Distickstoffoxid (N_2O) nicht berücksichtigt. NO_x hat eine mittlere Lebensdauer von 1 bis 2 Tagen. Daher müßte man eigentlich weitere Sekundärprodukte diskutieren. Gegenüber NO und NO_2 ist das Distickstoffoxid N_2O, dessen atmosphärische Lebensdauer auf 100 bis 200 Jahre geschätzt wird, sehr reaktionsträge.

Tabelle 3.10 gibt eine Übersicht über die globalen NO_x-Quellen. Dabei überwiegen die natürlichen Quellen mit einen Anteil von ca. 68%, wobei wieder die Unsicherheiten zu berücksichtigen sind.

Tabelle 3.10: Globale jährliche NO_x-Emissionen (NO_x als NO_2)

Quellen		Emissionen in		
		10^6 t NO_2/a	10^6 t N/a	%
natürliche	Verbrennung von			
Quellen:	Biomasse	39,4 (13 - 79)	12	22
	Blitze	26,3 (7 - 66)	8	15
	Böden	26,3 (13 - 53)	8	15
	Mineraldünger	6,5 (4 - 9)	2	4
	Oxidation von NH_3	18,1 (3 - 33)	5,5	10
	Ozean	1,6 (0,7 - 2,6)	0,5	1
	aus der Stratosphäre	1,6 (0,7 - 2,6)	0,5	1
	Σ natürliche Quellen	119,8 (39 - 240)	35,8	**68** (50 - 80)
anthropogene	fossile Brennstoffe	57 (36 - 76)	17,3	**32** (20 -50)
Quellen:				
	gesamt	176,8 (76 - 315)	53,1	**100**

Der Abbau von NO_2 erfolgt überwiegend nach luftchemischer Reaktion mit OH-Radikalen mit Umwandlung in Salpetersäure und Nitrat-Aerosol durch feuchte und trockene Deposition. Die direkte Aufnahme durch Böden und Pflanzen ersetzt das Düngen. Daneben spielt auch die direkte Ablagerung besonders in der Nähe der Emissionsquellen eine Rolle. Abb. 3.9 stellt den globalen NO_x-Haushalt dar.

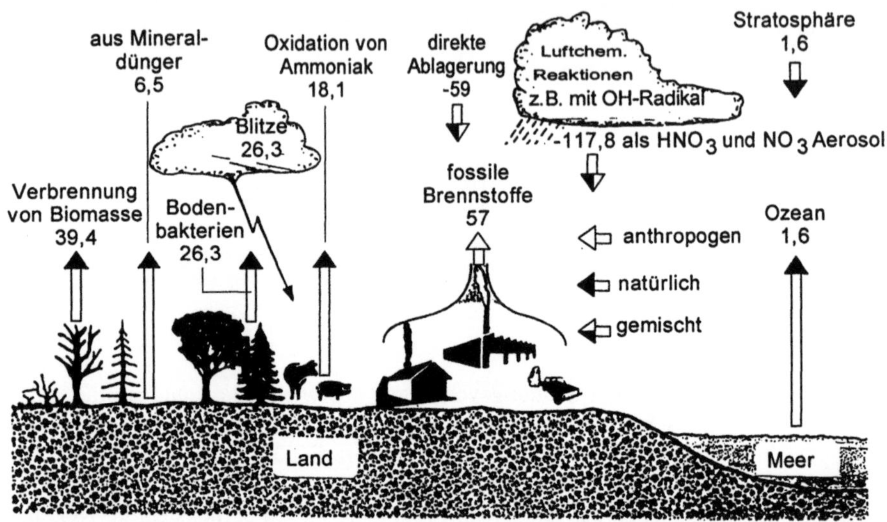

Abb. 3.9: Globaler Haushalt der Stickoxide NO und NO_2 in Millionen Tonnen NO_2 pro Jahr, Quellen und Senken

Die Rolle der Stickoxide ist bei der Bildung von Photooxidantien von großer Bedeutung.

Stickoxide aus bodennahen Quellen, wie z.B. Kraftfahrzeugen, werden teilweise aus der Atmosphäre entfernt, bevor sie zur Bildung von Photooxidantien beitragen können. Demzufolge darf die Bedeutung einer NO_x-Emissionsquelle für die Bildung von Photooxidantien nicht nur nach der jährlich emittierten Menge von NO_x beurteilt werden.

Tabelle 3.11 zeigt die abgeschätzten Emissionen von Stickoxiden (NO_x) in der Bundesrepublik Deutschland. Danach stammen ca. 9% aus natürlichen Quellen und ca. 91% aus anthropogenen Quellen. Der Anteil der Otto-PKW ohne Katalysator beträgt schätzungsweise 20%, der mit Katalysator ca. 1%.

Da in Deutschland die NO_x-Konzentration in der Umgebungsluft durchweg > 60 ppt ($\hat{=}$ 0,06 ppb) beträgt, scheidet die Oxidation von Ammoniak als Quelle für NO_x wahrscheinlich aus. Bei Übertragung der globalen Verhältnisse würde sich sonst zusätzlich zu den in Tabelle 3.11 genannten Quellen eine Gesamtquellenstärke von ca. $200 \cdot 10^3$ t NO_x/a ergeben.

Abb. 3.10 zeigt berechnete Daten als Kreisdiagramm für den Fall, daß man für den PKW-Anteil das Jahr 2010 nach der Emissionsprognose gemäß Abschn. 2.5 zugrunde legt (vgl. Abb. 3.2). Dann wird ihr Beitrag vernachlässigbar gering.

Tabelle 3.11: Emissionen von Stickoxiden (NO_x) in der Bundesrepublik Deutschland; Pkw-Anteil: Ottomotor-Fahrzeuge ohne Katalysator (NO_x als NO_2)

Quellen		Emissionen in		
		10^3 t NO_2/a	10^3 t N/a	%
natürliche	Böden	76 (39 - 150)	23	2
Quellen:	Blitze	26 (7 - 66)	8	1
	Verbrennung von			
	Biomasse	56 (2 - 177)	17	2
	aus Mineraldünger	135 (8 - 19)	41	4
	Waldbrände	3 (2 - 5)	1	< 1
Σ natürliche Quellen		300 (150 - 590)	90	**9** (6 - 14)
anthropogene	Kraftwerke,			
Quellen:	Fernheizwerke	860 (570 - 1150)	260	25
	Industrie	430 (290 - 570)	130	13
	Haushalte /			
	Kleinverbraucher	110 (70 - 150)	40	3
	Straßenverkehr			
	(Pkw und			
	Nutzfahrzeuge)	1470 (960 - 1980)	440	43
	sonst. Verkehr	220 (150 - 300)	70	7
Σ anthropogene Quellen (direkte Emission)		3100 (2100 - 4100)	940	**91** (86 - 94)
gesamt		3400 (2200 - 4800)	1030	**100**

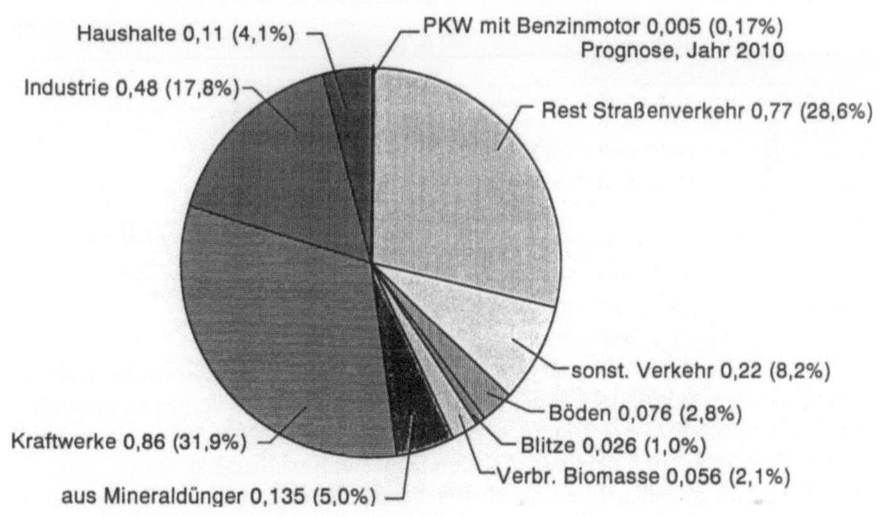

Abb. 3.10: Stickoxidemissionen in Deutschland; Pkw-Anteil: Ottomotor-Fahrzeuge mit Katalysator, berechnet mit der Emissionsprognose von Abschn. 2.5, Ansatz wie für Abb. 3.2

3.2.5 Schwefeldioxid

Schwefel und Schwefelverbindungen sind in der Biomasse und in fossilen Brennstoffen - wenn auch nur in geringen Konzentrationen (maximal wenige Prozent) - enthalten. Daher entsteht bei fast allen Verbrennungsvorgängen Schwefeldioxid. Bei der biologischen Zersetzung von Biomasse entstehen zunächst andere gasförmige Schwefelverbindungen, wie z.B. Schwefelwasserstoff H_2S oder Dimethylsulfid (DMS = $(CH_3)_2S$), die in der Atmosphäre teilweise zu Schwefeldioxid oxidiert werden. Es wird angenommen an, daß ca. $^3/_4$ der in der Literatur für diese Verbindungen angegebenen Schwefelmengen in SO_2 umgewandelt werden. Tabelle 3.12 gibt eine Übersicht über die globalen Schwefelquellen.

Tabelle 3.12: Globale jährliche Schwefeldioxidemissionen

Quellen		Emissionen in		
		10^6 t SO_2/a	10^6 t S/a	%
natürliche Quellen:	Vulkane	40 (20 - 60)	20	10
	Oxidation von H_2S und $(CH_3)_2S$ aus:			
	Ozeane	56 (48 - 64)	28	14
	Küstengebiete	15 (10 - 22)	8	4
	tropische Wälder	25 (15 - 35)	12	6
	Sümpfe und Reisfelder	38 (22 - 54)	19	10
	Felder	6 (4 - 8)	3	1
Σ aus Oxidation		140 (80 - 200)	70	35
	Verbrennung von Biomasse	6 (4 - 10)	3	2
Σ natürliche Quellen		186 (104 - 270)	93	**47** (39 - 53)
anthropogene Quellen:	Verbrennung von Kohle	128 (116 - 140)	64	32
	Verbrennung von Erdöl	52 (46 - 58)	26	13
	Erzaufbereitung	22 (20 - 24)	11	6
	sonstige	6 (4 - 8)	3	2
Σ anthropogene Quellen		208 (186 - 230)	104	**53** (47 - 61)
gesamt		394 (290 - 500)	197	**100**

Etwa die Hälfte des SO_2 wird direkt durch Auswaschung oder trockene Ablagerung aus der Atmosphäre entfernt, die andere Hälfte wird vorher zu schwefliger Säure, Schwefelsäure und Sulfaten umgewandelt; die mittlere Lebensdauer beträgt ca. 5 Tage. Abb. 3.11 stellt den globalen Schwefeldioxidhaushalt dar.

Bereits im globalen Maßstab überwiegen die anthropogenen SO_2-Quellen gegenüber den natürlichen. In dicht besiedelten Industriegebieten können die natürlichen Emissionen praktisch vernachlässigt werden, wie man an der Zusammenstellung der SO_2-Emissionen für die Bundesrepublik Deutschland sieht (Tabelle 3.13). Der Verkehr hat einen geringen Anteil.

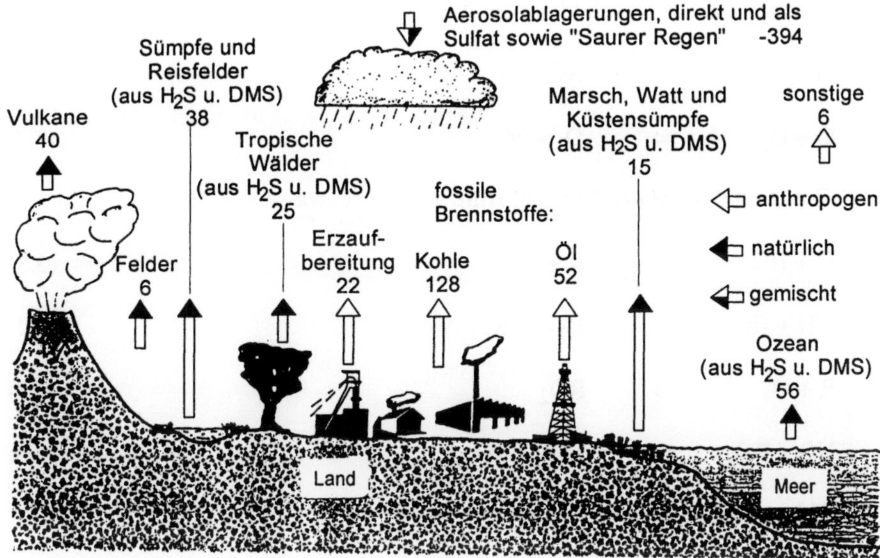

Abb. 3.11: Globaler Schwefeldioxidhaushalt in Millionen Tonnen pro Jahr

Tabelle 3.13: Schwefeldioxidemissionen in Deutschland (ohne Berücksichtigung der neuen Bundesländer)

Quellen		Emissionen in		
		10^6 t SO_2/a	10^6 t S/a	%
natürliche Quellen:		0,02 (0,01 - 0,03)	0,01	1
anthropogene Quellen:	Kraftwerke / Fern-heizwerke	1,86 (1,68 - 2,04)	0,93	62
	Industrie	0,76 (0,68 - 0,84)	0,38	25
	Haushalte / Kleinverbraucher	0,28 (0,24 - 0,32)	0,14	9
	Verkehr	0,10 (0,08 - 0,12)	0,05	3
Σ anthropogene Quellen		3,0 (2,6 - 3,4)	1,5	**99**
gesamt		3,02 (2,6 - 3,4)	1,51	**100**

3.2.6 Ozon

Ozon (O_3) wird nicht direkt emittiert, sondern entsteht in der Atmosphäre durch photochemische Reaktionen unter Einwirkung der Sonnenstrahlung. Wegen der Abhängigkeit der Ozonbildung von vielen, noch nicht hinreichend erforschten Parametern ist eine quantitative Zuordnung zu bestimmten Quellen zur Zeit noch nicht möglich. Einige der mit der Ozonbildung zusammenhängenden Reaktionen sind im folgenden aufgeführt.

a) Photochemische Ozonbildung aus NO_2

$$NO_2 + h\nu \quad \Rightarrow \quad NO + O \tag{3.1}$$

$$O + O_2 + M \quad \Rightarrow \quad O_3 + M \tag{3.2}$$

b) Oxidation von NO zu NO_2 mit Hilfe von Kohlenwasserstoffen

$$O + HC \quad \Rightarrow \quad R + OH \tag{3.3}$$

$$OH + HC \quad \Rightarrow \quad H_2O + R \tag{3.4}$$

$$R + O_2 \quad \Rightarrow \quad RO_2 \tag{3.5}$$

$$NO + RO_2 \quad \Rightarrow \quad NO_2 + RO \tag{3.6}$$

c) Abbau von Ozon durch Oxidation von NO

$$O_3 + NO \quad \Rightarrow \quad NO_2 + O_2 \tag{3.7}$$

d) Oxidation von CO

$$CO + OH \quad \Rightarrow \quad CO_2 + H \tag{3.8}$$

$$H + O_2 + M \quad \Rightarrow \quad HO_2 + M \tag{3.9}$$

$$HO_2 + NO \quad \Rightarrow \quad OH + NO_2 \tag{3.10}$$

Es bedeuten:

$h\nu$	Photon	O	Sauerstoff;
M	Gasmoleküle	OH	Hydroxyl-Radikal;
R	Alkyl- bzw. Aryl-Radikal	RO_2	Peroxy-Radikal;
RO	Alkoxy-Radikal.		

Die Reaktionen b) und d) liefern NO_2 für die Basisreaktion a) nach.

Ozon entsteht in großen Mengen in der Stratosphäre, aus der es teilweise durch Diffusion und durch Einbrüche durch die Tropopause in die Troposphäre gelangt. Außerdem kann Ozon in der Troposphäre gebildet werden.

Voraussetzungen für die Erzeugung hoher O_3-Konzentrationen in der Troposphäre sind langanhaltende intensive Sonneneinstrahlung im kurzwelligen Bereich des Lichtes (Ultraviolett (UV)-Strahlung) und die Anwesenheit geeigneter Vorläufersubstanzen wie Stickoxide und Kohlenwasserstoffe. Diese Voraussetzungen werden in der Regel bei stabilen Hochdruckwetterlagen auch in unseren Breiten (ca. 50° Nord) erfüllt. Die mittlere troposphärische Ozonkonzentration zeigt eine deutliche Breitenabhängigkeit, d.h. Maxima in hohen Breiten und ein breites Minimum in den südlichen Tropen bei ca. 20° Süd, siehe Abb. 3.12.

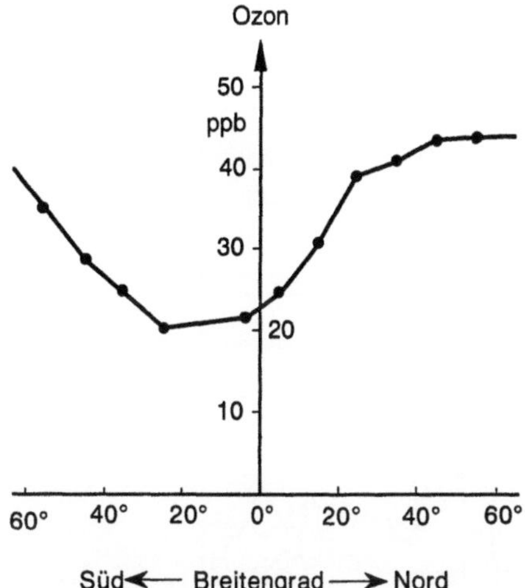

Abb. 3.12: Breitenabhängigkeit der mittleren troposphärischen Ozonkonzentration

Die beobachtete geographische Breitenverteilung der O_3-Konzentration läßt sich mit Einbrüchen ozonreicher Luft aus der Stratosphäre erklären, wie sie in den Polargebieten beobachtet werden ("sudden warmings"). Die mittlere Lebensdauer von Ozon in reiner Luft wird auf 35 bis 40 Tage geschätzt. In verunreinigter Luft kann dagegen die Lebensdauer des Ozon auf wenige Stunden absinken. Global werden $2/3$ des Ozons durch luftchemische Reaktionen und $1/3$ am Erdboden abgebaut. Höhenprofile der Ozonkonzentration zeigen, daß die Konzentrationen in den bodennahen Schichten sowohl wesentlich höher als auch niedriger als in der mittleren Troposphäre sein können.

Diese starken Unterschiede der Ozonkonzentrationen in den bodennahen Luftschichten ergeben sich daraus, daß große Mengen von Substanzen, die sowohl zur Ozonbildung als auch zum Ozonabbau führen können, von Quellen am Boden bzw. in Bodennähe (Schornsteine) emittiert werden.

Die bodennahe Luftschicht ist jedoch häufig durch niedrig liegende Inversionen oder stabile Sperrschichten von der übrigen Troposphäre getrennt. In solchen Situationen kann neu gebildetes Ozon nicht in die Troposphäre entweichen und am Boden verbrauchtes Ozon nicht aus höheren Schichten ersetzt werden.

Abb. 3.13 zeigt einen typischen Tagesgang in einem stadtnahen Industriegebiet. In Städten mit starken NO- und HC-Emissionen wird das Ozon während der Nacht nahezu vollständig abgebaut. Mit Beginn der Sonneneinstrahlung setzt die photochemische Ozonbildung nach (3.1) und (3.2) ein. Das Ozon reagiert jedoch sofort mit dem vorhandenen NO und NO_2. Erst wenn bei weiter zunehmender Sonneneinstrahlung die Ozonbildung den Verbrauch für die Reaktion nach (3.7) übersteigt, beginnt der Anstieg der Ozonkonzentration, die am Nachmittag ihr Maximum erreicht. Nach Sonnenuntergang sinkt die O_3-Konzentration dann schnell ab, da das vorhandene Ozon zur Oxidation von NO und anderen Spurengasen verbraucht wird.

In Reinluftgebieten in mittleren Breiten entsteht bei geeigneten Witterungsbedingungen ebenfalls Ozon. Dabei spielt die Emission reaktiver natürlicher Kohlen-

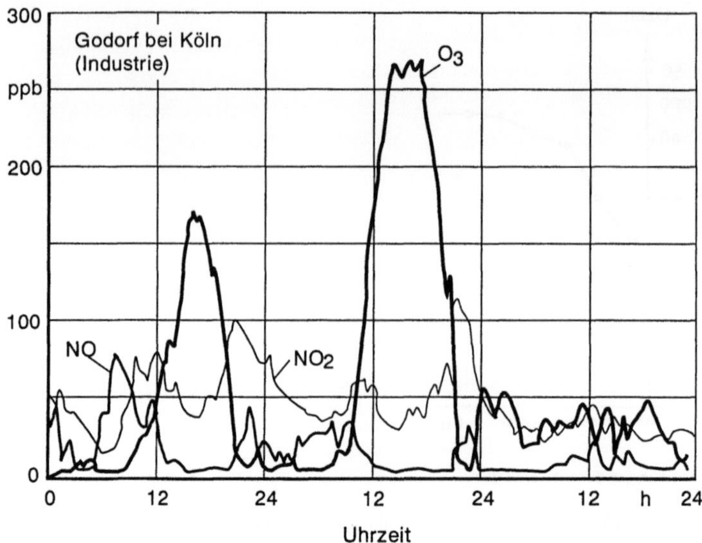

Abb. 3.13: O$_3$-Tagesgänge über 3 Tage mit hohen O$_3$-Konzentrationen in einem stadtnahen Industriegebiet. Zu der höheren Konzentration am 2. Tag hat vermutlich "altes " Ozon aus der Umgebung mit beigetragen. Am 3. Tag bilden sich wegen einer Wetteränderung keine hohen Ozonkonzentrationen aus.

wasserstoffe aus Wäldern eine Rolle. Die maximalen Konzentrationen bleiben jedoch mit ca. 70 ppb unter den in Gebieten mit hoher Luftverschmutzung zu beobachtenden Werten. Nachts erfolgt ebenfalls ein Abbau von Ozon, es bleiben jedoch - je nach Jahreszeit und Witterung (siehe Abb. 3.14) - Ozonkonzentrationen von 10 bis 30 ppb erhalten.

Konzentration

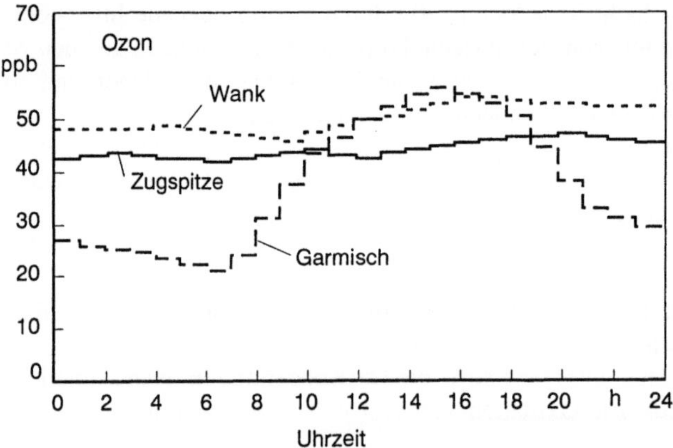

Abb. 3.14: Über mehrere sonnige und niederschlagsfreie Tage gemittelte O$_3$-Tagesgänge für drei Stationen in einem Reinluftgebiet: Garmisch 740 m (Tal), Wankgipfel 1780 m, Zugspitze 2964 m

Es wird vermutet, daß in Inversionsschichten für die Ozonbildung häufig besonders günstige Bedingungen herrschen. In der Inversionsschicht selbst bilden sich zeitweise besonders hohe Ozonkonzentrationen, da das Ozon weder in die freie Troposphäre entweichen kann, noch in die bodennahe Luftschicht gelangt, wo es mit vom Boden emittierten Gasen bzw. mit der Oberfläche reagieren könnte. Abb. 3.15 zeigt O_3-Höhenprofile während einer Inversionswetterlage, beobachtet in den USA im Staate Ohio.

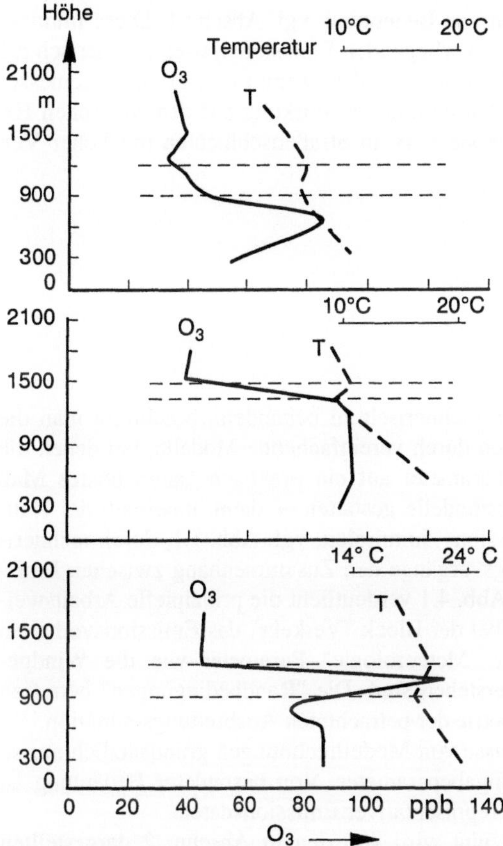

Abb. 3.15: Entwicklung hoher Ozonkonzentrationen in einer Inversionsschicht, d.h. einer Schicht, in der die Lufttemperatur mit der Höhe zunimmt. Die Inversionsschicht ist gestrichelt angedeutet.

4 Immissionen

Für die Beurteilung möglicher Wirkungen der in Abschn. 2 dargestellten Automobilabgasemissionen auf die Umwelt sind nicht die Emissionen selbst, sondern vielmehr die sich nach der Ausbreitung (Transmission) in der Umgebung einstellenden Immissionskonzentrationen von Bedeutung, vgl. Abschn. 1. Diese Immissionskonzentrationen können aus den vorliegenden Emissionswerten rechnerisch mit Hilfe von Ausbreitungsmodellen bestimmt werden, wenn sie nicht direkt gemessen werden können. Oft werden zur Beurteilung der Wirkung auf den Menschen Extremsituationen herangezogen, wie sie z. B. in Straßenschluchten mit hoher Verkehrsdichte auftreten.

4.1 Ausbreitungsmodelle

Um die Ausbreitung von Abgasen rechnerisch zu behandeln, beschreibt man die meist sehr komplexe reale Situation durch vereinfachende Modelle, bei denen die Zahl der zu berücksichtigenden Parameter auf ein praktisch handhabbares Maß verringert ist. Solche Ausbreitungsmodelle gestatten es dann, innerhalb der Kausalbeziehung Emission - Transmission - Immission, vgl. Abb. 1.1, durch rechnerische Nachbildung der Ausbreitungsvorgänge den Zusammenhang zwischen Emission und Immission herzustellen. Abb. 4.1 verdeutlicht die prinzipielle Arbeitsweise von Ausbreitungsmodellen, wobei der Block "Verkehr" das Emissionsverhalten der Fahrzeuge enthält und unter "Meteorologie" Parameter wie die Windgeschwindigkeit und -richtung zu verstehen sind. Die "Randbedingungen" betreffen z.B. den Straßentyp und die Geometrie der betrachteten Ausbreitungs-situation.

Naturgemäß können die Ergebnisse von Modellrechnungen grundsätzlich nur so gut sein, wie die vorhandenen Eingabeparameter. Von besonderer Bedeutung ist dabei die Verfügbarkeit möglichst repräsentativer Emissionsdaten.

Diese entscheidende Voraussetzung wird von den in Abschn. 2 dargestellten Emissions-Daten weitgehend erfüllt, da für unterschiedliche Motorkonzepte von Fahrzeugen Emissionswerte für übliche Fahrweisen zur Verfügung stehen. So erscheint eine Verallgemeinerung auf den gesamten PKW-Bestand möglich.

Auch wenn alle Parameter und Randbedingungen bekannt sind, kann ein Ausbreitungsmodell immer nur eine bestimmte Ausbreitungssituation behandeln. Man benötigt daher unterschiedliche spezifische Modelle. Für die Ausbreitung von Automobilabgasen sind vor allem zwei Fälle von Bedeutung: die Straßenschlucht und die Autobahn in freier Landschaft.

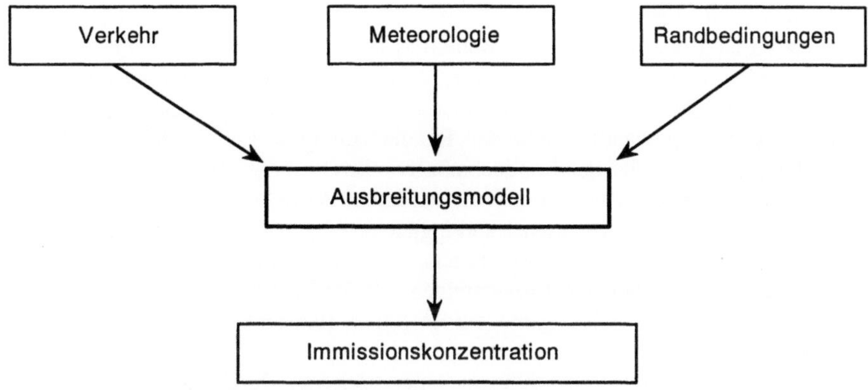

Abb. 4.1: Prinzipielle Arbeitsweise von Ausbreitungsmodellen

4.1.1 Straßenschluchtmodell

Ein vom Stanford Research Institute (SRI) entwickeltes Ausbreitungsmodell für die Straßenschlucht, wird auch von der EPA in den USA zur Beurteilung von Immissionssituationen verwendet. In Straßenschluchten, d.h. in Straßen mit beidseitiger, geschlossener Bebauung, sind die höchsten Immissionskonzentrationen zu erwarten. Deshalb kommt diesem Fall (Abb. 4.2) eine besondere Bedeutung bei der Bestimmung der maximalen Abgasbelastung zu.

In einer Straßenschlucht der Breite B, die auf beiden Seiten von gleich hoher Bebauung mit der Höhe H begrenzt wird, befinden sich eine oder mehrere Fahr-

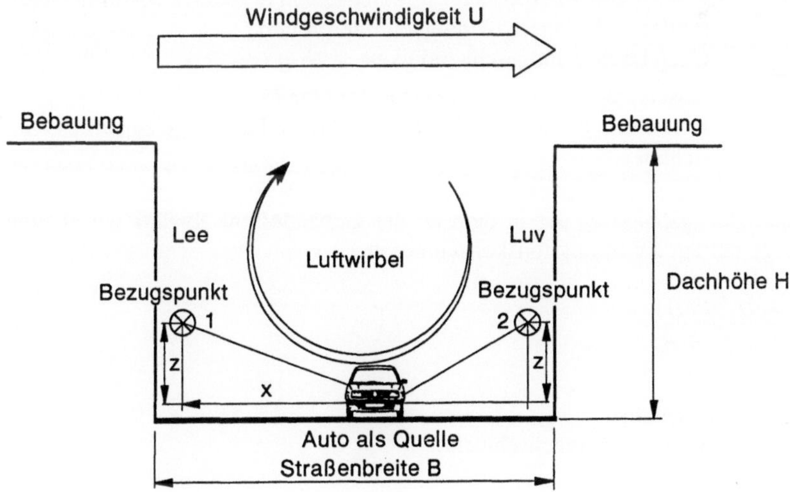

Abb. 4.2: Modell einer Straßenschlucht

spuren, die als Linienquellen mit jeweils der Quellstärke Q behandelt werden. Weiterhin ist x der horizontale Abstand des Bezugspunktes von der Quelle und z dessen Höhe über der Quelle. Bei einer Windrichtung quer zur Straße tritt der angedeutete Wirbel innerhalb der Straßenschlucht auf und verursacht im Bezugspunkt 1 (windabgewandte Seite der Randbebauung = Lee) gegenüber Punkt 2 (windzugewandte Seite der Randbebauung = Luv) erhöhte Immissionskonzentrationen. Bei zur Straße parallelem Wind wird kein Wirbel beobachtet, dann sind die Konzentrationen in den Punkten 1 und 2 gleich.

Diese Behandlung der Straßenschlucht stellt eine Näherung dar, die eigentlich nur für den Raum über den Bürgersteigen gilt. Außerdem ist bei realen Straßenschluchten die Randbebauung auf beiden Seiten meistens nicht gleich hoch und aneinandergrenzende Gebäude haben oft unterschiedliche Dachformen. Diese ungleichförmige Randbebauung führt zu einer stärkeren Durchlüftung des Straßenraumes.

Das Modell erfaßt nur die Verdünnung der Abgase, chemische Reaktionen werden nicht berücksichtigt. Da die atmosphärische Lebensdauer der untersuchten Substanzen in der Größenordnung von Stunden bis Tagen liegt, ist diese Vernachlässigung vielleicht noch zulässig. Insgesamt liefert das Modell - trotz seiner Vereinfachungen - jedoch brauchbare Aussagen für verallgemeinernde Betrachtungen der Immissionssituationen in Straßenschluchten.

Für die Immissionskonzentration C am Bezugspunkt 1 gilt:

$$C_1 = \frac{K \cdot Q}{(U + 0{,}5) \cdot \left(\sqrt{x^2 + z^2} + l_0 \right)} \cdot \tag{4.1}$$

Dabei sind

Q	Emissionsquellstärke einer einzelnen Fahrspur,
K	Skalierungsfaktor, als Verhältnis der Über-Dach-Windgeschwindigkeit zu einer den Luftdurchsatz in der Straße bestimmenden mittleren Windgeschwindigkeit interpretiert,
U	Über-Dach-Windgeschwindigkeit,
$\sqrt{x^2 + z^2}$	Abstand des Bezugspunktes von der Quelle,
l_0	Korrektur, um die Verwirbelung durch die Fahrzeuge zu berücksichtigen.

Für den Bezugspunkt 2, der in dem an der Gebäudefront abwärts gerichteten Wind liegt, beträgt die Immissionskonzentration:

$$C_2 = \frac{K \cdot Q \cdot (H - z)}{(U + 0{,}5) \cdot B \cdot H} \tag{4.2}$$

mit

H	Dachhöhe
B	Breite der Straßenschlucht.

Dieser Ausdruck entspricht einer linearen Abnahme mit der Höhe z. In der Dachhöhe H ist $C_2 = 0$. Für $z = 0$ erhält man C_1, wobei empirisch als "Abstand" anstelle

anstelle

$$\sqrt{x^2 + z^2} + l_0 \qquad \text{(2. Term im Nenner von } C_1\text{)}$$

die Breite B der Straßenschlucht eingesetzt ist.

Diese beiden Formeln gelten für den Fall, daß die Straße quer angeströmt wird. Strömt der Wind parallel zur Straße, so setzt man die Immissionskonzentrationen auf beiden Straßenseiten C_3 gleich dem Mittelwert aus C_1 und C_2:

$$C_3 = \frac{1}{2}\left(C_1 + C_2\right) \qquad\qquad\qquad (4.3)$$

Abb. 4.3 zeigt mit dem beschriebenen Modell berechnete Linien gleicher Konzentration in einer quer angeströmten, vierspurigen Straßenschlucht. Da das Modell definitionsgemäß nur für den Bereich über den Bürgersteigen gilt, sind die Linien im Bereich über der Fahrbahn für die beiden Fällen C_1 und C_2 interpoliert.

Abb. 4.4 zeigt die Straßenschlucht bei parallelem Wind; in diesem Falle sind die Konzentrationen über den Bürgersteigen gleich.

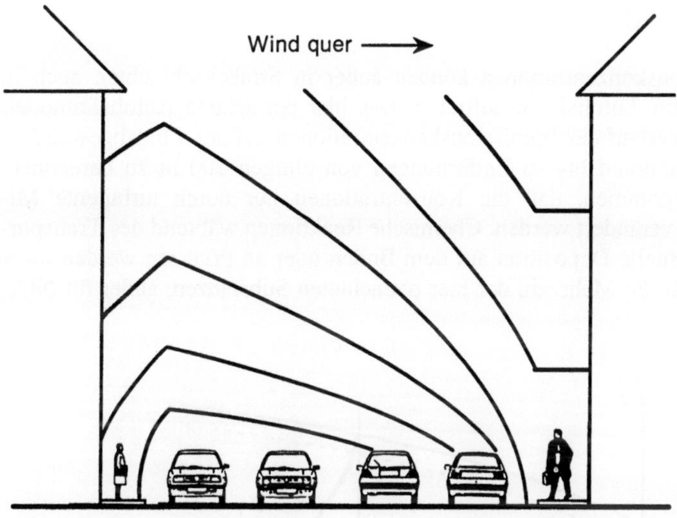

Abb. 4.3: Berechnete Linien gleicher Konzentration in einer quer angeströmten Straßenschlucht

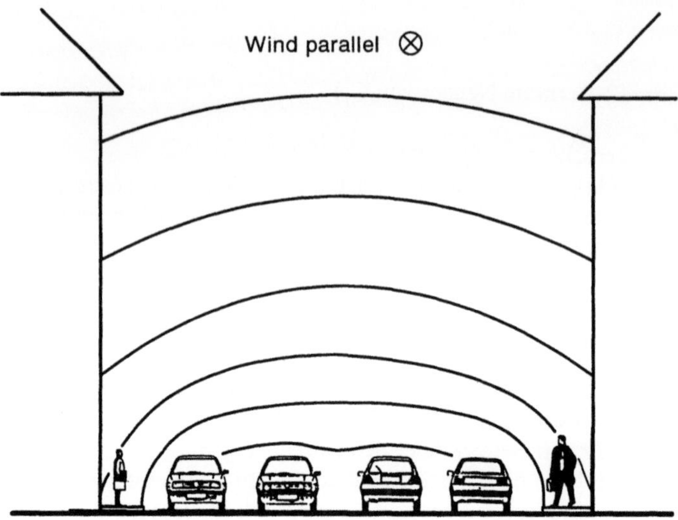

Abb. 4.4: Berechnete Linien gleicher Konzentration in einer parallel angeströmten Straßenschlucht

4.1.2 Autobahnmodell

Erhöhte Immissionskonzentrationen können außer in Straßenschluchten auch in der Umgebung von Autobahnen auftreten. Das hier betrachtete Autobahnmodell gestattet es, den Verlauf der Immissionskonzentrationen auf der windabgewandten Seite vom Fahrbahnrand bis zu Entfernungen von einigen 100 m zu berechnen. Dabei wird angenommen, daß die Konzentrationen nur durch turbulente Mischungsvorgänge verändert werden. Chemische Reaktionen während des Transportes und eine eventuelle Deposition auf dem Boden oder an Pflanzen werden nicht berücksichtigt. Für die Mehrzahl der hier betrachteten Substanzen, außer für NO_x,

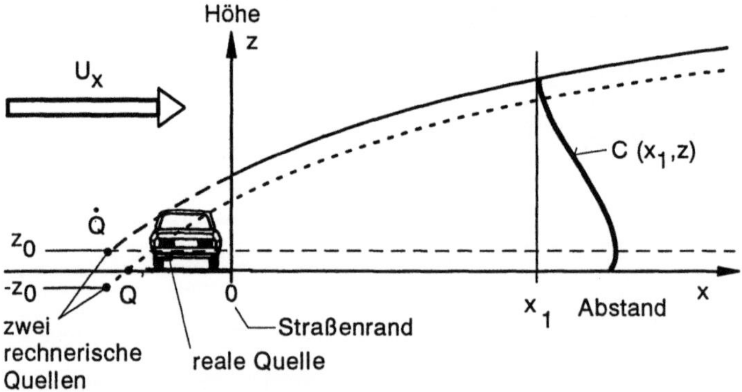

Abb. 4.5: Ausbreitung von Abgasen im Lee einer Autobahn (für einen gegebenen Abstand x_1 von der Autobahn ist das vertikale Konzentrationsprofil $C(x_1,z)$ umgeklappt eingezeichnet)

stellt dies jedoch keine wesentliche Einschränkung dar. Boden und Pflanzen sind Senken für NO_x-Abgase. Bei dem Modell - Abb. 4.5 zeigt schematisch die Situation - handelt es sich um ein eindimensionales Gauß-Modell. Die Fahrbahn wird als (unendlich lange) Linienquelle behandelt. Es wird angenommen, daß der Transport der Abgase in vertikaler Richtung durch turbulente Diffusion gegenüber dem advektiven Transport durch den Wind vernachlässigt werden kann.

In einem kartesischen Koordinatensystem, vgl. Abb. 4.5, bei dem die x-Achse senkrecht und die y-Achse parallel zur Straße verlaufen, sowie die z-Achse die Höhe darstellt, ergibt sich die Konzentrationsverteilung der Abgase in der x, z-Ebene als Lösung der Kontinuitätsgleichung in Form einer Gauß-Verteilung:

$$C(x,z) = \frac{Q}{\sqrt{2\pi}\, U_x\, \sigma_z} \left[\exp\left\{ -\frac{1}{2}\left(\frac{z-z_0}{\sigma_z}\right)^2 \right\} + \exp\left\{ -\frac{1}{2}\left(\frac{z+z_0}{\sigma_z}\right)^2 \right\} \right] \tag{4.4}$$

Dabei sind

Q	Emissionsquellstärke,
U_x	Komponente des Windvektors in x-Richtung,
z_0	Höhe der Linienquelle über dem Boden,
σ_z	Streuparameter, hängt von der Entfernung zur Quelle und dem Turbulenzzustand der Luft ab.

Der Einfluß des Bodens wird dadurch berücksichtigt, daß eine virtuelle Quelle Q' an der Stelle $z = -z_0$ eingeführt wird. Die Konzentration an einer Stelle (x,z) ergibt sich dann als Summe der Beiträge der reellen und der virtuellen Quelle, für die jeweils ungestörte Ausbreitung angenommen wird.

Die Verwirbelung im Bereich der Fahrbahn wird berücksichtigt, indem man die rechnerischen Linienquellen nach Luv verschiebt. Diese Verschiebung muß - wie

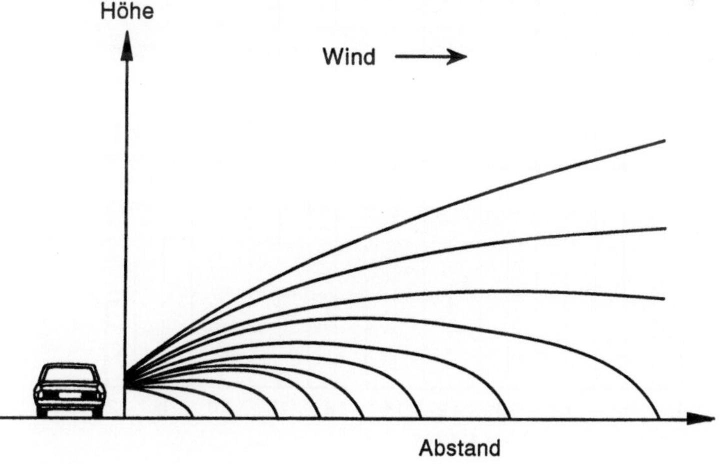

Abb. 4.6: Linien gleicher Konzentration neben einer 4-spurigen Autobahn, berechnet mit einem eindimensionalen Gauß-Modell

die Abhängigkeit des Streuparameters σ_z von der Entfernung x - empirisch, z. B. mit Tracerexperimenten, ermittelt werden. Um das Modell anwenden zu können, ist eine Windgeschwindigkeit von mindestens 1 m/s erforderlich. Abb. 4.6 zeigt die nach diesem Verfahren berechneten Linien gleicher Konzentration neben einer 4-spurigen Autobahn.

4.2 Szenarien zur Bewertung von Immissionssituationen

Die Immissionskonzentrationen, die letztlich auf Mensch und Umwelt einwirken, hängen von einer Vielzahl von Faktoren ab, die sich den beiden Gebieten Emission und Ausbreitung zuordnen lassen. Zur ersten Gruppe zählen dabei z.B. die Emissionen der Fahrzeuge, das Verkehrsaufkommen, die Fahrweise und die Zusammensetzung des Fahrzeugbestandes, vgl. Abschn. 2.5 (Emissionsprognose). Unter das Gebiet Ausbreitung fallen z.B. die Geometrie der Quelle, die Struktur des Geländes, die meteorologischen Parameter sowie mögliche chemische Umwandlungen, Auswaschung und Deposition. In Anbetracht der Vielzahl an möglichen Kombinationen aller dieser Parameter ist es erforderlich, sich auf möglichst wenige zu beschränken, um überschaubare Szenarien zu erhalten.

In der Praxis haben zwei Typen von Szenarien eine besondere Bedeutung: Der "ungünstigste" Fall und der "durchschnittliche" oder auch „Normalfall". Ein ungünstiger Fall ist z. B. das Zusammentreffen von hohem Verkehrsaufkommen mit niedriger Windgeschwindigkeit und stabiler Schichtung der bodennahen Atmo-

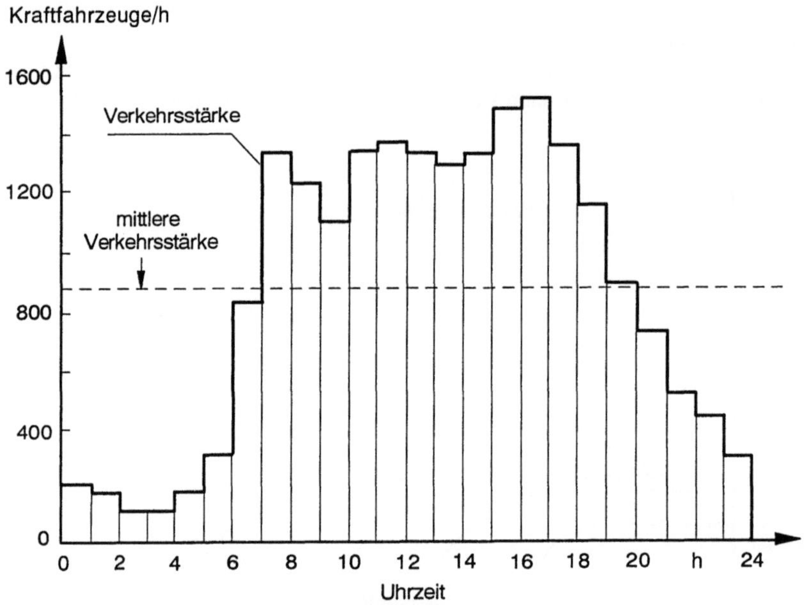

Abb. 4.7: Mittlerer Tagesgang der Verkehrsstärke auf einer 4-spurigen innerstädtischen Straße. Die Verkehrsstärke wird durch örtliche Gegebenheiten, z. B. zugeparkte Fahrspuren, begrenzt.

sphäre (austauscharme Wetterlage). Jeder der genannten Faktoren begünstigt dabei die Bildung hoher Immisssionskonzentrationen.

Typische, jeweils über längere Zeiträume gemittelte Tagesgänge des Verkehrsaufkommens sind beispielhaft in den Abbildungen 4.7 und 4.8 für eine innerstädtische Straße bzw. für eine 4-spurige Autobahn dargestellt. In beiden Fällen geht die Verkehrsstärke in den Nachtstunden stark zurück. Die über 24 Stunden gemittelte Verkehrsstärke beträgt nur etwa 60 % des Maximums. Man erhält dann den 24h-Mittelwert der Immissionskonzentration, indem man die Spitzenkonzentration im Verhältnis maximaler Verkehrsstärke zu mittlerer Verkehrsstärke herabsetzt.

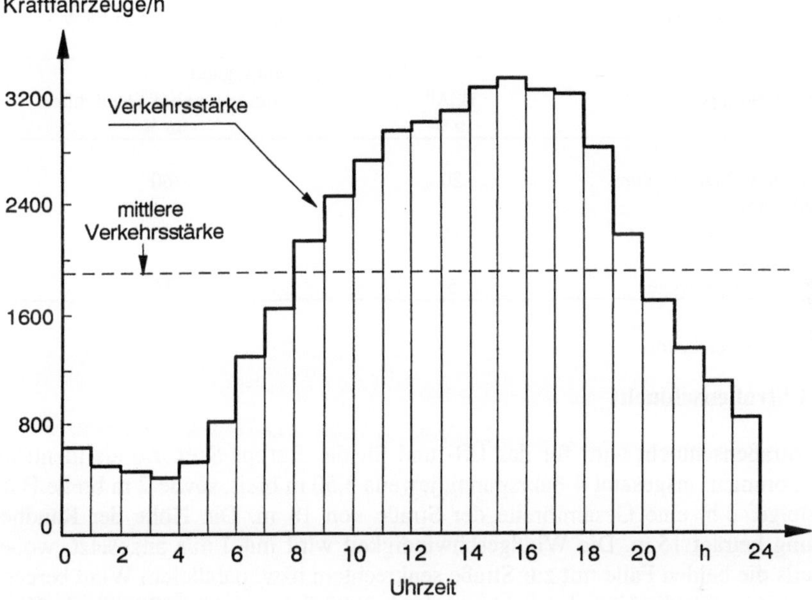

Abb. 4.8: Mittlerer Tagesgang der Verkehrsstärke auf einer 4-spurigen Autobahn

4.3 Definition der Szenarien

Aus Messungen, vgl. Abschn. 2.4, stehen Emissionswerte für drei Gruppen von Fahrzeugen zur Verfügung, vgl. Abschn. 3:
- Fahrzeuge mit Ottomotor nach ECE-Spezifikation,
- Fahrzeuge mit Ottomotor und lambdageregeltem Dreiwegekatalysator nach US-Spezifikation und
- Dieselfahrzeuge nach US-Spezifikation.

Man kann nun beispielsweise die Immissionssituationen für das Jahr 1990 in den USA und in Europa, speziell in den alten Bundesländern Deutschlands, berechnen. Das vorhandene Datenmaterial erfordert dabei allerdings eine Reihe von Kompromissen. Die Daten für ECE-Fahrzeuge ohne Katalysator können für das US-Szenario übernommen werden und entsprechend die Werte der US-Katalysator- und Dieselmotorfahrzeuge für das Europa-Szenario. Für den Bestand an leichten

Kraftfahrzeugen in den USA und in der Bundesrepublik Deutschland wird die in Tabelle 4.1 aufgeführte Zusammensetzung angenommen. Sie beruht auf Schätzungen. Wegen der vorhandenen Ungenauigkeit solcher Vorausschätzungen werden 5%-Stufen verwendet. Lastkraftwagen werden jeweils nicht berücksichtigt.

Für den Stadtverkehr werden die nach dem FTP-Test ermittelten Emissionswerte verwendet, für Autobahnen bzw. Freeways die nach dem Highway Driving Cycle (HDC) Test, vgl. Abschn. 8, gemessenen, die in Abschn. 2.4 Bestandteil der Mittelwerte sind. Aus den Emissionswerten für die drei Fahrzeuggruppen werden entsprechend der angenommenen Zusammensetzung des Fahrzeugbestandes für jedes Szenario entsprechende Emissionsfaktoren berechnet, vgl. Abschn. 2.5.

Tabelle 4.1: Für das Jahr 1990 angenommene Zusammensetzung des Bestandes an PKW

Fahrzeuggruppe	Anteil am Gesamtbestand	
	USA[a] in %	Bundesrepublik Deutschland in %
Ottomotorfahrzeuge ohne Katalysator	20	60
Ottomotorfahrzeuge mit Katalysator	75	25
Dieselmotorfahrzeuge	5	15

[a] nach EPA-Schätzung

4.3.1 Straßenschlucht

Die Straßenschlucht wird für das US- und für das Europa-Szenario als identisch angenommen: insgesamt 4 Fahrspuren, jeweils 3,50 m breit, sowie 2 m breite Bürgersteige, d.h. eine Gesamtbreite der Straße von 18 m. Die Höhe der Randbebauung beträgt 15 m. Die Windgeschwindigkeit wird mit 1 m/s angesetzt, wobei jeweils die beiden Fälle mit zur Straße senkrechtem bzw. parallelem Wind berechnet werden. Für die Verkehrsdichte wird mit 3000 Fahrzeugen je Stunde ein Wert angenommen, der eine hohe Belastung im innerstädtischen Bereich darstellt. Die Bezugspunkte für die Berechnung befinden sich jeweils 1 m vom Fahrbahnrand entfernt über den Bürgersteigen in 1,5 m Höhe, bezogen auf das Niveau der Fahrbahn.

Da die Verkehrs- und Straßenverhältnisse sowie die meteorologischen Bedingungen für das US- und das Europa-Szenario als gleich angenommen werden, sind Unterschiede in den berechneten Immissionskonzentrationen nur auf die unterschiedliche Gesamtemission der Fahrzeugbestände zurückzuführen.

4.3.2 Autobahn

Für die Berechnung der Abgasbelastung in der Umgebung von Autobahnen wird wieder zwischen einer US-PKW-Flotte und einer Europa-PKW-Flotte unterschieden. Die Zusammensetzung ist jeweils die gleiche wie für die Straßenschlucht, die Emissionsfaktoren sind aber HDC-Testergebnissen entnommen. Die Verkehrs-dichte wird hier mit 1000 Fahrzeugen je Fahrspur und Stunde angenommen, was für die Autobahn ebenfalls einen hohen Wert darstellt.

Für das US-Szenario wird eine Freeway-Konfiguration mit insgesamt 8 je 3,90 m breiten Fahrspuren und schmalem Mittelstreifen (1 m) zugrundegelegt. Das Europa-Szenario umfaßt zwei Querschnitte, eine 4-spurige und eine 6-spurige Autobahn. Die einzelnen Fahrspuren sind je 3,75 m breit, der Mittelstreifen 5 m. Diese Maße entsprechen den Regelquerschnitten deutscher Autobahnen. Für die atmosphärische Stabilität wird der ungünstigste Fall, d.h. stabile Schichtung, angenommen.

Die hier gewählten US- und Europa-Szenarien unterscheiden sich also nicht nur in der Gesamtemission des Fahrzeugbestandes, sondern auch in der Straßenkonfiguration.

4.4 Berechnete Immissionskonzentrationen in der Straßenschlucht für Serienfahrzeuge

Als Beispiel werden die berechneten Immissionskonzentrationen für Querwind und parallelen Wind für das US- und das Europa-Szenario und für CO, NO_x und Partikeln näher betrachtet.

Aufgrund der linearen mathematischen Zusammenhänge weisen die berechneten CO-, NO_x- und Partikeln-Immissionskonzentrationen, abgesehen von Rundungsunterschieden, das gleiche Verhältnis wie die Emissionsfaktoren auf. Die höchsten Konzentrationen treten dabei bei Querwind im Lee der Bebauung auf, wie es die Abb. 4.9 bis 4.14 verdeutlichen. In diesen Bildern sind die Linien konstanter Kon-

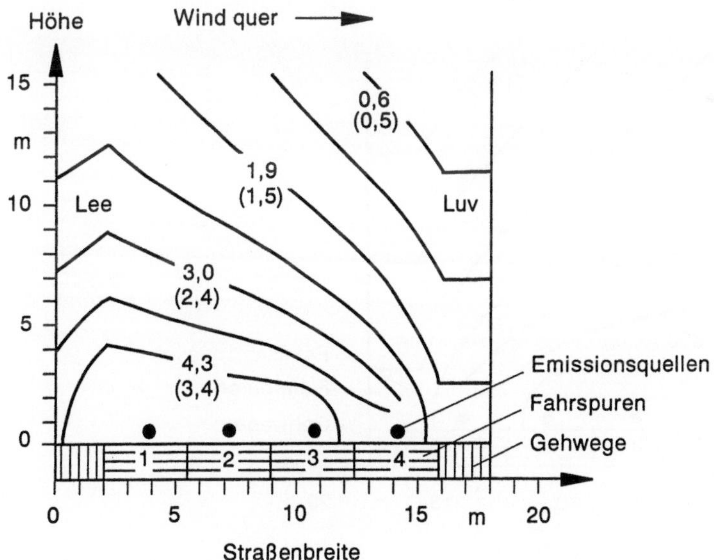

Abb. 4.9: Linien gleicher CO-Konzentration (in mg/m³ und in ppm) in einer quer angeströmten Straßenschlucht (Europa-Szenario) für 1990

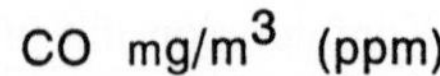

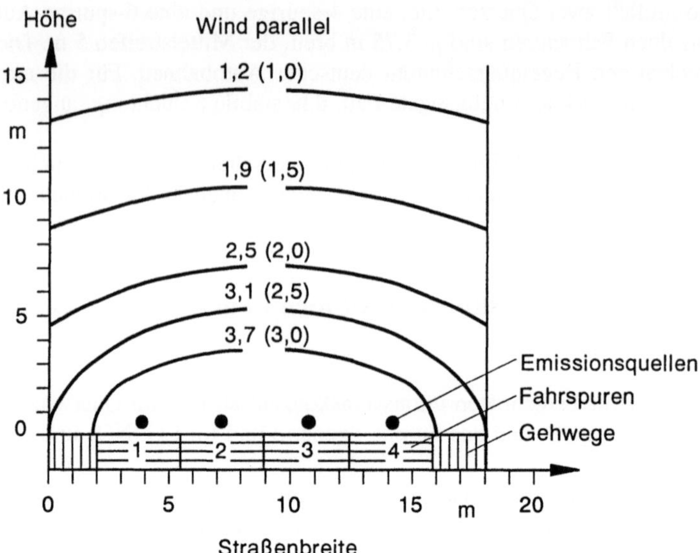

Abb. 4.10: Linien gleicher CO-Konzentration (in mg/m^3 und in ppm) in einer Straßenschlucht bei parallelem Wind (Europa-Szenario)

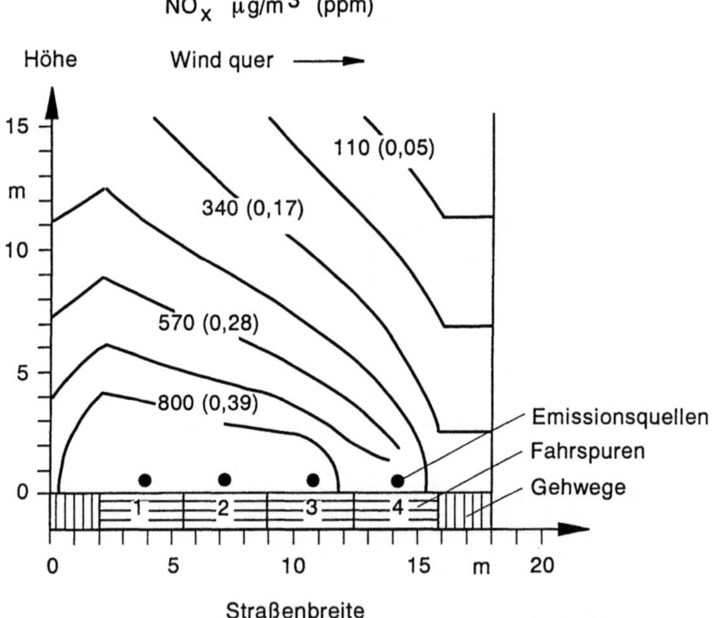

Abb. 4.11: Linien gleicher NO$_x$-Konzentration (in µg/m^3 und in ppm) in einer quer angeströmten Straßenschlucht (Europa-Szenario)

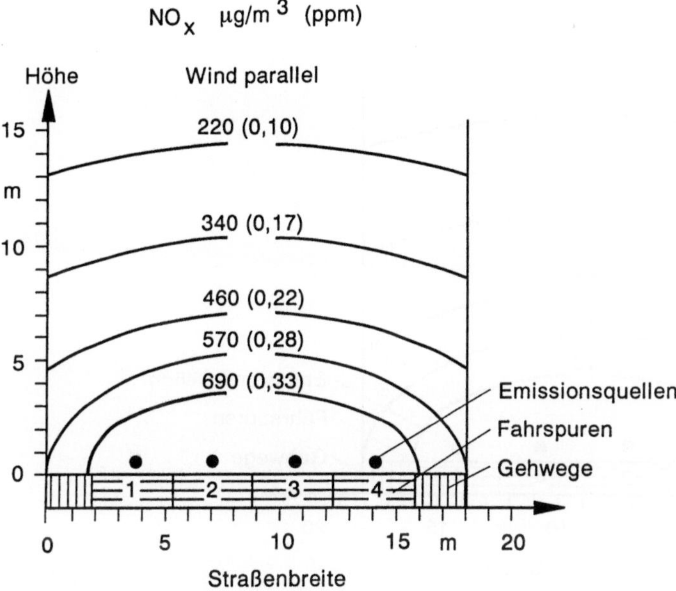

Abb. 4.12: Linien gleicher NO$_x$-Konzentration (in µg/m^3 und in ppm) in einer Straßenschlucht bei parallelem Wind (Europa-Szenario)

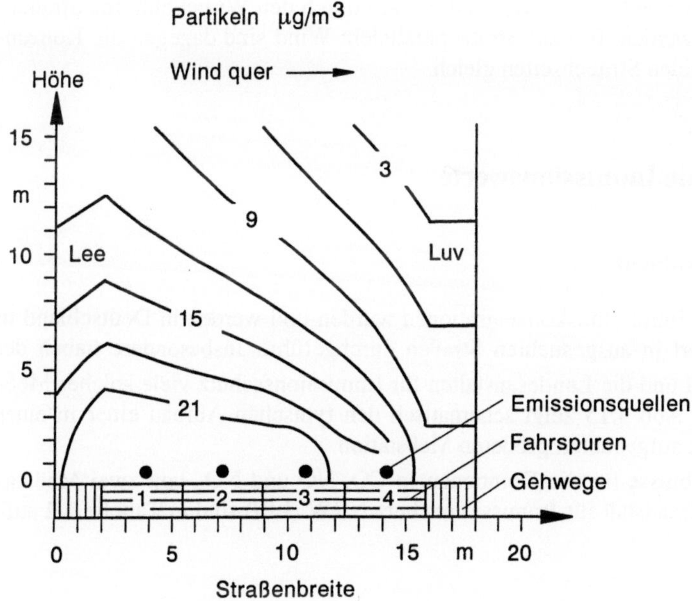

Abb. 4.13: Linien gleicher Partikelnkonzentration (in µg/m^3) in einer quer angeströmten Straßenschlucht (Europa-Szenario)

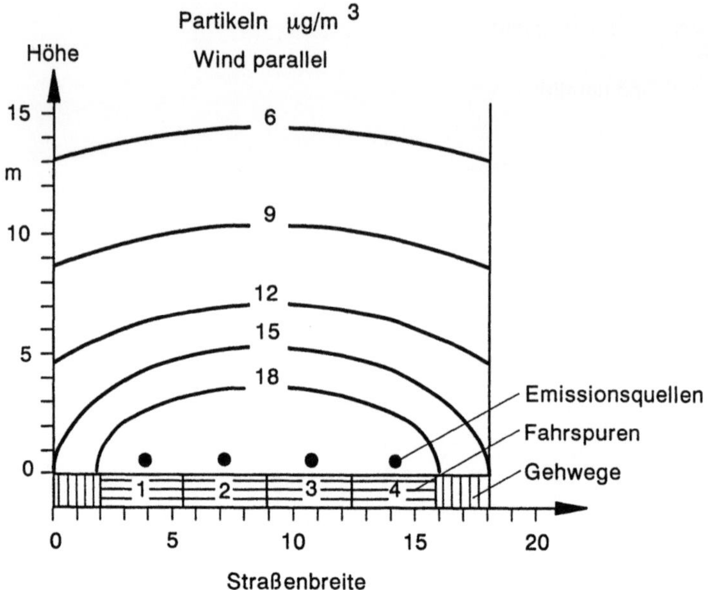

Abb. 4.14: Linien gleicher Partikelnkonzentration (in μg/m³) in einer Straßenschlucht bei parallelem Wind (Europa-Szenario)

zentration sowohl in mg/m³ als auch, in Klammern, in ppm eingezeichnet. Man erkennt deutlich, wie bei Querwind die Abgase durch den Wirbel auf eine Straßenseite getrieben werden. Bei zur Straße parallelem Wind sind dagegen die Konzentrationen auf beiden Straßenseiten gleich.

4.5 Gemessene Immissionswerte

4.5.1 Straßenschlucht

Messungen der Immissionskonzentrationen wurden und werden in Deutschland in Städten und dort in ausgesuchten Straßen durchgeführt. Insbesondere haben der TÜV-Rheinland und die Landesanstalten für Immissionsschutz viele solcher Meßdaten ermittelt. Abb 4.15 zeigt schematisch den typischen Aufbau einer in einer Straßenschlucht aufgebauten größeren Meßstation.

Die Meßergebnisse für die Komponenten CO, NO und NO_2 von zwei Meßstationen der Landesanstalt für Immissionsschutz NRW (LIS) sind in Tabelle 4.2 aufgelistet.

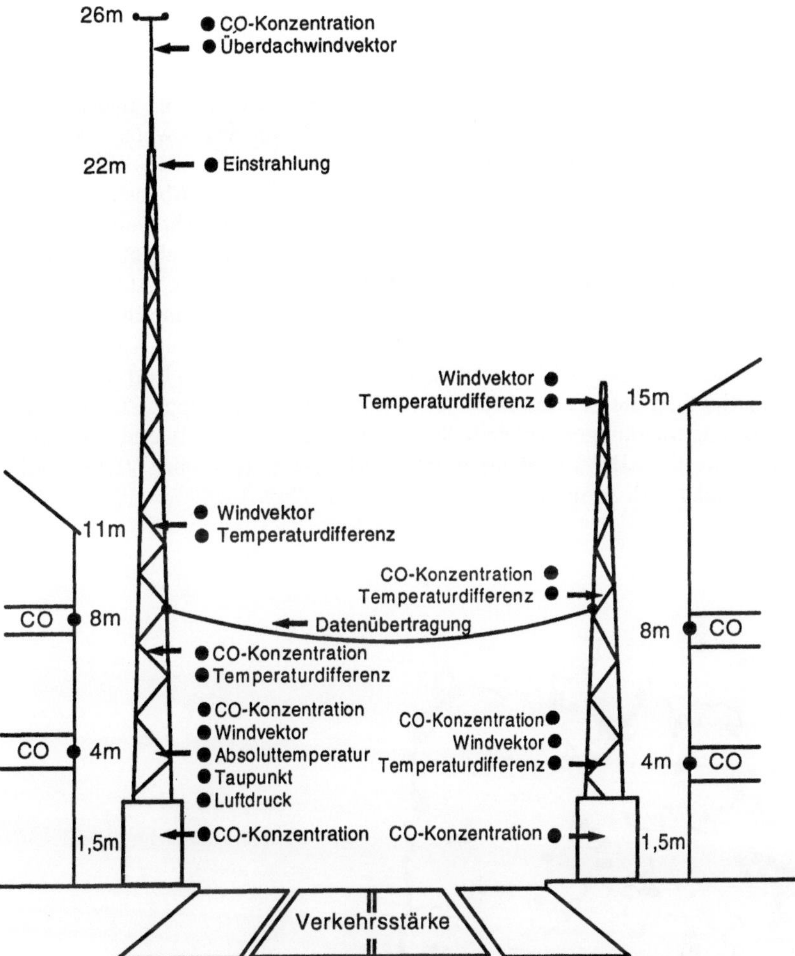

Abb. 4.15: CO-Immissionsmeßstation (Köln, Venloer Straße, Quelle: TÜV-Rheinland)

Tabelle 4.2: Gemessene Mittelwerte zweier Meßstationen in NRW
(Quelle: Landesanstalt für Immissionsschutz NRW, Essen)

Meßort	Komponente	Probennahmehöhe 1,5m		Probennahmehöhe 3,5m	
		$\mu g/m^3$	ppm	$\mu g/m^3$	ppm
	CO	3700	3,2	2900	2,5
Düsseldorf	NO	176	0,1	153	0,08
	NO_2	70	0,04	67	0,03
	$NO + NO_2 \approx NO_x$	246	0,14	220	0,11
	CO	3400	3,0	2800	2,4
Essen	NO	194	0,1	128	0,07
	NO_2	73	0,04	62	0,03
	$NO + NO_2 \approx NO_x$	267	0,14	190	0,1

4.6 Immissionskataster

Die weiträumig auftretenden Immissionsbelastungen, auch die in Städten, lassen sich aus den Meßwerten der z.Zt. in Deutschland von den jeweils zuständigen Landesämtern betriebenen 268 Immissionsmeßstationen (Abb. 4.16) ableiten. Diese Werte liefern Auskunft über die Immissionen, die von den Abgaskomponenten aus allen Quellen (Industrie, Verkehr, Hausbrand usw.) verursacht werden.

Die Wochenmittelwerte, u.a. von CO und NO_2, werden wöchentlich von den VDI-Nachrichten in Form einer Umwelt-Index-Landkarte (vgl. Abb. 4.17) und tabellarisch (vgl. Tabelle 4.3) herausgegeben. Der Wochenmittelwert wird als arithmetrischer Mittelwert aller Einzelmeßwerte ermittelt und als Langzeitmittelwert mit dem Grenzwert für Langzeiteinwirkung IW1 der TA-Luft 1986 verglichen. Für CO liegt dieser Grenzwert bei 10 mg/m^3 bzw. 0,86 ppm. Zur Bewertung von Kurzzeiteinwirkungen anhand der gemessenen Maxilmalwerte werden die MIK-Grenzwerte (MIK - maximale Immissionskonzentration) nach VDI-Richtlinie 2310 verwendet, vgl. Abschn. 5.

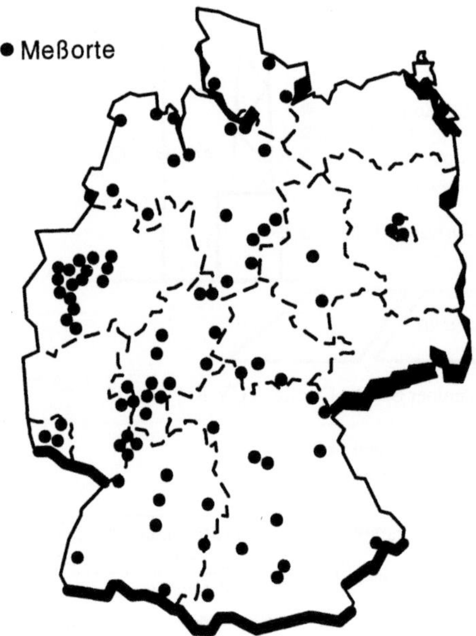

Abb. 4.16: Immissionsmeßstationen zur großflächigen Erfassung der Immissionsbelastung in Deutschland (Stand: 1991)

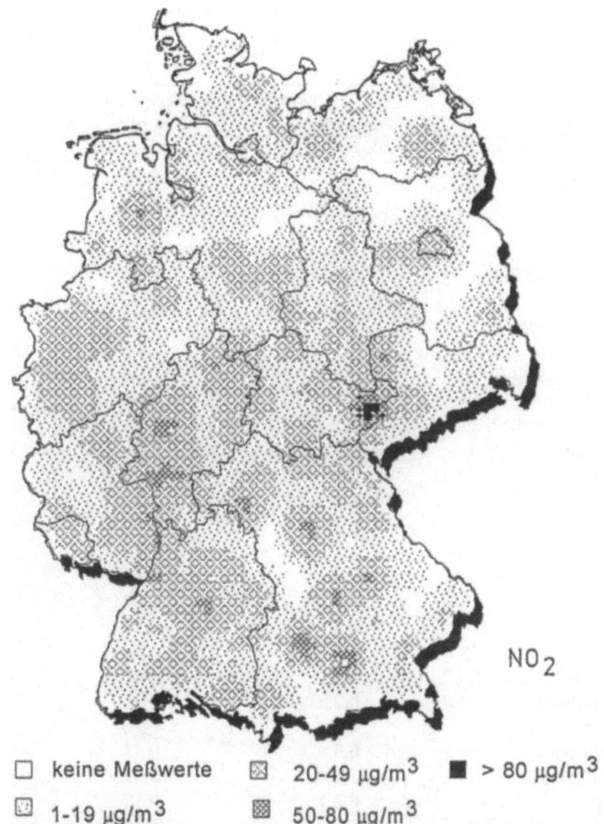

Abb. 4.17: Stickstoffdioxidbelastung in Deutschland, Mittelwerte für die Woche vom 17.10. - 23. 10.94 (Quelle: Georisk)

4.7 Diskussion

Vergleicht man als Beispiel die mittleren Ergebnisse der für die Straßenschlucht in 1,5 m Höhe berechneten CO-Immissionswerte, vgl. Abschn. 4.4, mit den gemessenen Werten, Abschn. 4.5, so ergibt sich nach der in Tabelle 4.4 aufgeführten Gegenüberstellung eine recht gute Übereinstimmung.

Berücksichtigt man noch die zu erwartende Abnahme in den zukünftigen Jahren (vgl. Abb. 2.35, Abschn. 2.5) so werden die Werte voraussichtlich noch um $^2/_3$ bis $^3/_4$ abnehmen (Tabelle 4.4, dritte Spalte).

Tabelle 4.3: Beispiele für die Messung von CO in der Woche12.09. - 18.09.1994

(Wochenmittelwert aller erfaßten 267 Sationen: 0,5 mg/m^3 bzw. 0,43ppm)

Land	Meßort	Wochenmittelwert	
		in mg/m^3	in ppm
Schleswig-Holstein	Lübeck	1,1	0,95
Mecklenburg-Vorpommern	Rostock	0,6	0,52
Niedersachsen	Hannover	0,6	0,52
Bremen	Bremen-Mitte	0,4	0,34
Sachsen-Anhalt	Halle	0,5	0,43
	Magdeburg	0,3	0,26
Brandenburg	Potsdam	0,5	0,43
Berlin	Berlin-Mitte	0,5	0,43
Nordrhein-Westfalen	Dortmund	1,1	0,95
	Düsseldorf	0,5	0,43
	Mülheim	0,8	0,69
Hessen	Frankfurt	0,9	0,77
	Hanau	0,4	0,34
Thüringen	Gera	0,3	0,26
	Weimar	1,1	0,95
Sachsen	Chemnitz	1,3	1,12
	Plauen	0,4	0,34
Rheinland-Pfalz	Kaiserslautern	0,4	0,34
	Mainz	0,8	0,69
Saarland	Saarbrücken	0,5	0,43
Baden-Württemberg	Freiburg	0,2	0,17
	Mannheim	0,3	0,26
	Stuttgart	0,5	0,43
Bayern	Augsburg	1,7	1,46
	Hof	0,2	0,17
	München-Stachus	2,2	1,89

Tabelle 4.4: Gegenüberstellung berechneter und gemessener mittlerer Immissionswerte für die Straßenschlucht in 1,5 m Höhe sowie Berücksichtigung der Emissionsprognose, vgl. Abschn. 2.5

Immissionswerte Komponente	berechnete	gemessene	Prognose
	ppm	ppm	ppm
CO	≈ 3,2	≈ 3	≈ 1
NO$_x$	≈ 0,39	≈ 0,14	≈ 0,04
	µg/m^3	µg/m^3	µg/m^3
Partikeln	≈ 20	≈ 10	≈ 0,03

Der Immissionsgrenzwert für Partikeln soll zunächst auf 14 µg/m^3, später auf 8 µg/m^3 festgelegt werden.

5 Wirkung

5.1 Einleitung

Die Diskussionen zum Thema Automobil und Verkehr konzentrierten sich seit den sechziger Jahren mehr und mehr auf die Frage, wie Automobilabgase auf den Menschen wirken. Später wurden auch die Wirkungen auf die Umwelt (Wald, Boden, Wasser und global: Lufthülle der Erde) einbezogen.

Weil es an wissenschaftlichen Erkenntnissen über die Wirkung auf den Menschen und die Umwelt mangelt, vertreten Gesetzgeber und Regierungen den Gedanken der Vorsorge. Alle diese Diskussionen führten weltweit zu einer Abgasgesetzgebung, wie sie in Abschn. 2.3 beschrieben ist.

1974 wurde aber bereits von der National Academy of Science, USA, gefordert, daß trotz Anerkennung des Vorsorgegedankens größere Forschungsanstrengungen zur Wirkung, insbesondere auf den Menschen, notwendig wären.

Als Beitrag zur Klärung des Sachverhaltes hat die deutsche und europäische Automobilindustrie, vertreten durch den Verband der Automobilindustrie (VDA) bzw. durch die Forschungsvereinigung Automobiltechnik e.V. (FAT) sowie durch das Committee of Common Market Automobil Constructors (CCMC), schon Ende der siebziger Jahre begonnen, eine größere Zahl von Wirkungsforschungsprojekten zu fördern, die von unabhängigen wissenschaftlichen Instituten durchgeführt wurden.

Darüber hinaus wurde in den USA 1980 von der Regierung, vertreten durch die US-Umweltbehörde, die Environmental Protection Agency (EPA), und von der Automobilindustrie eine von den Geldgebern unabhängige Institution, das Health Effects Institute (HEI), gegründet, mit dem Ziel, gemeinsame Wirkungsforschungsprojekte (Wirkung auf den Menschen) in Gang zu setzen. Die Finanzierung dieser Projekte erfolgt zu je 50% durch die EPA und durch die Automobilindustrie.

1986 ist es schließlich nach mehrjährigen Diskussionen gelungen, auch in der Bundesrepublik Deutschland zwischen der Bundesregierung, vertreten durch das Bundesministerium für Forschung und Technologie (BMFT), und der FAT ein gemeinsames Verbundforschungsprogramm zu etablieren, wobei die Wirkung auf den Menschen im Vordergrund stand. Nach einigen Jahren Laufzeit wurde dieses Projekt seitens des BMFT wieder eingestellt. Die Tierexperimente mit Dieselabgas und künstlichen Aerosolen konnten aber noch abgeschlossen werden.

5.2 Gesetzgebung

Außer den festgelegten Grenzwerten für die limitierten Abgaskomponenten (vgl. Abschn. 2) gelten in den USA auch Vorschriften für nicht limitierte Abgaskomponenten, vgl. Abschn. 7. Der folgende Auszug, abgeleitet aus dem in den USA gültigen Umweltgesetz, dem Clean Air Act, verdeutlicht, daß von der EPA 1979 Richtlinien erlassen wurden, die die Automobilhersteller für die Wirkung aller nachweisbaren Abgaskomponenten verantwortlich machen.

Richtlinien der EPA zur Begrenzung der nichtlimitierten Abgaskomponenten:

Durch den Einbau von Abgas-Reinigungssystemen oder Konstruktionselementen in Fahrzeuge oder Motoren zur Absenkung der Schadstoffemissionen darf kein unvertretbar hohes Risiko für Gesundheit, Wohlbefinden und Sicherheit der Öffentlichkeit hervorgerufen werden.

Diese Auflage ist so allgemein und unbestimmt formuliert, daß sie beliebig auslegbar ist. In praxi ist diese Forderung nicht erfüllbar, weil nach Schätzungen der Chemiker in Automobilabgasen eine große Zahl verschiedener chemischer Verbindungen enthalten sind. Der größte Teil davon tritt allerdings in vernachlässigbar geringen Konzentrationen auf. Über ihre Wirkung ist nichts bekannt.

Die Einsicht der EPA, daß diese praktischen Schwierigkeiten bestehen, hat zur Gründung des HEI beigetragen. Dem HEI wurde die Verantwortung für die Erforschung der Wirkung übertragen.

Zur Bewertung der Immissionskonzentrationen der Automobilabgaskomponenten hinsichtlich ihrer Wirkung auf den Menschen und die Umwelt benötigt man wirkungsbezogene Grenzwerte als Vergleichskriterien. Grenzwerte, die auf den Schutz der menschlichen Gesundheit abzielen und Schädigungen der Umwelt verhindern sollen, sind für eine Reihe von Abgaskomponenten festgelegt, z. B. in den USA als „National Ambient Air Quality Standards" (NAAQS), in Europa als EG-Richtlinien oder als Empfehlungen mit offiziellem Charakter, wie z.B. die MIK-Werte (MIK = Maximale Immissionskonzentration) in der Bundesrepublik Deutschland. Speziell dem Gesundheitsschutz am Arbeitsplatz dienen die MAK-Werte (MAK = Maximale Arbeitsplatzkonzentration) in der Bundesrepublik bzw. die vergleichbaren TLV-Werte (TLV = Threshold Limit Value) in den USA.

Falls für eine bestimmte Abgaskomponente keine verbindlichen oder allgemeinen anerkannten Grenzwerte existieren, müssen die Schwellenwerte bestimmt werden, unterhalb derer keine negativen physiologischen Wirkungen zu erwarten sind. Wenn entsprechende Untersuchungen vorliegen, können die Ergebnisse der Literatur entnommen werden. Andernfalls müssen gezielte Wirkungsuntersuchungen durchgeführt werden.

Die MIK-Werte und NAAQS zielen darauf ab, eine Gesundheitsschädigung des Menschen, insbesondere auch von Risikogruppen, selbst bei langfristiger Einwirkung zu vermeiden und einen Schutz vor Schädigungen von Tieren, Pflanzen und Sachgütern zu gewährleisten.

Arbeitsplatzgrenzwerte (MAK-Werte, TLV) stellen die höchstzulässige Konzentration eines Arbeitsstoffes in der Luft am Arbeitsplatz dar, die nach dem gegenwärtigen Stand der Kenntnisse auch bei wiederholter und langfristiger, in der Regel täglich 8stündiger Exposition (5 Tage/Woche = 40 Std.) im allgemeinen die Gesundheit der Beschäftigten nicht beeinträchtigt und nicht unangenehm belästigend wirkt.

Nur für wenige Komponenten sind MIK-Werte und NAAQS festgesetzt worden, die für eine Beurteilung von möglichen Gesundheitsbeeinträchtigungen der Bevölkerung einschließlich der Risikogruppen herangezogen werden müßten. Dieser

Mangel ist auf immer noch unzureichende Erkenntnisse über chronische Gesundheitswirkungen der niedrigen Immissionskonzentrationen zurückzuführen. Für die meisten der nicht limitierten Komponenten existieren nur Arbeitsplatzgrenzwerte.

Bei der Aufstellung eines immissionsbezogenen Risikobereiches, in dem mit ersten Anzeichen eines Gesundheitsbeeinträchtigung zu rechnen ist („Range of Concern"), kann man nun, wenn keine niedrigste Schadstoffkonzentration publiziert ist, bei der Schädigungssymptome nachweisbar sind, die untere Wirkungsgrenze ersatzweise aus dem TLV- oder MAK-Wert ableiten, indem man einen Sicherheitsfaktor von in der Regel 100 berücksichtigt. Als obere Grenze des „Range of Concern" kann der TLV- bzw. MAK-Wert selbst herangezogen werden. Die maximale Expositionszeit wird mit 40 Stunden/Woche angenommen. Dieser Ansatz, der von der EPA entwickelt wurde, ist allerdings nicht für eine Risikoabschätzung genotoxischer, d.h. mutagener, teratogener und/oder kanzerogener Substanzen anwendbar, für die in den meisten Fällen auch keine Grenzwerte existieren.

Insgesamt ist die Verwendung des „Range of Concern" jedoch ein Notbehelf, wenn sonst keine geeigneten Grenzwerte verfügbar sind. Daher sollte, wenn Immissionskonzentrationen im Bereich des „Range of Concern" liegen, anhand weiterer Informationen geprüft werden, ob tatsächlich eine Gesundheitsgefährdung vorliegt.

5.3 Wirkung auf den Menschen, Bedeutung der Dosis

Um die Wirkung von Stoffen (zu denen auch Gase gehören) auf den Menschen zu verstehen, muß man von der Dosis ausgehen, die als Produkt der Konzentration und der Zeit der Einwirkung, der Expositionsdauer definiert ist:

$$\text{Dosis} = \text{Konzentration} \cdot \text{Expositionsdauer}. \quad (5.1)$$

Wie Abb. 5.1 verdeutlicht, ist dieses Wissen den Medizinern schon lange bekannt. Das wird hier am Beispiel eines Ausspruches von Paracelsus (1493 - 1541) demonstriert.

Paracelsus:

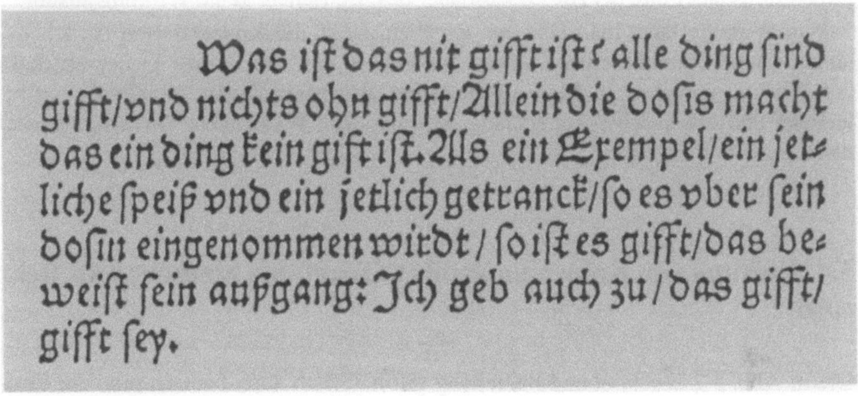

Was iſt das nit gifft iſt? alle ding ſind
gifft/vnd nichts ohn gifft/Allein die doſis macht
das ein ding kein gift iſt. Als ein Exempel/ein jet-
liche ſpeiß vnd ein jetlich getranck/ſo es vber ſein
doſin eingenommen wirdt/ſo iſt es gifft/das be-
weiſt ſein außgang: Ich geb auch zu/das gifft/
gifft ſey.

Abb. 5.1: Paracelsus: Dosis und Wirkung

In Versuchen mit bekannt wirkungsvollen Giften, wie z.B. Blausäure und Phosgen, sind quantitative Beziehungen für die Konzentration c als Funktion der Zeit aufgestellt worden, die in Abb. 5.2 schematisch dargestellt sind. Dabei ist eine Adaption des Menschen an den Stoff noch nicht berücksichtigt.

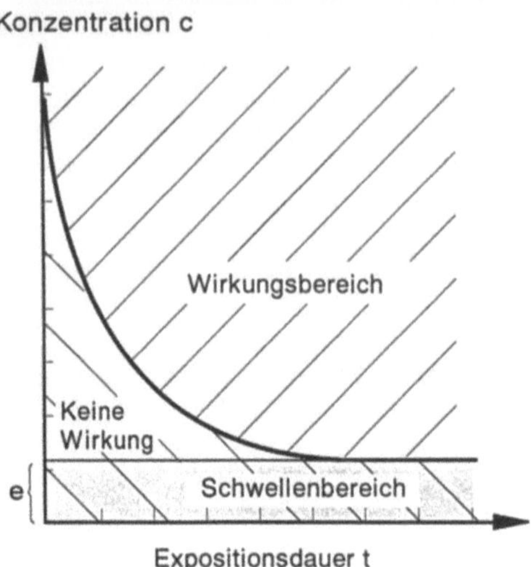

Abb. 5.2: Wirkungskurve für Gifte

Den quantitativen Zusammenhang der Dosis-Wirkungs-Beziehungen kann man wie folgt beschreiben:

$$\text{Dosis} = (c - e) \cdot t = W = \text{const.} \tag{5.2}$$

Dabei ist W die Wirkungskurve, oberhalb der eine Wirkung eintritt, e die kritische Konzentration, das heißt die Schwelle, unterhalb der ein Stoff auch über sehr lange Expositionsdauer hin, bis zur Lebensdauer des Menschen, keine Wirkung ausübt.

Von Wirkung kann man also nur sprechen, wenn die Konzentration bei lebenslanger Dauer oberhalb einer solchen Schwelle e bzw. bei kurzer Dauer oberhalb der Wirkungskurve liegt. Man unterscheidet also nach akuten (kurzfristig auftretenden) und chronischen (langfristig auftretenden) Wirkungen. Ausnahmen sind kanzerogene Wirkungen.

5.4 Wirkung von Kohlenmonoxid (CO) auf den Menschen als Beispiel

Die in Abb. 5.2 beschriebene Beziehung gilt natürlich auch für CO, eine der limitierten Komponenten des Automobilabgases.

Die Wirkung von CO beruht auf der Bildung von Carboxy-Hämoglobin (COHb) durch Anlagerung des inhalierten CO an die roten Blutkörperchen. Dabei wird die lebenswichtige Anlagerung von Sauerstoff (O_2) mit Bildung des Oxy-Hämoglobins (O_2Hb) behindert. CO lagert sich 200 bis 300 mal fester an das Hb an als O_2. Die Anlagerung des CO an das Hämoglobin erfolgt als Funktion der Zeit. Für eine bestimmte CO-Konzentration wird nach 3 bis 4 h eine COHb-Sättigung im Blut erreicht. Mit zunehmender Konzentration des CO in der Atemluft wird die Sauerstoffversorgung des menschlichen Organismus immer weiter herabgesetzt. Als Folge treten physiologische Störungen ein, die bei hohen CO-Konzentrationen schließlich zum Tode führen können.

Jeder Mensch hat einen natürlichen COHb-Gehalt im Blut, auch ohne Einwirkung von CO aus der Umgebungsluft. Tabelle 5.1 zeigt einige Werte:

Tabelle 5.1: Natürlicher COHb-Gehalt im Blut von Menschen ohne CO in der Umgebungsluft

Mensch	COHb-Gehalt %
Nichtraucher	$0,8 \pm 0,2$
mittlerer Raucher	2,1 - 3,4
starker Raucher	10

Rauchen erzeugt also einen hohen COHb-Gehalt im Blut des Menschen.

Abb. 5.3 zeigt die Wirkungskurve für die CO-Konzentrationen in der Atemluft als Funktion der entsprechenden Expositionsdauer. Die entsprechenden COHb-Gehalte des Blutes sind als Parameter mit eingezeichnet. Die Wirkungen auf den Menschen sind jeweils oberhalb der Wirkungskurven angegeben. Unterhalb der

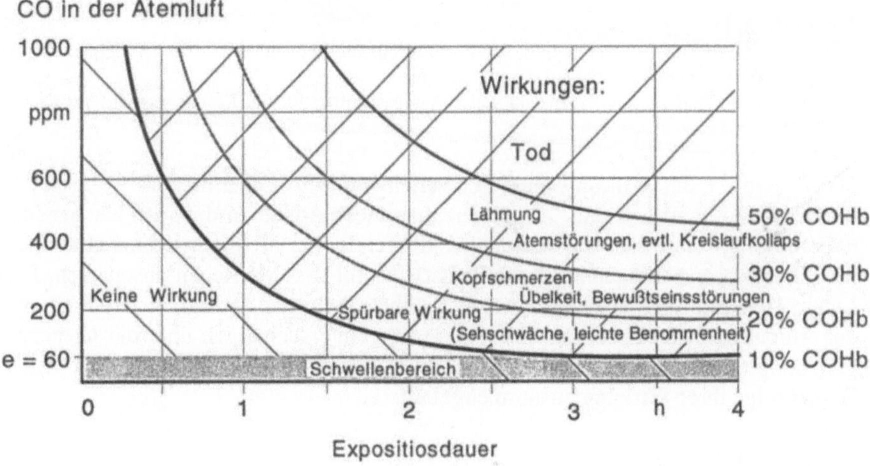

Abb. 5.3: Wirkung von CO in der Atemluft auf den Menschen

stark eingezeichneten Kurve ist keine Wirkung zu verzeichnen. Die Schwelle *e* für CO beträgt hierbei 60 ppm, vgl (5.2), und ist ebenfalls eingezeichnet. Die entsprechenden Sättigungswerte für COHb sind - unabhängig von den CO-Konzentrationen - nach etwa 3 bis 4 h erreicht. Die erste Wirkung mit Anzeichen von Sehschwäche und leichten Kopfschmerzen beginnt bei einer Konzentration in der Atemluft ab 60 ppm und 3 h Einwirkdauer. Bei Konzentrationen oberhalb etwa 450 ppm kann - je nach CO-Konzentration - der Tod nach etwa 1,5 bis 4 h eintreten.

Die in den Städten Europas bei Menschen ermittelten CO-Durchschnittswerte bzw. COHb-Werte durch Verkehrsbelastung liegen in einem Bereich, in dem keine subjektiven Beschwerden beim Menschen festgestellt werden. Im Straßenverkehr und im fahrenden Fahrzeug treten nämlich normalerweise nur CO-Werte im Mittel von 3 bis 4 ppm auf, vgl. Abschn. 4. Diese CO-Werte entsprechen einem COHb-Gehalt von weniger als 1 %, sind also nicht höher als der natürliche Wert für Nichtraucher, vgl. Tabelle 5.1. Raucher, die ohne zu rauchen über Stunden dieser geringen CO-Konzentration in einer Straßenschlucht ausgesetzt sind, bauen ihren COHb-Gehalt ab.

Die durch den Verkehr auftretenden CO-Konzentrationen in der Atemluft sind für gesunde Menschen also völlig ungefährlich, das heißt, die kritische Schwelle "*e*" wird bei weiten unterschritten. Auch bei sogenannten Risikogruppen (Asthmatiker, Kinder usw.) sind 3-4 ppm unkritisch, da der 24 h-MIK-Wert 8,7 ppm, der $(^1/_2)$ h-MIK-Wert 43,5 ppm betragen. Der MAK-Wert lag früher bei 50 ppm und beträgt heute 30 ppm.

5.5 Krebserregende Stoffe

Im Gegensatz zu den bisher diskutierten Giften gibt es für kanzerogene Stoffe, also für chemische Stoffe, die Krebs erzeugen können, nach Ansicht vieler Wissenschaftler keine Schwellenwerte *e*.

Krebstheorie:
Theoretisch ist es bei Krebs nicht möglich, für erregende (induzierende) bzw. fördernde chemische Stoffe (Promotoren) Schwellenwerte anzugeben.
Bereits 1 Molekül kann nach Ansicht vieler Wissenschaftler für die Krebserregung oder Krebsförderung verantwortlich sein.

Die Hypothese der Wirkung ohne Schwellenwert wird experimentell wahrscheinlich kaum zu beweisen sein. Akzeptiert man diese Annahme dennoch als Arbeitshypothese, so muß man das hieraus resultierende, bei niedrigen Konzentrationen möglicherweise vorliegende Gesundheitsrisiko für den Menschen abschätzen. Die Lunge ist beim Menschen als hauptsächliches Zielorgan bezüglich der Wirkung der Autoabgase zu betrachten. Ergebnisse von Untersuchungen über die Ursachen von Lungenkrebs bzw. die Häufigkeit von Lungenkrebs sind im folgenden in der Reihenfolge ihrer Wirkung zusammengefaßt:

Ursachen von Lungenkrebs:
1. Tabakrauch (ca. 90% der Lungenkrebsfälle)
2. Verunreinigungen am Arbeitsplatz

3. atmosphärische Verunreinigungen
4. Radonstrahlung, hauptsächlich in geschlossenen Räumen.

Die Statistik weist für Deutschland etwa 28.000 Lungenkrebstote pro Jahr aus.
Davon sind aufgrund von Untersuchungen bis zu 90% dem Rauchen zuzuschreiben. Das wären etwa 10% aller Sterbefälle von Rauchern.

Anmerkung:
Da man es hier mit statistischen Aussagen zu tun hat, ist die Diskussion von Ergebnissen einzelner Fälle oder von Ergebnissen geringer Stichproben unzulässig, Einzelfälle widerlegen keine statistischen Aussagen.

Das Fazit der Auswertung ist, daß die atmosphärischen Verunreinigungen, die nur zum Teil vom Automobil verursacht werden, am geringsten zur Lungenkrebserzeugung beitragen. Der hypothetische Anteil an Lungenkrebstoten durch Automobilabgase kann demnach nur sehr gering sein, verglichen mit den erwiesenen hohen Anteilen durch Tabakrauch und Verunreinigungen am Arbeitsplatz.

Von den Automobilabgaskomponenten sind vor allem die Dieselpartikeln zu untersuchen, weil sie teilweise länger in der Lunge verweilen können als die Gase. Nach Veröffentlichungen wird das Risiko für die in der Straßenschlucht auftretenden Konzentrationen, vgl. Abschn. 4.5, von gering bis vernachlässigbar gering eingeschätzt.

5.6 Methoden der Wirkungsforschung

5.6.1 In-vitro-Untersuchungen

Die sogenannten in-vitro-Untersuchungen, das heißt Untersuchungen im Reagenzglas mit Bakterien oder Zellkulturen, sind in der Öffentlichkeit in den letzten $2^{1}/_{2}$ Jahrzehnten als Alternative zu Tierversuchen viel diskutiert worden. Ein Beispiel ist der sogenannte Ames-Test, ein Mutagenitätstest, der von B.Ames 1972 entwickelt wurde.

Ames-Test
Bakterienstamm: Salmonella Typhimurium (ein besonderer Stamm, der infolge einer Mutation die zum Wachstum benötigte Aminosäure Histidin nicht herstellen kann).
Grundlage des Testes ist, daß mutagene Substanzen in die Nährlösung eingebracht werden, die die Häufigkeit der Rückmutation erhöhen. Die wieder Histidin bildenden Bakterien wachsen zu Kolonien heran, alle anderen Bakterien sterben ab. Die Zahl der Kolonien ist ein Maß für die Mutagenität.

Bakterienkulturen (ebenso wie Zellkulturen) werden im Falle der Untersuchungen mit Automobilabgas mit Abgaskondensaten oder -extrakten beaufschlagt, die über längere Zeit, zum Beispiel über viele Fahrzyklen, vgl. Abschn. 9, gesammelt werden müssen, so daß die Konzentration sehr hoch ist. Beim Sammeln kann eine chemische Veränderung des Kondensats eintreten. Bei diesem Test ist zu beachten, daß eine Substanz, die mutagen ist, also das Erbgut der Zelle verändern kann, nicht auch kanzerogen sein muß, also Krebs verursachen würde. Abb. 5.4 zeigt Aufnahmen von Bakterienkulturen des Ames-Tests. Man erkennt das Wachstum der Kolonien.

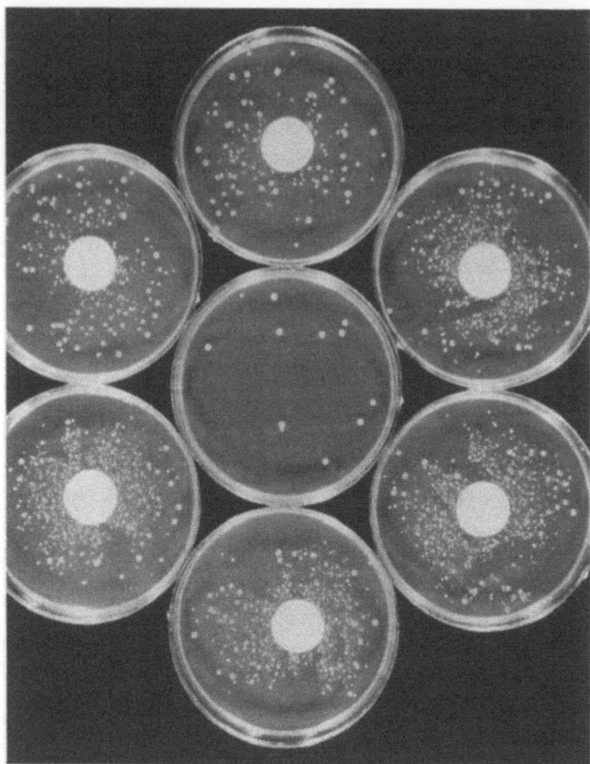

Abb. 5.4: Aufnahme von Bakterienkulturen (Ames-Test)

Die Entwicklung solcher in-vitro-Tests befindet sich im Stadium der Grundlagenforschung. Dennoch hat die EPA über viele Jahre solche Tests ausschließlich verwendet und deren Ergebnisse zur Beurteilung der Wirkung insbesondere von Dieselabgasen herangezogen.

Beim sogenannten Zelltransformations-Test werden wie beim Ames-Test Abgaskondensate oder -extrakte verwendet, die die Zellstrukturen verändern können.

Zelltransformations-Test - Kanzerogenitäts-Untersuchungen

Grundlage der Tests ist, daß kanzerogene Substanzen bestimmte Zellen "in Kultur" morphologisch umwandeln.

Endpunkt ist die Ausbildung transformierter Zellen, die durch Veränderungen in ihrem Wachstumsmuster gegenüber normalen Zellen erkennbar sind.

Generell ist zu allen in-vitro-Tests zu sagen, daß sie keine endgültige Aussage über die Wirkung erlauben. Sie sind wertvoll als sogenannte Kurzzeit-"Screening"-Tests, das heißt als Tests, mit denen man aus einer großen Zahl von Stoffen im Vorversuch diejenigen heraussieben kann, die möglicherweise mutagen oder kanzerogen sein können. Diese ausgesuchten Stoffe müssen dann in Tierversuchen überprüft werden, und erst die Ergebnisse der Tierversuche dürfen für Entscheidungen verwendet werden. Das ist für chemische Substanzen wichtig, weil z. B. in den USA pro Jahr ca. 50 000 neue chemische Substanzen auf den Markt kommen.

5.6.2 In-vivo-Untersuchungen

"In vivo" bedeutet, daß man Untersuchungen an Lebewesen durchführt, wobei die Untersuchungen am Menschen aus ethischen Gründen auf kurzzeitige Expositionen bei geringen Konzentrationen mit akuten, reversiblen Wirkungen oder auf Erhebungen an spezifischen Personengruppen (epidemiologische Untersuchungen) beschränkt sind. Daher kommen nur Tiere, aus Kostengründen überwiegend kleinere Nagetiere (Mäuse, Hamster, Ratten), in Frage, wobei man speziell gezüchtete Stämme verwendet, z. B. „Fisher"- oder „Wistar"-Ratten.

Im folgenden sind Verfahren aufgelistet.

Toxizitäts- und Kanzerogenitäts-Tests an Tieren

Hauptsächlich verwendete Verfahren:

a) Epikutane, subkutane und intratracheale Anwendungen mit Extrakten, Kondensaten, Partikeln. Es bedeutet "epikutan" die Auftragung auf die Haut, "subkutan" die Einspritzung unter die Haut und "intratracheal" das Einspritzen in den Lungentrakt. Verwendet werden in dem hier interessierenden Fall Extrakte, Kondensate oder Partikeln von Automobilabgasen.

b) Inhalationsversuche mit Abgasen hoher Konzentration für akute und chronische Wirkungen, d.h. die Tiere atmen bestimmte Abgaskonzentrationen ein.

Abb. 5.5 zeigt eine Aufnahme von Inhalationskammern. Verdünntes Abgas strömt horizontal, über Lochblenden gleichmäßig verteilt, durch die Kammern. Die Tiere werden in Käfigen untergebracht.

Abb. 5.5: Inhalationskammern

Die Tiere werden sehr gut gepflegt. In allen bisher durchgeführten Experimenten wurde die normale Lebensdauer der Tiere nicht beeinträchtigt. Eine Einzelhaltung der Tiere in Käfigen ist bei solchen Versuchen wegen der Gefahr gegenseitiger Verletzung und eines Kannibalismus notwendig.

Eine Besonderheit der in-vivo-Versuche sind die schon erwähnten epidemiologischen Untersuchungen an spezifischen, belasteten Personengruppen, zum Beispiel an Tankwarten oder Kfz-Mechanikern, im Vergleich zu unbelasteten Kontrollgruppen. Normalerweise wäre dies die geeignetste Methode, wenn es gelänge, Wirkungen nachzuweisen. Die Schwierigkeiten der epidemologischen Untersuchungen werden im folgenden skizziert:

Schwierigkeiten bei epidemiologischen Untersuchungen an spezifischen Bevölkerungsgruppen:

Es gibt keine Gruppe mit einer definierten Belastungssituation und kaum Kontrollgruppen ohne eine Belastung. Störfaktoren, wie Rauchen usw., überwiegen.

Alle bisherigen Untersuchungen dieser Art sind weltweit gescheitert. Wirkungen waren nach Meinung vieler Toxikologen nicht nachzuweisen. Man ist daher auf Tierversuche angewiesen.

5.6.3 Problematik der in-vitro- und in-vivo-Untersuchungen

Abb. 5.6 verdeutlicht die Problematik der Versuche. Aufgetragen ist hier die Wirkung über der Dosis.

Das Kondensat, das für in-vitro-Versuche verwendet wird, repräsentiert die maximale Dosis, die überhaupt möglich ist (oberer Ast der Kurve in Abb. 5.6). Die Inhalationsversuche werden bei niedrigen Dosen (unterer Ast der Kurve in Abb. 5.6) durchgeführt, wobei die Konzentrationen hier noch um einen Faktor bis 10.000 höher sind als die Konzentrationen in einer Straßenschlucht.

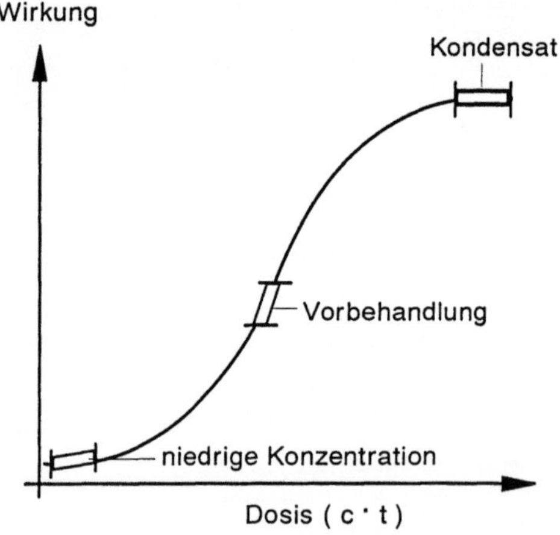

Abb. 5.6: Dosis - Wirkung - Beziehungen (c - Konzentration, t - Zeit)

Man wählt diese relativ hohen Konzentrationen für Inhalationsversuche, um festzustellen, ob überhaupt Wirkungen auftreten. Die Zahl der Tiere ist nämlich aus Kostengründen ebenfalls beschränkt. Um statistisch brauchbare Ergebnisse zu erzielen, muß die Dosis entsprechend erhöht werden.

Die Zeit "t" ist durch die normale Lebenszeit der Tiere vorgegeben. Da sie viel kürzer ist als die Lebenszeit der Menschen, kommt man in wenigen Jahren zu Resultaten.

In der Mitte der Kurve in Abb. 5.6 ist noch ein Teil "Vorbehandlung" angemerkt. Hier wird ein besonderes Untersuchungsmodell gekennzeichnet, bei dem Tiergruppen durch starke kanzerogene Stoffe (zum Beispiel Nitrosamine) vorbehandelt werden, so daß eine bestimmte Zahl von Tumoren entstehen. Durch die Inhalation von Automobilabgasen soll festgestellt werden, ob diese dann krebsfördernd (kokanzerogen) oder sogar krebsbehindernd sind. Diese Modell mußte ursprünglich gewählt werden, weil man davon ausgehen mußte, daß selbst bei den eingesetzten hohen Dosen keine Tumoren feststellbar sein würden.

Die S-förmige Kurve in Abb. 5.6 verdeutlicht die Problematik dieser Untersuchungsmethoden insofern, als es praktisch unmöglich ist, von der Wirkung der hohen Dosis auf die Wirkung der sehr niedrigen Dosis zu extrapolieren, die für die Konzentration in einer Straßenschlucht bei einer durchschnittlichen Aufenthaltsdauer des Menschen von ca. 2 h/Tag noch wesentlich niedriger sind als in den Inhalationsversuchen.

Die Übertragung der Ergebnisse der Tierversuche auf den Menschen ist darüber hinaus grundsätzlich problematisch, wird aber von den Toxikologen praktiziert.

5.7 Forschungsprojekte und Ergebnisse im historischen Ablauf

Im folgenden werden die Forschungsprojekte, wie sie in den letzten Jahren hauptsächlich seitens der Automobilindustrie gefördert wurden, und ihre Ergebnisse beschrieben. Hier werden allein die Inhalationsversuche vorgestellt, weil nur sie direkte Aussagen zulassen.

5.7.1 Versuch mit Ottomotorabgas (UBA/FAT-Projekt)

Die wichtigsten Daten für ein von der Forschungvereinigung Automobiltechnik (FAT) und dem Umweltbundesamt (UBA) gemeinsam gefördertes Projekt am Ottomotor sind im folgenden aufgeführt.

FAT/UBA-Projekt:

Durchführung:	FhG/ITA Münster-Roxel
Programm:	Ottomotor
Tiere:	Ratten, Hamster und Mäuse
Laufzeit:	Ende 1979 bis Ende 1985, d.h. 6 Jahre
Kosten:	1,8 Mio. DM

(FhG: Frauenhofer - Gesellschaft e.V., ITA: Institut für Toxikologie und Aerosolforschung)

Ergebnisse des FAT/UBA-Projekts:

a) Ratten und Hamster ohne tumorinduzierenden Vorbehandlung:

Nach Exposition mit relativ hochkonzentriertem Ottomotorabgas war keine Erhöhung der Spontantumorrate festzustellen. Nur bei Ratten wurden nach zweijähriger Exposition in höchster Abgaskonzentration physiologische Veränderungen festgestellt, die nach Expositionsende teilweise reversibel waren.

b) Versuchstiere mit tumorinduzierender Vorbehandlung:

Ratten:	Abnahme bösartiger Tumoren in der Lunge
	Zunahme gutartiger Tumoren im oberen Atemwegtrakt
Adulte Mäuse:	Abnahmen gutartiger Lungentumoren
	Zunahme bösartiger Lungentumoren
Hamster /	
neugeborene Mäuse:	keine signifikante Veränderung der induzierten Tumorrate

Die Lebenszeit der Tiere wurde nicht verkürzt. Nur bei der höchsten gewählten Abgaskonzentration mit einem CO-Gehalt von etwa 300 ppm treten physiologische Veränderungen auf. Schon bei etwas geringerer Konzentration ist praktisch keine Wirkung festzustellen. Die Automobilabgase von Ottomotoren verursachten bei diesen Experimenten keine Tumoren.

Bei den mit krebserregenden Substanzen vorbehandelten Tieren traten widersprüchliche Ergebnisse auf, die zum Teil statistisch nicht abgesichert sind.

5.7.2 Versuch mit Dieselmotorabgas (Volkswagen/Audi-Projekt)

Die wichtigsten Daten für ein von VW/Audi gefördertes Projekt zeigt folgende Übersicht. Wichtig ist hier, daß sowohl Abgase mit als auch ohne Partikeln verwendet wurden. Die lungengängigen Partikeln wurden im zweiten Fall herausgefiltert.

VW/Audi-Projekt:

Durchführung:	FhG/ITA Hannover
Programm:	Dieselmotor (mit und ohne Partikeln)
Tiere:	Ratten, Hamster und Mäuse
Laufzeit:	Anfang 1980 bis Ende 1985, d.h. 6 Jahre
Kosten:	3.5 Mio. DM

Ergebnisse des VW/Audi-Projekts:

- Nach Exposition mit relativ hochkonzentriertem, gefiltertem Dieselmotorabgas (ohne Partikeln) waren bei keiner Tierart kanzerogene oder chronisch-toxische Effekte festzustellen.
- Nach Exposition mit Gesamtabgas wurden bei allen drei Tierarten zytologische, funktionelle und morphologische Veränderungen im Atemtrakt festgestellt.
- Nach Exposition mit Gesamtabgas (mit Partikeln) trat bei Ratten eine Lungentumorrate von ca. 16% auf.
- Nach Exposition sowohl mit partikelfreiem als auch mit Gesamtabgas wurden bei Mäusen eine Erhöhung der Tumorrate in der Lunge von 13% (Spontantumore) auf ca. 30% festgestellt. Eine Versuchswiederholung zur Absicherung der Ergebnisse erschien erforderlich.
- Bei Hamstern war keine Erhöhung der spontanen Tumorrate feststellbar.
- Generell wurde kein kokanzerogener Effekt von Dieselmotorabgas bei vorbehandelten Tieren festgestellt.

Tabelle 5.2 zeigt die Tumorraten für Ratten bei Exposition in Abgas mit und ohne Partikeln sowie die der Kontrollgruppe (Exposition mit normaler Luft). An den 95 Tieren wurden bei Gesamtabgas mit Partikeln 17 Tumoren diagnostiziert, davon einer als bösartig.

Tabelle 5.2: Anzahl histologischer Ergebnisse in der Rattenlunge nach 140 Wochen Exposition beim VW/Audi-Projekt

Histologische Befunde	Kontrolle	Abgas ohne Partikeln	Gesamtabgas (mit Partikeln)	
Anzahl der untersuchten Ratten	96	92	95	
Bronchio-alveoläres Adenom	0	0	8	(8 gutartig)
Plattenepithel-Tumor	0	0	9	(8 gutartig, 1 bösartig)

Bei Exposition in Gesamtabgas, das heißt mit Partikeln, wurden bei allen drei Tierarten Veränderungen festgestellt, die sich bei weiblichen Ratten auch in einer erhöhten Lungentumorrate äußern. Allerdings ist die Dosis sehr hoch. Bei Hamstern wurden keine Tumoren gefunden. Die Befunde bei Mäusen waren widersprüchlich.

Abb. 5.7 zeigt als Beispiel einen Schnitt aus der Rattenlunge mit einem deutlich ausgeprägten Tumor.

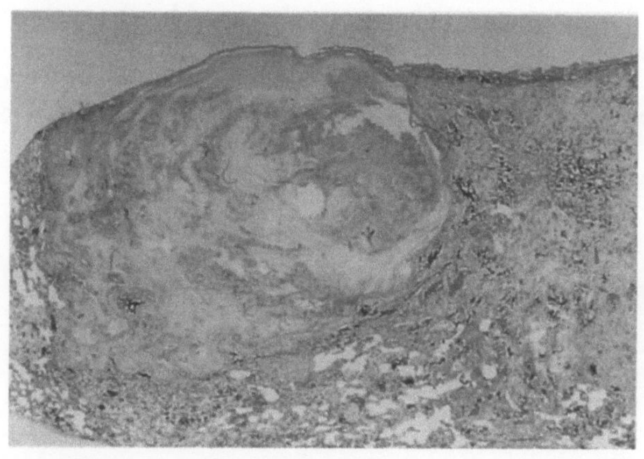

Abb. 5.7: Plattenephitheltumor, Rattenlunge

Überraschenderweise traten bei der eingesetzten hohen Dosis in den Inhalationsversuchen mit Dieselgesamtabgas (mit Partikeln) Tumoren statistisch gesichert nur bei einer einzigen Tierspezies auf, der Ratte. Dabei handelt es sich in diesem Experiment um sogenannte Wistar- Ratten.

5.7.3 Otto- und Dieselmotor-Abgasprojekt, Ottomotor mit und ohne Katalysator, Dieselmotor mit und ohne Partikeln (CCMC - Projekt)

Die wichtigsten Daten des Projektes des CCMC (Committee of Common Market Automobil Constructors) zeigt die folgende Übersicht.

Als Versuchstiere wurden Hamster, sowie männliche und weibliche "344-Fisher"-Ratten (eine andere Züchtung als die Wistar-Ratten) verwendet. Dieses weltweit größte Projekt ergänzte die beiden vorher beschriebenen Projekte.

CCMC-Projekt:

Durchführung:	Battelle, Genf
Programm:	Ottomotor (mit und ohne Katalysator), Dieselmotor (mit und ohne Partikeln)
Tiere:	Ratten, Hamster
Laufzeit:	Anfang 1980 bis Ende 1985, d.h. 6 Jahre
Kosten:	15 Mio. DM

Ergebnisse des CCMC-Projekts:

1. Kein Anstieg der Lungentumorrate bei Exposition mit Abgas aus:
   - Ottomotoren mit und ohne Katalysator,
   - Dieselmotoren (gefiltert),
   - Dieselmotoren (ungefiltert) mit Partikelkonzentrationen bis um den Faktor 350 höher als die in Großstädten vorzufindenden Partikelkonzentrationen.
2. Ab Partikelkonzentrationen von mindestens dem 1000fachen der in Großstädten vorzufindenden Konzentrationen traten nur bei den Ratten Lungentumoren auf.

Bei diesem Projekt kamen drei verschiedene Konzentrationen für das Dieselgesamtabgas (mit Partikeln) zur Anwendung. Bei den Hamstern traten generell keine Tumoren auf. Bei den Ratten wurden bei der mittleren und bei der höchsten Dosis Lungentumoren nachgewiesen.

Tabelle 5.3 zeigt die Zahl der Lungentumoren getrennt nach männlichen und weiblichen Ratten sowie die Gesamtzahl. Die Daten deuten auf eine Dosis - Wirkungs - Beziehung hin. Erst bei der mittleren Dosierung ist die Lungentumorrate höher als die geringe spontane Lungentumorrate bei den Kontrolltieren.

Tabelle 5.3: CCMC-Projekt: Lungentumorrate von Ratten bei Exposition mit Gesamtabgas (ungefiltertes Dieselabgas, d.h. mit Partikeln) für verschiedene Dosierungen

Dosierung	Zahl der sezierten Ratten	männlich mit Tumor	Zahl der sezierten Ratten	weiblich mit Tumor	Zahl der sezierten Ratten	gesamt mit Turmor (* spontane Rate)
niedrig	72	1	71	0	143	1 *
mittel	72	3	72	11	144	14
hoch	71	16	72	39	143	55
Kontrolle	134	2	126	1	260	3 *

5.7.4 Weltweite Projekte

Im Jahre 1986 fand in Tsukuba bei Tokio ein Kongreß statt, auf dem unter anderem über alle wichtigen weltweit durchgeführten Inhalationsversuche mit Dieselabgasen berichtet wurde.

Tabelle 5.4 zeigt eine Übersicht über alle Projekte bezüglich der eingesetzten Dieselmotoren, Höchstdosierungen und Tierarten sowie der festgestellten Tumorraten.

Tabelle 5.4: Langzeitinhalations-Studien mit Dieselmotorabgas (Daten und Ergebnisse)

Labor/ Land	Fahrzeug/ Fahrkurve	Exposition		Höchste Dosis	Tierart	Tumorrate, davon bösartig in ( )
		h/d	d/w	mg h/m^3		%
Niosh Japan	7 l NFZ (Bergbau) stationär	7	5	6.720	Ratten Affen	0 0
SWRI USA	5,7 l PKW stationär	20	7	12.600	Ratten Mäuse	nicht schlüssig 0
GMR USA	5,7 l PKW stationär	20	55	15.840	Ratten Schweine	0 0
Lovelace USA	5,7 l PKW ·FTP 72	7	5	29.400	Ratten Mäuse	13,1 (7,7) nicht analysiert
FhG/ITA Deutschland	1,5 l PKW FTP 72	19	5	53.200	Ratten Mäuse Hamster	17 (1,0) nicht schlüssig 0
Battelle Schweiz	1,5 l PKW FTP 72	16	5	50.688	Ratten Hamster	38,5 (32,2) 0
Saitama Japan	0,3 l Kleinmotor Leerlauf	4	4	6.656	Ratten Mäuse	0 12,4 (4,1)
Kyushu Uni Japan	11 l NFZ 1,8 l PKW stationär	16 16	6 6	49.920 24.960	Ratten Ratten	6,5 nicht schlüssig
Matsuyama Japan	2,4 l NFZ stationär	8	7	28.537	Ratten	42,1 (26,3)

FTP 72 ≙ Teil des Fahrzyklus nach US-Test, vgl. Abschn. 8

Die entsprechenden prozentualen Tumorraten in Abhängigkeit von der Gesamtdosierung (kumulativ über Expositionszeit je m^3 normiert) zeigt Abb. 5.8.

Man erkennt aus den beiden letzten Bildern eine starke Abhängigkeit der Tumorrate von der Gesamtdosis bei Inhalation. Besonders wichtig aber ist die Andeutung eines Schwellenwertes. Abb. 5.9 zeigt dieses Ergebnis in einer anderen Darstellung, in der aus den Versuchen von Battelle und Lovelace die Tumorrate über der berechneten Menge der in der Lunge deponierten Partikeln dargestellt ist. Hier erkennt man im Schnittpunkt der Ausgleichsgeraden mit der x-Achse einen Schwellenwert, der allerdings durch die große Streuung statistisch nicht gesichert ist.

Wenn ein solcher Schwellenwert im Gegensatz zur oben genannten Krebshypothese existiert, unterhalb dessen kein Tumor auftritt, dann spricht man von einem sogenannten *epigenetischen* Effekt. Sein Mechanismus ist heute noch ungeklärt.

Untersuchungsergebnisse zeigen, daß die Lungenfunktion bei hoher Belastung durch Partikeln eingeschränkt wird. Wenn nämlich die Partikeln nicht mehr wie sonst durch natürliche Mechanismen aus der Lunge herausbefördert werden, lagern

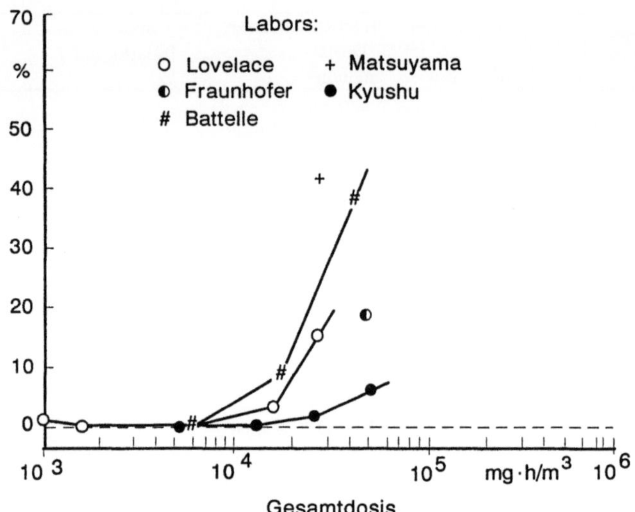

Abb. 5.8: Prozentuale Tumorrate als Funktion der Gesamtdosis (ohne Niosh, SWRI und GMR, da dort Tumorraten ≈ 0%, vgl. Tabelle 5.4)

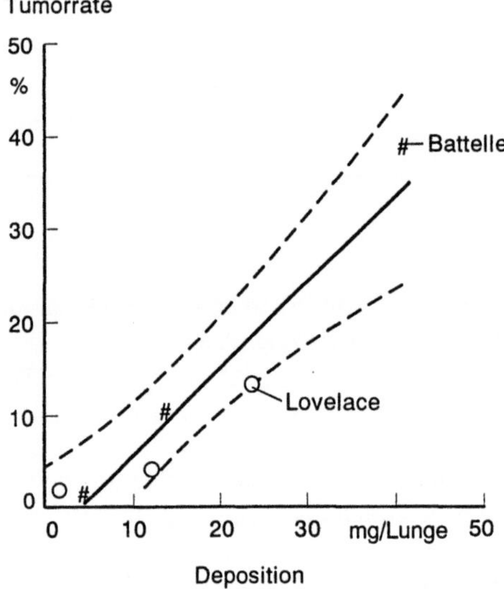

Abb. 5.9: Lungentumorrate als Funktion der in der Lunge deponierten Partikelmengen (nur Battelle und Lovelace)

sie sich zunehmend ab. Wenn die Hypothese des Schwellenwerts durch weitere Untersuchungen bestätigt würde, dann wäre das ein Hinweis darauf, daß bei geringer Partikeldosis eine Krebserzeugung nicht zu erwarten ist. Von den wissenschaftlichen Leitern der Tokiokonferenz wurden daher weitere Untersuchungen empfohlen. Sollte sich aber die Hypothese bestätigen, daß es sich um eine biologisch-chemische Kanzerogenese handelt, dann müßte man das Risiko für die Menschen abschätzen:

Quotation from "Conclusions and Recommendations" by Dr.R.McClellan:

"There is also a need for studies to clarify the relative roles of epigenetic versus genetic mechanisms of carcinogenesis. For example, it would be useful to conduct studies in which rats and other laboratory animals were exposed to carbon black and other particulate material devoid of organic compounds to see if such exposures induce lung tumors.
A logical follow-on would be studies with specific chemical compounds adsorbed onto fine particles such as carbon black."

Auf der Tokio-Konferenz wurde von E.L.Wynder, einem bekannten Epidemiologen aus den USA, der im folgenden dargestellte Schluß gezogen. Danach wäre das Krebsrisiko durch Dieselabgas selbst für den hypothetischen Fall, daß kein Schwellenwert existiert, äußerst gering.

Risiko-Einschätzung von Dr.med.E.L.Wynder:

In einem abschließenden amerikanischen Plenarvortrag wurde von dem Epidemiologen Dr.med.E.L.Wynder qualitativ dargelegt, daß das Risiko beim "passiven Rauchen", d.h. beim unfreiwilligen Einatmen von Zigarettenrauch in schlecht belüfteten Räumen, sehr klein gegenüber dem Risiko des Rauchens sein muß, daß aber das Risiko der Inhalation von Dieselabgasen am Straßenrand selbst hinter dem geringen Risiko des Passivrauchens noch um Größenordnungen zurückbleiben müsse.

5.7.5 Verbundforschungsprogramm in der Bundesrepublik Deutschland

1986 haben sich der Bundesminister für Forschung und Technologie (BMFT) und die deutsche Automobilindustrie (FAT) geeinigt, ein umfangreiches Verbundforschungsprogramm zu starten. In einem Auszug aus der Bekanntmachung im Bundesanzeiger vom 01.02.1986 heißt es:

Verbundforschungsprogramm FAT/BMFT:

Bekanntmachung zur Förderung von Forschungsvorhaben im Rahmen eines Verbund-Forschungsprogramms (vom 22.Januar 1986):
   "Auswirkungen von Automobilabgasen auf die Gesundheit und Umwelt"
Dieses Verbundforschungsprogramm "Auswirkungen von Automobilabgasen auf die menschliche Gesundheit und Umwelt" ist in folgende vier Schwerpunkte gegliedert:
1. Untersuchungen zur Ausbreitung und Umwandlung von Automobilabgaskomponenten
2. Klinische und epidemiologische Untersuchungen
3. Tierexperimente und in-vitro Systeme
4. Untersuchungen zur Wirkung von Automobilabgasen auf Ökosysteme

Insgesamt sollten ursprünglich in fünf Jahren 30 Millionen DM für die Wirkungsforschung aufgewendet werden, wobei jeweils 50% von der FAT, also von der

Automobilindustrie, und 50% vom BMFT, also von der Regierung, getragen werden sollten. Später wurde das Programm seitens des BMFT auf insgesamt 10 Millionen DM beschränkt und dann eingestellt.

Mit diesen 10 Millionen DM wurden insbesondere das im folgenden beschriebene Inhalations-Wirkungsforschungsprojekt finanziert.

Tierexperimentelle Inhalationsstudien zur Frage der tumorinduzierenden Wirkung von Dieselmotorabgasen und von zwei Teststäuben
(Priv.-Doz.Dr. U.Heinrich, Dr. R.Fuhst und Prof.Dr. U.Mohr, Frauenhofer-Gesellschaft-Institut für Toxikologie und Aerosolforschung, Hannover)

Verbundforschungsprojekt:

Durchführung:	FhG, ITA Hannover
Programm:	Dieselmotorabgas, Aerosol mit künstlich erzeugten Rußpartikeln (Printex), Aerosol mit Titandioxidpartikeln
Tiere:	Ratten, Mäuse (NMR3- und C57BL/6N-Stämme)
Laufzeit:	Juli 1987 bis August 1992, d.h. 5 Jahre
Kosten:	6,1 Mio. DM

Das besondere an diesen Experimenten war die Ermittlung der in der Lunge abgelagerten Masse der Rußpartikeln.

Ratten

Bei den hier durchgeführten Untersuchungen wurden Ratten etwa 18 Stunden pro Tag und fünf Tagen pro Woche über maximal zwei Jahre in speziellen, 12 m^3 großen Kammern drei verschiedenen Konzentrationen von Dieselmotorabgasen (Abgasverdünnung 1:9, 1:27 und 1:80) ausgesetzt. Diese Abgasverdünnungen enthielten 7,5; 2,5 und 0,8 Milligramm Dieselpartikeln pro Kubikmeter Luft.

Zur Kontrolle wurden zwei weitere Versuchsgruppen Titandioxidpartikeln (P 25, Firma Degussa, Frankfurt) bzw. technischem Ruß (Printex 90, Firma Degussa, Frankfurt) ausgesetzt, mit Konzentrationen von jeweils 7,5 Milligramm Partikeln pro Kubikmeter Luft. Der technische Ruß bestand aus reinem Kohlenstoff, PAK waren nicht angelagert.

Nach Beendigung der Partikelninhalation wurden die Versuchstiere noch maximal sechs Monate in Reinluft gehalten, so daß die Gesamtversuchszeit für Ratten bei 2,5 Jahren lag.

Mäuse

Wegen der in Abschn. 5.7.2 beschriebenen Ergebnisse über eine mögliche krebserregende Wirkung von Dieselmotorabgas mit und ohne (gefilterten) Rußpartikeln in der Lunge von Mäusen eines NMRI-Zuchtstammes, wurden aus Gründen der Vergleichbarkeit Mäuse dieses Stammes als zweite Versuchstierart gewählt. Mäuse vom NMRI-Stamm weisen eine relativ hohe spontane Lungentumorrate auf.

Zusätzlich zu den "NMRI-Mäusen" wurde noch ein zweiter Mäusestamm (C57BL/6N) eingesetzt. Dieser "C57BL/6N-Mäusestamm" weist eine sehr niedrige spontane Lungentumorrate auf. Es ist davon auszugehen, daß diese Tiere unempfindlicher auf kanzerogene Stoffe in der Lunge reagieren. Die Mäuse des C57BL/6N- und NMRI-Stammes wurden in einem weiteren Versuchsansatz Dieselmotorabgas mit einer Partikelkonzentration von 4,5 Milligramm pro Kubikmeter Luft oder dem entsprechend gefilterten partikelfreien Abgas ausgesetzt.

Ergebnisse:

Die Tabellen 5.5 und 5.6 zeigen Versuchsergebnisse.

Tabelle 5.5: Tumoren in den Lungen der Ratten nach 24 Monaten Expositionszeit und einer anschließenden Reinlufthaltung bis zu 6 Monaten

Tumoren	Reinluft/ Kontrolle	Expositionsatmosphäre Dosis 61,7 g/m^3·h[+]	Dieselrußpartikeln Dosis 21,8 g/m^3·h[+]	Dosis 7,4 g/m^3·h[+]
Art	Zahl der Tumoren x bezogen auf Zahl der Versuchstiere y, also x/y			
Plattenepithel-tumor (G)	0/217	13/100*** 13,0%	7/200** 3,5%	0/198
Platten-karzinome (B)	0/217	3/100* 3,0%	0/200	0/198
Adenom (G)	0/217	4/100** 4,0%	2/200 1,0%	0/198
Adeno-karzinom (B)	1/217 0,5%	5/100* 5,0%	1/200 0,5%	0/198
Bronchioläres Papillom (G)	0/217	0/100	1/200 0,5%	0/198
Hämaniom (G)	0/217	1/100 1,0%	0/200	0/198
Tiere mit Tumoren insgesamt	1/217 0,5%	22/100*** 22,0%	11/200**a 5,5%	0/198

(G) = gutartiger Tumor (B) = bösartiger Tumor

* P: ≤ 0,05 (mit 95% Sicherheit);
** P: ≤ 0,01 (mit 99% Sicherheit)
*** P: ≤ 0,001 (mit 99,9% Sicherheit) [Vergleich zur Reinluftgruppe]
a P :≤ 0,001 (Vergleich zur hohen Dieselkonzentration)
+) 7,5; 2,5 bzw. 0,8 mg/m^3 Dieselpartikeln über 24 Monate
g/m^3 h Um die verschiedenen Expositionsatmosphären miteinander vergleichen zu können, obwohl die Partikelkonzentrationen während des Versuches teilweise geändert wurden, ist eine auf die Expositionszeit normierte Partikelkonzentration angegeben: Partikelkonzentration in Gramm pro Kubikmeter multipliziert mit der gesamten Expositionszeit in Stunden (h).

Anmerkung: Bei den Tieren können verschiedenartige Tumoren gleichzeitig auftreten. Das erklärt die Prozentsätze der Tumoren insgesamt.

Tabelle 5.6: Tumoren in den Lungen der Ratten nach bis zu 24 Monaten Expositionszeit und einer anschließenden Reinlufthaltung bis zu 6 Monaten

Tumoren	Reinluft/ Kontrolle	Expositionsatmosphäre		
		Dieselrußpartikeln Dosis $61,7\ \text{g/m}^3{\cdot}\text{h}^{\text{a)}}$	Printex 90 Dosis $102,2\ \text{g/m}^3{\cdot}\text{h}^{\text{b)}}$	Titandioxid Dosis $88,1\ \text{g/m}^3{\cdot}\text{h}^{\text{c)}}$
Art	Zahl der Tumoren bezogen auf Zahl der Versuchstiere			
Plattenepithel-tumor (G)	0/217	13/100 13.0%	20/100 20,0%	20/100 20,0%
Plattenkarzi-nome (B)	0/217	3/100 3,0%	4/100 4,0%	2/100 2,0%
Adenom (G)	0/217	4/100 4,0%	13/100* 13,0%	4/100 4,0%
Adenokarzi-nom (B)	1/217 0,5%	5/100 5,0%	13/100* 13,0%	13/100* 13.0%
Bronchioläres Papillom (G)	0/217	0/100	0/100	0/100
Hämaniom (G)	0/217	1/100 1,0%	0/100	0/100
Tiere mit Tumo-ren insgesamt	1/217 0,5%	22/100 22,0%	39/100** 39,0%	32/100 32,0%

(G) = gutartiger Tumor   (B) = bösartiger Tumor

*   P: ≤ 0,05 (mit 95% Sicherheit);

**   P: ≤ 0,01 (mit 99% Sicherheit) [Vergleich zur Dieselabgasgruppe]

a) $7,5\ \text{mg/m}^3$ Dieselpartikeln über 24 Monate

b) $7,5\ \text{mg/m}^3$ über 4 Monate, danach $12\ \text{mg/m}^3$ über 20 Monate Printex 90 - Ruß

c) $7,5\ \text{mg/m}^3$ über 4 Monate, danach $15\ \text{mg/m}^3$ über 4 Monate, anschließend $10\ \text{mg/m}^3$ über 16 Monate

$\text{g/m}^3{\cdot}\text{h}$:   normierte Partikelkonzentration (s. Tabelle 5.6)

<u>Anmerkung</u>: Bei den Tieren können verschiedenartige Tumoren gleichzeitig auftreten. Das erklärt die Prozentsätze der Tumoren insgesamt.

Die Versuche wurden 1992 abgeschlossen. Die Ergebnisse deuten darauf hin, daß die Deposition von den Inertstäuben Titanoxid und reinem Ruß (Printex) in den Lungen von Ratten tatsächlich zu vergleichbaren Tumorraten führt. PAK's spielen - wenn überhaupt - offenbar eine geringe Rolle, im Gegensatz zu den jahrzehntelangen, insbesondere von der EPA geführten Diskussionen um die entscheidende Rolle der den Partikeln angelagerten PAK bei der Turmorentstehung. Außerdem treten Lungenbeschädigungen erst ab $0,8\ \text{mg/m}^3$ Konzentration ein.

Die durchschnittlich in den Rattenlungen abgelagerte (deponierte) Masse zeigt Tabelle 5.7 für die verschiedenen Konzentrationen der Partikeln in den Inhalationskammern.

Schon nach 3 Monaten der Inhalation traten selbst bei der geringsten Dieselpartikelnkonzentration schon Schädigungen der natürlichen Reinigungsmechanismen der Lunge auf.

Tabelle 5.7: Deponierte Partikelnmasse in mg

Partikelnart	Konzentration mg/m^3		Deponierte Masse mg
Dieselrußpartikeln		7,5	62
		2,5	24
		0,8	6
Rein-Rußpartikeln (Printex)	erst	7,5	
	dann	15	44
	dann	12	
Titandioxidpartikeln	erst	15	
	später	10	39

Bei 7,5 mg/m^3 sind die Tierlungen bei Ratten und Mäusen schon stark geschädigt. Es ist wahrscheinlich, daß die Tumoren durch mechanische Beschädigung der Zellen verursacht werden, ein Indiz dafür, daß es sich um einen epigenetischen Effekt handelt. An Mäusen wurde kein Tumor bei 40 Tieren festgestellt. Hamster und Mäuse zeigen also keine kanzerogenen Effekte.

In Abb. 5.10 sind ausgehend von Abb. 5.8 zusätzlich die Tumorraten für Printex Titanoxid und Dieselabgas bei hoher Dosis eingetragen. Die Werte fügen sich gut in die der früheren Experimente ein.

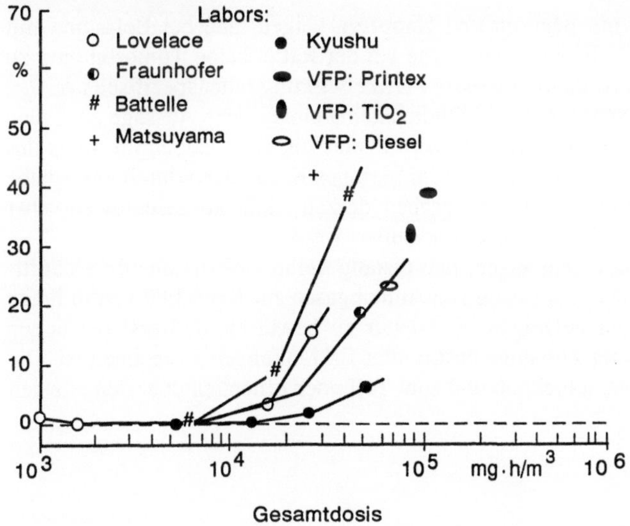

Abb. 5.10: Tumorraten bei Ratten in Inhalationsexperimenten des Verbundforschungsprogramms (VFB) zusätzlich zu den Daten von Abb. 5.8

Damit verstärkt sich der Verdacht, daß die Entstehung von Lungentumoren allein auf die - im Experiment zur Erzeugung von statistisch auswertbaren Effekten notwendige - Überdosierung von Partikeln (epigenetischer Effekt) zurückzuführen ist und somit ein Schwellenwert existiert. Dies würde bedeuten, daß bei der geringen Dieselpartikeln-Konzentration in der Umwelt eine Krebserzeugung beim Menschen nicht zu erwarten oder zumindest sehr fraglich ist.

Trotzdem hat die Senatskommission zur Prüfung gesundheitsschädlicher Arbeitsstoffe der Deutschen Forschungsgemeinschaft Dieselabgas in die Kategorie III-A2, d.h. als eine carcinogene Substanz bei Tierexperimenten eingestuft. Die Technische Richtkonzentration am Arbeitsplatz (TRK-Wert) ist auf 200 μg/m^3 festgelegt worden.

Inhalationsversuche haben demnach gezeigt, daß Dieselruß in höheren Konzentrationen bei der Ratte krebserzeugend wirkt. Der genaue Wirkungsmechanismus, der zur Tumorentstehung führt, ist aber noch nicht vollständig geklärt. Auch anderer, schwerlöslicher Feinstaub, wie beispielsweise technischer Ruß und Titandioxid, verursachte in vergleichbar hohen Konzentrationen nach Aufnahme mit der Atemluft Tumoren in der Rattenlunge. Es handelt sich somit *nicht* um ein dieselrußspezifisches Problem.

Die krebserzeugende Wirkung ist nach den bisher vorliegenden Ergebnissen nicht auf die am Dieselruß anhaftenden polycyclischen aromatischen Kohlenwasserstoffe zurückzuführen, wie man bis zu dieser Zeit glaubte, sondern auf den inneren Teil des Dieselrußpartikels, auf den sogenannten Rußkern.

Die Tumorwirkung des Rußkerns wurde statistisch gesichert nur bei höheren Konzentrationen nachgewiesen. Bei einem Partikelgehalt von 0,8 Milligramm pro Kubikmeter Luft wurden auch bei Ratten keine Tumoren gefunden. Ob diese Versuche andeuten, daß Dieselruß erst ab einer bestimmten Konzentration Tumore auslöst, also eine sogenannte Wirkungsschwelle vorhanden ist, konnte nicht abschließend geklärt werden.

Inhalationsversuche mit Mäusen und Hamstern zeigen, daß bei Belastung mit gleicher Dieselrußpartikelkonzentration wie bei der Ratte, keine Tumorbildung zu beobachten war. Offen ist damit, ob diese Partikelwirkung rattenspezifisch ist.

Auch wenn die tierexperimentellen Studien keine einheitliche Aussage zur Frage der krebserzeugenden Wirkung von Dieselruß zulassen, kann jedoch im Sinne des vorbeugenden Gesundheitsschutzes ein sehr geringes Krebsrisiko durch Feinstäube in höherer Konzentration für den Menschen derzeit nicht ausgeschlossen, aber auch nicht bewiesen, sondern höchstens postuliert werden.

Zusammenfassend darf man sagen, daß bislang keine zuverlässigen, vernünftigen Daten vorliegen, die einen Bezug von Autoabgasen zur Kausalität von in Frage kommenden Krankheiten aufzeigen. Es ist nur zu beweisen, daß erst bei hohen Konzentrationen mit einer Zunahme bestimmter Erkrankungen zu rechnen ist. Die Grenzen liegen aber unterschiedlich und zum Teil noch erheblich über den jetzigen Luftbelastungswerten.

5.8 Waldschäden

5.8.1 Allgemeines

Waldschäden und der Begriff "Saurer Regen" oder genauer ausgedrückt "Saure Niederschläge" wurden vor Jahren in der Öffentlichkeit heftig diskutiert. Die Öffentlichkeit wurde Anfang der 80er Jahre aufgeschreckt durch Meldungen, daß ein Waldsterben eingesetzt habe. Diese Meldungen setzen sich fort.

Als bislang unbekannt in Ausmaß und Ausprägung wurden Schäden, wie starke Nadelverluste und andere Wuchsstörungen, vor allem bei Tannen und Fichten, aber auch bei Kiefern und Laubbäumen beschrieben. Prognosen einiger Forscher gingen davon aus, daß zunehmend alle Baumarten erfaßt würden. Sie prophezeiten ein flächiges Absterben von Wäldern und Verschwinden von Baumarten, wie z.B. der Tanne im Schwarzwald, in wenigen Jahren. Die dann in den Medien entworfenen Szenarien ließen gewaltige wirtschaftliche Einbußen der Waldbesitzer und die Unbewohnbarkeit von Gebirgsgegenden erwarten.

Als Ursache wurde das komplexe Zusammenwirken steigender Konzentrationen von Luftschadstoffen aus Industrie und Verkehr genannt. Bilder der seit den 70er Jahren in den Kammlagen des Erzgebirges großflächig absterbenden Fichtenaufforstungen wurden als bedrückende Vision vor Augen geführt.

Skeptische Stimmen erfahrener Forstwissenschaftler, die das Auftreten einer neuartigen Epidemie bezweifelten, fanden kaum Gehör.

Ministerien und deren nachgeordnete Forstforschungsanstalten begannen, mit jährlichen „Waldschadensinventuren", die Entwicklung zu verfolgen, deren Ergebnisse aber umstritten sind. Zur Ursachenklärung wurden eine Vielzahl von Forschungsprojekten in Gang gesetzt.

5.8.2 Die Begriffe „sauer" und „basisch"

Zur Definition der Begriffe "sauer" und "basisch" für eine wäßrige Lösung dient der pH-Wert (negativer dekadischer Logarithmus der Wasserstoffionenkonzentration). Die saure Skala reicht von pH 0 bis pH 7, wobei ein pH-Wert von 7 eine neutrale Lösung anzeigt. Je kleiner der pH-Wert, um so saurer ist die Lösung.

Hinsichtlich der obengenannten Hypothese ist nun zu sagen, daß meteorologische Untersuchungen gezeigt haben, daß der mittlere pH-Wert der Niederschläge in Deutschland seit 50 Jahren unverändert ist.

Aussage:
Der Säuregehalt der Depositionen (Regen, Schnee, Partikel), ausgedrückt durch den pH-Wert, hat sich in den vergangenen 50 Jahren im Mittel nicht geändert.
Das heißt: Der Begriff **"Saurer Regen"** ist in dem Zusammenhang mit der Wirkung auf die Vegetation ein falscher Begriff.

Chemisch gesehen verbirgt sich folgendes hinter dem Begriff "Saurer Regen oder saure Niederschläge":
Bei den sauren Umwandlungsprodukten handelt es sich um Säureanhydride, Säuren oder deren Salze. Diese lösen sich in Nebel- und Regentropfen oder bilden

Aerosole. Dabei treten im Nebel wesentlich höhere Säuregehalte auf als im Regen. Der Säuregehalt wird im wesentlichen durch die Schwefeldioxidemissionen verursacht, da man ca. 80% davon in den trockenen und nassen Depositionen wiederfindet.

Dagegen findet man von den emittierten Stickoxiden nur knapp 20% in der Deposition wieder. Der Verbleib des größten Teils der Stickoxidemissionen ist bisher noch ungeklärt. Aufgrund der Art der chemischen Umwandlung beträgt der Anteil der Stickstoffverbindungen an der gesamten gemessenen Deposition aller Säurebildner nur etwa 12%. Der Anstieg der Stickoxidemissionen im letzten Jahrzehnt wird hauptsächlich dem Straßenverkehr zugeschrieben. An den Reinluftstationen des Umweltbundesamtes sind die Stickoxidemissionen aber nicht im gleichen Maße gestiegen, wie es die Zunahme des Verkehrs erwarten ließ.

Diese Erkenntnis deutet darauf hin, daß ein geringer Anteil der direkt am Boden aus Kraftfahrzeugen emittierten Stickoxide in den atmosphärischen Ferntransport gelangt. Eine mögliche Ursache dafür ist die Aufnahme von Stickoxiden etwa durch Pflanzen und Böden (Düngewirkung) in Nähe der Emissionsquelle Kraftfahrzeug.

Abb. 5.11 stellt den Ablauf der Deposition von Abgasbestandteilen in der Umwelt dar.

Man befürchtet langfristig eine Anreicherung von Stoffen, die durch weitere chemische Reaktionen entstehen, im Boden und in Seen. Daß im übrigen das Problem "saurer Regen" nicht neu ist, zeigt Abb. 5.12, in der das Titelblatt eines umfangreichen und außergewöhnlichen Werkes aus dem Jahre 1872 wiedergegeben ist.

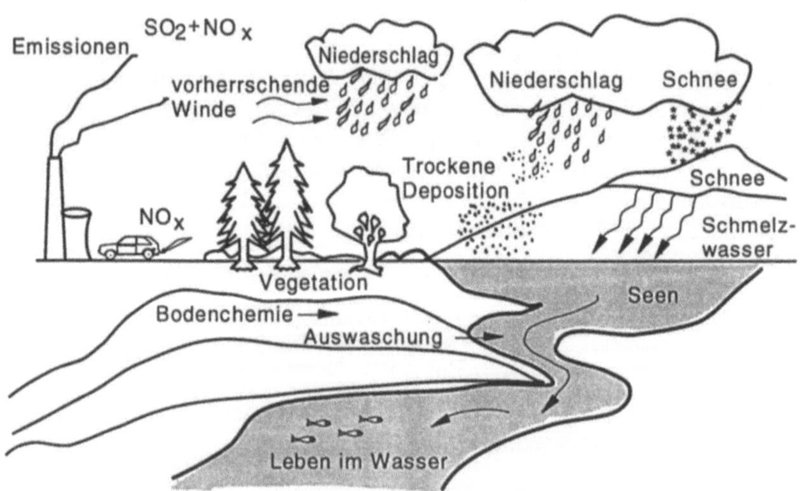

Abb. 5.11: Prozeß der Deposition von Abgasbestandteilen in der Umwelt

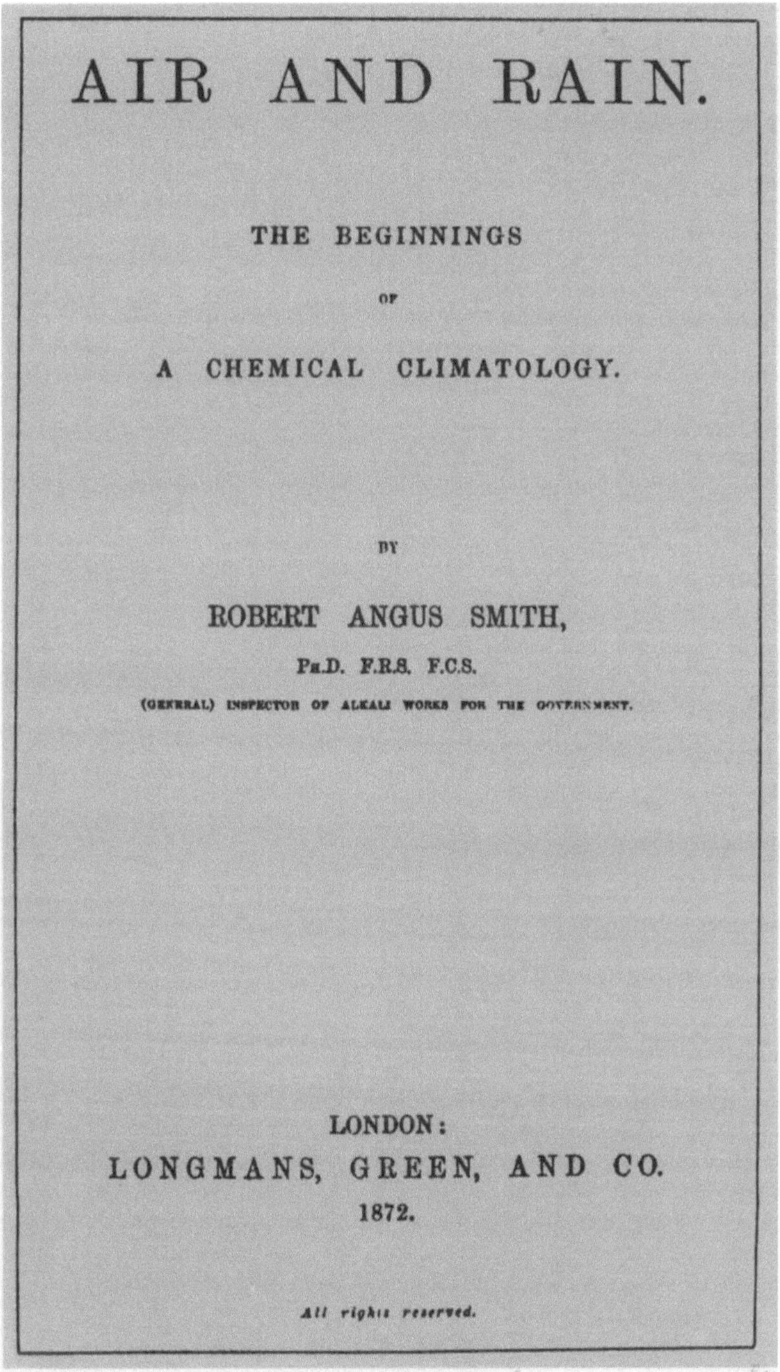

AIR AND RAIN.

THE BEGINNINGS

OF

A CHEMICAL CLIMATOLOGY.

BY

ROBERT ANGUS SMITH,

PH.D. F.R.S. F.C.S.

(GENERAL) INSPECTOR OF ALKALI WORKS FOR THE GOVERNMENT.

LONDON:

LONGMANS, GREEN, AND CO.

1872.

All rights reserved.

Abb. 5.12: Literatur zum Thema "Luft und Regen" (1872)

5.8.3 Hypothese zur Erklärung von Baumerkrankungen

Es bestehen große Wissenslücken, die es zur Aufklärung der kausalen Zusammenhänge bei den Waldschäden zu schließen gilt. Diese Zusammenhänge scheinen jedoch weitaus komplizierter zu sein, als allgemein angenommen wurde. Alle ernsthaften Erklärungsversuche gehen jedoch davon aus, daß es nicht nur einen Verursacher gibt, sondern eine Reihe von Faktoren zusammenwirken.

Es folgt eine Übersicht über einige der wichtigsten Hypothesen der Ursachen zum Baumsterben (mittlerweile gibt es bis zu 250 Hypothesen).

1. Hypothese: Luftverunreinigung
- Immissionen verschiedener Schadstoffe wie z.B. SO_2, NO_x ($\rightarrow$ saure Niederschläge);
- Starke Reduzierung der überwiegend alkalischen Staubemissionen in den vergangenen Jahren (Fortfall säureneutralisierender Luftbestandteile und Bodenablagerungen).

2. Hypothese: Klimastreß
- Trockenperioden
- Starker Frost, Frosteinbrüche in Aktivphasen der Bäume (Spät- und Frühfrost)

3. Hypothese: Verschlechterung der Bodenverhältnisse
- Mangelhafter Zustand der Waldböden (fehlende Düngung: Kalium-,Calzium- und Magnesiummangel)
- Bodenversauerung: Mobilisierung toxischer Metalle (insbesondere Aluminium-Anreicherung); Absterben von höheren Bodentieren und Mikroorganismen im Boden

4. Hypothese: Waldbauliche Gefahrenquellen
- Unzureichende Pflege der Wälder
- Falsche waldbauliche Maßnahmen bezüglich
  * Baumartenwahl nach Bodenzustand
  * Bestockungsaufbau (gleichaltriger Bestände, Monokulturen, minderwertige Standorte hinsichtlich Nährstoffhaushalt)
  * Wildverbiß

5. Hypothese: Krankheiten
- Insekten und Pilze (Sekundärparasiten)
- Viren (Schwächung der Regenerationsfähigkeiten der Bäume)

Abb. 5.13 gibt eine Zusammenfassung dieser Hypothesen zu den Ursachen der Waldschäden.

Welche Hypothese wirklich zutrifft, ist heute noch unklar. Man nimmt an, daß mehrere Ursachen zusammenwirken. Aus heutiger Sicht ist folgendes zu sagen:
Die Verteilung der „Schadklassen" (eingeteilt nach Kronenverlichtung), insbesondere bei den Nadelbaumarten, über die Aufnahmejahre und -gebiete zeigt ein ungerichtetes Fluktuieren. Die Anteile stärker „geschädigter" Bestände nehmen nicht zu, wie es bei einer Epidemie eintreten müßte. Ein zeitlicher oder räumlicher Zusammenhang mit der aktuellen Immissionssituation ist nicht erkennbar.

Eine Interpretation der Daten der Waldschadensinventuren als großflächige und neuartige Schädigung der Wälder durch Schadstoffeinträge ist wissenschaftlich nicht begründet, somit eine „Irreführung der Öffentlichkeit" (Rehfuess, 1990).

Abb. 5.13: Zusammenfassung der Hypothesen zum Waldsterben

Vielmehr spiegelt der „Waldzustand" eben den Einfluß aller wachstumsrelevanten Faktoren wider, unter denen Witterung und Schädlinge seit jeher eine bedeutsame Rolle spielen. Dies zeigt die Entwicklung z.B. bei den Laubbaumarten Eiche und Buche in den letzten Jahren.

Die starke Zunahme der Schäden dieser Baumarten, vor allem der Eichen in Norddeutschland, wird in manchen Berichten als neue immissionsbedingte Katastrophe dargestellt. Indes wurden bei keiner der durchgeführten Untersuchungen in Eichenbeständen West-, Mittel- und Osteuropas „Luftschadstoffe als maßgebliche Schadfaktoren identifiziert, und zwar weder hinsichtlich ihrer Wirkung auf die Blattorgane noch im Hinblick auf mittelbare Effekte über dem Boden". Ursachenkomplex ist hier Witterungsstreß, Insekten- und Pilzschäden. Schäden ähnlichen Ausmaßes sind aus früheren Jahrzehnten (vor allem aus den 20er Jahre) bekannt und wurden immer von Erholungen abgelöst.

5.9 Globale Umweltbelastung

5.9.1 Natürlicher Treibhauseffekt

Der natürliche „Treibhauseffekt" ermöglicht erst das Leben der Menschen auf der Erde. Viele der in der Luft vorhandenen Gase, wie CO_2 usw. sind Spurengase, vgl. Abschn. 2 und 3. Sie haben die Eigenschaft, das Licht der Sonne in bestimmten Spektralbereichen zu absorbieren. Das Spektrum des einfallenden Sonnenlichtes zeigt Abb. 5.14. Das auf den Erdboden auftreffende Licht wird teilweise absorbiert, erwärmt den Erdboden und führt zur Abstrahlung im infraroten Wellenlängenbereich. Diese Infrarotstrahlung wird von den Gasen der Luft absorbiert, vgl. Abb. 6.9 in Abschn. 6.1.2.6, so daß ein Anteil der Strahlung in der Lufthülle bleibt und sich die Luft erwärmt.

In einem Treibhaus (oder auch in einem Fahrzeug mit geschlossenen Fenstern) werden Stoffe durch Lichtabsorption erwärmt und strahlen Infrarotlicht ab. Diese

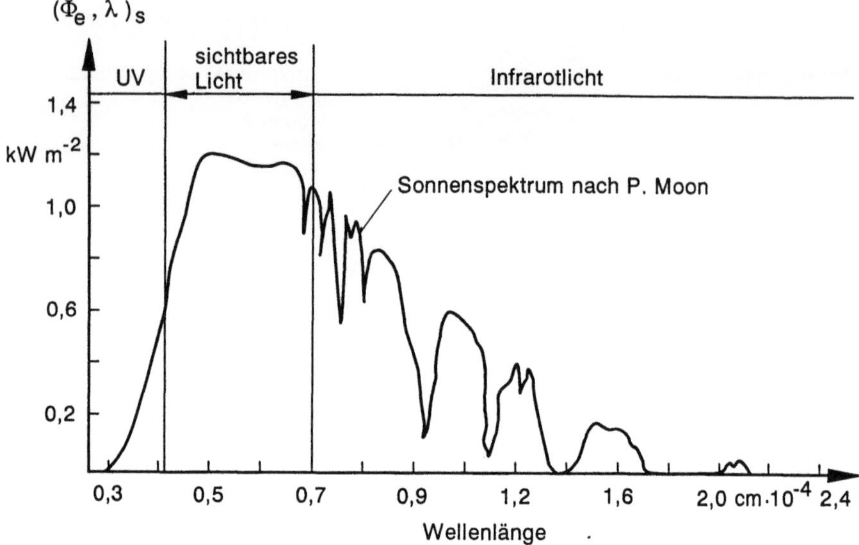

Abb. 5.14: Sonnenspektrum nach P. Moon

Infrarotstrahlung wird vom Glas absorbiert und reflektiert, das Innere wird aufgeheizt. Das ist ein ähnlicher Effekt, daher der Name „Treibhauseffekt" für diesen Vorgang.

Die Abb. 5.15 zeigt die Verteilung der einfallenden Sonnenstrahlung auf Erdboden und Erdatmosphäre. Am Rand der Atmosphäre und am Erdboden wird jeweils die Bilanzsumme gebildet. Die linke Seite beschreibt die kurzwelligen Strahlungsflüsse, die rechte Seite die langwelligen Strahlungsflüsse von Erde und Atmosphäre. Bezugsgröße, d.h. der Wert 100, ist jeweils die am Außenrand der Atmosphäre einfallende Sonnenstrahlung. Änderungen der natürlichen Konzentrationen der Treibhausgase führen zu Veränderungen der Temperatur der Erdatmosphäre.

Tabelle 5.8 vermittelt eine Übersicht über die wichtigsten natürlichen Gase und Spurengase und ihren Beitrag zum lebenswichtigen Erwärmungseffekt der Erdatmosphäre. Als Summe ist die Weltmitteltemperatur der bodennahen Atmosphäre angegeben. Die Addition gilt nur annähernd.

Würde man die wichtigsten Spurengase, die zu diesem Treibhauseffekt beitragen, aus der Erdatmosphäre beseitigen, so würde die Weltmitteltemperatur der bodennahen Luftschichten um rund 33 °C sinken und somit statt +15 °C nunmehr -8 °C betragen. Das Leben auf der Erde wäre nicht mehr möglich.

5.9.2 Anthropogener Beitrag

Vielfältige Aktivitäten des Menschen wie Energieverbrauch, landwirtschaftliche und industrielle Produktion, Verkehr und Konsum der Privathaushalte führen dazu, daß die Konzentration bestimmter Spurengase in der Atmosphäre der Erde zunimmt. Dabei ist prinzipiell zwischen toxisch wirkenden Spurengasen

Tabelle 5.8: Beitrag der wichtigsten Spurengase zum natürlichen
"Treibhauseffekt"

Spurengas	atmosphärische Konzentration	Erwärmungseffekt °C
Wasserdampf (H_2O)	2 ppm bis 3%	20,6
Kohlendioxid (CO_2)	350 ppm	7,2
Ozon, bodennah (O_3)	0,03 ppm	2,4
Distickstoffoxid (N_2O)	0,3 ppm	1,4
Methan (CH_4)	1,7 ppm	0,8
weitere	-	ca. 0,6
Summe		ca. 33

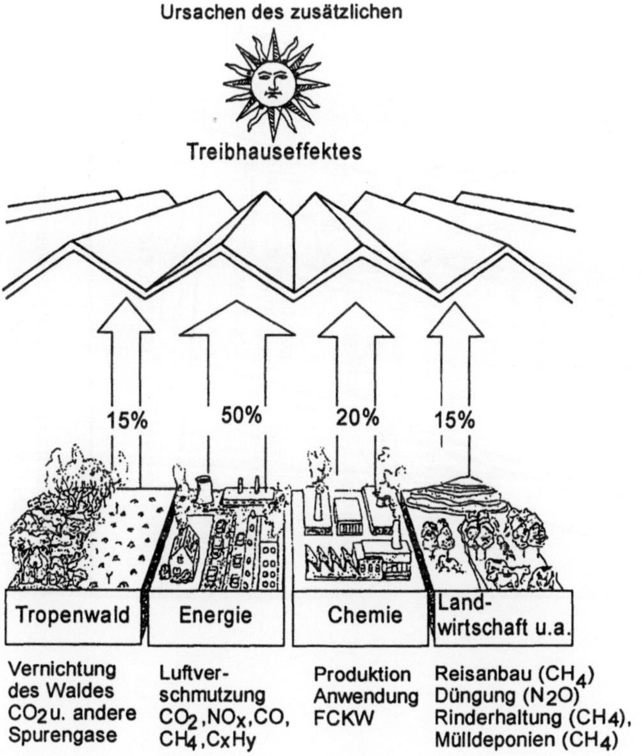

Abb. 5.16: Ursachen des zusätzlichen anthropogenen Treibhauseffektes. Gerundete Anteile verschiedener Bereiche (Quelle: Zwischenbericht der Enquete-Kommission des 11. Deutschen Bundestages, 1988)

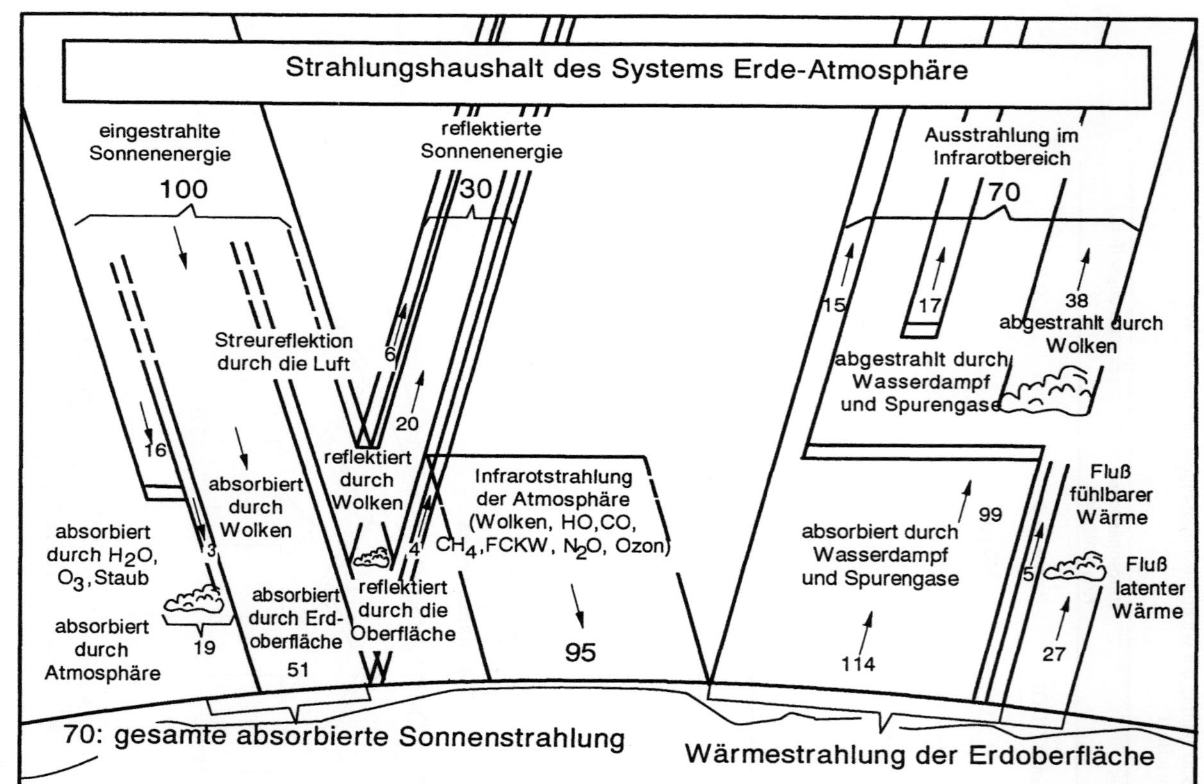

Abb. 5.15: Strahlungshaushalt des Systems Erde - Atmosphäre. Die Bezugsgröße ist die einfallende Sonnenstrahlung. (Quelle: Zwischenbericht der Enquete-Kommission des 11. Deutschen Bundestages, 1988)

(Umweltbelastung im engeren Sinn durch umweltrelevante Spurengase) und klimawirksamen Spurengasen zu unterscheiden. Als klimawirksam wird ein Spurengas dann bezeichnet, wenn es eine relativ lange "Verweilzeit" in der Atmosphäre aufweist (d.h. mindestens einige Jahre), so daß es sich unabhängig vom Emissionsort weltweit in der Atmosphäre ausbreiten kann, und wenn es bestimmte Eigenschaften der Absorption von Licht (Sonnenstrahlung und von der Erde zurückgesandte Strahlung) aufweist, die zur weiteren Erwärmung der unteren Atmosphäre führen kann.

In Abb. 5.16 sind die wesentlichen Verursacher sowie ihre Anteile schematisch dargestellt.

Da die Lebensdauern der Treibhausgase (vgl. Tabelle 3.1 in Abschn. 3.1) zum Teil sehr hoch sind, kann sich eine Auswirkung sehr langfristig bemerkbar machen.

Tabelle 5.9 zeigt die Charakteristiken der „Treibhaus"-Gase

Tabelle 5.9: Charakteristika der Treibhausgase (Quelle: Zwischenbericht der Enquete-Kommission des 11. Deutschen Bundestages, 1988)

Treibhausgas	CO_2	CH_4	N_2O	Ozon	FCKW 11	FCKW 12
c (in ppm)	354	1,72	0,31	0,03	0,00028	0,00048
t (in Jahren)	120	10	150	0,1	60	130
$\Delta c/\Delta t$ (in % /Jahr)	0,5	1,0	0,25	0,5	5	3
rel. GWP (Mol)	1	21	206	2.000	12.400	15.800
rel. GWP (kg)	1	58	206	1.800	3.970	5.750
Anteil in %	50	13	5	7	5	12

c	Konzentration in ppm
t	Verweilzeit in der Atmosphäre und Biosphäre in Jahren
$\Delta c/\Delta t$	Zunahme in Prozent pro Jahr
GWP (Mol.)	relatives Treibhauspotential, bezogen auf das gleiche Volumen CO_2, in Mol
GWP (kg)	relatives Treibhauspotential, bezogen auf die gleiche Masse CO_2, in kg
Anteil	Anteil der einzelnen Treibhausgase am zusätzlichen Treibhauseffekt in den achtziger Jahren dieses Jahrhunderts

Daraus ist zu entnehmen, daß die FCKW (Fluor-Chlor-Kohlenwasserstoffe) eine entscheidende Rolle spielen. Die Verminderung dieser Treibhausgase ist also vordringlich.

Abb. 5.17 zeigt die Energiebilanz zwischen den Jahren 1900 und 1990. Hier wird ein Temperaturanstieg der Erdoberfläche um 1°C verzeichnet.

5.9.3 Anstieg der CO_2-Konzentration und der Methankonzentration in der Atmosphäre

Die schon als klassisch zu bezeichnenden CO_2-Immissionsmeßergebnisse wurden bereits in Abschn. 3.2.3 erläutert, vgl. Abb. 3.7. Den Anstieg der CO_2-Konzentrationen in der Atmosphäre vom 18. Jahrhundert bis heute zeigt Abb. 5.18.

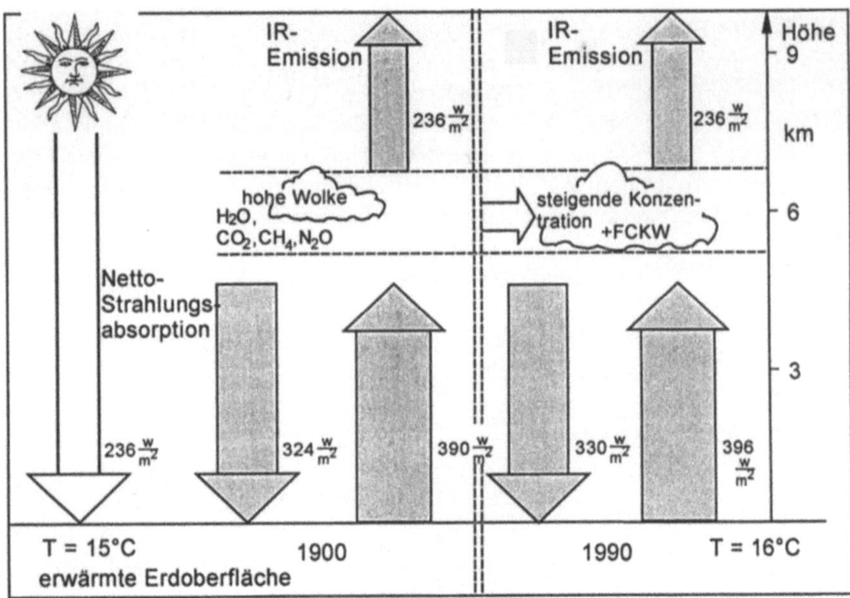

Abb. 5.17: Energiebilanz für die Jahre 1900 und 1990 (Quelle: Zwischenbericht der Enquete-Kommission des 11. Deutschen Bundestages, 1988)

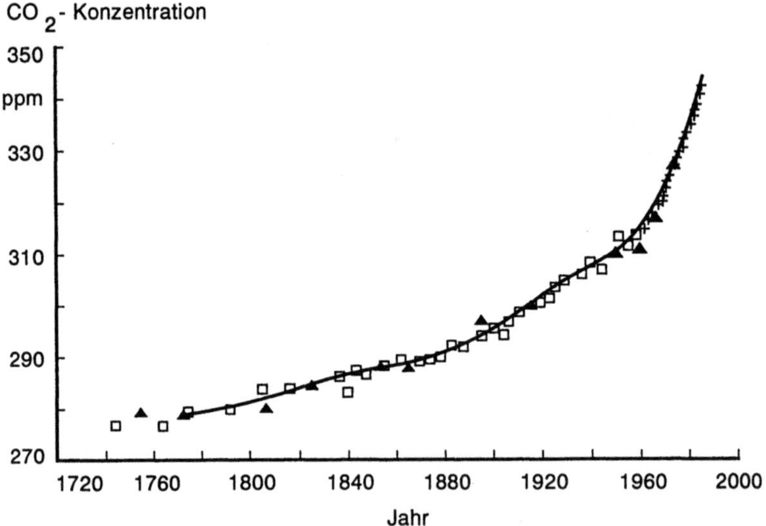

Abb. 5.18: Anstieg der CO₂-Konzentration in der Atmosphäre (Quelle: Zwischenbericht der Enquete-Kommission des 11. Deutschen Bundestages, 1988)

5.9.4 Wirkungen

Als wichtigste Wirkung der Zunahme des „Treibhauseffekts" wird eine Erhöhung der Temperatur prognostiziert. Abb. 5.19 zeigt die Temperaturerhöhung seit der Eiszeit und die Prognose.

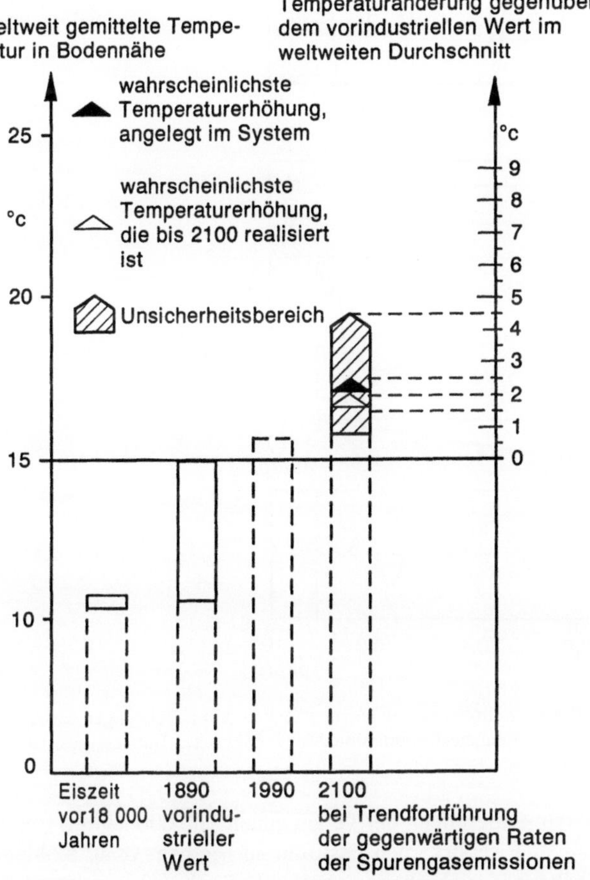

Abb. 5.19: Temperaturerhöhung seit der Eiszeit (seit 18.000 Jahren) und zu erwartende Temperaturerhöhungen gegenüber dem vorindustriellen Wert bei einer Trendfortführung der gegenwärtigen Raten der Spurengasemissionen bis zum Jahre 2100. (nach neueren Modellrechnungen)

Abb. 5.20 zeigt die Änderung der Lufttemperatur über einen längeren Zeitraum. Eingetragen sind die Kälteperioden (Eiszeiten), bezeichnet durch (E) und Wärmeperioden, bezeichnet durch (W). Schwankungen um einige °C hat es schon immer gegeben. Bisher liegen die beobachteten Schwankungen in diesem Bereich.

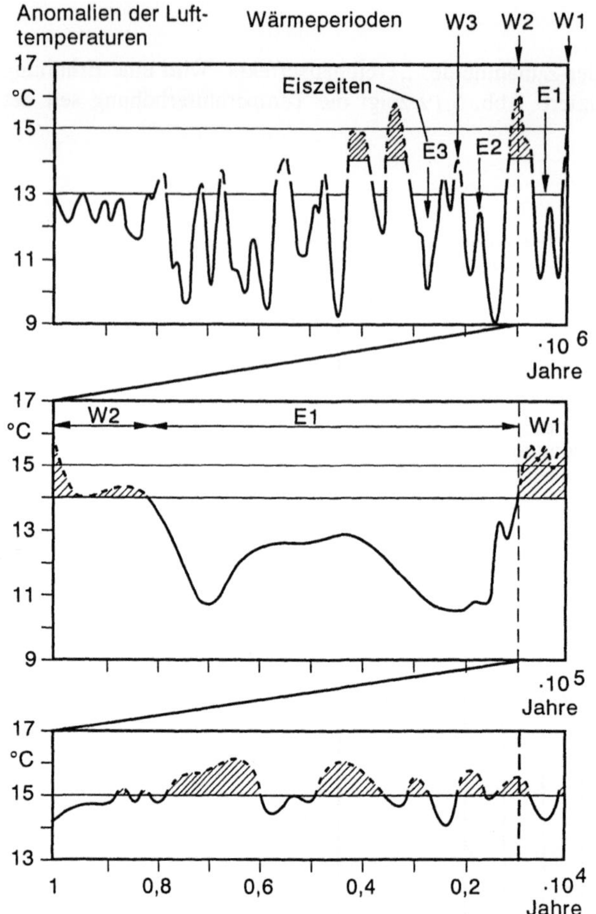

Abb. 5.20: Änderung der Lufttemperatur über einen längeren Zeitraum mit Dehnungen der Zeitachse (Quelle: Zwischenbericht der Enquete-Kommission des 11. Deutschen Bundestages, 1988)

Wenn man die Temperaturänderungen der vergangenen 160.000 Jahren mit den aus Isotopenverhältnissen in Eisbohrkernen bestimmten Methan- bzw. Kohlendioxidkonzentrationen mit ihren Unsicherheiten vergleicht (Abb. 5.21), erkennt man eine gute Korrelation.

Bei einem Anstieg der CO_2-Konzentration auf Werte um mehrere Hundert ppm, wie er im Verlauf der nächsten 100 Jahre für möglich gehalten wird, wird global ein Anstieg der mittleren Jahrestemperaturen in der Troposphäre um ca. 1-2 °C erwartet. Dabei wird der Anstieg in hohen Breiten besonders ausgeprägt sein, in den Tropen werden sich die Temperaturen nur wenig ändern. Neben starken regionalen Klimaveränderungen, wie einer Verlagerung der Trockenzonen, kann dieser Temperaturanstieg auch zu einem Anstieg der Weltmeere um bis zu 5 m führen, bedingt durch das Abschmelzen von Gletschern und insbesondere eines Teils der antarktischen Eismassen. Eine sichere Prognose des längerfristig zu erwartenden

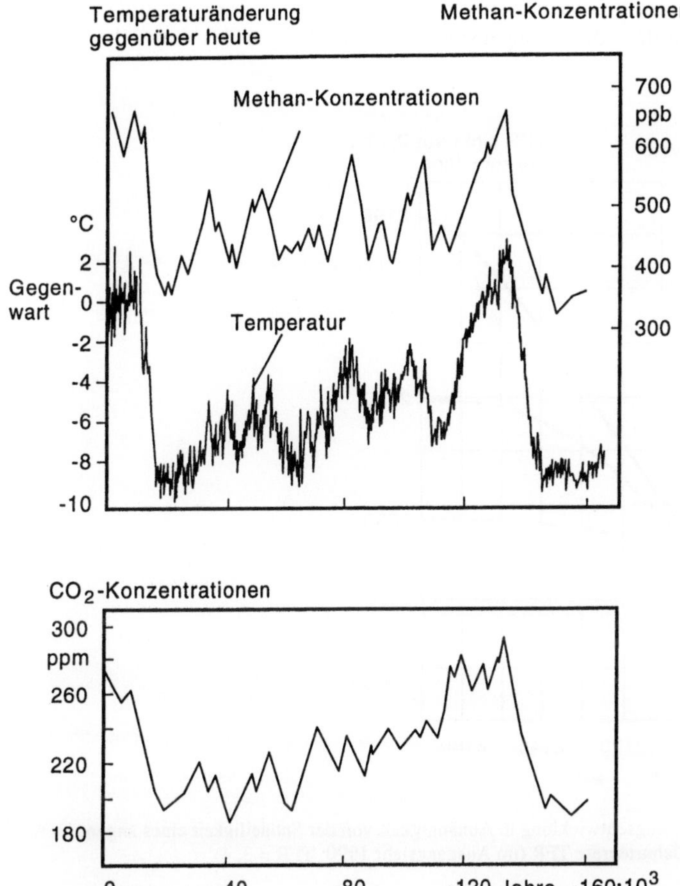

Abb. 5.21: Zeitliche Variation der CH_4- und CO_2-Konzentrationen und der Temperatur während der vergangenen 160.000 Jahre (Quelle: Zwischenbericht der Enquete-Kommission des 11. Deutschen Bundestages, 1988)

Verlaufs der CO_2-Konzentrationen und der damit verbundenen Klimaänderungen ist zur Zeit jedoch nicht möglich.

Das eigentliche Problem besteht aber in der dramatischen Bevölkerungsentwicklung, vgl. Abb. 5.22, verbunden mit der Konsequenz der Zunahme der industriellen Entwicklung der Länder der dritten Welt.

Allein durch die Ernährung der größeren Zahl der Menschen wird sich die Methan-Konzentration entsprechend erhöhen, vgl. Abschn. 3.2.1. Abb. 5.23 zeigt den zeitlichen Trend des atmosphärischen Methan-Gehalts zusammen mit einer Kurve des Anwachsens der Weltbevölkerung. Man erkennt eine gute Korrelation.

Dadurch wird die Situation praktisch hoffnungslos. So ehrenwert das Bemühen der Bundesrepublik Deutschland ist, die CO_2-Emission um 25 bis 30 % bis zum Jahre 2005 zu senken, so gering sind die Auswirkungen. Bezogen auf den Straßenverkehr wirkt sich eine solche Absenkung im globalen Maßstab nur um Promille aus und wird bei weitem überkompensiert durch die Folgen des Anwachsens der Erdbevölkerung.

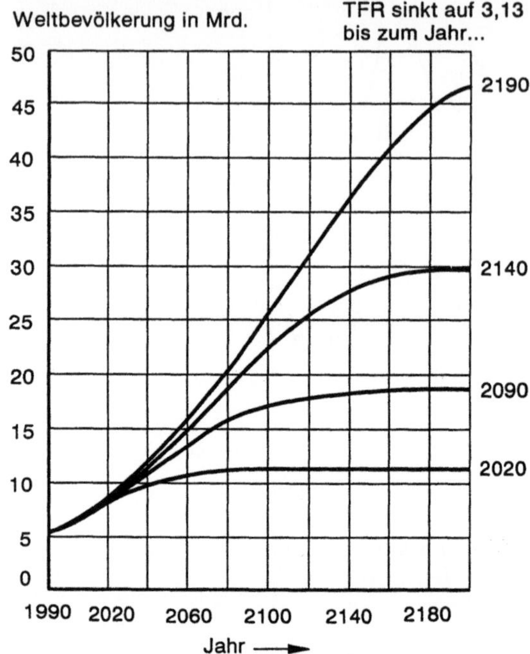

Abb. 5.22: Weltbevölkerungsentwicklung in Abhängigkeit von der Schnelligkeit eines angenommenen Rückgangs der Geburtenrate TFR (im Ausgangsjahr 1990: TFR = 3, 4)

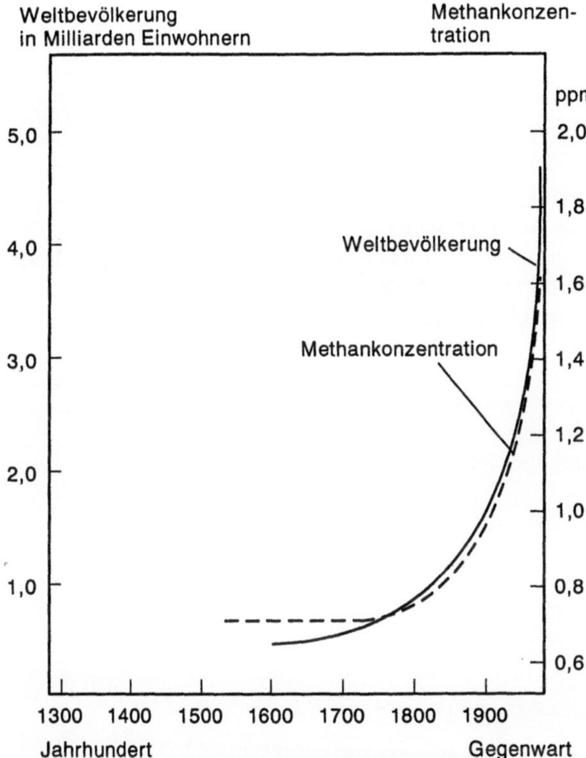

Abb. 5.23: Zeitlicher Trend des atmosphärischen Methan-Gehalts (Quelle: Zwischenbericht der Enquete-Kommission des 11. Deutschen Bundestages, 1988)

6 Meßverfahren und Meßgeräte

Zur quantitativen Bestimmung der einzelnen limitierten und nichtlimitierten gasförmigen Komponenten des Automobilabgases werden Meßverfahren und Meßgeräte eingesetzt, die auf den unterschiedlichen physikalischen bzw. physikalisch-chemischen Eigenschaften der Moleküle der einzelnen Gasarten beruhen. Die wichtigsten Verfahren sind im folgenden aufgeführt.

Meßverfahren:

  Absorptionsspektroskopie
  Chemilumineszenzverfahren
  Ionisationsverfahren
  Sauerstoffmeßverfahren

Trenn- und Meßverfahren:

  Chromatographie
  Massenspektrometrie

6.1 Absorptionsspektroskopie

6.1.1 Einleitung

Die Absorptionsspektroskopie ist die umfassendste Methode zur Analyse von Gaskonzentrationen. Sie wird im Wellenlängenbereich vom Ultravioletten bis zu den Mikrowellen, hauptsächlich aber im Infraroten eingesetzt. Der Meßeffekt entsteht durch Wechselwirkung der elektromagnetischen Strahlung mit inneren, diskreten Energiezuständen des Moleküls bzw. seiner Atome.

Wenn man generell von der nicht diskreten Translationsenergie der Atome bzw. Moleküle absieht, besteht die Energie eines Atoms, außer der der Kernenergie, aus der Energie der Valenzelektronen. Die Energie eines Moleküls setzt sich dagegen (unter Vernachlässigung der Wechselwirkung der einzelnen Energiezustände) aus drei Teilen zusammen:
- der diskreten Energie der Valenzelektronen E_e,
- der diskreten Energie der Schwingungen der im Molekül gebundenen Atome um eine Gleichgewichtslage E_s und
- der diskreten Energie der Rotationen des Gesamtmoleküls E_r,

d.h. es gilt in erster Näherung

$$E \approx E_e + E_s + E_r. \tag{6.1}$$

Eine genauere Approximation zeigt, daß die Energieniveaus durch Wechselwirkung der drei Energiezustände beeinflußt werden. Bei starken Rotationslinien beobachtet man z.B. neben den Hauptlinien, die dem Schwingungsgrundzustand zuzuordnen sind, noch eine oder mehrere schwächere Linien, die von den angeregten Schwingungszuständen herrühren.

Einen Überblick über die Anregungsarten von Molekülen durch elektromagnetische Strahlung in den einzelnen Spektralbereichen, vom Mikrowellen- bis zum Ultraviolett-Bereich, zeigt Abb. 6.1. Dabei sind unten die drei Arten der Energieänderungen aufgeführt.

Anstelle der Wellenlänge λ wird in der Spektroskopie die Wellenzahl $\tilde{\nu} = 1/\lambda$ verwendet, die ebenfalls eingezeichnet ist. Mit dem bekannten Zusammenhang

$$\lambda \nu = c_0, \tag{6.2}$$

λ - Wellenlänge, ν - Frequenz und c_0 - Lichtgeschwindigkeit, wobei

$$c_0 \approx 3 \cdot 10^{10} \text{ cm/s} \tag{6.3}$$

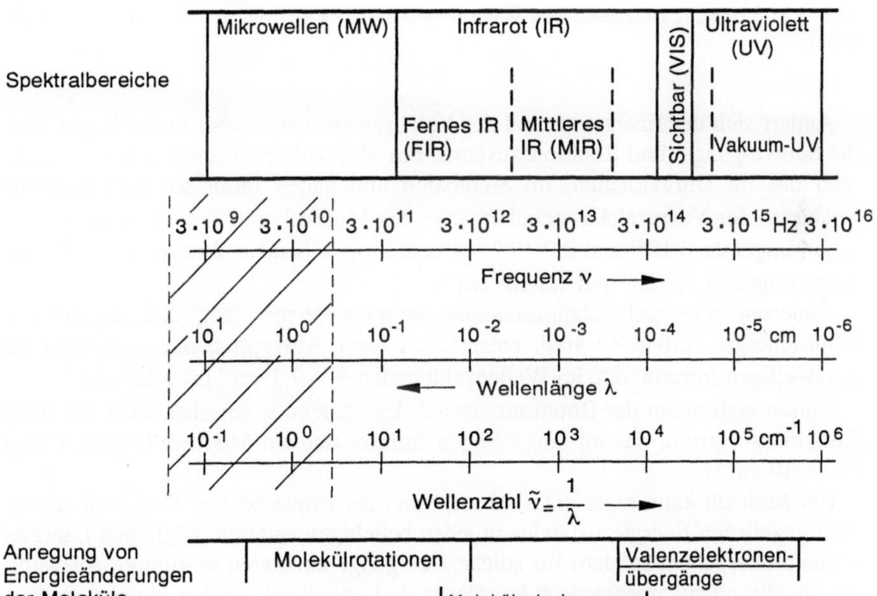

Abb. 6.1: Anregungsarten bei Molekülen in den einzelnen Spektralbereichen (Wellenlängenbereichen)

einzusetzen ist, erhält man die Wellenzahl

$$\tilde{v} = \frac{1}{\lambda} = \frac{v}{c_0}. \tag{6.4}$$

Die Beziehung zwischen $\tilde{v}$ und λ ist also nichtlinear. Abb. 6.2 verdeutlicht für eine Dekade der Wellenlänge λ bzw. der Wellenzahl $\tilde{v}$ aus Abb. 6.1 (dort gestrichelt) diesen nichtlinearen Zusammenhang, wobei jeweils der logarithmische Maßstab in Abb. 6.1 zu beachten ist.

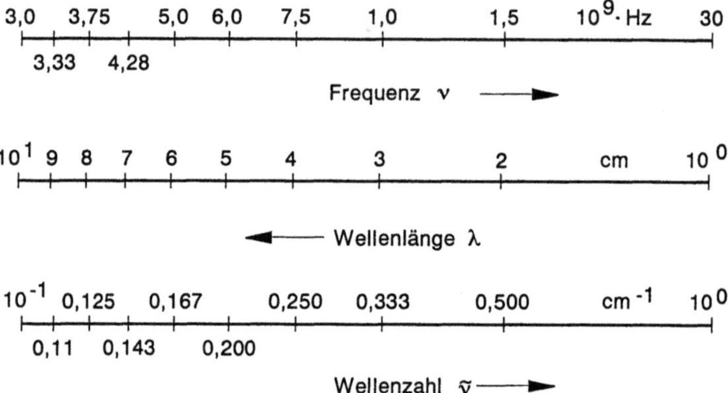

Abb. 6.2: Beziehung zwischen λ und $\tilde{v}$ für jeweils eine Dekade, vgl. Abb. 6.1 (gestrichelter Bereich)

Ändert sich der Energiezustand der Valenzelektronen, wobei in der Regel auch die Schwingungs- und Rotationszustände des Moleküls geändert werden, so erhält man das im Ultravioletten, im Sichtbaren und nahen Infraroten (IR) gelegene Spektrum der Valenzelektronenübergänge des Moleküls mit Wellenlängen λ zwischen ungefähr $3 \cdot 10^{-4}$ und $2,3 \cdot 10^{-6}$ cm und entsprechenden Wellenzahlen $\tilde{v}$ zwischen ungefähr $3,3 \cdot 10^3$ und $4,3 \cdot 10^5$ cm^{-1}.

Änderungen der Schwingungsenergie, die meistens mit einer Änderung der Rotationsenergie verbunden sind, entsprechen einer Absorption oder Emission im kurzwelligen Infrarot, d.h. im Wellenzahlbereich $\tilde{v} \approx 7,1$ cm^{-1} bis $1 \cdot 10^4$ cm^{-1}.

Ändert sich allein der Rotationszustand des Moleküls, so erhält man das reine Rotationsspektrum, das im langwelligen Infrarot und im Mikrowellengebiet liegt ($\tilde{v} < 10^2$ cm^{-1}).

Ein Molekül kann nicht unter Absorption oder Emission von Strahlung aus einem gegebenen Energiezustandes in jeden beliebigen anderen möglichen Energiezustand übergehen, sondern für solche Übergänge existieren bestimmte Auswahlregeln, die quantenmechanisch begründet und abgeleitet werden können. Außerdem existieren für die quantenmechanisch erlaubten Übergänge bestimmte Übergangswahrscheinlichkeiten, die im einfachsten Fall zweiatomiger Moleküle berechnet werden können.

6.1.2 Theoretische Grundlagen

6.1.2.1 Arten von Spektren

Nach der Art der Erzeugung und Beobachtung des Spektrums unterscheidet man zwischen Emissions- und Absorptionsspektren.

Ein Emissionsspektrum kommt dadurch zustande, daß die durch Strahlenabsorption oder hohe Temperatur oder Elektronenstoß angeregten Moleküle ihre überschüssige Energie in Form von Strahlung wieder abgeben.

Fluoreszenz

Gelangen die Moleküle durch Absorption von Strahlung in angeregte Energiezustände und kehren durch Emission von Strahlung wieder in tiefer liegende Energiezustände zurück, so spricht man von Fluoreszenz. Die normale Lebensdauer angeregter Elektronenzustände liegt in der Größenordnung von 10^{-8} Sekunden. Das bedeutet, daß die Fluoreszenz mit dem Aufhören der erregenden Strahlung praktisch momentan erlischt.

Phosphoreszenz

Es gibt jedoch Fälle, in denen die Emission die Erregung um Zeiten bis zu mehreren Sekunden überdauert. Dann spricht man von Phosphoreszenz. Diese lange Abklingdauer ist nur möglich, wenn langlebige (sogenannte metastabile) Anregungszustände vorhanden sind.

Absorption

Die zweite Art der Spektren sind die Absorptionsspektren. Da nach dem Kirchhoffschen Gesetz ein Körper diejenige Strahlungsart absorbiert, die er bei Anregung emittiert, können Spektren auch durch Absorption beobachtet werden. Aus einem kontinuierlichen Spektrum absorbiert ein in den Strahlengang gebrachter, gelöster oder gasförmiger Stoff die für ihn charakteristischen Wellenlängen quasi heraus oder schwächt ihre verbleibende Intensität. Das verbleibende restliche Spektrum mißt man.

In der Abgasmeßtechnik interessieren die Absorptionsspektren. Häufig mißt man an Stelle der Absorption zunächst die Durchlässigkeit D oder, mit anderer Bezeichnung die Transmission T. Die Absorption ist definiert als

$$A = \frac{I_0(\tilde{v}) - I(\tilde{v})}{I_0(\tilde{v})} = 1 - \frac{I(\tilde{v})}{I_0(\tilde{v})} = 1 - T(\tilde{v}), \tag{6.5}$$

wobei $I_0(\tilde{v})$ die auffallende Ausgangs-Lichtintensität und $I(\tilde{v})$ die durchgehende Lichtintensität, beide abhängig von der Wellenzahl, sind.

Die Durchlässigkeit bzw. die äquivalente Transmission ist demnach

$$T(\tilde{v}) = \frac{I(\tilde{v})}{I_0(\tilde{v})} \tag{6.6}$$

Es gilt

$$0 \leq A \leq 1 \,, 0 \leq T \leq 1. \tag{6.7}$$

$T(\tilde{v})$ ist komplementär zu $A(\tilde{v})$ und es gilt:

$$A(\tilde{v}) + T(\tilde{v}) = 1 \tag{6.8}$$

Mit 100 multipliziert, werden A bzw. T in % angegeben.

6.1.2.2 Energie - Frequenzbeziehung

Die Grundlage der optischen Spektroskopie ist die Bohr-Einsteinsche Frequenzbeziehung

$$\Delta E = E_2 - E_1 = h v \,. \tag{6.9}$$

Sie verknüpft diskrete atomare bzw. molekulare Energiezustände E_i mit der Frequenz v der elektromagnetischen Strahlung. Die Proportionalitätskonstante h ist das Plancksche Wirkungsquantum ($6{,}626 \cdot 10^{-34}$ Js bzw. $6{,}626 \cdot 10^{-27}$ erg s). Da es in der Spektroskopie üblich ist, an Stelle der Frequenz v die Wellenzahl $\tilde{v} = \dfrac{1}{\lambda}$ zu benutzen, wird aus (6.9) mit (6.4)

$$\Delta E = E_2 - E_1 = h \tilde{v} c_0 \,. \tag{6.10}$$

Absorbierte oder emittierte Strahlung der Frequenz v bzw. der Wellenzahl $\tilde{v}$ kann somit bestimmten Energiedifferenzen oder bestimmten Termdifferenzen zugeordnet werden:

$$\tilde{v} = \frac{\Delta E}{hc_0} = \frac{E_2}{hc_0} - \frac{E_1}{hc_0} = T_2 - T_1 \tag{6.11}$$

mit

$$T_i = \frac{E_i}{h c_0} \qquad (i = 1,2) \tag{6.12}$$

als Definition eines Termes.

Aus der Definition des Termes folgt, daß dieser nach dem SI-System[1] die Dimension m^{-1} besitzt. Allgemein üblich ist noch immer die Angabe in cm^{-1}. Da in der bisher erschienenen Literatur die Wellenzahl ausschließlich in cm^{-1} angegeben wurde, soll auch hier noch davon Gebrauch gemacht werden. Für die Umrechnung gilt $1\ cm^{-1} = 100\ m^{-1}.$

---

[1] Système International d' Unités (Internationales Einheitensystem)

Die Größe der Anregungsenergie nach (6.9) bzw. der Termdifferenzen nach (6.11) bestimmt die Lage des jeweiligen Spektrums im Bereich der elektromagnetischen Strahlung.

6.1.2.3 Elektronenspektren

Vom ultravioletten bis zum sichtbaren Teil des elektromagnetischen Strahlungsspektrums werden in den Molekülen in erster Linie Elektronenübergänge angeregt, die von Schwingungs- und Rotationsübergängen überlagert sind. Die dabei entstehenden Spektren sind bis auf wenige Fälle nicht ausreichend strukturiert, um zu einer selektiven Konzentrationsanalyse eingesetzt werden zu können. Absorptionsspektroskopische Verfahren, die mit Strahlung im ultravioletten und sichtbaren Teil des Spektrums arbeiten, können daher zur Gasanalyse bis auf Ausnahmen nicht verwendet werden.

Die Entstehung der einzelnen Spektrallinien veranschaulicht man sich am zweckmäßigsten in einem Niveau- oder Termschema (Abb. 6.3).

Im Bohrschen Atommodell wechselt bei Absorption von Strahlung das Elektron von einer kernnäheren in eine weiter außen liegende Bahn. Bei Emission fällt es

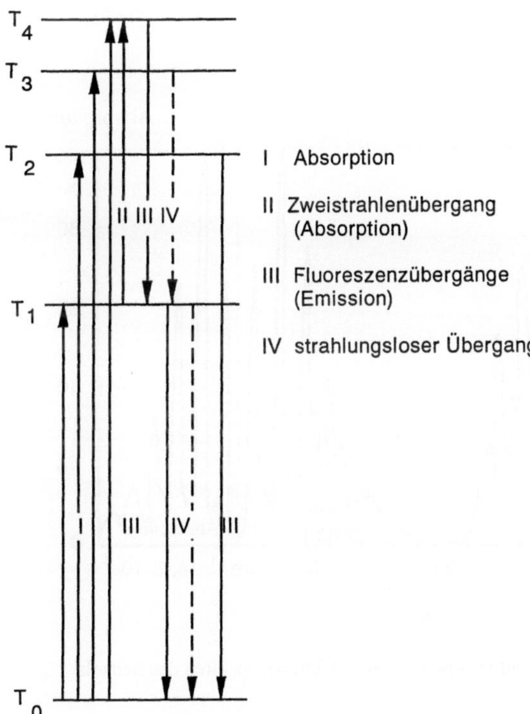

Abb. 6.3: Termschema eines Singulettsystems; I Absorption (T_1 bis T_4), II Zweistrahlenübergang (Absorption), III Fluoreszenzübergänge (Emission), IV strahlungsloser Übergang zum Grundzustand T_0

von der äußeren auf die innere Bahn zurück. Das Atom hat also im angeregten und im nichtangeregten Zustand unterschiedliche Energiezustände. Im Termschema sind die Energiestufen, die das angeregte Atom im Molekül annehmen kann, übereinander durch horizontale Striche dargestellt. Die bei Emission oder Absorption auftretenden Übergänge werden durch Pfeile in der Richtung des Überganges markiert.

Das Beispiel in Abb. 6.3 ist der einfachste Fall eines Termschemas für die Energiezustände der Hüllenelektronen eines Atoms, ein sogenanntes Singulettsystem. Schwingungs- und Rotationszustände sind nicht enthalten.

Von den im Termschema eingetragenen Übergängen wird in der normalen Absorptionsspektroskopie nur der in Abb. 6.3 schematisch dargestellte Übergang I erfaßt. Der Übergang II ist ein Zweistrahlenübergang, wobei zunächst T_1 angeregt sein muß. Die Übergänge III sind Fluoreszenzübergänge und IV ist ein strahlungsloser Übergang, der als interne Umwandlung bezeichnet wird.

Durch den Einfluß des Elektronenspins, den Einflüssen von elektrischen und magnetischen Feldern sowie des Kernspins tritt eine Aufspaltung der einzelnen Energieniveaus auf, d.h. die Anzahl der diskreten Spektrallinien wird größer. Man spricht dann von Dublett-, Triplett-, Quartett- und allgemein von Multiplettsystemen.

Das Beispiel eines Elektonenspektrums für Benzol zeigt Abb. 6.4.

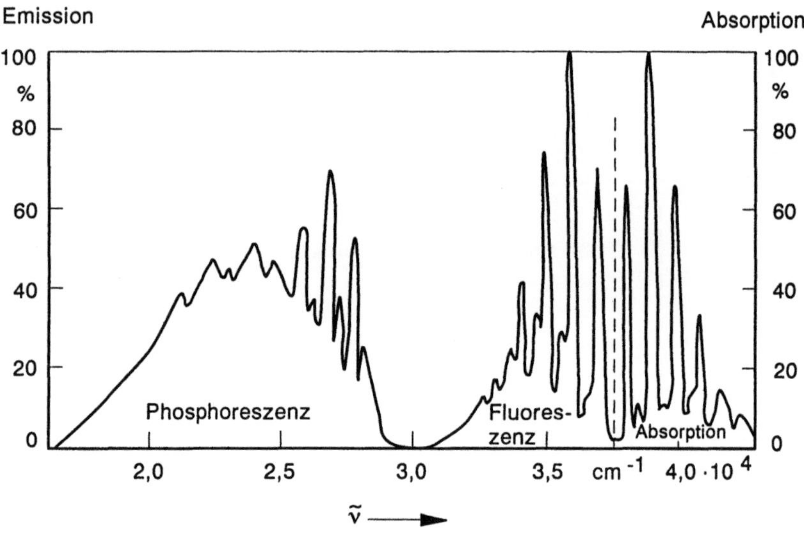

Abb. 6.4: Absorptions-, Fluoreszenz- und Phosphoreszenz-Elektronenspektren des Benzols bei 77 K

Rechts in Abb. 6.4 ist der spiegelbildliche Verlauf der Fluoreszenz zur Absorption in Bezug auf die gestrichelte Linie zu erkennen.

6.1.2.4 Schwingungsspektren

Das in Abb. 6.5 wiedergegebene Termschema veranschaulicht den Einfluß der
Molekülschwingungen auf die Emission und Absorption. Dargestellt sind der
Grundzustand T_0 und der erste angeregte Zustand T_1 eines Valenzelektronen-
Singulettsystems mit den jeweiligen Schwingungsniveaus S_0 bis S_5 und den ent-
sprechenden Übergängen.

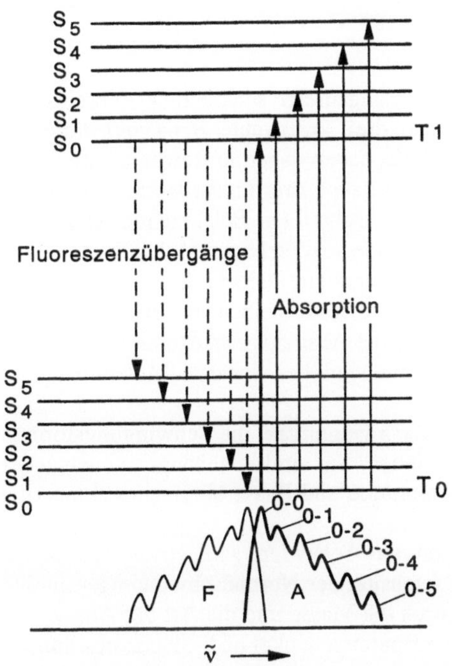

Abb. 6.5: Termschema mit Schwingungsübergängen S_1 bis S_5 im Absorptions(A)- und Fluores-
zenzspektrum(F) eines Singulettsystems

Das Fluoreszenzspektrum gibt demnach über die Schwingungszustände in bezug
auf den Elektronengrundzustand T_0 Aufschluß, während das Absorptionsspektrum
die Schwingungszustände in bezug auf den angeregten Elektronenzustand T_1 liefert.

Den in Abb. 6.5 stärker ausgezogenen Übergang bezeichnet man als 0,0-Über-
gang; er ist in Absorption und Fluoreszenz gleich. Die Absorptionsbande erstreckt
sich nach höheren, die Fluoreszenzbande nach niedrigeren Wellenzahlen $\tilde{v}$. Es
entstehen nahezu spiegelsymmetrische Absorptions- und Fluoreszenzbanden, wie
im unteren Teilbild angedeutet ist.

Reine Molekülschwingungen

Moleküle lassen sich bei einfacher Betrachtung auffassen als eine Ansammlung
von Massenpunkten, die von elastischen, aber masselosen Federn in ihren Gleich-

gewichtslagen gehalten werden. Die Theorie zeigt, daß ein Molekül aus n Atomen gerade (3n-6) verschiedene Schwingungen ausführen kann, bei einem linearen Molekül sind es allerdings nur (3n-5).

Beispiel:

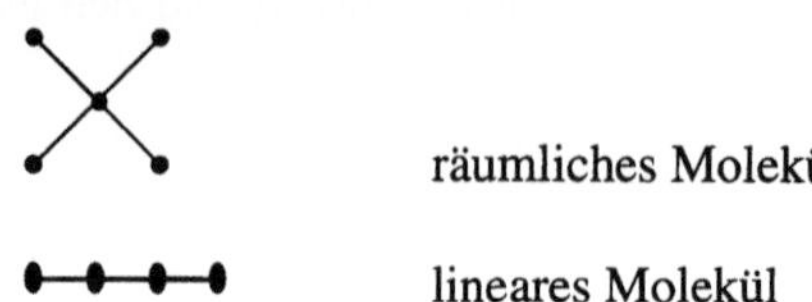

räumliches Molekül

lineares Molekül

Jedes Atom kann sich unabhängig in Richtung dreier senkrechter Achsen eines Koordinatensystems bewegen, es hat also drei sogenannte *Bewegungsfreiheitsgrade*. Die Atome eines n-atomigen Moleküls haben daher 3n Bewegungsfreiheitsgrade. Bei einem nichtlinearen Molekül sind davon drei Freiheitsgrade den Rotationen um die drei Hauptträgheitsachsen zuzuschreiben. Bei linearen Molekülen gibt es dagegen nur zwei Rotationsfreiheitsgrade senkrecht zur Molekülachse. Drei weitere Freiheitsgrade sind als die drei Translationsfreiheitsgrade für den Schwerpunkt des ganzen Moleküls anzurechnen. Bei den verbleibenden (3n-6) bzw. (3n-5) Bewegungsfreiheitsgraden verändern sich die Abstände der Atome im Molekül, daher gibt es (3n-6) bzw. (3n-5) Schwingungen bei linearen Molekülen. Der Schwerpunkt bleibt dabei in Ruhe.

Man nennt diese Schwingungen *Normalschwingungen*, die Schwingungsformen werden durch *Normalkoordinaten* beschrieben. Sie sind unabhängig voneinander und können sich daher mit beliebiger Amplitude und Phase überlagern (Linearität der Differentialgleichungen).

Die Summe aller Normalschwingungen, das *Schwingungsspektrum*, charakterisiert das ganze Molekül. Frequenz und Intensität der Normalschwingungen in den beobachteten Infrarotspektren werden durch die Masse und die Art der Atome, die Elastizität der Bindungen sowie durch die Bindungswinkel und -längen bestimmt.

Heute lassen sich die Schwingungsfrequenzen selbst komplizierter Moleküle berechnen.

Im Infrarotspektrum kann man nur dann Absorption oder Emission von Quanten der Schwingungsenergie einer Normalschwingung beobachten, wenn diese Schwingung das Dipolmoment des Moleküls verändert. Nur dann nämlich kann ein elektromagnetisches Strahlungsfeld in Wechselwirkung mit einem Molekül treten, also Energie auf das Molekül übertragen oder von ihm aufnehmen. Die Infrarotintensität ist proportional dem Quadrat der Änderung des molekularen Dipolmoments μ mit der Normalkoordinate q, mit der die Auslenkung der Atome bei der Schwingung beschrieben wird:

$$I_{IR} \sim \left(\frac{\partial \mu}{\partial q} \right)_0^2 \tag{6.13}$$

Aus der Bedingung, daß die Schwingungen mit Änderungen der Dipolmomente einhergehen müssen, um IR-spektroskopisch wirksam werden zu können, folgt, daß bei symmetrischen Molekülen, wie H_2, N_2, O_2, keine IR-Spektren zu beobachten sind. Dagegen können solche Verbindungen mit Hilfe der Raman-Spektroskopie untersucht werden. Man spricht deshalb von infrarotaktiven bzw. -inaktiven und ramanaktiven bzw. -inaktiven Bindungen. Beide Methoden ergänzen einander. Auf die Raman-Spektroskopie soll hier nicht eingegangen werden.

Schwingfrequenzen von Molekülen

Die Schwingfrequenz eines zweiatomigen Moleküls läßt sich angenähert mit Hilfe des Modelles eines Zwei-Massen-Schwingers mit masseloser Feder (Abb. 6.6) bestimmen.

Wir betrachten zunächst einen Massenpunkt der Masse m, der an einer Schraubenfeder befestigt ist. Die Koordinate x beschreibt die Auslenkung. Die Schwingung dieses Massenpunktes läßt sich beschreiben, wenn man vom Newtonschen Gesetz

Kraft = Masse mal Beschleunigung:

$$K = m \frac{d^2 x}{dt^2} \tag{6.14}$$

sowie dem Hookeschen Gesetz:

$$K = -f \cdot x \tag{6.15}$$

ausgeht. Nach dem Hookeschen Gesetz ist die rücktreibende Kraft der Auslenkung x sowie der Federkonstante f der Feder proportional. Das negative Vorzeichen erklärt sich dadurch, daß die Kraft der Auslenkung entgegengesetzt wirkt.

Man kann beide Gleichungen kombinieren:

$$m \frac{d^2 x}{dt^2} = -f \cdot x. \tag{6.16}$$

Eine solche Differentialgleichung hat bei einer harmonischen Bewegung als Lösung die Gleichung

$$x = x_0 \cos 2\pi \nu t \qquad (2\pi \nu t = \omega t). \tag{6.17}$$

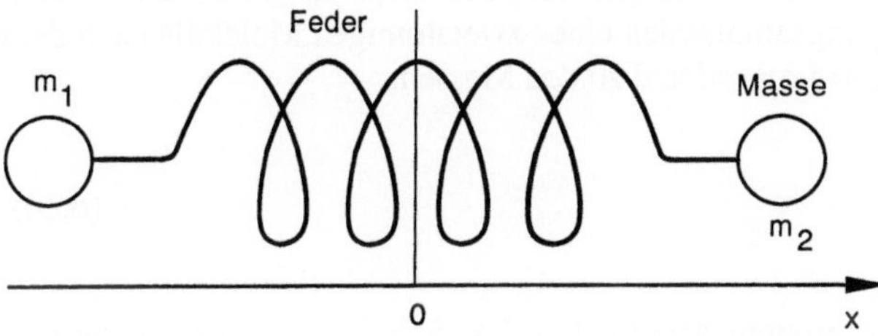

Abb. 6.6: Modell des zweiatomigen Moleküls mit masseloser Feder

Bildet man von dieser Gleichung die zweite Ableitung nach der Zeit, so erhält man:

$$\frac{d^2x}{dt^2} = -4\pi^2 \nu^2 x_0 \cos 2\pi \nu t = -4\pi^2 \nu^2 x. \tag{6.18}$$

Dieser Ausdruck wird in (6.16) eingesetzt, und man erhält:

$$4\pi^2 \nu^2 m = f \tag{6.19}$$

und daraus:

$$\nu = \frac{1}{2\pi}\sqrt{\frac{f}{m}}. \tag{6.20}$$

Daraus ergibt sich ν als Schwingungsgrundfrequenz einer Masse, die an einer masselosen elastischen Feder befestigt ist. Man kann m auch als *reduzierte Masse* eines zweiatomigen Moleküls mit den Atommassen m_1 und m_2 auffassen, gegeben durch:

$$\frac{1}{m} = \frac{1}{m_1} + \frac{1}{m_2}. \tag{6.21}$$

Damit erhält man für die Schwingungsgrundfrequenz eines zweiatomigen Moleküls

$$\nu = \frac{1}{2\pi}\sqrt{f\left(\frac{1}{m_1} + \frac{1}{m_2}\right)}. \tag{6.22}$$

Für die Wellenzahl folgt nach (6.4)

$$\tilde{\nu} = \frac{1}{\lambda} = \frac{\nu}{c_0} = \frac{1}{2\pi c_0}\sqrt{f\left(\frac{1}{m_1} + \frac{1}{m_2}\right)}. \tag{6.23}$$

Da sich bei der Schwingung eines Moleküls sein Schwerpunkt grundsätzlich nicht bewegt, sind die Schwingungsamplituden eines zweiatomigen Moleküls nach dem Schwerpunktsatz umgekehrt proportional zu den Massen:

$$\frac{x_{01}}{x_{02}} = \frac{m_2}{m_1}. \tag{6.24}$$

Leichte Atome zeigen die größten Amplituden. Die Schwingungsamplituden von Wasserstoffatomen liegen in der Größenordnung von 10^{-12} m.

Beispiel:

cis - Dichloräthylen

$$
\begin{array}{ccc}
\text{H} & & \text{Cl} \\
\diagdown & & \diagup \\
& \text{C} = \text{C} & \\
\diagup & & \diagdown \\
\text{Cl} & & \text{H}
\end{array}
$$

Die Frequenz ν bzw. die Wellenzahl $\tilde{\nu}$ der C=C - Bindung soll berechnet werden:

Federkonstante: $f = 9{,}4 \text{ N/cm} = 9{,}4 \cdot 100 \text{ N/m}$ $m_1 = m_2 = 12 \cdot 1{,}66 \cdot 10^{-27} \text{ kg}$.
Mit (6.23) erhalten wir

$$
\tilde{\nu} = \frac{1}{2\pi \cdot 3 \cdot 10^{10}} \sqrt{9{,}4 \cdot 100 \cdot \frac{2}{12} \cdot \frac{1}{1{,}66 \cdot 10^{-27}}} = 1630 \text{ cm}^{-1}
$$

Der gemessene Wert beträgt $\tilde{\nu} = 1588 \text{ cm}^{-1}$ und stimmt mit dem berechneten gut überein, wenn man das grobe Modell berücksichtigt.

Für hochmolekulare Kohlenwasserstoffe mit vielen C-Atomen werden die Massen so groß, daß kein Schwingungsspektrum mehr zu erkennen ist.

Federkonstanten sind nahezu proportional der Bindungsordnung. Für Kohlenstoff-Kohlenstoff-Einfach-, -Zweifach- bzw. -Dreifachbindungen findet man $f = 4{,}5$; $9{,}4$ bzw. $15{,}7$ N/cm. Eine Formel, mit der man die Federkonstante für beliebige Einfachbindungen zwischen den Atomen x und y abschätzen kann, wurde von Siebert angegeben:

$$
f_{xy} = 7{,}2 \, \frac{\xi_x \cdot \xi_y}{n_x^3 \cdot n_y^3}. \tag{6.25}
$$

Hierbei ist ξ_i die Kernladung und n_i die Hauptquantenzahl der Valenzelektronenschale des Atoms i.

Für kompliziertere Moleküle kann man die Schwingungsfrequenz nicht mit geschlossenen Formeln angeben. Anstelle des Newtonschen Gesetzes tritt dann die Langrangesche Gleichung 2. Art:

$$
\frac{d}{dt}\left(\frac{\partial L}{\partial \dot{q}_i}\right) - \left(\frac{\partial L}{\partial q_i}\right) = 0, \tag{6.26a}
$$

mit

$$
L = T - U = E_{kin} - E_{pot} . \tag{6.26b}
$$

Hierbei ist die Langrange-Funktion L gegeben durch die Differenz aus kinetischer Energie T und potentieller Energie U des Moleküls in Abhängigkeit von der Auslenkung der Atome i in generalisierten Koordinaten q_i und deren zeitlicher Änderung zu

$$\dot{q}_i = \frac{d\,q_i}{d\,t}.$$ (6.27)

Die Lösung der Langrangeschen-Gleichung 2. Art liefert die Schwingungsformen und Schwingungsfrequenzen.

Schwingungsformen, Beispiel: CO_2 als lineares Molekül

Das CO_2-Molekül ist linear und hat n = 3 Atome. Es kann daher 3n - 5 = 4 Normalschwingungen ausführen. Zwei Normalschwingungen des CO_2 sind Deformationen des O-C-O-Winkels. Die Atome bewegen sich dabei jeweils senkrecht zueinander und senkrecht zur Molekülachse. Sie haben gleiche Frequenzen, sind aber voneinander unabhängig. Man sagt dann, daß es sich um entartete Schwingungen handelt. Der Name rührt daher, daß die beiden Deformationsschwingungen sich mit beliebiger Phase überlagern können. Am mechanischen Modell beobachtet man dann durch die Überlagerung Bewegungen auf Ellipsen, im Gegensatz zu den Bewegungen auf linearen Bahnen bei nichtentarteten Schwingungen.

Weiterhin gibt es eine symmetrische und eine antisymmetrische Valenzschwingung. Man bezeichnet diese Schwingungen, bei denen gleichartige Bindungen mit jeweils unterschiedlicher relativer Phase schwingen, auch als Gleichtakt- und als Gegentaktschwingungen.

Abb. 6.7 zeigt alle vier Schwingungen und dazu die Diagramme des Dipolmomentes, das in Abhängigkeit von den Bindungswinkeln und -längen verändert wird.

Das CO_2-Molekül hat im Gleichtaktzustand kein Dipolmoment, d.h. es gilt $\left(\frac{\partial\,\mu}{\partial\,q}\right)_0 = 0$. Das Mokekül ist in diesem Zustand nicht infrarotaktiv.

Die beiden Extremlagen der Atome sowohl bei den Deformationsschwingungen als auch bei der antisymmetrischen Valenzschwingung haben aber ein Dipomoment, $\left(\frac{\partial\,\mu}{\partial\,q}\right)_0 \neq 0$, jeweils unterschiedlichen Vorzeichens. Diese Schwingungen sind daher infrarotaktiv. Die gleichen Befunde gelten natürlich auch für andere lineare symmetrische dreiatomige Moleküle.

6.1.2.5 Reine Rotationsspektren

Die reinen Rotationsspektren liegen bei Wellenzahlen zwischen 0,1 und 10^2 cm^{-1} bzw. Frequenzen zwischen $3 \cdot 10^9$ Hz und $3 \cdot 10^{12}$ Hz (vgl. Abb. 6.1).Sie können ebenfalls zur Gasanalyse herangezogen werden.

Abb. 6.8 zeigt als Beispiel einen Teil des reinen Absorptions-Rotationsspektrums von CO mit äquidistanten Linien über der Wellenzahl $\tilde{v}$.

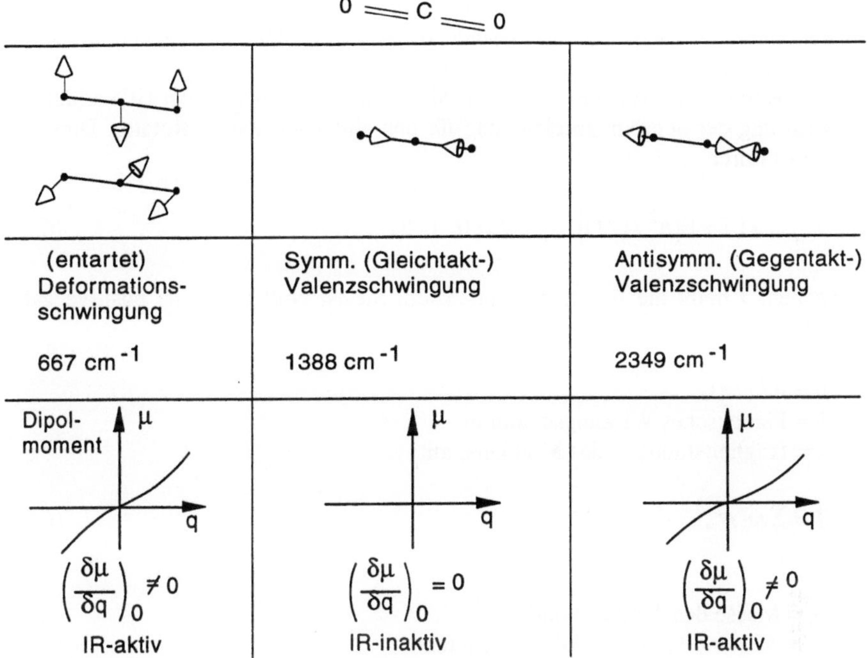

$$\left(\frac{\delta\mu}{\delta q}\right)_0 \neq 0 \qquad \left(\frac{\delta\mu}{\delta q}\right)_0 = 0 \qquad \left(\frac{\delta\mu}{\delta q}\right)_0 \neq 0$$

Abb. 6.7: Schwingungsformen des CO_2-Moleküls und Änderung seines Dipolmoments $\dfrac{\partial\,\mu}{\partial\,q}$

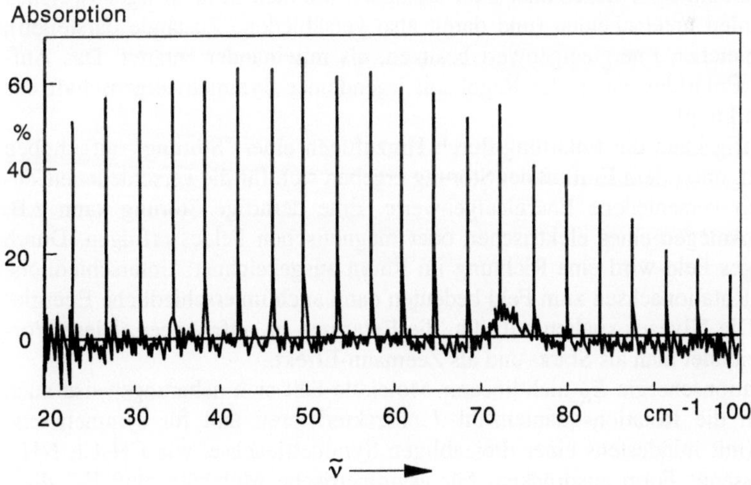

Abb. 6.8: Teil eines reinen Absorptions-Rotationsspektrums von CO, Absorption über Wellenzahl aufgetragen

Bei dieser Wechselwirkung ändern sich die Rotationszustände der Moleküle, die Elekronen- und Schwingungszustände bleiben unverändert. Gewöhnlich werden die Absorptionsspektren gemessen.

Die Rotationsenergie eines linearen Moleküls, z.B. von CO oder HCl erhält man als Lösung der Schrödingergleichung für den einfachen starren Rotator. Diese Lösung ist durch

$$E_R = J(J+1)\left[\hbar^2 / (2I)\right] \qquad J = 0,\ 1,\ 2,\ \dots \tag{6.28}$$

gegeben. J heißt die Rotationsquantenzahl. Sie ist Null oder eine positive ganze Zahl.

$\hbar = h / (2\pi)$,
h = Plancksches Wirkungsquantum,
I = Trägheitsmoment des Moleküls, mit

$$I = \sum_i m_i\, r_i^2, \tag{6.29}$$

mit

m_i = Masse des Atomes i und
r_i = Abstand vom Molekülschwerpunkt.

Jeder Energiezustand mit einem bestimmten J-Wert ist $(2J+1)$-fach entartet; die Einzelzustände mit demselben J-Wert unterscheiden sich durch die Richtungen der Rotationsachse.

Entartung

In der Quantentheorie bezeichnet man Zustände, die sich zwar in irgendwelchen Quantenzahlen unterscheiden (und damit also verschiedene Zustände darstellen), aber den gleichen Energieeigenwert besitzen, als miteinander entartet. Das Auftreten von Entartung ist in der Regel mit irgendeiner Symmetrieeigenschaft des Systems verknüpft.

Sehr häufig kann die Entartung durch Hinzufügen einer "Störung" aufgehoben werden, d.h. unter dem Einfluß der Störung ergeben sich für die verschiedenen Zustände auch verschiedene Energieeigenwerte. Eine derartige Störung kann z.B. durch das Anlegen eines elektrischen oder magnetischen Feldes erfolgen. Durch ein derartiges Feld wird eine Richtung im Raum ausgezeichnet. Unterschiedliche Lagen der Rotationachsen zum Feld bedeuten dann auch unterschiedliche Energiezustände. Die Niveaus spalten auf, d.h. die Entartung ist aufgehoben. Diese Vorgänge bezeichnet man als Stark- und als Zeemann-Effekt.

Die Rotationsenergie E_R nichtlinearer Moleküle läßt sich näherungsweise auch noch durch die Rotationsquantenzahl J charakterisieren und für symmetrische Moleküle (mit mindestens einer dreizähligen Symmetrieachse, wie CH_3Cl, NH_3, in geschlossener Form ausdrücken. Für asymmetrische Moleküle muß E_R allerdings numerisch aus den Spektren bestimmt werden. Allgemein gilt für Moleküle beliebiger Symmetrie, daß den Linien im Spektrum nur solche Übergänge zwischen Rotationsenergieniveaus entsprechen, bei denen sich J um $\pm\,1$ (oder gar nicht) ändert, +1 bei Absorption, -1 bei Emission.

Nach (6.28) ist das Spektrum linearer Moleküle ein Satz äquidistanter Linien:

$$\Delta\,E_R = \hbar^2\,/\,(2I)\,\sim\tilde{\nu}\;. \tag{6.30}$$

Tatsächlich bestehen die beobachteten Spektren von Molekülen beliebiger Symmetrie aus einem Satz näherungsweise äquidistanter, mitunter strukturierter Linien (vgl. Abb. 6.8). Der Abstand der reinen Rotationslinien eines Gases ist dem Trägheitsmoment umgekehrt proportional. Bei Molekülen hoher Masse (hohes Trägheitsmoment) kann die Feinstruktur verschwinden und in ein Kontinuum übergehen.

Bei Molekülen in Form eines symmetrischen Kreisels (mit einer drei- oder mehrzähligen Symmetrieachse) sind zwei der Hauptträgheitsmomente gleich. Als Absorptionsspektren ergeben sich Serien von nahezu frequenzäquidistanten Linien, die im allgemeinen mehrfach entartet sind. Abweichungen der Linien von einer äquidistanten Serie ergeben sich durch Zentrifugalverzerrungen, eine Folge des nicht vollkommen starren Aufbaus der Moleküle.

Einen Spezialfall stellen die linearen Moleküle dar, die vollständig durch ein einziges Trägheitsmoment beschrieben werden. Bei ihnen werden nichtentartete Linien mit äquidistantem Abstand beobachtet.

Bei einem asymmetrischen Kreisel (mit nur zweizähliger Symmetrieachse oder noch geringerer Symmetrie) ist keine molekülefeste Rotationsachse mehr vorhanden, d.h. das Trägheitsellipsoid ist nicht rotationssymmetrisch. Es liegen hier wesentlich kompliziertere Verhältnisse vor als beim symmetrischen Kreisel. Die Zahl der Linien ist viel größer. Eine einfache Gesetzmäßigkeit ist nicht mehr erkennbar. Die Linien liegen unregelmäßig verteilt über den ganzen Mikrowellenbereich bis hinein ins langwellige Infrarot.

Schwingungsfeinstruktur
Die Aufteilung der Energien eines isolierten Moleküls in Elektronen-, Schwingungs- und Rotationsanteil ist nicht exakt möglich. Eine Approximation höherer Ordnung zeigt, daß die Rotationsniveaus von den Schwingungen und der Elektronenbewegung beeinflußt werden. Bei starken Rotationslinien beobachtet man daher neben den Hauptlinien, die dem Schwingungsgrundzustand zuzuordnen sind, noch eine oder mehrere schwächere Linien, die von den angeregten Schwingungszuständen herrühren.

Hyperfeinstruktur
Sie wird durch Drehmomente der einzelnen Atome hervorgerufen. Während ein Kernspin $I_K = 0$ keinen Effekt auf das Spektrum hat, ist beim Kernspin $I_K > 1/2$ eine schwache magnetische Wechselwirkung möglich. Ein Kernspin $I_K > 1/2$ führt über das elektrische Kernquadrupolmoment zu einer noch wesentlich stärkeren Wechselwirkung mit der Molekülrotation. Die dabei beobachtete Hyperfeinstruktur wird durch die verschiedenen Einstellmöglichkeiten zwischen dem Kernspin und dem Drehimpuls der Molekülrotation hervorgerufen. Vom Standpunkt der chemischen Analyse kompliziert die Hyperfeinstruktur das Mikro-

wellenspektrum, das in der Regel sehr komplex wird, wenn mehr als ein Atom einen Kernspin $I_K > 1/2$ besitzt.

Stark-Effekt und Zeemann-Effekt

Sehr charakteristisch für Rotationsübergänge ist der Stark-Effekt. Das Anlegen eines äußeren elektrischen Feldes an die Gasmoleküle hat eine Linienaufspaltung zur Folge. Da die Stärke dieser Aufspaltung vom elektrischen Dipolmoment des Moleküls abhängt, gestattet der Stark-Effekt auch eine sehr genaue Bestimmung des elektrischen Dipolmoments.

Der Zeemann-Effekt hat hauptsächlich Bedeutung bei paramagnetischen Molekülen wie NO, NO_2 und O_2, bei denen in einem äußeren Magnetfeld eine relativ große Zeemann-Aufspaltung erreicht werden kann.

6.1.2.6 Rotationsschwingungsspektren unter normalen Bedingungen

Unter Rotationsschwingungsspektren bei normalen Bedingungen versteht man komplexe Molekülspektren, die aus der Überlagerung der Rotations- und der Schwingungsspektren eines Moleküls resultieren, die also Ausdruck sowohl der Rotations- als auch der Schwingungsanregung sind. Man spricht von Schwingungsbanden.

Rotationsschwingungsspektren treten im Wellenlängenbereich der Infrarotspektroskropie auf, und zwar im Wellenzahlbereich von etwa 10^4 bis $5 \cdot 10^4$ cm^{-1}. Dort führt die Schwingungsanregung, wie es in Abb. 6.9 zu sehen ist, zu Absorptionsbanden, d.h. zu gesetzmäßig auftretenden Linienanhäufungen im Spektrum.

Diese Banden zeigen bei höherer Auflösung eine Rotationsfeinstruktur in Form einer Vielzahl von einzelnen Absorptionslinien in etwa gleichem Abstand voneinander, wie es Abb. 6.9 unten für CO als Beispiel zeigt.

Die spektrale Lage, die Form und die Feinstruktur der Absorptionsbanden sind für jedes Gas spezifisch, d.h. jedes Gas absorbiert innerhalb scharf definierter Frequenzintervalle bzw. Wellenlängenintervalle.

Zur Gasanalyse wird deshalb auch vorwiegend die Strahlungsabsorption im mittleren Infrarot ausgenutzt.

Aus den (schematisch dargestellten) Gasspektren in dem oberen Bildteil der Abb. 6.9 ist ersichtlich, daß die Spektren der einzelnen Gase in ihren Absorptionsschwerpunkten getrennt vorliegen, daß aber dennoch Überlappungen zu beobachten sind. Insbesonders stört die Überlappung durch H_2O-Banden.

Abb. 6.10 zeigt unten zwei aus der CO-Rotationsfeinstruktur herausgezogene Rotationslinien in ihrer theoretischen Form und ihrem theoretischen Abstand.

Druckverbreiterung

Die Form der Linien ist durch die Zusammenstöße der Moleküle bestimmt und hängt vom Gasdruck und der Gastemperatur ab. Die Halbwertsbreite $\Delta \tilde{\nu}$ und die Intensität bei der mittleren Wellenzahl $\tilde{\nu}_0$ ändern sich in Abhängigkeit vom Gasdruck, die Fläche unter der Linie bleibt näherungsweise konstant. Die durchschnittliche Halbwertsbreite $\Delta \tilde{\nu}$ von Gasen mit einfachen Molekülen wie CO, NO, CO_2, CH_4 u.s.w. liegt unter Atmosphärendruckbedingungen bei 0,1 cm^{-1}, der mittlere Linienabstand bei ca. 4 cm^{-1}.

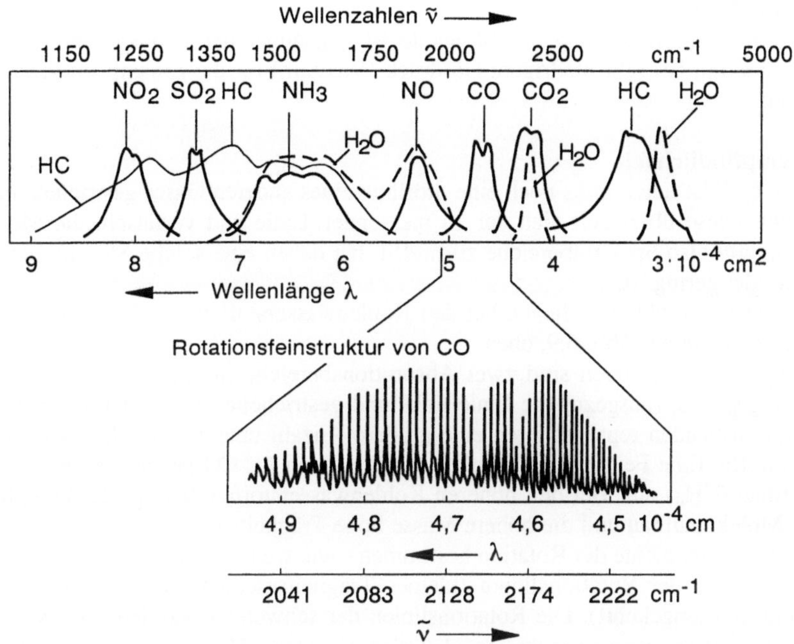

Abb. 6.9: Rotationsschwingungsspektrum, Schwingungsbanden verschiedener Gase und unten, herausgezogen, Rotationsfeinstrukturen der CO-Bande

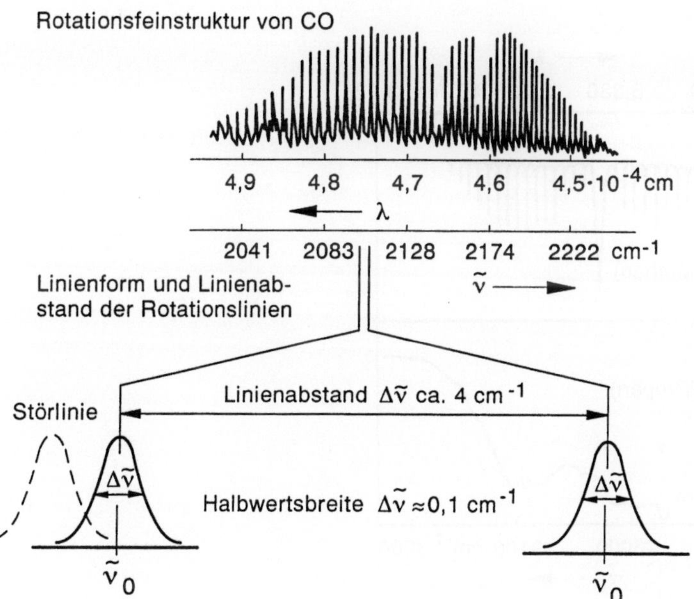

Abb. 6.10: Form und Abstand zweier Rotationslinien der CO- Bande bei Atmosphärendruck

Dopplereffekt
Der Einfluß der Bewegung der Moleküle ist gegenüber der Druckverbreiterung gering und nur bei sehr niedrigem Gasdruck (Vakuum) für die Linienform verantwortlich.

Querempfindlichkeit
In Abb. 6.10 ist unten links noch eine Störlinie eines anderen Gases gestrichelt angedeutet. Diese überlagert sich der zu messenden Linie und verfälscht die Messung. Es gilt also Spektralbereiche zu finden, bei denen eine solche Störung nicht auftritt oder gering ist.

Besondere Verhältnisse liegen bei den Kohlenwasserstoffen vor. Dazu betrachten wir noch einmal Abb. 6.9, oben.

In der Abbildung oben sind zwei Absorptionsbereiche für Kohlenwasserstoffe (HC) angegeben, (ausgezogene Linie links und gestrichelte rechts). Diese breiten Absorptionsbanden repräsentieren eine größere Anzahl unterschiedlicher Kohlenwasserstoffe. Eine Feinstruktur, ähnlich wie sie unten für CO gezeigt ist, weist z. B. Methan (CH_4) auf. Bei den höheren Kohlenwasserstoffen bedingt der komplizierte Molekülaufbau und die höhere Masse hohe Trägheitsmomente der Rotation. Die Trägheitsmomente der Rotation bestimmen - wie weiter oben schon ausgeführt - den Abstand der Rotationslinien (kleines Trägheitsmoment bedeutet größeren Abstand und umgekehrt). Die Rotationslinien der schwereren Kohlenwasserstoffmoleküle rücken so eng zusammen, daß sich ein Quasi-Kontinuum bildet. Abb. 6.11 zeigt ein Beispiel, oben für Methan, unten für Propan. Hier ist die Transmission gezeigt, d.h. die Linien weisen nach unten.

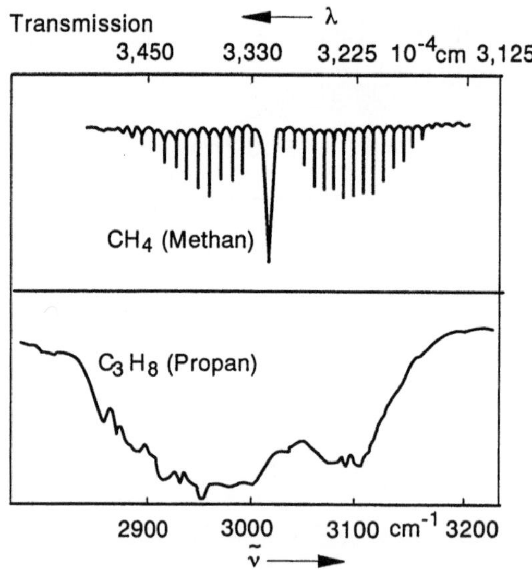

Abb. 6.11: Transmissionsbanden von Methan und Propan

Methan (CH_4) zeigt eine aufgelöste Linienstruktur. Es hat ein kleines Trägheitsmoment. Schon bei Propan (C_3H_8) ist wegen des größeren Trägheitsmomentes eine Feinstruktur nur noch andeutungsweise zu erkennen.

6.1.3 Lambert-Beer-Bouguersches Gesetz

Bei der Absorptionsmessung an einem Medium, z. B einem Gas, wird die Lichtschwächung einer Strahlung nach Durchgang durch das Medium gemessen. Unter der wichtigen Vorausetzungen, daß *Druck und Temperatur des Gases räumlich konstant* sind, gilt das Lambert-Beer-Bouguersches Gesetz

$$I = I_0 \, e^{-\varepsilon_i \, (\tilde{v})c_i \, d} \tag{6.31}$$

oder für die Absorption $A(\tilde{v})$ und Transmission $T(\tilde{v})$, vgl. (6.5) bzw. (6.6),

$$A(\tilde{v}) = 1 - e^{-\varepsilon_i \, (\tilde{v})c_i \, d} \qquad \text{und} \qquad T(\tilde{v}) = e^{-\varepsilon_i(\tilde{v})c_i \, d}, \tag{6.32}$$

bzw. für die Extinktion $E(\tilde{v})$

$$E_i(\tilde{v}) = -\ln T(\tilde{v}) = \ln \frac{I_0(\tilde{v})}{I(\tilde{v})} = \varepsilon_i(\tilde{v}) \, c_i d \tag{6.33}$$

mit

$I(\tilde{v})$	= Lichtintensität nach Durchgang durch das Medium,
$I_0(\tilde{v})$	= Ausgangsintensität des Lichtes,
$\varepsilon_i(\tilde{v})$	= molarer dekadischer Extinktionskoeffizient der Gaskomponente,
c_i	= Konzentration der Gaskomponente i,
d	= Schichtdicke des Gases = Länge der Absorptionsstrecke.

Die Extinktion $E(\tilde{v})$ ist die Meßgröße, die der Konzentration c_i der absorbierenden Gaskomponente i und deren Schichtdicke d proportional ist. Die Proportionalitätskonstante, der molare dekadische Extinktionskoeffizient $\varepsilon(\tilde{v})$, ist eine stoffspezifische, von der Wellenzahl $\tilde{v}$ abhängige Größe.

Das Gesetz gilt streng genommen dann, wenn die Linienbreite der absorbierten Strahlung klein ist gegen die Linienbreite der Absorptionslinie (was nur bei einmodigem Laserlicht möglich ist), dann kann man über die Linienbreiten integrieren, oder wenn $I(\tilde{v})$ und $\varepsilon(\tilde{v})$ über einen großen Bereich von $\tilde{v}$ konstant sind.

Wenn diese Voraussetzungen nicht erfüllt sind, gilt das Gesetz nur näherungsweise. Die Kurven der Abhängigkeit der absorbierten Intensität von der Dichte des Gases und von der Länge der Absorptionsstrecke sind wegen der exponentiellen Abhängigkeit nicht linear. Bei hoher Gasdichte und entsprechender Schichtdicke kann außerdem eine Sättigung der Absorption auftreten, so daß eine weitere Erhöhung der Gasdichte bei konstanter Schichtdicke das Meßsignal praktisch nicht verändert.

Integriert man (6.33) über die Wellenzahl, so erhält man

$$\int_{\tilde{v}_1}^{\tilde{v}_2} E_i(\tilde{v})\,d\tilde{v} = \int_{\tilde{v}_1}^{\tilde{v}_2} \ln I_0(\tilde{v})\,d\tilde{v} - \int_{\tilde{v}_1}^{\tilde{v}_2} \ln I(\tilde{v})\,d\tilde{v} = d \cdot c_i \int_{\tilde{v}_1}^{\tilde{v}_2} \varepsilon_i(\tilde{v})\,d\tilde{v}. \tag{6.34}$$

Mit der sogenannten Linien- oder Oszillatorstärke S

$$S = \int_{-\infty}^{+\infty} \varepsilon_i(v)\,dv = c_0 \int_{-\infty}^{+\infty} \varepsilon_i(\tilde{v})\,d\tilde{v} \approx \int_{\tilde{v}_1}^{\tilde{v}_2} \varepsilon_i(\tilde{v})c_0\,d\tilde{v}, \tag{6.35}$$

$$(c_0 = \text{Lichtgeschwindigkeit})$$

wobei S von der Linienform und damit von der Gastemperatur und vom Gasdruck abhängig sind, erhält man für die zu ermittelnde Konzentration c_i der Komponente i aus (6.34)

$$\int_{\tilde{v}_1}^{\tilde{v}_2} E_i(\tilde{v})\,d\tilde{v} = \int_{\tilde{v}_1}^{\tilde{v}_2} \ln I_0(\tilde{v})\,d\tilde{v} - \int_{\tilde{v}_1}^{\tilde{v}_2} \ln I(\tilde{v})\,d\tilde{v} \approx \frac{S_i}{c_0} d\,c_i \tag{6.36}$$

und schließlich

$$c_i \approx \frac{c_0}{S_i\,d}\left\{ \int_{\tilde{v}_1}^{\tilde{v}_2} \ln I_0(\tilde{v})\,d\tilde{v} - \int_{\tilde{v}_1}^{\tilde{v}_2} \ln I(\tilde{v})\,d\tilde{v} \right\} = \frac{c_0}{S_i\,d} \int_{\tilde{v}_1}^{\tilde{v}_2} E_i(\tilde{v})\,d\tilde{v}. \tag{6.37}$$

Das $\approx$-Zeichen ist in den Gleichungen (6.36) bzw. (6.37) erforderlich, weil die Linienstärke S durch das bestimmte Integral zwischen den Grenzen $\tilde{v}_1$ und $\tilde{v}_2$ nur näherungsweise bestimmt ist. Der Näherungsgrad hängt von der Intervallbreite $(\tilde{v}_1 - \tilde{v}_2)$ ab.

Wenn S_i bekannt ist und $I(\tilde{v})$ und $I_0(\tilde{v})$ gemessen werden können, so kann dann die Konzentration c_i bei vorgegebenem d bei allen routinemässigen Messungen durch die Differenz der integrierten logarithmischen Lichtintensitäten I und I_0 entsprechend (6.37) bestimmt werden.

Abweichungen

Man unterscheidet zwischen wahren und scheinbaren Abweichungen vom Lambert-Beer-Bouguerschen Gesetz. Dabei versteht man unter wahren Abweichungen solche, die auf chemische Veränderungen des absorbierenden Stoffes in weitestem Sinn zurückzuführen sind, wenn man seinen Partialdruck (bei Gasen) oder seine Konzentration ändert. Hierunter fallen alle Veränderungen, die einen merkbaren Einfluß auf den Absorptionskoeffizienten des Gases haben, z.B. auch die Druckverbreiterung der Absorptionslinien.

Im Falle der *Druckverbreiterung* liegt z.B. bei kleinen Schichtdicken d, wenn man die Exponentialfunktion in einer Reihe entwickelt und mit dem 1. Glied der Reihe durch eine Gerade annähert, eine lineare Abhängigkeit zwischen der Absorption und dem Produkt $c_i \cdot d$ vor,

$$A(\tilde{v}) \sim c_i d \qquad\qquad (6.38)$$

und bei großen Schichtdicken d näherungsweise eine Wurzelabhängigkeit vor

$$A(\tilde{v}) \sim \sqrt{c_i \cdot d}\,, \qquad\qquad (6.39)$$

wenn man die Reihenentwicklung des Wurzelausdruckes berücksichtigt.

Scheinbare Abweichungen dagegen treten auf, wenn die bei der Ableitung des Lambert-Beer-Bouguerschen Gesetzes vorausgesetzte strenge Monochromasie der benutzten Strahlung nicht in dem Grade gewahrt ist, wie es das untersuchte Problem und die Genauigkeit der verwendeten Meßmethode verlangen. Derartige Abweichungen sind also physikalisch begründet.

Bei Messungen mit "monochromatischer" Strahlung handelt es sich in der Praxis (außer im Fall des einmodigen Laserlichtes) stets um Messungen mit einer durch Filter oder Monochromatoren isolierten Spektrallinie. Außer dieser Hauptlinie ($\tilde{v}_1$) werden dabei jedoch stets benachbarte Nebenlinien ($\tilde{v}_2...\tilde{v}_n$) mit kleinerer Intensität durchgelassen, da Filter fast immer eine relativ große spektrale Breite besitzen und Monochromatoren immer etwas Streustrahlung anderer Wellenzahlen durchlassen.

Wenn ε_1 der molare Extinktionskoeffizient der Hauptlinie ist und ε_n der der Nebenlinien, sind prinzipiell drei Fälle möglich:

1. $\varepsilon_n \gg \varepsilon_1$.

Durch den absorbierenden Stoff werden die Nebenlinien stärker geschwächt als die Hauptlinien. Das Medium wirkt also als zusätzliches Filter zur Eliminierung der Nebenlinien. Da diese, wie vorausgesetzt, gegenüber der Hauptlinie geringe Intensität besitzen, wird der Fehler durch ihre völlige Eliminierung nicht groß.

2. $\varepsilon_n \approx \varepsilon_1$.

Das ist der Fall, daß es sich um einen für das betreffende Spektralgebiet angenähert "grauen" Stoff (gleichmäßige Absorption) handelt. Dieser Fall ist weitgehend realisiert, wenn man im Bereich eines flachen Absorptionsmaximums mißt, was immer besonders günstig ist. Der relative Fehler wird dann sehr klein und kann häufig praktisch unberücksichtigt bleiben. Hierzu gehört jedoch auch der Fall, daß man zur Messung eine eng benachbarte Spektralliniengruppe benutzt. Mißt man jedoch im Bereich eines steil abfallenden Bandenastes, so sind die Extinktionskoeffizienten trotz der eng benachbarten Wellenlängen häufig doch schon um einige Prozent verschieden, so daß der relative Fehler bei höheren Extinktionen schon merkliche Werte annehmen kann.

3. $\varepsilon_n \ll \varepsilon_1$.

Es wird vor allem die Hauptlinie absorbiert, die Nebenlinien werden nur unwesentlich geschwächt und ergeben deshalb stets eine zu große Gesamtintensität nach dem Austreten aus der absorbierenden Schicht. Dieser Fall verursacht sehr große Meßfehler.

Abb. 6.12 verdeutlicht diese drei Fälle. Abb. 6.13 zeigt den relativen Fehler über der Extinktion $E(\tilde{v})$ mit $\left(\varepsilon_n / \varepsilon_1\right)$ als Parameter.

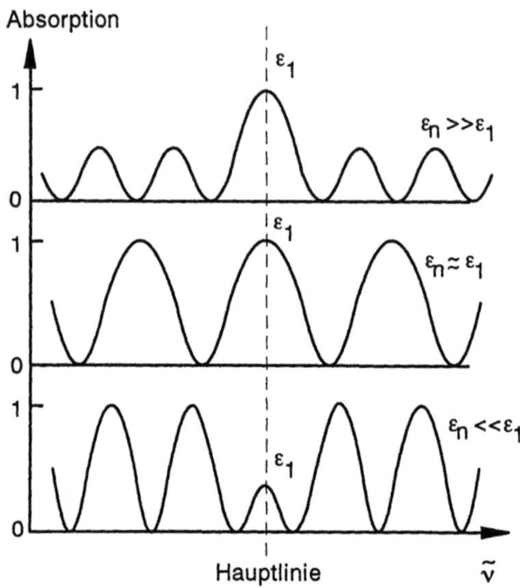

Abb. 6.12: Überlagerung von Haupt- und Nebenlinien bei nicht gewahrter Monochromasie der IR-Strahlung

In der Praxis ist die direkte Bestimmung von ε $(\tilde{v})$ bzw. von E $(\tilde{v})$, vgl. (6.33), oft nicht möglich. Man muß dispersiv arbeiten, d. h. mit einer spektralen Auflösung in schmalbandige Spektralbereiche bis hin zur Spektrallinie, wie es bei Spektrometern üblich ist.

Wenn das nicht möglich ist, kalibriert man mit einem Prüfgas der Komponente i (vgl. Abschn. 8.2.8) bei bekannter Länge der Meßküvette und erhält

$$c_i = \frac{1}{f_i} \ln \left(1 - A(\tilde{v})\right) = \frac{1}{f_i} \ln T(\tilde{v}) \tag{6.40}$$

mit f_i Kalibrierfaktor.

Das Gesetz gilt auch für Gasgemische und kann in dieser Form für ein Mehrkomponentensystem angewandt werden, wenn zwischen den einzelnen Komponenten keine Wechselwirkungen stattfinden.

Allgemein kann man deshalb für n Komponenten der Art i in j Bereichen von $\tilde{v}$ formulieren:

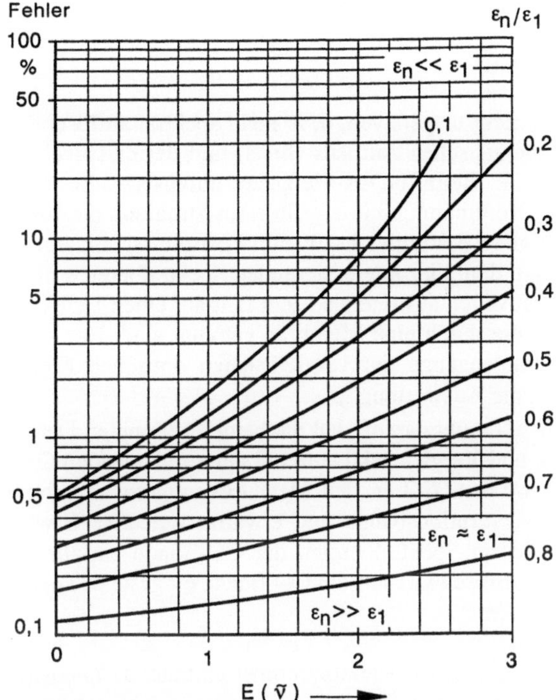

Abb. 6.13: Relativer Fehler der Extinktionsmessung in Abhängigkeit von der Extinktion $E(\tilde{v})$ infolge von Nebenlinien bei einem Intensitätsverhältnis der Linien von 0,6% und für verschiedene Verhältnisse $\dfrac{\varepsilon_n}{\varepsilon_1}$ als Parameter

$$E_{jges}\left(\tilde{v}_j\right) = \sum_{i=1}^{m} E_i\left(\tilde{v}_j\right) = \sum_{i=1}^{n} \varepsilon_i\left(\tilde{v}_j\right) c_i \, d. \tag{6.41}$$

$$E = \sum_{j=1}^{m} E_{jges}\left(\tilde{v}_j\right) = \sum_{j=1}^{m} \sum_{i=1}^{n} \varepsilon_i\left(\tilde{v}_j\right) c_i \, d. \tag{6.42}$$

Diese Gleichungen stellen die Grundlage für die analytische Anwendung der Absorptionsspektroskopie auf Mehrkomponentensysteme dar. Für n Komponenten können m lineare Gleichungen aufgestellt werden, wenn bei m verschiedenen Wellenzahlen j die Extinktionen $E_i(\tilde{v}_j)$ gemessen worden sind.

Mit (6.36) erhält man dann

$$E = \frac{d}{c_0} \sum_{j=1}^{n} \sum_{i=1}^{n} S_{ij} c_i \tag{6.43}$$

6.1.4 Nichtdispersives Infrarotmeßverfahren (NDIR)

6.1.4.1 Prinzip des NDIR-Meßgerätes

In Abb. 6.14 ist das Prinzip des nicht dispersiven, d. h. nicht spektral auflösenden NDIR-Gerätes anhand eines schematischen Aufbaus (links) und der entsprechenden Spektren (rechts) dargestellt. Beim NDIR-Meßgerät durchsetzt die vom Strahler breitbandig, nahezu als Kontinuum emittierte Infrarot-Strahlung die Meßküvette und eine vom Aufbau gleiche Vergleichsküvette. Letztere ist mit einem Gas gefüllt, z.B. Stickstoff, das in dem hier interessierenden Spektralbereich nicht absorbiert. Das aus den beiden Küvetten austretende Licht fällt auf einen Detektor, der aus zwei Kammern besteht, die durch eine Membran getrennt sind. Der symmetrische Aufbau für beide Strahlengänge mit vergleichbaren optischen Eigenschaften der Küvetten erleichtert die Auswertung.

Die Grundidee dieses Verfahren beruht darauf, daß die beiden getrennten Detektorkammern unterhalb der Meß- und Vergleichsküvette mit der zu messenden Gaskomponente, z.B. CO, gefüllt werden. CO in den Detektorkammern absorbiert selektiv in seiner spezifischen Absorptionsbande und erwärmt sich. Die Erwärmung ist ein Maß für die in diesem Spektralbereich der CO-Bande einfallende Licht-Intensität. Der Detektor ist also selektiv auf die CO-Bande eingestellt. Dieses Verfahren nennt man *Gaskorrelation*.

Beide Detektorkammern werden unterschiedlich erwärmt. Die aus der Meßküvette in die (in Abb. 6.14 links gezeigte) Detektorkammer eintretende Intensität

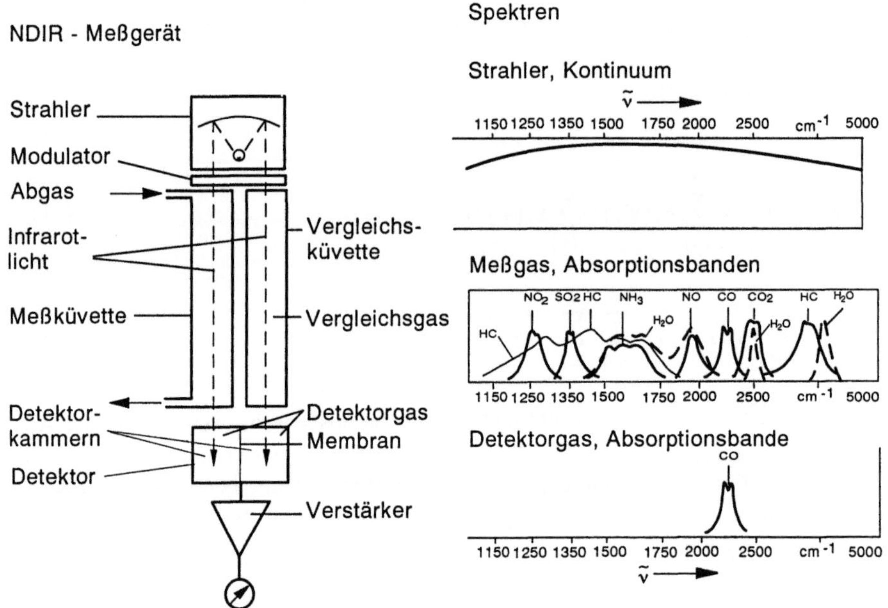

Abb. 6.14: Prinzip des NDIR-Meßgerätes (rechts von oben nach unten: Spektrum des Strahlers, Absorptionsbanden des Meßgases, Absorptionsbande des Detektorgases CO)

ist nämlich in dem interessierenden Spektralbereich (hier der CO-Bande), unter der Voraussetzung, daß sich weitere Banden anderer Moleküle nicht mit der CO-Bande überlappen, um den in der Meßkammer von CO im Abgas absorbierten Anteil kleiner als die aus der Vergleichsküvette in die rechte Detektorkammer eintretende Intensität, weil Stickstoff in dem interessierenden Spektralbereich keine Absorption aufweist. Das hat zur Folge, daß das Gas in der linken Detektorkammer unterhalb der Meßküvette sich weniger erwärmt als in der rechten unterhalb der Vergleichsküvette. Diese unterschiedlichen Erwärmungen bzw. die damit verbundenen Druckunterschiede zwischen den beiden Kammern werden mit einem Sensor gemessen. Dazu kann z.B. die Verformung einer Membran zwischen den Kammern genutzt werden. Aus dem Meßsignal wird die Konzentration der Meßgaskomponente (hier CO) bestimmt. Vorher wird mittels eines Prüfgases bekannter Konzentration (hier CO) das Gerät kalibriert.

Nach (6.31) ist die Absorption von der Konzentration nach einer Exponentialfunktion abhängig. Da sich die Exponentialfunktion für kleinere Exponenten durch eine Gerade annähern läßt, sollte die Meßküvettenlänge möglichst kurz sein.

Ist die Membran z.B. Teil eines Kondensators, mit dem über die Kapazitätsänderung der Druckunterschied gemessen wird, so ergeben sich bei Vollausschlag ungefähr die Werte von Tabelle 6.1.

Tabelle 6.1: Daten des Membran-Kondensator-Empfängers

Temperaturänderung	ΔT	$\approx 2 \cdot 10^{-4}$ K
Druckänderung	Δp	$\approx 3 \cdot 10^{-2}$ Pa
Auslenkung der Membran	Δs	$\approx 10^{-5}$ mm
Kapazitätsänderung	ΔC	$\approx 10^{-3}$ pF

Durch den Modulator zwischen Strahler und Küvetten wird der Lichteintritt in die beiden Küvetten abwechselnd freigegeben. Dadurch erhält man am Sensorausgang eine Wechselspannung oder einen Wechselstrom. Man wird unabhängig von Nullpunktdriften und kann mit einem Wechselspannungsverstärker arbeiten.

Im Idealfall erfaßt man mit dieser selektiven Methode nur eine Gaskomponente. Überlappen sich aber die Spektren mehrerer Komponenten des Meßgases, so können die Meßergebnisse verfälscht werden (Querempfindlichkeit). Vielfach überdecken sich auch Rotationslinien, vgl. Abb. 6.10. Noch verbleibende Querempfindlichkeiten lassen sich z.B. durch Einengung des Spektralbereiches mit Hilfe von Interferenzfiltern eliminieren, die zwischen Meßküvetten und zugehöriger Detektorkammer angeordnet sind.

Der Aufbau ist in einem temperaturstabilisierten Gehäuse untergebracht; der jeweilige Gasdruck in den Küvetten wird konstant gehalten, vgl.Abschn. 6.1.3.

Nach den gesetzlichen Vorschriften werden mittels NDIR-Geräten CO und CO_2 (als Kontrollgröße) gemessen. Die Meßbereiche für die verschiedenen Komponenten liegen zwischen ppm (für CO) und Vol.-% (für CO_2).

6.1.4.2. Prinzip der Mehrkomponentenmessung nach dem Gas*filter*korrelationsverfahren

Das NDIR-Verfahren läßt sich auch zur Mehrkomponentenmessung einsetzen. Abb. 6.15. zeigt eine schematische Darstellung einer Anordnung zur Mehrkomponentenmesssung nach dem Gasfilterkorrelationsverfahren, das sich auch zur Einzelkomponentenmessung eignet, vgl. Abschn. 6.1.4.1.

Mehrere Meßküvetten und Meßkammern, die hier als Filterküvetten wirken, sind kreisförmig angeordnet. Das zu vermessende Gas durchströmt die hintereinander geschalteten Meßküvetten. Die Strahlung der Lichtqelle wird durch alle Meßküvetten und Filterküvetten geleitet. Die Mehrfachanordnung hat den Vorteil, daß für jede Meßkomponente eine ihrer Konzentration angepaßte Küvette entsprechender Länge eingesetzt werden kann, wodurch eine Übersteuerung vermieden wird.

Jeder zu messenden Komponente werden hinter der jeweiligen Meßküvette angeordnete, abgeschlossene Filterküvetten zugeordnet, die die jeweilige Meßkomponente, z. B. CO, oder ein nicht absorbierendes Gas (Inertgas), z. B. Stickstoff, enthalten. Die mit der Meßkomponente gefüllten Filterküvetten liefern also das jeweilige Referenzspektrum. Die Meßgaskonzentration in der Filterküvette ist aber so gewählt, daß der entsprechende Strahlungsanteil der Meßkomponente, z. B. CO, *vollständig* absorbiert wird. Hinter jeder Filterküvette ist ein breitbandiger Infrarotdetektor angeordnet. Der Meßeffekt entsteht dadurch, daß die Filterküvetten mit der zu messenden Gaskomponente periodisch in den Strahlengang ein- und ausgeschwenkt werden. Bei eingeschwenkter Meßgasküvette gelangt keine entsprechende Strahlung auf den Detektor. Bei ausgeschwenkter Meßgas-Filterküvette und eingeschwenkter Inertgas-Filterküvette ist die auf den Detektor fallende Strahlung um den in der Meßküvette absorbierten Anteil der Meßkomponente geschwächt. Mit dem Detektor registriert man die wechselnde Intensität. Die Differenz oder der Quotient der Detektorsignale ergibt die Konzentration der Meßkomponente. Störkomponenten im Meßgas ergeben in beiden Fällen, mit und ohne

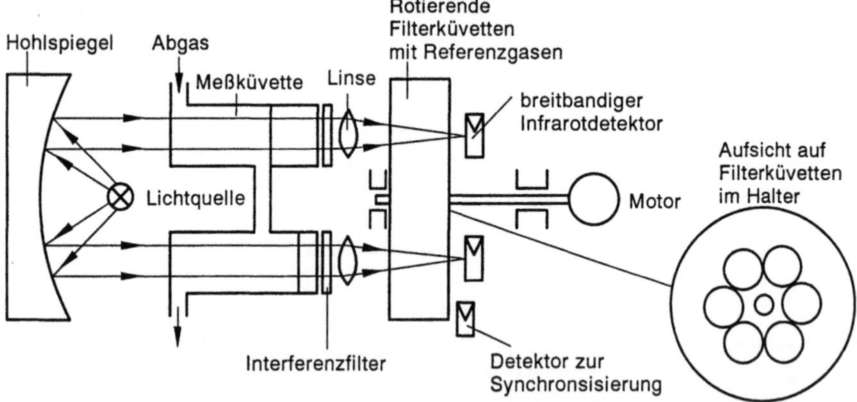

Abb. 6.15: Anordnung zur Mehrkomponentenmessung nach dem Gasfilterkorrelationsverfahren

Meßgas in der Filterküvette, die gleiche Intensität und fallen bei der Differenzbildung der Signale heraus.

In der Praxis wird ein umlaufendes Blendenrad verwendet, das Filterküvetten für jede Meßkomponente und entsprechende mit Inertgas gefüllte Küvetten enthält. Der Zuordnung der Meßgas-Filterküvetten und der Inertgas-Küvetten zu dem jeweiligen Meßstrahlengang und Empfänger dient ein Synchronisierungssignal. Durch vorgeschaltete Interferenzfilter erfolgt für die Spektralbereiche der einzelnen Gaskomponenten eine Vorfilterung. Dadurch werden störende Überlappungen durch benachbarte Spektralbereiche verringert. Auf Querempfindlichkeit ist immer zu achten. Eine Kalibrierung mit Prüfgasen ist notwendig.

6.1.4.3 Elektronik

Moderne Analysengeräte sind mikroprozessorgesteuert und über genormte Schnittstellen mit einem externen Steuerrechner verbunden. Eine Auswahl der mit Hilfe der Mikroprozessorelektronik gegebenen Möglichkeiten ist im folgenden aufgelistet:

- Komfortable Benutzeroberfläche mit alphanumerischer Anzeige;
- Digitale Meßwertanzeige, z.T. auch quasi-analoge Anzeige auf Bildschirm;
- Linearisierung der Kennlinien, Querempfindlichkeitskorrektur, Driftkorrektur;
- Mittelwertbildung über beliebige Zeitabschnitte;
- Meßbereichswahl und automatische Meßbereichsumschaltung;
- Druck- und Temperaturkorrektur;
- Fehlerkennung und Statusmeldungen (Betriebs- und Fehlerstatus);
- Systemfähigkeit durch bidirektionale Schnittstelle (RS 232 bzw. V.24).

Aus Abb. 6.16 ist beispielhaft die Konfiguration einer solchen Elektronik anhand des Blockdiagrammes ersichtlich.

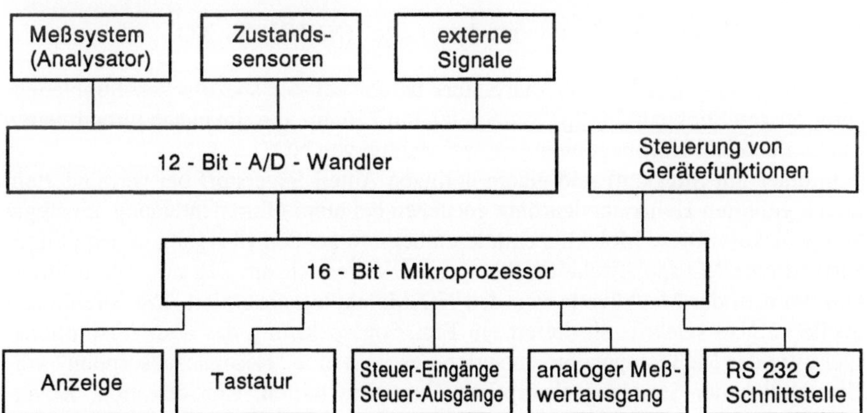

Abb. 6.16: Blockdiagramm der Konfiguration der Elektronik eines mikroprozessorkontrollierten Gasanalysengerätes (Siemens AG)

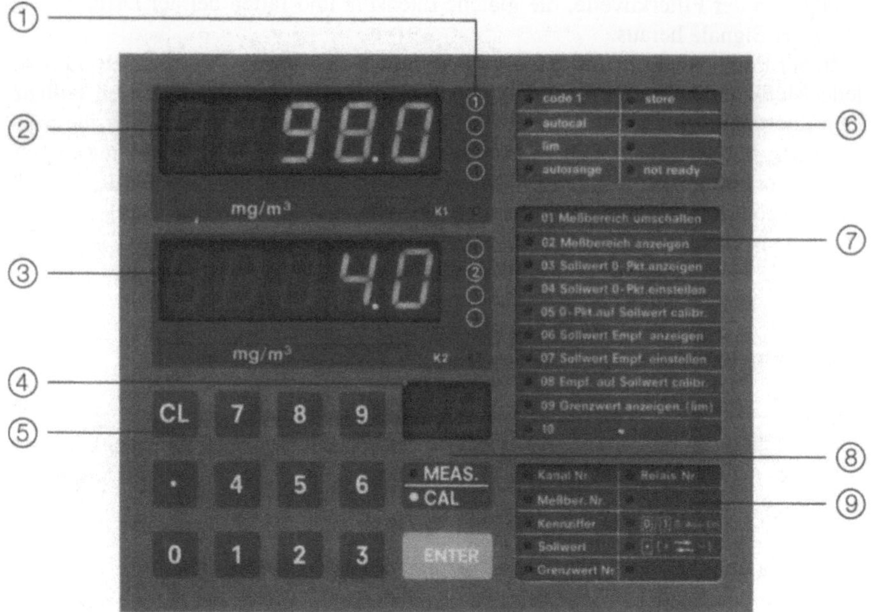

Abb. 6.17: Bedienfeld eines NDIR-Gasanalysators mit 2 Meßkanälen (Ultramat 5 E, Siemens AG)

1	Meßbereich	5	Clear, Tastenfeld
2	Kanal 1	6	Bedienzustände
3	Kanal 2	7	Code-Tabelle
4	Funktionscode	8 + 9	Bedienerführung

Den realen Aufbau des Bedienfeldes eines NDIR-Gasanalysators zeigt Abb. 6.17.

6.1.5 Nichtdispersiver Ultraviolett-Analysator (NDUV) für NO

Das Meßprinzip des NDUV-Analysators beruht auf der spezifischen Strahlenabsorption von Stickoxid im Spektralbereich um 226 nm, d.h. im nahen ultravioletten Spektralbereich. Dort liegt eine Absorptionslinie von NO.

In einer mit Stickstoff und einem geringen Anteil Sauerstoff bei vermindertem Druck gefüllten Hohlkathodenröhre entstehen bei einer Glimmentladung angeregte NO-Moleküle. Diese Moleküle emittieren beim folgenden Übergang in den Grundzustand eine NO-spezifische Strahlung im UV-Bereich um 226 nm. Diese Strahlung wird in der Meßküvette von den NO-Molekülen absorbiert. Die Strahlungsquelle ist also selektiv, sie liefert ein Emissionsspektrum, das dem Absorptionsspektrum der Meßkomponente entspricht, es liegt eine "Resonanzabsorption" vor. Hinsichtlich der Strahlungsabsorption (Gaseigenschaften, Konzentration, Küvettenlänge) gelten grundsätzlich die beim NDIR beschriebenen Zusammenhänge.

In Abb. 6.18 ist das Funktionsschema eines UV-Resonanzabsorptionsanalysators skizziert.

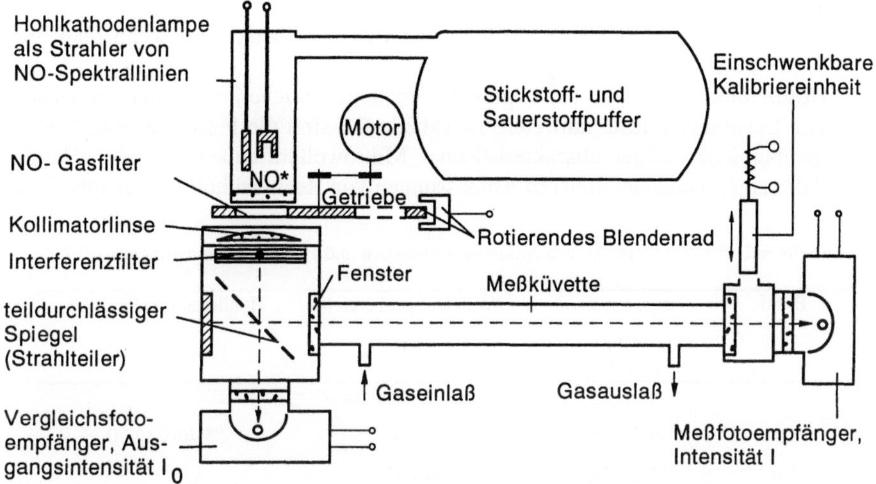

Abb. 6.18: Schema eines NDUV-Meßgerätes, RADAS, Hartmann & Braun AG

Die von der Hohlkathodenröhre ausgesandte Strahlung passiert eine Modulationseinheit, deren rotierendes Blendenrad eine UV-durchlässige Scheibe als Öffnung und ein Gasfilter mit Stickoxid (NO) enthält. Das mit NO gefüllte Gasfilter absorbiert einen Teil der Linien, die dann im NO des Meßgases nicht zur Wirkung kommen. Nach Einschwenken der Öffnung werden alle Linien durchgelassen. Hinter einer Kollimatorlinse und einem Interferenzfilter gelangt die Strahlung auf einen teildurchlässigen Spiegel als Strahlteiler. Ein Teil fällt durch den Spiegel auf einen Vergleichsdetektor, während der andere nach Passieren der Meß-Küvette - ggf. durch NO-Anteile geschwächt - auf den Meßdetektor trifft. Aus den vier Detektorsignalen wird mittels einer doppelten Quotientenbildung das Meßsignal ermittelt. Die doppelte Quotientenbildung erlaubt auch ein Kalibrieren durch Einschwenken der Kalibriereinheit, einer vakuumdichten, NO-gefüllten Gaszelle mit bekannter NO-Konzentration. Temperatur und Druck des Gases in der Meßküvette werden konstant gehalten.

6.1.6 Mikrowellengasanalyse

Die Mikrowellenspektrometrie zur Gasanalyse, insbesondere zur betrieblichen Gasanalyse, befindet sich erst in den Anfängen. Im Gegensatz zur üblichen Spektroskopie verwendet man zur Beschreibung der Vorgänge Frequenzen und Wellenlängen. Bei der relativ geringen Energie der Mikrowellenstrahlung können nur die Rotationsübergänge der Moleküle angeregt werden. Die Energiedifferenzen dieser Übergänge sind klein im Vergleich zu den Energiedifferenzen im UV-, VIS- und IR-Spektrum. Wegen der sehr diskreten Struktur der reinen Rotationsspektren und des äußerst engen Frequenzintervalls, in dem die Mikrowellenstrahler emittieren, ist die Mikrowellenspektroskopie ein sehr geeignetes Mittel zur Aufklärung der Eigenschaften und der Struktur von Molekülen.

Mikrowellen erfordern metallische Hohlleitersysteme mit überwiegend rechteckigem, zuweilen auch kreisrundem oder ovalem Querschnitt, wenn man nicht zur „Stripline"-Technik übergeht.

Hohlleitersysteme sind auf begrenzte Frequenzbereiche beschränkt, da sonst zu starke Leistungsverluste auftreten. In Tabelle 6.2 sind die Frequenz- und Wellenlängenbereiche einiger charakteristischer Mikrowellenfrequenzbereiche (Bänder) und die entsprechenden inneren Abmessungen von Rechteckhohlleitern aufgelistet.

Tabelle 6.2: Frequenzbereiche von Mikrowellenbändern und Hohlleiterabmessungen

Band	Frequenzbereich	Wellenlängenbereich	Hohlleiterabmessungen
	Ghz $(10^9$ Hz)	mm	mm
X	8,6 - 10,0	35 - 30	25,40 x 12,70
Ku	12,4 - 18,0	24 - 17	-
K	18,0 - 26,5	17 - 11	10,64 x 4,32
Q	26,5 - 40,0	11 - 7,5	7,02 x 3,15
R	40,0 - 60,0	7,5 - 5,0	4,57 x 2,18

Für die Mikrowellenspektrometrie an Gasen kommen Frequenzen zwischen ca. 10 GHz (Anregung der Rotationsübergänge von größeren organischen Molekülen) und 150 GHz (Anregung der Rotationsübergänge von kleinen Molekülen, z.B. CO-Anregung bei rund 115 GHz) in Frage.

Der Druck in der Meßküvette muß so niedrig gewählt werden, daß die Breite der Absorptionslinien möglichst gering ist. In der Praxis werden Drücke zwischen 1 Pa und 100 Pa eingestellt mit Linienbreiten im Bereich von ungefähr 100 kHz bis 10 MHz. Die geringe Anzahl der absorbierenden Moleküle in der Meßküvette führt, zusammen mit den niedrigen Absorptionskoeffizienten der Rotationsübergänge, zu sehr kleiner Gesamtabsorption.

Zur Modulation wird die *Stark*-Effekt-Modulation verwendet, wobei ein elektrisches Feld mit einer Spannung bis zu 2000 V an eine innerhalb der Meßküvette angebrachten Elektrode angelegt wird. Wird das Feld mit einer bestimmten Frequenz (10 bis 100 kHz) z.B. rechteckförmig moduliert, so erscheint im feldfreien Modulationstakt die Absorptionslinie an ihrer ursprünglichen spektralen Stelle, während in dem Modulationstakt mit angelegtem Feld die Linie verschoben, zum Teil auch aufgespalten ist. Die genau auf die Frequenz der Absorptionslinie abgestimmte Strahlung des Mikrowellenoszillators kann nur mit der unbeeinflußten Linie in Wechselwirkung treten, die verschobene bzw. aufgespaltene Linie kann die von dem Strahler emittierte Frequenz nicht absorbieren. Daher gelangen an den Detektor abwechselnd Meßsignale I und Ausgangs-Signale I_0. Abb 6.19 stellt eine Linie an der Stelle ν_0 bei ausgeschaltetem Stark-Feld und deren Verschiebung bzw. Aufspaltung an die Stellen ν_1 und ν_2 bei eingeschaltetem Feld dar.

Außerdem kann durch geeignete elektrische Filterung dieses Wechselsignals und entsprechende Verstärkung ein stabiles rauscharmes Signal erzeugt werden.

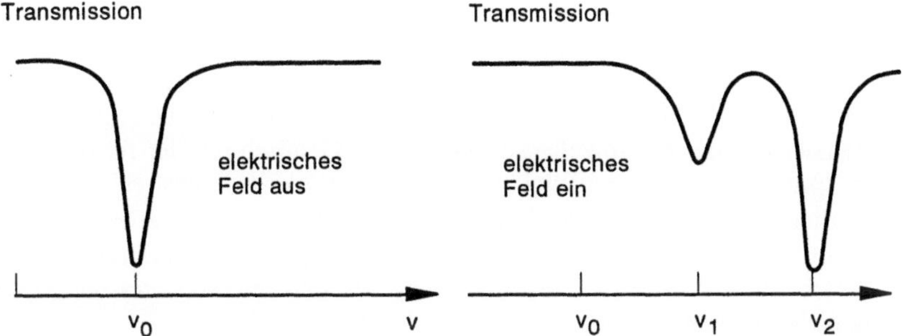

Abb. 6.19: Prinzip der *Stark*-Modulation (Verschiebung und Aufspaltung einer Absorptionslinie, hier in Transmission aufgetragen)

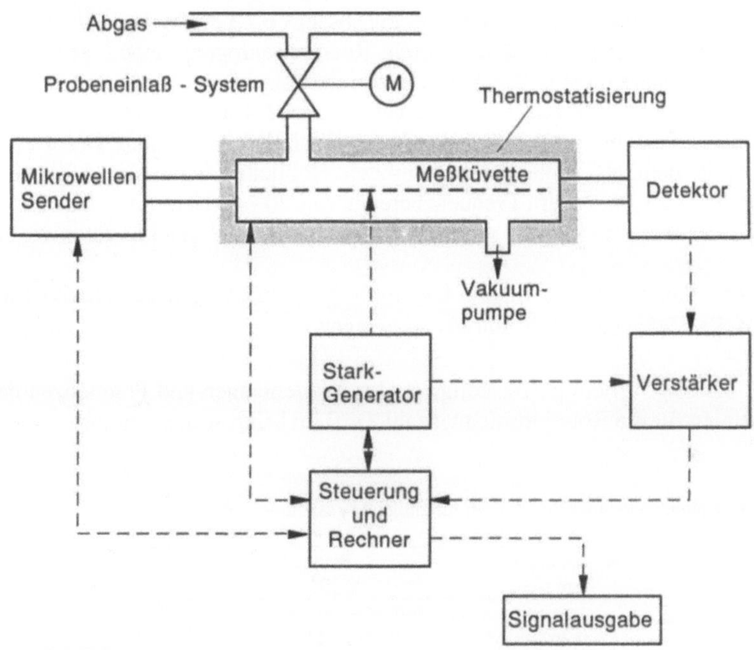

Abb. 6.20: Schema eines Mikrowellenspektrometers mit Probennahme

Das Schema eines Mikrowellenspektrometers mit Probennahme ist in Abb. 6.20 gezeigt.

Die von dem Mikrowellen-Generator erzeugten Mikrowellen werden über ein Dämpfungsglied zur Leistungsregelung in ein an die Meßfrequenz angepaßtes Hohlleitersystem eingekoppelt. Das Hohlleitersystem enthält die Meßküvette. Eine Halbleiterdiode dient als Detektor. Die Anpassung erfolgt mit einem Hohlleiterabschluß. Der Meßzellenteil des Hohlleiters ist mit mikrowellendurchlässigen Fenstern (z.B. aus PTFE oder Quarz) vakuumdicht abgeschlossen. In der Mitte der

Meßküvette ist die Stark-Elektrode angebracht. Sie hat die Form eines flachen Bleches und ist elektrisch gegen die innere Wandung des Hohlleiters isoliert.

Soll eine Gaskomponente innerhalb eines Abgases bestimmt werden, wird das Abgas mittels einer Vakuumpumpe durch den Hohlleiter gesaugt. An dessen einem Ende befindet sich der Mikrowellensender, der das Gemisch mit der für die Meßsubstanz spezifischen, experimentell bestimmten Frequenz durchstrahlt. Auf der gegenüberliegenden Seite mißt der Detektor die absorbierte Mikrowellenstrahlung. Da bei mittleren Konzentrationen nur ca. ein Millionstel der eingestrahlten Leistung absorbiert wird, ist eine direkte Messung des Leistungsverlustes ohne Verstärkung nicht möglich.

Wegen der geringen Größe des Meßeffektes sind bei Mikrowellenspektrometern Meßzellenlängen von mehreren Metern erforderlich. Hohlleiter dieser Länge sind jedoch praktisch beherrschbar, da sie gefaltet, d.h. mittels eines 180°-Hohlleiter-Halbbogens verbunden oder spiralförmig aufgewickelt werden können. Die Hohlleiter-Meßküvette kann durch einen Resonator ersetzt werden.

Die Mikrowellenspektrometrie nutzt, wie in Abschn. 6.1 beschrieben, die Eigenschaft permanenter Dipolmoleküle, durch Rotationsanregung eine spezifische Wellenlänge zu absorbieren. Die hohe Selektivität ergibt sich dadurch, daß geringste Änderungen in Masse oder Geometrie des Moleküls zu anderen Anregungsfrequenzen führen und daß die Absorptionslinien bei einem Druck von 10 - 100 Pa in dem als Meßküvette benutzten Hohlleiter, vgl. Abb. 6.20, sehr schmalbandig sind. Bei einem Frequenzbereich von 20 - 40 GHz und einer Halbwertsbreite der Absorptionslinie von 0,5 - 1 MHz sind hohe Selektivitäten zu erreichen.

Druck und Temperatur im Innern des Hohlleiters sind wegen des großen Einflusses auf die Meßgenauigkeit sehr genau geregelt (Temperatur: $\pm\,0,1$ K; Druck: $\pm\,2$ Pa).

Tabelle 6.3 zeigt für einige Gaskomponenten Wellenlängen und Frequenzen der Rotationslinien für die Rotationsquantenzahl $J = 0$ im Mikrowellenbereich.

Tabelle 6.3: Wellenlängen und Frequenzen für einige Abgaskomponenten

Komponente	Wellenlänge cm	Frequenz 10^9 s^{-1}
CO	0,26	114,8
NO	0,29	101,9
N_2O	1,23	24,3
NH_3	1,26	23,7

Bewertung:

Die Mikrowellenspektrometer haben sich nicht in der betrieblichen Analyse durchsetzen können. Die Frequenzbereiche sind für verschiedene Komponenten sehr unterschiedlich und erfordern unterschiedliche Hohlleitersysteme und breitbandige oder frequenzspezifische Oszillatoren. Für Sonderzwecke sind die Mikrowellenspektrometer aber einsetzbar.

6.1.7 Fourier-Transform-Infrarot-Spektroskopie (FTIR-Spektrometer)

6.1.7.1 Prinzip und Verfahren

Als aussichtsreiches neues Verfahren für die Automobil-Abgasmeßtechnik wurde die Fourier-Transform-Infrarot-(FTIR)Spektroskopie erkannt. Daraus wurde sowohl von den Firmen VW und Nicolet gemeinsam, als auch von Horiba und von Pierburg ein neuer Analysator für viele Abgaskomponenten entwickelt. Laborgeräte, die nach diesem Prinzip arbeiten, sind in der Chemie schon lange bekannt, erlauben aber nur geringe Zeitauflösungen.

Bei vielen absorptionsspektroskopischen Verfahren muß durch optische Mittel im Strahlengang die breitbandige Strahlung einer Lichtquelle in genügend schmalbandige Anteile zerlegt werden (dispersive Meßgeräte). Die Bandbreite dieser Anteile muß klein genug sein, so daß die Strahlung nur in dem gewünschten spektralen Bereich innerhalb eines Spektrums, z.B. in den Rotationslinien einer Gaskomponente, absorbiert wird. In der dispersiven Spektroskopie wird diese spektrale Zerlegung mit dispersiven Anordnungen (z.B. Monochromatoren) erreicht. In der Fouriertransformspektroskopie dient dazu ein Zweistrahl-Interferometer.

Das Zweistrahlinterferometer ist eine optische Vorrichtung zur Aufspaltung einer Strahlung in zwei Strahlenwege, deren relativer Längenunterschied variiert werden kann. Dadurch wird eine Phasendifferenz zwischen den beiden Strahlen erzeugt. Dies führt dazu, daß nach der Rekombination der beiden Strahlen Interferenzeffekte beobachtet werden, die eine Funktion der Weglängenänderung Δs zwischen den beiden Strahlenwegen in dem Interferometer sind.

In der Fourier-Transform-Infrarot-Spektroskopie - es sei daran erinnert, daß wir hier nur die Absorptionsspektroskopie im mittlerem infraroten Spektralbereich betrachten - ist das meist benutzte Interferometer das Michelson-Interferometer. Die prinzipielle Funktion eines Michelson-Interferometers ist in Abb. 6.21 dargestellt.

Das Michelson-Interferometer enthält zwei ebene Spiegel, die senkrecht zueinander stehen. Ein Spiegel ist fest angebracht, der andere kann entlang einer Achse, die rechwinklig zu seiner Fläche ist, bewegt werden. Ein optisch halbdurchlässiges Medium, der Strahlteiler, ist zwischen den beiden Spiegeln diagonal zu deren Flächen angebracht. Der Strahlteiler ist "ideal", wenn Reflexion und Durchlässigkeit genau gleich sind, dies ist nur für eine bestimmte Frequenz möglich.

Die Art und Weise, wie das Michelson-Interferometer spektrale Informationen liefert, soll an dem einfachen, idealisierten Fall einer monochromatischen Strahlung der Wellenzahl $\tilde{v}$ und der Intensität $I_0(\tilde{v})$ erläutert werden.

Ein idealer Strahlteiler teilt den von der Strahlenquelle ausgehenden Strahl A_0 der Intensität I_0 in zwei Strahlen A_1 und A_2 mit den Intensitäten $I_{1,\tilde{v}} = \dfrac{I_{0,\tilde{v}}}{2}$ und $I_{2,\tilde{v}} = \dfrac{I_{0,\tilde{v}}}{2}$. Einer dieser Strahlenwege hat eine festgelegte optische Weglänge, die des anderen kann durch Verschiebung des beweglichen Spiegels verändert werden. Wenn die Strahlen nach Reflexion an den Spiegeln wieder an dem Strahlteiler überlagert werden, interferieren sie aufgrund ihrer optischen Weglängendifferenz zu dem Strahl A_3 mit der Intensität $I_{3,\tilde{v}}(2s)$, wenn Verluste an den Spiegeln vernachlässigt werden.

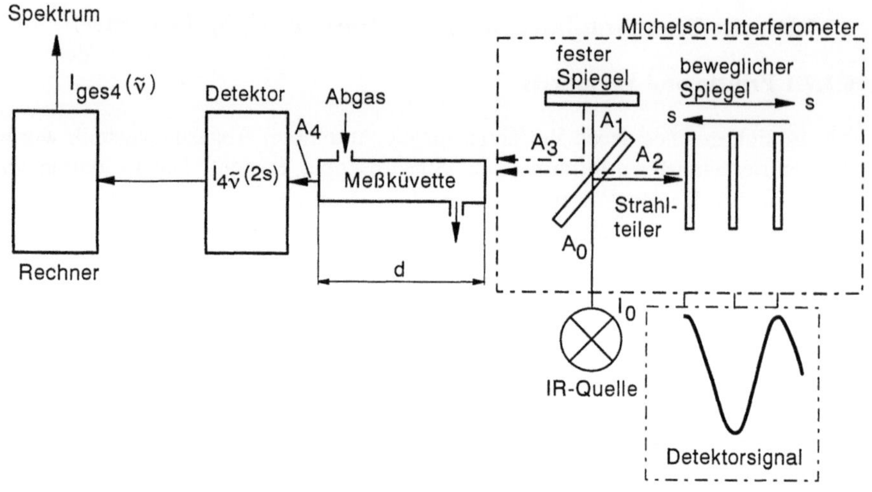

Abb. 6.21: Schema eines Fourier-Transform-Spektrometers

Für die spektrale Intensität $I_{3,\tilde{v}}(2s)$ in Abhängigkeit von $2s$ ergibt sich für die aus dem Interferometer austretende Strahlung (Strahl A_3) der aus der Wellenlehre bekannte Ausdruck der interferierenden Wellen für die gesamte Spiegelbewegung $2s$ (Hin- und Rückweg des Spiegels)

$$I_{3,\tilde{v}}(2s) = I_0(\tilde{v})\left[1 + \cos\left(2\pi\,\tilde{v}\,2s\right)\right] = 2I_0(\tilde{v})\cos^2\left(2\pi\,\tilde{v}\,s\right). \tag{6.44}$$

Bei nicht idealem Strahlteiler und idealen Spiegeln muß noch ein Korrekturfaktor $A(\tilde{v})$ eingefügt werden, der hier dem $I_0(\tilde{v})$ zugeschlagen wird, d.h. anstelle von $I_0(\tilde{v})$ gilt:

$$I_0^*(\tilde{v}) = A(\tilde{v})\,I_0(\tilde{v}). \tag{6.45}$$

Dann erhält man

$$\frac{I_{3\tilde{v}}(2s)}{I_0^*(\tilde{v})} = \left[1 + \cos\left(2\pi\,\tilde{v}\,2s\right)\right] = 2\cos^2\left(2\pi\,\tilde{v}\,s\right). \tag{6.46}$$

Diese normierte Funktion ist in Abb. 6.25 (ausgezogen) dargestellt. Für den austretenden Strahl A_3 erscheinen Interferenzmaxima, wenn die cos-Funktion den Wert 1 annimmt, also die Weglänge $2s$ des bewegten Spiegels, ein ganzzahliges Vielfaches der Lichtwellenlänge λ ist:

$$\text{Maxima:} \quad 2s = n\cdot\frac{1}{\tilde{v}} = n\cdot\lambda \qquad\qquad n = 0, 1, 2 \tag{6.47}$$

Interferenzminima erscheinen, wenn $2s$ sich um $\dfrac{1}{2\tilde{v}}$ bzw. $\lambda/2$ ändert:

Minima: $2s = \left(n+\dfrac{1}{2}\right)\cdot\lambda = \left(n+\dfrac{1}{2}\right)\dfrac{1}{\tilde{v}}$ $n = 0, 1, 2,...$ (6.48)

Gleichung (6.46) enthält zwei Anteile, eine konstante Komponente und eine modulierte Komponente.

Der modulierte Anteil in (6.46)

$$\cos\left(2\pi\,\tilde{v}\,2s\right)$$ (6.49)

ist das Interferenzglied der Intensitätsverteilung, das sogenannte Interferogramm. Das Interferogramm gibt also ein Strahlungsspektrum als Funktion eines Weges (zurückgelegte Weglänge $2s$ des bewegten Spiegels) wieder.

Wenn der Spiegel mit konstanter Geschwindigkeit v bewegt wird, ist

$$s = v\,t$$ (6.50)

Man erhält für (6.49)

$$\cos\left(2\pi\,\tilde{v}\,2v\,t\right)$$ (6.51)

$I_{3\tilde{v}} \approx (2s)$ läßt sich also als Funktion der Zeit t ausdrücken. Die zugehörige Frequenz ist nach (6.51)

$$v = 2\,v\tilde{v}\,s^{-1}$$ (6.52)

Die ursprünglich eingestrahlte monochromatische Welle A_0 mit der Intensität I_0 wird also kosinusförmig mit der Frequenz $2v\tilde{v}$ moduliert.

Wenn (wie in Abb. 6.21 schematisch gezeigt) in den Strahlengang hinter dem Interferometer eine Meßküvette mit einem die monochromatische Welle absorbierenden Medium - in unserem Fall Gas oder eine Gaskomponente - eingebracht wird, so kann für den transmittierten Strahl A_4 mit der Intensität I_4 - unter Vorausetzung, daß das Lambert-Beer-Bouguersche Gesetz gilt - (6.31) verwendet und in (6.46) anstelle $I_0^*(\tilde{v})$

$$I_0^*(\tilde{v})\,e^{-\varepsilon_i\,(\tilde{v})\,c_i\,d}$$ (6.53)

eingesetzt werden. Für die Intensität des transmittierten Strahls A_4 hinter der Meßküvette gilt dann anstelle (6.46)

$$\frac{I_{4\tilde{v}(2s)}}{I_0^*(\tilde{v})} = e^{-\varepsilon_i(\tilde{v})c_i d}\left[1+\cos\left(2\pi\,\tilde{v}\,2\,s\right)\right] = 2e^{-\varepsilon_i(\tilde{v})c_i\,d}\cos^2\left(2\pi\,\tilde{v}\,s\right)\,.$$ (6.54)

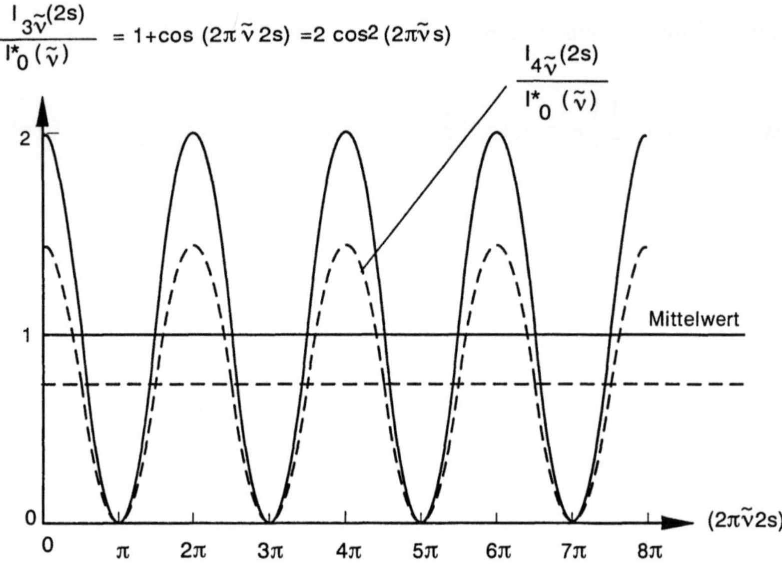

Abb. 6.22: Schematische Darstellung der normierten spektralen Intensitätsdichte des aus dem FTIR-Spektrometer austretenden Strahls in Abhängigkeit von dem Spiegelweg ohne und mit Absorption

Wie in Abb. 6.22 qualitativ gezeigt, wäre dann die Amplitude um den entsprechenden Betrag verringert (gestrichelt eingezeichnet).

Man erhält also für den idealisierten Fall der monochromatischen Welle die Information über die Konzentration c_i der zu messenden Gaskomponente i, wenn die anderen Größen bekannt sind, aus der Änderung der Maxima von (6.54). Mit

$$\cos^2\left(2\pi\ \tilde{v}\ s\right)=1 \tag{6.55}$$

erhält man also

$$c_i = \frac{1}{\varepsilon_i(\tilde{v})d}\ln\left[\frac{2I_0^*(\tilde{v})}{I_{4,\tilde{v}}(2s)}\right]. \tag{6.56}$$

Bei der Verwendung zwei verschiedener Wellenzahlen $\tilde{v}_1$ und $\tilde{v}_2$ erhält man die Überlagerung zweier $\cos^2$-Funktionen usw.

Bei breitbandigen Strahlern muß, ausgehend von (6.54), über alle Wellenzahlen integriert werden; dann gilt

$$I_{ges.4,\tilde{v}}(2s) = 2 \int_{\tilde{v}=0}^{\infty} I_0^*(\tilde{v})\ e^{-d\cdot\varepsilon(\tilde{v})c(\tilde{v})}\ \cos^2\left(2\pi\ \tilde{v}\ s\right) d\tilde{v}, \tag{6.57}$$

da physikalisch keine negativen Frequenzen bzw. Wellenzahlen möglich sind.

ε und c werden kontinuierliche Funktionen von $\tilde{\nu}$ (vgl. dazu (6.43)).

Von Interesse ist aber nicht $I(s)$, die Intensitätsdichteverteilung als Funktion einer Weglänge, sondern die spektrale Intensitätsdichteverteilung $I(\tilde{\nu})$ als Funktion der Wellenzahl. Diese Umkehrung erhält man bekanntlich mittels der Fouriertransformation. Die komplexe Fouriertransformation ergibt:

$$I_{ges.4}(\tilde{\nu}) = \int_{s=0}^{\infty} I_{ges.4,\tilde{\nu}}(2s)\, e^{-j(2\pi\,\tilde{\nu}\,2s)}\, ds\,, \tag{6.58}$$

wobei berücksichtigt wurde, daß physikalisch keine negativen Wege s möglich sind. Damit ist der Zusammenhang zwischen der spektralen Intensitätsdichteverteilung als Funktion der Wellenzahl, damit mit der Frequenz (dem Spektrum), und der Intensitätsverteilung als Funktion einer Weglänge $2s$ (der interferierenden Strahlen im Interferometer) hergestellt, und man erhält das Gesamtspektrum als Interferogramm. Alle Informationen über die Spektren der in der Meßzelle enthaltenen meßbar absorbierenden Gase sind in dem Interferogramm enthalten.

Wenn in der Meßstrecke des Spektrometersystems hinter dem Interferometer kein absorbierendes Medium vorhanden ist, wird das Interferogramm als Abbild der spektralen Intensitätsdichteverteilung $I_0^*(\tilde{\nu})$ der breitbandigen Lichtquelle vom Detektor registriert. Bei Vorhandensein eines absorbierenden Mediums (Gasgemisch) in der Meßstrecke fehlen bei der Registrierung des Interferogramms am Empfänger die Anteile an der Intensitätsverteilung, die durch die verschiedenen Gase absorbiert werden.

Die Registrierung ergibt - wie bei jedem Spektralfotometer - das spektrale Absorptionsverhalten aller in dem Gasgemisch enthaltenen Komponenten, soweit diese meßbar absorbieren können, d.h. in genügender Konzentration vorhanden sind. Man nennt das nach Fellgett den *Multiplex-Vorteil*.

Die zuletzt gezeigten Gleichungen zeigen, daß für eine vollständige (aufgelöste) Darstellung des Spekrums $I^*(\tilde{\nu})$ ein unendlich langer Spiegelweg erforderlich wäre. In der Praxis kann nur ein begrenzter Spiegelweg durchfahren werden.

$$\text{Spiegelweg:} \qquad 2s \leq 2s_{max} \tag{6.59}$$

In diesem Fall muß eine sogenannte *Apodisierungsfunktion* eingeführt werden. Verwendet man als Apodisierungsfunktion eine Sprungfunktion

$$y(2s) = \begin{cases} 1 \text{ für } 2s \leq 2s_{max} \\ 0 \text{ für } 2s > 2s_{max} \end{cases}, \tag{6.60}$$

so erhält man durch Multiplikation des Interferenzgliedes mit der Sprungfunktion y(2s) aus (6.58)

$$I_{ges.4}(\tilde{\nu}) \approx \int_{s=0}^{2s\,max} I_{ges.4,\tilde{\nu}}(2s)\cdot y(2s)\, e^{-j(2\pi\,\tilde{\nu}\,2s)}\, ds. \tag{6.61}$$

Die Fouriertransformation der Sprungfunktion y(2s) führt auf

$$y(\tilde{v}) = 2\,s\,\operatorname{sinc}\left[2\pi\,\tilde{v}\,2\,s\right] \tag{6.62}$$

mit der sinc-Funktion

$$\operatorname{sinc}\,x = \frac{\sin\,x}{x}. \tag{6.63}$$

Das reale Spektrum erhält man also als sogenannte Faltung der beiden, einer Fouriertransformation zu unterziehenden Funktionen $I_{ges.4,\tilde{v}}(2s)$ und $y(2s)$.

Ohne Berücksichtigung der Apodisierung ist die Auflösung eines Spektrometers, also die Bandbreite der Strahlungsanteile, in die das Strahlungsspektrum zerlegt wird, von der reziproken maximalen Spiegelweglänge abhängig:

$$\text{Auflösung:}\qquad \Delta\tilde{v} \approx \frac{1}{2\,s_{max}} \tag{6.64}$$

Das Beispiel in Abb. 6.23 zeigt im linken Teil das Interferogramm einer breitbandigen Strahlung mit einer schmalen Absorptionslinie. Das Teilinterferogramm der

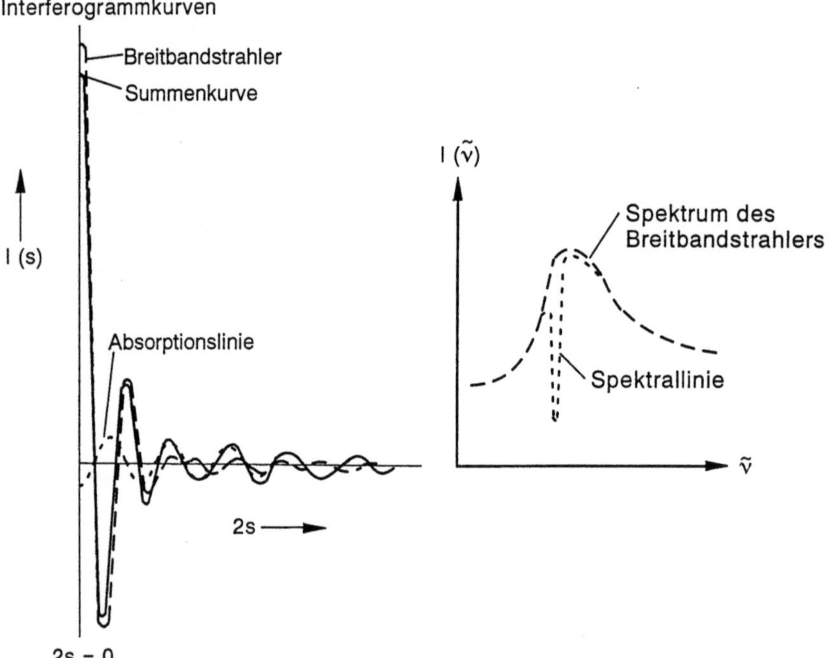

Abb. 6.23: Aufnahme der spektralen Information in einem Interferogramm mit breitbandigem Strahler und einer Absorptionslinie

breitbandigen Strahlung (gestrichelte Kurve) hat um den Punkt $2s = 0$ eine ausge-
prägte Struktur. Das zur Absorptionslinie gehörende Interferogramm (punktierte
Kurve) hat einen gleichmäßigen Verlauf über den Weg s mit fallender Amplitude.

Das resultierende Interferogramm (durchgezogene Linie) zeigt, daß der mittlere
Bereich des Interferogramms (kleine Weglänge $2s$) von dem Interferenzbild des
Breitbandspektrums dominiert wird. Die Informationen über schmalbandige spektrale Anteile kommen erst in den Ausläufern des resultierenden Interferogramms
(größere Weglänge $2s$) zum Tragen. Rechts in Abb. 6.26 ist die entsprechende
Darstellung nach der Fouriertransformation gezeigt. Man erkennt die Absorptionslinie (Spektrallinie).

Üblicherweise wird die Fouriertransformation in einem Digitalrechner mittels
des FFT (Fast-Fourier-Transformations) - Algorithmus berechnet. Die breite Anwendung der FTIR-Analysentechnik ist erst mit der gesteigerten Leistungsfähigkeit
der Rechnersysteme möglich geworden.

Die Spektren der zu messenden Gaskomponenten werden vorher einzeln als
Referenzspektren mittels hochreiner Prüfgase ermittelt und über den Rechner erfaßt und gespeichert. Bei der Messung von Komponenten aus Gasgemischen werden die einzelnen Spektren mit den gespeicherten Referenzspektren verglichen und
so identifiziert und quantifiziert ermittelt.

Auch eine nachträgliche "Kalibrierung" für bestimmte Gaskomponenten mittels
Prüfgas ist möglich. Untersucht man also ein Gasgemisch mit einer Gaskomponente, deren Daten zunächst nicht explizit ausgewertet werden, so ist durch
nachträgliche Kalibrierung eine spätere Auswertung der gespeicherten Daten möglich.

In Abb. 6.24 ist der Ablauf einer Messung schematisch dargestellt.

Ein weiterer Vorteil des FTIR-Spektrometers ist die Möglichkeit, eine Stelle
ohne Absorption zwischen Absorptionslinien zu finden und so ein Referenzinter-
vall auszunutzen, in dem die Transmission unbeeinflußt vom Gas ist. Darauf lassen sich dann alle Transmissionslinien beziehen. Der „Referenzstrahl" wird automatisch geliefert.

In Abb. 6.25 sind Probennahme und optisches System dargestellt. Ein Teil des
Rohabgases wird über ein Filter und eine beheizte Leitung durch die auf eine Tem-
peratur von 185 °C $\pm$ 5 K gehaltene Meßküvette (Gaszelle) geleitet und dann der
Abgasleitung wieder zugeführt. Der Druck wird dabei ebenfalls konstant gehalten.
Wahlweise kann auch verdünntes Abgas durch die Meßküvette geleitet werden.
Interferometer und Meßzelle sowie Detektor befinden sich in einem druckdichtem
Gehäuse, das mit Stickstoff (N_2), d.h. mit einem das Infrarotlicht nicht absorbie-
renden Schutzgas gespült wird.

Die hohen Temperaturen der Meßzelle und des Meßgases verhindern über lange
Zeit ($\geq$ 6 Monate) Verschmutzungen der die Zelle abschließenden IR-
durchlässigen Fenster. Die Meßzelle ist zwischen Interferometer und Detektor angeordnet. Eine Ansicht des Gerätes zeigt Abb. 6.26.

Tabelle 6.4 zeigt als Beispiel einige meßbare Komponenten eines Automobilabgases mit den zugehörigen Empfindlichkeitsgrenzen.

Anstelle einer einfach linear durchstrahlten Meßküvette kann auch eine Mehr-
fachreflexionsmeßzelle (White-Zelle) eingesetzt werden, die einen längeren
Strahlweg hat und damit die Erfassung geringer Konzentrationen ermöglicht. Al-

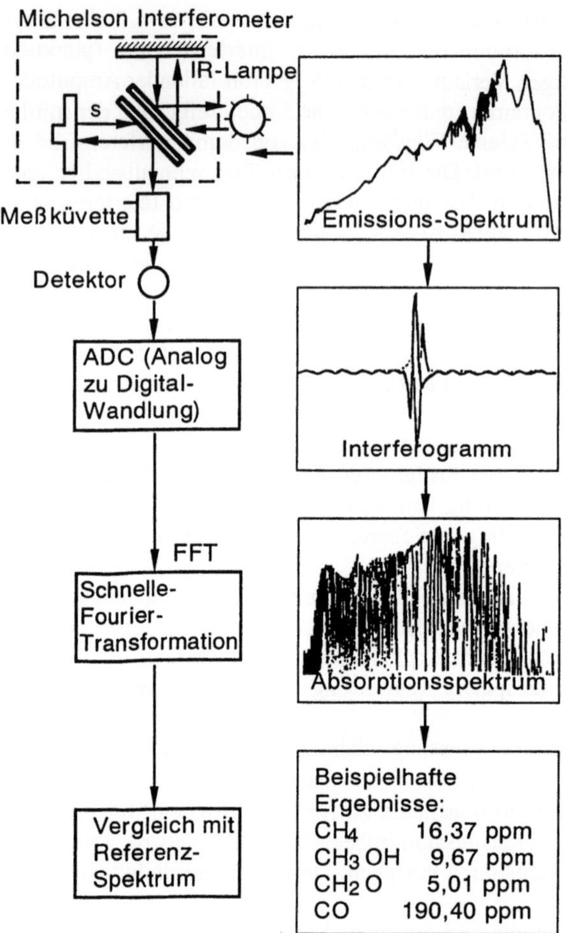

Abb. 6.24: Schematische Darstellung des Ablaufes einer Messung

lerdings kann die Mehrfachreflexionszelle auch einige Probleme, zum Beispiel in bezug auf die erforderlichen Abmessungen und auf die Minderung der Reflexionsintensität durch Verschmutzungseffekte, mit sich bringen, wenn die White-Zelle nicht beheizt wird.

Neben der in Abb. 6.21 gezeigten Spiegelanordnung werden auch andere optische Anordnungen im Michelson-Interferometer eingesetzt. Die Spiegelverschiebung wird z. B. anstatt durch gradlinige Führungselemente durch eine Drehbewegung bewirkt. Zwei entsprechende Anordnungen, eine Rotationsanordnung und eine Doppelpendelanordnung sind in Abb. 6.27 und 6.28 skizziert.

Zwei dachförmige Spiegel sind auf einem in der Mitte drehbar gelagerten Träger angebracht. Zwei weitere Spiegel sind ortsfest fixiert. In der Ruhestellung des Spiegelträgers teilt der Strahlteiler die von der Infrarot-Strahlenquelle ausgehende Strahlung in zwei Anteile mit annähernd gleicher Weglänge. Wenn der Spiegel-

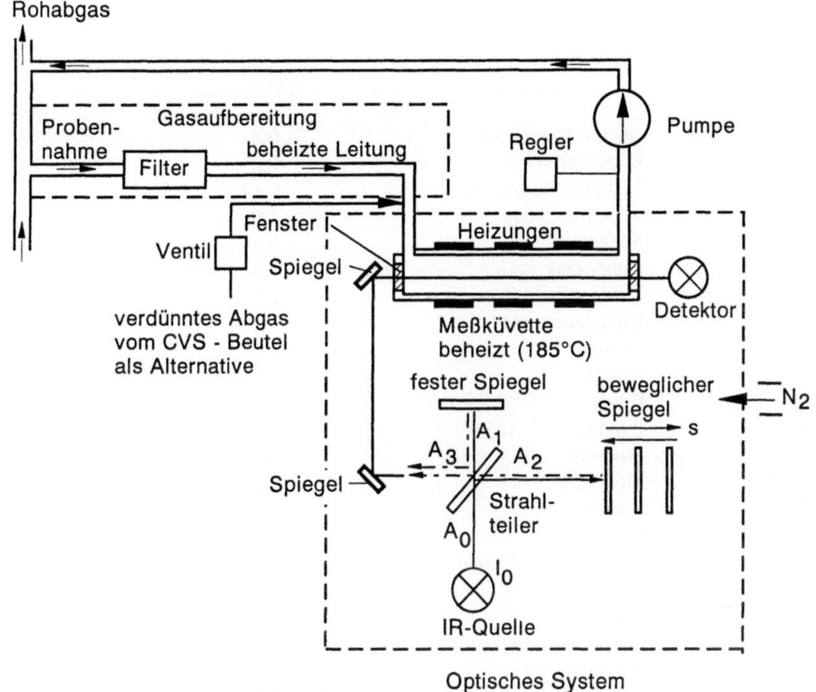

Abb. 6.25: Probennahme beim FTIR-Gerät

Abb. 6.26: Ansicht eines FTIR - Mehrkomponenten-Abgasanalysator-Gerätes, Siemens AG

Tabelle 6.4: Meßbare Komponenten eines Automobilabgases

	Komponenten	Empfindlichkeitsgrenze in ppm
NO	Stickstoffmonoxid	0,8
NO_2	Stickstoffdioxid	0,2
N_2O	Distickstoffmonoxid	0,12
HNO_2	salpetrige Säure	1,6
NO_x	Stickoxide	2,5
NH_3	Ammoniak	1,0
CO_2	Kohlendioxid	2,0
CO	Kohlenmonoxid	0,2
CH_4	Methan	2,0
C_2H_2	Acetylen	4,5
C_2H_6	Ethan	1,5
C_2H_4	Ethylen	5,0
C_3H_6	Propylen	10,0
CH_3OH	Methanol	2,2
C_2H_5OH	Ethanol	2,0
CH_2O	Formaldehyd	0,8
CH_3CHO	Ethanal (Acetaldehyd)	8,8
C_4H_6	1,3 Butadien	8,0
C_4H_8	Isobutylen	7,3
THC	Gesamtkohlenwasserstoffe	20,0
HCOOH	Ameisensäure	1,1
HCN	Blausäure	0,9
SO_2	Schwefeldioxid	1,5
H_2O	Wasser	920,0
CF_4	Tetrafluorkohlenstoff	0,012

träger eine gleichmäßige oszillierende Bewegung um seine Mittelachse ausführt, ändert sich die Weglänge der beiden Teilstrahlen gegeneinander. Wegen des sich aufgrund der Weglängendifferenzen ausbildenden Phasenunterschiedes zwischen den beiden Strahlen entsteht, ebenso wie bei dem linearen Michelson-Interfero-

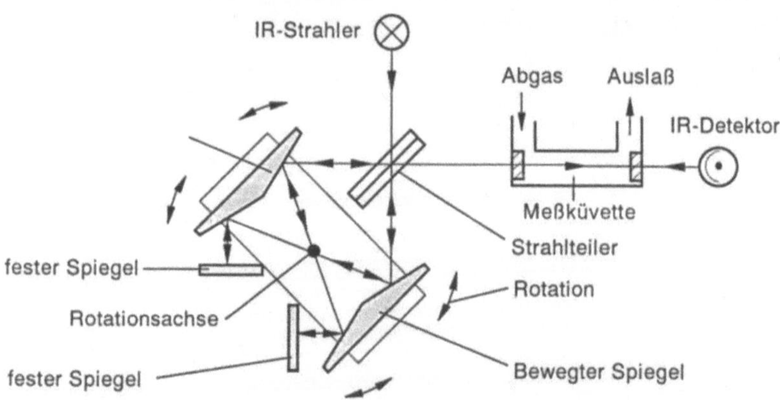

Abb. 6.27: Anordnung eines Michelson-Interferometers mit Spiegelverschiebung durch Rotation

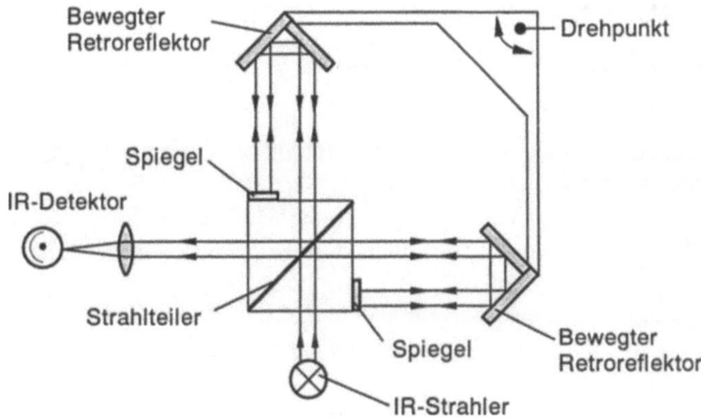

Abb. 6.28: Anordnung eines Michelsoninterferometers mit Spiegelverschiebung durch Pendelbewegung

meter, ein Interferenzbild, das die Intensitätsverteilung des Spektrums der Eingangsstrahlung als Funktion des durch die Drehung bewirkten Spiegelwegunterschiedes wiedergibt.

Bei der Anordnung in Abb. 6.28 ändern sich die Weglängen der beiden an dem Strahlteiler erzeugten Teilstrahlen durch Pendelbewegungen der beiden starr miteinander verbundenen Retroreflektoren um eine gemeinsame Achse gegeneinander. Zusätzlich sorgen die Retroreflektoren dafür, daß trotz der Spiegelbewegung die reflektierten Strahlen immer auf die zusammen mit dem Strahlteiler ortsfest fixierten Spiegel treffen. Die Weglängenänderung der beiden Teilstrahlen gegeneinander ist wiederum die Ursache für das Entstehen des Interferogramms.

6.1.7.2 Beurteilung der Fouriertransformspektroskopie für die Messung von Automobilabgaskomponenten

- Die simultane Erfassung mehrerer Komponenten (z.B. 25) ist vom Prinzip her gegeben (Multiplex-Vorteil).
- Direktmessung am Auspuff ist möglich. Eine Strecke definierter Länge (Meßküvette) im Abgasstrom kann als Meßstrecke dienen, über die die Infrarotstrahlung geschickt wird.
- Die Selektivität (die ungestörte Erfassung jeder Komponente ohne spektrale Überlagerung von Nachbarkomponenten) ist vom Auflösungsvermögen des Spektrometers und damit vom möglichen Weg des bewegten Spiegels im Interferometer abhängig und gegeben. Der Spiegelweg muß lang genug sein (einige cm), um ein Auflösungsvermögen zu erreichen, das an die Halbwertsbreite der Spektrallinien heranreicht. Der Spiegel muß aber sehr genau planparallel geführt werden. Abweichungen von der Planparallelität müssen über den gesamten Weg klein gegen die Lichtwellenlänge sein, d.h. $< \lambda/10$. Das ist technisch verwirklicht.
- Die Echtzeitmessung bedingt eine Meßzykluszeit (Spiegelweg plus Rückführung zum Ausgangsort) von einer Sekunde. Auch die Datenerfassung und -

verarbeitung (Analog-Digital-Wandlung und Fouriertransformation) muß in einer Sekunde erfolgen. Das ist heute Stand der Technik.

Abb. 6.29 zeigt als Beispiel das CO-Spektrum eines Prüfgases gemessen mit einem FTIR-Spektrometer. Damit wird das Gerät für diese Komponente kalibriert, der Wert im Rechner abgespeichert und von da an mit den Meßwerten von Gasgemischen verglichen. Dieses verdeutlicht auch die Multiplex-Information, die sogar für einzelne Rotationslinien gilt. Bei hohen CO-Konzentrationen werden die Linien geringer Absorption ausgewertet, bei geringen CO-Konzentrationen die hoher Absorption. Damit ist nur eine Küvettenlänge d, d.h. nur eine Küvette erforderlich. Mehrere Linien können für eine Komponente ausgewertet werden, was die Sicherheit der Messung erhöht.

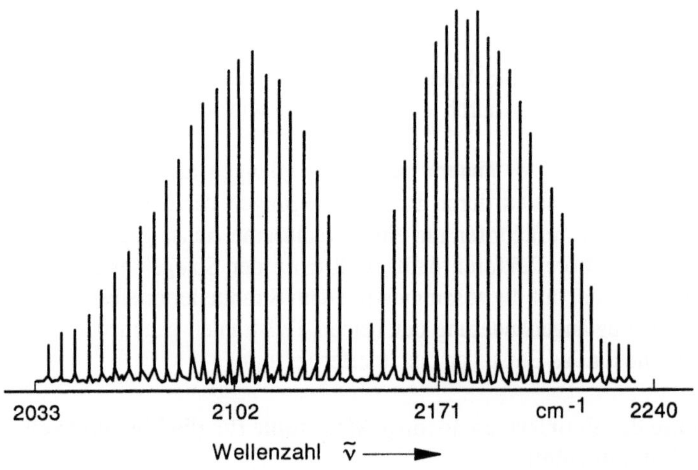

Abb. 6.29: CO - Spektrum, aufgenommen mit Prüfgas bekannter CO-Konzentration, vgl. auch Abb. 6.9 und 6.10

Abb. 6.30 zeigt als Beispiel ein mit dem FTIR-Gerät gemessenes Abgasspektrum des Ottomotorabgases eines Fahrzeugs ohne Katalysator. Das Problem ist der Wasserdampf, der immer in Motor-Abgasen vorhanden ist, und eine Absorption im gleichen Spektralbereich hat, wie die interessierenden Komponenten.

Von den IR-aktiven Hauptbestandteilen des Abgases, H_2O und CO_2, überlappen die H_2O-Banden einen weiten IR-Bereich, deshalb ist die genaue Festlegung der Auswertebereiche mit optimaler Auflösung (0,5 Wellenzahlen) und die Multipeakauswertung, z.B. bei NO und CO, notwendig. Man sucht Gebiete heraus, wo die Absorption von Wasserdampf praktisch gleich Null ist. Abb. 6.31 zeigt die Auswertebereiche in grober Einteilung nach Wellenzahlen. Die Überlappung mit Wasserdampfabsorptionsbanden tritt in allen Bereichen auf.

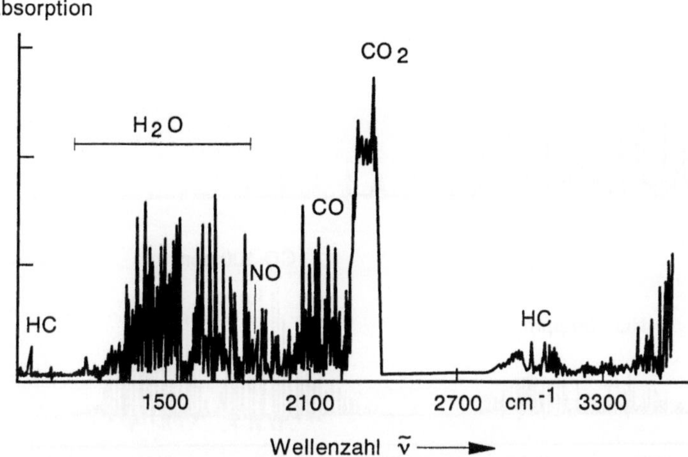

Abb. 6.30: Abgasspektrum vom Ottomotorabgas eines Fahrzeugs ohne Katalysator

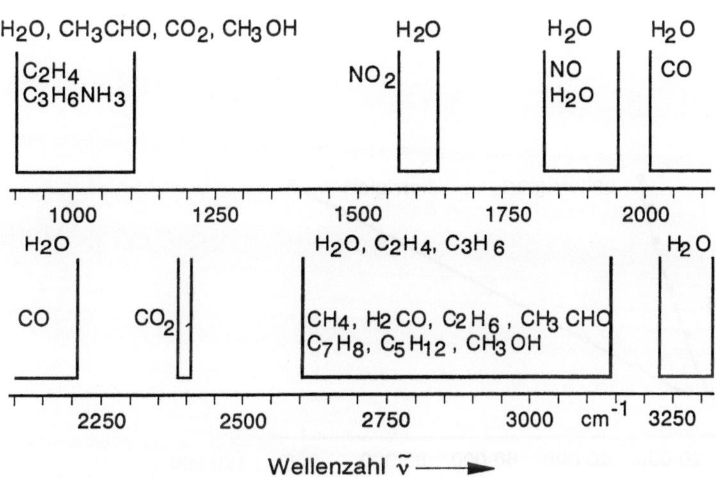

Abb. 6.31: Auswertebereiche

Abb. 6.32 zeigt dagegen Abgasspektren bei hoher Auflösung. Man erkennt Gebiete, in denen einzelne Spektrallinien nicht gestört sind.

Das Lambert-Beer-Bouguersche Gesetz, das wir bereits behandelt haben, gilt hier bei den geringen Konzentrationen nur sehr grob. Für große Meßspannen sind deshalb Korrekturen der Kalibrierkurve (Abb. 6.33) notwendig, um lineare Beziehungen zwischen Prüfgaskonzentrationswerten und Meßwerten zu erhalten.

Abb. 6.34 zeigt Beispiele der Ergebnisse von Messungen einzelner Abgaskomponenten. Von oben nach unten sind ein Teil der Fahrkurve (vgl. Abschn. 8.2.3) und jeweils die gemessenen Konzentrationen einiger Stickstoffverbindungen als

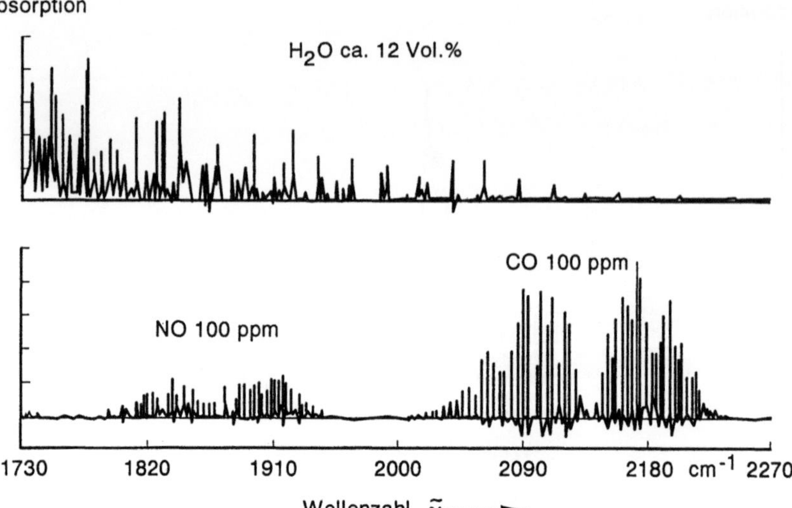

Abb. 6.32: Abgasspektren bei hoher Auflösung, oben Wasserdampf in hoher Konzentration, unten NO und CO als Beispiel von Abgaskomponenten, beide bei relativ geringen Konzentrationen

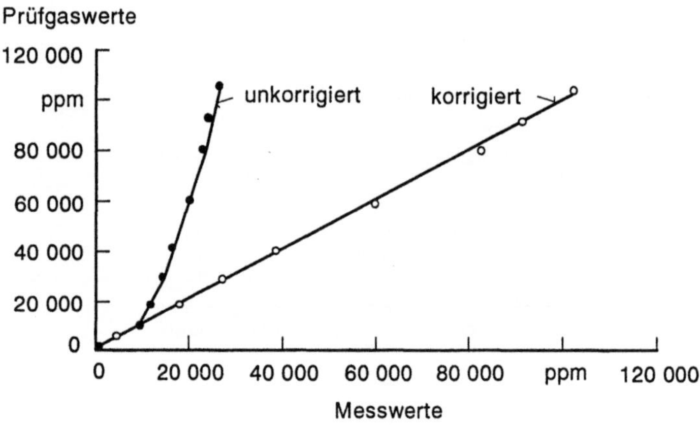

Abb. 6.33: CO$_2$ - Kalibrierkurven mit und ohne Korrektur

Funktion der Zeit für ein Ottomotorfahrzeug mit 3-Wege-Katalysator aufgetragen. Man erkennt die hohe Zeitauflösung von 1 s. Ammoniak (NH$_3$) entsteht erst nach Anspringen (Warmwerden) des Katalysators und wird durch dessen katalytische Wirkung erzeugt. Lachgas (N$_2$O) entsteht ebenfalls erst im Katalysator, allerdings in der Frühphase des "Anspringens". Der Katalysator benötigt eine Mindesttemperatur von ca. 300 °C (Anspringtemperatur), um zu funktionieren.

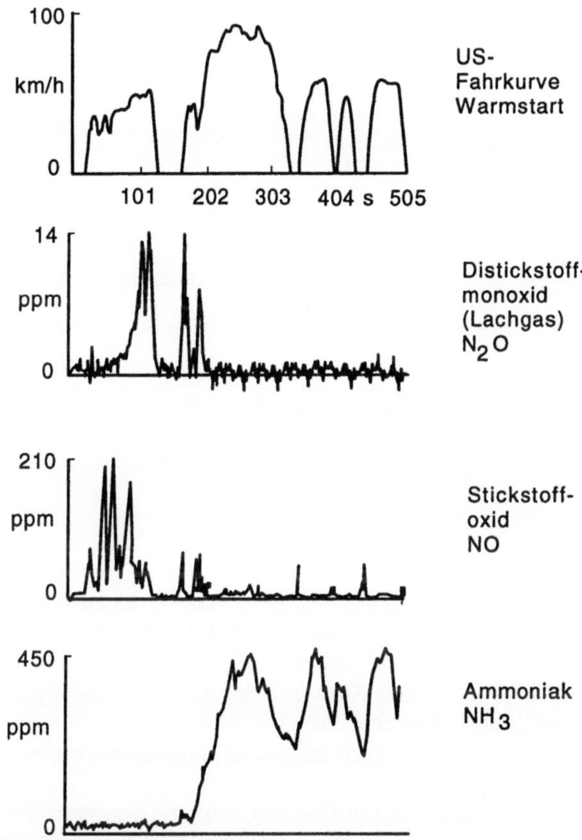

Abb. 6.34: US-Fahrkurve-3. Phase (505 s) und Konzentrationen für N_2O, NO und NH_3 in Abhängigkeit von der Zeit

6.1.8 Halbleiterdiodenlaser(HDL)-Spektrometer als selektiver Strahler

Leider gibt es keine Laser, die im mittleren Infrarotbereich über einen größeren Wellenlängenbereich abstimmbar sind. Der Laser selbst liefert im Einmodenbetrieb per se äußerst schmalbandige, annähernd monochromatische Strahlung. Laser erreichen Emissionslinienbreiten bis herab zu 10^{-4} cm^{-1}, die Linien sind also sehr schmal im Vergleich zu den Rotationslinien der Gase (ca. $1 \cdot 10^{-1}$ cm^{-1} bei Atmosphärendruck). Die Laserlinie muß natürlich in dem Bereich einer Absorptionslinie liegen, und der Laser muß wenigstens über eine Absorptionslinie des Gases durchstimmbar sein. Man benötigt Laser im mittleren Infrarotbereich. Solche Laser sind die Halbleiterdiodenlaser auf Bleichalkogenidbasis, die in einem geringen Wellenzahlbereich durchstimmbar sind.

Bleichalkogenide sind halbleitende Verbindungen von Blei mit Kadmium bzw. mit Selen und Tellur (Bleisalze). Die Laserdioden sind so aufgebaut, daß zwei verschieden dotierte (p- und n-dotierte) Gebiete, die aus demselben Material bestehen, aneinandergrenzen (Abb. 6.35).

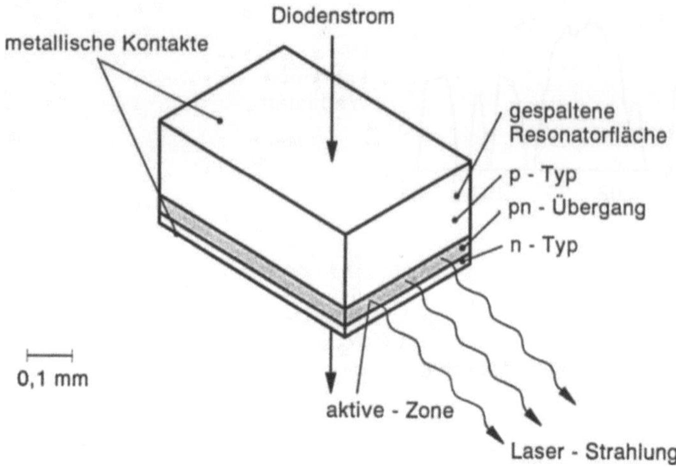

Abb. 6.35: Schematischer Aufbau einer Laserdiode

Durch Anlegen einer Spannung an die metallischen Kontaktflächen entsteht ein Stromfluß, wodurch Ladungsträger aus dem p- und dem n-Bereich abgezogen und in den jeweils anderen Bereich injiziert werden. Dadurch entsteht eine aktive Zone beiderseits des p-n-Überganges. Vorder- und Rückseite des Kristalls sind Spaltflächen, die den Laserresonator bilden. Aus dem stromdurchflossenen Teil der aktiven Zone wird oberhalb eines kritischen Stromwertes, dem Schwellstrom, Laserstrahlung emittiert.

Diodenlaser werden in Homostrukturen und in Heterostrukturen hergestellt. Bei Homostrukturlasern wird der p-n-Übergang in das homogene Halbleitermaterial eindiffundiert. Bessere Eigenschaften weisen Doppelheterostrukturlaser auf, bei denen die aktive Zone auf beiden Seiten durch ein Halbleitermaterial mit gegenüber dem Primärmaterial unterschiedlichen elektrischen und optischen Eigenschaften begrenzt wird. Bei beiden, Homo- und Heterostrukturen, sorgen zusätzlich geometrische Strukturen, die sog. Streifenstrukturen (zwischen etwa 10 und 50 µm Breite), für eine verbesserte laterale Führung der in dem Resonator entstehenden Laser-Lichtwellen. Ein Nachteil ist die aus physikalischen Gründen geringe Betriebstemperatur von 20 - 80 K, die eine entsprechende Kühlvorrichtung erfordert.

Der von verschiedenen Laserdioden mit ihrer Laseremission überdeckte Wellenlängen- bzw. Wellenzahlenbereich hängt von der Art und Zusammenstellung des verwendeten Lasermaterials ab. In Abb. 6.36 sind die Emissionsbereiche für einige derzeit gebräuchliche Diodenlaser und die zugehörigen Betriebstemperaturen zusammengestellt. Außerdem sind die Absorptionsbereiche verschiedener Gase angegeben.

Innerhalb der durch die Zusammensetzung der Bleisalze vorgegebenen Emissionswellenzahlbereiche wird durch Variation des Stromes die Einstellung einer für eine bestimmte Absorptionslinie notwendigen Arbeitstemperatur abgestimmt. Die Abstimmöglichkeit eines Diodenlasers über die Temperatur ist in Abb. 6.37 dargestellt.

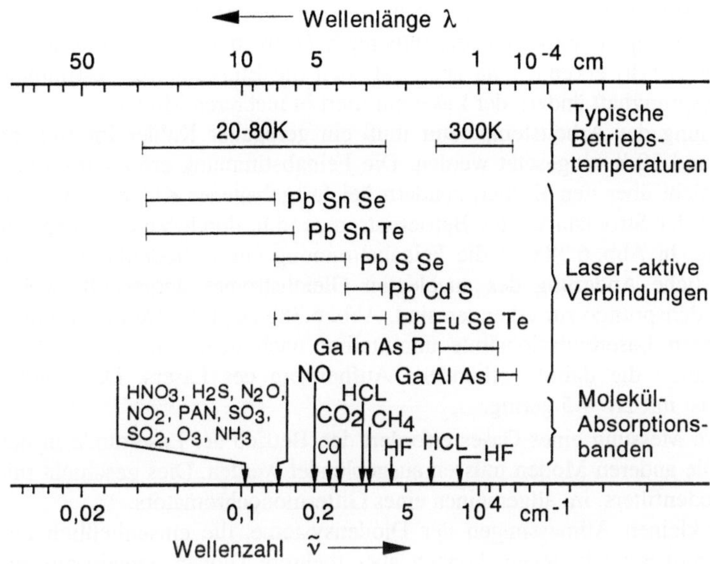

Abb. 6.36: Spektrale Emissionsbereiche und Betriebstemperaturen verschiedener derzeit gebräuchlicher Diodenlaser. Pro Bereich sind verschiedene Laserdioden notwendig. Zusätzlich ist die spektrale Lage einer Reihe von Molekülabsorptionsbanden angegeben.

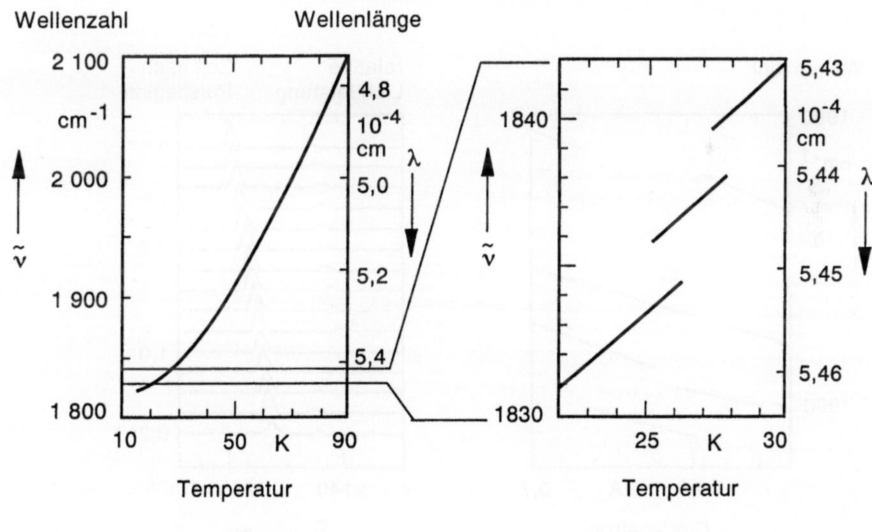

Abb. 6.37: Temperaturabstimmung eines PbSSe-Diodenlasers mit (a) Grobabstimmung und (b) Feinabstimmung durch Variation der Stromstärke. Aufgetragen sind Wellenzahl bzw. Wellenlänge über der Temperatur in K

Die Grobabstimmung geht kontinuierlich mit der Temperatur über einen bestimmten Wellenlängen- bzw. Wellenzahlbereich (Abb. 6.37a). Im verfeinerten Maßstab (Abb. 6.37b) erkennt man aber, daß sich die Emission bei bestimmten Temperaturen sprunghaft ändert, der Laser emittiert in mehreren Moden.

Zur Einstellung der Arbeitstemperatur muß ein geregelter Kühler im Bereich zwischen 20 und 30 K eingesetzt werden. Die Feinabstimmung erfolgt im allgemeinen aber nicht über den Kühler, sondern bei festgehaltener Kühlertemperatur über die Wahl der Stromstärke des Betriebsstromes, d.h. durch Veränderung der Verlustleistung. In Abb. 6.38a ist die Feinabstimmung eines Diodenlasers durch die kontinuierliche Änderung des angelegten Gleichstromes dargestellt, wobei wieder die Modensprünge zur erkennen sind. Abb. 6.38b zeigt die Durchstimmung einer bestimmten Laseremissionslinie unmittelbar nach dem Einschalten eines Strompulses durch die damit verbundene Aufheizung des Lasers. Der Durchstimmbereich ist mit $\Delta\tilde{\nu} \approx 5$ gering.

Die selektive Messung eines Gases erfordert den Betrieb der Laserdiode in nur einer Mode. Die anderen Moden müssen ausgeblendet werden. Dies geschieht mit Hilfe eines Modenfilters, im allgemeinen eines Gittermonochromators.

Wegen der kleinen Abmessungen der Diodensysteme, die einschließlich des Gehäuses im mm-Bereich liegen, können aber mehrere Dioden gemeinsam auf einem Kühlkopf als Teil eines Kühlsystems untergebracht. Die zeitliche Durchstimmung der Diodenlaser nacheinander bietet keine Schwierigkeiten, da man für die Durchstimmung über einen Strompuls pro Diode nur einige Mikrosekunden benötigt. Da für jeden Diodenlaser Einmodenbetrieb erforderlich ist, müssen also mehrere Modenfilter vorgesehen werden oder der Modenfilter muß ebenfalls schnell durchstimmbar sein, vgl. Bd. B: Optik.

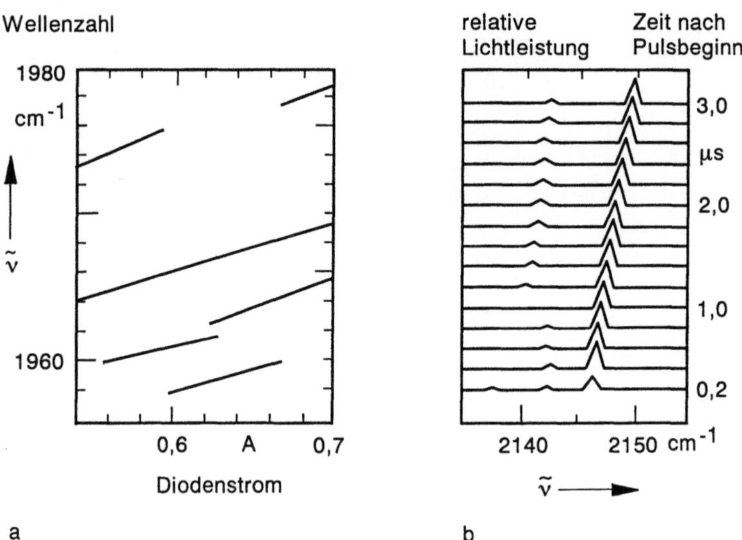

Abb. 6.38: (a) Stromfeinabstimmung eines PbSSe-Diodenlasers (mehrere Moden) und (b) Durchstimmung einer bestimmten Emissionslinie während eines 3 µs langen Strompulses

In der Praxis wird jeder Diodenlaser in ein Gehäuse eingebaut und nur wenige (maximal bis zu 5) auf einen Kühlfinger aufgesetzt, der unter die niedrigste Arbeitstemperatur gebracht wird. Schon eine Temperaturänderung von 1 mK bewirkt eine Verschiebung der zentralen Wellenzahl der Emissionslinie um ca. 10^{-3} cm^{-1}, was bereits etwa das Zehnfache der Halbwertsbreite der Laser-Emissionslinie von ca. $1 \cdot 10^{-4}$ cm^{-1} ist.

Ein Diodenlaser kann nicht schnell von dem Absorptionsbereich eines Gases auf den Absorptionsbereich eines anderen Gases durchgestimmt werden. *Das bedeutet, daß bei Mehrkomponentenmessungen für jede Meßkomponente, sogar für jede Spektrallinie einer Gaskomponente, ein eigener Diodenlaser eingesetzt werden muß, wodurch eine Vielkomponentenmessung nicht möglich ist.*

Zur Absorptionsmessung wird zweckmäßigerweise die sog. Integrativspektrometrie angewendet, d.h. die Laseremissionslinie wird durch Anlegen eines Strompulses über eine Absorptionslinie des zu messenden Gases durchgestimmt, wie schematisch in Abb. 6.39 gezeigt ist.

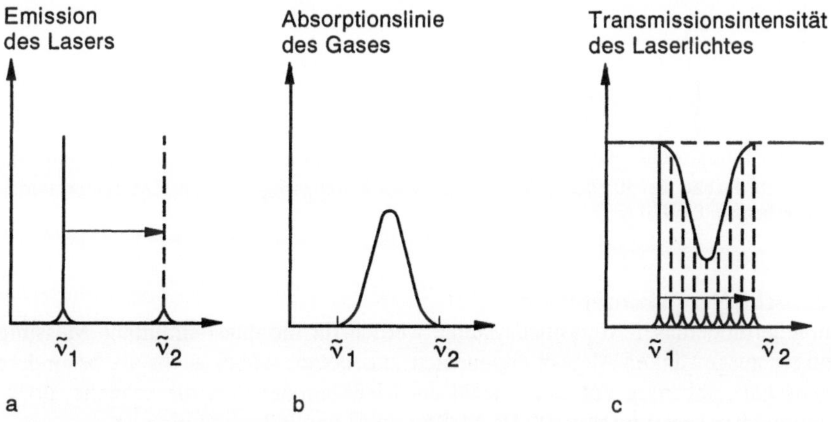

Abb. 6.39: Schematisierte Darstellung der Durchstimmung einer HDL-Emissionslinie über eine Absorptionslinie eines Gases:
(a) die Laseremissionslinie wird von $\tilde{\nu}_1$ nach $\tilde{\nu}_2$ durchgestimmt,
(b) die Absorptionslinie des Gases liegt zwischen $\tilde{\nu}_1$ und $\tilde{\nu}_2$,
(c) transmittiertes Laserlicht im Wellenzahlintervall zwischen $\tilde{\nu}_1$ und $\tilde{\nu}_2$.

Die extrem schmale Halbwertsbreite der Laseremissionslinie ermöglicht die integrative Absorptionsmessung auch bei niedrigen Gasdrücken, also bei entsprechend geringerer Halbwertsbreite der Gasabsorptionslinien. Wie leicht einzusehen ist, ist bei verminderter Linienbreite die Möglichkeit der Überlappung der Meßgaslinien mit benachbarten Störgaslinien eingeschränkt. Abb. 6.40 zeigt als Beispiel das Transmissionsspektrum von 1000 ppm NO in Gegenwart von H_2O (15000 ppm) und CO_2 (150000 ppm) bei dem jeweiligen Absolutdruck von 10^5 Pa Atmosphärendruck (breite Absorptionslinie) bzw. $3 \cdot 10^3$ Pa (schmale Absorptionslinie).

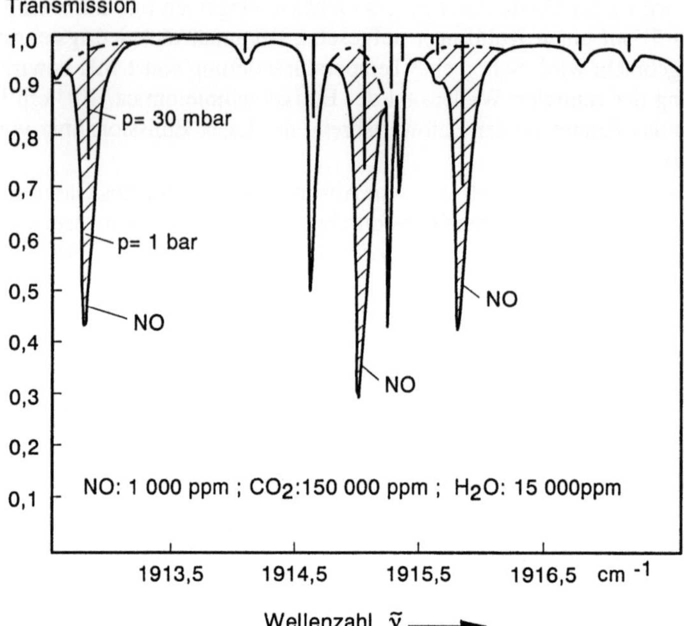

Abb. 6.40: Tansmissionsspektrum von 1000 ppm NO in Gegenwart von H_2O und CO_2 jeweils bei 1 bar $\hat{=}$ 10^5 Pa bzw. bei 30 mbar $\hat{=}$ $3 \cdot 10^3$ Pa und einer Küvettenlänge von 1 m. Die Temperatur der Gase beträgt T = 470 K

Praktische Gerätekonzeptionen

Halbleiterdiodenlaser-Abgasmeßsysteme werden für die quasi-simultane Messung weniger ausgewählter Abgaskomponenten angeboten, wobei auch, als besondere Eigenschaft, abhängig von der Anzahl der Meßkomponenten, die schnelle, hochzeitaufgelöste Messung mit 100 Hz Meßfrequenz und höher möglich ist.

Als Beispiel zeigt Abb. 6.41 das Schema eines Aufbaus eines Lasermeßsystems für dynamische Abgasmessungen auf Motorprüfständen.

Das Meßsystem ist modular aufgebaut. Auf einem gemeinsamen Kühlkopf sind mehrere Diodenlaser, die jeweils durch die Wahl der Betriebstemperatur auf eine Absorptionslinie eines bestimmten Gases eingestellt werden können, angeordnet (erstes Modul). Der Monochromator (zweites Modul) blendet die unerwünschten Moden jeder Laserdiode aus. Die jeweils über die Temperatur eingestellte Laseremissionswellenzahl wird durch laufenden Vergleich mit einer Referenzwellenzahl, die z.B. durch die zentrale Wellenzahl einer vorgewählten Gasabsorptionslinie gegeben sein kann, stabilisiert (line locking). Dafür wird in den Strahlengang ein Referenzkanal eingefügt (drittes Modul), in dem eine Küvette und anschließend ein Detektor eingefügt sind. In die Referenzküvette ist in der Regel dieselbe Gasart wie die zu messende Komponente, z. B. CO, eingeschlossen. Das vierte Modul enthält die Meßküvette und den Detektor. Die Meßküvette ist wegen der angestrebten hohen Meßfrequenz auf sehr schnellen Gasdurchsatz ausgelegt, d.h. weist ein geringes Volumen auf.

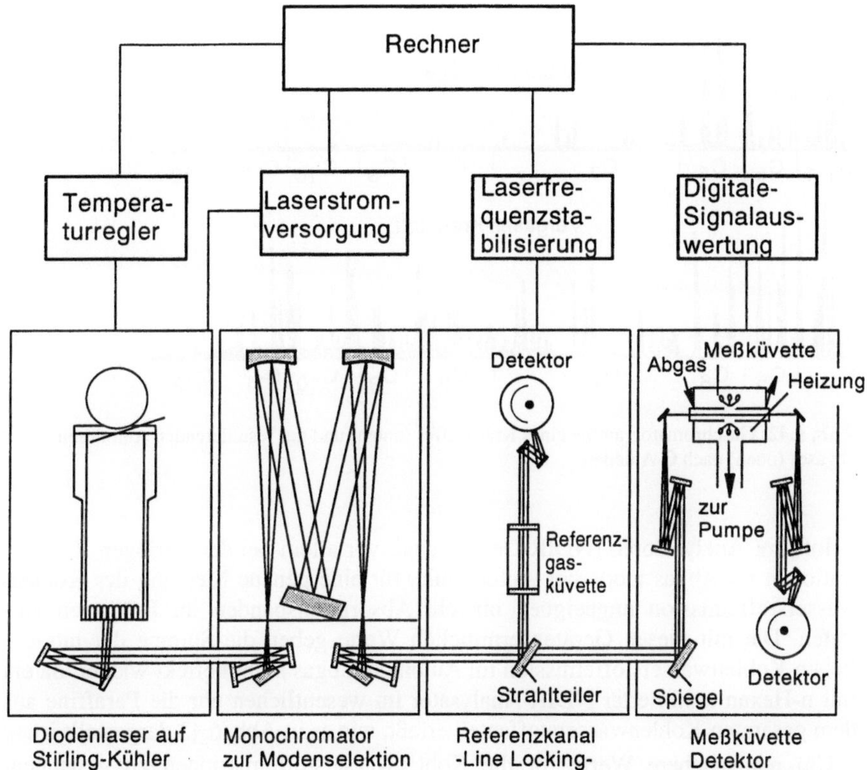

Abb. 6.41: Schematischer Aufbau eines Lasermeßsystems für dynamische Abgasmessungen auf Motorprüfständen (FhG-IPM)

Die Entwicklung der Halbleiterdiodenlaser ist, insbesondere was den Betrieb bei höheren Arbeitstemperaturen und die Modenreinheit angeht, noch im Fluß.

6.2 Ionisationsverfahren

6.2.1 Allgemeines

Das Automobilabgas enthält eine große Zahl von Kohlenwasserstoffverbindungen (vgl. Abschn. 7), die aus nicht- oder teiloxidierten Kraftstoffanteilen und neugebildeten Verbindungen bestehen, die ebenfalls im Infraroten absorbieren, vgl. Abb. 6.42.

Abb. 6.42 zeigt in Gaschromatogrammen (zur Gaschromatografie vgl. Abschn. 6.5) unten die Zusammensetzung eines Kraftstoffes und oben die Zusammensetzung der Kohlenwasserstoffemissionen im Automobilabgas, die noch von Fahrzeug zu Fahrzeug und für verschiedene Kraftstoffqualitäten verschieden sind. Daraus wird die Schwierigkeit dieser Messung verständlich, da auch höhere Kohlenwasserstoffe auftreten, die nur sehr ungenau erfaßt werden können.

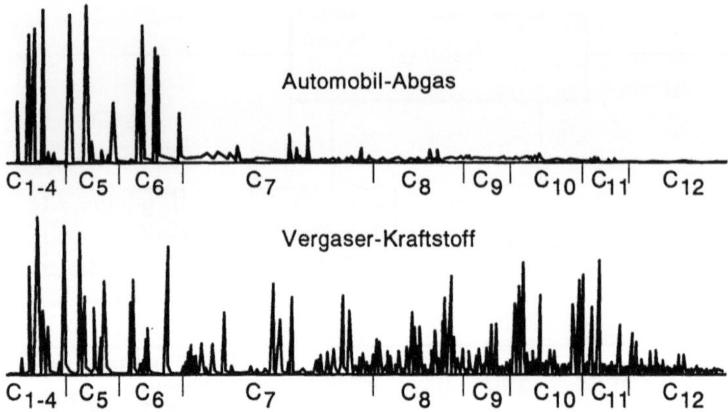

Abb. 6.42: Gaschromatogramme eines Kraftstoffes (unten) und des resultierenden Automobil-abgases (oben) nach C-Anteilen

Infrarot-Analysatoren (NDIR-Geräte) sind, vor allem bei den geringen Konzentrationen im Abgas moderner Automobile, für eine genaue Messung der Kohlenwasserstoffemission ungeeignet, obwohl Absorptionsbanden im Infraroten auftreten. Die mit diesen Geräten ermittelten Werte geben die Summe der tatsächlichen Kohlenwasserstoffemission im Automobilabgas nicht korrekt wieder, da ein mit n-Hexan kalibrierter NDIR-Analysator im wesentlichen nur die Paraffine aus dem gesamten Kohlenwasserstoffanteil erfaßt, wie es in Abb. 6.43 dargestellt ist.

Um realistischere Werte für die Kohlenwasserstoffemissionen zu gewinnen, wird daher der aus der Gaschromatografie bekannte, sogenannte Flammenionisati-

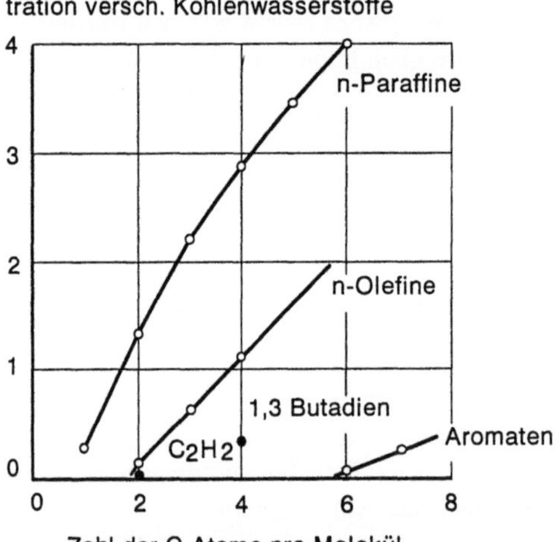

Abb. 6.43: Anzeigeempfindlichkeit eines NDIR-Gerätes für verschiedene Kohlenwasserstoffe

ons-detektor (FID) angewendet. Gesetzlich vorgeschrieben ist die Messung der Summe aller Kohlenwasserstoffe (Σ HC) im Automobilabgas.

Summenmessung bedeutet, daß jeder individuelle Kohlenwasserstoff entsprechend der Anzahl der in den jeweiligen Molekülen enthaltenen Kohlenstoffatome (C-Atome) zum Gesamtergebnis beiträgt. Zum Beispiel erbringt - zumindest theoretisch - Hexan (C_6H_{14}) mit sechs Kohlenstoffatomen das sechsfache Signal des Methans (CH_4) mit nur einem Kohlenstoffatom. Das Meßergebnis wird vorzugsweise in Methanäquivalenten (C_1) angegeben.

6.2.2 Flammenionisationsdetektor (FID)

6.2.2.1 Prinzip

In der Gaschromatografie (vgl. Abschn. 6.5) werden mit dem FID nacheinander die in den Trennsäulen voneinander isolierten Einzelkomponenten erfaßt. Dabei können unterschiedliche Empfindlichkeiten gegenüber Einzelkomponenten durch "Eichfaktoren" (Responsefaktoren) kompensiert werden. Das ist hier bei der Erfassung der Summe aller Kohlenwasserstoffe nicht möglich.

Das FID-Meßsprinzip beruht darauf, daß die Kohlenwasserstoffmoleküle in einer Wasserstoffflamme ionisiert werden, wobei die Anzahl der Ionen der Anzahl der Kohlenstoffatome in den Molekülen entsprechen soll. Der Flammenionisationsdetektor hat also eine im wesentlich der Anzahl der Kohlenstoffatome (C) proportionale Anzeige. Abb. 6.44 zeigt schematisch den Aufbau eines FID.

Der FID kann mit Atmosphärendruck oder mit Unterdruck (bis ca. $4 \cdot 10^4$ Pa) in der Meßkammer betrieben werden. Das gesamte Prinzipschema des FID geht aus Abb. 6.45 hervor.

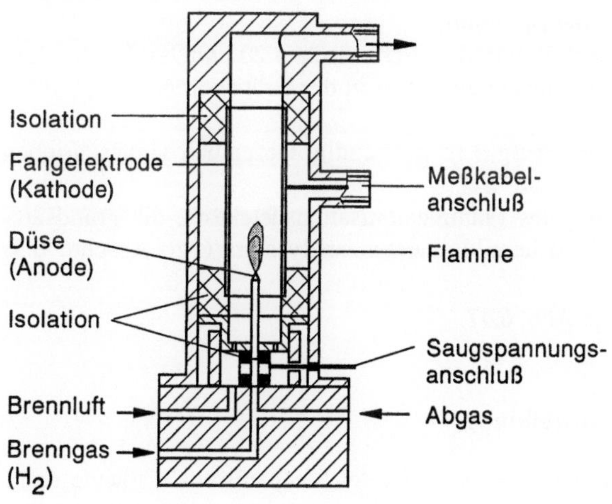

Abb. 6.44: Aufbau eines FID (schematisch)

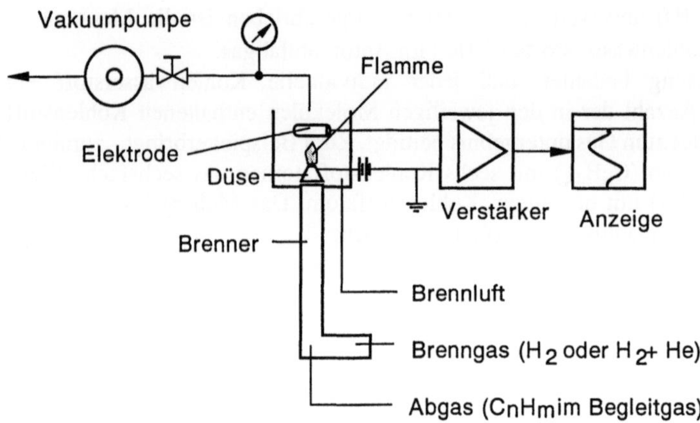

Abb. 6.45: Prinzipschema eines Flammenionisationsdetektors im Unterdruckbetrieb

Das zu analysierende Gas wird dem Brenngas (Wasserstoff (H$_2$) oder ein Gemisch aus Wasserstoff und Helium(He)) vor der Brennerdüse zugemischt. Die Flamme wird als Diffusionsflamme betrieben, die zur Verbrennung benötigte Luft tritt durch eine separate Öffnung in den Verbrennungsraum ein. Die Flamme brennt zwischen zwei Elektroden, an denen eine Spannung liegt. Im allgemeinen dient die Brennerdüse selbst als Anode, die Kathode ist ringförmig um die Flamme angeordnet. Die an die Elektroden angelegte Saugspannung zieht die in der Flamme gebildeten Ionen zu der Kathode hin, so daß ein Ladungstransport und damit ein meßbarer Strom auftritt. Der Strom soll dem C-Gehalt des Meßgases direkt proportional sein.

Das Meßsignal des Flammenionisationsdetektors wird durch die pro Zeiteinheit in die Flamme gelangende Anzahl von Kohlenwasserstoffmolekülen bestimmt. Daher muß der Volumenstrom des Meßgases konstant gehalten werden. Das gleiche gilt für das Brenngas und die Brennluft.

Die Spannung variiert je nach Bauart des FID zwischen 20 und 200 V. Der dem Kohlenstoffgehalt proportionale Ionenstrom liegt in der Größenordnung von 10^{-12} bis 10^{-10} A.

Eine Kalibrierung mit einem Prüfgas ist notwendig. Gesetzlich vorgeschrieben ist die Kalibrierung mit Propan.

Die pneumatische Schaltung des Flammenionisationsdetektors, die grundsätzlich ähnlich der Schaltung des Chemilumineszenzanalysators (vgl. Abschn. 6.3) ist, zeigt Abb. 6.46.

Die Ansicht eines FID zeigt Abb. 6.47.

6.2.2.2 Mechanismus der Ionenbildung

Kommt man auf die Ionenbildung zurück, so ist der Mechanismus bis heute nicht völlig geklärt. Hier soll nur eine wahrscheinliche Hypothese betrachtet werden. Vor der eigentlichen Ionisierung müssen Kohlenwasserstoffmoleküle, die mehrere

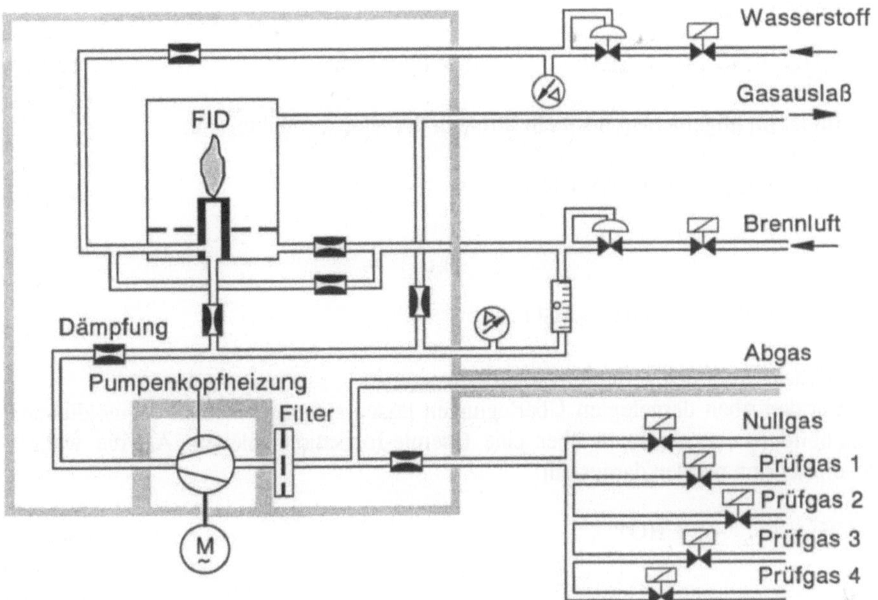

Abb. 6.46: Pneumatische Schaltung eines FID, wahlweise Druck- oder Unterdruckbetrieb

Abb. 6.47: Ansicht eines FID (Siemens AG)

Kohlenstoffatome enthalten, in Krackprodukte zerlegt werden, die jeweils nur ein C-Atom enthalten. Der Krackprozeß findet in der sogenannten Pyrolysezone der Wasserstoffflamme statt. Der Mechanismus läuft im wesentlichen über Reaktionen der H-Atome ab. Die Angaben in der Literatur sind spärlich. Als ein Beispiel ist angegeben:

Ethan + Wasserstoffatom → Ethylradikal + Wasserstoff

$$C_2H_6 + H^* \rightarrow C_2H_5^* + H_2 \tag{6.65}$$

(* bedeutet angeregtes Molekül)

und daraus

$$C_2H_5{}^* + H^* \;\rightarrow\; 2\,CH_3{}^* \qquad\qquad (Methylradikal). \tag{6.66}$$

Es findet im allgemeinen noch ein Strippen der Krackprodukte statt:

$$OH^* + CH_3{}^* \;\rightarrow\; CH_2{}^* + H_2O \tag{6.67}$$

und

$$OH^* + CH_2{}^* \;\rightarrow\; CH^* + H_2O\,. \tag{6.68}$$

Die Krackreaktionen verlaufen endotherm.

Aus den oben dargelegten Überlegungen lassen sich eine Reihe von möglichen Ionenbildungsmechanismen über eine Chemie-Ionisation ableiten. Als die wahrscheinlichsten werden dargestellt:

$$CH^* + O^* \;\rightarrow\; CHO^+ \tag{6.69}$$

und

$$CH^*(2\,\Sigma^+) + O^* \;\rightarrow\; CHO^+ \tag{6.70}$$

(in der zweiten Reaktion: CH^* angeregt im Elektronentherm-Dublett Σ^+).

Aus den Reaktionsmechanismen ist abzuleiten, daß neben den Kohlenwasserstoffbruchstücken das Sauerstoffatom der dominierende Reaktionspartner ist. Die Rolle des CHO^+-Ions als Primärion wurde experimentell bestätigt.

Als dominierendes Ion außerhalb der direkten Reaktionszone der Flamme wurde das Hydroniumion H_3O^+ festgestellt, das aus dem um die Reaktionszone vorhandenen Wasserdampf stammt. Über einen Ladungs-(Protonen-) Austauschmechanismus ergibt sich:

$$CHO^+ + H_2O \;\underset{\longleftarrow}{\overset{\longrightarrow}{}}\; H_3O^+ + CO \tag{6.71}$$

Dabei sind CHO^+ und H_3O^+ im Gleichgewicht; dieses ist allerdings im Verhältnis $1:3\cdot10^3$ stark zum Hydroniumion hin verschoben.

Die Hydroniumionen liegen im Gleichgewicht mit ihren hydratisierten Formen vor:

$$H_3O^+\,(H_2O)_N \qquad\qquad (Wasser\ angelagert). \tag{6.72}$$

Die Hydroniumionen rekombinieren mit Elektronen oder OH^--Ionen:

$$H_3O^+ + e^- \;\rightarrow\; H + H_2O; \tag{6.73}$$

$$H_3O^+ + OH^- \;\rightarrow\; H_2O. \tag{6.74}$$

Neben diesen positiven Ionen entstehen auch negative Ionen, z.B. C^-, C_2^-, CH_3^-, OH^- u.a..

Das Hydroniumion existiert unter den beschriebenen Bedingungen mit genügend langer Lebensdauer außerhalb der Reaktionszone, so daß die Ionen mit einer in einer gewissen Entfernung vom Entstehungsort angebrachten Sammelelektrode erfaßt werden können.

6.2.2.3 Beurteilung der FID-Geräte

Der Flammenionisationsdetektor nimmt unter den Meßgeräten zur Automobilabgasanalyse insofern eine Sonderstellung ein, als nicht ein bestimmtes Gas erfaßt, sondern das Meßsignal aus der Summe aller im Abgas vorhandenen Kohlenwasserstoffe gebildet wird. Wenn man sich die sehr unterschiedliche Struktur der großen Anzahl der im Automobilabgas vorkommenden organischen Substanzen vor Augen hält, überrascht es nicht, daß die Meßempfindlichkeit nicht exakt von der Anzahl der in einer Substanz vorhandenen C-Atome bestimmt wird, sondern daß auch die Struktur der Moleküle einen Einfluß auf das Meßsignal hat. In der Meßpraxis findet man denn auch mehr oder weniger große Abweichungen von dem der C-Zahl entsprechenden Wert. Noch größerere Abweichungen finden sich bei der Messung von Kohlenwasserstoffderivaten, insbesondere von sauerstoffhaltigen Kohlenwasserstoffverbindungen, wie z.B. Alkoholen oder Aldehyden. Der in den Molekülen vorhandene Sauerstoff wird in der Flamme frei, so daß die Voraussetzung einer reinen Diffusionsflamme nicht mehr gegeben ist. Die Abweichungen der FID-Anzeige für die einzelnen Kohlenwasserstoffe oder Kohlenwasserstoffderivate, bezogen auf ein Referenzgas (z.B. Methan, Propan, n-Butan) werden durch die sogenannten Responsefaktoren ausgedrückt. In Tabelle 6.4 sind als Beispiel für drei Flammenionisationsdetektoren unterschiedlicher Hersteller die Responsefaktoren für einige Verbindungen angegeben, bezogen auf n-Butan als Referenzgas.

Die Responsefaktoren sind nicht nur komponentenabhängig unterschiedlich, sondern auch von Gerätetyp zu Gerätetyp, oft auch von Gerät zu Gerät desselben Typs.

Tabelle 6.5: Responsefaktoren verschiedener Kohlenwasserstoffe für Geräte dreier verschiedener Hersteller, bezogen auf n-Butan

Komponenten	Responsefaktoren		
	FID 1	FID 2	FID 3
Propan	1,03	-	1,00
n-Butan	1,00	1,00	1,00
n-Heptan	0,94	0,95	0,95
Cyclohexan	0,98	0,92	0,95
Isopropanol	0,71	0,78	0,81
Toluol	0,90	0,98	1,06
Aceton	0,69	0,76	0,74

Zusammenfassend muß man sich bei der Beurteilung der FID-Geräte über die Grenzen dieses Verfahrens klar werden. Ein wesentlicher Bestandteil des Verfahrens ist die Dissoziation der Moleküle und die Ionisation der Molekülbruchstücke.

Die Dissoziation hängt außer von der Temperatur und dem Druck von der Molekülart ab. Die Ionisation wird auch von anderen Abgaskomponenten als den zu messenden HC-Molekülen beeinflußt. Wechselnde Konzentrationen von Sauerstoff, Kohlendioxid, Kohlenmonoxid, Wasserdampf, Stickoxid und Stickstoff, wie sie im Automobilabgas z.B. bei instationärem Betrieb des Motors auftreten, können zu Fehlern führen. Besonders Schwankungen im Sauerstoffgehalt der Abgasprobe zeigen einen erheblichen Einfluß auf die Kohlenwasserstoffmeßwerte. Als Folge davon sind bei den im Abgas vorhandenen, hunderten von chemischen Verbindungen nennenswerter Konzentration systematische Meßfehler zu erwarten.

Abb. 6.48 zeigt Ergebnisse von Vergleichsmessungen an ein und demselben synthetischen Gas, das zur Nachbildung des Automobilabgases aus verschiedenen Reingasen zusammengemischt wurde. Die quantitative Zusammensetzung war vorher bekannt und durch eine gaschromatische Analyse belegt (Abb. 6.48, oben). Diese synthetische Abgasprobe wurde mit 44 FID-Betriebsmeßgeräten in verschiedenen Abgasprüflabors analysiert (Abb. 6.48, unten). Der ermittelte Analysefehler enthält die systematischen Gerätefehler und die zufällige Kalibrier- und Bedienfehler.

Diese großen beobachteten Schwankungen von bis zu $\pm$ 33% für die extremen Abweichungen können eine große Zahl von unterschiedlichen Ursachen haben. So wurden z.B. bei verschiedenen FID-Geräten, die vorschriftsmäßig mit Propan kalibriert wurden, bei Messung von anderen Einzelkomponenten große Abweichungen beobachtet; bei Ethan maximal $\pm$ 5% und bei Ethylbenzol maximal $\pm$ 6%, aber bei Acetylen von + 73 bis - 62%.

Ursachen sind - wie erwähnt - die Unterschiede im chemischen Aufbau und im Ionisierungsverhalten der Kohlenwasserstoffmoleküle.

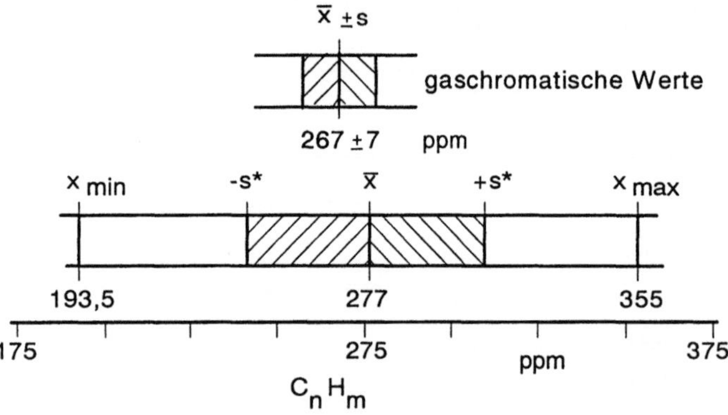

Abb. 6.48: Schwankungsbreite von FID-Ergebnissen, gemessen mit 44 verschiedenen Betriebsmeßgeräten; P = 95 %, $2s_r = \pm$ 25 %, $x_{max}/x_{min} = 1{,}8$

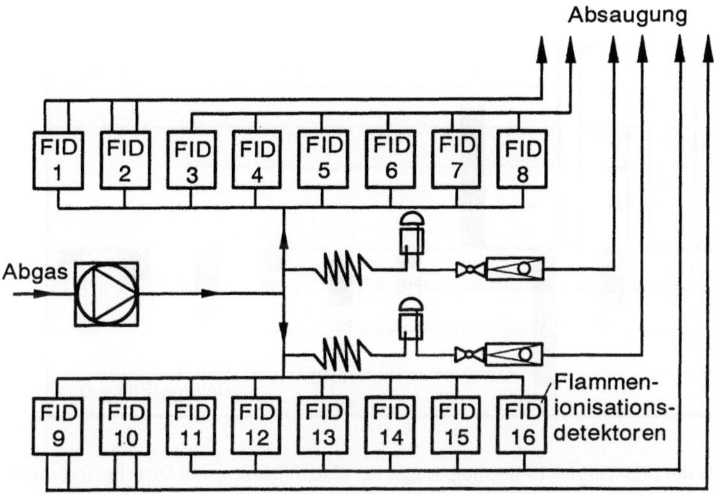

Abb. 6.49: Meßaufbau zur Untersuchung der Vergleichbarkeit der Meßwerte verschiedener FID-Geräte bei gleichzeitiger Verwendung desselben Abgases für alle Geräte.

In einer weiteren Untersuchung wurde Abgas aus der selben Probe mit 16 FID-Geräten zweier Firmen gemessen, und zwar relativ zu einem dieser Meßgeräte (Abb. 6.49).

Die in den Abb. 6.50 (Ottomotor-Abgas) und 6.51 (Dieselmotor-Abgas) wiedergegebenen Ergebnisse zeigen die großen Streuungen zwischen den Meßwerten der einzelnen Geräte (von + 25% bis - 16%), obwohl alle mit dem gleichen Abgas beschickt wurden.

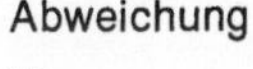

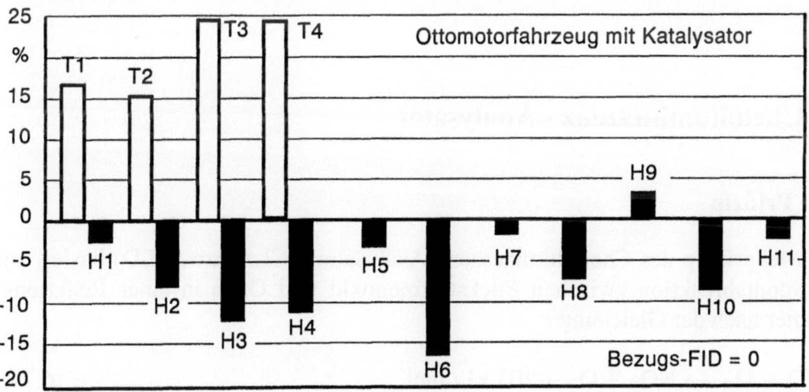

Abb. 6.50: Werte der FID-Vergleichsmessung, bezogen auf den Wert eines FID, gleich null gesetzt. Abgas aus einem Fahrzeug mit geregeltem Katalysator (T bzw H, verschiedene Geräte-hersteller).

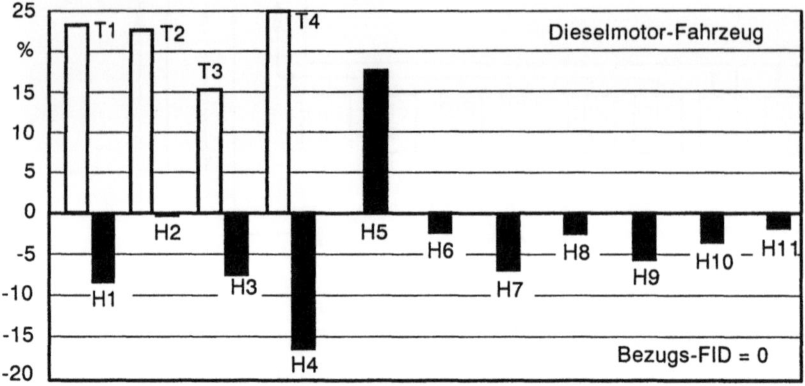

Abb. 6.51: Werte der FID-Vergleichsmessung, Abgas aus einem Fahrzeug mit Dieselmotor; sonst wie Abb. 6.50

Systematische Unterschiede treten zwischen den Meßwerten der Geräte der beiden Gerätehersteller auf. Interessant ist ferner, daß sich beim Übergang von Otto- zu Dieselabgas (Abb. 6.50 und 6.51) die Abweichungen für die Geräte H5 und H9 relativ zu den Meßwerten des Vergleichsgerätes (0%) in ihren Vorzeichen ändern.

Das kann darauf zurückzuführen sein, daß speziell diese Geräte für bestimmte Komponenten im Dieselabgas gravierend andere Empfindlichkeiten haben als die übrigen Geräte. Dadurch kann bei dieser integralen Messung der Summe von HC ein derartiger Effekt entstehen.

Bemühungen, das FID-Verfahren zu verbessern, haben keinen entscheidenden Erfolg gehabt. Trotz aller Schwächen ist aber festzustellen, daß der FID für die Bestimmung der Kohlenwasserstoffanteile im Automobilabgas zur Zeit das bessere von zwei bedingt geeigneten Verfahren (FID oder NDIR) ist.

6.3 Chemilumineszenz - Analysator

6.3.1 Prinzip

Das Meßprinzip des Chemilumineszenz-Analysators (CLA bzw. CLD) basiert auf der Spontanreaktion zwischen Stickstoffmonoxid und Ozon in einer Reaktionskammer nach der Gleichung:

$$NO + O_3 \rightarrow NO_2 + O_2 + 205 \text{ kJ / mol.} \tag{6.75}$$

Etwa 10% des nach dieser Gleichung gebildeten Stickstoffdioxids befinden sich unmittelbar nach der Reaktion in einem angeregten Elektronenzustand.

Diese angeregten NO_2^*-Moleküle geben ihren Energieüberschuß spontan in Form einer optisch meßbaren Fluoreszenzstrahlung, der Chemilumineszenzstrahlung $h\nu$, ab und fallen dabei in den energieärmeren Grundzustand zurück:

$$NO_2^* \rightarrow NO_2 + h\nu. \tag{6.76}$$

Die Intensität der Chemilumineszenzstrahlung $h\nu$, die in einem Spektralbereich von ca. 590 nm bis ca. 3000 nm beobachtet wird, ist ein direktes Maß für die Stickstoffmonoxidkonzentration.

Dieses Meßprinzip wurde ursprünglich für die Ozon (O_3)-Bestimmung eingesetzt. Das NO diente dabei als Reagenz. Das Verfahren wurde gewissermaßen "umgedreht", um Stickoxide im Abgas messen zu können.

Problematisch wirkt sich dabei die Tatsache aus, daß bei diesem Meßprinzip nur die NO-Anteile erfaßt werden. In der Abgasprobe enthaltene NO_2-Anteile, die bei Anwesenheit von Sauerstoff aus dem NO entstehen, müssen vor Eintritt in die Reaktionskammer zu NO reduziert werden. Dies kann in einem thermischen Konverter oberhalb einer Temperatur von 925 K geschehen. Molybdänanteile im Rohrmaterial des Konverters bzw. Aktivkohle im Konverter wirken als Katalysator der Reaktion. Bei Stahlkonvertern ist ein Mindestgehalt von 2,5% Molybdän erforderlich.

Optimierte katalytische Konverter lassen auch tiefere Temperaturen (< 750 K) zu. Eine entsprechende Reaktionsgleichung lautet z.B.:

$$NO_2 \xrightarrow[\text{Katalyse}]{925\,K} NO + \tfrac{1}{2}\,O_2 - 57\ kJ\,/\,mol. \tag{6.77}$$

Die Reaktion ist endotherm, d.h., daß Energie bzw. Wärme zugeführt werden muß.

6.3.2 Verfahren und Meßgerät

In Abb. 6.52 ist das Funktionsprinzip des Chemilumineszenzanalysators schematisch dargestellt.

Damit die Lichtausbeute der Konzentration proportional ist, muß der Volumenstrom der Gasprobe konstant gehalten werden. Diese strömt daher über einen Druckregler und über Partikelfilter sowie durch eine Probendosierkapillare und über den Konverter in die Reaktionskammer. Aus einem Sauerstoffvorrat oder aus der Umgebungsluft wird der Ozonisator versorgt, der Ozon aus Sauerstoff erzeugt und dessen Ausgang ebenfalls über eine Dosierkapillare in die Reaktionskammer führt. Das Abgas aus der Reaktionskammer passiert unmittelbar nach Verlassen des Reaktors eine in Abb. 6.52 nicht gezeigte "Ozonfalle", eine zur Entfernung des Rest-O_3 eingeschaltete Aktivkohlepackung, damit kein Ozon in die Umwelt gelangt. Bypass-Schaltungen vor der Dosierkapillare sind zur Erzielung akzeptabler Ansprechzeiten notwendig.

Die in der Reaktionskammer entstehende Strahlung gelangt durch ein schmalbandiges optisches Interferenzfilter auf einen Fotomultiplier, dessen Ausgangs-

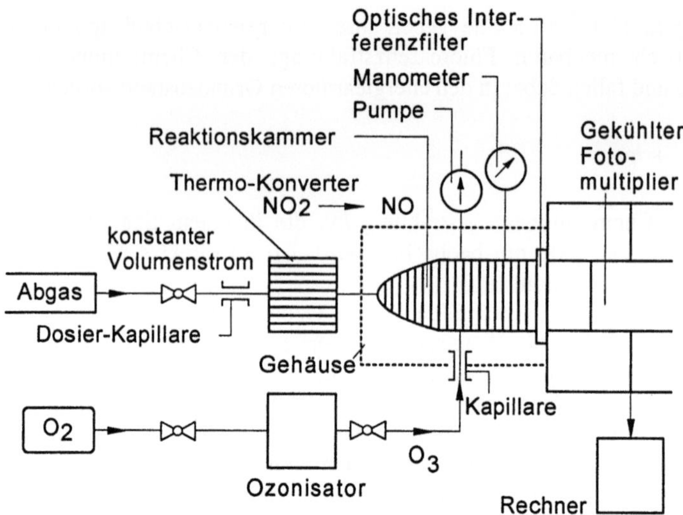

Abb. 6.52: Aufbau eines Chemilumineszenzanalysators

signal mit Schreibern registiert oder mit Datenaufbereitungsgeräten verarbeitet werden kann.

Bei sehr niedrigen Stickoxid-Konzentrationen kann der Störpegel zu einer sehr unruhigen Anzeige führen. Eine Verminderung dieses Fehlers, also eine Verbesserung des Signal-Rausch-Verhältnisses, ist durch Absenken des Absolutdruckes in der Reaktionskammer auf etwa 10 mbar möglich. Moderne Geräte arbeiten bei diesen niedrigen Drücken.

Eine Kalibrierung mittels eines Prüfgases ist notwendig. Dieses Geräteprinzip ist gesetzlich zur Prüfung vorgeschrieben. Kritisch ist der Konverter, dessen Wirkungsgrad sich mit der „Lebensdauer" verringert. Regelmäßige Überprüfungen des Konverters sind daher notwendig und gesetzlich vorgeschrieben.

6.4 Sauerstoffmeßverfahren

6.4.1 Allgemeines

Sauerstoff (O_2) zeigt als Gas mit homoatomigen Molekülen keine Strahlungsabsorption im Bereich der Rotations-Schwingungsspektren der Gase. Das bedeutet, daß z.B. mit den Verfahren der Fouriertransform-Infrarotspektroskopie und der Laserspektroskopie im Infraroten der Sauerstoffgehalt des Automobilabgases nicht mitgemessen werden kann. Mit der Massenspektrometrie ist dagegen Sauerstoff erfaßbar. Ein Sauerstoffmeßverfahren muß die folgenden grundlegenden Anforderungen erfüllen:

-   Kleinster Meßbereich: $\leq 1{,}0$ Vol. % O_2;

- Querempfindlichkeit
  (Überlagerung des Sauerstoffmeß-
  wertes durch andere Komponen-   ≤1% vom Meßbereich;
  ten):
- Einstellzeit (90 %-Zeit) T_{90}:   < 1 s;
- Messung direkt im Abgasstrom, ersatzweise kontinuierlich im Bypass.

6.4.2 Paramagnetische Meßverfahren

Sauerstoff ist paramagnetisch, d.h. Sauerstoffmoleküle weisen eine sehr hohe paramagnetische Suszeptibilität auf. Sie werden in das Magnetfeld hineingezogen,
während die meisten anderen Gase diamagnetisch sind und vom Magnetfeld abge-
stoßen werden. Die paramagnetischen Meßverfahren zur Bestimmung des Sauer-
stoffgehaltes in Gasgemischen beruhen auf dieser besonderen Eigenschaft des Sauerstoffes. Es ist allerdings bei Abgasuntersuchungen zu beachten, daß auch Stickstoffmonoxid (NO) und Stickstoffdioxid (NO_2) paramagnetisch sind.

Gebräuchliche Meßverfahren sind das magneto-mechanische (Drehwaage-) und
das magneto-pneumatische (Druckdifferenz-) Meßverfahren.

6.4.2.1 Drehwaageverfahren

Das Prinzip der magnetischen Drehwaage ist aus Abb. 6.53 zu ersehen.

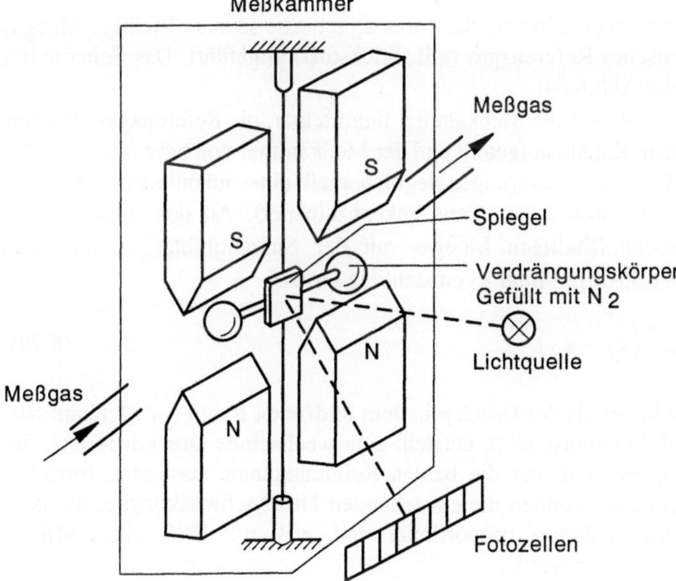

Abb. 6.53: Prinzip der magnetischen Drehwaage

In einer Kammer, durch die das Meßgas strömt, erzeugen zwei Permanentmagnete ein inhomogenes Magnetfeld. In dem Magnetfeld befindet sich ein zweiteiliger Verdrängungskörper in "Hantel"form aus diamagnetischem Material (z.B. ein dünnwandiger Quarzglaskörper mit Stickstoffüllung; N_2 ist diamagnetisch), der an Spannbändern drehbar aufgehängt ist. Wenn das Meßgas paramagnetischen Sauerstoff enthält, wird dieses in das Magnetfeld hineingezogen. Die dabei entstehende lokale Verdichtung des Gases bewirkt, daß die beiden Verdrängungskörper aus dem Feld herausgedrängt werden. Als Resultat wirkt auf die "Hantel" ein Drehmoment M, das ausgedrückt wird durch

$$M = \left(\kappa_1 - \kappa_2 \right) V \, \mu_0 \, H \, \frac{\partial H}{\partial x} \, l, \tag{6.78}$$

wobei κ_1 und κ_2 die Suszeptibilitäten des Meßgases bzw. des Gases im Verdrängungskörper, V das Volumen der Verdrängungskörper, l ihr Abstand von Mitte zu Mitte, $\dfrac{\partial H}{\partial x}$ die Inhomogenität des Magnetfeldes und μ_0 die magnetische Feldkonstante sind.

Die Auslenkung der Drehwaage kann man messen, z.B. mit Hilfe eines Lichtstrahls, der von einem im Drehpunkt der Hantel angebrachten Spiegel reflektiert und dessen Winkelstellung durch Fotozellen abgetastet wird.

In den realisierten Geräteausführungen wird mittels um die Hantelkörper gelegter, stromdurchflossener Drahtschleifen ein rücktreibendes Drehmoment erzeugt. Der für den Gleichgewichtszustand benötigte Strom ist dem Sauerstoffpartialdruck im Meßgas proportional.

6.4.2.2 Differenzdruckverfahren

Einer Meßkammer wird gleichzeitig das paramagnetische sauerstoffhaltige Meßgas und ein diamagnetisches Referenzgas (z.B. Stickstoff) zugeführt. Das Schema des Meßverfahrens zeigt Abb.6.54.

Das Meßgas durchströmt die Meßkammer unmittelbar, die Referenzgasströmung wird auf zwei gleiche Kanäle aufgeteilt und der Meßkammer von entgegengesetzten Seiten zugeführt. Eine der Zuführungen liegt innerhalb eines inhomogenen Magnetfeldes (in Abb. 6.54 durch einen Kreis gekennzeichnet). An der "Grenzfläche" zwischen dem sauerstoffhaltigen Meßgas mit der Suszeptibilität κ_1 und dem Referenzgas mit der Suszeptibilität κ_2 entsteht ein Druck

$$p' = const. \, \mu_0 \, H^2 \left(\kappa_1 - \kappa_2 \right). \tag{6.79}$$

Dieser Druck p' ist höher als der Druck p in dem feldfreien Raum der Meßkammer. Wenn das Magnetfeld gepulst wird, entsteht eine wechselnde Druckdifferenz, die sich auch in den Querkanal, der die beiden Referenzkanäle verbindet, fortsetzt. Innerhalb des Querkanals können die entstehenden Druckschwankungen, die dem Sauerstoffgehalt des Meßgases proportional sind, z.B. mit Hilfe eines Mikroströmungsfühlers gemessen werden.

Als weiteres Beispiel wird das Funktionsprinzip des magneto-pneumatischen Verfahrens in anderer Weise in Abb. 6.55 dargestellt.

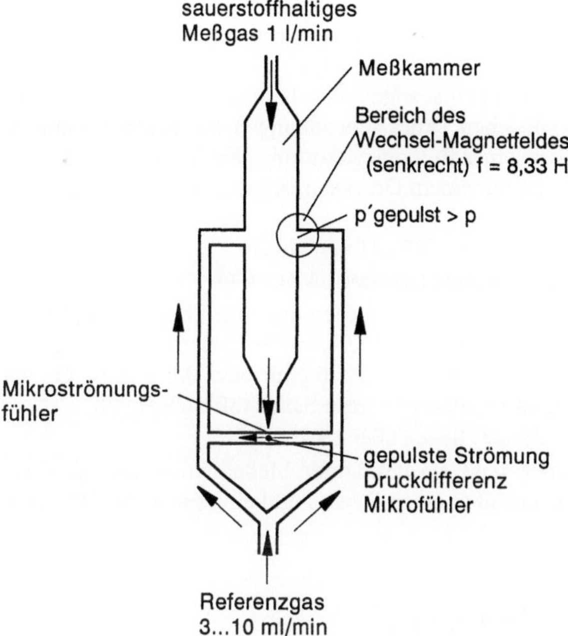

Abb. 6.54: Schema eines Differenzdruck-Sauerstoffanalysators

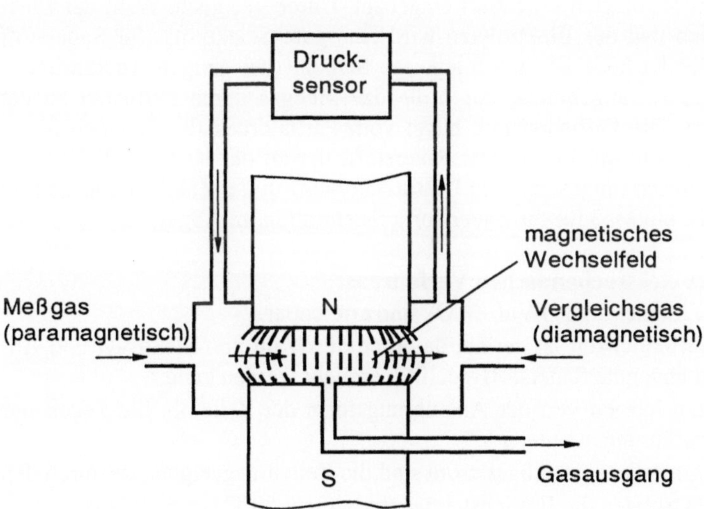

Abb. 6.55: Schematische Darstellung des Funktionsprinzips zur magneto-pneumatischen Sauerstoffmessung

In einer Meßkammer, in der Magnetpole ein magnetisches Wechselfeld erzeugen, werden durch gegenüberliegende Einlässe das sauerstoffhaltige Meßgas und ein diamagnetisches Vergleichsgas (z.B. Stickstoff) eingelassen. Der paramagnetische Sauerstoff wird in das Feld hineingezogen, das diamagnetische Vergleichsgas daraus verdrängt. Dadurch entstehen Druckschwankungen auf beiden Seiten der Kammer, die bei konstant gehaltener Referenzgaszufuhr dem Sauerstoffgehalt des Meßgases proportional sind und mit einem Drucksensor gemessen werden können.

Beurteilung der magnetischen Sauerstoffmeßverfahren:
- Der kleinste realisierbare Meßbereich liegt bei 1 Vol.-% O_2.
- Paramagnetische Gase wie NO und NO_2 ergeben unvermeidbare (weil physikalisch bedingte) Querempfindlichkeiten: z.B. erbringt bei einem Meßbereich von 1 Vol.-% O_2 eine NO-Konzentration von 5000 ppm eine 0,2 Vol.-% O_2 entsprechende Querempfindlichkeit, also 20% vom Sauerstoffmeßbereich.
- Die Ansprechzeiten (90%-Zeiten) liegen über 2 s.
- Der Meßkammer der Geräte muß ein definierter Meßgasstrom von ca. 60 l/h zugeführt werden. Dies ist nur über einen Bypass und eine spezielle Entnahmeeinrichtung realisierbar.

6.4.3 Elektrochemische Sauerstoffmessung

Grundlage der elektrochemischen Meßverfahren ist der Umsatz von Sauerstoff in einer elektrochemischen Meßzelle. Als Ausführungsbeispiel ist in Abb. 6.56 eine elektrochemische Sauerstoffmeßzelle schematisch dargestellt. Die Zellen bestehen aus einem Elektrolyt zwischen einer Kathode und einer Anode (jeweils aus Edelmetall). In einigen Ausführungsformen ist noch eine dritte Elektrode zur Konstanthaltung des angelegten Potentials eingebaut. Durch geeignete Wahl der Elektrodenmaterialien und des Elektrolyten wird eine gute Selektivität für Sauerstoff erreicht. Vor der Kathode ist eine feinporige Schicht (bei einigen Ausführungen auch eine Kapillare) angebracht, durch die das Meßgas durch Diffusion zu der Kathode gelangt. Die Diffusionsrate hängt vom Partialdruck des Sauerstoffes in der umgebenden Atmosphäre ab. Der Sauerstoff, der zu der Kathode diffundiert, wird elektrochemisch umgesetzt. Die Umsatzrate wird in der Zelle als Ionenstrom gemessen und ist ein Maß für die Sauerstoffkonzentration im Abgas.

Beurteilung des elektrochemischen Verfahrens:
- Meßbereiche kleiner als 1,0 Vol.-% O_2 sind erreichbar.
- Die Querempfindlichkeit ist gering, da durch die Wahl von Elektrolyt und Anodenmaterial eine gute Sauerstoffspezifität erreicht werden kann.
- Die Meßzeiten hängen von der Ausführungsform der Zelle ab. Sie liegen nur bei Sonderausführungen unter 1 s.
- Für die Direktmessung im Abgasstrom sind die Zellen ungeeignet, da durch den wäßrigen Elektrolyten die Betriebstemperatur auf ca. 50°C beschränkt ist.

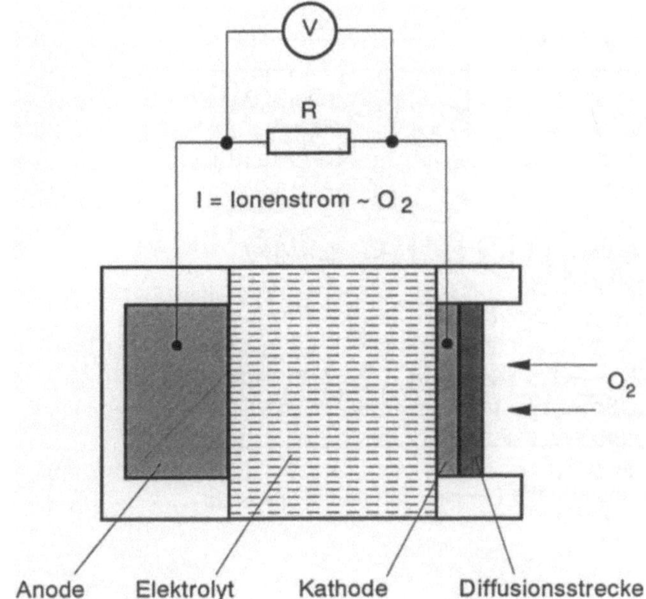

Abb. 6.56: Prinzipschema einer elektrochemischen Sauerstoffmeßzelle

6.5 Chromatographische Verfahren

6.5.1 Grundlagen

Wegen der allgemeinen Bedeutung chromatographischer Verfahren bei der Spurenanalytik sollen zunächst einige Grundlagen der Chromatographie vorausgeschickt werden.

Unter dem Begriff "Chromatographie" werden eine Reihe mikroanalytischer Trennverfahren zusammengefaßt, die zur Abtrennung einzelner Verbindungen aus einem vorgegebenen Substanzgemisch dienen.

Das Prinzip chromatographischer Verfahren - am Beispiel der Gas-Flüssigkeits-Chromatographie stark vereinfacht dargestellt - ist folgendes:

Ein inertes Trägergas (mobile Phase) wird in konstantem Strom durch eine "chromatographische Trennsäule" geleitet. In Abb. 6.57 ist ein Ausschnitt einer derartigen Säule skizziert.

Sie ist mit einem inerten körnigen Trägermaterial gefüllt. Die Oberfläche des Trägermaterials ist mit einer hochsiedenden Flüssigkeit (stationäre Phase) belegt, in der sich die zu untersuchenden Verbindungen mehr oder weniger stark lösen, oder das körnige Material adsorbiert die Verbindungen verschieden.

Man bringt nun eine bekannte kleine Menge des zu untersuchenden Substanzgemisches in den Trägergasstrom ein. Eine Stoffkomponente mit hoher Löslichkeit wird nun rasch von der hochsiedenden Flüssigkeit gelöst und so lange von ihr festgehalten, bis sie wieder langsam vom Trägerstrom ausgetrieben wird. Sie erscheint

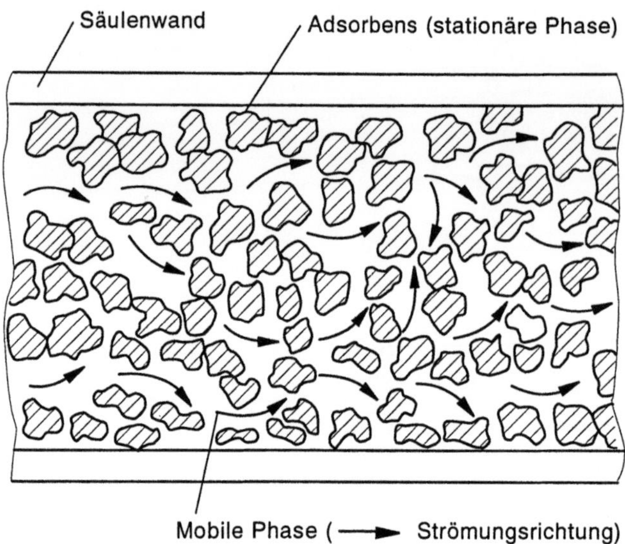

Abb. 6.57: Querschnitt durch eine gepackte Säule

also später am Ende der Trennsäule als ein Stoff geringer Löslichkeit, der sich wenig löst und rasch wieder ausgetrieben wird. Auf diese Weise bewegen sich die einzelnen Komponenten mit unterschiedlichen Geschwindigkeiten durch die Säule und treten am Trennsäulenende zeitlich nacheinander auf.

Genauso verläuft der Wechsel Adsorption - Desorption. Man spricht von verschiedenen Verteilungskoeffizienten.

Denkt man sich den ablaufenden Trennvorgang in Abschnitte zerlegt, die eine Gleichgewichtseinstellung und den Weitertransport und wieder eine Gleichgewichtsverteilung ermöglichen und so fort, so ergibt sich schematisch die in Abb. 6.58 dargestellte Auftrennung zweier Substanzen.

Die durch ein Quadrat bzw. einen Kreis symbolisierten zwei Komponenten haben - und das ist die Voraussetzung für eine Trennung - unterschiedliche Verteilungskoeffizienten (z.B. verschiedene Löslichkeiten).

In der Ausgangsstellung sind im gezeigten Beispiel von beiden Komponenten 90 Teile in der mobilen Phase vorhanden. Im Gleichgewicht ist jeweils die Konzentration der "runden Komponente" in der stationären Phase doppelt so groß wie in der mobilen; bei der "quadratischen Komponente" liegen die Verhältnisse gerade umgekehrt.

Nach Einstellung des Gleichgewichts verbleiben von der "quadratischen Substanz" 60 Teile in mobiler Phase, 30 Teile wandern in die stationäre Phase. Bei den "kreisförmigen Komponenten" liegen 30 Teile in der mobilen und 60 Teile in der stationären Phase vor.

Nun werden die in der mobilen Phase befindlichen Anteile um eine kleine Strecke durch die Trennsäule bewegt. Wieder erfolgt eine Gleichgewichtseinstellung und ein anschließender Transportvorgang. Bereits nach diesen beiden Zyklen Gleichgewichtseinstellung / Weiterwandern enthält das Segment der mobilen Pha-

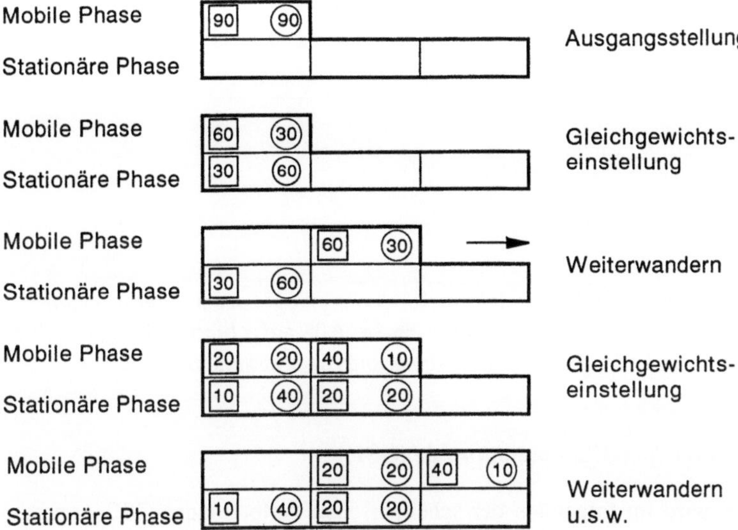

Abb. 6.58: Wanderung zweier Komponenten mit unterschiedlichen Verteilungskoeffizienten
($K_\square$ = 2:1 und $K_\bigcirc$ = 1:2) durch die ersten Trennstufen einer chromatographischen Vorrichtung

se ganz rechts unten in Abb. 6.61 die zwei eingesetzten Komponenten in einem
Konzentrationsverhältnis von 40 : 10 im Gegensatz zur Ausgangsstellung 90 : 90.

Während einer chromatographischen Trennung laufen formal tausend und mehr
solcher Gleichgewichtseinstellungen ab, denen man dann in der Säule jeweils einen "theoretischen Boden" zuordnet. Dieses Modell hat dazu geführt, die Leistungsfähigkeit eines chromatographischen Systems, ähnlich wie das einer Destil-
lationskolonne, durch die Zahl der theoretischen Böden bzw. durch die Höhe eines
theoretischen Bodens zu charakterisieren.

Allen chromatographischen Verfahren gemeinsam ist die vielfach wiederholte
(multiplikative) Verteilung der Komponenten zwischen der stationären Phase und
einer (gasförmigen oder flüssigen) mobilen Phase, die an der stationären Phase
vorbeifließt.

Im Verlaufe des Trennprozesses werden die Komponenten also vollständig getrennt und in zeitlicher Folge durch die mobile Phase aus dem Trennsystem ausge-
spült, oder verbleiben - örtlich fixiert - auf der stationären Phase.

Chromatographische Verfahren lassen sich nach der Art der mobilen Phase einteilen in die Gas-Chromatographie mit einem Trägergas (N_2, He, H_2 oder andere
Gase) als mobile Phase und in die Flüssigkeits-Chromatographie mit geeigneten
organischen Lösungsmitteln oder Wasser bzw. wässrigen Lösungen als mobile
Phase.

Die stationäre Phase kann ein Feststoff (solid) oder eine Flüssigkeit (liquid) auf
einem möglichst inerten Träger sein. Damit ergeben sich mit den Abkürzungen

G = Gas; L = Flüssigkeit (Liquid); S = Festkörper (Solid); C = Chromatographie

die vier Grundtypen chromatographischer Trennverfahren in der Tabelle 6.6.

Tabelle 6.6: Grundtypen chromatographischer Trennverfahren

Stationäre Phase	Mobile Phase	
	Gas	Flüssigkeit
Feststoffe		
Adsorbens	GSC	LSC
Flüssigkeit	GLC	LLC

Der erste Buchstabe des Kürzels schreibt den Aggregatzustand der mobilen Phase, der zweite denjenigen der stationären Phase. Alle aufgeführten Trennverfahren, mit Ausnahme der LLC, finden in der Abgasanalytik Verwendung.

6.5.2 Gas-Festkörper-Chromatographie (GSC)

Als Beispiel wird im folgenden der schematischen Aufbau einer GSC-Apparatur (Abb. 6.59) erläutert.

Die Strömung der mobilen Phase (Gas) durch das Trennsystem bewirkt eine Druckflasche, mit Druckregeleinheit und Manometer. Vor der Säule befindet sich die Probenzugabevorrichtung, mit der die zu trennende Probe in den Strom des Trägergases gegeben wird.

Die Probe sollte als kurzer "Pfropf" am Anfang der Trennsäule ankommen, damit alle Einzelkomponenten den gleichen Startort und die gleiche Startzeit haben.

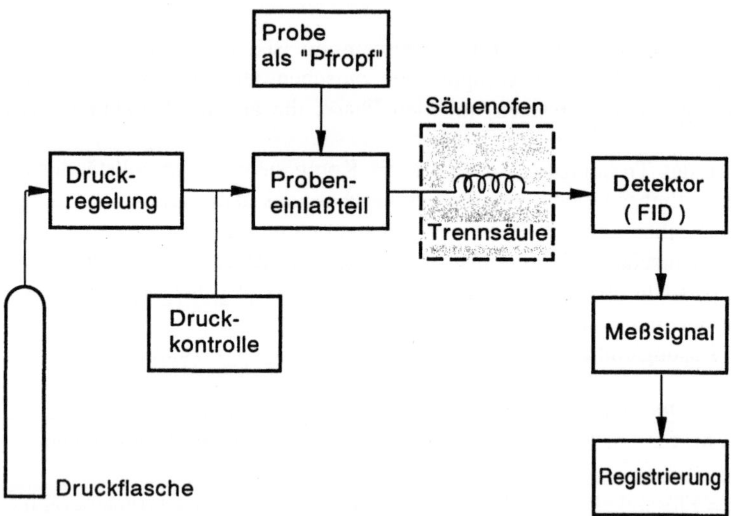

Abb. 6.59: Schematische Darstellung eines Gaschromatographen

Liegt die Probe in flüssiger Form vor, muß man im Einlaßteil außerdem für eine rasche, vollständige Verdampfung aller Probenbestandteile sorgen. Der Probeneinlaßteil läßt sich daher entsprechend temperieren. Die Dosierung der gasförmigen oder flüssigen Probe erfolgt über Milli- oder Mikroliterspritzen (Abb. 6.60).

Je nach Aggregatzustand und Volumen der zu injizierenden Probe gibt es unterschiedliche Ausführungen dieser Spritzen.

Mit der Spritze wird die Probe in den Trägerstrom eingeschleust (Abb. 6.61).

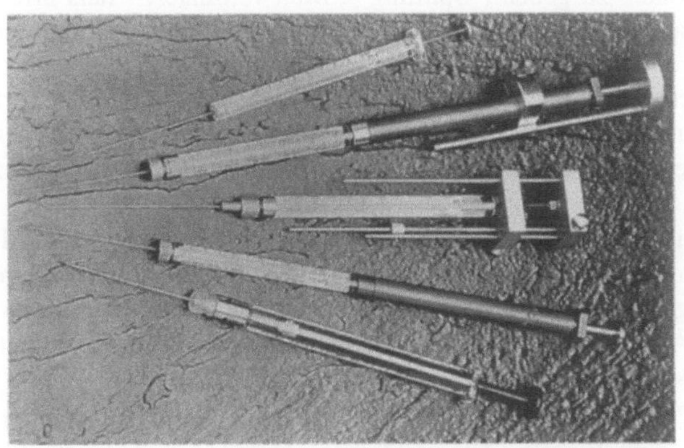

Abb. 6.60: Ansicht von Injektionsspritzen zur Probendosierung

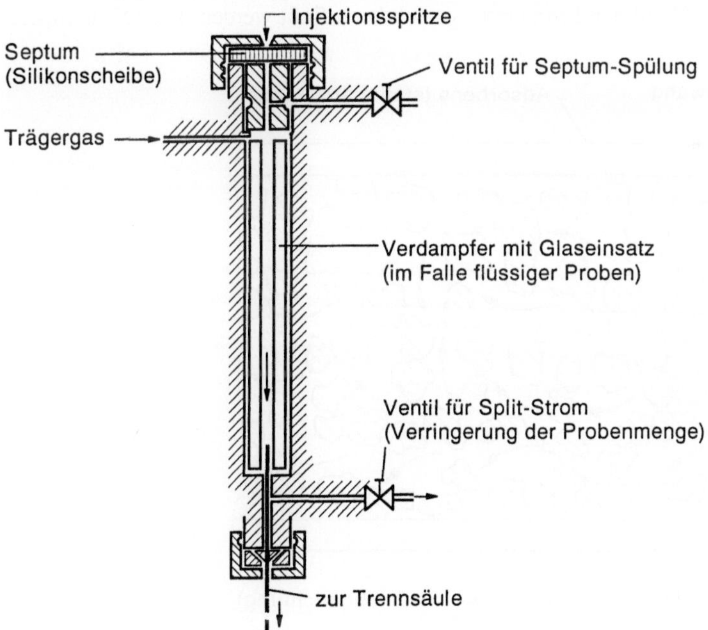

Abb. 6.61: Probeneinlaßsystem mit Probenteiler (Split) und Septum-Spülung (schematisch)

Der Trägergasstrom wird durch eine Silikongummischeibe (genannt "Septum") nach außen abgeschlossen. Dieses Septum dichtet sich nach Herausnehmen der Injektionsspritze selbständig wieder ab. Eingebaute Verdampfer mit Glaseinsätzen erlauben bei flüssigen Proben eine Verdampfung der zu untersuchenden Komponenten.

Der dargestellte Einlaßteil besitzt noch eine "Septumspülung", die verhindert, daß flüchtige Bestandteile der Gummidichtung auf die Trennsäule gelangen und das Analysenergebnis verfälschen. Außerdem besteht die Möglichkeit, nur einen Teil der Probe auf die Säule zu geben ("Splitting"). Man verhindert - falls erforderlich - auf diese Weise eine Überladung der Trennsäule mit Probenmaterial und damit eine Verschlechterung der Trennleistung.

Betrachtet man zunächst eine Trennsäule mit einer stationären Phase aus einem feinkörnigen adsorbierenden Material (Adsorbens), das sich in einer zylindrischen Röhre, "Trennsäule", befindet (Abb. 6.62), so spricht man von einer „gepackten Säule".

Die mobile Phase, bei der GSC also ein Gas, soll die stationäre Phase (das Adsorbens) möglichst gleichförmig umströmen. Die ideale Form für die stationäre Phase ist daher die Kugelgestalt, der man - wie die folgende Raster-Elektronen-mikroskop-Aufnahme (Abb. 6.63) zeigt - in der Praxis schon sehr nahe gekommen ist. Der Kugeldurchmesser beträgt hier etwa 100 µm.

Als Material für die Trennsäulenhülle kommen Metalle, z.B. Stahl oder Kupfer, hauptsächlich aber Glas zum Einsatz. Aus praktischen Gründen sind die Säulen meistens - wie im folgenden Beispiel - als Spirale ausgeführt (Abb. 6.64).

Die Trennsäule befindet sich in einem gesonderten Ofen (vgl. Abb. 6.59).

Das Gleichgewicht Adsorption / Desorption ist temperaturabhängig und kann hier durch die Wahl der Temperatur gezielt beeinflußt werden. Die Ofentempera-

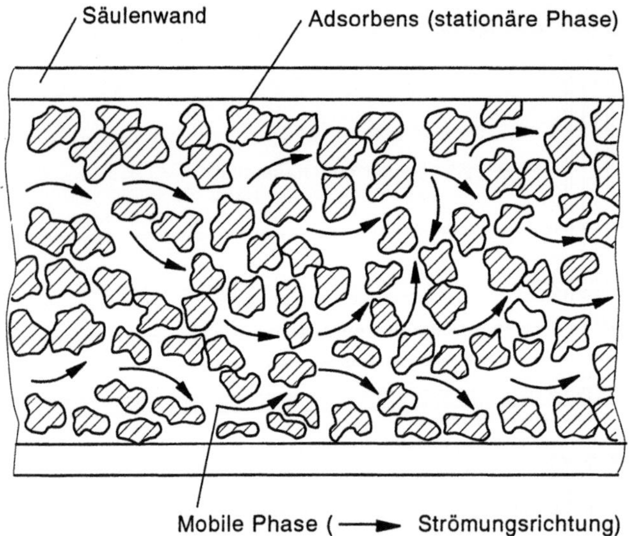

Abb. 6.62: Querschnitt durch eine gepackte Säule (schematisch)

Abb. 6.63: Raster-Elektronenmikroskop-Aufnahme (1000:1) eines Adsorbens für die GSC

Abb. 6.64: Ansicht einer gepackten Glassäule, Länge: 100 bis 1000 cm

tur wird dabei entweder konstant gehalten oder aber nach vorprogrammierten Profilen verändert. Hierauf wird im Detail weiter unten eingegangen.

Detektor
Hinter der Säule ist ein Detektor angebracht, mit dem man die nacheinander eintreffenden, getrennten Substanzen im Trägergas in elektrische Signale umwandelt, die der Konzentration der Komponenten in der mobilen Phase proportional sind (vgl. Abb. 6.59).

Aus der Vielzahl der für alle möglichen Anwendungszwecke entwickelten Detektoren wurde schon der Flammenionisationsdetektor (FID) erwähnt. Der FID ist ein universeller, hochempfindlicher Detektor mit einem großen dynamischen Bereich. Er wird überwiegend für den Nachweis von Kohlenwasserstoffen und anderen organischen Komponenten verwendet. Durch den Einbau einer Alkalisalzperle in den Brennraum kann der FID für stickstoffhaltige Verbindungen sensibilisiert werden.

Kalibrierung

Im Gegensatz zu den Messungen der Summe der Kohlenwasserstoffe bei den limitierten Abgaskomponenten werden hier getrennte Einzelverbindungen erfaßt. Der FID kann somit nach Eingabe von Proben bekannter Zusammensetzungen (eingewogene "Standardgemische") kalibriert werden. Die Kalibrierungen erfolgen für jede zu messende Komponente nacheinander. Damit wird der Fehler gering.

Chromatogramm

Die Aufzeichnung des vom jeweiligen Detektor gelieferten Meßsignals über die Analysenzeit ergibt das sogenannte "Chromatogramm" (Abb. 6.65). Oben in der Abbildung ist das Ergebnis einer gaschromatographischen Analyse von C_6- bis C_{20}-Alkanen wiedergegeben. Als Detektor wurde ein FID verwendet.

Jedes chromatographische Signal, "Peak" genannt, steht für eine ganz bestimmte chemische Verbindung, die unter reproduzierbaren, gaschromatographischen Bedingungen immer an der gleichen Stelle erscheint, also stets die gleiche "Retentionszeit" (Abstand vom Nullpunkt) aufweist. Retentionszeitmessungen bilden die Grundlage der qualitativen Analyse (Trennergebnis).

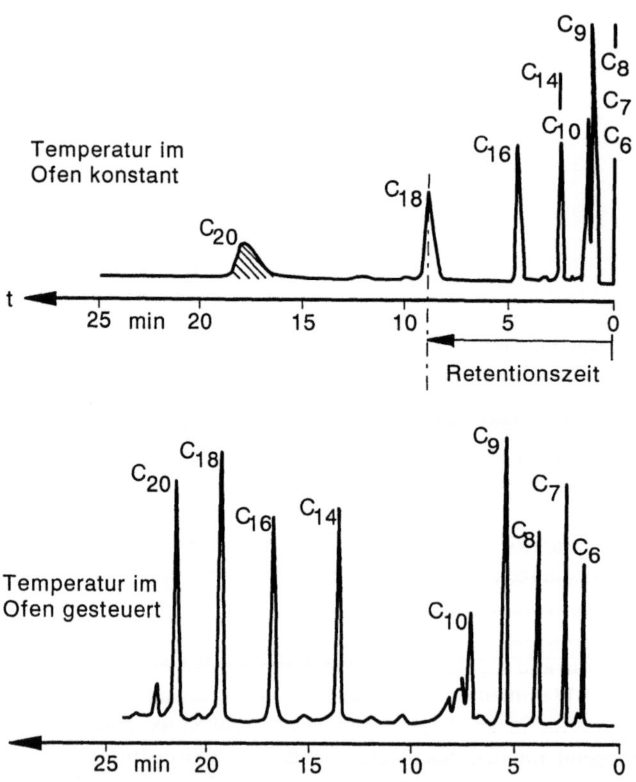

Abb. 6.65: Analyse von C_6...C_{20} N-Alkanen (paraffinische Kohlenwasserstoffe) in isothermer Arbeitsweise bei 200°C (oben) und mit gesteuerter Temperatur von 60 bis 280°C/min (unten)

Für die quantitative Auswertung zur Bestimmung der Konzentration werden die Flächen unter den einzelnen Peaks herangezogen (hier z.B. für C_{20}). Die Flächenbestimmung kann - wie heute üblich - elektronisch mit Hilfe von "Integratoren" bzw. computergestützt durchgeführt werden. Die Fläche ist (nach Kalibrierung) ein Maß für die Konzentration der Komponente (Meßergebnis).

Es soll noch auf den Unterschied zwischen den beiden abgebildeten Chromatogrammen hingewiesen werden:

Der obere Teil von Abb. 6.65 zeigt das Ergebnis einer Analyse von Substanzen (Kohlenwasserstoffe, hier sind C-Anteile gekennzeichnet) mit unterschiedlichen Verteilungskoeffizienten bei isothermen Betrieb des Trennsäulenofens (konstante Temperatur). Man erkennt deutlich, daß oben die Peaks anfangs sehr schmal und dicht zusammengedrängt sind. Eine quantitative Auswertung ist erschwert. Die Komponenten sind nicht ausreichend getrennt. Andererseits werden die Peaks mit wachsender Retentionszeit immer kleiner und breiter, bis sie im Rauschen der Basislinie gar nicht mehr erkannt werden können.

Im unteren Teil von Abb. 6.65 wird das Ergebnis einer Analyse gezeigt, bei der über die Ofentemperatur der Prozeß gezielt beeinflußt wird. Die Analyse wird bei einer geringeren Säulentemperatur gestartet. Die Wanderungsgeschwindigkeit der Komponenten mit dem Trägergas ist herabgesetzt, wodurch die leichtflüchtigen Verbindungen ausreichend getrennt werden. Dann wird die Säulentemperatur langsam angehoben. Die Wanderungsgeschwindigkeiten wachsen entsprechend mit. Durch geschickte Wahl des Temperaturprogramms kann erreicht werden, daß alle Komponenten als gut auswertbare Peaks registriert werden. Daneben wird die Analysedauer erheblich reduziert, weil die schwerflüchtigen Verbindungen gegen Ende des Temperaturprogramms bei erhöhten Temperaturen schneller aus der Trennsäule austreten.

Die Aufgaben des Analytikers besteht nun darin, die Trennbedingungen so zu wählen, daß die gewünschten Komponenten als Einzelpeaks erscheinen. Dazu können folgende Parameter variiert werden:
1. Material und Abmessungen (Länge, Durchmesser) der Trennsäule;
2. Stationäre Phase:
    a) Absorbens,
    b) Trägermaterial und flüssige Phase;
3. Mobile Phase (Gasart und Strömungsgeschwindigkeit);
4. Temperaturprogramm (Anfangstemperatur, Aufheizrate, Endtemperatur);
5. Detektionsmethode.

6.5.3 Liquid-Solid-Chromatographie (LSC, HPLC)

Apparativ sowie hinsichtlich des Anwendungsgebietes differieren gas- und flüssigkeitschromatographische Verfahren in mehreren Punkten (Abb. 6.66).

Die als mobile Phase fungierende Flüssigkeit wird entweder aufgrund ihres eigenen Gewichts oder meistens - wie in Abb. 6.66 dargestellt - durch ein Pumpensystem durch die Trennsäule gedrückt. Man spricht in diesem Falle von der "Hochdruckflüssigkeitschromatographie (High Pressure Liquid Chromatography - HPLC)" oder auch von der "Hochleistungsflüssigkeitschromatographie (High Performance Liquid Chromatography - HPLC)".

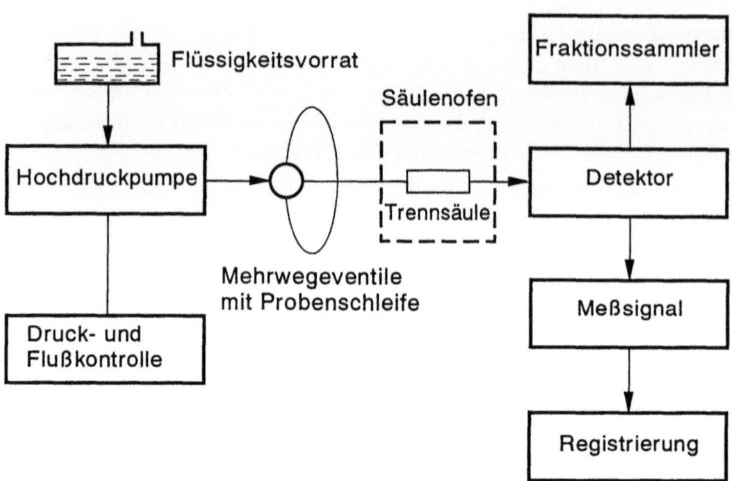

Abb. 6.66: Schematische Darstellung eines Flüssigkeitschromatographen (HPLC)

Die Probe, die flüssig vorliegen muß, wird über eine Probenschleife und ein Mehrwegeventil in den Flüssigkeitsstrom eingeschleust. In Abb. 6.67 ist die Funktionsweise einer solchen Vorrichtung dargestellt.

Links wird gezeigt, wie die Probelösung die Schleife füllt, die ein bestimmtes Volumen hat. Nach Drehen des 6-Wegeventils fließt Lösungsmittel in die Schleife ein (rechts im Bild) und drückt die Probe (deren Volumen bekannt ist) in die Trennsäule.

Die bei der HPLC verwendeten Trennsäulen bestehen hauptsächlich aus Edelstahl und sind wesentlich kompakter als die der gaschromatographischen Verfahren (Abb. 6.68).

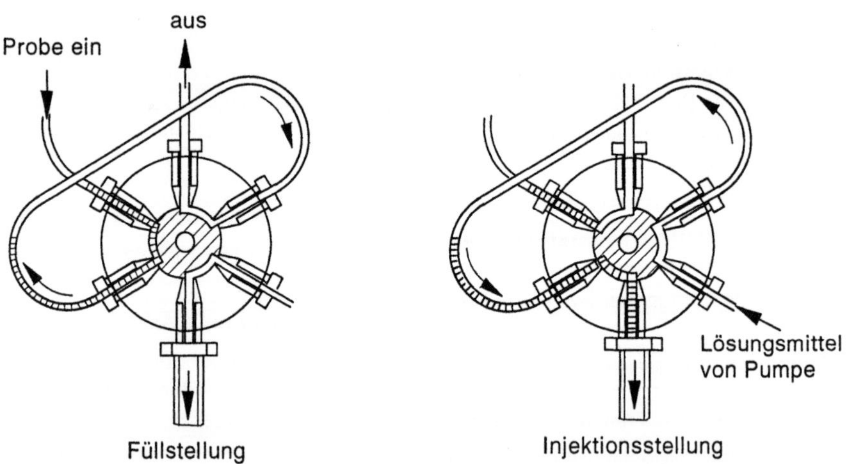

Abb. 6.67: Mehrweghahn als Probenaufgabesystem (schematisch)

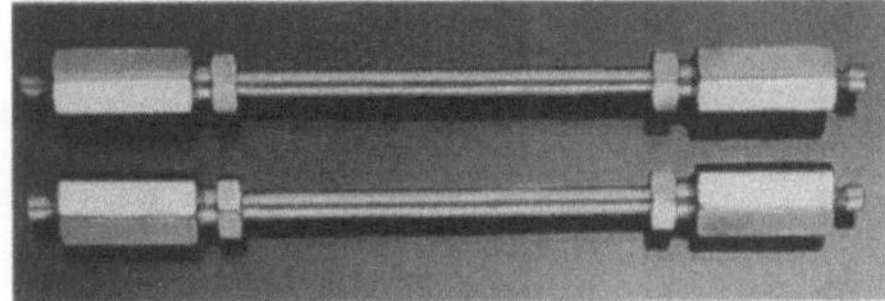

Abb. 6.68: Ansicht von Trennsäulen für die HPLC

Dadurch wird der Druckabfall über die Trennsäule, der bei Flüssigkeiten wesentlich höher ist als bei Gasen, in Grenzen gehalten. Typische Säulenlängen liegen zwischen 5 und 25 cm gegenüber 100 bis 1000 cm bei der Gaschromatographie.

Physikalisch entspricht die Methode der LSC weitgehend der beschriebenen Methode der GSC. Die stationäre Phase ist ein dünner Flüssigkeitsfilm auf der Oberfläche der in der Trennsäule eingefüllten Kügelchen (Abb. 6.69).

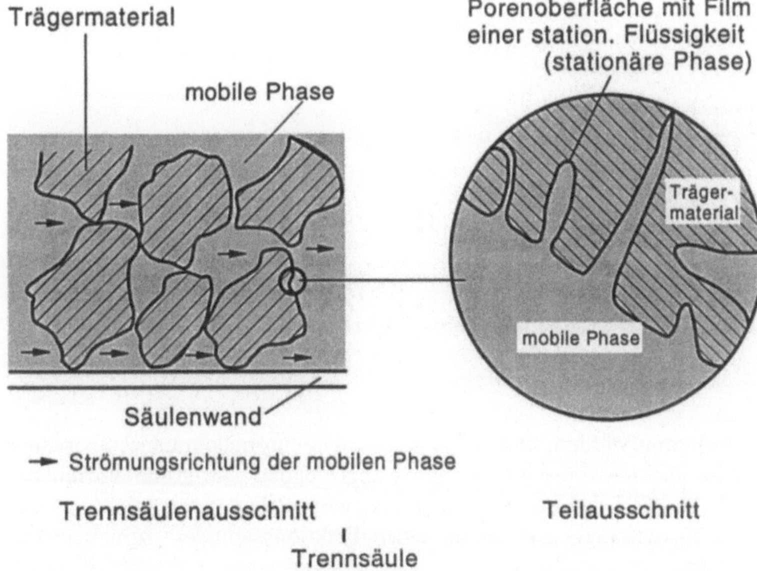

Abb. 6.69: Schematische Darstellung der Struktur einer gepackten Säule für die HPLC

Die Kügelchen, jetzt als "Trägermaterial" bezeichnet, sollen eine möglichst poröse Oberfläche aufweisen, um eine große Kontaktfläche für die flüssige Phase zur Verfügung zu stellen.

Eine Programmierung der Trennsäulentemperatur - wie bei der GSC beschrieben - ist bei der HPLC nicht gebräuchlich, da die hohe Wärmekapazität von Trennsäule und mobiler Phase keine reproduzierbare Steuerung erlaubt.

Gradienten-Programmierung

Vergleichbare Effekte kann man aber dadurch erzielen, daß anstelle von nur einem, zwei oder mehrere Lösungsmittel als mobile Phase Verwendung finden, deren Verhältnisse untereinander verändert werden ("Gradienten-Programmierung", Abb. 6.70).

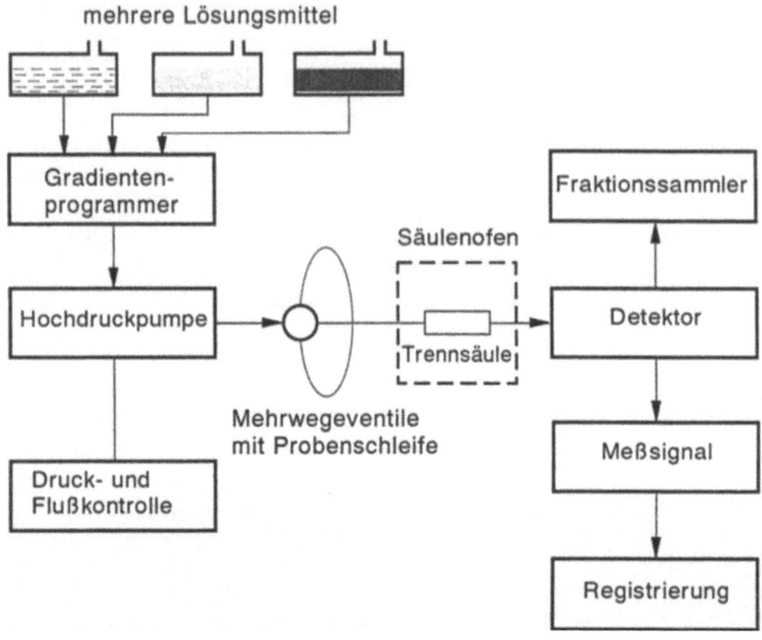

Abb. 6.70: HPLC mit Gradientenprogrammierung (schematisch)

Detektoren

Für die Detektoren werden, anders als bei der Gaschromatographie, überwiegend optische oder spektroskopische Verfahren angewendet. Der große Vorteil dieser Methoden liegt darin, daß die Probenkomponenten nicht zerstört (nicht verbrannt) werden und unverändert, z.B. durch einen Fraktionssammler, zurückgewonnen werden können.

Als Detektoren für die HPLC werden u.a. eingesetzt:

- Differentialrefraktometer,
- UV/VIS- und IR-Detektoren mit festen und durchstimmbaren Wellenlängen,
- Fluoreszensdetektoren,
- Leitfähigkeitsdetektoren,
- sowie elektrochemische und radiometrische Detektoren.

Stellvertretend für diese Detektorkonzepte soll ein auf dem Markt befindliches System, das Dioden-Array-Photometer (Abb. 6.71), vorgestellt werden.

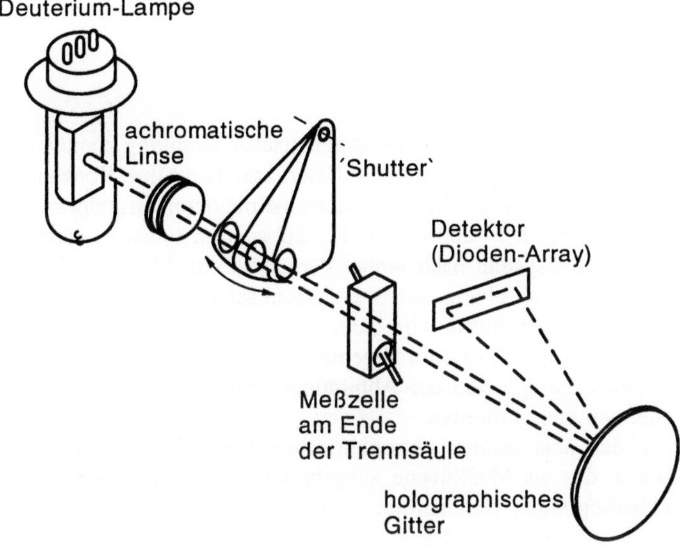

Abb. 6.71: Schematischer Aufbau des Dioden-Array-Photometers

Das gesamte Lichtspektrum einer Deuteriumlampe (Wellenlängenbereich: 190 bis 600 nm) wird durch eine achromatische Linse auf die Meßzelle fokussiert, durch die Probe absorbiert, dann durch ein holographisches Reflexions-Gitter in einzelne Wellenlängen zerlegt und auf ein Dioden-Array fokussiert.

Das Array besteht aus einer Serie von 200 Photodioden, angeordnet auf einer Länge von 10 mm. Von diesen Photodioden werden die Wellenlängen von 190 bis 600 nm gleichzeitig (10 ms Auslesezeit) abgegriffen. Die Auflösung beträgt ca. 4 nm. Mittels Mikroprozessoren erledigt man die Erfassung, Verarbeitung und Weiterleitung der Daten. Ein sogenannter "Shutter" ist das einzige bewegliche Teil des Photometers. Er wird zur Messung des Dunkelstromes und zur Wellenlängeneichung in entsprechende Positionen geschwenkt.

Mit diesem Detektor können zeitaufgelöst ganze Spektren vom UV bis weit ins sichtbare Spektrum hinein aufgenommen werden, ohne - wie das bei einem Gerät mit Wellenlängendurchstimmung über ein Gitter erforderlich ist - den Fluß der mobilen Phase zu unterbrechen. Für Analysen höherer Genauigkeit ist das Dioden-Array-Photometer wegen der relativ geringen Auflösung allerdings nur eingeschränkt geeignet.

Gaschromatographie und Flüssigkeitschromatographie werden in der Praxis weniger alternativ eingesetzt, vielmehr ergänzen sie sich in ihren Möglichkeiten. Während die Gaschromatographie bei der Untersuchung von Gasen und leicht flüchtigen, unzersetzt verdampfbaren Substanzen die Methode der Wahl ist, bietet die HPLC Vorteile bei der Analyse von gelösten hochmolekularen und stark polaren Verbindungen.

Die HPLC wird daher auch für die Vortrennung von komplexen Gemischen in Fraktionen mit wenigen Einzelkomponenten verwendet.

6.6 Massenspektrometrie (MS)

6.6.1 Grundsätzliches

Außer durch ihre Wechselwirkung mit elektromagnetischer Strahlung können Gasmoleküle auch nach ihrer Masse getrennt, identifiziert und damit ihre Konzentration gemessen werden. Dazu dient die Massenspektrometrie, deren Grundprinzip es ist, aus Molekülen anorganischer oder organischer Substanzen Ionen zu erzeugen, diese Ionen in einem Trennsystem nach ihrem Verhältnis von Masse zu Ladung $(m/e)^{1)}$ zu sortieren und sie mit einem Nachweissystem selektiv und nach Häufigkeit zu erfassen. Das Massenspektrum wird dann als Linienspektrum auf der Massenskala abgebildet. Die "Linien" sind im allgemeinen keine scharfen Linien, sondern, im wesentlichen abhängig von der Abbildungsschärfe des Gerätes (Ionenstreuung), mehr oder weniger verbreitert.

Im Gegensatz zu den absorptionsspektrometrischen Verfahren, bei denen das Meßgas ein Volumen, das als Meßküvette ausgebildet ist, im allgemeinen unter Atmosphärendruckbedingungen durchströmt, muß aus physikalischen Gründen (Vermeidung von Stößen zwischen den erzeugten Ionen und Neutralmolekülen) das Massentrennsystem unter Hochvakuumbedingungen (Druck kleiner als ca. 10^{-3} Pa) betrieben werden.

Abb. 6.72 zeigt das Schema eines Massenspektrometersystems. Seine einzelnen Bestandteile werden im folgenden getrennt diskutiert.

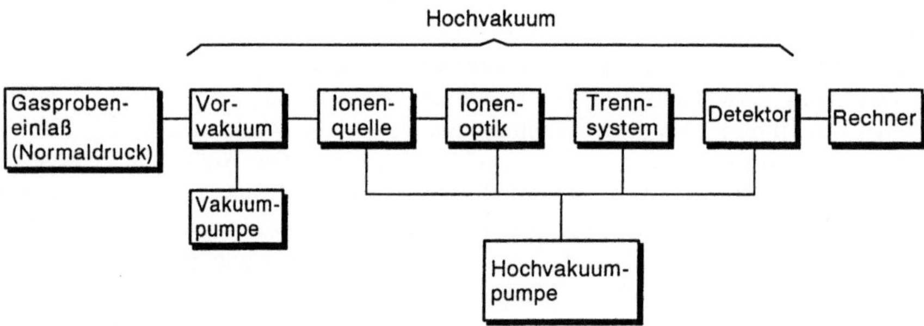

Abb. 6.72: Schema eines Massenspektrometersystem

6.6.2 Einlaßsystem

Zur kontinuierlichen massenspektrometrischen Messung von Gasen müssen die im allgemeinen bei Atmosphärendruck vorliegenden Gase über ein spezielles Einlaßsystem der unter Vakuum gehaltenen Ionenquelle zugeführt werden. Dieses Ein-

---

[1] m in atomaren Masseneinheiten ($1\ u = 1,66 \cdot 10^{-27}$ kg) und e in Elementarladungen ($1\ e_0 = 1,6 \cdot 10^{-19}$ C), $u/e_0 = 1,04 \cdot 10^{-8}$ kg C^{-1}

laßsystem muß einmal den Gasdruck von Atmosphärendruck auf das Vakuum der Ionenquelle ohne Veränderung der Gaszusammensetzung reduzieren lassen und zum anderen den Massenstrom des Gases über Kapillaren und kritische Düsen konstant halten. Der konstante Massenstrom ist erforderlich, weil bei quantitativer Messung die Menge der nachzuweisenden Teilchen in das Meßergebnis eingeht und nicht, wie bei absorptionsspektrometrischen Verfahren, deren Dichte. Die schematische Darstellung eines kontinuierlichen Einlaßsystems zeigt Abb. 6.73.

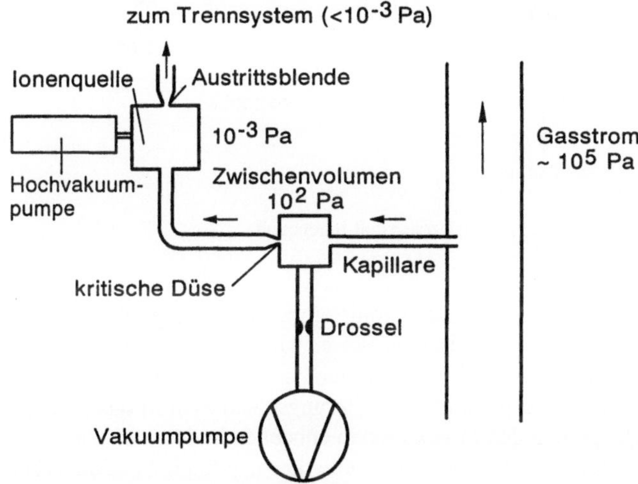

Abb. 6.73: Schema eines kontinuierlichen Massenspektrometer-Einlaßsystems (Massenstrom muß konstant sein)

Aus dem unter Atmosphärendruck stehenden Meßgasstrom wird über eine Kapillare Meßgas in ein Zwischenvolumen geleitet, das über eine Drosselstrecke von einer Vakuumpumpe evakuiert wird. Durch eine kritische Düse strömt eine Teil des Gases in die Ionenquelle, die ihrerseits vom Vakuumsystem des Massenspektrometersystems evakuiert wird.

6.6.3 Elektronenstoßquellen

Die Ionisierung von Gasmolekülen erfolgt im wesentlichen durch Elektronenstoß (electron impact: EI). In Elektronenstoßionenquellen, die im allgemeinen im Hochvakuum bei ca. 10^{-3} Pa betrieben werden, werden die Ionen durch Stöße der Probenmoleküle mit Elektronen erzeugt, die von einer beheizten Kathode emittiert und durch eine Spannung zu einem Elektronenfänger (Anode) hin beschleunigt werden. In Abb. 6.74 ist eine Elektronenstoßquelle schematisch dargestellt.

Die von der Kathode emittierten Elektronen werden durch eine Spannung zwischen ca. 50 bis 150 Volt zur Anode hin beschleunigt. Ein Magnetfeld (in Abb. 6.74 nicht dargestellt), sorgt für eine möglichst enge Bündelung des Elektronen-

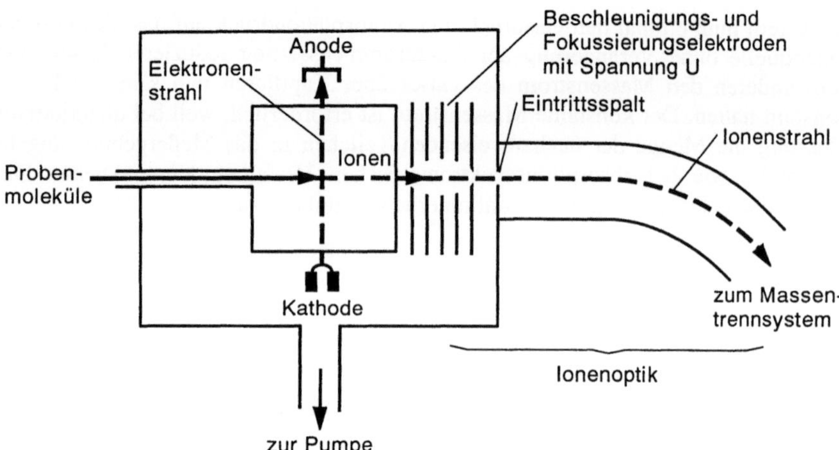

Abb. 6.74: Schematische Darstellung einer Elektronenstoß-Ionenquelle

strahls. Die Probengasmoleküle, die in den Ionisierungsraum eingeführt werden, treten mit den Elektronen in Wechselwirkung. Einige Moleküle verlieren dabei ein Elektron (in einzelnen Fällen auch zwei Elektronen), sie werden positiv ionisiert und mit Hilfe von Beschleunigungs- und Fokussierungselektroden in das Massentrennsystem eingebracht. Neben den Molekülionen entstehen in den meisten Fällen auch noch Bruchstückionen, das sind ionisierte Teile des ursprünglichen Moleküls.

Der in der Ionenquelle erzeugte Ionenstrom I^+ ist gegeben durch

$$I^+ = N \cdot Q \cdot l \cdot i, \tag{6.80}$$

wobei i die Stärke des Elektronenstroms, l die Länge des Ionisierungsraumes, N die Anzahl der Probengasmoleküle pro cm^3 und Q deren Wirkungsquerschnitt ist. Der Wirkungsquerschnitt Q für einige Moleküle ist für ein Ionisierungspotential von 70 eV in Tabelle 6.7 angegeben.

Die Ionenausbeute in den Elektronenstoßionenquellen ist gering. Nur etwa eines von 10^4 Molekülen, die im Ionisierungsraum anwesend sind, wird ionisiert. Die Ionisierungswahrscheinlichkeit erreicht bei Energiewerten der stoßenden Elek-

Tabelle 6.7: Ionisierungswirkungsquerschnitte Q für einige Gase bei 70 eV Elektronenenergie

Gasart	Q in $cm^2 \cdot 10^{-16}$	Gasart	Q in $cm^2 \cdot 10^{-16}$
A	3,5	CH_4	4,6
H_2	1,2	C_2H_4	6,7
O_2	2,5	C_2H_6	8,3
N_2	2,9	C_3H_6	9,7
H_2O	3,0	C_3H_8	11,1
CO	3,0	C_6H_6	16,9
CO_2	4,3		

tronen von 70 bis 100 eV ein Maximum. Bei höheren Stoßenergien wird die Wechselwirkungszeit der Stoßpartner so kurz, daß die Ionisierungswahrscheinlichkeit schnell abnimmt.

Im Ionisierungsprozeß entstehen verschiedene Ionenarten der Moleküle, ihrer Bruchstücke und der Atome:

- Einfach geladene Ionen;
- Mehrfach geladene Ionen;
- Bruchstückionen.

Als Beispiel sind für die Gase Kohlenmonoxid (CO) und Kohlendioxid (CO_2) die prozentualen Verteilungen der Molekülionen und der Bruchstückionen bezogen auf die einzelnen Massenlinien in Tabelle 6.8 angegeben.

Tabelle 6.8: Prozentuale Verteilung der Molekülionen und der Bruchstückionen für die Gase CO_2 und CO

Gasart	Massenlinie in amu	Anteil in %	Ionenart
CO_2 (Masse 44)	45	1,0	Isotop (Molekülion)
	44	72,70	CO_2^+
	28	8,3	CO^+
	16	11,70	O^+
	12	6,2	C^+
CO (Masse 28)	29	1,9	Isotop (Molekülion)
	28	91,30	CO^+
	16	1,1	O^+
	14	1,7	CO^{++}
	12	3,5	C^+

Die Einheit "atomic mass unit (amu)" ist in der Massenspektrometrie üblich. Doppelt positiv geladene Ionen (z.B. CO^{++}) werden, da die Ionenanzeige nach dem Quotienten Masse durch Ladung (m/e) erfolgt, mit $m/2e$, also mit ihrer halben Masse, registriert.

6.6.4 Ionenoptik

Die in der Ionenquelle entstandenen Ionen müssen aus der Quelle heraus beschleunigt und in das Massentrennsystem hinein fokussiert werden. Diese Aufgabe erfüllt die Ionenoptik, die durch elektrostatische Linsen als Blende oder Blendensystem realisiert wird. Die Ionenoptik ist so aufgebaut, daß alle im spezifischen Massenbereich vorkommenden Ionen in das Trennsystem eingeführt werden, ohne daß eine Konzentrationsverschiebung in bezug auf die Zusammensetzung des Probengases eintritt, vgl. Abb. 6.74.

6.6.5 Massentrennsysteme

In dem Trennsystem eines Massenspektrometers werden die von der Ionenquelle kommenden Ionen nach ihrem Masse/Ladungsverhältnis sortiert und in räumlich oder zeitlich getrenntem Zustand dem Ionennachweissystem zugeführt (ähnlich wie bei Chromatographen). Die Folge der aufgenommenen Signale ergibt das Massenspektrum. Die Trennsysteme lassen sich in zwei Gruppen einteilen: Statische und dynamische Systeme.

6.6.5.1 Statische Trennsysteme

Als statisches Trennsystem wird eine Anordnung bezeichnet, deren Trennfelder (Magnetfeld, elektrisches Feld) während der Laufzeit der Ionen durch das System zeitlich konstant bleiben.

Allen statischen Trennsystemen gemeinsam ist ein magnetisches Sektorfeld, wobei vorwiegend mit homogenen Magnetfeldern gearbeitet wird. Das Funktionsprinzip des magnetischen Sektorfeldes ist in Abb. 6.75 gezeigt.

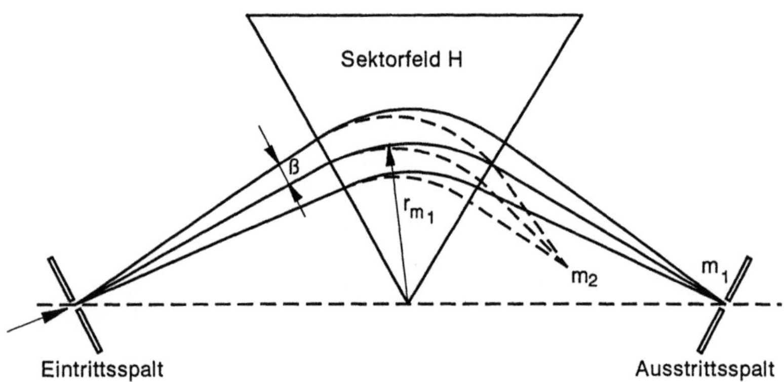

Abb. 6.75: Funktionsprinzip des magnetischen Sektorfeldes

In dem homogenen Magnetfeld H bewegt sich das Ion der Masse m, der Ladung $\cdot q$ und der Geschwindigkeit v auf einer Kreisbahn mit dem Radius r_m, wobei ein Gleichgewicht zwischen der sogenannten Lorentz-Kraft $qv\mu_0\mu_r H = qvB$ und der Zentrifugalkraft mv^2/r_m herrscht:

$$q\,v\,B = \frac{m\,v^2}{r_m} \tag{6.81}$$

oder

$$r_m = \frac{1}{B}\left(\frac{m}{q}\right)v \tag{6.82}$$

mit

$$v = \sqrt{2\frac{q}{m}U}\,. \tag{6.83}$$

Daraus ergibt sich mit der Beschleunigungsspannung U für den Bahnradius r_m die Beziehung

$$r_m = \frac{1}{B}\sqrt{\frac{2\,mU}{q}}\,. \tag{6.84}$$

Bei gegebenem Magnetfeld H und bei gegebener Beschleunigungsspannung U werden nur Ionen mit einem bestimmten Masse/Ladungsverhältnis m/e den Kreisbogen mit dem Radius r_m durchlaufen und das hinter dem Austrittsspalt befindliche Ionennachweissystem erreichen (z.B. die Molekülionen mit der Masse m_1 in Abb. 6.75). Andere Molekülionen (Ionen mit der Masse m_2) verfehlen den Spalt. Das Magnetfeld wirkt zusätzlich als Fokussierungseinrichtung, so daß gleiche Ionen mit gleicher Energie, die aber unter einem kleinen Winkel β gegen den idealen Radius in das Feld eintreten, ebenfalls auf den Austrittsspalt treffen. Die Fokussierung wird natürlich um so schlechter, je größer der Öffnungswinkel des Ionenbündels ist. Diese sogenannte Energiedispersion des magnetischen Sektorfeldes kann durch die Kombination mit einem elektrischen Sektorfeld kompensiert werden. Es handelt sich dann um ein doppelt-fokussierendes Trennsystem. Den schematischen Aufbau eines doppelt-fokussierenden Massentrennsystems zeigt Abb. 6.76.

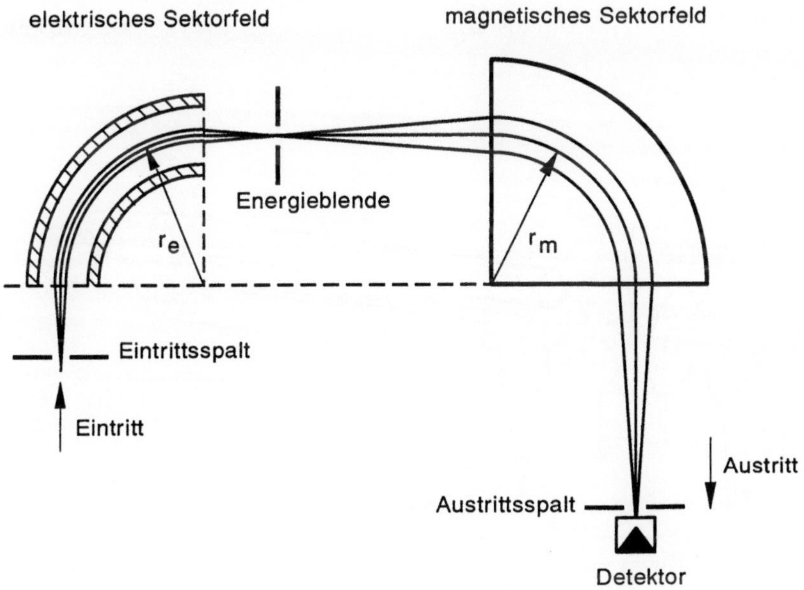

Abb. 6.76: Doppelte Trennfeldanordnung in einem Massenspektrometer-Nachweissystem

Die aus der Ionenquelle kommenden Ionen werden in dem elektrischen Ablenkfeld auf eine Kreisbahn mit dem Radius r_e gebracht. Der Radius r_e hängt von Masse und Geschwindigkeit (m und v) der Ionen ab. Die Ionen werden auf die Energieblende fokussiert und gelangen vorgetrennt in das magnetische Ablenkfeld. Durch Durchstimmung der Magnetfeldstärke des Magnetfeldes werden Ionen verschiedener Massen nacheinander auf ihren Ablenkradius r_m gebracht und hinter dem Austrittsspalt durch einen Ionendetektor selektiv nachgewiesen. Die Ablenkfelder sind mit Frequenzen < 1 Hz durchstimmbar, eine Mehrkomponentenmessung mit kurzer Zykluszeit ist also möglich.

6.6.5.2 Dynamische Trennsysteme

Als dynamisches Trennsystem wird eine Anordnung bezeichnet, die z.B. die Einwirkung von Wechselfeldern oder die masseabhängige Flugzeit der Ionen von der Ionenquelle bis zum Ionendetektor zur Massentrennung ausnutzt. Bekannte Systeme sind die Quadrupol-Massenfilter und die Flugzeit-Massenanalysatoren.

Quadrupol-Trennsysteme

Die Quadrupol-Trennsysteme gehören zu der Gruppe der Bahnstabilitätsspektrometer, bei denen nur Ionen eines bestimmten Masse/Ladungsverhältnisses m/e auf stabilen Bahnen das Trennsystem durchlaufen können, während alle übrigen ausgefiltert werden: Der Quadrupol wirkt als Massenfilter. Das elektrische Trennfeld wird durch vier stabförmige Elektroden erzeugt, wobei ein elektrostatisches Gleichfeld U mit einem Hochfrequenzfeld V (Frequenz in der Größenordnung von 1 MHz) überlagert wird. Abb. 6.77 zeigt das Prinzip eines Quadrupol-Massenfilters.

Gesamtfeld: $\qquad U_1 + U_2 \cos(\omega t)$ $\hfill$ (6.85)

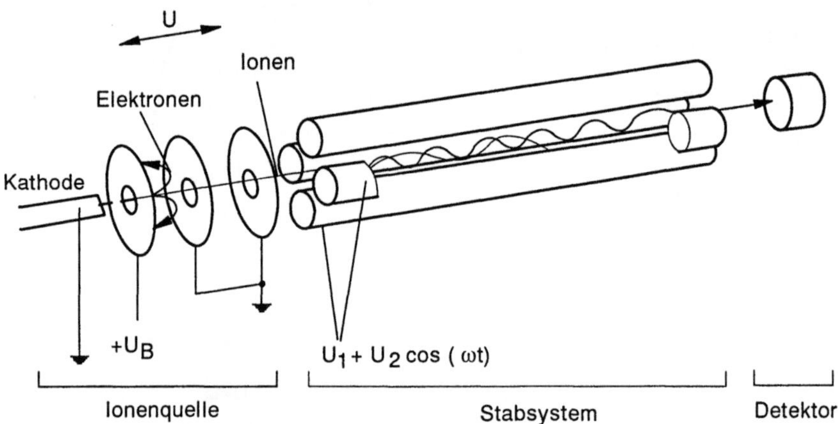

Abb. 6.77: Prinzipdarstellung eines Quadrupol-Massenfilters

Die Ionen bewegen sich in achsenparalleler Richtung (z-Richtung) mit der Geschwindigkeit, mit der sie in das System eingeschossen wurden. Unter dem Einfluß des Feldes oszillieren die Ionen senkrecht zur Geschwindigkeitsrichtung (x- und y-Richtung). Die Bahnen der Ionen werden durch die Lösungen der Mathieuschen Differentialgleichungen beschrieben:

$$\frac{d^2x}{dt^2} + (a + 2\,q \cos(\omega t))\, x = 0, \tag{6.86}$$

$$\frac{d^2y}{dt^2} - (a + 2\,q \cos(\omega t))\, y = 0 \tag{6.87}$$

mit den Parametern

$$\frac{a}{q} = 2\frac{U_1}{U_2}. \tag{6.88}$$

Nur für bestimmte Werte der Parameter a und q gelangen die Ionen auf stabilen Bahnen durch das ganze Trennsystem hindurch, ohne sich vorher senkrecht zu ihrer achsenparallelen Bewegung so weit aufzuschaukeln, daß sie auf eine der vier Elektroden treffen und damit ausgefiltert werden. Die für die stabilen Bahnen maßgebenden Werte von a und q werden in einem sogenannten Stabilitätsdiagramm dargestellt (Abb. 6.78).

Jedem auf einer stabilen Bahn durch das Trennsystem hindurchfliegenden Ion entspricht ein Punkt (a, q) innerhalb der näherungsweise dreieckigen (in Abb. 6.78 gestrichelten) Fläche A,B,C (im Beispiel m_1, m_2, m_3). Ionen auf instabilen Bahnen entsprechen Punkten außerhalb dieser Fläche (im Beispiel m_4, m_5, m_6). Durch ent-

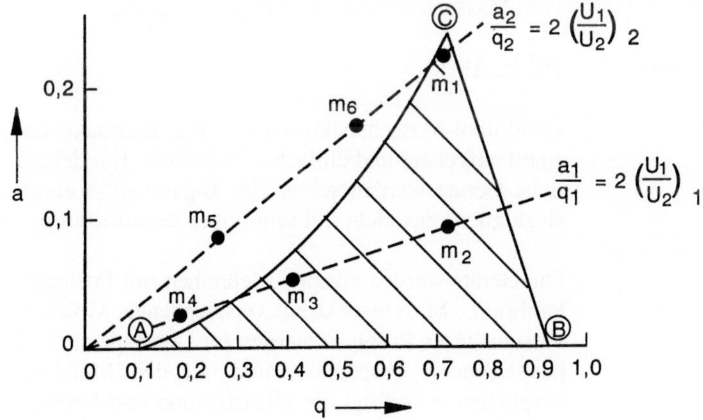

Abb. 6.78: Stabilitätsdiagramm eines Quadrupol-Massenfilters (mit beispielhaft angenommenen Zahlenwerten)

sprechende Wahl des Quotienten $a/q = 2\,U_1/U_2$ kann das Trennsystem so eingestellt werden, daß sich nur noch ein Ion bestimmter Masse in der Fläche A,B,C, also im Durchlaßbereich des Massenfilters befindet (z.B. das mit der Masse m_1 in der Spitze der Fläche). Das System ist dann selektiv. Durch synchrones Variieren der Gleichspannung U_1 und der Hochfrequenzspannung U_2 kann das Massenfilter durchgestimmt werden, so daß die Ionen mit unterschiedlichen Massen nacheinander selektiv in den Durchlaßbereich des Filters, also in die Spitze des Stabilitäts"dreiecks" gelangen.

Das Massenauflösungsvermögen eines Quadrupol-Massenspektrometers ist begrenzt. Die übliche Auflösung liegt bei $\Delta m/m = 1$ (Einheitsauflösung). Damit lassen sich Moleküle gleicher Masse, wie CO und N_2, über die Molekülionen (CO^+ und $N_2{}^+$) nicht trennen; der getrennte Nachweis ist nur über die Matrix der Bruchstückionen (C^+, O^+ und N^+) möglich. Dies ist aber, insbesonders wenn die beiden Komponenten in stark unterschiedlichen Konzentrationen vorliegen, wegen der kleinen prozentualen Anteile der Bruchstückionen an der Gesamtlinienintensität schwierig.

Die Meßzeit in Quadrupolsystemen ist sehr klein (< 1 ms). Zusammen mit der gasdynamischen Zeitkonstante der Einströmzeit des Gases, die ebenfalls in dieser Größenordnung liegt, können also Meßfrequenzen von 1 kHz erreicht werden. Dies gilt allerdings nur für die Messung einer Komponente, bei der Mehrkomponentenmessung muß der Massenanalysator durchgestimmt werden. Die Zykluszeit liegt dann je nach Anzahl der zu erfassenden Massenfragmente zwischen 10 ms und 1 s.

Weitere Eigenschaften des Quadrupolsystemes sind:

Meßbare Komponenten:	Alle Gase (Probleme bei Molekülen gleicher Masse);
Nachweisgrenzen:	Sehr stark von der Zusammensetzung (Gasart und Konzentrationen) des Meßgases abhängig: 1 ppm bis mehrere hundert ppm;
Selektivität:	vom Massenauflösungsvermögen abhängig;
Meßbereichsdynamik:	10^5 bis 10^6;
Handhabbarkeit:	Quadrupol-Massenspektrometer sind kompakt und stabil aufgebaut und einfach zu bedienen. Handelsübliche Geräte werden schon zur Abgasanalyse eingesetzt, allerdings nicht mit sehr hoher Zeitauflösung.
Vorteil:	Die Geräte werden vor den Meßreihen mit Prüfgasen kalibriert, Massenspektren verschiedener Moleküle verschiedener Prüfgase werden im Datenspeicher eines Rechners gespeichert und mit den Meßdaten verglichen, so erfolgt die Identifikation und Konzentrationsberechnung (vergleichbar mit dem FTIR, vgl. Abschn. 6.1.7).

6.6.6 Ionencyclotronresonanz-(ICR)-Spektrometer

Eine Ausführungsform des Ionencyclotronresonanz-(ICR)-Spektrometers zeigt Abb. 6.79.

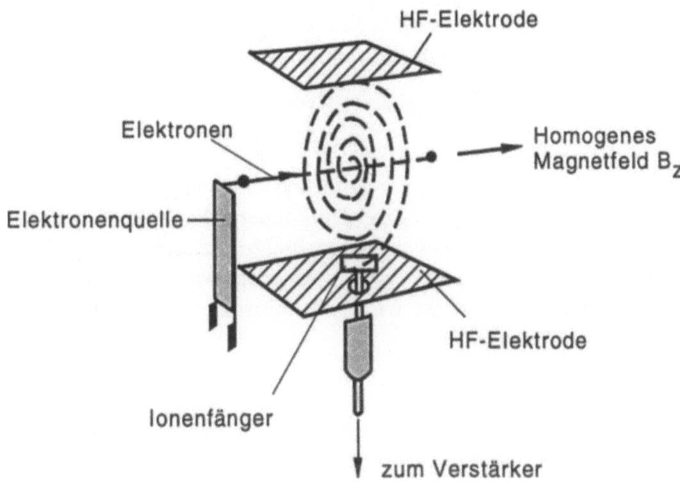

Abb. 6.79: Schema eines Ionencyclotron-Massenspektrometers

Zwischen plattenförmigen Elektroden liegt ein Hochfrequenzfeld und senkrecht dazu ein homogenes Magnetfeld. Die Ionen werden in dem Trennsystem selbst durch Elektronenstoß erzeugt und durch das Magnetfeld massenabhängig auf Kreisbahnen gelenkt. Nur Ionen bestimmter Massen können in Resonanz mit dem Hochfrequenzfeld auf einer stabilen Cyclotronbahn zum Ionenfänger gelangen. Durch Variation des Hochfrequenzfeldes oder des Magnetfeldes kann das System durchgestimmt werden. Die Formel für die Cyclotronkreisfrequenz lautet

$$\omega_c = \frac{e\,B_z}{2\pi\,m} \quad \text{oder} \quad f_c = \frac{e\,B_z}{m}, \tag{6.89}$$

wobei e/m das Verhältnis Ionenladung-zu-Ionenmasse und B_z die magnetische Flußdichte des homogenen Magnetfeldes ist.

Das Verfahren hat zwei Vorteile:
- Ionenbildung und Massenanalyse finden in demselben Raum statt.
- Alle Ionen werden gleichzeitig aufgrund der massenabhängigen Frequenz ihrer Umlaufbahn erfaßt.

Das Verfahren ist allerdings apparativ sehr aufwendig.

Bei einer neueren Entwicklung des Ionencyclotronresonanz-Verfahrens wird über zwei zusätzliche Elektroden die Cyclotronfrequenz der Ionen direkt als zeitabhängiges Signal gemessen. Das Massenspektrum wird wie beim FTIR (vgl.

Abschn. 6.1.7) aus diesen zeitabhängigen Signalen durch Fouriertranformation gewonnen.

6.6.7 Massenauflösungsvermögen

Die Auflösung R, die erreicht werden muß, um zwei Ionen der Massen m und $m + \Delta m$ zu trennen, wird ausgedrückt durch die Gleichung

$$R = m / \Delta m. \tag{6.90}$$

Δm ist der kleinste Massenabstand, bei dem zwei benachbarte Massenlinien gleicher Intensität noch als getrennt betrachtet werden können. Der Begriff "getrennt" bedarf noch einer Definition: Vorzugsweise wird hierzu die sogenannte %-Tal-Definition benutzt, wobei die Höhe des "Tals" zwischen zwei Massenlinien als Prozentzahl der Linienhöhe ausgedrückt wird. Als Beispiel zeigt Abb. 6.80 ein 10%-Tal zwischen zwei Massenlinien.

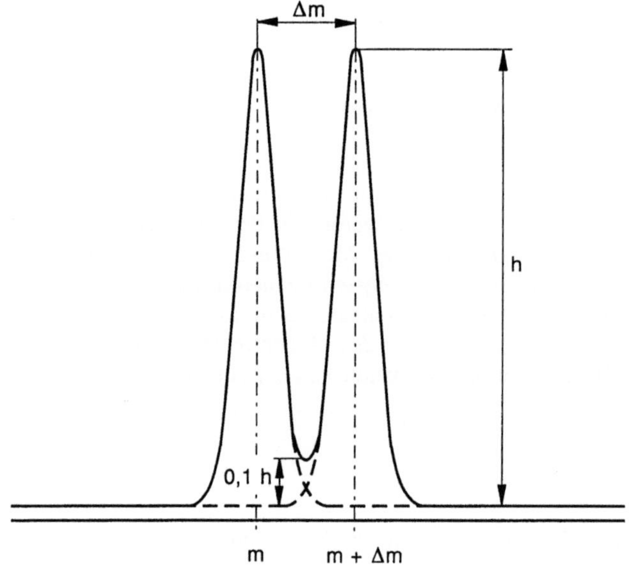

Abb. 6.80: Definition des Auflösungsvermögens eines Massentrennsystems am Beispiel eines 10%-Tales

Ein Kriterium für das Auflösungsvermögen eines Massentrennsystems ist dessen Fähigkeit, Ionen gleicher nomineller Masse (Dubletts wie z.B. CO und N_2, die beide die Massen 28 haben) zu trennen. Eine Trennung ist dabei überhaupt nur möglich, weil sich die exakten Massen über die unterschiedlichen Kernbindungs-energien der Atome in den beiden Molekülen um kleine Beträge unterscheiden.

Beispiel: Für das Dublett N_2 / CO gilt:

$$m\,(^{14}N\,^{14}N) \quad = \quad 28{,}00615$$
$$\underline{m\,(^{12}C\,^{16}O) \quad = \quad 27{,}99491}$$
$$\Delta m \quad = \quad 0{,}01124$$

Das theoretisch erforderliche Auflösungsvermögen ist dann

$$R = m/\Delta m = 28/0{,}01124 = 2491.$$

Bei praktischen Messungen ist jedoch, insbesondere wenn die beiden Komponenten große Konzentrationsunterschiede aufweisen, eine wesentlich höhere Auflösung erforderlich.

Das Auflösungsvermögen R der verschiedenen Massentrennsysteme ist stark unterschiedlich. Es reicht von $R = m$ (Einheitsauflösung) bis zu $R > 100.000$ bei doppelt-fokussierenden Sektorfeldsystemen. Eine gewisse Unabhängigkeit von dem Auflösungsvermögen der Massentrennsysteme kann mit einer selektiven Ionenquelle wegen der dann möglichen Vorsortierung der Komponenten des Probengases erreicht werden.

6.6.8 Beispielhaftes Ergebnis

Bei den massenspektrometrischen Gasanalyseverfahren, bei denen die zu analysierenden Gaskomponenten durch Elektronenstoß ionisiert werden, entstehen zumeist, wie Abb. 6.81 am Beispiel des Benzols zeigt, eine Vielzahl von Dissoziationsprodukten (Bruchstückionen).

Bei der Analyse eines Gasgemisches mit vielen Komponenten kommt es danach zu zahlreichen Überlagerungen von verschiedenen Dissoziationsprodukten auf den gleichen Massenlinien des Spektrogramms. Als Folge erfordert die quantitative Analyse oft einen großen Rechenaufwand.

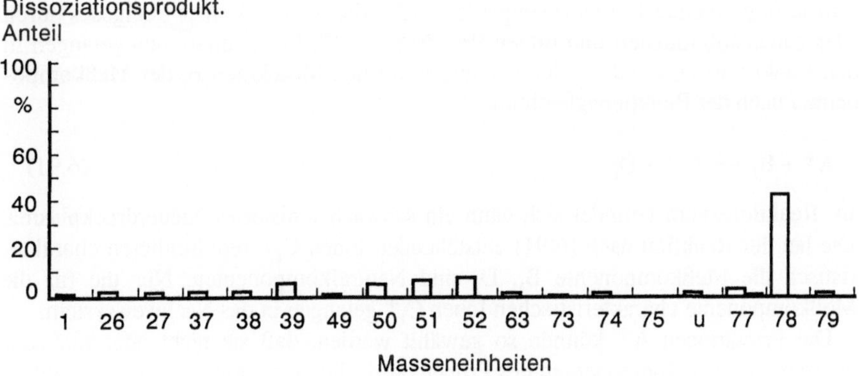

Abb. 6.81: Dissoziationsprodukte des Benzols bei Ionisierung durch Elektronenstoß

6.6.9 GASP - Gas Analysis by Sampling Plasmas

6.6.9.1 Grundsätzliches

Die neuartige Ionisierungstechnik des GASP-Verfahrens beruht auf Ionen-Molekül-Reaktionen. Man vermeidet bzw. reduziert das Aufbrechen der Molekülionen. Das heißt, für jede zu analysierende Neutralgaskomponente treten in sehr vielen Fällen nur ein oder wenige ionisierte Molekülbruchstücke auf, womit sich die Zuordnung von nachgewiesenen Ionen zu vorhandenen Neutralgaskomponenten gegenüber der Standardmassenspektrometrie mit Elektronenstoßionisierung wesentlich vereinfacht.

Das wird hier dadurch erreicht, daß die einzelnen Gaskomponenten nicht direkt durch Elektronen, sondern vorwiegend über vorher durch Elektronenstoß erzeugte Edelgasionen ionisiert werden. Als Arbeitsgase werden z.B. Krypton oder Xenon verwendet. Die Rekombinationsenergie dieser Edelgasionen liegen so niedrig (12,1 bzw. 14 eV), daß in vielen Fällen lediglich ein Ladungsaustausch zwischen den Edelgasionen und den Gasmolekülen erfolgt, ohne daß eine Dissoziation eintritt.

In bestimmten Anwendungsfällen, insbesondere zur Kohlenwasserstoffbestimmung, ist es vorteilhaft, die Bildung von Bruchstückionen gegenüber der Bildung von Molekülionen möglichst weitgehend zurückzudrängen. Dies wird durch eine "weiche" Ionisierungstechnik, die chemische Ionisierung (CI) erreicht, wobei die Ionisierung der Probengasmoleküle über Ionen-Molekülreaktionen läuft. Die reaktiven primären Ionen werden aber durch Elektronenstoß gebildet. Die Bildung einer genügend großen Anzahl von reaktiven Ionen setzt einen relativ hohen Druck (ca. 10^2 mbar) in der Ionenquelle voraus. Die Bildung der Probengasionen kann durch die Wahl des Reaktionsgases (der reaktiven Ionen) beeinflußt werden. Ein Sonderfall ist die chemische Ionisierung in Ionenquellen unter Atmosphärendruck. Die Primärionen werden dabei nicht durch Elektronenstöße, sondern in einer Koronaentladung gebildet.

6.6.9.2 Prinzip

Den prinzipiellen Aufbau eines Meßsystems zeigt Abb. 6.82.

Die Niederdruckplasma-Ionisierung entspricht im weiten Sinne der chemischen Ionisierung. In einer Primärionenquelle werden die Atome A eines Edelgases durch Elektronenstoß ionisiert und bilden Primärionen A^+. Die Primärionen gelangen in den Reaktionsraum und reagieren selektiv mit den Molekülen B_i der Meßkomponente i nach der Reaktionsgleichung

$$A^+ + B_i \rightarrow C_i^+ + D_i. \tag{6.91}$$

Im Reaktionsraum befindet sich dann ein schwach ionisiertes Niederdruckplasma. Die bei der Reaktion nach (6.91) entstehenden Ionen C_i^+ repräsentieren charakteristisch die Meßkomponente B_i; D_i sind Neutralkomponenten. Nur die für die Meßkomponente charakteristischen Ionen C_i^+ gelangen in das Nachweissystem.

Die Primärionen A^+ können so gewählt werden, daß sie nicht oder nur sehr langsam mit den Komponenten des Probengases, die nicht gemessen werden sollen, reagieren, hingegen sehr schnell mit der Meßkomponente. So reagieren z.B.

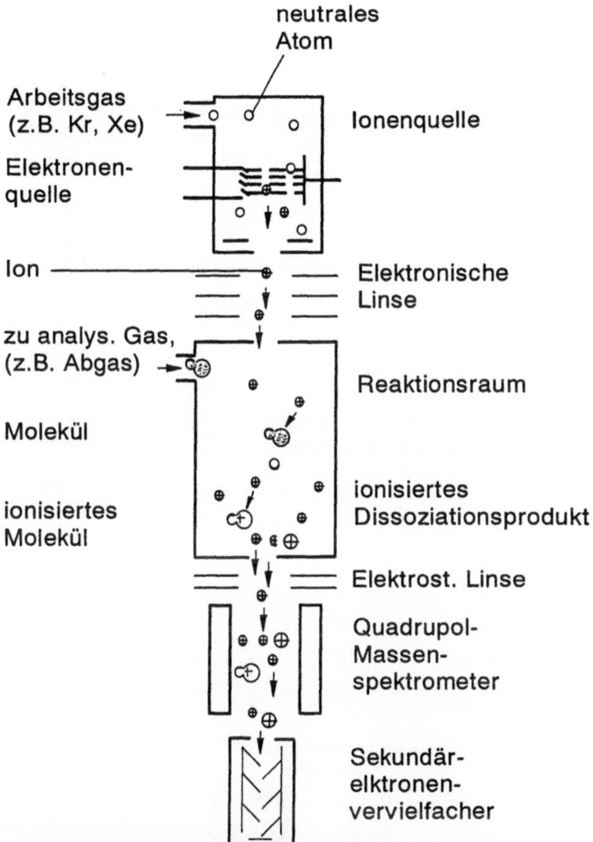

Abb. 6.82: Prinzip eines Meßsystems GASP

Kr^+-Ionen nicht mit N_2, nur langsam mit O_2 (Reaktionsrate ca. 10^{-11} cm^3 s^{-1}) und schnell mit CO_2 (Reaktionsrate ca. 10^{-9} cm^3 s^{-1}). Im Reaktionsraum soll sich vorzugsweise nur ein Primärreaktionsgas befinden; infolge neuerer Erkenntnisse können jedoch auch mehrere Reaktionsgase eingeleitet werden, so daß eine Art Simultanmessung mehrerer Gase möglich erscheint.

Das Arbeitsgas wird in der Ionenquelle ionisiert und gelangt über ein Linsensystem in den Reaktionsraum. Dort werden die Moleküle des zu untersuchenden bzw. analysierenden Gases durch Ionen-Ionen-Stoß ionisiert.

Die ionisierten Gasmoleküle und etwaige ionisierte Dissoziationsprodukte werden mit Hilfe des Systems Massenspektrometer-Fotomultiplier den Massenlinien des Spektrogramms zugeordnet. Je nach zu analysierender Abgaskomponente sind nacheinander verschiedene Edelgase zu verwenden, z.B. Krypton oder Xenon. Das ist ein Nachteil des Verfahrens, wenn man an simultane Messungen denkt.

Wie am Beispiel des Benzols in Abb. 6.83 deutlich zu sehen ist (ganz rechte, gestrichelte Säule), vgl. Abb. 6.82, erhält man bei diesem Verfahren der Ionen-Molekül-Reaktion nur ein Produkt, im Gegensatz zu der Ionisierung durch Elektronenstoß mit vielen Produkten verschiedener Masseneinheiten.

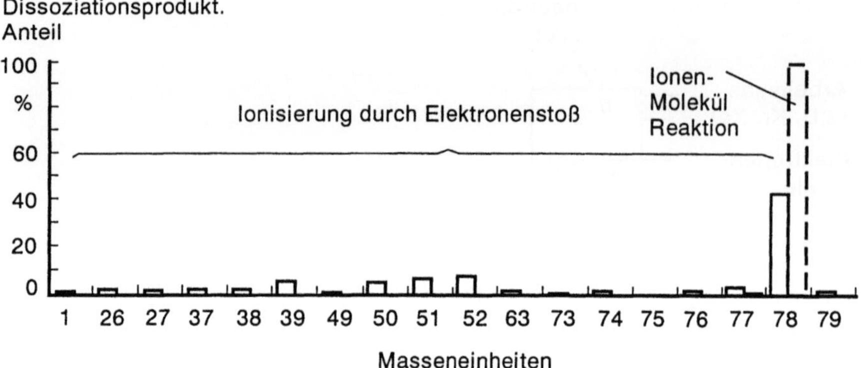

Abb. 6.83: Dissoziationsprodukte des Benzols bei Ionisierung durch Elektronenstoß bzw. durch - in der Abb.gekennzeichnete - Ionen-Molekül-Reaktion (Xe^+-Ionen)

6.6.10 Flugzeit-Massenspektrometer

Flugzeit-Massenspektrometer werden allgemein als TOF (time of flight)-Massenspektrometer bezeichnet. Das Funktionsprinzip des TOF-MS zeigt Abb. 6.84.

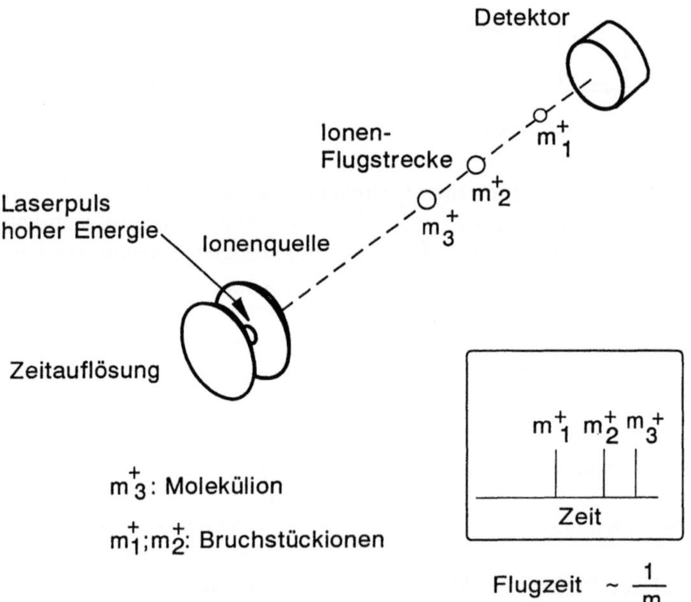

Abb. 6.84: Funktionsprinzip des TOF-Massenspektrometers mit Prinzip der Ergebnisdarstellung (rechts unten)

Die Ionen werden zu einem bestimmten Zeitpunkt pulsmäßig erzeugt, z.B. durch einen Laserpuls, und direkt anschließend in einem ebenfalls gepulsten elektrischen Feld mit der Spannung U beschleunigt. Danach durchfliegen die Ionen eine feldfreie Strecke, in der sie je nach Masse m_1, m_2 bzw. m_3 unterschiedliche Geschwindigkeiten annehmen und somit zu unterschiedlichen Zeiten auf den Detektor am Ende dieser Strecke auftreffen. Die Flugzeit t längs der feldfreien Driftstrecke mit der Länge d ergibt sich zu

$$t = d \sqrt{\frac{m}{2\,z\,e\,U}}, \tag{6.92}$$

die Laufzeitdifferenz Δt für beispielsweise zwei Ionen mit den Massen m_1 und m_2 ist somit

$$\Delta t = \frac{d}{\sqrt{2\,z\,e\,U}} \left(\sqrt{m_1} - \sqrt{m_2} \right). \tag{6.93}$$

Das Massenauflösungsvermögen ist bei Flugzeitmassenspektrometern sehr gering, da Ionen gleicher Massen zur gleichen Zeit auf den Detektor treffen. In neuerer Zeit wurde in den Flugweg der Ionen ein elektrostatischer Ionenreflektor eingebaut, der die Flugzeit der Ionen auch entsprechend ihrer Energie beeinflußt. Dadurch konnte das Auflösungsvermögen gesteigert werden.

6.6.11 Multiphotonen-Ionisierung mittels Laseranregung

Eine neu entwickelte Ionenquelle in Verbindung mit der TOF-MS ist eine durchstimmbare Laser-Ionenquelle. Mit Hilfe eines durchstimmbaren Lasersystems (z.B. Farbstoff-Laser in Verbindung mit einem YAG-Festkörperlaser) ist eine selektive Ionisation möglich, da die Photonenabsorption und die dadurch bedingte Ionisation eines bestimmten Moleküls nur bei einer bestimmten Anregungswellenlänge erfolgen kann. Dadurch ist auch die getrennte Erfassung von Ionen gleicher Masse möglich.

Bei der "Resonanten Multiphotonen-Ionisierung" werden die Gasmoleküle mit gepulstem Laserlicht, das im sichtbaren oder nahen UV-Bereich liegt, über eine Mehrphotonenabsorption durch Laseranregung ionisiert. Da jede Gasart ein spezifisches Absorptionsspektrum besitzt, vgl. Abschn. 6.1, können durch die Wahl der Laseremissionswellenlänge bestimmte Moleküle oder Molekülgruppen allein angeregt werden. Dazu ist jedoch ein abstimmbarer Laser, z.B. ein Farbstofflaser, erforderlich.

Die Geräte sind allerdings, wie die schematische Darstellung in Abb. 6.85 zeigt, recht komplex aufgebaut. Sie befinden sich in der Erprobung.

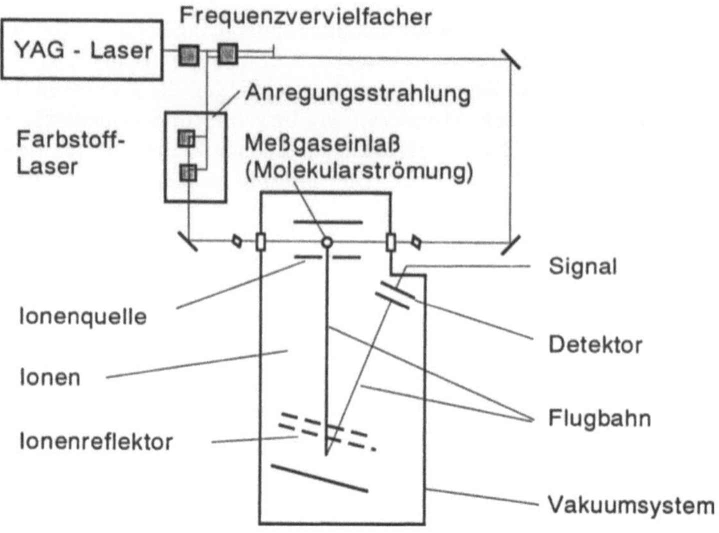

Abb. 6.85: Schematischer Aufbau eines TOF-Massenspektrometers mit Laser-Ionenquelle

6.6.12 Beurteilung der Massenspektrometrie

Die Möglichkeiten, die die Massenspektrometrie zur Mehrkomponentenmessung von Automobilabgasen bietet, sind bisher nur unzureichend untersucht worden. Einige Punkte können angemerkt werden:

- Die Massentrennsysteme sind schnell durchstimmbar, dadurch ist die Mehrkomponentenmessung in kurzen Zykluszeiten möglich.
- Homoatomige Gase wie O_2 können mit erfaßt werden.
- Die Massenanzeige ist linear, damit ist ein sehr großer dynamischer Bereich gegeben.
- Die Messung von Molekülen gleicher Massenzahl erfordert ein hohes Auflösungsvermögen, das nur mit statischen Trennsystemen erreicht werden kann.
- Die Direktmessung am Auspuff ist nicht möglich, weil spezielle Gaszuführungssysteme erforderlich sind.

6.6.13 Gaschromatographie/Massenspektrometrie (GC/MS)

Die Sicherheit des Analysenergebnisses einer chromatographischen Untersuchung kann noch erheblich verbessert werden, wenn ein Massenspektrometer als eine Art Detektor an den Gaschromatographen angekoppelt wird (direkte Verbindung des Trennsäulenendes mit der Ionenquelle). Bei einem solchem GC/MS-System werden neben den Retentionszeiten und Peakflächen als wichtige Interpretationshilfe zusätzlich die Massenspektren der untersuchten Substanzen gemessen. Massenspektren sind bezüglich der *m/e*-Werte nicht und bezüglich ihrer Ionenintensitäten nur in geringem Maße gerätespezifisch. Sie können daher tabelliert oder in einem

Rechner abgespeichert werden. Es ist also nicht in jedem Fall notwendig, zur Identifizierung einer Komponente diese auch in Reinform vorliegen zu haben, weil vielfach ein Vergleich des gemessenen Massenspektrums mit einem abgespeicherten "Bibliotheksspektrum" ausreicht.

Die Kopplung von hochauflösender GC mit doppeltfokussierender MS gehört momentan mit zu den leistungsfähigsten Analyseverfahren sowohl bei der qualitativen als auch bei der quantitativen Untersuchung komplex zusammengesetzter Proben. Sie liefert nicht nur die als Identifizierungshilfe nutzbaren Massenspektren, sondern gleichzeitig ein quantitativ auswertbares Chromatogramm, welches mit einem normalen GC/FID-Chromatogramm praktisch identisch ist. Dieses sogenannte Totalionenchromatogramm wird rechnerisch ermittelt, indem für alle Massendurchläufe jeweils die Summe aller in einem Massendurchlauf gemessenen Ionenintensitäten ermittelt und diese Werte über der Analysenzeit aufgetragen werden.

Als Beispiel zeigt Abb. 6.86 das Blockschaltbild eines Gaschromatographen-Massenspektrometer-Systems, in dem Helium als Trägergas benutzt wird. Helium kann leicht und wirksam durch einen Molekülseparator nach der GC-Säule aus dem Gasgemisch entfernt werden und hat ein günstiges Ionisierungspotential. Nach der Molekülseparation wird die Gasprobe in der Ionenquelle durch Elektronenbombardement ionisiert und die gebildeten Ionen werden im Magnetfeld des Massenspektrometers entsprechend ihren m/e-Werten abgelenkt. Ausgewählte Ionenstrahlen gelangen durch den Kollektorspalt in den Detektor. Nach Verstärkung

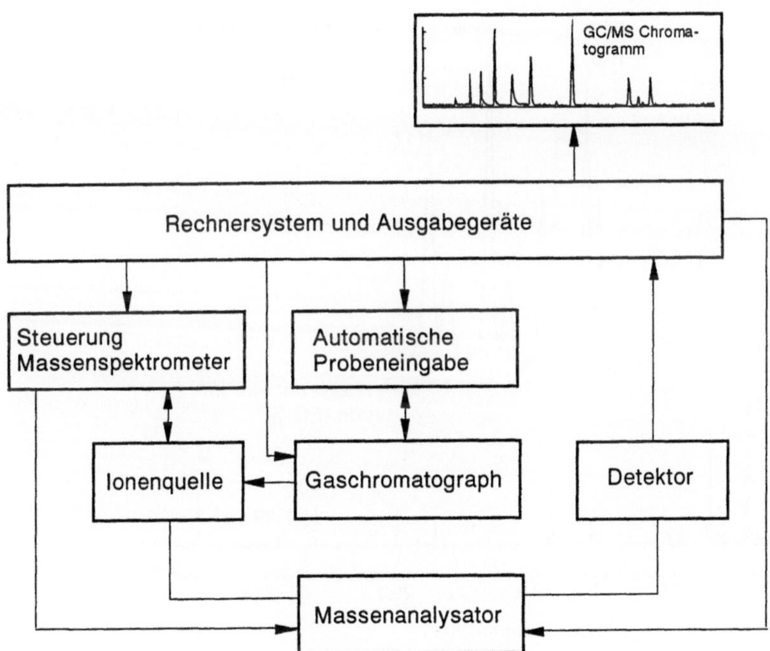

Abb. 6.86: Blockschaltbild eines Gaschromatographen-Massenspektrometer-Systems

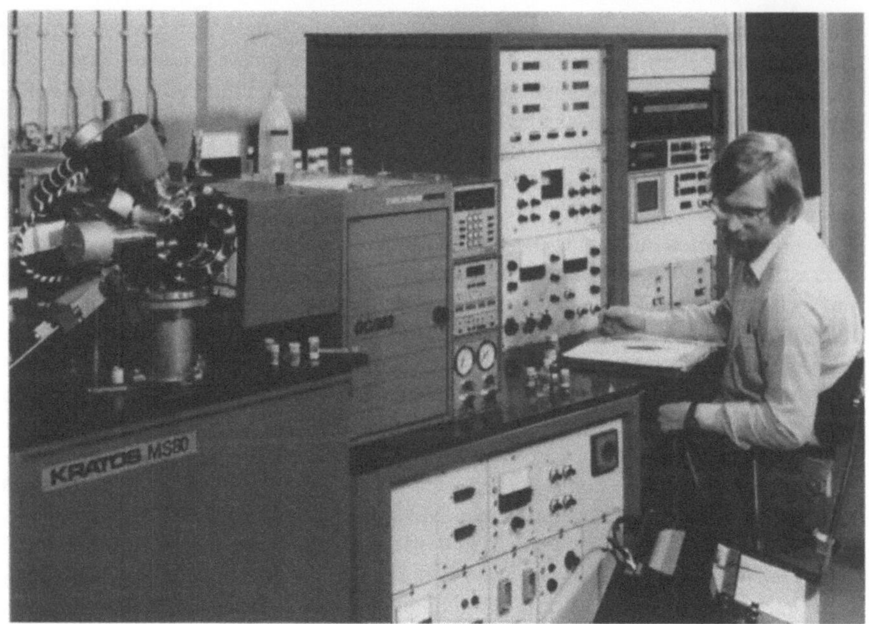

Abb. 6.87: Ansicht eines GC/MS-Labors

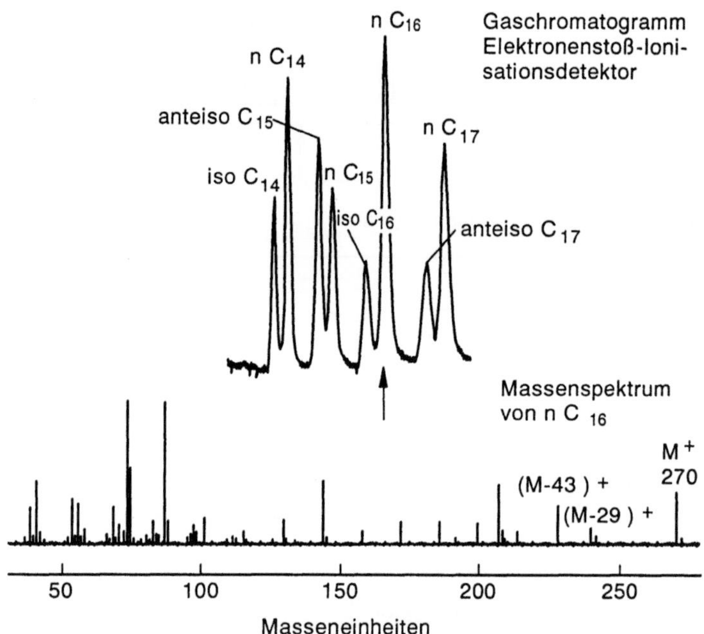

Abb. 6.88: Gaschromatogramm eines Methylestergemisches und Massenspektrum der Komponente n C$_{16}$ (Pfeil)

des Meßsignales erfolgt die Registrierung und die Ausgabe des Gaschromatogramms und des Massenspektrums.

Abb. 6.87 zeigt die Ansicht eines GC/MS-Labors

Abb. 6.88 zeigt das Gaschromatogramm eines Methylestergemisches und das Massenspektrum der Komponente n C_{16} (im Chromatogramm durch Pfeil gekennzeichnet).

7 Messung nichtlimitierter Abgaskomponenten und der Dieselabgas-Partikeln

7.1 Gesetzessituation der nichtlimitierten Abgaskomponenten

Wie schon im Abschn. 2 beschrieben, hat die amerikanische Environmental Protection Agency (EPA) im Jahre 1977 bezüglich der nichtlimitierten Komponenten die folgende Richtlinie vorgelegt, die ab Modelljahr 1980 zusätzliche Anforderungen an die Automobilindustrie stellte.

> **Richtlinie der EPA zur Begrenzung der nicht limitierten Abgaskomponenten:**
> Durch den Einbau von Abgasreinigungssystemen oder Konstruktionselementen in Fahrzeugen oder Motoren zur Absenkung der Schadstoffemissionen darf kein unvertretbar hohes Risiko für Gesundheit, Wohlbefinden und Sicherheit der Öffentlichkeit hervorgerufen werden.

Danach sind die Automobilhersteller verpflichtet, gemäß dem Verursacherprinzip nachzuweisen, daß durch den Einbau von Abgasreinigungssystemen oder Konstruktionselementen in Fahrzeugen oder Motoren zur Absenkung der Abgasemission kein unvertretbar hohes Risiko für Gesundheit, Wohlbefinden und Sicherheit der Öffentlichkeit hervorgerufen wird. Das bedeutet, daß die zur Erfüllung der gesetzlichen Vorschriften notwendigen Einbauten, z.B. der Dreiwegekatalysator, keine weiteren Abgaskomponenten erzeugen dürfen, die ein Risiko verursachen (Beispiel: Blausäure durch Katalysatoren mit Rhodium).

In diese Betrachtungen werden ausdrücklich auch Abgaskomponenten einbezogen, für die bisher keine Grenzwerte vorgeschrieben sind. *Nichtlimitierte Abgaskomponenten* heißt also nicht, daß für diese Substanzen keinerlei gesetzliche Vorschriften existieren, es werden lediglich keine definierten Emissionsgrenzwerte vorgegeben.

Die US-Umweltschutzbehörde EPA hat dabei einen eher prophylaktischen Weg beschritten. Sie hat nach dem Vorsorgeprinzip eine Liste von Stoffen und Stoffgruppen zusammengestellt, die hinsichtlich ihrer Emissionen untersucht werden sollten, und zwar unabhängig davon, ob gesicherte Erkenntnisse über die Wirkung der im Automobilgas auftretenden Konzentrationen dieser Komponenten vorliegen oder nicht.

In Tabelle 7.1 sind die wichtigsten Positionen dieser sogenannten „EPA-Stoffliste" wiedergegeben.

Inzwischen wird in Kalifornien, wie vor Jahren schon in Ansätzen vorgenommen, die Wirkung der Automobilabgase nach ihrer sogenannten "Reaktivität" beurteilt. Grundlage dieser Beurteilung ist das "Ozonbildungs-Potential", das für jede Kohlenwasserstoff-Verbindung experimentell bestimmt wird.

Meßtechnisch bedeutet diese Maßnahme, die mit einer generellen Absenkung der Emissiongrenzwerte einhergeht, die Anwendung der differenzierten Kohlen-

Tabelle 7.1: Nichtlimitierte Abgaskomponenten - „EPA-Stoffliste"
(R - Kohlenwasserstoff-Rest)

Nr.	Stoffbezeichnung
1	Besondere Stickoxide (N_2O, N_2O_3, N_2O_5)
2	Organische Amine (R-NH_2)
3	Nitrosamine (R_2N-NO)
4	Ammoniak (NH_3)
5	Cyanwasserstoff (HCN)
6	Differenzierte Kohlenwasserstoffe
7	Polycylische aromatische Kohlenwasserstoffe (PAK)
8	Aldehyde und Ketone (R-CHO, R-CO-R)
9	Phenole (Phenol, Kresol)
10	Geruchsstoffe
11	Schwefeldioxid (SO_2)
12	Sulfat ($SO_4{}^{2-}$)
13	Schwefelwasserstoff (H_2S)
14	Carbonyl-Sulfid (COS)
15	Organische Schwefelverbindungen
16	Partikeln
17	Partikelngebundene organische Verbindungen
18	Halogenverbindungen
19	Metallverbindungen
20	Edelmetallverbindungen

wasserstoff-Analyse, d.h. die quantitative Bestimmung der einzelnen Kohlenwasserstoff-Komponenten.

In Anlehnung an einen Vorschlag des CARB (California Air Resources Board) kann diese sehr aufwendige Prozedur in zwei parallelen Verfahrensschritten durchgeführt werden:

Schritt 1: Erfassung der Kohlenwasserstoff-Komponenten von C_1 bis C_5. Dazu wird verdünntes Abgas direkt aus einem Verdünnungs-Tunnel (vgl. Abb. 7.4 und 7.6) in einem Kunststoffbeutel gesammelt. Für die anschließende Analyse kann die Probe direkt aus dem Sammelbeutel in einen Gaschromatographen eingegeben werden.

Schritt 2: Für die Kohlenwasserstoff-Komponenten $> C_5$ erfolgt die Probennahme ebenfalls aus dem verdünnten Abgas, jedoch über einen festen Adsorber (Tenax in kleinen Glasröhrchen, vgl. Abb. 7.6). Eine weitere Aufarbeitung der Proben ist nicht erforderlich, da diese für die Analyse durch Anwendung eines Thermodesorptions-Cold-Trap-Injektors unmittelbar in ein Gaschromatograph / Massenspektrometer-System gelangen.

Tabelle 7.2 zeigt die Ergebnisse von Messungen, die nach dem beschriebenen Verfahren durchgeführt wurden. Aus diesen Daten wurde in diesem Beispiel die relative „Reaktivität" des Abgases eines mit M85-betriebenen Fahrzeuges mit 3-Wege-Katalysator in Bezug auf Normal-Kraftstoff ermittelt (M85 bedeutet: 85% Methanol im Kraftstoff).

Tabelle 7.2: Ergebnisse der Analyse differenzierter Kohlenwasserstoffe im Abgas eines Mittelklasse-PKW

| Gruppe | Komponente | Emissionswerte nach US-75-Test in mg/mi | | | |
| | | M-85 | | Normal-Kraftstoff | |
		$\bar{x}$	$\pm v$	$\bar{x}$	$\pm v$
ALKANE	Methan	23,7	3,3	34,2	4,3
	Ethan	0,1	0,1	3,5	1,7
	Propan	n.n.	-	0,1	0,1
	Butan	2,6	2,3	4,1	3,0
	i-Butan	1,0	1,0	2,2	2,1
	Pentan	2,2	0,5	5,5	2,4
	i-Pentan	3,0	1,1	8,3	2,7
	Hexan	1,0	1,0	2,8	0,8
	2-Methylpentan	0,8	0,4	5,5	0,8
	Heptan	0,5	0,3	0,8	0,4
	Methylhexan/ Dimethylpentan	1,2	0,4	2,9	0,4
	i-Octan	1,9	0,6	12,1	0,6
CYCLO-ALKANE	Cyclopentan Cyclohexan	0,6	0,4	0,4	0,3
		0,1	0,1	3,1	0,4
	Methylcyclopentan	0,6	0,4	1,0	1,0
ALKENE	Ethen	1,4	0,2	6.5	1,3
	Propen	0,4	0,3	3,4	0,3
	Buten-1	n.n.	-	0,5	0,3
	Buten-2	n.n.	-	0,2	0,2
	Methylpropen	0,3	0,3	3,0	0,4
	1,3-Butadien	n.n.	-	1,5	0,3
	3-Methyl-1-buten	n.n.	-	0,1	0,1
	2-Methyl-2-buten	0,4	0,4	4,2	2,8
ALKINE	Acethylen	0,8	0,1	3,5	0,6
AROMA-TEN	Benzol	1,9	0,8	7,2	0,3
	Toluol	2,6	1,1	11,9	2,1
ALDE-HYDE	Formaldehyd	16,9	3,5	1,8	0,5
	Acetaldehyd	0,2	0,1	0.8	0,3
	Benzaldehyd	0,3	0,3	0.6	0,3
ALKO-HOLE	Methanol	167	32	-	-
	Ethanol	n.n.	-	-	-
Gesamt-HC	HC-FID	152	25	245	9
	HC-non Oxigen.	95	8	245	9

$\bar{x}$ = Mittelwert, $V = \dfrac{t \cdot s}{\sqrt{n}}$ (P = 95%, n = 3),   n.n. = nicht nachweisbar

Die Anwendung der vom CARB als „vorläufig" bekanntgegebenen Reaktionsfaktoren für die einzelnen Komponenten ergibt für M85 eine Gesamtreaktivität von ca. 0,7, wenn für Normal-Kraftstoff die Gesamtreaktivität gleich 1,0 gesetzt wird.

Neben der komplexen Zusammensetzung des Abgases wirkt sich erschwerend auf die Analytik der nichtlimitierten Abgaskomponenten aus, daß sie im Vergleich zu den limitierten Abgaskomponenten nur in sehr geringen Konzentrationen vorliegen. Dies erfordert spezielle hochempfindliche Nachweistechniken, die man allgemein mit dem Begriff "Spurenanalytik" bezeichnet. Darüberhinaus muß die Probennahme an diese Verhältnisse angepaßt werden.

Es muß dafür Sorge getragen werden, daß die Abgaszusammensetzung nicht durch die Probennahme verändert wird, daß die Probennahme also artefaktfrei ist, und daß die Probennahme "wirklichkeitsnah" ist, also eine Aussage über die Emissionen der Kraftfahrzeuge im Felde zuläßt. Das Fahrzeug wird ähnlich wie bei den limitierten Abgaskomponenten auf dem Rollenprüfstand nach einer Fahrkurve gefahren, vgl. Abschn. 8.2.3.

7.2 Probennahme

7.2.1 Sammlung aus dem konzentrierten Abgas

Es ist naheliegend, als Ausgangsprobe das unverdünnte Abgas (Rohabgas), so wie es aus dem Auspuff kommt, zu verwenden. Hier liegen die nachzuweisenden Substanzen noch in relativ hohen Konzentrationen vor.

Dieser Weg kann beispielsweise bei der Analyse der polycyclischen aromatischen Kohlenwasserstoffe (PAK) beschritten werden.

7.2.1.1 Vollstrommethode

Dabei wird das gesamte während eines Testlaufes erzeugte Abgas, vgl. Abschn. 8, in einer Sammelvorrichtung kondensiert und filtriert. Man spricht daher auch von der "Vollstrommethode". Abb. (7.1) zeigt eine schematische Darstellung der Pro-

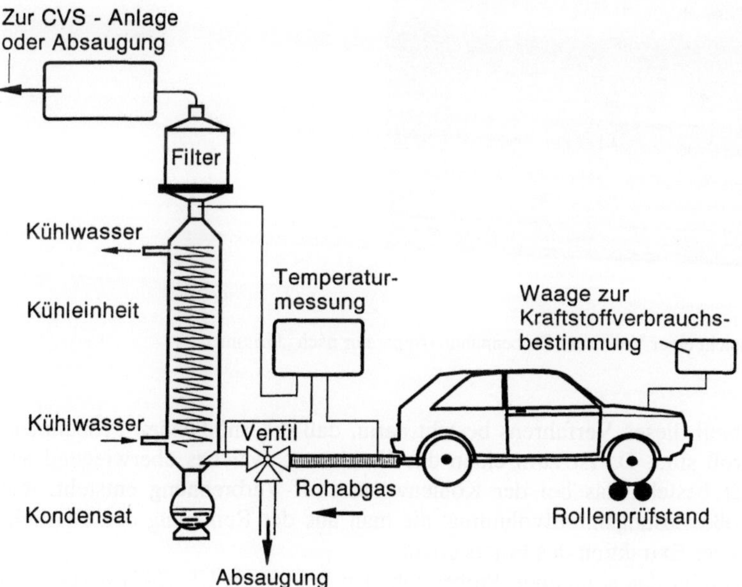

Abb. 7.1: Probennahmeverfahren nach der "Vollstrommethode" (schematisch)

bennahmeeinrichtung, die im wesentlichen aus den Elementen Glaskühler, Kondensatabscheider und paraffinimprägniertem Glasfaserfilter besteht.

Der Glaskühler wird mit kaltem Leitungswasser beschickt, so daß alle bei der entsprechenden Temperatur kondensierenden Verbindungen erfaßt werden und im Kondensatabscheider anfallen. Das Kondensat wird unten im Glasbehälter gesammelt.

Der oben aufgesetzte Filter dient dazu, eventuell durch die Kühlschlange gelangende flüssige oder feste Abgasbestandteile aufzufangen. Der Glaskühler muß anschließend gereinigt und die am Filter abgeschiedenen Bestandteile extrahiert werden, damit die Gesamtmenge erfaßt wird.

Eine Ansicht einer solchen Probennahmeapparatur nach "Grimmer" zeigt Abb. 7.2.

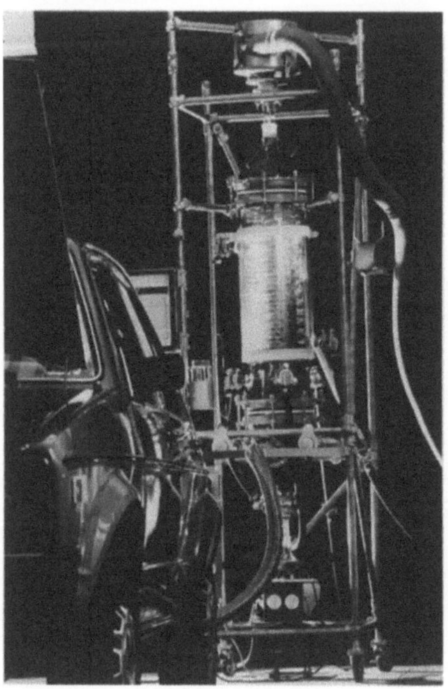

Abb. 7.2: Ansicht einer Vollstrom-Probennahme-Apparatur nach „Grimmer"

Der Nachteil dieses Verfahrens besteht darin, daß die anfallenden Probenmengen sehr groß sind. Da ist zum einen das Kondensat, welches überwiegend aus dem Wasser besteht, das bei der Kohlenwasserstoff-Verbrennung entsteht, und daneben große Lösungsmittelvolumina, die man aus der Reinigung des Glaskühlers und aus der Extraktion des Filters erhält.
Insgesamt beträgt das anfallende Probenvolumen bei einem US-75-Test etwa 3,5 Liter.

7.2.1.2 Teilstrommethode

Es leuchtet ein, daß die Isolierung der Spurenkomponenten aus einem großen Volumen sehr aufwendig ist. Man versucht daher, wenn möglich, kleinere Probenvolumina anzustreben.

Ein mögliches Verfahren besteht darin, nicht mehr das gesamte Abgas zu kondensieren, sondern nur einen Teilstrom aus dem unverdünnten Abgas für die Probennahme abzuzweigen.

Schwierigkeiten bereitet hierbei allerdings die Entnahme eines *repräsentativen* Teilstromes, da die ausgestoßene Abgasmenge sich während des Testverlaufes mit der Fahrkurve, vgl. Abschn. 8, ändert. Eine entsprechende Regelung des Teilstromflusses, beispielweise über die Menge der im Vergaser angesaugten Verbrennungsluft, ist relativ aufwendig. Die über einen Zeitabschnitt entnommene Menge muß der bei diesem Zeitabschnitt anfallenden Gesamtmenge proportional sein.

Trotzdem wird die Probenentnahme nach dem Teilstromverfahren aus dem konzentrierten Abgas in bestimmten Fällen angewandt.

Insbesondere die Analyse von sehr leicht flüchtigen Abgaskomponenten, die bei der oben besprochenen Vollstrommethode nicht auskondensieren, ist auf diesem Wege durchgeführt worden.

Dabei schaltet man eine Reihe von Kühlfallen, die mit Kühlmitteln abnehmender Temperatur beschickt werden, hintereinander (Abb. 7.3).

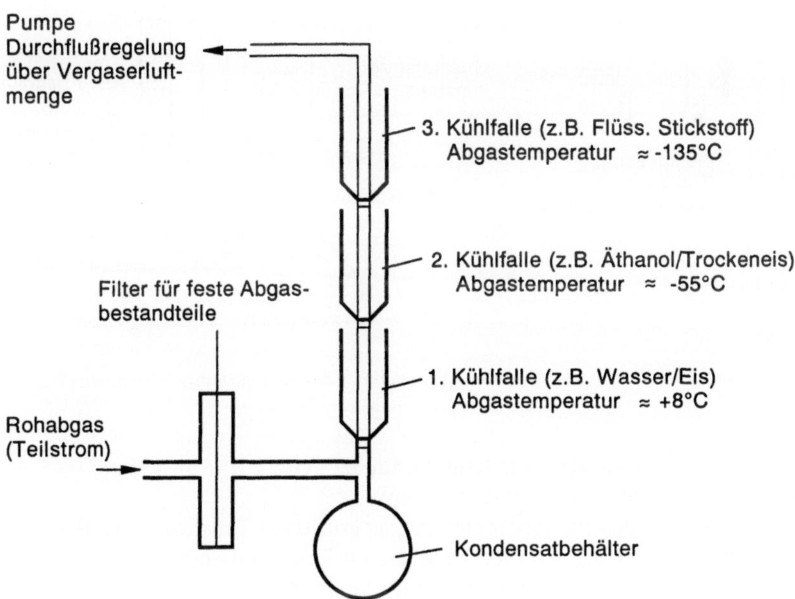

Abb. 7.3: Fraktionierte Kondensation eines Teilstromes des Rohabgases

Durch Wahl von Anzahl und Temperatur der Kühlfallen kann eine nahezu beliebige Fraktionierung des Abgases in unterschiedlichen Siedebereichen durchgeführt werden.

Der hohe apparative Aufwand rechtfertigt diese Vorgehensweise jedoch nur in Ausnahmefällen.

7.2.2 Sammlung aus dem verdünnten Abgas

7.2.2.1 Isokinetische Probennahme aus dem Verdünnungstunnel

Es gibt mehrere Gründe, warum man heute immer mehr dazu übergeht, die Proben nicht mehr dem konzentrierten Abgas zu entnehmen, sondern eine Verdünnung mit Frischluft durchzuführen.

Zum einen wird die Probennahme wirklichkeitsnäher. Beim Fahrzeugbetrieb im Feld wird das Abgas ja ebenfalls unmittelbar nach Austritt aus dem Auspuff verdünnt. Die Verdünnung berücksichtigt also eventuelle chemische Veränderungen, die das Abgas durch die Kontakt mit der Umgebung erleidet. Zum anderen läßt sich auf diese Weise der Taupunkt des bei der Verbrennung gebildeten Wassers überschreiten, so daß eine Kondensation dieser Komponente während der Probennahme vermieden wird. Außerdem ist die Probennahme repräsentativ, wenn man die Abgasverdünnung nach dem in Abb 7.4 gezeigten Schema realisiert.

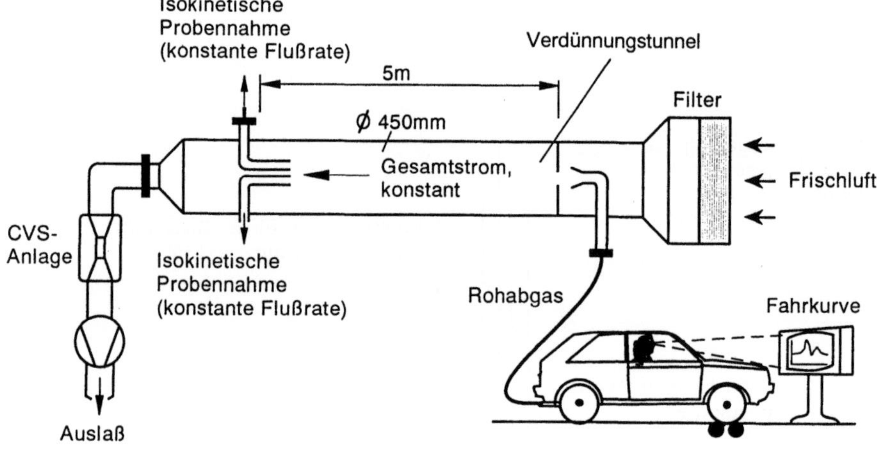

Abb. 7.4: Probennahme nach Verdünnung des Abgases im "Verdünnungstunnel" (schematisch)

Das Abgas wird im großen "Verdünnungstunnel" von z.B. 5 m Länge, 0,45 m Durchmesser mit gefilterter Frischluft verdünnt.

Man kann nun von diesem verdünnten Abgas konstante Teilströme zur Probennahme isokinetisch abzweigen, wobei sich der im Teilstrom enthaltene Abgasanteil stets proportional zur Gesamtmenge des konzentrierten, unverdünnten Abgases ändert, weil der Gesamtstrom konstant gehalten wird und die Zuführung der Frischluftmenge daher umgekehrt proportional zur Rohabgasmenge erfolgt. Damit ist auf relativ einfache Art und Weise eine repräsentative Probennahme durchführbar (Prinzip des CVS-Verfahrens, vgl. Abschn. 8.2.6).

Allerdings muß als gravierender Nachteil dieses Verfahrens in Kauf genommen werden, daß die Konzentration der zu bestimmenden nichtlimitierten Abgaskomponenten entsprechend des Verdünnungsgrades abnimmt. Die Anforderungen an die Nachweisempfindlichkeit der Analysengeräte steigen. Für bestimmte Komponenten kann die Nachweisgrenze erreicht werden, so daß dann wieder die Vollstrommethode zum Einsatz kommen muß.

7.2.2.2 Sammlung in Beutel

Die Probennahme aus dem verdünnten Abgas wird nach dem in Abb. 7.5 gezeigten Schema fortgesetzt.

Der Teilstrom wird von einer Pumpe aus dem Verdünnungstunnel über ein Filter abgesaugt, um im Abgas enthaltene Feststoffe zurückzuhalten, vgl. 7.6. Die Durchflußmenge wird über einen Schwebekörper-Durchflußmesser (Rotameter) eingestellt und kontrolliert. Eine Gasuhr ermittelt das genaue Volumen des entnommenen Teilstromes.

Zur Analyse der gasförmigen Abgasbestandteile wird der abgezogene Teilstrom in einem Kunststoffbeutel gesammelt (Abb. 7.5).

Im Abgas enthaltene Feststoffe werden durch ein Filter zurückgehalten.

Nach Beendigung einer bestimmten Testphase bzw. nach Abschluß des ganzen Testes (vgl. Abschn. 8) wird der Beutel verschlossen und für die nachfolgende Analyse bereitgehalten.

Dem Beutelinhalt können mit Hilfe einer Mikroliterspritze aliquote Anteile (d.h. das Verhältnis entnommener Menge zur ursprünglichen Menge bleibt gewahrt) entnommen werden, die anschließend z.B. direkt gaschromatographisch (vgl. Abschn. 6.5) untersucht werden. Auf diese Weise werden u.a. differenzierte Kohlenwasserstoffe bestimmt. Auch für polyzyklische aromatische Kohlenwasser-

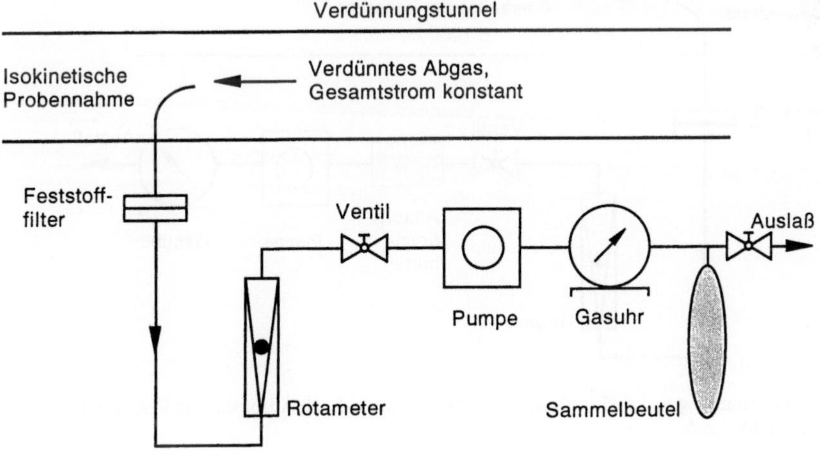

Abb. 7.5: Sammlung von gasförmigen Abgaskomponenten in Beuteln (schematisch)

stoffe (PAK) sind diese Methoden soweit entwickelt, daß sie der Vollstrommethode überlegen sind.

7.2.2.3 Sammlung durch Adsorption oder Absorption

In vielen Fällen ist die Konzentration der interessierenden Komponenten im verdünnten Abgas für eine direkte Analyse nicht ausreichend. Neben dem schon besprochenen Ausweg der Probennahme aus dem konzentrierten Abgas besteht die Möglichkeit, die nachzuweisenden Verbindungen *selektiv* aus dem Teilstrom des verdünnten Abgases zu sammeln und so anzureichern (ähnlich wie bei dem oben beschriebenen Kühlfallensystem, aber im verdünnten Abgas). Der Abgastest muß zur Anreicherung genügend oft wiederholt werden.

Für das Sammeln von Kohlenwasserstoffen können adsorbierende Materialien, z.B. Tenax, verwendet werden. Diese Materialien bestehen aus sehr porösen kleinen Kunststoff-Kügelchen mit einem Durchmesser von etwa 0,1 bis 0,2 mm, über die der Teilstrom geleitet wird, wie in Abb. 7.6 schematisch gezeigt wird.

Die adsorbierten Substanzen können entweder thermisch wieder vom Adsorbens desorbiert oder aber mit entsprechenden Lösungsmitteln extrahiert werden.

Die Selektivität dieser porösen Kunststoffe ist jedoch nicht sehr groß, das Spektrum der erfaßten Komponenten entsprechend weit. Außerdem ist die Desorption oder Extraktion der adsorbierten Substanzen nicht immer vollständig, so daß Fehlbestimmungen die Folge sind.

Außer durch Adsorption an Feststoffen können auch durch Absorption in Flüssigkeiten verschiedene Stoffklassen aus dem Abgas isoliert werden.

Der Teilstrom wird dazu durch Waschflaschen geleitet, die Flüssigkeiten mit entsprechenden absorbierenden Eigenschaften enthalten (Abb. 7.7).

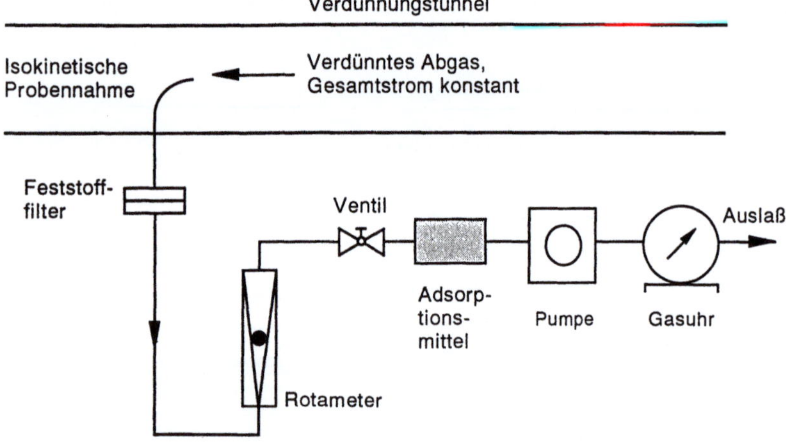

Abb. 7.6: Sammlung von gasförmigen Abgaskomponenten durch Adsorption an Feststoffen (schematisch)

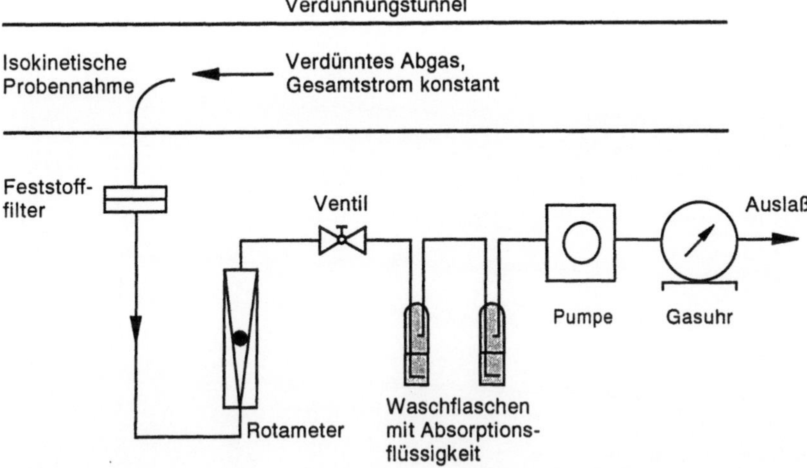

Abb. 7.7: Sammlung von gasförmigen Abgaskomponenten durch Absorption in Waschflaschen (schematisch)

Füllt man die Waschflaschen beispielsweise mit einer Säure, so werden basische Abgasbestandteile absorbiert. Demgegenüber werden Säuren zurückgehalten, wenn alkalische Waschflüssigkeiten eingefüllt sind.

Auch hier gelingt es in der Regel nicht, einzelne Verbindungen abzutrennen. Jedoch ist die erreichte Klassifizierung der zahlreichen Abgaskomponenten in Gruppen bestimmter chemischer oder physikalischer Eigenschaften ein sehr hilfreicher erster Schritt, wenn die Analyse von Einzelverbindungen gefordert ist.

7.2.2.4 Automatisches Probennahmesystem

Zur Vereinfachung der Probennahme aus dem verdünnten Abgas durch Sammeln in Beuteln, durch Adsorption, Absorption und Filtration kann man ein automatisches System verwenden (Abb. 7.8), mit dem rechnergesteuert pro Test bzw. Testphase gleichzeitig Proben für 8 gasförmige Komponenten (in Gaswaschflaschen oder über Adsorberhülsen) und 5 Partikelproben (über Filter) gezogen werden können.

Die Apparatur besteht im wesentlichen aus einem Meßschrank (in Abb. 7.8 rechts neben dem Testfahrzeug), in dem Rechner, Durchflußmesser, Gasuhren und Pumpen unterbracht sind, sowie aus einer thermostatisierten Einheit (Bildmitte) zur Aufnahme der Gaswaschflaschen. Im oberen Teil der Sammelapparatur sind die Kunststoffbeutel angebracht, während die Probennahme für partikelförmige Bestandteile direkt am Verdünnungstunnel erfolgt, vgl. Abschn. 7.6.

Abb. 7.8: Rollenprüfstand mit automatischem Probennahmesystem zum Sammeln von nicht limitierten Abgaskomponenten (VW und VEREWA)

7.3 Probenaufbereitung und analytische Erfassung

7.3.1 Allgemeines

Bei den nachfolgend dargestellten Analysen- und Aufbereitungsverfahren kann es sich naturgemäß nur um eine Auswahl handeln. Die große Anzahl von zur Verfügung stehenden Methoden kann und soll an dieser Stelle gar nicht vollständig präsentiert werden. Es geht also nicht darum, zu jeder in der EPA-Stoffliste aufgeführten Position das komplette zugehörige Analysenprogramm zu beschreiben. Vielmehr werden an einigen charakteristischen Beispielen unterschiedliche Meßprinzipien erläutert.

Trotz der eben geschilderten Maßnahmen, die bereits bei der Probennahme zu einer gewissen Fraktionierung der Abgasbestandteile führen, hat man es in der Regel immer noch mit Vielkomponentengemischen zu tun. Diese können noch mehrere Hundert, ja tausend Einzelsubstanzen enthalten. Die Proben müssen also überwiegend nach verschiedenen Kriterien zusätzlich aufbereitet werden, bevor sie der eigentlichen Analyse zugeführt werden.

Die Aufgaben bei der Probenaufbereitung sind:

- Abtrennung der nachzuweisenden Verbindungen von Begleitsubstanzen, die die Analyse stören,
- Anreicherung der nachzuweisenden Verbindungen auf ein der Empfindlichkeit des Meßverfahrens entsprechendes Maß,
- und gegebenenfalls die Derivatisierung (Umwandlung) der nachzuweisenden Verbindungen durch chemische Reaktionen, deren Produkte für die meßtechnische Erfassung besser geeignet sind als die ursprünglichen Substanzen.

Auf eine Probenaufbereitung kann also nur verzichtet werden, wenn das in Betracht kommende Analyseverfahren seinerseits gestattet,
– die nachzuweisende Verbindung von Begleitsubstanzen zu unterscheiden, also keine Querempfindlichkeiten zeigt,
– und sie ohne Anreicherung und Derivatisierung zu erfassen.

Ein solches Verfahren ist z.B. die in Abschn. 6.5 beschriebene Gaschromatographie, wenn sie zur Untersuchung der differenzierten Kohlenwasserstoffe im Automobilabgas eingesetzt wird.

Die Probenaufbereitung als Schritt zwischen Probennahme und Analyse ist häufig kompliziert und aufwendig. Am Beispiel des Gesamtstromverfahrens (vgl. Abb 7.1), das zur Bestimmung der polycyclischen aromatischen Kohlenwasserstoffe (PAK) eingesetzt werden kann, soll der Aufwand einer Probenaufbereitung verdeutlicht werden. Hier fällt die zu untersuchende Probe in drei Fraktionen an: dem Wasserkondensat, der Kühlerbelegung und der Filterbelegung, wobei das Filter im allgemeinen die Hauptmenge der PAK enthält.

In einem mehrstufigen Verfahren (Abb. 7.9) werden die PAK aus den drei Fraktionen zunächst extrahiert, die Extrakte vereinigt und durch eine zweimalige Flüs-

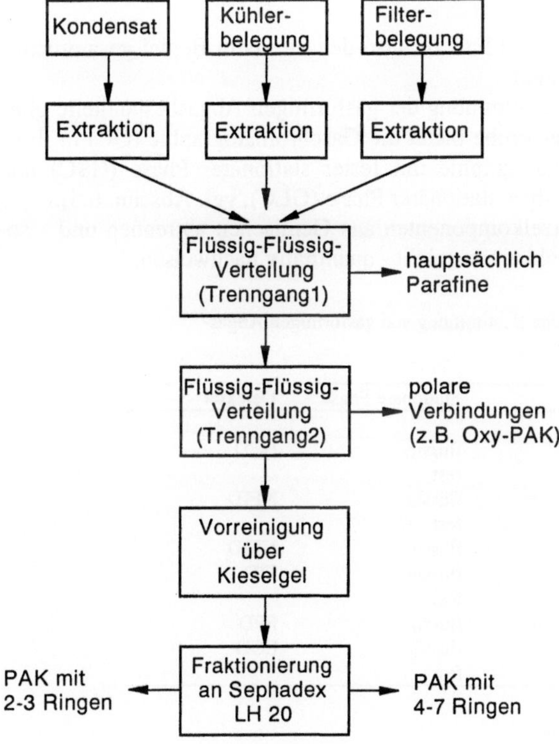

Abb. 7.9: Schema der Probenaufbereitung polycyclischer aromatischer Kohlenwasserstoffe (PAK) bei Sammlung nach dem Gesamtstromverfahren

sig-Flüssig-Verteilung von den Begleitsubstanzen abgetrennt. Nach einer weiteren Vorreinigung über eine Kieselgel-Säule teilt man die PAK mittels Säulenchromatographie an Sephadex LH 20 in zwei Fraktionen auf, von denen die eine die Komponenten mit 2 bis 3 Ringen, die andere diejenigen mit 4 bis 7 Ringen enthält. Die auf diese Art und Weise gewonnenen Lösungen werden schließlich der analytischen Bestimmung zugeführt.

7.3.2 Analyse gasförmiger Abgaskomponenten ohne vorherige Probenaufbereitung

Drei Probennahmemethoden wurden beschrieben, mit denen verschiedene Substanzklassen des Abgases erfaßt werden können:

Probennahme aus verdünntem Abgas

1. Sammlung von gasförmigen Abgaskomponenten *in Beuteln*
2. Sammlung von gasförmigen Abgaskomponenten *durch Absorption und Adsorption*
3. Sammlung von partikelförmigen Abgaskomponenten *durch Filtration*

Wenden wir uns nun dem oberen Fall zu, also den in einem Beutel gesammelten gasförmigen Abgaskomponenten.

Einen eleganten Weg zur Bestimmung der gasförmigen Abgasbestandteile ohne besondere Vorbehandlung der Probe bietet die Gaschromatographie (GC) in ihren beiden Varianten, Gaschromatographie mit fester stationärer Phase (GSC) und Gaschromatographie mit flüssiger stationärer Phase (GLC), vgl. Abschn. 6.5).

Mittels GC kann man Einzelkomponenten aus Gemischen abtrennen und - sofern die Detektionsempfindlichkeit ausreicht - quantitativ nachweisen.

Tabelle 7.3: Gaschromatographische Bestimmung von gasförmigen Abgaskomponenten ohne Probenaufbereitung

Komponente(n)	Stationäre Phase	Detektor
Differenzierte Stickoxide	flüssig fest	ECD
Organische Amine	flüssig fest	NFID
Ammoniak	flüssig	NFID
Differenzierte Kohlenwasserstoffe	flüssig fest	FID
Organische Sulfide	flüssig	FPD
Schwefeldioxid	flüssig fest	ECD

FID - Flammenionisationsdetektor
NFID - Stickstoffselektiver FID
ECD - Elektroneneinfangdetekor
FPD - Flammenphotometer

Durch die entsprechende Kombination der Trennparameter können eine ganze Reihe von Substanzen und Substanzklassen direkt aus der gasförmigen Abgasprobe bestimmt werden (Tabelle 7.3).

Als Beispiel soll hier die Analyse differenzierter Kohlenwasserstoffe näher betrachtet werden. Die wichtigsten Vertreter dieser Kohlenwasserstoffe sind in (Tabelle 7.4) aufgelistet: Diese Gruppe nennt man nach der EPA-Bezeichnung ·auch "Individual Hydrocarbons".

Tabelle 7.4: Wichtigste Vertreter der differenzierten Kohlenwasserstoffe (Auswahl der EPA, sog. "Individual Hydrocarbons")

Komponente		Summenformel
Methan		CH_4
Äthan	(Ethan)	C_2H_6
Äthylen	(Ethen)	C_2H_4
Acetylen	(Ethin)	C_2H_2
Propan		C_3H_8
Propylen		C_3H_6
Benzol		C_6H_6
Toluol		C_7H_8

Nach Sammlung der gasförmigen Abgaskomponenten in einem Kunststoffbeutel wird dem Beutel mit einer Injektionsspritze ein aliquoter Anteil entnommen und direkt - *ohne* weitere Zwischenschritte - der gaschromatographischen Analyse zugeführt.

Die Beschränkung auf den Nachweis von acht Einzelkomponenten vereinfacht das analytische Problem keineswegs. Dazu sind die Eigenschaften der acht Substanzen (z.B. Siedepunkt, Polarität) zu unterschiedlich, wie Tabelle 7.5 zeigt.

Tabelle 7.5: Eigenschaften der "Individual Hydrocarbons"

Komponente		Summen- formel	Molekular- gewicht	Schmelzpunkt	Siedepunkt
Methan		CH_4	16,04	-182,48 °C	-164,00 °C
Äthan	(Ethan)	C_2H_6	30,07	-183,30 °C	- 88,63 °C
Äthylen	(Ethen)	C_2H_4	28,05	-169,15 °C	-103,71 °C
Acetylen	(Ethin)	C_2H_2	26,04	- 80,30 °C	- 75,00 °C
Propan		C_3H_8	44,11	-189,69 °C	- 42,07 °C
Propylen		C_3H_6	42,08	-185,25 °C	47,40 °C
Benzol		C_6H_6	78,12	... 5,50 °C	80,10 °C
Toluol		C_7H_8	92,15	- 95,00 °C	110,60 °C

Es gibt z.Zt. keine Trennsäule, die alle Komponenten voneinander und von den Begleitsubstanzen (z.B. Luftstickstoff und -sauerstoff) abtrennt. Man verwendet daher - nach einem Vorschlag der EPA - mehrere Säulen, die über ein relativ kompliziertes Magnetventilsystem "je nach Bedarf" in den Trägergasstrom geschaltet werden (Abb. 7.10).

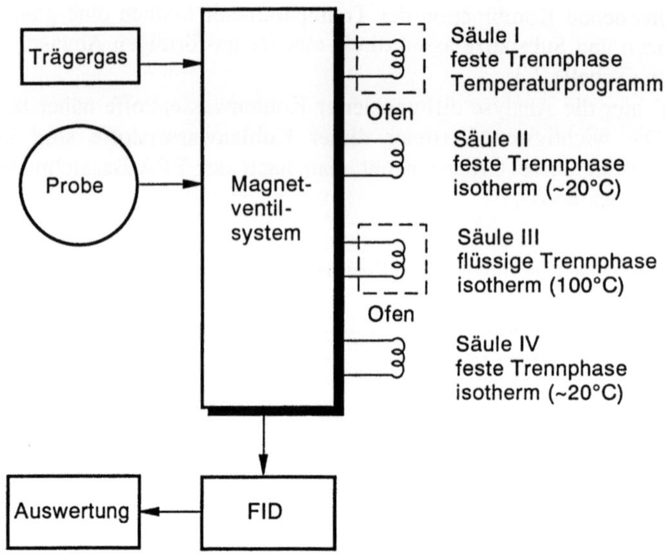

Abb. 7.10: Mehrdimensionale Gaschromatographie zum Nachweis der "Individual Hydrocarbons" (schematisch)

Insgesamt werden 4 Trennsäulen mit unterschiedlichen stationären Phasen und bei verschiedenen Temperaturprofilen eingesetzt. Man bezeichnet eine derartige Säulenschaltung auch als "mehrdimensionale Gaschromatographie".

Das auf diese - recht aufwendige - Art und Weise produzierte Gaschromatogramm *eines Testgemisches* zeigt Abb. 7.11.

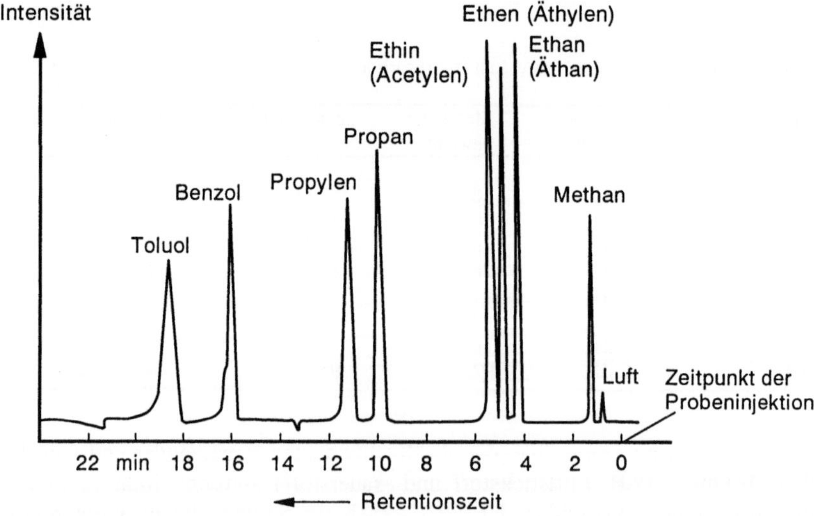

Abb. 7.11: Gaschromatogramm eines Testgemisches der "Individual Hydrocarbons" (8 Komponenten und Luftpeak)

Man erkennt, daß alle 8 Komponenten eines injizierten Testgemisches Einzelpeaks ergeben und folglich einwandfrei quantitativ bestimmt werden können.

Die Ergebnisse der Analyse eines typischen Ottomotor-Fahrzeug-Abgases sind in Tabelle 7.6 wiedergegeben.

Tabelle 7.6: Konzentration der "Individual Hydrocarbons" im Abgas eines Ottomotors

Komponente	Summenformel	Konzentration im Abgas ppm	C-Zahl	Konzentration als C1 ppm
Methan	CH_4	20,24	1	20,24
Äthan	C_2H_6	0,61	2	1,22
Äthylen	C_2H_4	11,16	2	22,32
Acetylen	C_2H_2	10,00	2	20,00
Propan	C_3H_8	0,05	3	0,15
Propylen	C_3H_6	5,50	3	16,50
Benzol	C_6H_6	4,70	6	28,20
Toluol	C_7H_8	7,16	7	50,12
Summe		59,42		158,75

Die ermittelten Konzentrationswerte schwanken in einem relativ großen Bereich von 0,05 ppm für Propan bis auf 20 ppm für Methan. Die Summe aller 8 Komponenten liegt hier bei ca. 60 ppm.

In der letzten Spalte sind die Konzentrationen noch einmal in die Einheit "C_1-Kohlenwasserstoff" umgerechnet worden. Mit anderen Worten: Die Konzentrationswerte wurden mit der C-Zahl der jeweiligen Substanz multipliziert. Als Summe der "Individual Hydrocarbons" erhält man dann ca. 160 ppm C_1.

Diese Werte können mit den gemessenen Gesamt-Kohlenwasserstoff-Konzentrationen verglichen werden, die durch Messung des im Beutel gesammelten verdünnten Abgases mittels FID erhalten und in ppm C_1 angegeben werden. Der Gesamt HC-Wert beträgt ca. 4000 ppm C_1, gegenüber dem Wert für die Gesamt-"Individual" HC von ca. 160 ppm C_1. Die 8 "Individual Hydrocarbons" haben also nur einen Anteil von etwa 4 % am Gesamt-HC-Gehalt ermittelt als C_1 in ppm.

Der Rest verteilt sich auf eine sehr große Anzahl weiterer Kohlenwasserstoffe, von denen mit anderen gaschromatographischen Bedingungen bis zu weitere rund 200 Substanzen erfaßt werden können.

Die Konzentrationen liegen hierbei jedoch schon im ppb-(10^{-9}) und ppt-(10^{-13}) Bereich. Man stößt daher an die Nachweisgrenze der Analyseverfahren und muß für weitergehende Untersuchungen die Komponenten anreichern und störende Begleitsubstanzen abtrennen.

7.3.3 Kopplung Gaschromatographie/Massenspektrometrie (GC/MS)

Die Sicherheit des Analysenergebnisses einer chromatographischen Untersuchung kann noch erheblich verbessert werden, wenn ein Massenspektrometer als

„Detektor" an den Gaschromatographen angekoppelt wird (direkte Verbindung des Trennsäulenendes mit der Ionenquelle). Bei einem solchen GC/MS-System werden neben den Retentionszeiten und Peakflächen als wichtige Interpretationshilfe zusätzlich die Massenspektren der untersuchten Substanzen gemessen. Massenspektren sind bezüglich der m/e-Werte nicht und bezüglich ihrer Ionenintensitäten nur in geringem Maße gerätespezifisch. Sie können daher tabelliert oder in einem Rechner abgespeichert werden. Es ist also nicht in jedem Fall notwendig, zur Identifizierung einer Komponente diese auch in Reinform vorliegen zu haben, weil vielfach ein Vergleich des gemessenen mit einem abgespeicherten "Bibliotheksspektrum" ausreicht, vgl. Abschn. 6.6.13.

Die Kopplung von hochauflösender GC mit doppeltfokussierender MS gehört momentan mit zu den leistungsfähigsten Analysenverfahren sowohl bei der qualitativen als auch bei der quantitativen Untersuchung komplex zusammengesetzter Proben. Sie liefert nicht nur die als Indentifizierungshilfe nutzbaren Massensprektren, sondern gleichzeitig ein quantitativ auswertbares Chromatrogramm, welches wie ein GC/FID-Chromatogramm aussieht. Dieses sog. Totalionenchromatogramm wird rechnerisch ermittelt, indem für alle Massendurchläufe jeweils die Summe aller in einem Massendurchlauf gemessenen Ionenintensitäten ermittelt und diese Werte über der Analysenzeit aufgetragen werden.

7.3.4 Weitere Verfahren

Da die angewandten Analysenverfahren wegen des großen Umfangs hier nicht im einzelnen beschrieben werden können, wird als Beispiel nur die Bestimmung von Derivaten der polycyclischen aromatischen Kohlenwasserstoffe, den sog. Nitro- und Oxi-PAK, kurz geschildert.

Man verwendet für die *Nitro*-PAK-Bestimmung neben der apparativ relativ aufwendigen Gaschromatographie/Massenspektrometrie-Kopplung für Serienuntersuchungen hauptsächlich folgende Techniken:

- die Kapillar-Gaschromatographie mit einem stickstoffspezifischen Thermoionisationsdetektor (GC/TID)
- und die sog. "High Performance Liquid Chromatography" (HPLC) mit "on-line"-Reduktion der Nitro-PAK zu ihren Aminoderivaten und anschließender Fluoreszenzdetektion.

Für die qualitative Analyse der *Oxi*-PAK ist die Kopplung Gaschromatographie/Massenspektrometrie (GC/MS) unerläßlich, während nach erfolgter Identifizierung die quantitative Ermittlung in der Regel mittels Gaschromatographie/Flammenionisationsdetektor (GC/FID) durchgeführt wird.

In Abb. 7.12 ist ein GC/FID-Chromatogramm einer Fraktion eines Dieselruß-Extraktes mit numerierten Peaks wiedergegeben. Tabelle 7.7 gibt die Namen der Komponenten in der Reihenfolge der Numerierung der GC-Peaks von Abb. 7.12 an. Aufgrund des nicht differenzierenden Detektionsprinzips des FID weist das Chromatogramm sowohl Peaks von den Oxi-PAK als auch von den Nitro-PAK auf. Daneben sind noch kleinere Signale von underivatisierten PAK zu erkennen, die bei der Probenaufbereitung nicht völlig abgetrennt werden können. Die Identifizierung

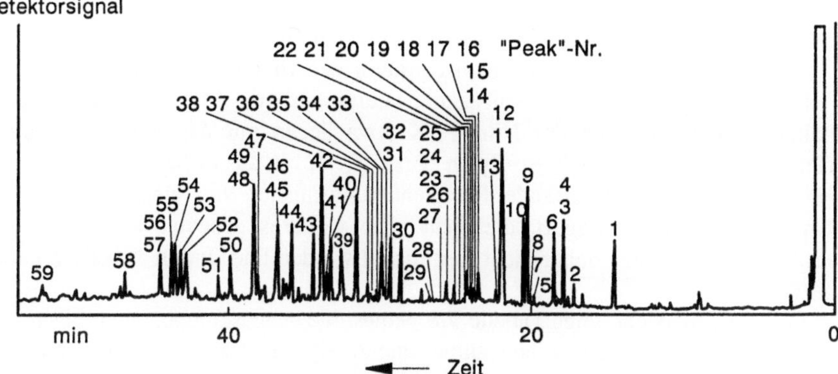

Abb. 7.12: GC/FID-Chromatogramm der Oxi-PAK-Fraktion eines Dieselruß-Extraktes
(Die Namen der Komponenten der numerierten Peaks sind in Tabelle 7.7 aufgelistet)

Tabelle 7.7: In der Oxi-PAK-Fraktion eines Dieselruß-Extraktes charakterisierte PAK und PAK-
Derivate, x, y, z = unbekannte Stellungsisomere der funktionellen Gruppen, vgl. Abb. 7.12

Peak Nr.	Komponente	Peak Nr.	Komponente
1	9-Fluorenon	30	Benzo(x)fluoren-y-on
2	x-Methyl-9-Fluorenon	31	Benzo(x)fluoren-y-on
3	x-Methyl-9-Fluorenon	32	4,4'-Dinitro-Biphenyl (IS)
4	Acenaphthenchinon	33	Benzo(x)fluoren-y-on
5	x-Methyl-9-Fluorenon	34	Benzo(x)fluoren-y-on
6	1-Phenalen-1-on	35	Benzo(x)fluoren-y-on
7	x-Methyl-9-Fluorenon	36	Benzo(x)fluoren-y-on
8	x-Methyl-9-Fluorenon	37	Chrysen
9	Anthranchinon	38	7-H-Benz(de)anthracen-7-on
11	1,8-Naphthalindicarbonsäureanhydrid	40	Phthalsäureester
12	4-H-Cyclopenta(def)-phenanthren-4-on	41	Benz(a)anthracen-7,12-dion
13	Flouranthen	42	1-Nitro-Pyren
14	2-Nitro-Fluoren	43	ß-ß'-Binaphthyl (IS)
16	Pyren	45	Benzo(b)fluoranthen
17	Phenanthren-x-aldehyd	46	Benzo(xy)pyren-z-on
18	Anthracen-x-aldehyd	47	Benzo(e)pyren
19	x-Methyl-4-H-Cyclopenta(def)-phenanthren-4-on	48	6-H-Benzo(cd)pyren-6-on
20	9-Nitro-Anthracen	49	Benzo(a)pyren
22	x-Methyl-4-H-Cyclopenta(def)- phenanthren-4-on	50	Benzo(xy)pyren
23	Phenanthren-9,10-chinon	52	1,12-Pyrendicarbonsäure-anhydrid
25	x-Methyl-4-H-Cyclopenta(def)- phenanthren-4-on	54	Indeno(cd)pyren
26	x-Methyl-4-H-Cyclopenta(def)- phenanthren-4-on	56	Benzo(ghi)perylen
28	x-Methyl-9-nitro-Anthracen	57	6-Nitro-Benzo(a)pyren
29	PAK-Cumarin	59	Coronen

bzw. Charakterisierung der PAK und PAK Derivate geschieht überwiegend durch Interpretation der bei einem GC/MS-Experiment anfallenden Massenspektren.

Nicht in jedem Falle ist die Konzentration der zu untersuchenden Substanzen jedoch groß genug, um ein vollständig interpretierbares Massenspektrum zu erhalten. Bei der Gruppe der Nitro-PAK etwa liegen nur das 9-Nitro-Anthracen (Peak-Nr. 20) und das 1-Nitro-Pyren (Peak-Nr. 42) in ausreichenden Mengen vor. Häufig ist das zu erwartende Fragmentierungsmuster von einer Vielzahl sog. Untergrundpeaks überlagert, die nicht ohne weiteres gedeutet werden können. Einige Peaks konnten daher nicht identifiziert werden und sind in Tabelle 7.7 nicht aufgeführt.

In einer Übersicht zeigt Tabelle 7.8 gemessene Abgaskomponenten zusammen mit den entsprechenden Probennahme- und Analysenverfahren. Die Probennahme erfolgte jeweils aus dem verdünnten Abgas. Nur bei den polycyclischen aromatischen Kohlenwasserstoffen kam auch das Gesamtstromverfahren (unverdünntes Abgas) zur Anwendung.

Tabelle 7.8: Probennahme- und Analysenverfahren zur Bestimmung einiger nichtlimitierter Abgaskomponenten (DSC = Dünnschichtchromatographie)

Komponente	Probennahme	Analysenverfahren
Partikelgesamtmasse	Filtration	Gravimetrie
Gesamt-Cyanide	Absorption	Photometrie
Ammoniak	Absorption	Photometrie
Schwefeldioxid	Absorption	Titrimetrie
Sulfate	Filtration	Photometrie
Schwefelwasserstoff	Absorption	Photometrie
Gesamt-Aldehyde	Absorption	Photometrie (MBTH-Methode)
Differenzierte Aldehyde und Ketone	Absorption	HPLC (DNPH-Methode)
Gesamt-Phenole	Absorption	Photometrie
Differenzierte Kohlenwasserstoffe	Sammelbeutel	GC/FID
Polycyclische aromatische Kohlenwasserstoffe	Filtration, Filtration mit Adsorption	DSC, HPLC, GC/FID, GC/MS
Alkohole	Sammelbeutel	GC/FID
Partikelgebundene organische Verbindungen	Filtration	Extraktion, Thermogravimetie
Elementare Zusammensetzung der Partikeln	Filtration	Elementaranalyse, Atomabsorptions- bzw. Röntgenfluoreszenzspektro- skopie

7.4 Emissionswerte einiger nichtlimitierter Abgaskomponenten

Cyanide

Die Gesamt-Cyanide, deren Hauptvertreter die Blausäure (Cyanwasserstoff) ist, kommen nur in äußerst geringen Konzentrationen im Automobilabgas vor, vgl. Abb. 7.13. Dabei emittieren die Katalysator- bzw. Dieselmotorfahrzeuge im Durchschnitt nur rund 6 bzw. 10 % im Vergleich zu den Fahrzeugen ohne Katalysator-Automobilen (Absenkung durch das Katalysatorkonzept ca. 94 %). Insgesamt liegen die Konzentrationen damit um fast zwei Größenordnungen unter dem von der EPA früher einmal gefundenen Einzelfall (einige hundert mg/mi), der diese Behörde seinerzeit zur Aussetzung von Verkaufsgenehmigungen veranlaßte.

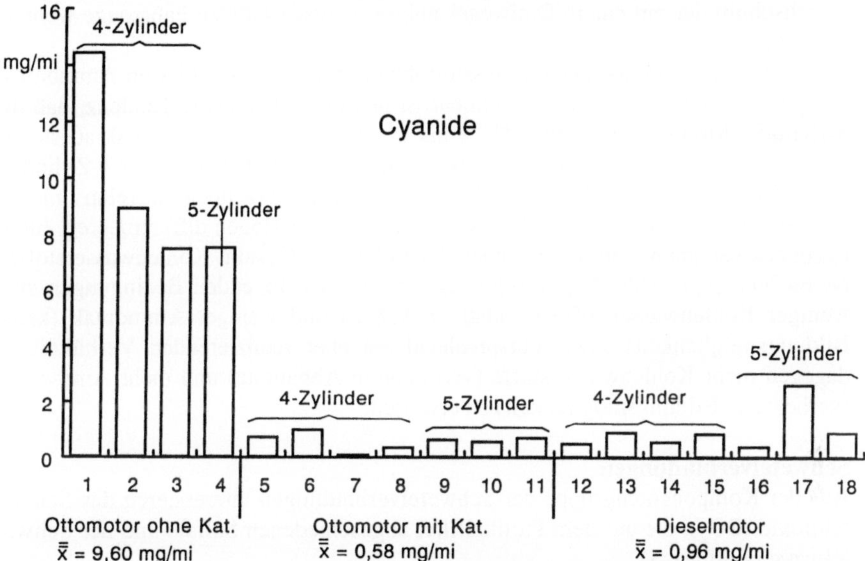

Abb. 7.13: Emissionswerte der Gesamt-Cyanide, gemittelt über drei Fahrkurven für verschiedene Fahrzeugtypen, $\overline{\overline{x}}$ = Gesamtmittelwerte

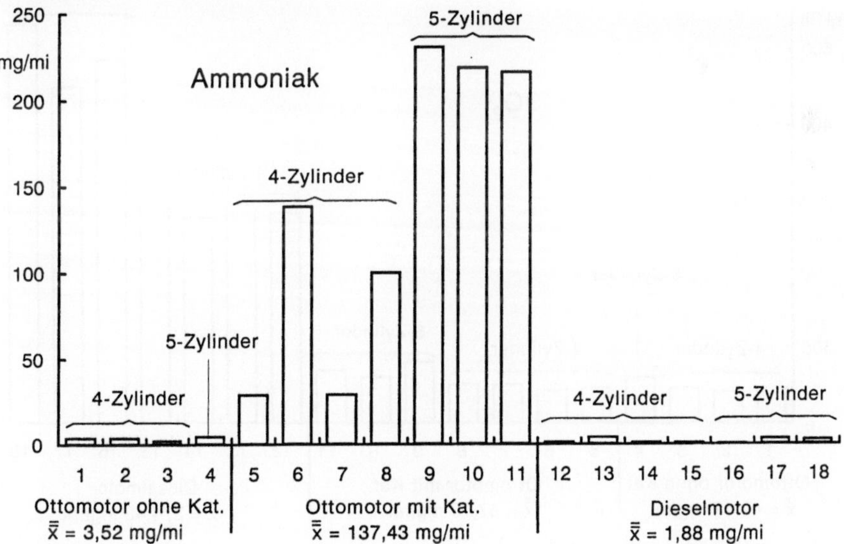

Abb. 7.14: Emissionswerte des Ammoniaks, gemittelt über drei Fahrkurven für verschiedene Fahrzeugtypen

Ammoniak

Die Emissionswerte des Ammoniaks (Abb. 7.14) unterscheiden sich insofern von denen anderen hier untersuchten Komponenten, als dabei die größten Konzentrationen im Abgas der Katalysatorfahrzeuge zu finden sind. Die mittleren Mengen bei den Nicht-Katalysator- und den Dieselmotorfahrzeugen betragen relativ zum Durchschnitt der mit einem Dreiwegekatalysator ausgestatteten Fahrzeuge weniger als 3 %.

Innerhalb der Gruppe der Katalysatorfahrzeuge sind die emittierten Ammoniakmengen sehr unterschiedlich. Erkennbar ist noch die allgemeine Tendenz, daß die 5-Zylinder-Motoren (Fahrzeuge Nr. 9 bis 11) deutlich mehr Ammoniak ausstoßen als 4-Zylinder-Motoren (Fahrzeuge Nr. 5 bis 8). Speziell bei diesen 4-Zylinder-Modellen läßt sich jedoch zusätzlich zwischen zwei Fahrzeugen mit relativ niedrigen und zwei anderen mit vergleichsweise hohen Emissionen differenzieren. Interessanterweise kann man den gleichen Trend bei den Gesamt-Kohlenwasserstoffen beobachten (vgl. Abb. 2.4, Abschn. 2). Bei eher oxidierenden Bedingungen sind weniger Kohlenwasserstoffe (oxidativer Abbau) und weniger Ammoniak (keine Bildungsmöglichkeit) sowie entsprechend bei eher reduzierenden Verhältnissen dagegen mehr Kohlenwasserstoffe (verminderte Abbaurate) und mehr Ammoniak (verbesserte Bildungsmöglichkeit) zu erwarten.

Schwefelverbindungen

Aus der Komponentengruppe der Schwefelverbindungen interessieren das Schwefeldioxid (SO_2), die auf dem Partikelfilter abgeschiedenen Sulfate und der Schwefelwasserstoff (H_2S).

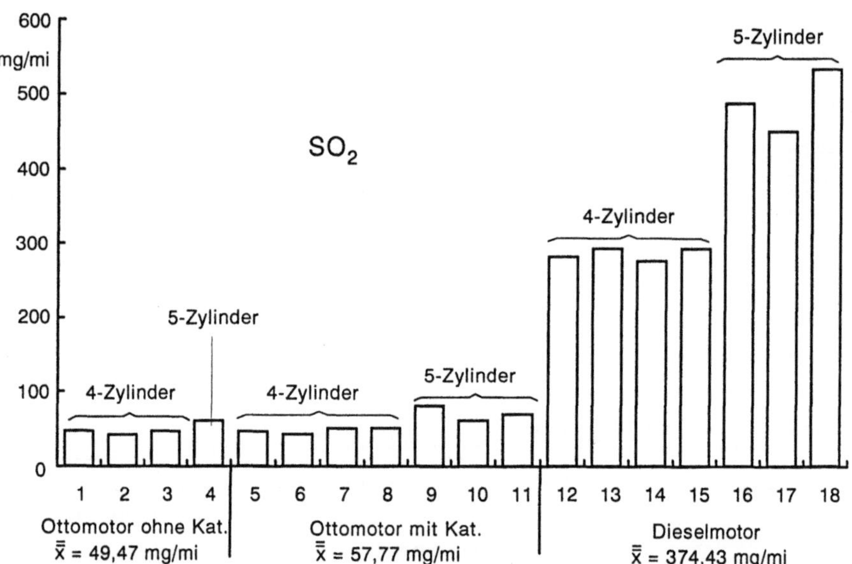

Abb. 7.15: Emissionswerte des Schwefeldioxids, gemittelt über drei Fahrkurven für verschiedene Fahrzeugtypen

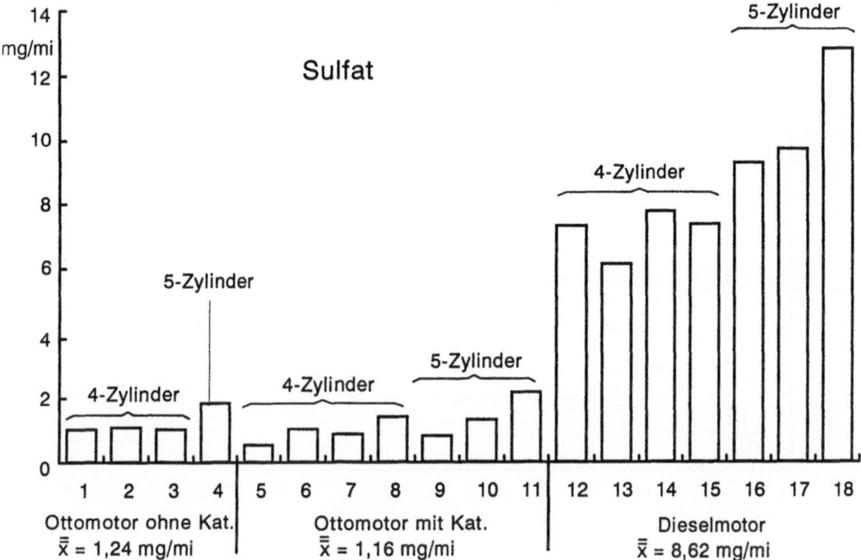

Abb. 7.16: Emissionswerte der Sulfate, gemittelt über drei Fahrkurven für verschiedene Fahrzeugtypen

Das Schwefeldioxid (Abb. 7.15) tritt von den drei genannten Substanzen in der bei weitem höchsten Konzentration auf. Die mittleren Emissionswerte der drei Fahrzeuggruppen (Ottomotorfahrzeuge ohne bzw. mit Katalysator und Dieselmotorfahrzeuge) verhalten sich wie etwa 13 : 15 : 100, was in unmittelbarem Zusammenhang mit dem Schwefelgehalt des Kraftstoffes (ca. 0.03 Gew.-% bei Ottokraftstoff und 0.225 Gew.-% bei Dieselkraftstoff) und dem Kraftstoffverbrauch steht. Praktisch keinen Einfluß auf den Schwefeldioxidgehalt des Abgases übt dagegen das Katalysatorkonzept aus, wie man auch aufgrund der herrschenden thermodynamischen und kinetischen Verhältnisse vermuten kann.

Die Sulfat-Emissionen betragen - gemittelt über alle Meßwerte - etwa 2 % der emittierten Schwefeldioxidmengen (Abb. 7.16). Die Emissionsprofile beider Komponenten ähneln sich jedoch recht auffällig, wenn man von dem markant niedrigen Analysenwert des Fahrzeuges Nr. 17 absieht. Zusätzlich veranschaulicht wird diese Analogie, wenn man die Meßdaten beider Komponenten für alle Fahrzeuge paarweise in ein Regressionsdiagramm (Abb. 7.17) einträgt (Regressionskoeffizient = 0,95 bei 54 Wertepaaren).

Beim Schwefelwasserstoff liegen die Emissionswerte bei standardmäßig angewandten Testbedingungen in nahezu allen Fällen unterhalb der Nachweisgrenzen von 0,02 ppm und sind deshalb hier nicht aufgeführt.

Aus Kundenkreisen wird allerdings gelegentlich über Geruchsbelästigungen durch Abgase von Katalysatorfahrzeugen, insbesondere bei Konzepten mit ungeregeltem Katalysator (Dreiwegkatalysator ohne Lambda-Regelung), berichtet, die auf eine Freisetzung von Schwefelwasserstoff (H_2S) - zumindest bei bestimmten Betriebszuständen (nach Übergang von "magerem" auf "fettes" Gemisch) - hindeuten. Experimentelle Untersuchungen an Fahrzeugen mit Oxidations- bzw. Drei-

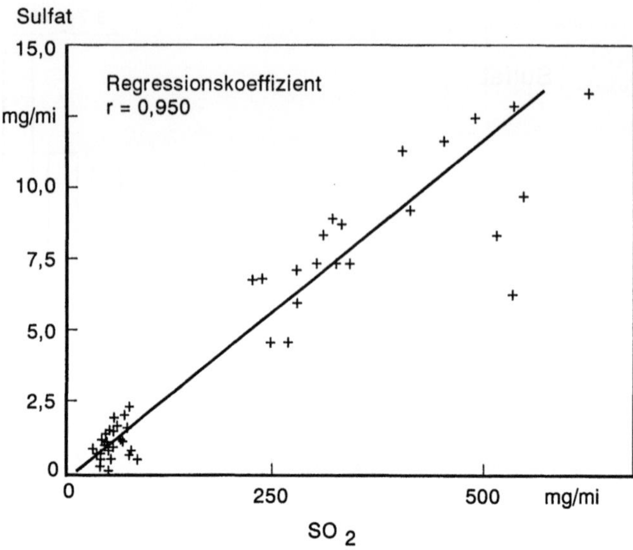

Abb. 7.17: Lineare Regressionsanalyse der Schwefeldioyid- und der Sulfat-Emissionen für alle 18 Testfahrzeuge und über alle drei Testzyklen (n = 54 Wertepaare)

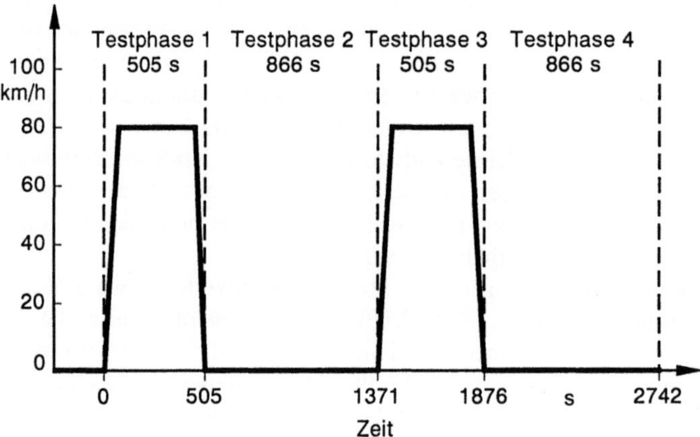

Abb. 7.18: SET-Fahrkurve zur Bestimmung von Schwefelwasserstoff-Emissionen

wegkatalysatoren haben gezeigt, daß Emissionsspitzen hauptsächlich im Leerlauf auftreten können.

Abb. 7.19 zeigt Schwefelwasserstoff-Emissionen eines Fahrzeugs mit Vergaser und ungeregeltem Katalysator (Motorleistung 53 kW), die in einem speziellen Meßprogramm, mit einer speziellen Fahrkurve (SET; Abb. 7.18) aus insgesamt 4 Testphasen (abwechselnd Konstantfahrt bei einer Geschwindigkeit von 80 km/h und Leerlauf) ermittelt wurden. Die Probennahme erfolgte getrennt für die einzelnen Testphasen.

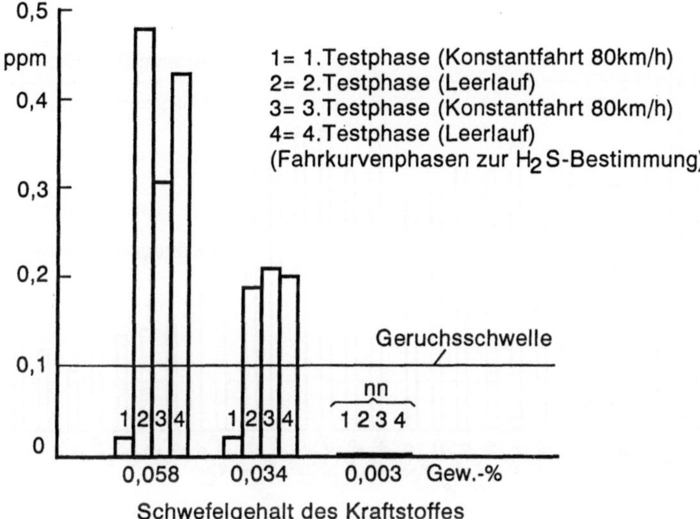

Abb. 7.19: Schwefelwasserstoff-Emissionen eines Mittelklasse-Fahrzeuges mit Vergaser und ungeregeltem Katalysator (Motorleistung 53 kW) in Abhängigkeit vom Schwefelgehalt des Kraftstoffes und von der Testphase, SET-Fahrkurve; vgl. Abb. 7.18)

Variiert wurde außerdem der Schwefelgehalt im Kraftstoff von 0,058 Gew.%. (zwei-, dreimal höher als im handelsüblichen Kraftstoff) bzw. 0,034 Gew.% oder ca. 0,003 Gew. %.

7.5 Übersicht über die Größenordnung der Emissionswerte

Die Emissionswerte (g/mi) einer repräsentativen Auswahl untersuchter Abgaskomponenten sind in den Abb. 7.20 bis 7.22 für die drei Fahrzeuggruppen Ottomotor-Fahrzeuge ohne bzw. mit Katalysator sowie Dieselmotor-Fahrzeuge zusammengestellt (jeweils Mittelwerte über alle Fahrzeuge je Gruppe und drei Fahrkurven). Aufgrund der großen Bandbreite der ermittelten Meßwerte ist die Ordinate jeweils im logarithmischen Maßstab skaliert.

Wie man sieht, überstreichen die Emissionswerte der limitierten und nicht limitierten Abgaskomponenten bei den untersuchten Fahrzeugen etwa 7 Zehnerpotenzen. Ganz grob kann man die Abgaskomponenten in drei Kategorien mit unterschiedlichen Konzentrationsbereichen einteilen.

Bei den Katalysatorfahrzeugen liegen die Emissionswerte durchschnittlich um mehr als eine Größenordnung niedriger als bei den Fahrzeugen ohne Katalysator (vgl. Abb. 7.20 und 7.21). Ausnahmen von dieser Regel bilden lediglich das Ammoniak (bei den Katalysatorfahrzeugen mehr als eine Größenordnung höhere Emissionswerte) sowie die Schwefelverbindungen Schwefeldioxid (SO_2) und Sulfat, die bei beiden Fahrzeuggruppen in etwa gleichen Konzentrationen vorliegen.

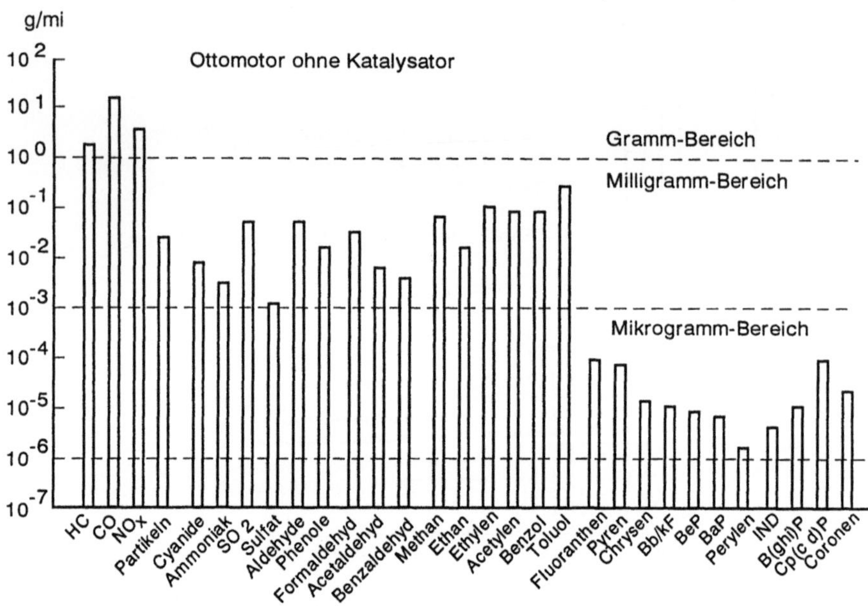

Abb. 7.20: Übersicht über die Emissionswerte (log. Maßstab) von Ottomotor-Fahrzeugen ohne Katalysator, gemittelt über alle Fahrzeuge dieser Gruppe und drei (US-75-; HDC- und SET-Fahrkurven (Bb/kF = Summe aus Benzo(b)- und Benzo(k)fluoranthen; BeP = Benzo(e)pyren; BaP = Benzo(a)-pyren; IND = Indeno(1,2,3-cd)-pyren; B(ghi)P = Benzo(ghi)-perylen; Cp(cd)P= Cyclopenta-(cd)pyren)

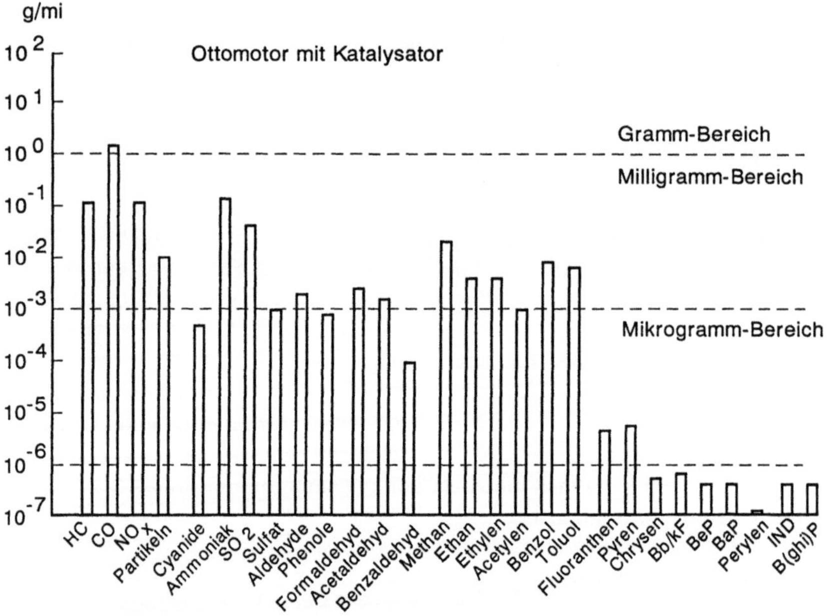

Abb. 7.21: Übersicht über die Emissionswerte (log. Maßstab) von Ottomotor-Fahrzeugen mit Katalysator, gemittelt über alle Fahrzeuge dieser Gruppe und Testarten
(Erläuterung der Abkürzungen s. Abb. 7.20)

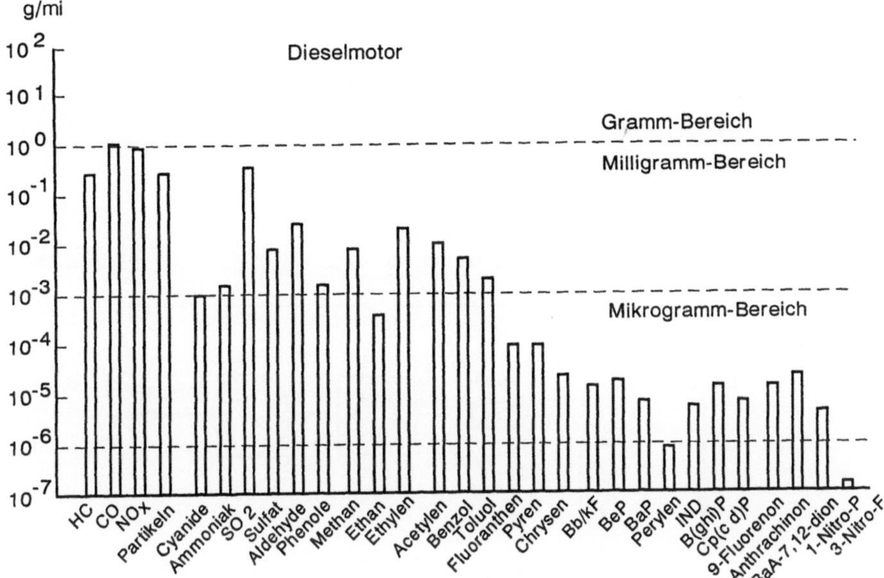

Abb. 7.22: Übersicht über die Emissionswerte (log. Maßstab) von Dieselmotor-Fahrzeugen, gemittelt über alle Fahrzeuge dieser Gruppe und Testarten
(Erläuterung der Abkürzungen s. Abb. 7.20; außerdem: BaA-7,12-dion = Benz(a)anthrachen-7,12-dion; 3-Nitro-F = 3-Nitro-Fluoranthen; 1-Nitro-P = 1-Nitro-Pyren)

Um rund eine Zehnerpotenz niedriger als bei den Ottomotorfahrzeugen ohne Katalysator sind die Emissionswerte der Gesamt-Kohlenwasserstoffe und des Kohlenmonoxids auch bei den Dieselmotorfahrzeugen, die Stickoxid-Emissionen sind jedoch nur um den Faktor 4 geringer (Abb. 7.22). Gegenüber den Ottomotorfahrzeugen mit Kat. treten bei Dieselmotorfahrzeugen die Partikelnmassen, das Schwefeldioxid und die Sulfate in jeweils etwa zehnfach erhöhter Konzentration auf, die PAK haben im Mittel gleiche Konzentrationen.

7.6 Messung der Dieselabgas-Partikeln

7.6.1 Meßverfahren

Eine sehr wichtige Probennahmetechnik, wie sie auch bei den limitierten Abgaskomponenten verwendet wird, ist die Abtrennung der partikelförmigen Bestandteile aus dem Abgas insbesondere bei Dieselfahrzeugen mit ihrem erhöhten Sulfat- und Rußanteil.

Nach Definition der EPA sind unter dem Begriff Abgas-Partikeln alle Bestandteile (mit Ausnahme des kondensierten Wassers) zu verstehen, die bei einer maximalen Temperatur von 51,7°C ($\hat{=}$ 125 °F) aus dem mit Luft verdünnten Abgas (Verdünnungstunnel) auf einem definierten Filter abgeschieden werden. Die Masse der abgeschiedenen Partikeln wird gravimetrisch bestimmt. Drei Filter werden parallel angeordnet, um pro Fahrkurven-Abschnitt, vgl. Abschn. 8.2.3, Werte zu erhalten.

Abb. 7.23 zeigt das Schema einer entsprechenden Probennahme.

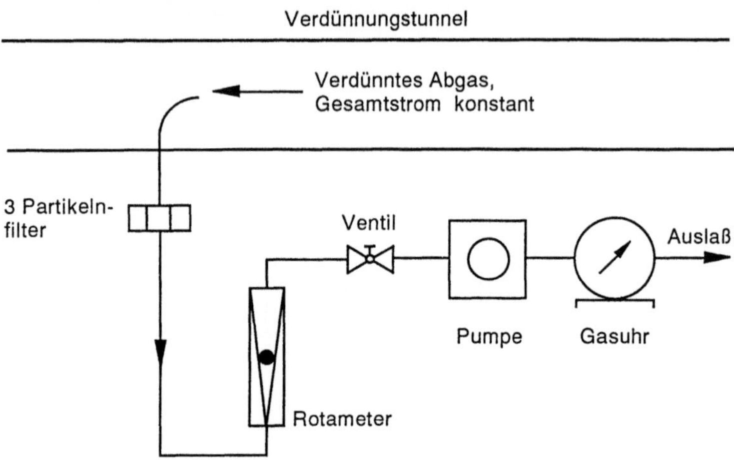

Abb. 7.23: Sammlung von partikelnförmigen Abgaskomponenten durch Filtration (schematisch)

Je nach Verwendungszweck der gezogenen Proben können Filter verschiedenen Durchmessers, Filter aus unterschiedlichen Materialien und - hauptsächlich, wenn große Partikelnmengen benötigt werden - auch Hülsen verwendet werden.

Die Filter oder Hülsen werden in speziell dafür konstruierten Gehäusen eingesetzt, wie es die Abb. 7.24 für ein Filter zeigt.

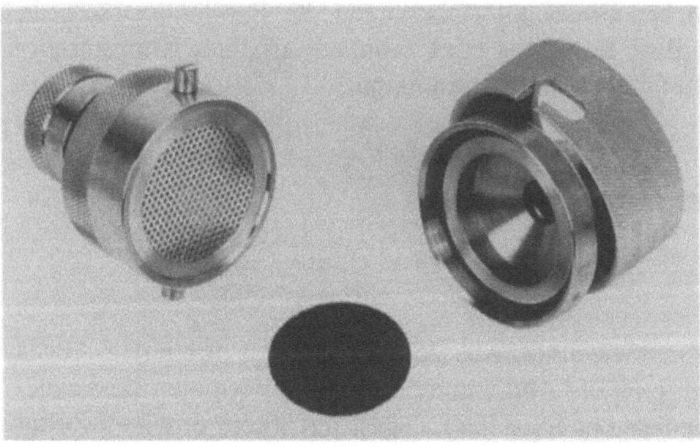

Abb. 7.24: Filtergehäuse mit beladenem Filter (unten)

Selbst solche simpel anmutenden Tätigkeiten, wie die gravimetrische Bestimmung der Partikelnmasse sind mit relativ hohem Aufwand verbunden, wie es Abb. 7.25 verdeutlicht.

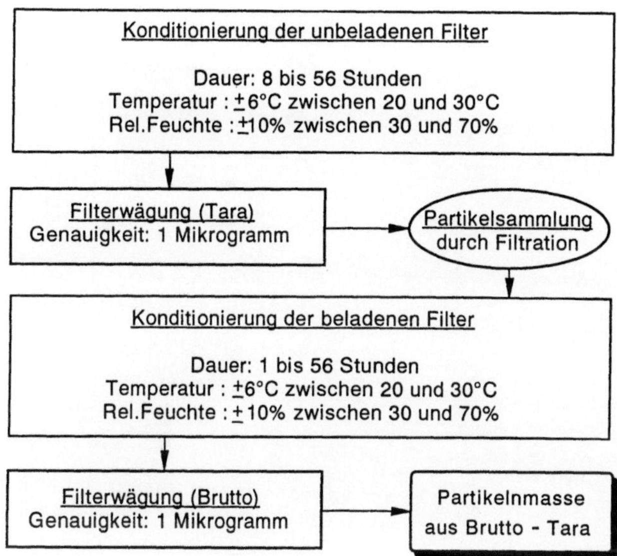

Abb.7.25: Schema zur gravimetrischen Bestimmung der abgeschiedenen Partikelnmasse

Zunächst werden die zu beladenden Filter 8 bis 56 Stunden konditioniert. Die Temperatur darf um maximal ±6 °C im Bereich zwischen 20 und 30 °C schwanken.

Die relative Luftfeuchtigkeit muß zwischen 30 und 70 % liegen bei einer maximalen Schwankungsbreite von ±10 %.

Von den so vorkonditionierten, unbeladenen Filtern wird nun das Taragewicht bestimmt. Die eingesetzten hochempfindlichen Waagen müssen eine Genauigkeit auf ± 1 Mikrogramm garantieren.

Nachdem die Filter während des Abgastestes (vgl. Abschn. 9) mit Partikeln beladen worden sind, werden sie erneut über 1 bis 56 Stunden konditioniert. Temperatur und relative Feuchte müssen den gleichen Bedingungen genügen wie bei der Vorkonditionierung.

Schließlich wird das Bruttogewicht der beladenen Filter wiederum mit einem zulässigen Fehler von ±1 Mikrogramm ermittelt. Die Partikelnmasse ergibt sich aus der Differenz zwischen Brutto-und Taragewicht.

Die Filterkonditionierung und -wägung werden in einem speziell dafür eingerichteten, klimatisierten Wägeraum oder in einer Laborvorrichtung im Prüfstandsraum durchgeführt, Abb. 7.26 zeigt eine Ansicht.

Sowohl die Filter als auch die Waagen sind in Plexiglasboxen untergebracht, die Staubablagerungen und störende Luftbewegungen soweit wie möglich verhindern sollen. Die klimatischen Bedingungen werden mittels Meßgeräten - wie im Bild zu erkennen - ständig kontrolliert und protokolliert.

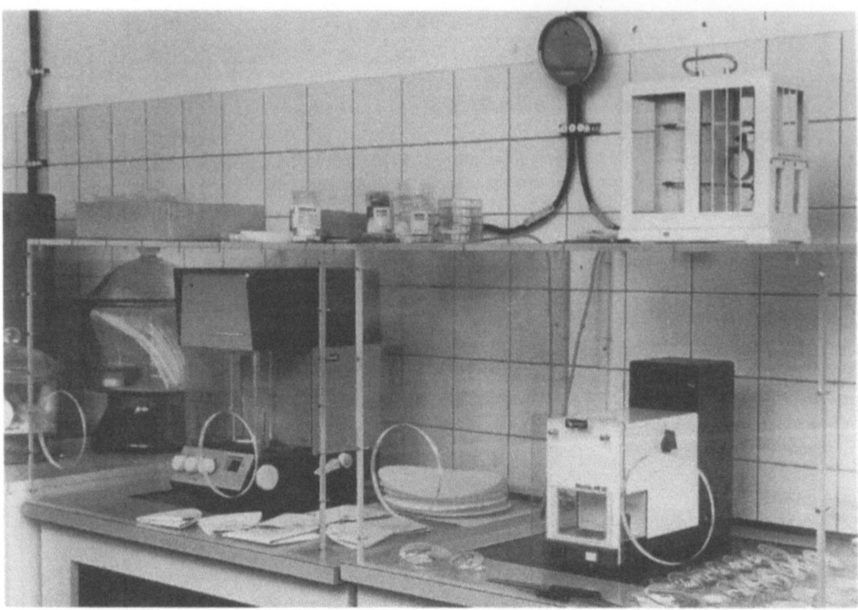

Abb. 7.26: Ansicht einer Laborvorrichtung zur Konditionierung und Wägung von Partikelnfiltern

7.6.2 Meßergebnisse

Typische Größenordnungen der Emissionswerte für die Partikelnmasse sind in
Tabelle 7.9 angegeben, vgl. auch Abschn. 2.

Tabelle 7.9: Typische Partikelnmassenemissionen von Fahrzeugen mit unterschiedlichen
Abgasreinigungskonzepten

Motorkonzept	Größenordnung der Partikeln - Massenemission
Dieselmotor (alt)	ca. 400 mg/mi
Dieselmotor (neu)	ca. 100 mg/mi
Ottomotor	ca. 40 mg/mi
Ottomotor mit Dreiwegekatalysator	ca. 4 mg/mi

Bei sehr großen Schwankungsbreiten innerhalb der einzelnen Fahrzeugklassen
lassen die in Tabelle 7.9 gezeigten mittleren Emissionswerte erkennen, daß die
Partikelnemissionen vom Ottomotor mit katalytischer Abgasbehandlung über den
Ottomotor ohne Katalysator bis hin zum Dieselmotor jeweils um etwa eine Größenordnung ansteigen.

Trotz der sehr komplexen chemischen Zusammensetzung der Partikeln können wichtige Informationen über die Partikeln bereits ohne zusätzliche Vorbehandlung der Filter gewonnen werden.

Dazu gehören

- die gravimetrische Bestimmung der Partikelngesamtmasse (in den USA und in der EU gesetzlich für Dieselfahrzeuge vorgeschrieben),
- die quantitative Bestimmung von Kohlenstoff-, Wasserstoff-, Stickstoff- und Sauerstoff-Anteilen durch die Elementaranalyse,
- die quantitative Bestimmung der Anteile der höheren Elemente (ab etwa Fluor) durch Röntgenfluoreszenzanalyse,
- die Bestimmung flüchtiger Anteile mit Hilfe der Thermogravimetrie und
- die Bestimmung von löslichen Bestandteilen durch organische Extraktion.

Abb. 7.27 zeigt schematisch und beispielhaft Partikeln im Dieselabgas, wie sie auf einem Filter gesammelt werden.

Sowohl organische als auch anorganische Anteile sammeln sich auf dem Filter an. Die Rußpartikeln bilden den größten Anteil.

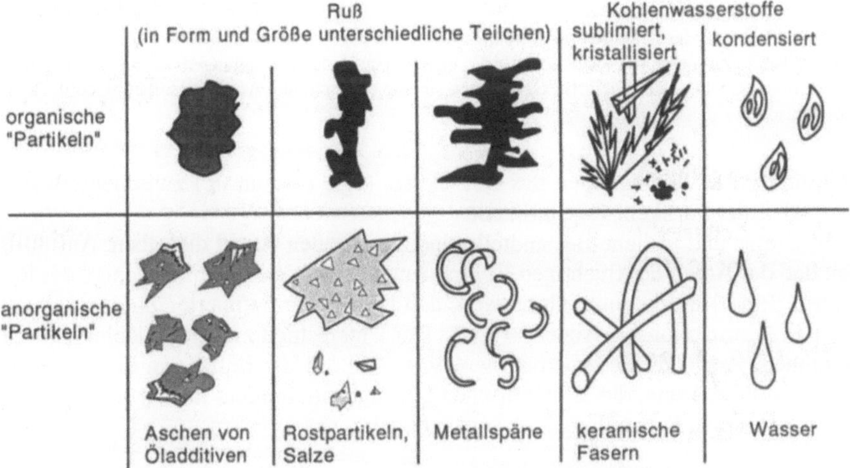

Abb.7.27: Auf einem Filter gesammelte "Partikeln" im Dieselabgas, schematisch

7.6.3 Partikelngebundene Substanzen

Neben der Bestimmung der Partikeln-Gesamtmasse ist die Ermittlung des flüchtigen und des löslichen Anteils der Partikeln von Bedeutung. In Abb. 7.28 sind die in organischen Lösungsmitteln löslichen sowie die bei einer Temperatur von 600 °C flüchtigen Anteile an der Gesamtmasse von Rußpartikeln von vier verschiedenen Dieselmotorfahrzeugen dargestellt. Entsprechende Analysenergebnisse von Ottomotorfahrzeugen liegen wegen der geringeren Partikelnemission dieser Fahrzeugtypen nicht vor. Wie man sieht, schwanken die prozentualen Gewichtsan-

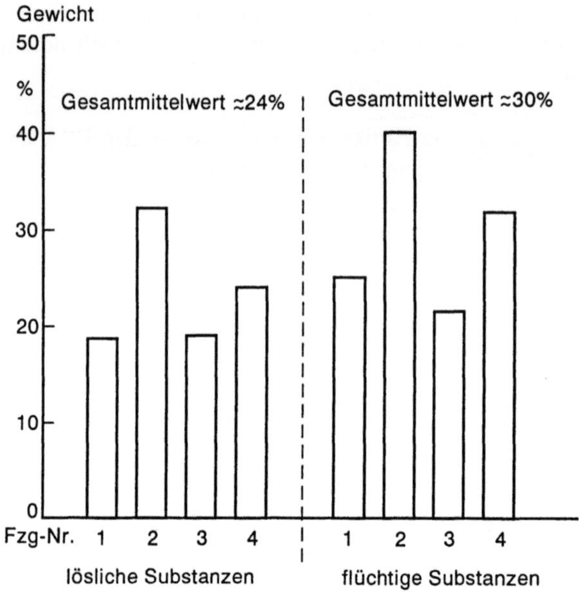

Abb. 7.28: Anteil der getrennt ermittelten löslichen und der flüchtigen Substanzen (600 °C) an der Partikeln-Gesamtmasse bei 4 Dieselmotor-Fahrzeugen unter den Bedingungen des FTP-Testes (vgl. Abschn. 8.). Lösliche und flüchtige Substanzen sind zu einem hohen Anteil dieselben (Überdeckung der Werte).

teile unter den Bedingungen des FTP-Testes (vgl. Abschn. 8.) zwischen etwa 20 und 40 % der Partikeln-Gesamtmasse.

Flüchtige und lösliche Bestandteile sind zum großen Anteil dieselben. Auffälllig ist, daß der Anteil der flüchtigen Komponenten stets höher ist als derjenige der löslichen. Eine Korrelationsanalyse zeigt, daß hierbei ein definierter Zusammenhang besteht (Korrelationskoeffizient = 0,97). Der Unterschied zwischen flüchtigem und löslichem Anteil dürfte zu einem gewissen Teil auf die Sulfate an den Partikeln zurückzuführen sein, die in organischen Lösungsmitteln nicht löslich sind, sich bei der thermischen Behandlung aber verflüchtigen.

7.6.4 Elementare Zusammensetzung der Partikeln

Eine wichtige Information über die Zusammensetzung der Partikeln liefert die Bestimmung ihrer elementaren Bestandteile. Dabei wurden die Elemente Kohlenstoff, Wasserstoff, Stickstoff, Sauerstoff und Schwefel mit den Verfahren der Elementaranalyse bestimmt. Da hierfür relativ große Partikelnmengen erforderlich waren, liegen nur Meßwerte für Dieselmotorfahrzeuge vor. Die Metalle Eisen, Calcium, Zink, Blei, Platin und Rhodium wurden mittels der Röntgenfluoreszenzanalyse quantifiziert.

Der Kohlenstoff ist, wie Abb. 7.29 verdeutlicht, mit einem durchschnittlichen Anteil von etwa 88 Gew-% das bei weiten häufigste Element in den Dieselpartikeln. Die Schwankungsbreite des Kohlenstoffgehaltes liegt hier zwischen ca. 82 und 94 %.

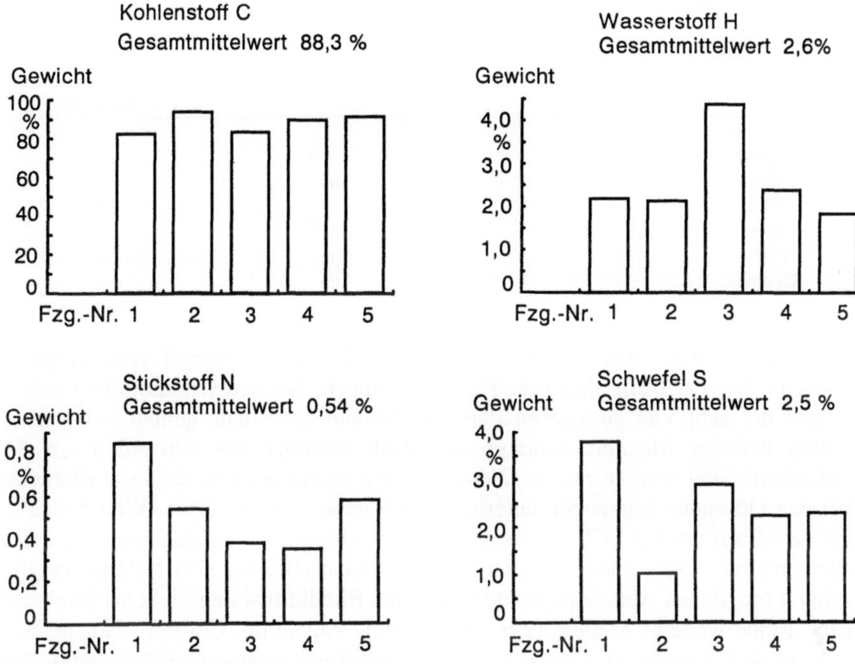

Abb. 7.29: Elementare Anteile an den Rußpartikeln von 5 Dieselmotorfahrzeugen

Beim Wasserstoff (Abb. 7.29) liegen die Gewichtsanteile an der Partikeln-Gesamtmasse zwischen ca. 1,6 und 4,8 %, im Mittel bei rund 2,6 %. Auffällig ist hier, daß beim Testfahrzeug Nr. 16 ein deutlich höherer Wasserstoffgehalt als bei den anderen vier Dieselmotorfahrzeugen gemessen wird.

Der Stickstoffgehalt der Dieselpartikeln (Abb. 7.29) beträgt durchschnittlich nur etwa 0,5 Gew.-%, womit dieses Element aus der Gruppe der typischen Bausteine organischer Moleküle (Kohlenstoff, Wasserstoff, Sauerstoff und Stickstoff) den geringsten Anteil hat.

Mit durchschnittlich ca. 2,5 Gew.-% liegt der Schwefelgehalt der Dieselpartikeln (Abb. 7.29) etwa im gleichen Bereich wie der Wasserstoffanteil. Auffällig ist jedoch der große Unterschied zwischen den beiden 4-Zylinder-Testfahrzeugen: Die Partikeln des Fahrzeuges Nr. 12 enthalten im Mittel fast viermal mehr Schwefel als die des Testfahrzeuges Nr. 13. Die 5-Zylinder-Modelle weisen dagegen weitgehend vergleichbare Schwefelgehalte auf.

Die Anteile der Metalle an der Partikeln-Gesamtmasse konnten wegen der größeren Empfindlichkeit der Röntgenfluoreszenzanalyse auch an Ottomotorfahrzeugen ohne und mit Katalysator bestimmt werden. Abgesehen vom Blei bewegen sich die Meßergebnisse an der Nachweisgrenze; außerdem schwanken die Werte sehr stark, wobei in manchen Fällen überhaupt kein Metall gefunden werden konnte. Da die Meßergebnisse weder fahrzeug- noch testspezifisch sind, gibt Tabelle 7.10 nur die maximal aufgetretenen Gewichtsanteile an der Partikeln-Gesamtmasse wieder.

Tabelle 7.10: Maximaler Metallgehalt der Partikeln   (nn = nicht nachweisbar)

Komponente	Ottomotor ohne Kata-lysator Gew.-%	Ottomotor mit Katalysator Gew.-%	Dieselmotor Gew.-%
Eisen	< 4	< 10	< 0,6
Calcium	nn	nn	< 0,3
Zink	nn	nn	< 0,3
Blei	< 40	nn	nn
Platin	-	nn	-
Rhodium	-	nn	-

Das Eisen findet man als Korrosionsprodukt des Motor/Auspuff-Systems sporadisch in den Partikeln aller drei Fahrzeuggruppen, bei den Ottomotorfahrzeugen wegen der sehr viel geringeren Partikeln-Gesamtmasse naturgemäß mit zahlenmäßig höheren Anteilen. Calcium und Zink stammen aus den Additiven des Schmieröls und werden nur in Dieselpartikeln nachgewiesen, da diese Elemente bei den Ottomotorfahrzeugen unterhalb der Nachweisgrenze lagen. Weil bleihaltiger Kraftstoff nur bei ECE-Fahrzeugen ohne Katalysator verwendet wird, war Blei auch nur im Abgas dieser Fahrzeuge nachweisbar. Die bei den Katalysatorfahrzeugen möglichen Abriebsprodukte Platin und Rhodium waren nicht nachweisbar. Eine Reihe weiterer Metalle (z.B. Aluminium, Vanadium, Chrom, Mangan, Kobalt, Nickel, Kupfer, Molybdän, Cadmium und Zinn) lagen ebenfalls in allen Fällen unterhalb der Nachweisgrenze.

In Abb. 7.30 ist die elementare Zusammensetzung der Dieselpartikeln noch einmal in einer Übersicht dargestellt, mit Kohlenstoff um 88 Gew.-% als Hauptbestandteil, gefolgt von den Elementen Sauerstoff, Wasserstoff, Schwefel, der Summe der Metalle sowie dem Stickstoff.

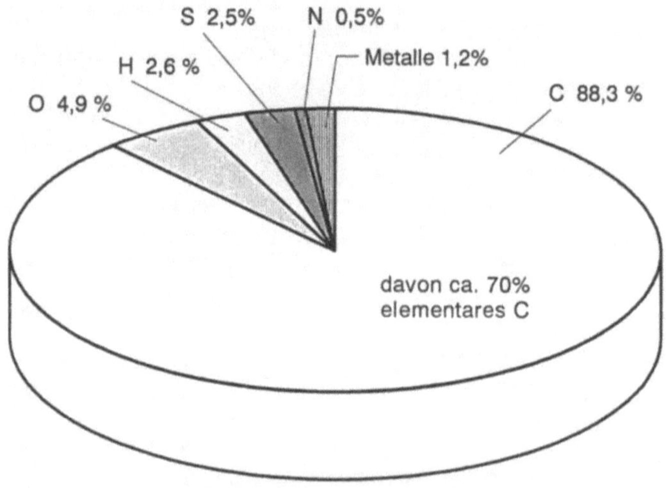

Abb. 7.30: Elementare Dieselpartikeln - Zusammensetzung in Gewichts-%

Obwohl die Elementaranalyse naturgemäß keine Aussagen über die Art der chemischen Bindung der Elemente liefert, sind doch grobe Abschätzungen über die Zusammensetzung der Partikelnphase des Abgases möglich. So zeigt eine Überschlagsrechnung, daß der Kohlenstoff nicht vollständig in chemisch gebundener Form vorliegen kann. Nimmt man für die Kohlenwasserstoffe als Hauptgruppe der Kohlenstoffverbindungen im Automobilabgas ein mittleres C : H-Verhältnis von 1 : 1,85 an, so bindet unter Berücksichtigung der Atomgewichte 1 Gewichtsanteil Wasserstoff etwa 6,5 Gewichtsanteile Kohlenstoff. Die per Elementaranalyse in den Partikeln ermittelten 2,6 Gew.-% Wasserstoff können also maximal rund 17 Gew.-% von den insgesamt ca. 88 Gew.-% Kohlenstoff binden. Das bedeutet, daß etwa 71 Gew.-% der Partikeln-Gesamtmasse aus elementarem Kohlenstoff in Form von Ruß bestehen müssen. Dieser Wert konnte auf experimentellem Wege (Thermogravimetrie) bestätigt werden. Bei der thermogravimetrischen Analyse wurden im Mittel 70 Gew.-% Ruß (Partikeln-Gesamtmasse minus flüchtiger Anteil) gefunden.

Insgesamt rund 20 Gew.-% (2,6 Gew.-% Wasserstoff + 16,9 Gew.-% Kohlenstoff) der Partikel-Gesamtmasse waren nach der vorliegenden Abschätzung Kohlenwasserstoffverbindungen. Geht man davon aus, daß in diesen Substanzen außerdem nahezu der gesamte Stickstoff sowie Teile des Sauerstoffs und des Schwefels gebunden sind (z.B. in Form von Amino-, Nitro-, Hydroxi-, Carbonyl-, und Sulfid-Derivaten), so ist mit einem Gesamtanteil organischen Materials von über 20 Gew.-% zu rechnen. Der experimentell bestimmte Wert (lösliche Substanzen) beträgt im Mittel ca. 24 Gew.-% (vgl. Abb. 7.28).

Die restlichen 5 Gew.-% der Partikeln-Gesamtmasse entfallen auf Metallverbindungen und Sulfate.

Abb. 7.31 zeigt abschließend eine Übersicht über die *stoffliche* Zusammensetzung der Dieselpartikeln in Gewichtsprozenten.

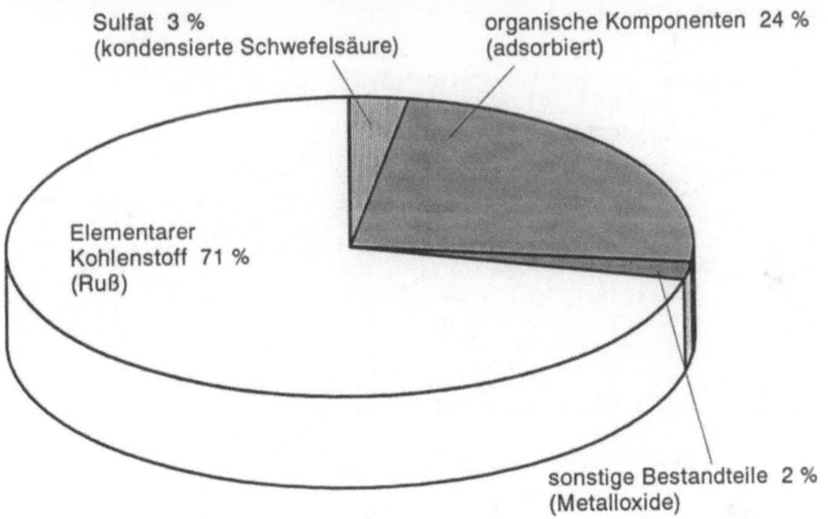

Abb. 7.31: Stoffliche Zusammensetzung von Dieselpartikeln in Gewichts-%

7.6.5 Einfluß verschiedener Parameter

Die Abtrennung der Partikeln aus dem verdünnten Abgas mittels Filtration reagiert sehr empfindlich auf Änderungen der Probennahmeparameter. So haben die Partikelnkonzentrationen - als Funktion des Motorkonzepts und des Verdünnungsgrades - sowie die Sammeltemperaturen einen starken Einfluß auf die Menge der adsorptiv an den Rußpartikeln gebundenen Kohlenwasserstoffen und folglich auch auf die gravimetrisch bestimmte Partikeln-Gesamtmasse.

Zielt die Probennahme speziell auf die Erfassung der adsorbierten Kohlenwasserstoffe ab (beispielsweise bei der Analyse der polycyclischen aromatischen Kohlenwasserstoffe), so sind diese Einflüsse besonders zu berücksichtigen. Theoretische Abschätzungen zeigen, übrigens in guter Übereinstimmung mit experimentellen Befunden, daß im verdünnten Dieselabgas (typische Partikelnkonzentration 10^{-8} g/cm^3) bei Temperaturen unterhalb von 51,7 °C die Kohlenwasserstoffe (mit einem Molekulargewicht ab etwa 200) zu mehr als 95 % an die Partikeln adsorbiert sind. Abb. 7.32 zeigt berechnete adsorbierte Anteile der Kohlenwasserstoffe in Abhängigkeit von der Abgastemperatur mit der Partikelnkonzentration W_p als Parameter.

Bei geringeren Patikelnkonzentrationen ist die Adsorption dagegen zunehmend unvollständig, d.h. die Kohlenwasserstoffe können durch das Sammeln der Parti-

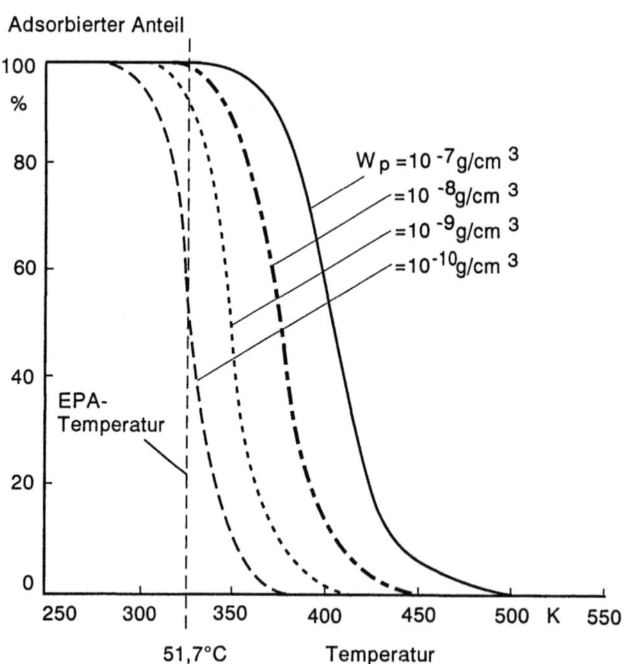

Abb. 7.32: Berechnete Anteile der an Dieselpartikeln adsorbierten Kohlenwasserstoffe mit einem Molekulargewicht größer als 200 als Funktion der Temperatur für verschiedene Partikelkonzentrationen W_p. Im verdünnten Dieselabgas ist $W_p = 10^{-8}$ g/cm^3 typisch.

keln allein nicht mehr verlustfrei erfaßt werden. Da auch die Sammeltemperatur nicht ohne weiteres abgesenkt werden kann, muß in diesem Fall hinter das Partikelfilter ein Adsorptionsmittel zur Abscheidung der gasförmigen Kohlenwasserstoffanteile geschaltet werden. Diese Vorgehensweise ist z.B. für die Untersuchung von polycyclischen aromatischen Kohlenwasserstoffen (PAK) im Ottomotorabgas (Partikelnkonzentration etwa 10^{-10} g/cm^3) erforderlich.

Im Rohabgasstrom sind die Temperaturen höher als 500 K und somit die Kohlenwasserstoffe noch gasförmig und nicht an die Partikeln adsorbiert. Das erlaubt den Einsatz eines Oxidationskatalysators zur Verringerung der Kohlenwasser-, insbesondere der PAK-Emissionen.

7.6.6 Bestimmung der Dichtefunktion der aerodynamischen Partikelndurchmesser

Zur Größencharakterisierung der Partikeln werden u.a. mehrstufige Niederdruckimpaktoren verwendet. Ihr Meßprinzip beruht auf der größenselektiven Abscheidung von Partikeln aus einer beschleunigten Strömung auf Prallscheiben.

Abb. 7.33 zeigt schematisch das Prinzip.

Der aus dem Gesamtrohabgasstrom entnommene Teilstrom wird durch die Stufen des Impaktors gleitet. Jede Impaktorstufe besteht aus einer Düsenplatte, einer Prallplatte und einem Distanzring. Die Stufen werden im Meßzustand gegeneinander gepreßt und durch Zwischenlegen von hochtemperaturfesten Teflonringen abgedichtet.

Die Düsenplatte besitzt eine Anzahl Düsenbohrungen mit einem definierten Durchmesser, der sich von Impaktorstufe zu Impaktorstufe verringert. Entsprechend der Anzahl der Düsenbohrungen werden je Trennstufe eine Anzahl Aerosoljets erzeugt, die gegen die Prallscheibe strömen und dort abgelenkt werden.

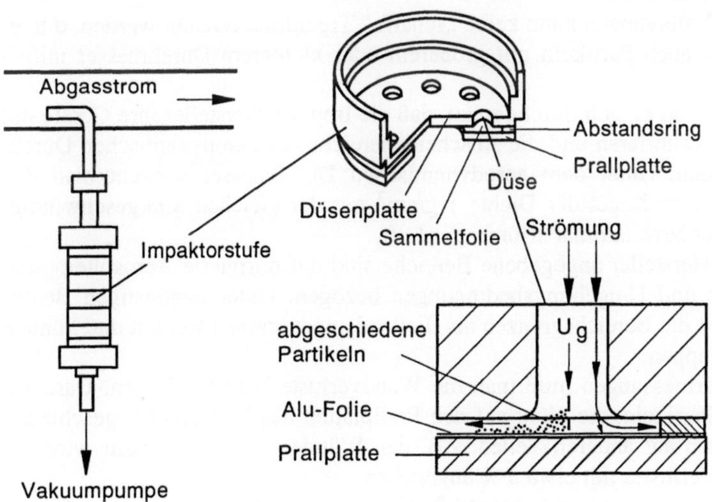

Abb. 7.33: Schema eines Berner-Niederdruckimpaktors, Quelle Giorgi

Die Prallplatten werden mit Filtern aus Aluminium belegt, die ähnlich konditioniert werden, wie in Abb. 7.25 beschrieben.

Ein Teil der Partikeln kann bedingt durch ihre Trägheit der Umlenkung der Strömung nicht folgen und wird auf der Prallscheibe abgeschieden. Mit der impaktorstufenweisen Verringerung der Durchmesser der Düsenbohrungen ist eine Zunahme der Geschwindigkeiten der Aerosoljets verbunden, d.h. daß immer kleinere Partikeln den Umlenkungsbahnen nicht mehr folgen können und impaktieren. Je Trennstufe wird ein ausgewählter Durchmesserbereich des Partikelnspektrums auf den die Prallplatten bedeckenden Aluminiumfolien abgeschieden.

Durch Differenzwägung der Folien der Impaktorstufen vor und nach dem Belegen erhält man dann die Massengrößenverteilung der Partikeln des gemessenen Aerosols.

Die Bestimmung der Masse der aufgefangenen Partikeln erfolgt durch Wägung, also genauso wie in Abb. 7.25 beschrieben.

Die Trennung der Partikeln erfolgt nach der Größe des sogenannten Trägheitsparameters Φ_p:

$$\Phi_p = D_p^2 \cdot \rho_p \cdot C \cdot \frac{U_g}{18} \cdot \eta_g \cdot W_g, \tag{7.1}$$

mit

D_p Partikelndurchmesser
ρ_p Dichte der Partikeln
C Schlupfkorrekturfaktor
U_g Geschwindigkeit des Gases
η_g Zähigkeit des Gases
W_g Durchmesser des Aerosoljets

Unter realen Bedingungen kann keine „scharfe" Trennlinie erreicht werden, d.h. es werden immer auch Partikeln mit größerem oder kleinerem Durchmesser mitgesammelt.

In der Praxis hat es sich durchgesetzt, daß die Impaktorhersteller ihre Geräte mit Prüfaerosolen kalibrieren und die Abscheidebereiche des aerodynamischen Durchmessers angeben. Unter dem aerodynamischen Durchmesser versteht man den Durchmesser einer Kugel der Dichte 1 g/cm^3 mit der gleichen Sinkgeschwindigkeit in ruhender bzw. laminar strömender Luft.

Diese vom Hersteller angegebene Bereiche sind auf normierte Aerosoltemperaturen, -drücke und Umgebungsbedingungen bezogen. Unter ungünstigen Bedingungen müssen die Bereichsgrenzen als fließend angenommen werden und können einander überlappen.

Bei Impaktormessungen muß man die Wandverluste berücksichtigen. Darunter versteht man Partikeln, die nicht auf den Prallplatten des Impaktors abgeschieden werden, sondern auf anderen Teilen, z.B. den Wänden. In der Literatur wird die Größe dieses Verlustes mit etwa 3 % angegeben.

Zusätzlich dazu tritt der sogenannte Partikelbounce auf, d.h. schon impaktierte Partikeln werden von der Gasströmung wieder mitgerissen und an anderen Stellen abgeschieden. In der Literatur wird als Hilfsmittel dagegen ein Beschichten der Aluminiumfolien mit klebrigen Mitteln, z.B. APIZON, empfohlen.

Neuere Untersuchungen ergaben, das eine Beschichtung der Oberfläche der Aluminiumfolien keine Veränderung der gesammelten Masse oder der Größenverteilungen zur Folge hat, so daß darauf verzichtet werden kann.

In Tabelle 7.11 sind die Trenngrenzen eines 10 stufigen Impaktors nach Berner aufgeführt.

Tabelle 7.11: Trennstufen eines Berner-Niederdruck-Kaskadenimpaktors

Stufe	D_P in µm		
1	0,015	bis	0,030
2	0,030	bis	0,060
3	0,060	bis	0,125
4	0,125	bis	0,250
5	0,250	bis	0,50
6	0,50	bis	1,0
7	1,0	bis	2,0
8	2,0	bis	4,0
9	4,0	bis	8,0
10	8,0	bis	16,0

Als Nachteil des Impaktors muß angeführt werden, daß die Messungen wegen des Auflegens und der Konditionierung der Filter sehr zeitaufwendig sind. Außerdem kommt es bei Wiederholmessungen zu großen statistischen Fehlern, so daß eine hohe Anzahl von Wiederholungsmessungen (n = 25) für genaue statistische Angaben nötig ist.

Abb. 2.6 in Abschn. 2.1.4 zeigte bereits ein typisches Ergebnis einer Messung der Partikelngrößenverteilung im Abgas eines Dieselmotors als Histogramm mit berechneter Dichtefunktion und zugehörigem Mittelwert.

8 Abgasprüfverfahren

8.1 Einleitung

Nach den Ausführungen über
- Entwicklung der Abgasgesetzgebung,
- Emissionen,
- Immissionen,
- Wirkung und
- Meßverfahren

können die Abgasprüfverfahren beschrieben werden.

Einen Eindruck vom Aufwand vermittelt Abb. 8.1 mit einer Phantomzeichnung eines Abgasrollenprüfstandes, mit dem die gesetzlich vorgeschriebenen Prüfungen, vgl. Abschn. 9, nach ebenfalls vorgeschriebenen Prüfverfahren durchgeführt werden, die in diesem Abschnitt beschrieben sind.

Vorn ist ein Fahrzeug auf einem Rollenprüfstand (Fahrleistungsprüfstand) und davor ein Kühlgebläse zu erkennen, gemessen wird bei geöffneter Motorhaube. Der Fahrer beobachtet auf dem Bildschirm rechts oberhalb des Fahrzeuges eine

Abb. 8.1: Ansicht eines Abgaslabors (Phantomzeichnung)

Fahrkurve und fährt danach den jeweiligen Test. Ganz rechts sind in einer getrennten Meßkabine die Meß- und Steuerungsanlagen, und links im Hintergrund des Prüfstandsraumes die Verdünnungsanlage mit Verdünnungstunnel und Pumpe sowie den zugehörigen Beuteln skizziert. Hinten an der Wand sind die Prüfgasflaschen zu sehen.

8.2 Prüftechnik

8.2.1 Übersicht über den Prüfablauf

Das Blockdiagramm in Abb. 8.2 gibt eine schematische Übersicht über die wichtigen Größen und Bestandteile einer Abgas- und Verbrauchsprüfung.

Zunächst sind das Fahrzeug selbst, der spezifizierte Testkraftstoff, sowie die Einrichtungen, mit denen eine Straßenfahrt simuliert werden soll, zu benennen
- Fahrzeug (Reifendruckkontrolle),
- Prüfkraftstoff,
- Fahrer,
- Fahrkurve (Fahrzyklus),
- Rollenprüfstand einschließlich Schwungmassen und Bremslasteinstellung.

Als Umweltparameter sind zu berücksichtigen:
- Luftfeuchte,
- Raumtemperatur,
- Luftdruck.

Die Probennahme, d.h. die Technik der Entnahme einer Abgasprobe umfaßt:
- Verdünnungsanlage mit Verdünnungstunnel und CVS[1] -Gerät auch zur Volumenstrommessung,
- Isokinetische Probenentnahme aus dem Verdünnungstunnel,
- Sammelbeutel.

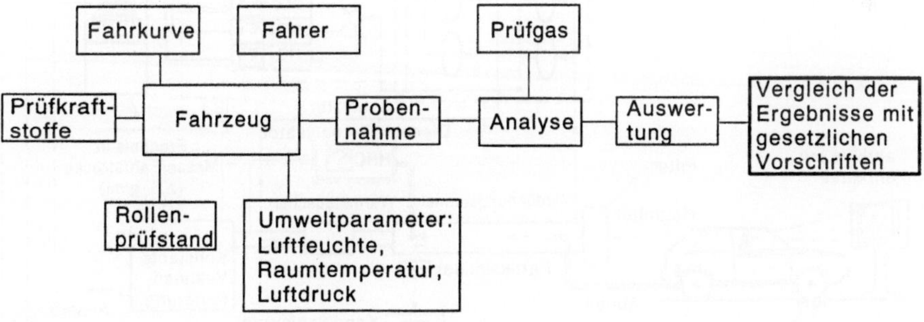

Abb. 8.2: Übersicht über Größen und Bestandteile einer Abgas- und Verbrauchsprüfung, schematisch

---

[1] CVS = constant volume sampling, vgl Abschn. 8.2.6

Die Technik der Analyse der Abgaskomponenten erfordert die:
- HC-Messung,
- CO-Messung,
- NO_X-Messung,
- CO_2-Messung (zur indirekten Verbrauchsermittlung und Kontrolle),
- O_2-Messung,
- Kalibrierung der Meßgeräte mit Prüfgasen,
- Partikeln-Messung für Dieselfahrzeuge.

Die Auswertung liefert das jeweilige Meßergebnis als Masse pro Fahrstrecke der jeweiligen Komponente.

Der Vergleich der Ergebnisse mit gesetzlichen Vorschriften und eine Beurteilung bildet den Abschluß der Prüfung.

Entscheidend für die Qualität der Meßwerte ist dabei die Kalibrierung der Meßgeräte mit Prüfgasen. Der Kraftstoffverbrauch wird entweder gravimetrisch (Kraftstoffwaage) oder aus Abgaswerten rechnerisch bestimmt.

Abbildung 8.3 zeigt das Schema einer Abgasprüfanlage für Otto- und Dieselmotoren, wie sie gesetzlich vorgeschrieben ist.

Im einzelnen läßt sich das Prüfverfahren wie folgt beschreiben:

Das Fahrzeug wird mit eigenem Antrieb vom Fahrer auf einem Fahrleistungsprüfstand (Rollenprüfstand) gefahren, mit dem die Belastung auf der Straße, d.h. der Fahrwiderstand, simuliert wird. Dabei beobachtet der Fahrer eine sogenannte Fahrkurve, zusammengesetzt aus Beschleunigungs-, Verzögerung- und Stillstandsphasen, und fährt diese Fahrkurve innerhalb bestimmter Toleranzen nach.

Die Fahrkurve soll die "mittlere" Fahrweise vieler Fahrer mit verschiedenen Fahrzeugen im öffentlichen Verkehr verschiedener Städte repräsentativ wiedergeben. Außerdem soll der Einfluß des sog. "Kaltstarts" simuliert werden, wobei man

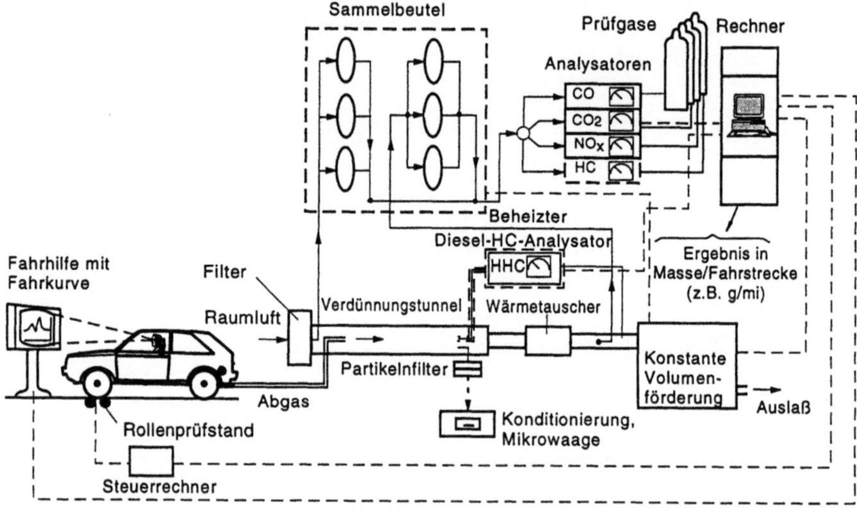

Abb. 8.3: Schema einer Abgasprüfanlage, Steuerleitungen gestrichelt

davon ausgeht, daß Fahrzeuge nach längerem Stillstand mit kaltem Motor gestartet werden. Die statistisch abgeschätzte Zeit bis zur Erwärmung des Motors auf Betriebstemperatur muß berücksichtigt werden.

Das austretende Abgas wird mit Luft verdünnt. Bei bekannter Förderungsmenge aus Luft und Abgas (Verdünnungsverhältnis $\approx$ 1:8) wird auf diese Weise der Volumenstrom bestimmt. Ein Teil des Abgases wird je nach den drei Abschnitten der US-Fahrkurve in drei Beutel gefüllt; bei dem Europaverfahren für die Dauer der Fahrkurve in einen Beutel. Außerdem wird ein Teil der zur Verdünnung verwendeten Außenluft ebenfalls in drei Beutel gefüllt (Untergrund).

Die Konzentrationen der limitierten Abgaskomponenten der Abgasproben bzw. der Luftproben werden mit den in Abschn. 6 beschriebenen Analysatoren gemessen und die Konzentrationen der jeweiligen Abgaskomponente der Luftproben (Untergrund) von denen der Abgasprobe subtrahiert. Die Multiplikation der sich daraus ergebenden Differenz-Konzentrationen mit dem über die gleiche Fahrstrecke integrierten Volumenstrom ergibt die jeweiligen Massen pro Fahrstrecke, z.B. g/km oder g/mi.

Bei Dieselfahrzeugen wird zur Messung von HC das verdünnte Abgas in einer beheizten Leitung zu einem geheizten FID geführt. Die Partikeln werden - wie in Abschn. 7.6 beschrieben - gemessen.

Das gesamte US-Verfahren heißt Federal Test Procedure (FTP) oder US-75-Test; das in Europa gültige wird hier als Europa-Verfahren oder Europa-Test bezeichnet.

Abbildung 8.4 zeigt schematisch zusätzlich eine sog. Modalanalysenanlage zur zeitaufgelösten Messung der Konzentrationen der limitierten Abgaskomponenten bei Probennahme aus dem Rohabgas. Der Volumenstrom wird hierbei nach dem

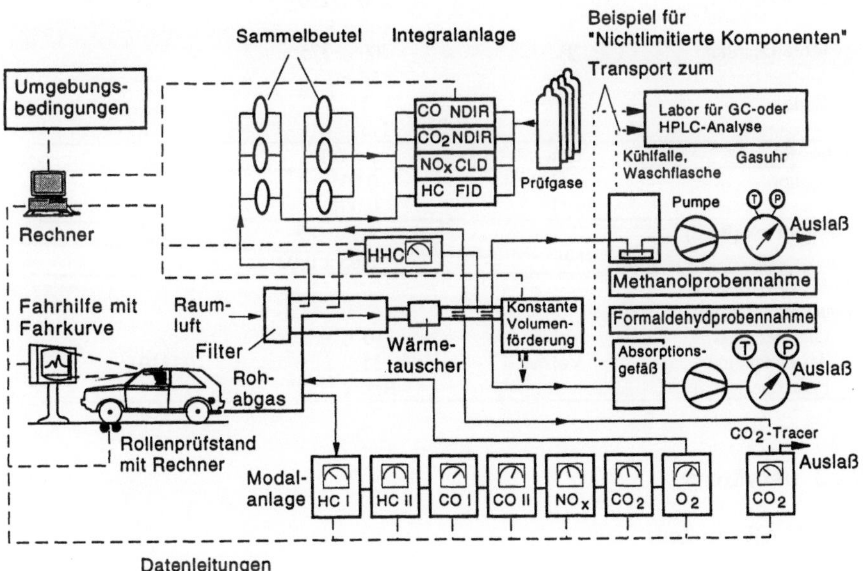

Abb. 8.4: Erweitertes Schema einer Abgasprüfanlage

sogenannten Tracerverfahren durch Vergleich der CO_2-Konzentrationen im Rohgas mit dem im verdünnten Abgas ermittelt. Für CO sind zwei Analysatoren COI und COII je nach Meßbereich im Einsatz. Eine solche zeitaufgelöste Messung der Massenemissionen limitierter Abgaskomponenten ist zwar nicht gesetzlich vorgeschrieben, aber für die optimierte Entwicklung bezüglich der Verringerung der Abgasemissionen wichtig. Außerdem ist in Abb. 8.4 die Messung nichtlimitierter Abgaskomponenten beispielhaft angedeutet, vgl. Abschn. 7.

Im folgenden wird auf die einzelnen Teile der Prüfanlage näher eingegangen.

8.2.2 Prüfkraftstoffe

Prüfkraftstoffe müssen vorgeschriebene Kenndaten aufweisen, wie sie in der Tabelle 8.1 exemplarisch für den US-75-Test aufgelistet sind.

Tabelle 8.1: Kenndaten von Prüfkraftstoff für den US-Test (bleifrei)

Kenngröße	Einheit	Grenzwert	Analysenverfahren nach ASTM-D .
Klopffestigkeit	ROZ	93	2699
Bleigehalt	g / USgal	max. 0,05	526
	g / l	max. 0,01	
Siedetemperaturverlauf:			
Beginn	°F	75 ... 95	
	°C	29,5 ± 5,5	
10 % Destillat	°F	120 ... 135	
	°C	53 ± 4	
50 % Destillat	°F	200 ... 230	86
	°C	102 ± 8	
90 % Destillat	°F	300 ... 325	
	°C	156 ± 7	
Ende	°F	415	
	°C	213	
Schwefel	Gew.-%	max. 0,1	1266
Phosphor	g / USgal	0,005	
	g / l	0,001	
Dampfdruck (Reid)	lb / in	8,7 ... 9,2	323
	bar	0,63 ± 0,02	
Kohlenwasserstoffzusammensetzung:			
Olefine, max.	Vol.%	10	
Aromaten, max.	Vol.%	35	1319
Paraffine		Rest	

8.2.3 Fahrkurve

8.2.3.1 Allgemeines

Ein Rollenprüfstandtest soll eine quantitative Aussage über die beim Betrieb eines Fahrzeuges auf der Straße zu erwartende Abgasemission bzw. über den Kraftstoffverbrauch ermöglichen, ohne daß jedoch Messungen während einer Fahrt auf der Straße durchgeführt werden müssen. Deshalb basieren die Abgas- und Verbrauchsprüfverfahren auf dem Simulationsprinzip, d.h. man versucht, den Betrieb im Straßenverkehr auf einem Rollenprüfstand (Dynamometer) nachzubilden. Dabei setzt man voraus, daß die Emissionen auf dem Prüfstand und auf der Straße im Mittel gleich sind, wenn die Geschwindigkeiten und Kräfte, die auf das Fahrzeug wirken, in ihrem zeitlichen Verlauf auf dem Prüfstand und auf der Straße im Mittel gleich sind.

Für den Abgastest bzw. für Verbrauchsmessungen muß unter dieser Voraussetzung eine Fahrkurve (Fahrzyklus) bestimmt werden, die im Geschwindigkeits- und Beschleunigungsverlauf so gewählt ist, daß die Fahrweise im öffentlichen Verkehr möglichst gut simuliert werden kann.

Fahrkurven sind also Geschwindigkeitskurven über der Zeit mit vorgeschriebenen Toleranzen. Es gibt zwei Arten solcher Fahrkurven, und zwar:

a) Fahrkurven, die aus Anteilen von Aufzeichnungen tatsächlicher Fahrten auf Straßen zusammengesetzt sind, wie z.B. die des US-75-Tests (Abb. 8.5), und

b) solche, die synthetisch aus Abschnitten konstanter Beschleunigung und Geschwindigkeit konstruiert sind, wobei ebenfalls Aufzeichnungen tatsächlicher Fahrten auf Straßen herangezogen werden. Hierzu gehören alle übrigen hier betrachteten Fahrkurven, z.B. die Europa-Fahrkurve mit Hochgeschwindigkeitsanteil (Abb.8.6).

Die US-Fahrkurve besteht aus 3 Phasen, wie in der Abb. erläutert.

Zur Ermittlung der Emissionen werden im US-75-Test bzw. im Europa-Test die Fahrzeuge nach Konditionierung in einem Raum bei ca. 20 °C über 12 h bzw. 6 h "kalt" gestartet. Zur Ermittlung des Kraftstoffverbrauchs entfällt die Konditionierung und man startet bei warmem Motor (Warmstart).

Die ab 1993 in der EU geltende Europa-Fahrkurve enthält als Neues einen Hochgeschwindigkeitsanteil, durch den Fahrten auf Landstraßen und Autobahnen

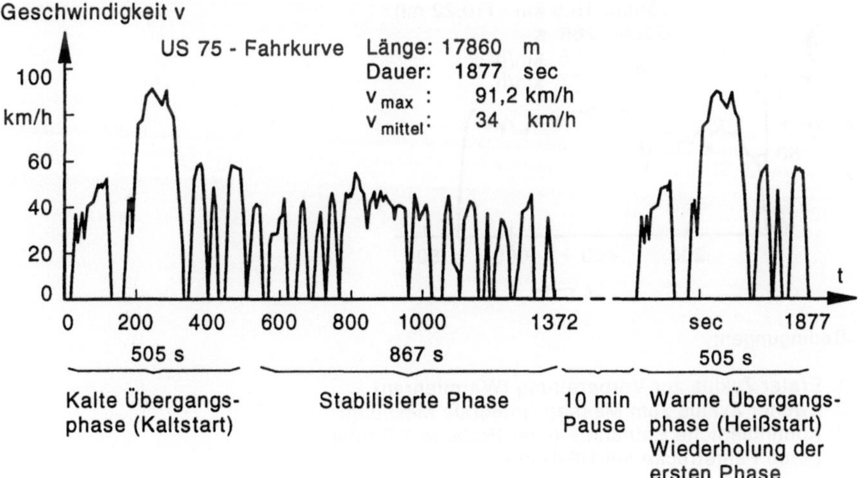

Abb. 8.5: Fahrkurve des US-75-Tests; Geschwindigkeit v über Zeit t

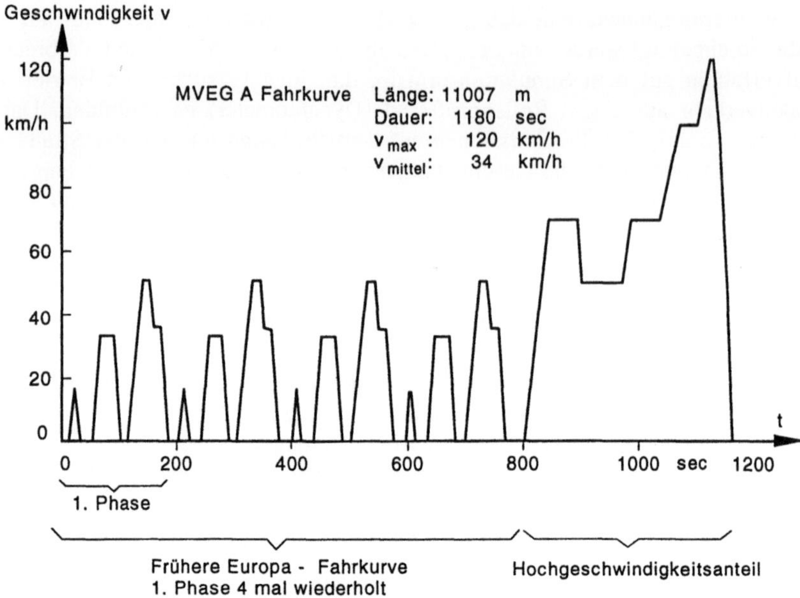

Abb.8.6: Neue Europa-Fahrkurve (MVEG: Motor vehicle emission group)

berücksichtigt werden sollen und der an die vor 1993 geltenden Fahrkurve ange-
fügt ist. Letztere besteht aus 4 gleichen Phasen.

Für den US-75-Test ist im Gegensatz zum europäischen Verfahren eine getrennte Fahrkurve für den Hochgeschwindigkeitsanteil, der High-Way Driving Cycle
(HDC), vorgeschrieben, deren Verlauf in Abb. 8.7 gezeigt ist und die im "Warm-

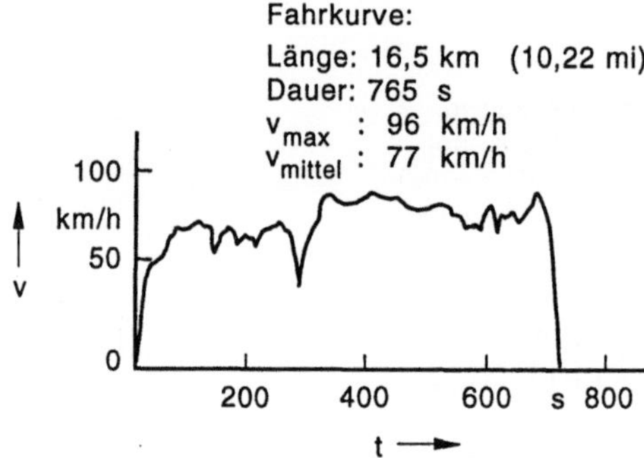

Bedingungen:

1. Erster Zyklus zur Vorbereitung (Warmfahren)
2. Zweiter Zyklus zum Messen (Integrale Messung)
3. Kontinuierliche Entnahme einer Probe in 1 Beutel
4. Echte Fahrstrecke auf US-Highway

Abb. 8.7: High-Way Driving Cycle (HDC) als Hochgeschwindigkeitsfahrkurve

start" durchfahren wird. In der Abb. sind Einzelheiten zum Prüfverfahren aufgelistet.

8.2.3.2 Entwicklung von Fahrkurven

Zunächst betrachten wir die Entwicklung einer Fahrkurve aufgrund der Auswahl
von Teilen der Aufzeichnungen tatsächlicher Fahrten. Der erste Schritt muß die
Definition der zu simulierenden Verkehrsbedingungen sein; so wurde z.B. die US-
72-Fahrkurve (1. und 2. Phase in Abb. 8.5), die Vorgängerin der US-75-Fahrkurve,
speziell auf die Verhältnisse des morgendlichen Berufsverkehrs in Los Angeles
ausgerichtet.

Die US-75-Fahrkurve unterscheidet sich also von der US-72-Fahrkurve durch
eine zusätzliche Warmphase, die der ersten 505 s-Phase entspricht. Der warme
Motor wird nach einer 10 minütigen Pause erneut gestartet und die Abgasemissionen werden während weiterer 505 s gemessen (Abb. 8.5), um so das Heiß-
startverhalten mit zu erfassen.

Die Auswahl der zu simulierenden Verkehrsbedingungen bzw. der entsprechenden Strecken hat entscheidenden Einfluß auf die in einem Abgastest gemessenen
Emissionen. Auswahlkriterien sollten die durch den Verkehr auf bestimmten
Streckentypen verursachten Abgasbelastungen der Umwelt und die Zahl der davon
betroffenen Personen sein. Beispielsweise könnte man Strecken in der Innenstadt,
aber auch Strecken in Wohngebieten aussuchen. Hat man solche Strecken ausgewählt, so führt man auf ihnen Fahrversuche durch. Dabei werden die gefahrenen
Geschwindigkeiten und weitere Parameter als Funktion der Zeit registriert. Zu solchen Fahrten werden Fahrzeuge unterschiedlicher Leistungsklassen und Fahrer
unterschiedlicher Fahrweise eingesetzt.
Aus der Vielzahl der aufgezeichneten Fahrkurven wird eine einzelne ausgewählt,
die möglichst repräsentativ den Mittelwert der Fahrweise vieler Fahrer mit verschiedenen Fahrzeugen nahe kommt. Dazu dienen sowohl die visuelle Betrachtung
der Geschwindigkeitsverläufe als auch die Einführung einer Reihe quantitativer
Beurteilungskriterien, die eine Fahrkurve summarisch kennzeichnen sollen. Häufig
benutzt werden die Durchschnittsgeschwindigkeit und die prozentualen Zeitanteile
von Stand, Beschleunigung, Verzögerung und Konstantfahrt.

An der so ausgewählten Kurve werden dann noch einige Änderungen vorgenommen, beispielsweise dann, wenn bestimmte Beschleunigungs- oder Verzö-
gerungswerte mit Rücksicht auf die Belastbarkeit des Rollenprüfstands nicht überschritten werden dürfen. Die US-72- und US-75-Fahrkurven wurden im wesentlichen auf diese Weise ausgewählt.

Als zweites Verfahren kann man eine "synthetische" Fahrkurve in Form eines
Polygonzuges aufbauen. Man zerlegt dann nach unterschiedlichen Verfahren die
aufgezeichneten Geschwindigkeitsverläufe in eine Vielzahl von Fahrzuständen und
untersucht deren Häufigkeiten und zum Teil auch die Art ihrer Aufeinanderfolge.
Aus solchen einzelnen Fahrzuständen wird dann entsprechend ihren Häufigkeiten
eine zur mittleren Fahrweise repräsentative Fahrkurve schematisch konstruiert.
Diese Verfahren erfordern einen größeren Rechenaufwand. Dafür ist man von der
Streckenlänge weitgehend unabhängig und kann die resultierende Fahrkurve in
weiten Grenzen variieren. Dabei dürfen Vereinfachung und Schematisierung je-

doch nicht zu weit getrieben werden. Die Europa-Fahrkurve wurde nach diesem Verfahren entwickelt.

Es sind auch Kombinationen zwischen den beiden Verfahren - Auswahl und Konstruktion - möglich.

Bei den geschilderten Arten der Fahrkurvenkonstruktion aus Aufzeichnungen von Meßwerten während des Verkehrs gibt es theoretisch unendlich viele Möglichkeiten der Auswahl und so der Form der Fahrkurve, man denke nur an die Variation der Aufeinanderfolge ausgewählter Fahrkurvenabschnitte.

Mit nur einer Fahrkurve kann man also nicht ohne weiteres extreme Verkehrssituationen - z.B. Verkehrsstaus - simulieren, sondern nur statistisch bestimmte Mittelwerte z.B. über Fahrweise, Fahrer, Verkehrsfluß, Städte, Straßen und Straßenneigungen.

8.2.3.3 Beurteilungs- und Vergleichskriterien

Da die Geschwindigkeit als Funktion der Zeit allein für die Beurteilung und den Vergleich von Fahrkurven nicht ausreicht, werden Beurteilungskriterien benötigt, die eine Fahrkurve charakterisieren. Für solche Untersuchungen wurden z.B. die Beurteilungskriterien benutzt, die in der folgende Tabelle 8.2 zusammengestellt sind. Dabei müssen für einige Kriterien, entsprechend der Meßgenauigkeit bei der Erfassung der Daten, untere Grenzen definiert werden.

Tabelle 8.2: Beurteilungskriterien zum Vergleich von Fahrkurven

Lfd. Nr.	Beschreibung desKriteriums	Kurz- zeichen	Einheit
1	Durchschnittsgeschwindigkeit der gesamten Fahrkurve	$\overline{v}_1$	km/h
2	Durchschnittsgeschwindigkeit in den Fahrphasen (d.h. ohne Stand)	$\overline{v}_2$	km/h
3	Durchschnittliche Beschleunigung in der Beschleunigungsphase (d.h. $\dot{v} > 0{,}1$ m/s^2)	$\overline{\dot{v}}_+$	m/s^2
4	Durchschnittliche Verzögerung in der Verzögerungsphase (d.h. $\dot{v} < -\,0{,}1$ m/s^2)	$\overline{\dot{v}}_-$	m/s^2
5	Mittlere Dauer einer Fahrphase (jeweils vom Anfahren bis zum nächsten Halt)	τ	s
6	Mittlere Anzahl der Wechsel von Beschleunigung auf Verzögerung und umgekehrt innerhalb einer Fahrphase	M	
7	Zeitanteil des Stillstandes (d.h. $v \leq 3$ km/h, $\left\vert \dot{v} \right\vert \leq 0{,}1$ m/s^2)	S	(%)
8	Zeitanteil der Beschleunigung (d.h. $\dot{v} > 0{,}1$ m/s^2)	B	(%)
9	Zeitanteil der Konstantfahrt (d.h. $\left\vert \dot{v} \right\vert \leq 0{,}1$ m/s^2)	K	(%)
10	Zeitanteil der Verzögerung (d.h. $\dot{v} < -\,0{,}1$ m/s^2)	V	(%)

Dem Text in der Tabelle sind die entsprechenden Definitionen zu entnehmen. Das wichtigste Kriterium ist dabei die Durchschnittsgeschwindigkeit $\overline{v}_1$, das zweitwichtigste die Durchschnittsgeschwindigkeit $\overline{v}_2$ ohne Standanteile.

Untersucht man die bekannten, in Abb. 8.10 dargestellten, für den Stadtverkehr entwickelten Fahrkurven einschließlich der japanischen nach diesen Kriterien, so erhält man Werte nach Tabelle 8.3.

Tabelle 8.3: Werte für die Beurteilungskriterien bekannter Fahrkurven (MW = Mittelwert)

	Fahrkurve						
Kriterium	Europa ohne Hoch.-geschw.-Anteil	Ehemalig Kalifornien (vgl. Abb. 8.10)	Ehemalig US-72	US-75	Japan 10-Mode	Japan 11-Mode	MW
$\overline{v}_1$	18,8	35,6	31,5	34,1	17,7	28,9	**27,8**
$\overline{v}_2$	26,4	41,7	38,1	41,2	23,7	38,4	**34,9**
$\overline{\dot{v}}_+$	0,64	0,64	0,58	0,59	0,63	0,52	**0,60**
$\overline{\dot{v}}_-$	0,71	0,65	0,69	0,70	0,62	0,58	**0,66**
τ	46,3	117	63,0	67,4	50,3	95,0	**73,2**
M	1,0	3,0	3,9	4,2	2,0	5,0	**3,2**
S	28,7	14,6	17,3	17,4	25,4	24,8	**21,4**
B	21,5	32,8	34,0	33,7	25,9	33,3	**30,2**
K	30,3	21,2	20,0	20,5	22,2	11,9	**21,0**
V	19,5	31,4	28,6	28,5	26,4	30,1	**27,4**

Wie man aus Tabelle 8.3 erkennt, sind in verschiedenen Ländern bzw. Gebieten verschiedene Fahrkurven vorgeschrieben. Weltweit dominiert die US-75-Fahrkurve.

Beim Vergleich der Europafahrkurve ohne Hochgeschwindigkeitsanteil mit der Japan-10-Mode-Fahrkurve bzw. mit den anderen, weichen einige Kriterien - wie Durchschnittsgeschwindigkeit, Zyklusdauer, Lastwechsel oder Leerlaufanteile - in ihren Werten zum Teil erheblich voneinander ab. Für eine erste Einstufung einer Fahrkurve ist die Durchschnittsgeschwindigkeit $\overline{v}_1$ die geeignete Größe. Die früher gültige Kalifornien-Fahrkurve, die US-72-Fahrkurve und die US-75-Fahrkurve sind für "schnelleres Fahren" (höheres $\overline{v}_1$), während die Fahrkurven des Europa-Tests und des Japan-10-Mode-Tests für ausgesprochen "langsames Fahren" gedacht sind. Die geringere Durchschnittsgeschwindigkeit ist dabei nicht allein Folge einer langsameren Fahrweise, die sich in geringeren Werten der über die Fahrphase gemittelten Geschwindigkeit $\overline{v}_2$ ausdrückt, sondern auch auf höhere Standzeitanteile S zurückzuführen. Die Europa-Fahrkurve weist mit deutlichem Abstand die höchsten Anteile an Standanteilen S und Konstantfahrtanteilen K auf.

Geeignete graphische Darstellungen zur Veranschaulichung der Unterschiede der Fahrkurven sind die (relativen) Häufigkeitsverteilungen von Geschwindigkeit und Beschleunigung. Abb. 8.8 zeigt als Beispiel die Häufigkeitsverteilung von Geschwindigkeit und Beschleunigung für Fahrkurven in einer Art dreidimensionaler Auftragung. Die Häufigkeit ist durch geschlossene Kurvenzüge, d.h. durch in Prozenten gekennzeichnete Flächenbereiche angegeben. Diese geben also an, in wieviel Prozent der Gesamtzeit welche Beschleunigungs- bzw. Geschwindigkeitswerte nicht überschritten werden, wobei hier grobe Schritte von 0 - 50 %, 50 - 75 % und 75 - 90 % der Gesamtzeit aufgezeichnet sind.

Solche Darstellungen verdeutlichen die Unterschiede zwischen den aus Teilen tatsächlicher Fahrten abgeleiteten US-72- bzw. US-75-Fahrkurven und syntheti-

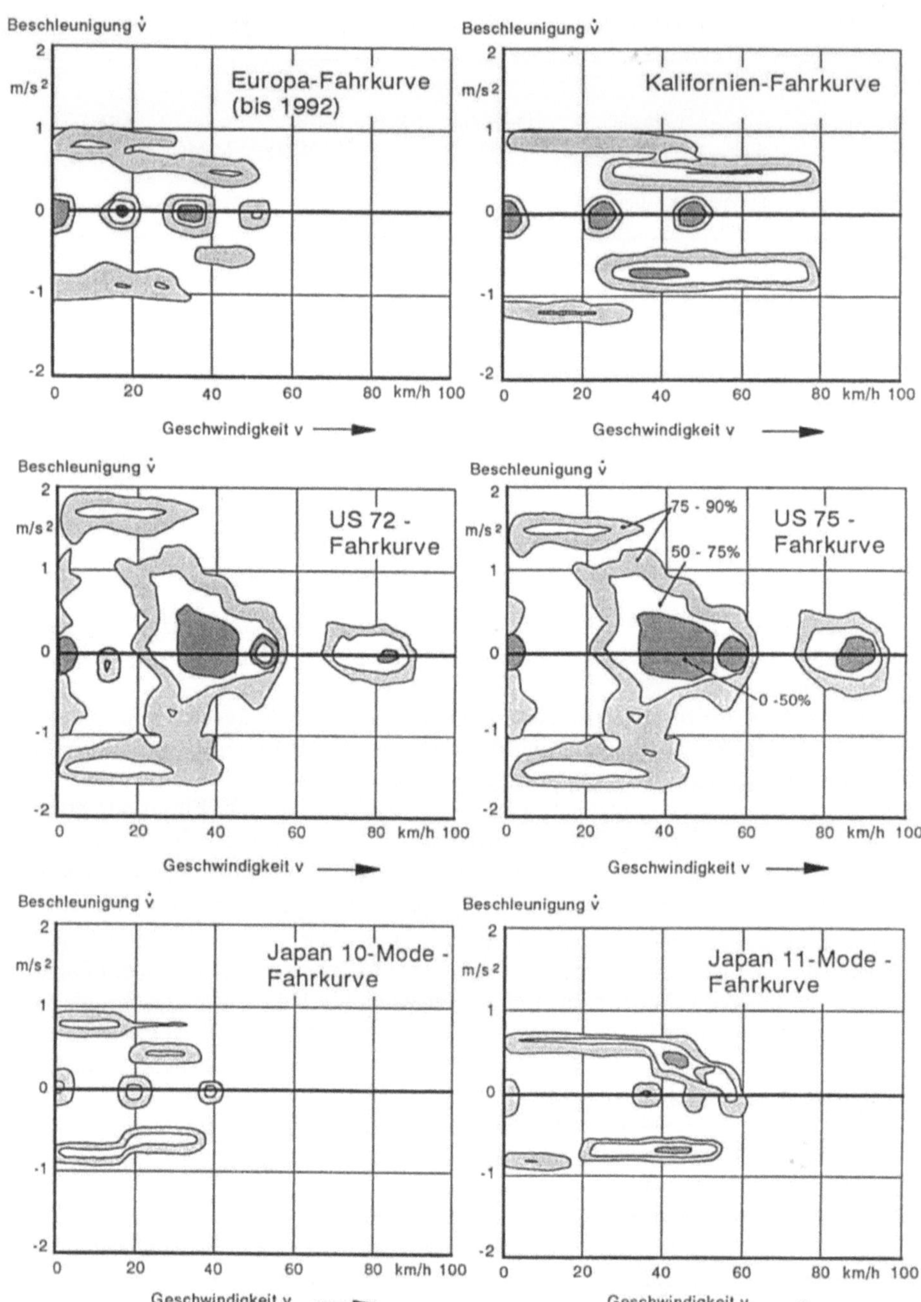

Abb. 8.8: Häufigkeitsverteilungen von Geschwindigkeit und Beschleunigung verschiedener Fahrkurven

schen Fahrkurven, wie Europa- (ohne Hochgeschwindigkeitsanteil), Kalifornien-, Japan-10- und 11-Mode-Fahrkurven. Während die Häufigkeitsverteilungen für die US-72- bzw. US-75-Fahrkurve großflächige, gerundete Strukturen aufweisen, zeigen die synthetischen Fahrkurven Linien- und Punktstrukturen, die lediglich durch die bei der Berechnung verwendeten Näherungen im Ausgleichsprogramm eine beschränkte Flächenausdehnung erhalten.

Weiterhin zeigen diese Darstellungen im Bereich bis ca. 30 km/h bei der US-72- und US-75-Fahrkurve die wesentlich stärkeren Beschleunigungen und Verzögerungen verglichen mit denen der übrigen Fahrkurven. Die Unterschiede in den mittleren Beschleunigungen und Verzögerungen sind dagegen nur gering.

8.2.3.4 Ergebnisse von Fahrversuchen

Versuchsfahrten wurden von mehreren europäischen Automobilherstellern in verschiedenen europäischen Großstädten für eine Untersuchung des Verkehrslärms durchgeführt. Dazu war es erforderlich, den typischen Stadtverkehr zu erfassen.

Die Auswahl der zu fahrenden Strecken erfolgte durch die Hersteller ohne gegenseitige Abstimmung, so daß schon aufgrund dieser Tatsache prinzipielle Unterschiede in der Fahrweise zu erwarten waren.

Die benutzten Fahrzeuge stammten aus der Typenpalette der jeweiligen europäischen Hersteller. Sie umfaßten in den spezifischen Leistungen und den Höchstgeschwindigkeiten praktische den gesamten für europäische Verhältnisse in Frage kommenden Bereich.

Um die Ergebnisse der Versuchsfahrten mit den gesetzlich vorgeschriebenen Fahrkurven zu vergleichen, werden die in der Tabelle 8.2 aufgeführten Beurteilungskriterien herangezogen. Dazu werden in Abb. 8.9 für die Versuchsfahrten und die Fahrkurven Ergebnisse nach diesen Kriterien zum Vergleich aufgeführt.

Betrachtet man zunächst die Durchschnittsgeschwindigkeiten mit Standzeitanteilen ($\bar{v}_1$) (oben in Abb. 8.9), so entnimmt man, daß die Werte der Fahrkurven des US-72-Tests und des Japan-11-Mode-Tests am besten mit dem korrigierten Mittelwert der Versuchsfahrten übereinstimmen. Die Fahrkurven des Europa-Tests und des Japan-10-Mode-Tests, deren Werte erheblich unter diesem Mittelwert liegen, zeigen dagegen eine recht gute Übereinstimmung mit dem Wert der Innenstadtstrecke Nr. 3. Die Unterschiede in den Durchschnittsgeschwindigkeiten $\bar{v}_1$ für die einzelnen Strecken und Fahrkurven sind etwa zur Hälfte auf Unterschiede der Durchschnittsgeschwindigkeiten ohne Standzeitanteile ($\bar{v}_2$) und auf Unterschiede der Standzeitanteile (S) zurückzuführen. Für die Durchschnittsgeschwindigkeiten ohne Standzeitanteile $\bar{v}_2$ ergeben sich fast die gleichen Aussagen wie für $\bar{v}_1$.

Betrachtet man als weiteres Kriterium die Zeitanteile des Stillstandes S, so liegen die Werte für die Europa-Fahrkurve und für die Japan-10-Mode-Fahrkurve wieder nahe bei denen der Innerstadtstrecke Nr. 3, zeigen aber die stärksten Abweichungen gegenüber dem Standzeit-Mittelwert.

Die Zeitanteile von Beschleunigung und Verzögerung sind bei den Versuchsfahrten für alle Strecken jeweils gleich groß. Dies gilt auch für die gesetzlichen Fahrkurven mit Ausnahme der US-72- und US-75-Fahrkurven, bei denen der Beschleunigungsanteil etwas über dem Verzögerungsanteil liegt.

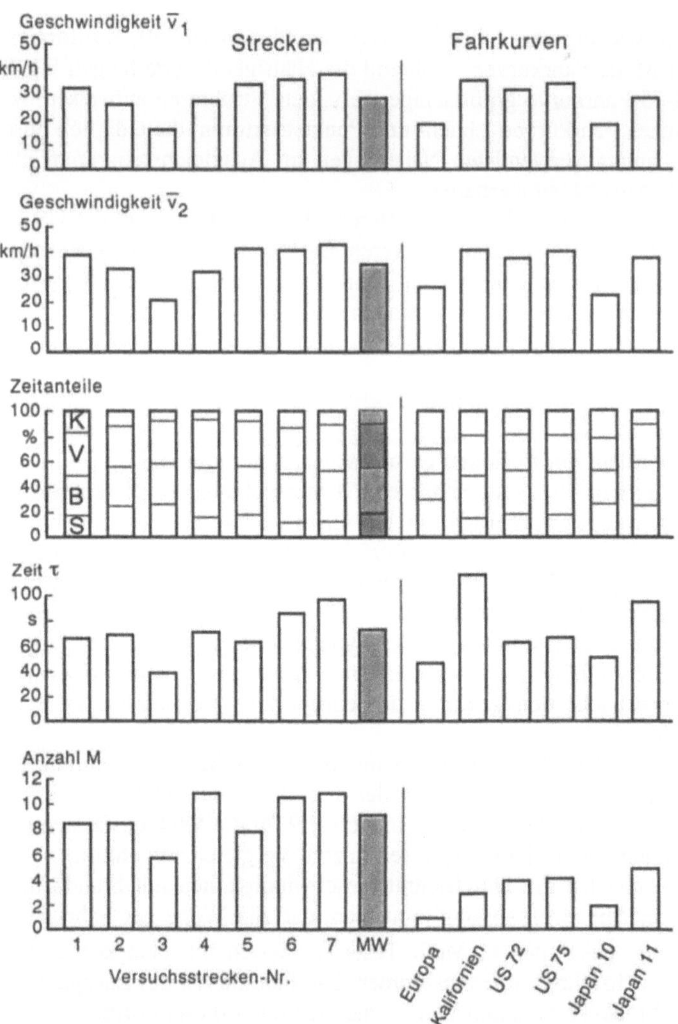

Abb. 8.9: Darstellung der Beurteilungskriterien nach Tabelle 8.2 für die Versuchsstrecken 1 bis 7 und für die Fahrkurven nach Tabelle 8.3. MW ist der korrigierte Mittelwert des jeweiligen Kriteriums für Fahrten über alle Versuchsstrecken.

Demgegenüber ist der Konstantfahrtanteil bei den Fahrkurven deutlich größer als bei den Versuchsfahrten, lediglich der Konstantfahrtanteil der Japan-11-Mode-Fahrkurve stimmt mit dem der Versuchsfahrten überein. Die Europa-Fahrkurve zeigt dagegen einen extrem hohen Konstantfahrtanteil.

Betrachtet man das Kriterium der durchschnittlichen Dauer τ einer Fahrtphase, so stimmt die US-75-Fahrkurve gut mit dem Mittelwert der verschiedenen Versuchsstrecken überein. Die Werte für die Europa- und die Japan-10-Mode-Fahrkurve liegen unter dem Mittelwert, aber noch deutlich über der mittleren Phasendauer der Innenstadtstrecke Nr.3.

Für M (Anzahl der Vorzeichenwechsel der Beschleunigung) ergibt sich die geringste Übereinstimmung zwischen Fahrkurven und Versuchsfahrten. Der Mittelwert aus den Versuchsfahrten wird von keinem Wert der Fahrkurven auch nur annähernd erreicht. Am günstigsten liegt hier noch die Japan-11-Mode-Fahrkurve. Am ungünstigsten ist die Europa-Fahrkurve. Da M ein Maß für die Ungleichförmigkeit eines Geschwindigkeitsverlaufes ist, kann man sagen, daß die Fahrkurven durchweg gleichförmiger sind, als dies der Praxis entspricht. Dem Beurteilungskriterium M wurde von allen bisher beschriebenen Kriterien das geringste Gewicht beigemessen.

Die mittlere Beschleunigung $\bar{v}_+$ der Fahrkurven liegt etwas niedriger als die der Versuchsfahrten.

Faßt man die Ergebnisse der Vergleiche zusammen, so stellt man fest, daß die US-72-Fahrkurve und die Japan-11-Mode-Fahrkurve in fast allen betrachteten Kriterien dem jeweiligen Mittelwert der Versuchsfahrten in Großstädten am nächsten kommen. Die Europa-Fahrkurve weicht dagegen in allen wichtigen Merkmalen von diesen Mittelwerten stark ab. Sie ist der Strecke Nr.3, die den dichten Verkehr im Altstadtbereich einer Großstadt darstellt, sehr ähnlich. Dafür ist sie ursprünglich auch entwickelt worden. Durch die fortschreitende Einführung von Fußgängerzonen und den Ausbau der Straßen verliert diese Verkehrssituation jedoch immer mehr an Bedeutung.

Generell gilt, daß der durchschnittliche Straßenverkehr in europäischen Großstädten gut durch die US-72-Fahrkurve wiedergegeben wird, näherungsweise auch durch die US-75-Fahrkurve. Die Europa-Fahrkurve ist dafür ungeeignet. Sie gibt den früheren Verkehr in Innenzonen der Städte wieder.

Da die Japan-11-Mode-Fahrkurve für japanische Großstädte, die US-Kurven für Großstädte in den USA entwickelt wurden und diese auch die Verhältnisse von europäischen Großstädten gut wiedergeben, ist der Schluß erlaubt, daß man weltweit für alle Großstädte die US-Fahrkurve verwenden kann, für Innenstädte die frühere Europa-Fahrkurve.

Verschiedene Fahrkurven für Großstädte sind also aus wissenschaftlicher Sicht nicht notwendig. Sie sind allein aus politischen Gründen entstanden und verursachen für die weltweit operierenden Automobilhersteller nur unnötige Kosten.

8.2.3.5 Vorschlag einer neuen, weltweit einzuführenden Stadtfahrkurve

Vorschläge zur weltweiten Standardisierung der Fahrkurve hat es aber gegeben.

Abb. 8.10 (unten) zeigt eine von VW neu entwickelte und für die weltweite Einführung vorgeschlagene Stadtfahrkurve im Vergleich zu den bekannten Fahrkurven.

Diese neue Fahrkurve wurde auf Basis der US-72-Fahrkurve entwickelt und besteht aus zwei identischen Abschnitten. Die Entwicklungsschritte sind der Literatur zu entnehmen.

Leider ist es aus politischen Gründen nahezu unmöglich, einen solchen Vorschlag weltweit durchzusetzen. Diskussionen in den verantwortlichen Gremien der UNO haben aber dazu stattgefunden. Nicht alle Ländervertreter haben dem Vorschlag zugestimmt.

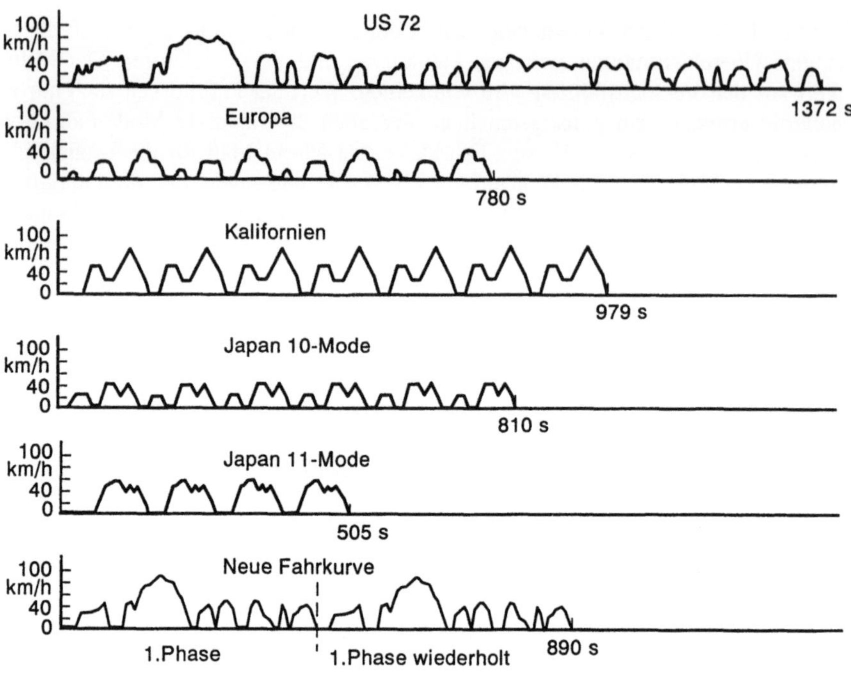

Abb. 8.10: Neu vorgeschlagene Fahrkurve (unten) im Vergleich zu den bekannten Fahrkurven

8.2.4 Fahrer

Der zweite Faktor, der einen Einfluß auf die Ergebnisse einer Abgasprüfung ausübt, ist der Fahrer, d.h. der Mensch als Bindeglied zwischen Fahrkurve und Fahrzeug, in einem Regelkreis, wie er in Abb. 8.11 skizziert ist.

Der Mensch ist als Fahrer ein wichtiger Faktor bei Abgasmessungen. Er beobachtet während der Fahrt auf der Rolle eine auf dem Bildschirm ablaufende, vorgegebene Sollkurve (Rechnerausgabe) und die von ihm erzeugte Ist-Marke der Fahrgeschwindigkeit. Dabei sind enge Geschwindigkeitstoleranzen vorgeschrieben und das Fahrzeug soll mit geringster Gaspedalbewegung betrieben werden.

Die Toleranzen für Geschwindigkeit und Zeit werden geometrisch gemittelt. Bei der früheren Europa-Fahrkurve sind ±1 km/h und ±0,5 s und beim US-Test ± 2 mph (3,2 km/h) und ±1 s zugelassen.

Automatischer Fahrer (Fahrautomat)

Bemühungen gehen dahin, einen "automatischen" Fahrer einzuführen. Für einzelne Fahrzeuge mit automatischem Getriebe, die für Ringvergleiche (darauf wird in Abschn. 9 eingegangen) eingesetzt werden, ist das bereits früher gelungen. Das ist auch der Fall für Fahrzeuge, die nach anderen Vorgaben einem Dauerlauftest auf der Rolle unterzogen werden.

Für die gesetzlich vorgeschriebenen Abgasprüfungen muß ein "automatischer " Fahrer aber auch für handgeschaltete Getriebe einwandfrei funktionieren. Die

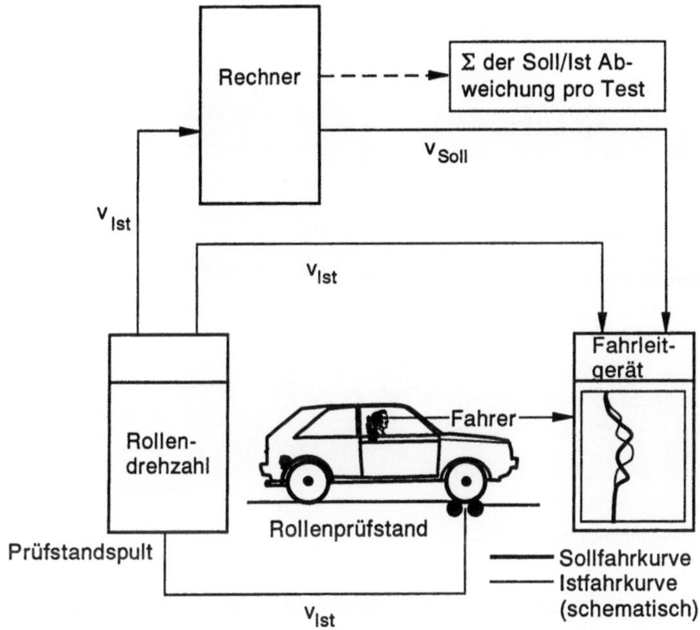

Abb. 8.11: Regelkreis Fahrkurve-Fahrer-Fahrzeug

wichtigste Bedingung ist dabei, daß sich der Ein- und Ausbau des Fahrautomaten in das zu prüfende Fahrzeug jeweils innerhalb von wenigen Minuten durchführen läßt.

Abb. 8.12 zeigt einen in Zusammenarbeit mit Volkswagen entwickelten im Fahrzeug eingebauten Fahrautomaten. Das System wird mechanisch mit dem Sitz verbunden.

Es hat drei Bedienelemente, nämlich für Kupplung, Bremse und Gas. Außerdem verfügt es über einen in drei Achsen beweglichen Schaltarm für die Betätigung der Gänge. Alle sechs Achsen dieser Schaltmechanik werden durch je einen Gleichstrom-Servomotor mit integriertem Tachogenerator und angeflanschtem Winkelcodierer angetrieben. Die Umsetzung der Drehbewegung der Motoren in die erforderliche Linearbewegung erfolgt nach geeigneter Untersetzung über Zahnriemenscheiben mittels Kugelgewindespindeln.

Zur Anpassung an die räumlichen Gegebenheiten sind mehrere einfache Verstellmechanismen vorhanden. So läßt sich die Mechanik in die Senkrechte ausrichten und seitlich, das heißt parallel zur Querachse, verschieben. Die Kupplungs-, Gas- und Z-Achsen können jeweils senkrecht und seitlich verstellt und somit der Pedalgeometrie des Fahrzeuges angeglichen werden.

Zur Erkennung des Referenzpunktes für die Grundstellung ist jede Achse mit einem induktiven Näherungsschalter versehen. Zusätzlich besitzen Kupplungs-, Gas- und Z-Achse einen weiteren Näherungsschalter, um den Punkt zu erfassen, an dem der Kontakt mit dem Pedal bzw. mit dem Schalthebel einsetzt.

Die Endpunkte der Pedalwege werden beim Kupplungspedal über die Abfrage einer Blockiererkennung erfaßt und beim Gaspedal durch einen Näherungsschalter,

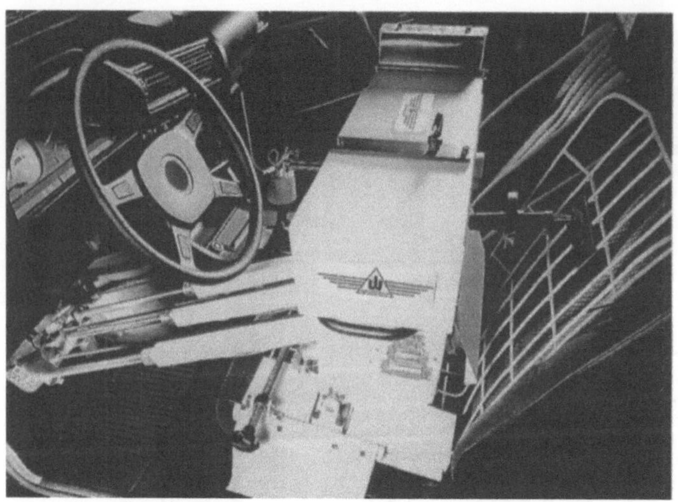

Abb. 8.12: Im Fahrzeug eingebauter Fahrautomat, WECO und VW

der erst nach Überwindung einer definierten Federkraft anspricht. Beim Bremspedal wird die Information über das Erreichen des Kontaktpunktes bzw. der maximalen Pedalposition aus dem Signal eines Kraftaufnehmers am "Fußende" abgeleitet. Diese Referenzwerte werden im Rechner gespeichert.

Für eine Funktionskontrolle und die erforderlichen Lernphasen ist eine Handfahrsteuerung vorgesehen. Auf den elektronischen Teil und die Regelungstechnik sowie auf die Software wird hier nicht eingegangen.

Erprobungsergebnisse

Zur Beurteilung des Fahrautomaten hinsichtlich seiner Verwendbarkeit für Abgas- und Verbrauchsmessungen wurden mit verschiedenen Fahrzeugtypen (Kleinwagen bis gehobene Mittelklasse) und Motorvarianten (Vergaser, Einspritzer, Turbolader, Diesel, Turbo-Diesel) Prüfungen nach gesetzlichen Vorschriften (ECE, US-75) durchgeführt. Der Ein- und Ausbau geschah problemlos und erfolgte jeweils in ca. 7 min.

Abbildung 8.13 vermittelt einen Eindruck von den Abweichungen der Geschwindigkeiten v_i vom Sollwert v_s.

Im unteren Teilbild ist der Geschwindigkeitsverlauf eines Teils der US-Fahrkurve über der Zeit aufgetragen. Das obere Teilbild zeigt das Toleranzband und Aufzeichnungen der Fehler der Fahrten eines Fahrers bzw. Automaten. Man erkennt, daß für Fahrer und Automat die Ist-Geschwindigkeit im Toleranzband liegt. In Bereichen konstanter Geschwindigkeit ist die Abweichung mit einem Automaten geringer als für den Fahrer. Lediglich in Bereichen großer Geschwindigkeitsänderungen erzielt der Fahrer kleinere Abweichungen der Ist- von der Sollgeschwindigkeit.

Die Abb. 8.14 bis 8.17 zeigen beispielhaft Ergebnisse von Abgas- und Verbrauchsmessungen mit diesem Fahrautomaten im Vergleich zu Ergebnissen für verschiedene Fahrer.

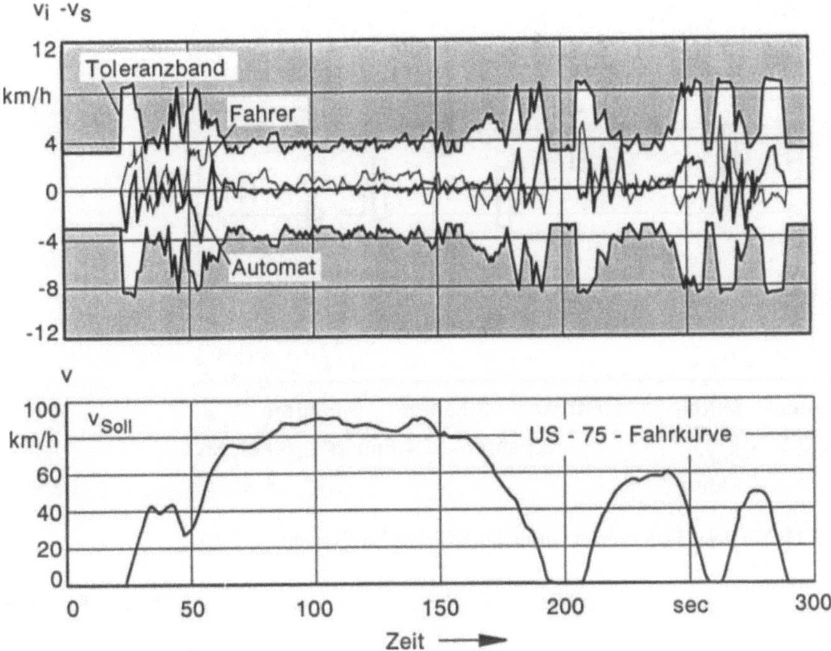

Abb. 8.13: Geschwindigkeitsabweichungen eines Automaten und eines Fahrers vom Sollwert

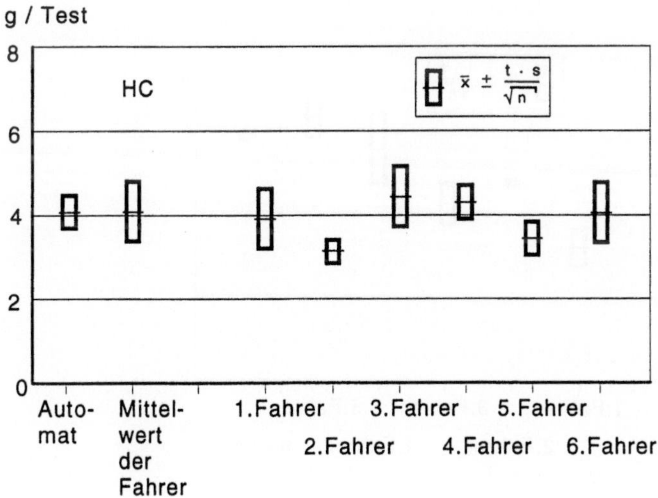

Abb. 8.14: Vergleich Fahrautomat - menschliche Fahrer für HC (Europa-Test)

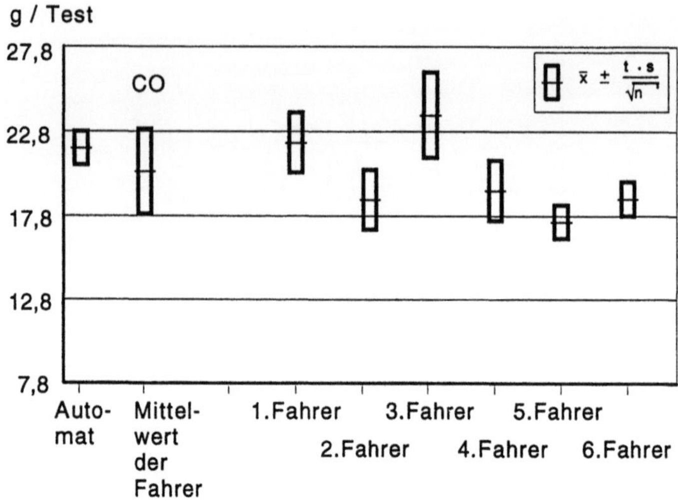

Abb. 8.15: Vergleich Fahrautomat - menschliche Fahrer für CO (Europa-Test)

Die einzelnen Ergebnisse der Fahrer weichen in Abhängigkeit von der Tagesform deutlich voneinander ab. Der Mittelwert über mehrere Fahrer zeigt aber innerhalb der Vertrauensbereiche eine genügende Übereinstimmung mit dem Mittelwert, der mit dem Fahrautomaten erzielt wurde.

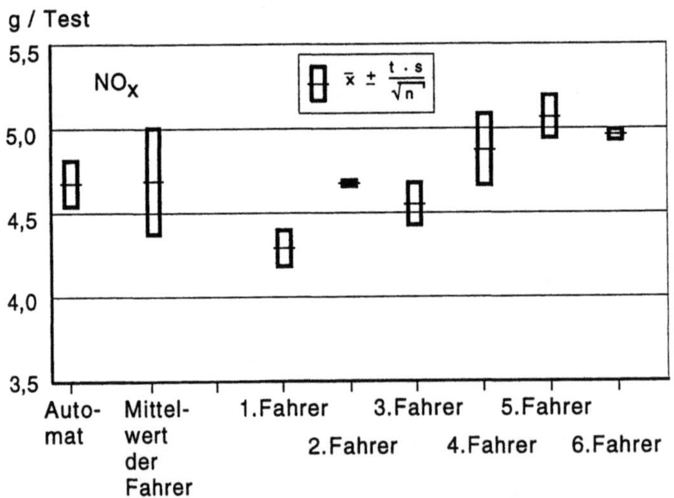

Abb. 8.16: Vergleich Fahrautomat - menschliche Fahrer für NO_x (Europa-Test)

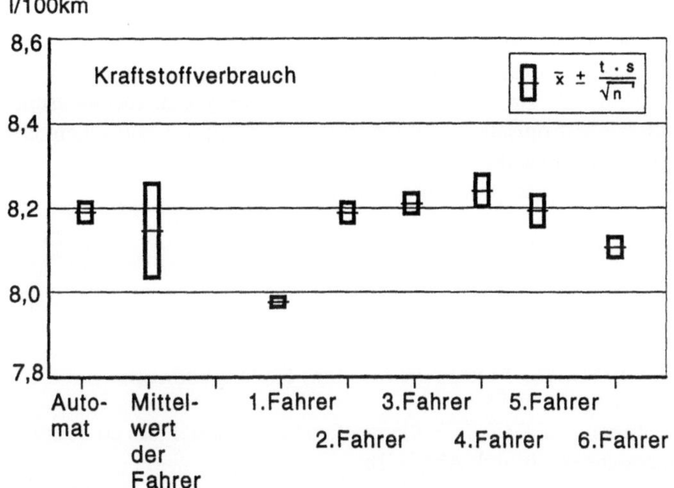

Abb. 8.17: Vergleich Fahrautomat - menschliche Fahrer für den Kraftstoffverbrauch (Europa-Test)

8.2.5 Fahrleistungsprüfstand (Rollenprüfstand)

8.2.5.1 Generelles

Ein wichtiger Einflußfaktor im Regelkreis ist der Fahrleistungsprüfstand. Darunter versteht man einen Rollenprüfstand mit einer geeigneten Bremse, wie Wasserwirbelbremse, Wirbelstrombremse oder Gleichstrommaschine. Um mit dem Rollenprüfstand Fahrbedingungen ähnlich wie auf der Straße zu erzeugen, werden die trägen Massen (Fahrzeugmassen und Massen rotierender Fahrzeugteile) durch angekuppelte Schwungmassen und die Fahrwiderstände durch definierte Bremsung einer Rolle mittels geeigneter Bremsen simuliert. Abb. 8.18 zeigt den prinzipiellen Aufbau eines solchen Prüfstandes.

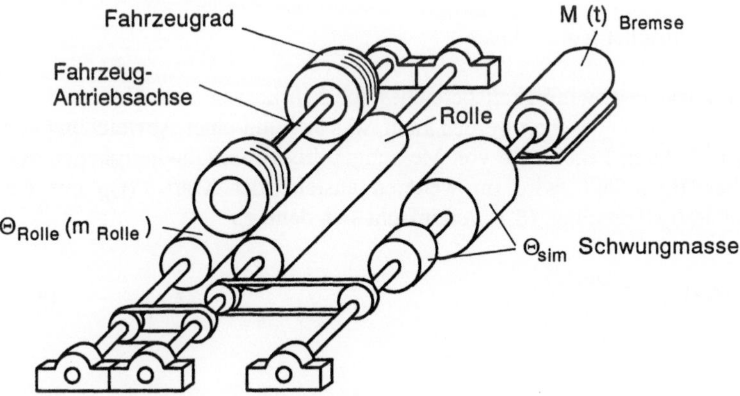

Abb. 8.18: Prinzipieller Aufbau eines Fahrleistungsprüfstandes (Rollenprüfstandes),
M = Drehmoment, Θ = Trägheitsmoment, m = Masse

Die Abbildung zeigt links zwei Rollen und darüber die Fahrzeugachse mit zwei Antriebsrädern. Rechts sind die Schwungmassen und die Bremse zu sehen.

Fahrleistungsprüfstände mit digital-elektronischer Steuerung und einer geregelten Gleichstrommaschine als Bremse sowie mit fest einstellbaren mechanischen Schwungmassen und elektronisch simulierbarer Feinabstufung zwischen den Schwungmassen haben sich bewährt.

Im folgenden werden die Ausdrücke für die Drehmomente

$$M(t)_{Straße} \quad \text{und} \quad M(t)_{Rolle}$$

abgeleitet.

8.2.5.2 Widerstandskräfte für Fahrzeuge auf dem Rollenprüfstand

Beim Betrieb des Fahrzeugs auf einem Rollenprüfstand ergibt sich als zu überwindende Gesamt-Widerstandskraft, vgl. Abb. 8.18,

$$F(t)_R = \frac{M(t)_R}{r} = \frac{M(t)_{Br} + \Theta\,\dfrac{d\omega(t)}{dt}}{r} \tag{8.1}$$

mit

$F(t)_R$ Zugkraft an den Antriebsrädern des Fahrzeuges auf der Rolle,

$M(t)_R$ entsprechendes Drehmoment an den Antriebsrädern,

$M(t)_{Br}$ Widerstandsmoment der Prüfstandsbremse,

Θ Gesamtträgheitsmoment des Prüfstandes,

$\dfrac{d\omega(t)}{dt}$ Winkelbeschleunigung,

r dynamischer Rollradius.

Da r innerhalb des Geschwindigkeitsbereiches von Fahrkurven, vgl. Abschn. 8.2.3, als praktisch konstant angesehen werden kann, was sich mit einer Abweichung von weniger als 1 % durch Ergebnisse von Messungen bis zu Geschwindigkeiten von 100 km/h bestätigen läßt, wird im weiteren anstelle der Kraft $F(t)_R$ nur das Drehmoment $M(t)_R$ betrachtet. (8.1) vereinfacht sich dann zu

$$M(t)_R = M(t)_{Br} + \Theta\,\frac{d\omega(t)}{dt} \tag{8.2}$$

bzw. wegen

$$\Theta\,\frac{d\omega(t)}{dt} = \left(\Theta_R + k\,\Theta_{sim}\right)\frac{d\omega(t)}{dt} \tag{8.3}$$

mit

Θ_R Trägheitsmoment der Prüfstandrollen,

Θ_{sim} zusätzliches über die Rollen wirkendes Trägheitsmoment, simuliert durch Schwungmassen oder elektrisch simuliert (bei Wasserwirbel bremsen nicht möglich),

k Faktor zur Berücksichtigung einer möglichen Übersetzung zwischen Rollen- und Schwungmassenachse (in den meisten Fällen ist $k = 1$),

und für $k = 1$ zu

$$M(t)_R = M(t)_{Br} + \left(\Theta_R + \Theta_{sim}\right)\frac{d\omega(t)}{dt} \;=\; M(t)_{Br} + \frac{\Theta_R + \Theta_{sim}}{r_R}\frac{dv}{dt}, \tag{8.4}$$

mit

r_R Radius der Rollen

v tangentiale Radgeschwindigkeit im Aufsetzpunkt des Rades in Richtung F_R

8.2.5.3 Widerstandskräfte für Fahrzeuge bei Straßenfahrt

Das bei Straßenfahrt zu überwindende Widerstandsmoment (vgl. Abb. 8.19) lautet (r ist wieder praktisch konstant):

$$F(t)_R\, r = M(t)_{Straße/Antriebsräder} = r\left[R_{Ro}(t) + R_G(t) + R_A(t) + R_I(t)\right] \tag{8.5}$$

mit

R_{Ro} Rollwiderstand Straße/Räder,

R_G Steigungswiderstand (bei Neigung der Straße),

R_A Luftwiderstand,

R_I Trägheitswiderstand der rotierenden Massen der Fahrzeugteile (Achsen, Räder, Kurbelwelle etc.).

$$M(t)_{Straße} = r\left[F_{Ro}\, m\,g + m\,g\,\sin\alpha + \frac{\rho}{2}c_w\, A\, v^2 + \lambda m^*\frac{dv(t)}{dt}\right] \tag{8.6}$$

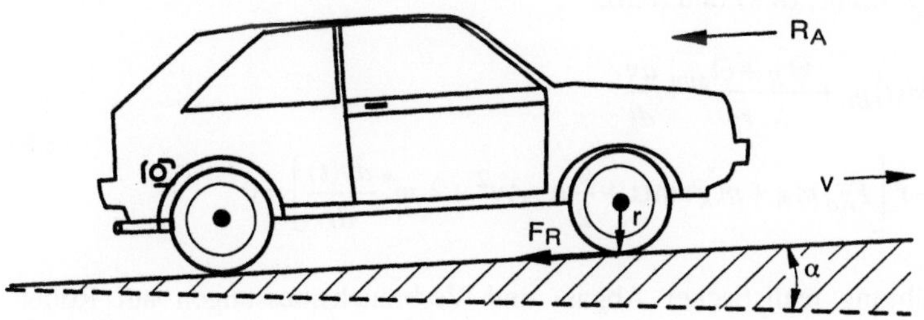

Abb. 8.19: Auf ein fahrendes Fahrzeug wirkende Gesamtwiderstandskraft F_R und Luftwiderstand R_A

mit

   F_{Ro} Rollwiderstandsbeiwert $\approx$ konstant im Geschwindigkeitsbereich
        von Fahrkurven, allgemein: $F_{Ro} = F_{Ro}\,(v)$,

   m Fahrzeugmasse,

   g Erdbeschleunigung,

   α Neigungswinkel der Straße,

   ρ Luftdichte bei Standardbedingungen,

   c_w Luftwiderstandsbeiwert,

   A Fahrzeug-Querschnittsfläche,

   v Tangentiale Radgeschwindigkeit im Aufsetzpunkt des Rades in
        Richtung F_R.

   λ Fahrzeug-Parameter zur Berücksichtigung der rotierenden
        Massen im Fahrzeug (z.B. Achsen, Kurbelwelle),

   m^* effektive Fahrzeugmasse.

8.2.5.4 Verfahren zur Prüfstandskalibrierung

Entscheidend für den Ersatz der Fahrt auf der Straße durch die „Fahrt" auf dem Rollenprüfstand ist, daß man den Rollenprüfstand so einstellen kann, daß die Widerstände für das Fahrzeug auf der Straße und auf dem Rollenprüfstand gleich sind. Das läuft darauf hinaus, daß für jeden Zeitpunkt der Unterschied der Drehmomente Rolle - Straße gleich Null ist, also

$$\Delta M(t) = M(t)_{Straße} - M(t)_{Rolle} \overset{!}{=} 0 \qquad (8.7)$$

Für diesen Fall wird der Betrieb des Fahrzeugs auf der Straße durch den Betrieb des Fahrzeuges auf der Rolle vollständig, d.h. physikalisch einwandfrei simuliert. Das setzt aber voraus, daß der Rollenprüfstand eine geeignete Konstruktion aufweist. Geeignet sind Rollenprüfstände, deren Schwungmasse und Bremse sich genau einstellen lassen.

Für die Voraussetzung, daß Straßenfahrten durch Prüfstandsfahrten ersetzt werden können, nämlich $\Delta M(t) = 0$, erhalten wir mit den Ausdrücken für die Momente auf Rolle und Straße, (8.4) und (8.6),

$$\Delta M(t) = M(t)_{Br} + \frac{\Theta_R + \Theta_{sim}}{r_R}\frac{dv}{dt}$$
$$-r\left[F_{Ro}\,m\,g + m\,g\sin\alpha + \frac{\rho}{2}c_w\,Av^2 + \lambda\,m^*\frac{dv(t)}{dt}\right] = 0 \qquad (8.8)$$

Zur Durchführung realistischer Abgas- und Verbrauchsmessungen auf Rollenprüfständen, d.h. zu einer möglichst genauen Simulation der Straßenwiderstände für die verschiedenen Fahrzeugtypen müssen diese erst gemessen werden. Im Anschluß daran ist dann der Prüfstand anzupassen. Für diese Zwecke verwendet man

am besten ein geeignetes Drehmomentenmeßverfahren. Dann wird das Antriebs-
moment im ersten Schritt als Funktion der stufenweise konstant gefahrenen Geschwindigkeit (zeitlich konstantes Verfahren) und im zweiten Schritt als Integral
über die Drehmomentfunktion während einer vorgegebenen Fahrkurve gemessen
(zeitabhängiges Verfahren). Diese Trennung in zwei Schritten erfolgt aus praktischen Gründen.

Zeitlich konstantes Verfahren

Das zeitlich konstante Verfahren, der erste Schritt, liefert die Drehmomentkennli-
nie als Funktion der mit dem Testfahrzeug auf der Straße bzw. auf dem Prüfstand
stufenweise zeitlich konstant gefahrenen Geschwindigkeit. In diesen Stufen ist das
Drehmoment konstant und

$$\frac{dM(t)}{dt} = 0, \qquad \frac{dv}{dt} = 0, \qquad \frac{d\omega}{dt} = 0, \quad v = const, \quad \omega = const. \tag{8.9}$$

In (8.2) und (8.6) verschwinden also für die beiden Momente die Terme mit Ablei-
tungen nach der Zeit. Außerdem wird auf einer Straße ohne Steigung ($\alpha = 0$) gefahren, d.h. es gilt $R_G = 0$.

Damit erhalten wir für konstantes v aus den Beziehungen (8.4) bzw. (8.6) für
$M_{Straße}$ bzw. M_R:

$$M_{Straße} = r\,(R_{Ro} + R_A) \qquad und \qquad M_R = M_{Br} \tag{8.10}$$

und aus der geforderten Gleichheit der Momente:

$$M_{Br} = r\,(R_{Ro} + R_A) = r\,(a_0 + a_2\,v^2) \tag{8.11}$$

mit $\quad a_0 = R_{Ro} \qquad$ bzw. $\quad a_2 = R_A$.

$M_{Straße}$ wird auf ebener Straße ($R_G = 0$) bei konstanten Geschwindigkeiten zwischen 20 km/h und 100 km/h in Schritten von $\Delta v = 10$ km/h gemessen. Man erhält
für diese Geschwindigkeitsstufen entsprechende konstante Drehmomente (M_{20},
M_{30},...M_{100}). r wird in diesem Geschwindigkeitsbereich ebenfalls als konstant
angenommen (sonst gilt bei höheren Geschwindigkeiten $r = r(v)$).

Aus diesen Werten wird dann die Drehmomentkurve entsprechend (8.11) nach
der Methode der kleinsten Quadrate mit

$$a_0 = R_{Ro} \qquad und \quad a_2 = R_A = \frac{\rho}{2}\,c_w A \tag{8.12}$$

berechnet.

Die so bestimmte Kurve (Straßenteillastkurve) wird dann auf dem Rollenprüfstand unter Verwendung desselben Testfahrzeugs so reproduziert, daß jeweils für
$v = 20$ km/h bis $v = 100$ km/h $M_{Br} = M_{Straße}$ ist, wie es Abb. 8.20 illustriert. Dazu
wird die Bremsbelastung am Rollenprüfstand (Bremskennlinie bei Gleichstromma-
schinen) so lange verändert, bis sie der Straßenteillastkurve angepaßt ist.

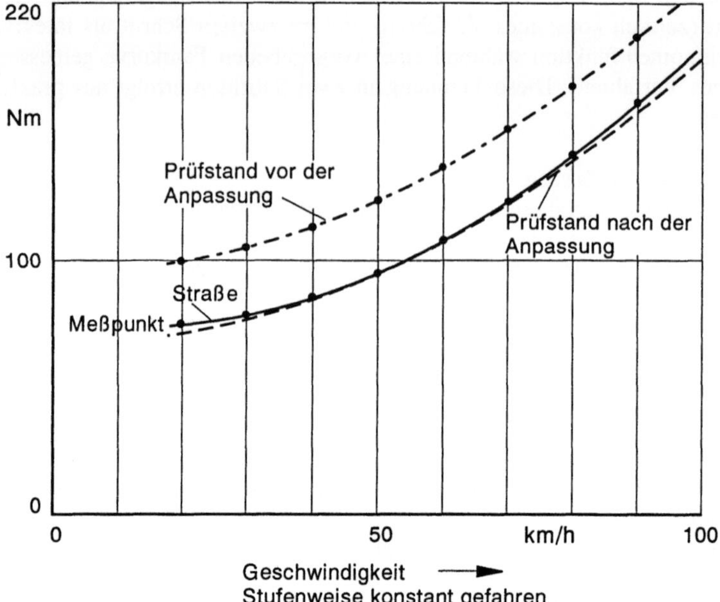

Abb. 8.20: Anpassung der Bremskennlinie an die Straßenteillastkurve. Messung in Stufen von 10 km/h, stationäre Fahrt

Die geometrischen Abmessungen des Prüfstandes, wie der Rollendurchmesser etc., werden bei diesem Kalibrierverfahren mit Hilfe der Drehmomentenmessung automatisch berücksichtigt und haben daher keinen Einfluß mehr.

Zeitabhängiges Verfahren

Beim zeitabhängigen Teil des Verfahrens werden die Beschleunigungseffekte durch Nachfahren eines Teils einer Fahrkurve mit einbezogen, d.h.

$$\frac{d\,v(t)}{dt} \neq 0 \quad \text{und} \quad \frac{d\omega(t)}{dt} \neq 0\,. \tag{8.13}$$

Die Drehmomentdifferenz $\Delta M(t)$ zwischen dem Drehmoment bei Fahrt des Fahrzeugs auf der ebenen Straße und dem bei Fahrt auf dem Prüfstand muß wieder gleich null sein. Aus (8.1) bis (8.8) folgt

$$\left| \Delta M(t) \right| = \left| M(t)_{Straße} - M(t)_R \right|$$

$$= \underbrace{\left| r(R_{Ro} + R_A) - M(t)_{Br} \right|}_{=\,0} + \left| r\,\lambda\,m^* \frac{d\,v}{d\,t} - \frac{(\Theta_R + \Theta_{sim})}{r_R}\frac{d\,v}{d\,t} \right| \tag{8.14}$$

nach zeitlich konstanter Anpassung

(Der Term $r\,(R_{Ro} + R_A)$ ist gleich M_{Br}, weil die zeitlich konstante Anpassung des Prüfstandes im ersten Schritt vorher durchgeführt wurde.)
Dann erhält man:

$$\left|\Delta M(t)\right| = \left|\left[r\,\lambda m^* - \frac{(\Theta_R + \Theta_{sim})}{r_R}\right]\frac{d\,v(t)}{d\,t}\right|. \tag{8.15}$$

Aus der Bedingung für die Anpassung des Prüfstandlastverhaltens an das Straßenlastverhalten

$$|\Delta M| \to 0 \qquad \text{oder} \qquad |M(t)_R| \overset{!}{\approx} |M(t)_{Straße}| \tag{8.16}$$

folgt dann die Forderung:

$$\left|\frac{\Theta_R + \dot\Theta_{sim}}{r_R}\right| \overset{!}{=} r\,\lambda m^*. \tag{8.17}$$

Die dynamische Anpassung erfolgt also über die Wahl einer geeigneten Schwungmassensimulation (Trägheitsmoment Θ_{sim}). Wenn diese Anpassung experimentell erfolgen soll, ist es unbequem, die Zeitfunktion $M(t)_R$ für jeden Zeitpunkt an $M(t)_{Straße}$ anzupassen. Besser wird hier das mittlere Drehmoment, gemittelt über einen ausreichenden Zeitabschnitt, z.B. über einen beliebig vorgegebenen Teil einer Fahrkurve, verwendet:

$$\overline{M} = \frac{1}{t_2 - t_1}\int_{t_1}^{t_2} M(t)\,dt. \tag{8.18}$$

$\overline{M}$ ist dann die Kalibriergröße des dynamischen Verfahrens.
Zur Ermittlung oder Beurteilung der Anpassung wird (8.15) integriert und mit $\dfrac{1}{t_2 - t_1}$ multipliziert. Damit erhält man für die mittlere Abweichung zwischen den Drehmomenten

$$\Delta\overline{M} = \left|r\lambda m^* - \frac{(\Theta_R + \Theta_{sim})}{r_R}\right|\cdot\frac{1}{t_2 - t_1}\int_{t_1}^{t_2}\frac{dv(t)}{d\,t}\,dt \tag{8.19}$$

oder

$$|\Delta\overline{M}| = \overline{M}_{Straße} - \overline{M}_R = \left|r\,\lambda m^* - \frac{\Theta_R + \Theta_{sim}}{r_R}\right|\cdot\frac{v(t_2) - v(t_1)}{t_2 - t_1}. \tag{8.20}$$

Die Bedingung für die Anpassung ist wie in (8.16)

$$|\Delta \overline{M}| \to 0 \quad \text{oder} \quad \overline{M}(t)_R \overset{!}{=} \overline{M}(t)_{Straße},$$ (8.21)

d.h.

$$r \lambda m^* = \frac{\Theta_R + \Theta_{sim}}{r_R}.$$ (8.22)

Die zeitabhängige Anpassung geschieht also wieder über die Wahl der geeigneten Schwungmassensimulation Θ_{sim}.

Für die Anpassung des Prüfstandes auf das Straßenlastverhalten genügt es, im zweiten Schritt nach der zeitlich konstanten Anpassung jeweils die mittleren Drehmomente $\overline{M}(t)_R$ bzw. $\overline{M}(t)_{Straße}$ durch Messung zu bestimmen und solange aneinander anzupassen, bis ihre Differenz zu Null wird.

Der Fahrkurventeil und die Länge des Zeitintervalls (t_1, t_2) können für $\overline{M}$ beliebig gewählt werden. Um einen deutlichen Meßeffekt zu erhalten, ist es allerdings ratsam, einen Fahrzyklus mit genügend hohen Beschleunigungen, wie z.B. die US-Fahrkurve oder Teile davon, zu wählen.

Drehmomentenmeßanlage
Die Ermittlung der Drehmomente auf Straße und Rolle erfolgt mit einem geeigneten Meßverfahren. Abb. 8.21 zeigt schematisch die wesentlichen Elemente eines solchen Systems.

Das Datenerfassungs- und -verarbeitungssystem bildet zusammen mit den Meßaufnehmern für die Antriebsmomente, die Radgeschwindigkeit und den Verbrauch eine kompakte Anlage für den Einsatz im Fahrzeug und auf dem Prüfstand.

Die Aufnehmer zum Messen der Drehmomente (Abb. 8.22 zeigt eine Explosionszeichnung) bestehen im wesentlichen aus zwei Scheiben, die an geeigneten Stellen miteinander verschweißt sind.

Das Rad ist links zu erkennen. Der Drehmomentaufnehmer wird mittels eines Adapters an der Bremsscheibe montiert. Die vordere Meßscheibe ist mit Speichen versehen, die mit Dehnungsmeßstreifen (DMS) präpariert sind.

Der Meßeffekt beruht auf der Biegung der Speichen, hervorgerufen durch die auf die Antriebsräder von der Straße bzw. vom Prüfstand ausgeübten Momente. Adapter gestatten die Anpassung der Meßscheibe an verschiedene Fahrzeugtypen. Die Kalibrierung erfolgt in einem Kalibrierungslabor mittels einer Kraftmaschine mit Hebelarm.

Abb. 8.23 zeigt die Ansicht eines montierten Drehmomentaufnehmers und Abb. 8.24 eine Ansicht der im Fahrzeug eingebauten Meßanlage mit Fahrer bei Fahrt auf der Straße im Prüfgelände. Der Fahrer beobachtet dabei einen Teil einer auf einem Bildschirm ablaufenden Europa-Fahrkurve und fährt sie nach. $\overline{M}(t)$ wird ermittelt und gespeichert.

Abb. 8.25 zeigt als Beispiel eines Meßergebnisses die Drehmomentfunktion $M(t)$ über einen Teil der gefahrenen Europa-Fahrkurve und das daraus durch Integration der Zeitfunktion $M(t)$ errechnete mittlere Drehmoment $\overline{M}$, jeweils für positive und für negative Werte.

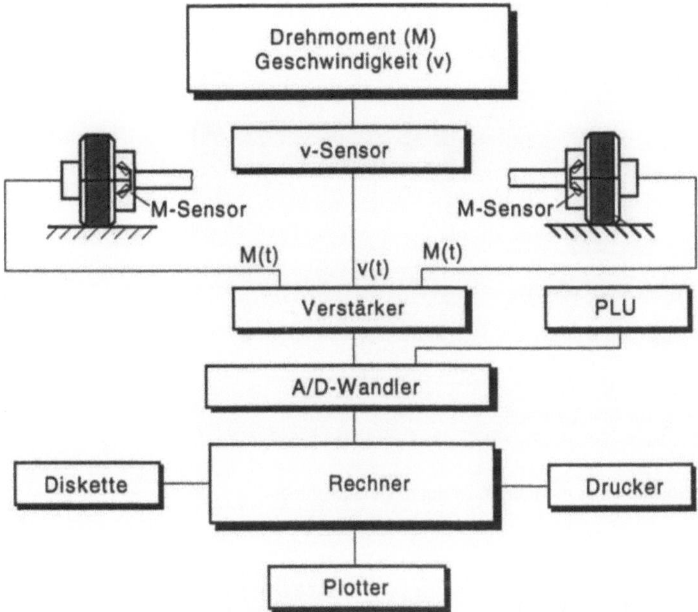

Abb. 8.21: Schema einer Drehmomentenkompaktmeßanlage (als on-board-Anlage geeignet), (VW AG), PLU=Verbrauchsmeßgerät von Pierburg

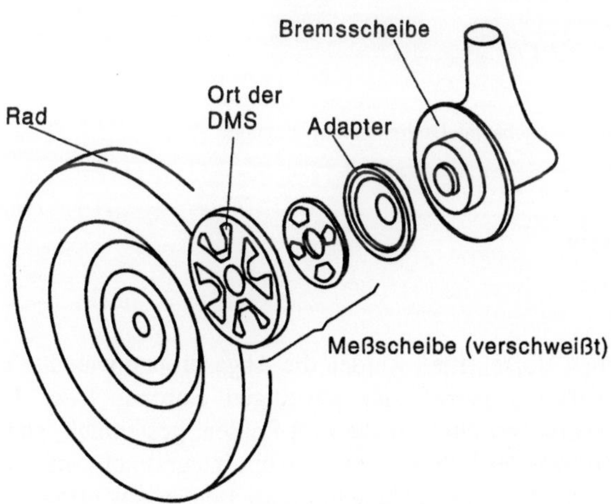

Abb. 8.22: Drehmomentaufnehmer mit Dehnungsmeßstreifen (DMS), Explosionszeichnung

Abb. 8.23: Ansicht eines montierten Drehmomentaufnehmers

Abb. 8.24: Ansicht der im Fahrzeug eingebauten Drehmomentmeßanlage

8.2.6 Abgasentnahmesystem

8.2.6.1 Generelles

Entsprechend den gesetzlichen Vorschriften werden die Abgasproben während der Fahrt auf einem Rollenprüfstand gemäß der jeweiligen Europa- bzw. US-Fahrkurve, bei der US-Fahrkurve getrennt für die drei Phasen, gesammelt, analysiert und dann bewertet. Am Ende der Prüfung liegt also ein Integralmeßwert vor.

Die Entnahme der Probe aus dem vom Fahrzeug emittierten Abgas erfolgt mit einem CVS-System. CVS heißt "constant volume sampling", d.h. „Probeentnahme bei konstantem Volumen".

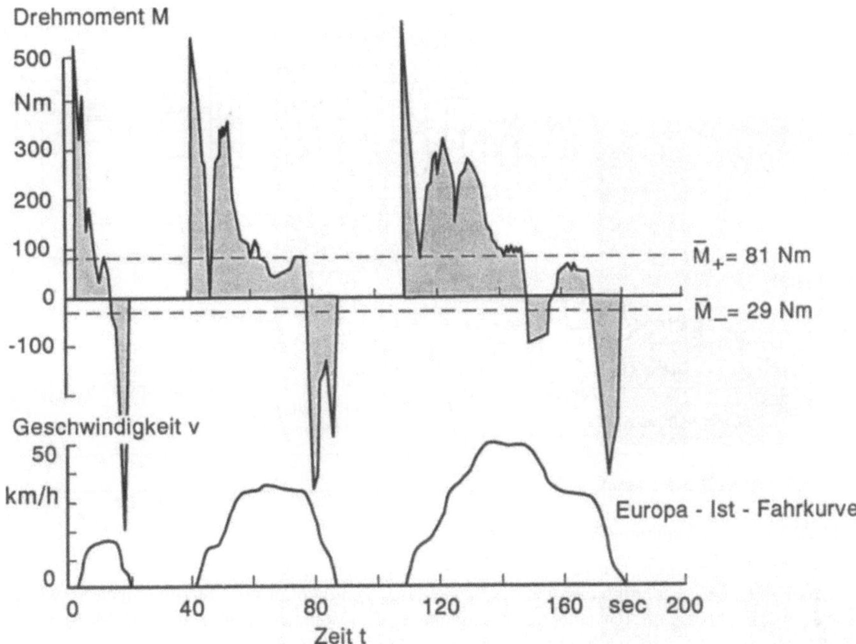

Abb. 8.25: Mittleres Drehmoment $\overline{M}$ im Teil einer Europa-Fahrkurve

Abb. 8.26 zeigt noch einmal das Prinzip des von der US-Behörde EPA (Enviromental Protecting Agency) vorgeschriebenen Verfahrens, vgl. Abb. 8.3.

Das gesamte während des Test erzeugte Abgas wird beim CVS-Verfahren dem Ansaugstrom eines konstant fördernden Drehkolbengebläses (PDP = Positive Displacement Pump) zugeführt. Das Gebläse hat eine Förderkapazität, die deutlich über dem maximalen Abgasvolumenstrom des Fahrzeugmotors bei Vollast liegt.

Die zwischen Abgasmenge und Gebläsekapazität auftretende Volumendifferenz wird durch Ansaugen von gefilterter Frischluft ausgeglichen. Das Abgas wird also in ständig wechselnden Verhältnissen verdünnt (z.B. bei Leerlauf mehr als bei Vollast).

Während der gesamten Probennahmezeit werden die Umdrehungen des Gebläses aufsummiert. Das Resultat ergibt nach Multiplikation mit der Gerätekonstanten und nach einer Korrektur das totale Abgas-Luft-Volumen je Test bzw. je Testabschnitt (Sammlung im Beutel). Dieser Wert dient mit den Konzentrationen der Berechnung der Massen der Abgaskomponenten und des verbrauchten Kraftstoffs (vgl. Abschn. 8.2.9). Das Luftvolumen muß dazu als Funktion der Zeit (Volumenstrom dV/dt) zeitgleich mit den Konzentrationen ermittelt werden.

Das Gebläse wird vor Inbetriebnahme nach unabhängigen Verfahren kalibriert, d.h. das geförderte Volumen je Umdrehung, die Gerätekonstante, ermittelt.

Anmerkung
Anstelle des zwangsfördernden Gebläses, das zugleich als Meßgerät dient, kann ein Aufbau mit einem Venturi-Rohr (CFV = Critical Flow Venturi) zur Messung des Volumenstromes eingesetzt

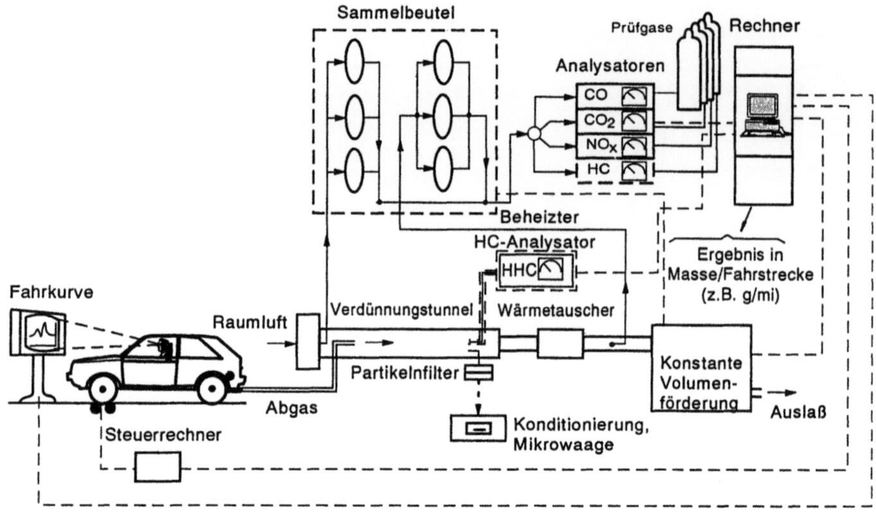

Abb. 8.26: CVS-Verfahren (Prinzip)

werden. Als Fördergeräte können dann z.B. Gebläse, Ventilatoren oder Strahlpumpen verwendet werden. Ein Venturirohr gestattet die Bestimmung des Volumenstromes aus der Messung der Druckdifferenz an einer Querschnittsverengung wie Abb. 8.27 verdeutlicht.

Für das Venturirohr gelten folgende Zusammenhänge (vgl. Abb. 8.27).

$$\frac{dV}{dt} = \alpha\,\varepsilon\,A_2\,\sqrt{\frac{2\,\Delta p}{\rho}} \tag{8.23}$$

mit

$\dfrac{dV}{dt}$ Volumendurchfluß,

A_2 Drosselquerschnittsfläche,

α Durchflußzahl,

ε Expansionszah,l

Δp Wirkdruck ($= p_2 - p_1$),

ρ Gasdichte.

Gemessen wird Δp, die anderen Größen sind bekannt.

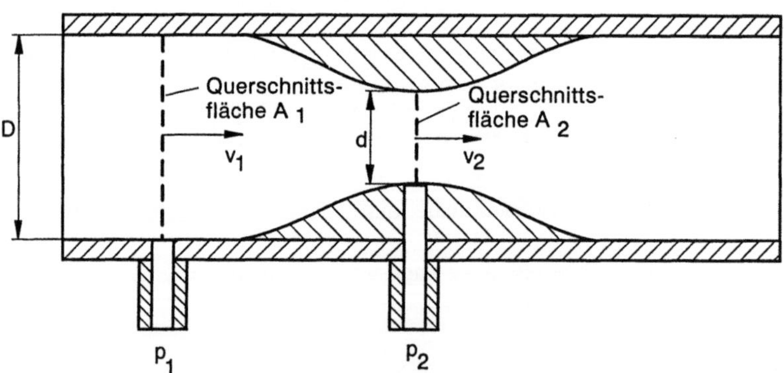

Abb. 8.27: Durchflußmessung nach dem Wirkdruckverfahren

Folgende Merkmale des CVS-Verfahrens sind zu erwähnen:
1. Unmittelbar nach Ende der Prüfung können die Ergebnisse berechnet werden. Die Volumenermittlung erfolgt parallel zum Prüfablauf.
2. Durch die Verdünnung werden Kondensation und chemische Reaktionen in der Abgasprobe stark verringert.
3. Das Probennahmesystem hat zwar einen beträchtlichen Raumbedarf. Es braucht aber nicht grundsätzlich ortsfest installiert zu werden.
4. Die Schaltung der Analysenanlagen kann relativ einfach sein. Probleme von Totzeit und Auflösung sind weniger gravierend als bei kontinuierlicher Messung.

Die Nachteile des CVS-Verfahrens sind:
1. Die Aufschlüsselung der Emissionen nach Betriebszuständen des Motors (Zeitauflösung) ist nur mit zusätzlichen Geräteaufwand möglich. Sie ist zwar bei Messungen an Typprüffahrzeugen gesetzlich nicht erlaubt, wird aber von den Versuchsingenieuren gern zusätzlich verwendet.
2. Weitere Untersuchungen der Abgaskomponenten, beispielsweise der Kohlenwasserstoffe oder sogenannter nichtlimitierter Komponenten, werden durch die Herabsetzung der Konzentration infolge der Verdünnung erschwert.

Abweichend von dieser Gasentnahme befinden sich weitere Probeentnahmestellen für spezielle Komponenten, z.B. spezielle Kohlenwasserstoffe und Partikeln, am Verdünnungstunnel, vgl. Abschn. 7.

8.2.6.2 CVS-Kalibrierung

Für die Kalibrierung des Drehkolbengebläses ist im Federal Register (Bundesgesetzblatt in den USA) ein Verfahren vorgeschrieben, bei dem ein Laminar-Strömungselement (Laminar Flow Element, LFE) als Meßwertgeber verwendet wird. Ein gleiches Verfahren ist auch in der Richtlinie 70/220/EWG beschrieben.

Abb. 8.28 zeigt den erforderlichen Aufbau. Die gemessene Druckdifferenz am LFE ist ein Maß für den Volumendurchfluß bei laminarer Strömung, die durch einen Wabenkörper mit ca. 500 Kanälen pro cm^2 erzeugt wird (hier nicht gezeigt).

Die grundlegende Formel lautet:

$$\frac{dV}{dt} = A \cdot \Delta p_{LFE} \cdot K_p \cdot K_T \tag{8.24}$$

mit

$\dfrac{dV}{dt}$ Volumendurchfluß,

A Gerätekonstante,

Δp_{LFE} Wirkdruck am Laminar Flow Element,

K_p Druckkorrektur   } in Bezug auf die Standardbedingungen

K_T Temperaturkorrektur   des LFE.

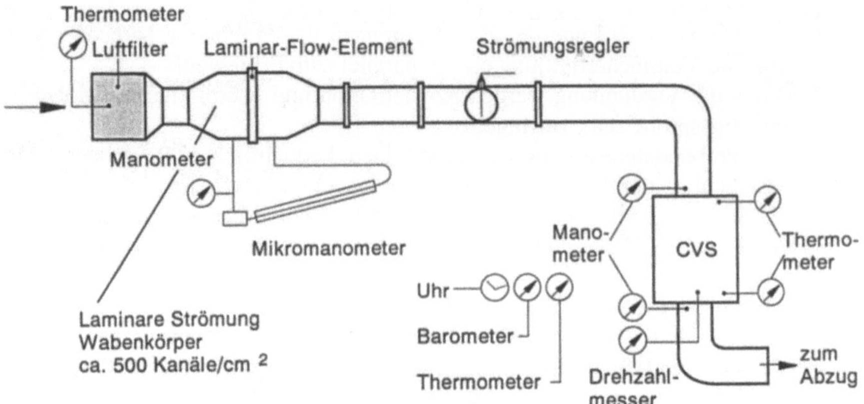

Abb. 8.28: Schema des CVS-Kalibrieraufbaus. (Laminar-Flow-Element: Wabenkörper mit ca. 500 Kanälen pro cm^2)

Neben dem Geber und einem Strömungsregler zur Montage zwischen Pumpe und LFE sind die in Tabelle 8.4 aufgeführten Geräte erforderlich, wobei Meßbereiche und Toleranzen vorgeschrieben sind.

Tabelle 8.4: Geräte für die CVS-Kalibrierung

Gerät	Meßbereich		Toleranz
Mikromanometer	25	mbar	$\pm$ 0,01 mbar
Manometer	0...25	mbar	$\pm$ 0,25 mbar
Manometer	0...150	mbar	$\pm$ 0,25 mbar
Manometer	950...1100	mbar	$\pm$ 0,30 mbar
Thermometer	0...50	°C	$\pm$ 0,05 K
Thermometer	0...150	°C	$\pm$ 0,20 K
Stoppuhr	0...10.000	s	$\pm$ 0,25 s
Ereigniszähler	0...10.000	min^{-1}	$\pm$ 0,01 min^{-1}

Das Kalibrierverfahren basiert auf der Ermittlung der absoluten Werte der Parameter von Pumpe und Strömungsmesser. Voraussetzungen für genaue Kalibrierwerte sind:
1. Die Sonden für die Druckmessung an der Pumpe zur Druckkorrektur sollen zentrisch unmittelbar an ihrem Eingang und Ausgang und nicht in Rohren vor oder hinter der Pumpe montiert sein. Nur so können die tatsächlichen Kammerdrücke ermittelt werden.
2. Während der Kalibrierung muß die Temperatur stabil bleiben, da das Laminar-Flow-Element bei Temperaturschwankungen veränderliche Werte lie-

fert. Schrittweise Änderungen von ± 1 K sind akzeptabel, sofern sie sich über mehrere Minuten erstrecken.

3. Alle Verbindungen zwischen Pumpe und Laminar-Flow-Element müssen absolut gasdicht sein.

Mit dem in Abb. 8.28 gezeigten Aufbau werden bei allen wählbaren Drehzahlen der Pumpe bei mindestens je sechs Stellungen des Strömungsreglers (Schritte von ca. 10 mbar am Pumpeneingang) folgende Daten ermittelt:

1. Lufttemperatur am LFE-Eintritt,
2. Druck vor der Meßstrecke des LFE,
3. Druckdifferenz über der LFE-Meßstrecke,
4. Temperatur am Pumpeneingang bzw. an der Venturidüse,
5. Temperatur am Pumpenausgang (nur PDP),
6. Druck am Pumpeneingang (bzw. vor der Venturidüse),
7. Druck am Pumpenausgang (bzw. hinter der Venturidüse),
8. Gesamtumdrehungen der Pumpe (nur PDP),
9. Zeit je Meßperiode,
10. Umgebungsluftdruck,
11. Temperatur der Umgebungsluft.

Für jede Meßperiode ist eine Zeit von mindestens 120 s und zur Stabilisierung zwischen den Meßperioden sind 180 s anzusetzen. Vor Beginn der Kalibrierung soll die zusammengebaute Anordnung 20 min lang warmlaufen.

Diese Kalibrierungen sollten vor dem Einsatz und dann nach 50, 100, 200, 400 usw. Betriebsstunden durchgeführt werden.

Eine Möglichkeit der absoluten Kalibrierung bietet ein geeichter Drehkolbengaszähler (Meßbereich bis 10 m^3/min), der sowohl vor als auch hinter dem Gebläse bei zusammengebauter CVS-Anlage verwendet werden kann und somit auch Einflüsse von Undichtigkeiten eliminieren hilft. Wie beim LFE sind die oben unter den Punkten 4 bis 11 genannten Parameter sowie Temperatur und Druck am Zähler zu bestimmen. Für genaue Messungen muß eine ausreichende lange, störungsfreie Anströmstrecke vorhanden sein.

8.2.6.3 Überprüfung des Gesamtsystems

In der US-Vorschrift und auch in der EWG-Richtlinie ist die Forderung nach Zwischenüberprüfungen der Konstanten des Probennahmesystems enthalten. Diese Prüfung soll mit *abgemessenen* Mengen Propan (C_3H_8) oder Kohlenmonoxid (CO) erfolgen.

Das CVS-Gerät wird wie bei der Abgasmessung betrieben. Die analytisch ermittelten Werte müssen innerhalb festgelegter Grenzen mit den Vorgabewerten übereinstimmen. Bei größeren Abweichungen sollen die Fehler (z.B. Lecks, falsche Druck-, Temperatur- oder Drehzahlmessungen) ermittelt, beseitigt und ggf. die Konstante durch komplette Kalibrierung neu bestimmt werden.

Die Dosierung der Reingase kann bei Propan mittels gravimetrischer Vorlage durch Differenzwägung oder bei CO mittels volumetrischer Eingabe über eine Gasuhr erfolgen, vgl Abschn. 8.2.8.

Ein weiteres Verfahren zur statischen Überprüfung von CVS-Anlagen arbeitet mit kalibrierten Düsen. Alternativ wird Propan oder Kohlenmonoxid zugeschaltet.

Dabei muß das Gas mit kritischer Geschwindigkeit strömen. Dieser kritischen Geschwindigkeit entspricht das Verhältnis der Drücke vor und nach der Düse, bei dem der Gasmengenstrom durch die Öffnung ein Maximum erreicht. Die Menge des geförderten Gases ist dann eine Funktion des Druckes vor der Düse. Der Gegendruck ist ohne Einfluß.

Die Grundformel lautet

$$\frac{dV}{dt} = \frac{A + B + p}{\sqrt{T}} \qquad (8.25)$$

mit

$\dfrac{dV}{dt}$ Volumendurchfluß,

A, B Kalibrierkonstanten,

p Einlaßdruck,

T Gastemperatur

und den Grenzbedingungen für das Druckverhältnis: $\dfrac{p_{nach}}{p_{vor}} \approx 0{,}5$.

Der Durchmesser der verwendeten Düsen beträgt 0,10 bis 0,15 mm. Der Arbeitsdruck von ca. 6 bar ($\hat{=}$ $6 \cdot 10^5$ Pa) muß sehr präzise gemessen werden, so daß empfindliche Instrumente erforderlich sind ($\pm$ 10 mbar $\hat{=}$ ca. $\pm$ 9 % Volumenfehler ΔV). Die Genauigkeit der Gastemperaturmessung beeinflußt das Ergebnis ebenfalls erheblich ($\pm$ 0,5 K $\hat{=}$ ca. $\pm$ 9 % ΔV).

Hinreichend genaue Messungen sind nur bei größter Sorgfalt während der Arbeit mit einer derartigen Einrichtung und bei deren Pflege und Wartung möglich. Vor allem müssen starke dynamische Belastungen und Verunreinigungen durch Partikel, Wasser- oder Öltröpfchen vermieden bzw. verhindert werden.

Wegen der Verwendung der in hoher Konzentration giftigen Gase Kohlenmonoxid und Propan (vgl. Abschn 5) ist größte Vorsicht geboten, um nicht Menschen zu gefährden.

8.2.7 Analyse der CVS-Proben

Das folgende Schema (Abb. 8.29) zeigt ein Beispiel für eine Schaltung des Analysesystems für die Abgasproben des CVS-Verfahrens. Die Pneumatik ist sehr kompliziert.

Zur Bestimmung von Kohlenwasserstoffen, Kohlendioxid, Kohlenmonoxid und Stickoxiden wird ein Satz von Analysegeräten benötigt, die vom Meßprinzip her und bezüglich ihrer Zusammenschaltung definiert sind.

Analysatoren mit anderen Meßprinzipien dürfen nach vorheriger Zustimmung der Behörden verwendet werden, sofern sie gleichwertige Ergebnisse liefern.

Die Gasproben werden aus dem jeweiligen Beutel (1., 2. oder 3. beim US-Verfahren) in das pneumatische System gepumpt und auf die einzelnen Analysegeräte verteilt. Jedes Analysegerät hat sein eigenes Untersystem für Messung und Kalibrierung.

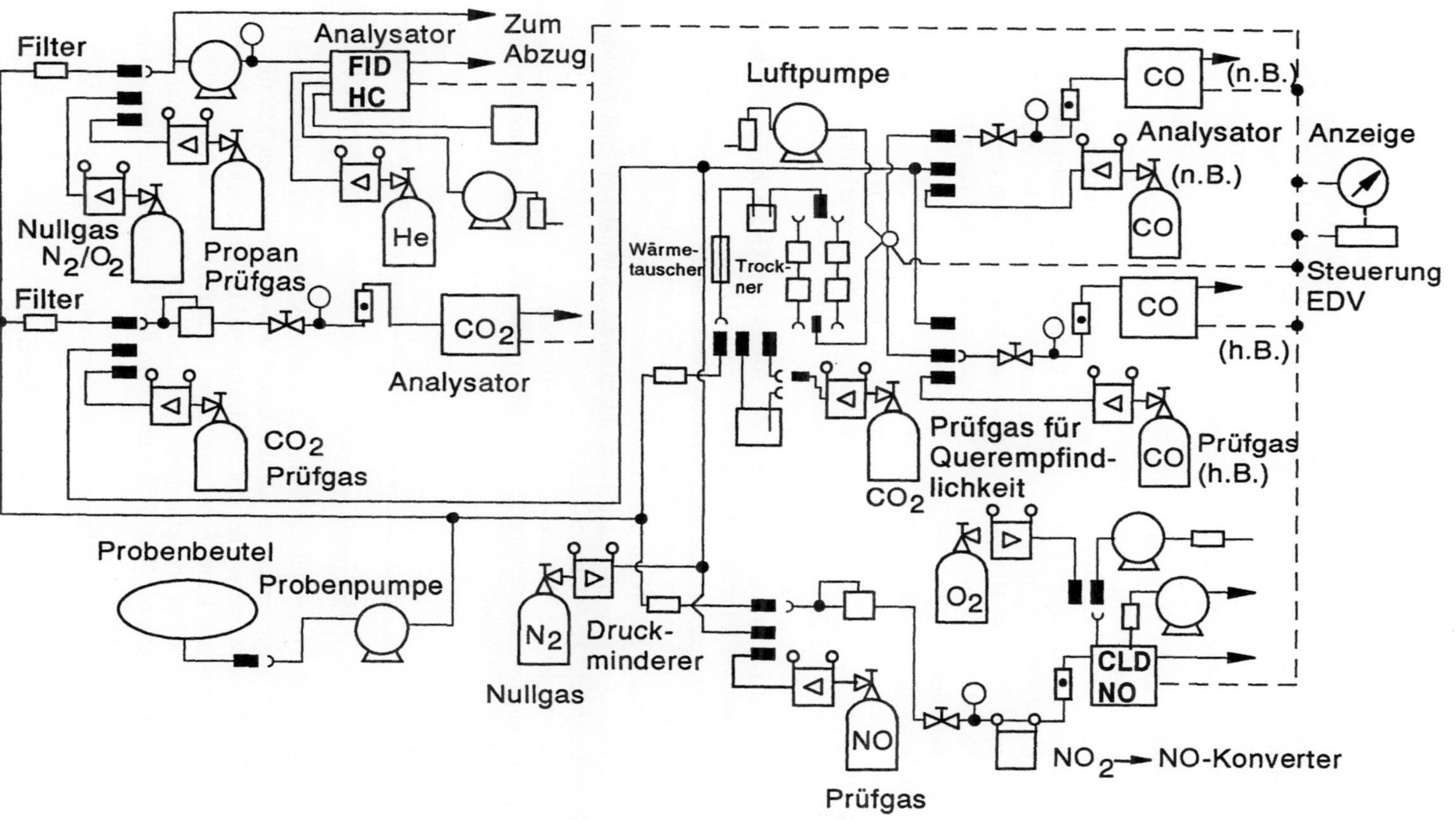

Abb. 8.29: CVS-Analysesystem mit Prüfgasen, schematisch

Dieses Schema ist nicht bindend, es soll nur eine mögliche Schaltung charakterisieren. Anstelle der zwei Analysatoren für CO kann beispielsweise ein Gerät mit umschaltbaren Meßbereichen verwendet werden. Hinsichtlich der Pumpen, Leitungen, Ventile und anderer Materialien für das System gilt grund-sätzlich die Forderung, daß sie die Zusammensetzung der Proben nicht beeinflussen dürfen. Das bedeutet auch, daß sie selbst gegen die Abgase beständig sein müssen.

Der praktische Aufbau des Systems muß hinsichtlich Ansprechzeit und Auflösung durch Abstimmung von Strömungsgeschwindigkeit und Totvolumen optimiert werden.

Der Kühler und die Absorptionsrohre für CO_2 und H_2O vor dem CO-Analysator sind nicht erforderlich, wenn der Analysator praktisch frei von Querempfindlichkeiten diesen Komponenten gegenüber ist. Die Bedingung gilt dann als erfüllt, wenn das Meßsignal eines bei 23 ± 3 °C mit Wasser gesättigten Prüfgases mit 3 % CO_2-Gehalt geringer ist als 1 % vom Vollausschlag bei Meßbereichen über 300 ppm CO bzw. wenn bei Meßbereichen unter 300 ppm der Einfluß von CO weniger als 3 ppm ausmacht. Die Volumenkorrektur muß dann bei der Berechnung entfallen.

In Verbindung mit jeder Serie von Messungen - vorzugsweise aber vor jeder Messung - sind Null- und Endpunkte der Geräte mit den geeigneten Prüfgasen bzw. -gasgemischen bei den gleichen Druck- und Strömungsverhältnissen einzustellen, die auch bei der Messung angewendet werden. Die eingestellten Werte sind zu dokumentieren, vgl. Abschn. 8.2.8.

Die Proben der Verdünnungsluft und des Abgas-Luft-Gemisches sind jeweils innerhalb 20 min nach Probennahmeabschluß zu analysieren. Bei Einzelschaltung der Geräte soll der Analysengang mit der NO_x-Bestimmung beginnen.

Die Proben sind so lange durch die Geräte zu leiten, bis sich jeweils ein konstanter Wert eingestellt hat. Nach der Messung ist analog zu der Einstellung vorher eine Kontrolle der Null- und Endpunkte durchzuführen. Analysen- und Kontrollwerte sind ebenfalls zu dokumentieren.

Problematisch ist die Verunreinigung der Anlagen durch das Abgas, wenn sie ständig betrieben werden. Etwa alle 4 Wochen müssen die Anlagen dann gereinigt und neu kalibriert werden.

8.2.8 Prüfgase

8.2.8.1 Allgemeine Grundlagen

In der Abgas- und Verbrauchsmeßtechnik werden im routinemäßigen Prüfeinsatz Relativverfahren angewendet, da für die Ermittlung der emittierten Massen der Summe der Kohlenwasserstoffe, des Kohlenmonoxids, der Stickoxide und des Kohlendioxids entweder keine Absolutverfahren vorhanden oder, sofern verfügbar, am Prüfstand nicht praktikabel einsetzbar sind. Lediglich die Ermittlung der Partikelnemission (vgl. Abschn. 7.6) erfolgt innerhalb der Meßgenauigkeit absolut auf gravimetrischem Wege.

Grundlage der gängigen Verfahren zur Konzentrationsbestimmung bei der Abgasanalyse sind Vergleiche der Abgasproben mit Gasgemischen, deren Zusammensetzung bekannt ist. Diese Gasgemische dienen zur Aufnahme der zu Grunde liegenden Kalibrierkurven, also zu Ermittlung der Meßsignale, die bestimmten Gaskonzentrationen zugeordnet sind. Sie werden ferner benötigt zur routinemäßigen Prüfung der Linearität und im laufenden Meßbetrieb zur Einstellung von Null- und Endpunkt der Analysatoren zum Ausgleich oder zur Berücksichtigung der Drift.

Laut Übereinkunft (in der VDI-Richtlinie 3490 formuliert) werden diese Gasgemische als Prüfgase bezeichnet. Eine Unterscheidung wie im englischen Sprachgebrauch (Calibration Gas - Span Gas) ist nicht festgelegt, jedoch werden verschiedene Qualitätsstufen definiert.

Nach der VDI-Richlinie 3490 besteht das Prüfgas aus einem Grundgas, das eine oder mehrere Beimengungen enthält. Das Grundgas, ein reines Gas oder auch ein Gasgemisch, ist normalerweise mengenmäßig Hauptbestandteil des Prüfgases. Es hat im allgemeinen dem Analysator gegenüber völlig indifferent zu sein. In gewissen Fällen (z.B. bei der Kohlenwasserstoffanalyse mit Flammenionisationsdetektoren) kann es erforderlich sein, neben der Meßkomponente andere Anteile zuzumischen, um Verhältnisse zu schaffen, die denen in der Abgasprobe ähnlich sind oder um Querempfindlichkeiten zu kompensieren, vgl. Abschn. 6.
Die Beimengung zum Grundgas ist der gas- oder dampfförmige Bestandteil, der nach Art und Menge sehr genau bekannt sein muß. Dieser Bestandteil stellt die Basis für Kalibrierung und Gerätekontrolle dar.

Die Konzentrationsangabe der für Abgasprüfungen verwendeten Prüfgasgemische wird als Verhältnis des Volumens der Beimengung zum Volumen des Grundgases angegeben, und zwar in Vol. % oder ppm.

8.2.8.2 Gesetzliche Auflagen

In den Abgasgesetzen der verschiedenen Länder werden für die Konzentration der Beimengung Abweichungen vom angegebenen Wert um ± 1 % für die Gase zur Erstellung der Kalibrierungskurven bzw. ± 2 % für Endpunktgase als zulässig festgelegt. Außerdem werden in der US-Vorschrift als Höchstwerte für Nullgasverunreinigungen genannt:

      1   ppm Kohlenwasserstoff (C1),
      1   ppm Kohlenmonoxid,
    0,1   ppm Stickoxide,
    400   ppm Kohlendioxid.

Beide Forderungen lassen sich für Gebrauchsprüfgase mit den vorhandenen analytischen Möglichkeiten nicht ausreichend erfüllen. Die erreichbaren Analysengenauigkeiten der erforderlichen Absolutmeßverfahren reichen dazu nicht aus. Verbindliche Angaben zu solchen absoluten Meßverfahren fehlen in den Vorschriften überhaupt. Kaum erfüllbar werden die Genauigkeitsanforderungen dann, wenn ihre Einhaltung wegen der Grenzen der Prüfmöglichkeiten praktisch nicht mehr nachweisbar ist. Betrachtet man bei der Abgasprüfung die Gesamtunsicherheit (vgl. Abschn. 9), so wird andererseits deutlich, daß es weder wirtschaftlich vertretbar noch technisch sinnvoll ist, bei Prüfgasen einen im Vergleich zu anderen, in ihrer Wirkung auf das Testergebnis gewichtigeren Parametern der Abgasmessung überhöhten Aufwand zu treiben. Systematische Fehler schlagen jedoch voll auf das Endergebnis durch.

In der US-Vorschrift (FTP = Federal Test Procedure) werden für die Überprüfung der Linearität von Analysatoren je Meßbereich Gasgemische mit Konzentrationen von 15, 30, 45, 60, 75 und 90 % vom Meßbereichsendwert angegeben.

Die Gebrauchsprüfgase (span gases) sollen ca. 80 % des Meßbereichsendwertes aufweisen. Diese Angaben können sinngemäß auf Europa- und Japan-Tests übertragen werden.

Folgende Übersicht (Tabelle 8.5) gibt eine Vorstellung von dem daraus resultierenden Bedarf an Prüfgasen für Kalibrierungen bei einem europäischen Automobilkonzern, wobei angenommen wird, daß US-, Europa-, Motorprüfstands- und Modalmeßanlagen (konzentriertes Abgas) entsprechende Meßbereiche aufweisen.

Tabelle 8.5: Zahl der benötigen Prüfgasgemische

Propan in Luft	Hexan in N_2	CO in N_2		CO_2 in N_2	NO in N_2
von 8 ppm	von 50 ppm	von 7,5 ppm	von 0,3 %	von 0,08 %	von 5 ppm
bis 18.000 ppm	bis 1000 ppm	bis 2500 ppm	bis 10,0 %	bis 16,0 %	bis 9.000 ppm
in 18 Stufen	in 8 Stufen	in 22 Stufen	in 11 Stufen	in 18 Stufen	in 15 Stufen

Mehr als 100 unterschiedliche Gasgemische werden für dieses Beispiel benötigt, pro Jahr sind 5000 Gasflaschen entsprechend zu füllen und vor Ort zu transportieren.

8.2.8.3 Prüfgase in Druckbehältern (statische Mischung)

Die Prüfung der Abgasanalysatoren muß unter den gleichen Bedingungen erfolgen, die für die Messung der Abgasprobe gelten. Daraus ergibt sich der geschilderte erhebliche Bedarf an Prüfgasen. Dieser Bedarf ist wegen der Durchlaufmengen während der Prüfung und wegen der Häufigkeit der Prüfungen zur Zeit nur mit Gasgemischen in Druckbehältern zu decken. Je Flaschengröße, Prüfdruck und Zusammensetzung können auf diese Weise zwischen 0,5 und 10 m^3 Prüfgas je Behälter bereitgehalten werden.

Grundsätzlich können die Gasgemische in Druckbehältern gravimetrisch hergestellt werden. Der Aufwand dafür ist aber beträchtlich. Um die geforderte Genauigkeit auch nur annähernd einhalten zu können, muß eine Waage mit sehr hoher Präzision eingesetzt werden. Dieses Verfahren ist für die Herstellung von größeren Mengen an Gebrauchsprüfgasen (span gases, Endpunktgase) kaum praktikabel, weil der Durchsatz je Fülleinrichtung im Vergleich zum Verbrauch zu gering wäre.

Ein gangbarer Weg zur laufenden Produktion größerer Mengen Prüfgas ist der einer groben Dosierung über die Partialdrücke mit folgender Analyse des homogenisierten Gemisches. Bei Normaldruck flüssige Substanzen (Hexan, Wasser) werden mit einer Injektionsspritze dosiert, verdampft und dann wie Gase behandelt. Bei den Dämpfen ist jedoch zu beachten, daß bei dem erhöhten Behälterdruck die Gefahr der Kondensation und Entmischung besteht. Deshalb dürfen bestimmte Maximalwerte für den Fülldruck nicht überschritten werden.

Die Mischung der Prüfgase erfolgt bei den Permanentgasen aus Gasflaschen über gesteuerte Ventile. Dabei wird der Teildruck jeder Mischkomponente vorgegeben (Partialdruckverfahren). Nach dem Mischvorgang ist dann die Zusammensetzung grob bekannt. Die genaue Bestimmung dieses Gemisches erfolgt mit Hilfe speziell kalibrierter und gewarteter Gasmeßgeräte, die den Abgasmeßgeräten gleichen, aber ausschließlich für diese Prüfgasanalyse benutzt werden. *Meßtechnisch ist es ungewöhnlich, dieselbe Geräteart zur Kalibrierung einzusetzen.*

Der gesamte Ablauf der Herstellung von Gebrauchsprüfgasen ist in einem Fließbild (Abb. 8.30) skizziert. Folgende Schritte sind zu durchlaufen:

1. Vorbereitung der Gasflaschen: Beachtung der TÜV-Prüftermine, Prüfung auf Restdruck, Entfernen von Verunreinigungen, Zugabe von Teflon-Kugeln.
2. Vorlage: Beimengen der Gaskomponente nach dem Partialdruckverfahren.
3. Auffüllen: Füllen mit Grundgas aus flüssigem Stickstoff über eine Flüssiggas-pumpe.
4. Homogenisierung: Durchmischen durch Rotation der Flaschen; Teflon-Kugeln in den Flaschen verwirbeln das Gas.
5. Analyse: Analyse der Gasmischung mit Analysatoren, die mit hochgenauen Gasen kalibriert worden sind.
6. Kennzeichnung und Freigabe: Die Prüfgasflaschen werden mit einem Barcode-Streifen gekennzeichnet, worin Datum, Konzentrationen usw. kodiert sind.
7. Versand.

Die Kalibrierung der Überwachungsanalysatoren wird schließlich mit Prüfgasen einer höheren Genauigkeitsklasse durchgeführt, wie es in Abb. 8.31 schematisch dargestellt wird.

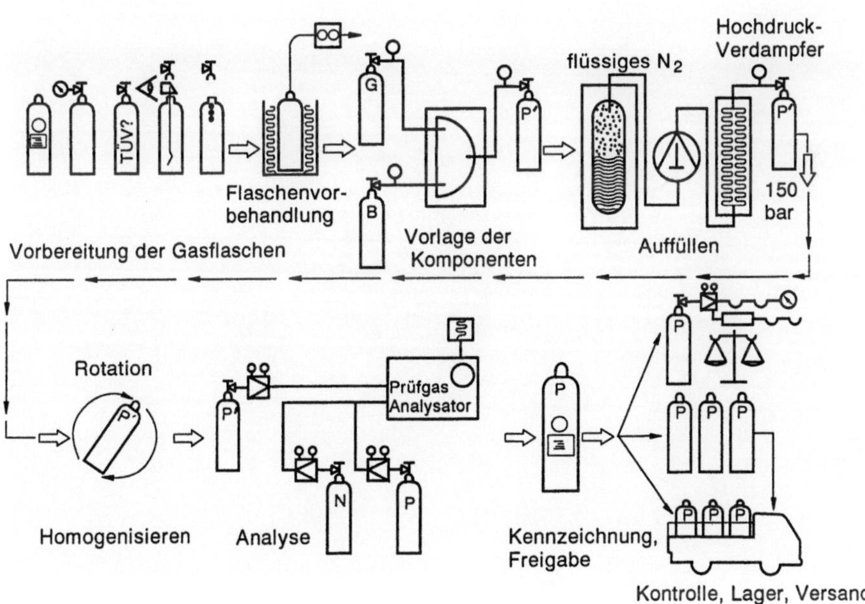

Abb. 8.30: Ablaufschema Prüfgasherstellung

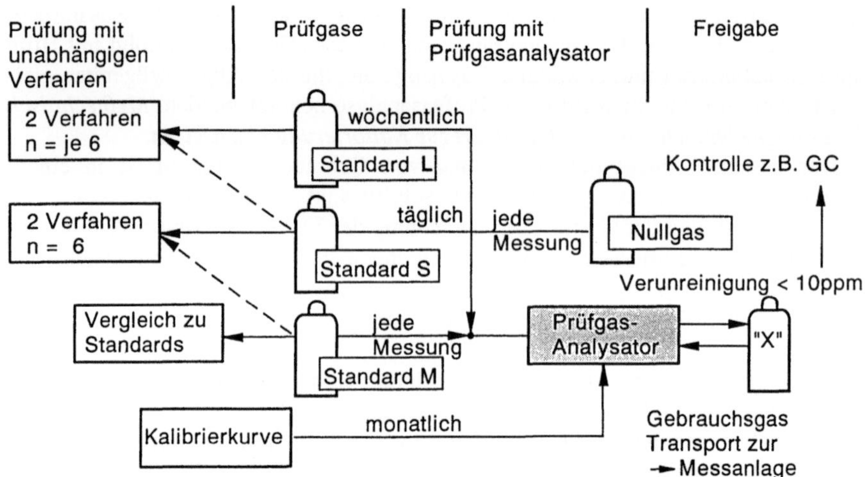

Abb. 8.31: Prüfgasanalyse, schematisch

Der Prüfgasanalysator wird vor und während jeder Analyse eines nach der Partialdruckmethode hergestellten Prüfgases "X" mit den Gasstandards M eingestellt, die durch Vergleiche mit Gasen höherer Genauigkeit abgesichert werden.

Täglich erfolgt außerdem eine Kalibrierkontrolle mit einem Gasstandard S, dessen Gehalt mit einem unabhängigen Verfahren gemessen wurde.

Abb. 8.32: Ansicht einer Meßanlage zur Überprüfung der Gebrauchsgase (span gases)

Wöchentlich wird weiterhin der Analysator mit einem Gasstandard L kontrolliert, der nach mindestens zwei unabhängigen Verfahren analysiert wurde.

Einmal im Monat wird schließlich die Kalibrierkurve des Prüfgasanalysator mit S- oder L-Standards überprüft.

Abb. 8.32 zeigt die Ansicht einer Meßanlage zur Überprüfung der Gebrauchsprüfgase.

Die folgende Tabelle 8.6 zeigt eine Aufzählung der Prinzipien von unabhängigen Verfahren zur Sicherung der genaueren Prüfgasstandards (L-, S-, M-Standards), auf deren Details, bis auf ein Beispiel, nicht eingegangen werden soll.

Tabelle 8.6: Unabhängige Verfahren zur Prüfgasabsicherung

Beimengung	unabhängige Verfahren	Routine-Instrumente (vgl. Abschn. 6)
CO	- dynamisch, volumetr. (Mischpumpe, Düse) - gravimetr. I (Volandwaage) - gravimetr. II (Verbrennung $\rightarrow CO_2$) - chem. Analyse (Oxid. J_2O_5)	NDIR
CO_2	- dynamisch, volumetr. - gravimetr. I - gravimetr. II (Adsorption)	NDIR
NO	- dynamisch, volumetr. - gravimetr. I - chem. Analyse	CLD
Hexan	- dynamisch, volumetr. - gravimetr. I	NDIR
Propan	- gravimetr. II - gravimetr. III	FID

Als eines der wichtigsten und zuverlässigsten Verfahren zur Absicherung der Prüfgase kann heute die gravimetrische Füllung von Gasgemischen gelten, die hier als Beispiel der unabhängigen Verfahren detaillierter beschrieben werden soll.

Die vom US-National Bureau of Standards (NBS) zur Absicherung der "Standard Reference Materials" eingesetzt und von der EPA als Basisprüfgas anerkannten Standardprüfgase werden beispielsweise gravimetrisch mit Hilfe von Präzisionswaagen hergestellt.

In Deutschland ist die Bundesanstalt für Materialforschung und -prüfung (BAM) für Prüfgase zuständig.

Wenn man eine Präzisionswaage verwendet, kann man damit Stahlflaschen mit einem Volumen bis 50 Liter und einer Masse bis zu 100 kg mit einem Fehler von $\pm$ 20 bis 30 mg wägen. Eine Masse von $m = 100$ kg kann also auf $\Delta m = 20$ mg bis 30 mg genau gemessen werden. Dementsprechend beträgt der relative Fehler

$$\frac{\Delta m}{m} = 2 \cdot 10^{-7} \dots 3 \cdot 10^{-7} \quad \text{bei} \quad \text{einer} \quad \text{Wiederholbarkeitsgenauigkeit} \quad \text{von}$$

$\frac{\Delta m}{m} = 3 \cdot 10^{-8}$. Dadurch sind Füllungen von Gasgemischen bis hinab zu ca. 10 ppm in einer Stufe möglich.

Das Funktionsprinzip einer solchen Waage, die in einem thermostatierten Raum auf einem besonderen Fundament installiert werden muß, zeigt Abb. 8.33.

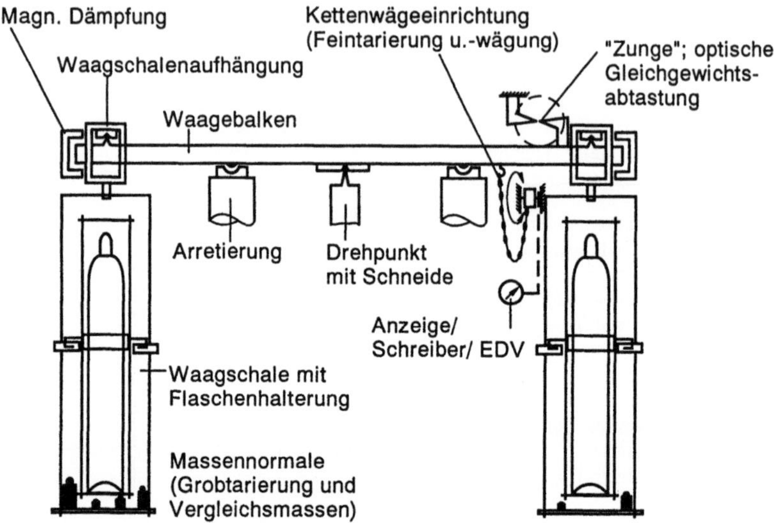

Abb. 8.33: Prinzip der Prüfgasflaschenwaage

Zur Ermittlung der genauen Zusammensetzung der hochgenauen Gasgemische (Standards) wird das Gas während des Füllvorganges nach jeder Zugabe gewogen. Aus den Gewichtsangaben kann die Zusammensetzung mengenmäßig bestimmt werden.

Die Einstellung der Waage erfolgte in Zusammenarbeit mit der Physikalisch-Technischen Bundesanstalt in Braunschweig/Berlin. Die Vergleichsversuche ergaben für dieses Beispiel bereits beim ersten Durchgang für Absolutwerte Abweichungen von - 20 bis + 30 mg, bezogen auf 100 kg. Das entspricht einer Genauigkeit von - $2 \cdot 10^{-7}$ bis + $3 \cdot 10^{-7}$. Für Wiederholungswägungen ergeben sich Standardabweichungen zwischen 3 und 31 mg je nach Arbeitsweise, bezogen auf 100 kg (also $3 \cdot 10^{-8}$ bis $10 \cdot 10^{-8}$).

Die Masse der Beimengungen streut von 1,2 g (100 ppm - Gase) bis 1,2 kg (10 % - Gase). Die Genauigkeit beträgt dann ca. 2 bis 3 % (100 ppm) bzw. 1,2 %. Das ist im 100 ppm-Bereich immer noch höher als die geforderten 1 bis 2 %.

Gaschromatographische Kontrollanalysen von gravimetrisch erzeugten Gemischen erbrachten für CO (900 ppm - Gas) und CO_2 (4 %- Gas) eine Abweichung von ca. - 3 % zu bisherigen Laborstandards. Dabei ist zu beachten, daß Messungen mit Gaschromatographen ungenauer sind als die mit der Waage.

Abb. 8.34 zeigt eine Ansicht einer solchen Waage.

Abb. 8.34: Ansicht einer Prüfgasflaschenwaage (Voland)

Ausgeklügelte Technik und neue Materialien sowie spezielle Handhabungs-
bedingungen sind die notwendigen Voraussetzungen für diese Präzision. Die Be-
dienung der Waage erfordert sehr große Sorgfalt und viel Übung.

8.2.9 Berechnung der Meßergebnisse

Der letzte Schritt im Ablauf der einzelnen Abgas- und Verbrauchsprüfverfahren ist
die Berechnung der Meßergebnisse.

Aus den Meßwerten für Konzentrationen, Volumen, Temperatur, Druck und
Feuchte sowie den zutreffenden Konstanten werden als Ergebnisse die Massenemissionen der Abgaskomponenten und der Kraftstoffverbrauch jeweils pro Fahrstrecke mit Hilfe der im folgenden aufgeführten Gleichungen berechnet.

8.2.9.1 US-75-Test

Die Endergebnisse des US-75-Test setzen sich aus drei Phasen zusammen, die
unterschiedlich bewertet werden:

$$m_i = 0{,}43 \cdot \frac{m_{i\,CT} + m_{i\,S}}{s_{i\,CT} + s_{i\,S}} + 0{,}57 \cdot \frac{m_{i\,HT} + m_{i\,S}}{s_{i\,HT} + s_{i\,S}} \tag{8.26}$$

mit

m_i	Masse der Komponente i	in	g / mi,
$m_{i\,CT}$	in Kaltstartphase emittierte Masse von i	in	g,
$m_{i\,HT}$	in Heißstartphase emittierte Masse von i	in	g,
$m_{i\,S}$	in stabilisierter Phase emittierte Masse von i	in	g,
$s_{i\,CT}$	gemessene Fahrstrecke der Kaltstartphase	in	miles (mi),
$s_{i\,HT}$	gemessene Fahrstrecke der Heißstartphase	in	mi,
$s_{i\,S}$	gemessene Fahrstrecke der stabilisierten Phase	in	mi.

Die in den einzelnen Phasen emittierten Massen werden bei der CVS-Anlage mit PDP nach folgender Gleichung berechnet:

$$m_{ij} = c_{ijk} \cdot \rho_i \cdot \frac{\dfrac{dV}{dt} \cdot n_j \cdot p_{Pj}}{T_{Pj}} \cdot 0{,}2696 \cdot K_{\mathrm{NO_x}\,j} \tag{8.27}$$

Bei Einsatz eines CVS-Gerätes mit Venturi-Düse gilt folgende Gleichung:

$$m_{ij} = c_{ijk} \cdot \rho_i \cdot V_{jk} \cdot K_{\mathrm{NO_x}\,j} \tag{8.28}$$

mit

m_{ij}	Masse der Komponente i in der Fahrkurvenphase j (j = 1, 2, 3)	in	g,
c_{ijk}	Konzentration der Komponente i nach Korrektur (k) in der Phase j	in	10^{-2} %,
	oder	in	10^{-6}ppm,
ρ_i	Dichte der Komponente i	in	g/dm^3,
V_{jk}	Gesamtvolumen (Abgas-Luft-Gemisch) während Phase j, korrigiert auf Normbedingungen (k)	in	dm^3
$\dfrac{dV}{dt}$	Volumenstrom des Probennahmegerätes	in	dm^3 pro Umdrehung,
n_j	Gebläsegesamtumdrehungen während Phase j,		
p_{Pj}	abs. Druck vor Pumpe während Phase j	in	mbar,
p_{Lj}	Umgebungsluftdruck während Phase j	in	mbar,
p_{Uj}	Druckabfall vor Pumpe während Phase j	in	mbar,
T_{Pj}	Temperatur vor Pumpe während Phase j	in	K,
$K_{\mathrm{NO_x}j}$	Feuchtekorrektur für $\mathrm{NO_x}$ während Phase j.		

Weisen die CO-Meßgeräte Querempfindlichkeiten gegenüber CO_2 oder H_2O auf, so müssen bei Anwendung von Reagenzien oder Kühlern zur Entfernung von CO_2 und Wasserdampf Korrekturrechnungen durchgeführt werden. Auch beim Vorhandensein von CO, HC oder $\mathrm{NO_x}$ in der Verdünnungsluftprobe sind zusätzliche Korrekturen erforderlich. Die Korrektur der Konzentrationswerte c_{ijk} werden nach folgenden Gleichungen vorgenommen:

− für HC und NO_x :

$$c_{ijk} = c_{ijm} - c_{ijL} (1 - F_{vj}), \tag{8.29}$$

− für CO (sofern H_2O und CO_2 durch Reagenzien und Kühlung aus dem Gasstrom entfernt werden):

$$c_{COjk} = c^*_{COjk} - (1 - K_{Fj}) \cdot c_{COjL} \cdot (1 - F_{vj}) \tag{8.30}$$

$$c^*_{COjk} = c_{COjm} - (K_{2j} + K_{Fj}) \cdot c_{COjm} \tag{8.31}$$

$$F_{vj} = \frac{c_{CO_2j} + (c_{HCjm} + c^*_{COjk}) \cdot 10^{-4}}{13{,}4} \tag{8.32}$$

mit

c_{ijm} Konzentrationsmeßwert (m) für Komponente i in Phase j in 10^{-2} Vol.% oder in ppm,

c_{ijk} Konzentrationswert nach Korrektur (k) (Komponente i in Phase j),

c_{ijL} Meßwert der Komponente i in Phase j in der Verdünnungsluft (L),

K_{2j} Volumenkorrektur bei Entfernung des CO_2 in Phase j

$$K_{2j} = 1{,}925 \cdot c_{CO_2j} \cdot 10^{-2},$$

c_{CO_2j} Konzentration von CO_2 in Phase j in Vol.%,

K_{Fj} Volumenkorrektur bei Entfernung der Feuchte in Phase j

$$K_{Fj} = 3{,}23 \cdot rF_j \cdot 10^{-4},$$

rF_j relative Luftfeuchte während Phase j in %,

F_{vj} Verdünnungsfaktor für Phase j.

8.2.9.2 Berechnung des Kraftstoffverbrauchs

Ausgehend von der Kohlenstoffbilanz, d.h. von der Tatsache, daß alle kohlenstoffhaltigen Emissionen sich vom Kraftstoff, der in den Motor gelangt ist, ableiten lassen müssen, können aus den Massenemissionen an HC, CO und CO_2 die während der Testfahrt durchgesetzten Kraftstoffmengen berechnet werden. Für Europa sind dazu in der EG-Richtlinie 93/116/EWG die folgenden Berechnungsformeln vorgegeben,

- für Fahrzeuge mit Ottomotoren:

$$V_K = \frac{0{,}1154}{\rho_{PK}} \left[(0{,}866 \ m_{HC}) + (0{,}429 \ m_{CO}) + (0{,}273 \ m_{CO_2}) \right], \tag{8.33}$$

- für Fahrzeuge mit Dieselmotoren:

$$V_K = \frac{0{,}1155}{\rho_{PK}} \left[(0{,}866 \ m_{HC}) + (0{,}429 \ m_{CO}) + (0{,}273 \ m_{CO_2}) \right], \tag{8.34}$$

wobei gilt

V_K	Kraftstoffverbrauch	in	l/100 km,
m_{HC}	gemessene Kohlenwasserstoffemission	in	g/km,
m_{CO}	gemessene Kohlenmonoxidemission	in	g/km,
m_{CO_2}	gemessene Kohlendioxidemission	in	g/km,
ρ_{PK}	Dichte des Prüfkraftstoffs	in	kg/l .

Der Faktor vor der Klammer enthält den C-Gehalt und die Fahrstrecke pro Test. Bei Änderung dieser Parameter muß der Wert entsprechend korrigiert werden. So ergibt sich z.B beim Europa-Test nach der alten Europa-Fahrkurve (Streckenlänge: 4,052 km) bei Anwendung des CVS-Verfahrens und dem Einsatz des augenblicklich vorgeschriebenen Testkraftstoffs mit einer mittleren Dichte von $\rho_{PK} = 0,755$ kg/l für die Berechnung des Streckenkraftstoffverbrauchs folgende Beziehung:

$$V_K = \frac{0,866 \cdot m_{HC} + 0,429 \cdot m_{CO} + 0,273 \cdot m_{CO_2}}{26,51} \qquad (8.35)$$

mit

V_K	Kraftstoffverbrauch	in	l/100 km,
m_{HC}	Masse der HC-Emissionen	in	g pro Test,
m_{CO}	Masse der CO-Emission	in	g pro Test,
m_{CO_2}	Masse der CO_2-Emission	in	g pro Test.

Da im Abgas der Anteil von m_{CO_2} größer als 90 % ist, überwiegt bei der Ermittlung des Kraftstoffverbrauches das CO_2 (mehr als 70 %). Der Fehler bei dieser Berechnung wird also hauptsächlich durch den Fehler der CO_2-Ermittlung bestimmt.

In den USA sind nach der Regelung CFR 40 § 600.113-88 folgende Formeln für die Berechnung des Kraftstoffverbrauchs vorgeschrieben:

- für Fahrzeuge mit Ottomotor:

$$mpg = \frac{5174 \cdot 10^4 \cdot CWF \cdot SG}{\left[(CWF \cdot m_{HC}) + (0,429 \cdot m_{CO}) + (0,273 \cdot m_{CO_2})\right] \cdot \left[(0,6 \cdot SG \cdot NHV) + 5471\right]} \qquad (8.36)$$

- und für Fahrzeuge mit Dieselmotor

$$mpg = \frac{2778}{(0,866 \cdot m_{HC}) + (0,429 \cdot m_{CO}) + (0,273 \cdot m_{CO_2})} \qquad (8.37)$$

mit

mpg	Kraftstoffverbrauch	in	miles per gallon (mi/gal),

CWF	Kohlenstoffanteil (Carbon Weight Fraction)		
	nach ASTM D 3343,		
NHV	Nettoheizwert (Net Heating Value)	in	Btu/lb
	nach ASTM D 3338,		
SG	Kraftstoffdichte (Specific Gravity)	in	g/ml
	nach ASTM D 1298.		

Hier sind m_{HC}, m_{CO} und m_{CO_2} in g/mi einzusetzen.

8.2.10 Messung der Kraftstoffverdampfungsverlust im SHED-Test

Im Rahmen eines vollständigen US-Abgastest (FTP) werden auch Messungen der Kohlenwasserstoffimmissionen im sogenannten SHED-Test (SHED - Sealed Housing for Evaporative Determinations) durchgeführt. Abb. 8.35 zeigt eine geöffnete SHED-Zelle mit einem Fahrzeug. In der geschlossenen Zelle wird der Kraftstoff im Fahrzeugtank aufgeheizt. Die Kohlenwasserstoffimmisssionen in der Zelle werden mit einem FID gemessen.

Abb. 8.35: Ansicht einer geöffneten SHED-Zelle

Den Ablauf des Abgastestes zeigt Abb. 8.36 als Übersicht.

Die im SHED gemessenen Kraftstoffdampfverluste werden nach folgender Formel umgerechnet:

$$m_{HC} = 0{,}2696 \cdot \rho_{HC} \cdot V_n \cdot \left(\frac{c_E \cdot p_{BE}}{T_E} - \frac{c_A \cdot p_{BA}}{T_A} \right) \cdot 10^{-3} \qquad (8.38)$$

mit

m_{HC} Masse an Kohlenwasserstoffdampf   in   g

ρ_{HC} Dichte der Kohlenwasserstoffdämpfe (auf C_1 bezogen)

     -für Atmungsverluste (breathing) $\rho_{HCb} = 0,637$ g/l

     -für Nachheizverluste (hot soak) $\rho_{HCh} = 0,6320$ g/l

     -für Kalibrierung mit Propan $\rho_{C_3H_8} = 0,6558$ g/l

V_n Nettovolumen des SHED   in m^3

     (für das Prüffahrzeug werden pauschal 1,42 m^3 vom Bruttovolumen subtrahiert; es sei denn, das genaue Fahrzeugvolumen wurde vorher bestimmt und von der Behörde anerkannt).

c_A ; c_E HC-Konzentration   in   ppm C_1 ⎫ jeweils am Anfang (A)

p_{BA} ; p_{BE} barometrischer Druck   in   mbar   ⎬ und am Ende (E) der

T_A ; T_E SHED-Raumtemperatur   in   K   ⎭ Meßphase.

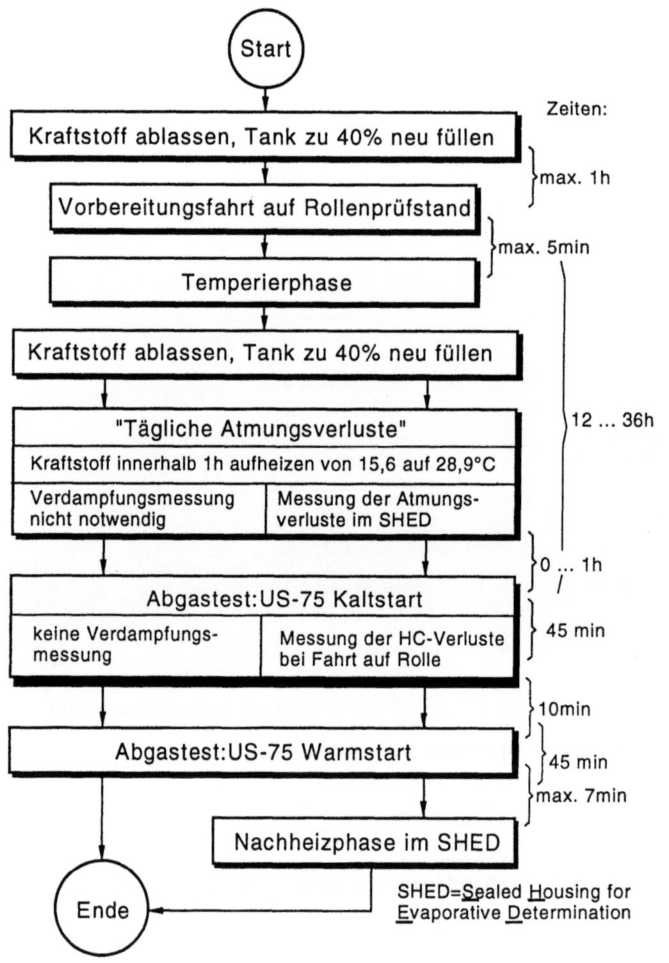

Abb. 8.36: Ablaufplan für die Messung der Kraftstoffverdampfungsemissionen über die Immission in der SHED-Kammer mit einem zwischengeschalteten, vollständigen US-Abgastest

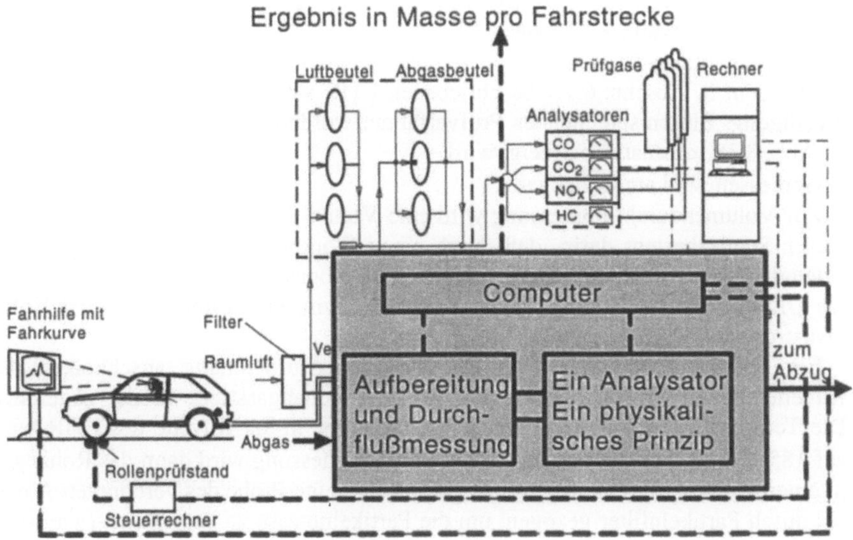

Abb. 8.37: Schema eines neuen Prüfverfahrens

8.3 Neues, vorgeschlagenes Prüfverfahren

Die Anforderungen der zukünftigen, verschärften Abgasgesetzgebung (vgl. Abschn. 2) erfordern aus meßtechnischer Sicht wegen der niedrigen, zu messenden Konzentrationen und weiterer Nachteile bisheriger Systeme ein völlig neues Meß- und Prüfsystem. Die Nachteile des bisherigen Prüfverfahrens sind im folgenden aufgelistet:

- Komplexe und aufwendige Probenaufbereitung (CVS),
- Differenzbildung der Konzentrationen Abgas-/Luftprobe,
- große Anzahl verschiedenartiger Meßgeräte zur Analyse auf Basis unterschiedlicher Meßprinzipien,
- aufwendige Kalibrierprozeduren,
- hoher Wartungsaufwand,
- getrennte Meßanlagen für integrale und für zeitaufgelöste Messungen.

Wünschenswert ist ein System, wie es schematisch in Abb. 8.37 dick ausgezogen über das Schema des bisherigen Systems (vgl. Abb. 8.3) gezeichnet ist. Es wird hiermit vorgeschlagen.

Das Abgas wird nach Aufbereitung und Durchflußmessung mittels eines auf einem einzigen physikalischen Prinzip basierenden Meßgerätes hinsichtlich der limitierten und einer Reihe von nicht limitierten Abgaskomponenten analysiert. Sowohl die Intergralmessung als auch die zeitaufgelöste Messung aller Komponenten ist gleichzeitig möglich. Die Anforderungen an dieses Meßgerät sind folgende:

- Große dynamische Meßspannen von ppm bis Vol.%,
- Echtzeitmessung der Konzentrationen mit einer Sekunde Zeitauflösung,
- gleichzeitige Messung der Konzentration von wahlweise 25-30 Abgaskomponenten,

– Ausgabe der Ergebnisse maximal 10 Minuten nach Testende,
– Kalibrierintervalle > 1 Monat,
– Verfügbarkeit > 95 %.

Mit dem in Abschn. 6.1.7 beschriebenen FTIR steht ein solchen Meßgerät zur Verfügung. Ein entsprechendes Prüfverfahren wurde ebenfalls entwickelt, wie es in Abb. 8.38 schematisch gezeigt wird.

Gemessen wird am Rohabgas.

Zur Volumendurchflußmessung wird eine Vortex-Sonde eingesetzt. Das Prinzip dieser Sonde besteht darin, daß durch einen Störkörper Wirbel im Abgasstrom erzeugt werden, die durch einen senkrecht zum Abgasstrom gerichteten, gebündelten Ultraschallstrahl laufen. Die Wirbellaufzeit wird erfaßt und daraus der Volumenstrom des Abgases ermittelt.

Ein Teil des Rohabgases durchläuft eine Probenaufbereitung, anschließend die Küvette des FTIR-Meßgerätes und wird dem Rohabgasstrom wieder zugeführt. Die Temperatur der zu analysierenden Abgasprobe in der Küvette des FTIR wird auf 185°C ± 5K konstant gehalten. Zur Partikelnmessung wird dann das Rohabgas in einen kleinen Verdünnungstunnel geführt und eine Probe des verdünnten Abgases durch Partikelnfilter gezogen, um die Partikelnmasse zu bestimmen (wie beim bisherigen Verfahren). Der kleine Verdünnungstunnel kann außerdem zur Kontrolle des Volumenstroms verwendet werden. Zur Messung der Sauerstoffkonzentration ist zusätzlich ein hier nicht gezeigtes konventionelles Meßgerät (vgl. Abschn. 6.4) notwendig. Die Vorteile dieses neuen Prüfsystems sind außerdem folgende:

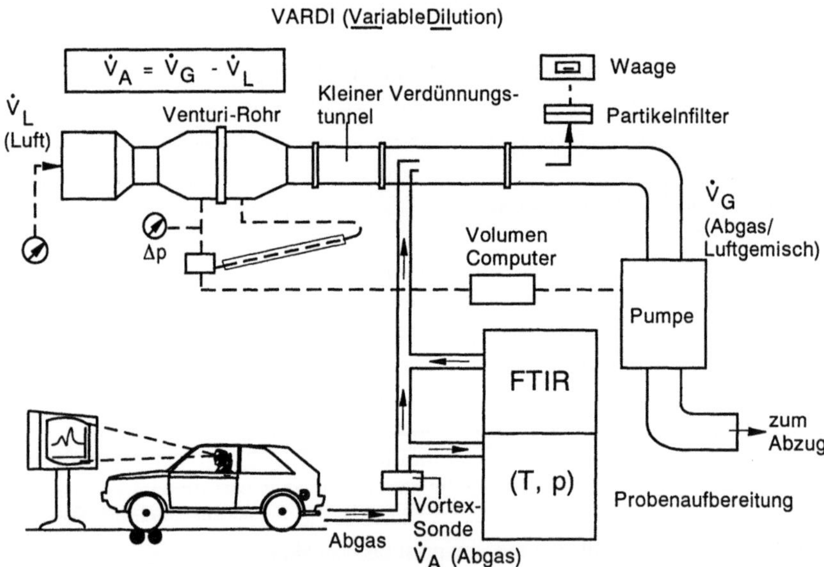

Abb. 8.38: Schema eines zukünftiges Abgasprüfsystems; $\dot{V}_A$ = Volumendurchfluß, Abgas; $\dot{V}_G$ = Volumendurchfluß, Gesamtabgas; $\dot{V}_L$ = Volumendurchfluß, Luft

- Die Nachweisgrenzen für die Abgaskomponenten sind um den Faktor 8 bis 10 höher, weil die Verdünnung entfällt. Damit sind die geringeren ULEV-Werte, vgl. Abschn. 2.3, besser zu erfassen.
- Die Differenzbildung der Konzentrationen Abgas-/Luftprobe enthällt. (Wichtig für geringe Konzentrationen → ULEV).
- Die Adsorption von organischen Verbindungen mit hohem Siedepunkt (z.B. der PAK) an Rußpartikeln wird verhindert oder vermindert, d.h. diese Komponenten befinden sich in der Gasphase.
- Die Kondensation von Wasser wird verhindert, dadurch können auch polare Kohlenwasserstoffe, wie z.B. Aldehyde, nachgewiesen werden.
- Im Dieselabgas verhindert die hohe Temperatur von 185°C die Bildung von Schwefelverbindungen.

Wichtig für die Einführung des neuen Systems ist die Übereinstimmung der Meßergebnisse mit denen, die mit den bisherigen Meßanlagen erzielt werden. Eine gute Übereinstimmung ist durch Messungen an zahlreichen Fahrzeugen bereits nachgewiesen worden.

Nach Meinung vieler Fachleute ist dieses System das System der Zukunft. Es könnte in Verbindung mit der vorgeschlagenen neuen Fahrkurve (Abschn. 8.2.3.5) die Abgasprüfverfahren wesentlich erleichtern und den Aufwand außerordentlich verringern.

9 Abgasprüfungen - Übersicht und Kritik

9.1 Gesetzlich vorgeschriebene Prüfungen

Abbildung 9.1 gibt einen Überblick über gesetzlich vorgeschriebene Prüfungen zur Überwachung des Automobilherstellers und zur Überwachung des Kraftfahrzeughalters hinsichtlich der Einhaltung von Grenzwerten limitierter Abgaskomponenten.

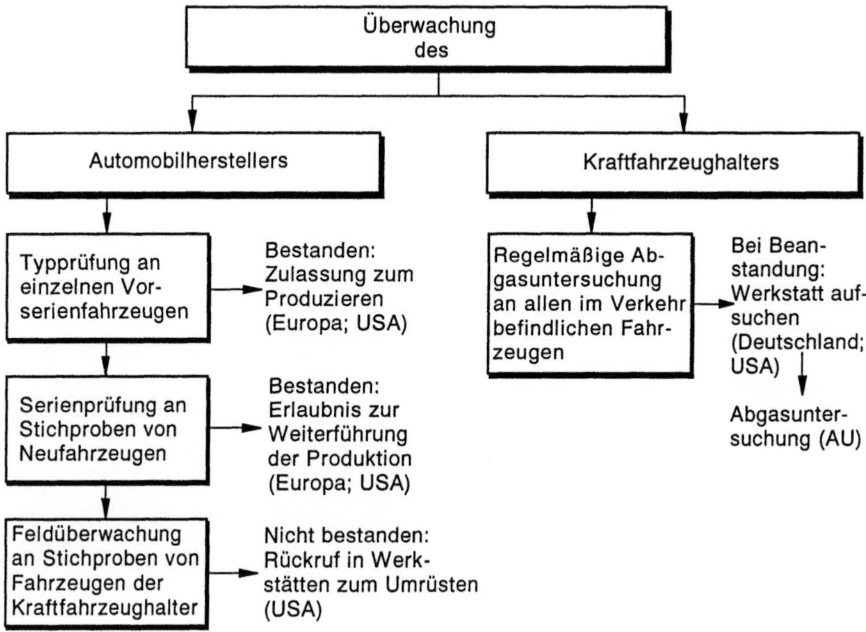

Abb. 9.1: Überwachung des Automobilherstellers und des Fahrzeughalters

9.1.1 Überwachung des Automobilherstellers

Zur Überwachung des Automobilherstellers ist zunächst die *Typprüfung* vorgeschrieben. Diese Prüfung entscheidet darüber, ob ein neuentwickeltes oder in seinen Bauteilen wesentlich verändertes Fahrzeug überhaupt produziert werden darf. Das wird in allen Ländern mit Abgasgesetzgebung ähnlich gehandhabt.

Die produzierten Fahrzeuge werden dann durch eine *Serienprüfung* überwacht, indem man Stichproben von Neufahrzeugen aus der Produktion nimmt und die Abgaskomponenten mißt. Diese Prüfung entscheidet darüber, ob die Produktion weitergeführt werden darf oder eingestellt werden muß. Die statistische Regel zur Probennahme ist in Europa verschieden von der in den USA bzw. von der in Kalifornien. In Europa wird die Serienprüfung in praxi kaum oder gar nicht durchgeführt.

Schließlich gibt es noch in den USA die stichprobenartige Überwachung der gebrauchten Fahrzeuge in Kundenhand, die sogenannte *Feldüberwachung*, um zu prüfen, ob die Abgaswerte auch nach einer Laufdauer von ca. 80.000 km (50.000 mi) bzw. 160.000 km (100.000 mi) eingehalten werden. Diese Prüfung entscheidet darüber, ob man den Herstellern die Erfüllung der Vorschriften über die definierte Laufdauer bescheinigt oder ob anderenfalls der Hersteller zu einem Rückruf aller betroffenen Fahrzeuge veranlaßt wird, um diese Fahrzeuge in Werkstätten umrüsten zu lassen.

Mit diesen drei Prüfungen wird der Automobilhersteller relativ "scharf" überwacht.

9.1.2 Überwachung der Fahrzeughalter

Ganz anders sieht die Überwachung der Fahrzeughalter aus. Sie ist oft technisch und auch politisch schwieriger durchzusetzen. Der Kunde sollte sein Fahrzeug warten und pflegen lassen. Anderenfalls wären die Bemühungen der Automobilhersteller vergebens und der Sinn der Abgasgesetzgebung nicht erfüllt, weil sonst die Summe der Emissionen aller auf der Straße befindlichen Fahrzeuge höher wäre als vom Gesetzgeber gedacht. Dieses Problem wurde über Jahre in den USA und in der Bundesrepublik Deutschland diskutiert, bevor gesetzliche Regelungen getroffen wurden. Einzelheiten werden in Abschn. 9.9 beschrieben.

Nahezu alle Bundesstaaten in den USA schreiben eine regelmäßige Überprüfung der Fahrzeuge in Kundenhand vor.

In der Bundesrepublik Deutschland ist die Abgasuntersuchung, auch AU genannt, an allen im Verkehr befindlichen Fahrzeugen vorgeschrieben.

9.1.3 Fehlende Harmonisierung

Für alle drei Arten der Überprüfung der Automobilherstellers ist für einzelne Länder oder Gemeinschaften jeweils ein und dasselbe Prüfverfahren vorgeschrieben, das allerdings entscheidende Unterschiede, wie in den USA, Japan und Europa aufweist, so daß ein Vergleich sowohl der Abgasgrenzwerte als auch der gemessenen Abgasemissionen nicht ohne weiteres möglich ist, vgl. Abschn. 8.

Diese fehlende Harmonisierung der Prüfvorschriften stellt für die weltweit operierenden Automobilhersteller ein großes Problem dar, weil die Fahrzeuge für die verschiedenen Märkte unterschiedlich entwickelt werden müssen. Aus Sicht präventiver Umweltvorschriften sind solche Unterschiede ebenfalls nicht sinnvoll.

9.2 Statistische Fehler

Allen Prüfungen gemeinsam ist das Problem, daß jeder gemessene Abgaswert grundsätzlich mit einem unvermeidbaren Fehler (Unsicherheit) behaftet ist. Der gesamte statistische Fehler setzt sich aus Emissionsstreuungen des Fahrzeuges oder des Motors und aus Meßfehlern zusammen.

Abb. 9.2 gibt einen Überblick über relative Standardabweichungen (in Prozent) von jeweils 50 Emissionswiederholungsmessungen an jeweils ein und demselben Fahrzeug verschiedener Europa- bzw. US-Fahrzeugtypen, jeweils nach dem früheren Europa- bzw. US-Test im Kaltstart gemessen, vgl. Abschn. 8.

Die Zahlen oberhalb der Blöcke geben jeweils die relative Streuung an:

$$s_r = \frac{s}{\bar{x}} \cdot 100 \text{ in } \%, \tag{9.1}$$

s = Standardabweichung
$\bar{x}$ = Mittelwert $\Big\}$ bei einer Wahrscheinlichkeit $P = 95\,\%$.

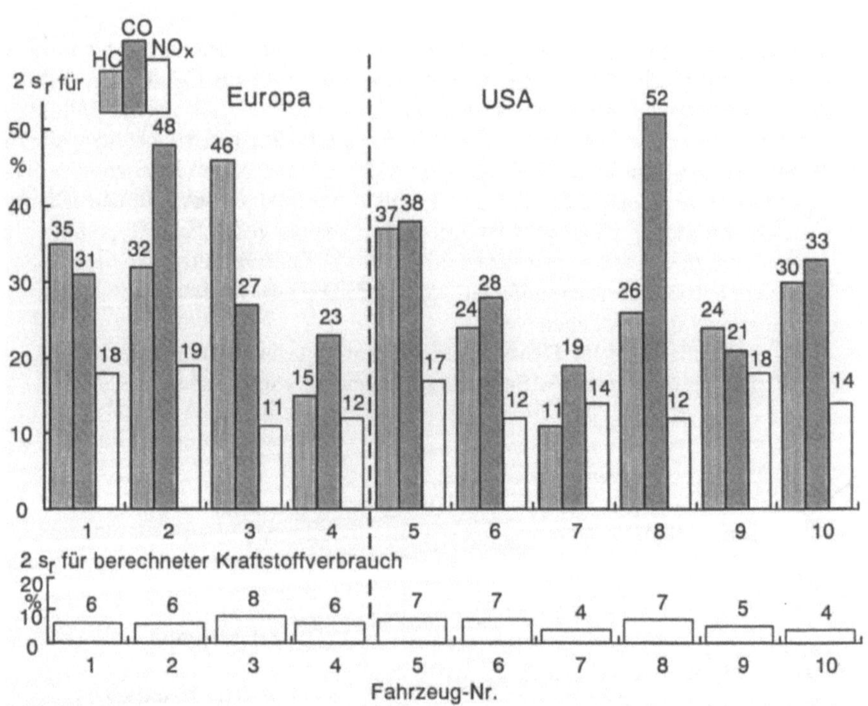

Abb. 9.2: Relative Standardabweichung (2 s_r, P = 95 %) für die Abgaskomponenten HC, CO, NO_x und den Kraftstoffverbrauch aus 50 Wiederholungmessungen an Europa- bzw. US-Fahrzeugen nach dem früheren Europa- bzw. dem US-75-Test (Kaltstart). Fahrzeuge Nr. 1-4 ohne Katalysator, Nr. 5-10 mit Katalysator

Die Streuungen sind hier sogar kleiner als sonst, weil die Fahrzeuge besonders sorgfältig gewartet und jeweils derselbe Fahrer und derselbe Prüfstand eingesetzt wurden, wobei der Prüfstand einschließlich der Analysenanlage vorher sorgfältig kalibriert wurden. Die mittleren Abweichungen der Umweltparameter waren außerdem gering:

$$\left.\begin{array}{l} \text{Barometrischer Druck } \pm 1{,}2 \text{ \%} \\ \text{Luftfeuchte } \pm 41 \text{ \%} \\ \text{Lufttemperatur } \pm 0{,}7 \text{ \%} \end{array}\right\} \quad \text{(jeweils 2 } s_r, P = 95 \text{ \%).}$$

Trotz der besonders sorgfältigen Kalibrierung der Prüfanlagen, der guten Konstanz der Umweltparameter und des Einsatzes jeweils desselben Fahrers und desselben Prüfstandes sind die Streuungen $2s_r$ der Meßwerte noch sehr hoch. Die größte relative Streuung von $2s_r = \pm 52$ % weist hier ein US-Fahrzeug (Nr. 8) beim CO auf. Das bedeutet, daß sich im Extremfall zwei Meßwerte um mehr als 100 % unterscheiden können. Für NO_x bzw. für den Kraftstoffverbrauch sind die relativen Streuungen mit maximal 19 % bzw. 8 % generell geringer.

Die relativen Standardabweichungen der Emissionen für die Europa-Fahrzeuge ohne Katalysator sind im Mittel nur geringfügig höher als für die US-Fahrzeuge, die wesentlich niedrigere Emissionen aufweisen. Der Vergleich der Emissionswerte ist aber nicht ohne weiteres möglich, weil sich die Prüfverfahren unterscheiden. Ein US-Fahrzeug (Nr. 7) hatte mit 11 % für HC und 19 % für CO die niedrigsten relativen Streuungen $2s_r$ von allen Fahrzeugen.

Betrachtet man alle Streuungen für HC der US-Fahrzeuge, so betragen diese 37 % für Fahrzeug Nr. 5 und 11 % für Fahrzeug Nr. 7 (beide mit Katalysator). Die 11 % enthalten den Meßfehler und die Aggregatestreuung dieses speziellen Fahrzeuges. Der Meßfehler ist also für Fahrzeug Nr. 7 kleiner als 11 %.

Unter der physikalisch sinnvollen Annahme, daß die Meßfehler für die beiden betrachteten Fahrzeuge wegen der Verwendung derselben Prüfanlage und desselben Fahrers vergleichbar sind, läßt sich für Fahrzeug Nr. 5 die reine Aggregatestreuung für HC abschätzen (9.2). Dabei erhält man nach dem Gauß'schen Fehlerfortpflanzungsgesetz unter der vereinfachenden Annahme, daß die Gesamtstreuung für Fahrzeug Nr. 7 praktisch nur Meßfehler enthält, die Aggregatestreuung also in diesem Fall vernachlässigt wird, als untere und obere Grenze für die Aggregatestreuung:

$$37 \text{ \%} \geq 2s_{r,Agg.} \geq \pm \sqrt{(2s_{r,Ges.})^2 - (2s_{r,Meß})^2} \approx \pm \sqrt{37^2 - 11^2} \approx \pm 35 \text{ \%}$$

$$(9.2)$$

Die Aggregatestreuung liegt zwischen 35 % und 37 % und bestimmt den relativen Gesamtfehler $2s_r$.

Die Ergebnisse solcher Wiederholmessungen lassen sich bekanntlich auch als Histogramme darstellen, an die sogenannte Dichtefunktionen (Verteilungsfunktionen) angepaßt werden können. Abb. 9.3 zeigt als Beispiel Histogramme und angepaßte Verteilungsfunktionen für die Abgaskomponenten HC und CO bei jeweils 50 Wiederholungsmessungen an jeweils ein und demselben Fahrzeug für

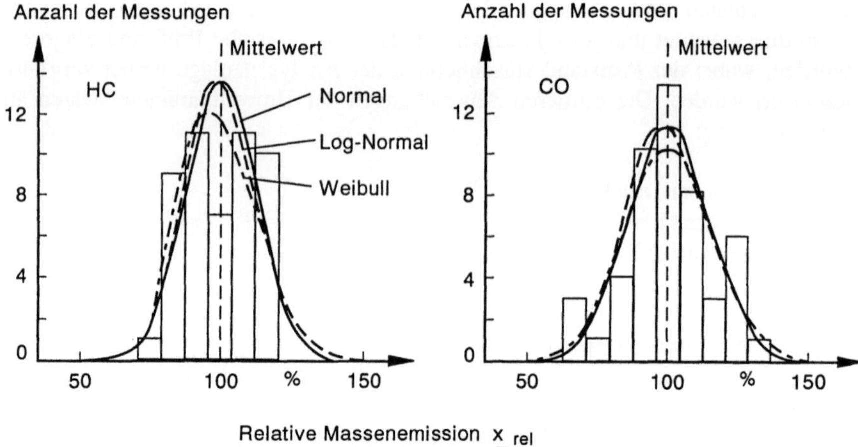

Abb. 9.3: Histogramm und angepaßte Dichtefunktion für HC und CO (50 Wiederholungsmessungen am Fahrzeug Nr. 6)

USA, hier für ein Fahrzeugtyp eines europäischen Herstellers (Amerika-Version mit geregeltem Katalysator).

Drei Dichtefunktionen wurden auf ihre Eignung zur Anpassung an die empirischen Histogramme von Emissionswerten untersucht:
- die Normalverteilung,
- die logarithmische Normalverteilung (Lognormalverteilung) und
- die Weibull-Verteilung.

Tabelle 9.1 zeigt mit (9.3) bis (9.11) die Formeln und die wichtigsten Parameter dieser drei Dichtefunktionen, die Abbildungen 9.4 bis 9.6 zeigen ihre Verläufe.

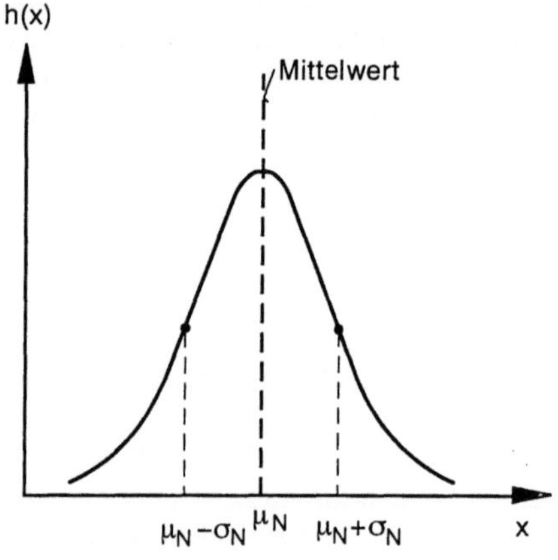

Abb. 9.4: Dichtefunktion h(x) der Normalverteilung

Tabelle 9.1: Dichtefunktionen

	Normalverteilung	Logarithmische Normalverteilung	Weibull-Verteilung
grafische Darstellung	Abb. 9.4	Abb. 9.5	Abb. 9.6
Dichtefunktion	$h(x)=\dfrac{1}{\sqrt{2\pi}\cdot\sigma}\cdot e^{-\frac{1}{2}\left(\frac{x-\mu}{\sigma}\right)^2}$ $\qquad$ (9.3)	$h(x)=\dfrac{1}{\sqrt{2\pi}\,\sigma_L}\cdot\dfrac{1}{x-x_o}\cdot e^{-\frac{1}{2}\left(\frac{\ln(x-x_o)-\mu_L}{\sigma_L}\right)^2}$ $\quad$ für $x>x_0$ $\quad$ (9.6)	$h(x)=\dfrac{\beta}{\vartheta}\cdot\left(\dfrac{x-x_o}{\vartheta}\right)^{\beta-1}\cdot e^{-\left(\frac{x-x_o}{\vartheta}\right)^{\beta}}$ $\quad$ für $x>x_0$ $\quad$ (9.9)
Mittelwert	$\mu_N\approx\bar{x}=\dfrac{1}{n}\sum x_i$ $\qquad$ (9.4)	$\mu_L=x_o+e^{\mu_L+\frac{\sigma_L^2}{2}}$ Dichtemittel (Maximum) bei: $\quad e^{\mu_L-\sigma_L^2}$ Median bei: $\quad e^{\mu_L}$ $\qquad$ (9.7)	$\mu_W=x_o+\Gamma\left(\dfrac{1}{\beta}+1\right)\cdot\vartheta$ $\qquad$ (9.10)
Varianz	$\sigma_N^2\approx s^2=\dfrac{\sum(x_i-\bar{x})^2}{n-1}$ $\qquad$ (9.5)	$\sigma^2=(e^{\sigma_L^2}-1)\cdot e^{2\mu_L+\sigma_L^2}$ $\qquad$ (9.8)	$\sigma_W^2=\vartheta^2\cdot\left\{\Gamma\left(\dfrac{2}{\beta}+1\right)-\Gamma^2\left(\dfrac{1}{\beta}+1\right)\right\}$ $\qquad$ (9.11)
Parameter	μ_N - Mittelwert $\approx\bar{x}$ σ_N - Standardabweichung $\approx s$	x_o - Lageparameter μ_L - Mittelwert der Werte $\ln(x_i-x_o)$ σ_L - Standardabweichung der Werte $\ln(x_i-x_o)$	x_o - Lageparameter β - Formparameter ϑ - Maßstabsfaktor Γ - Gammafunktion μ_W - Mittelwert σ_W - Standardabweichung

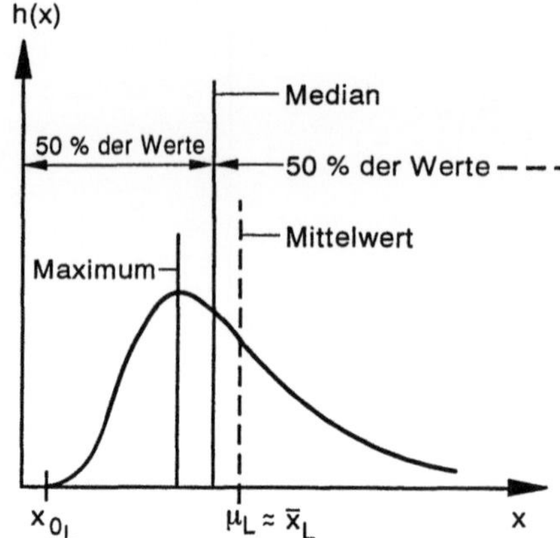

Abb. 9.5: Dichtefunktion h(x) der logarithmischen Normalverteilung. Der Median (50 % der Werte liegen links und rechts vom Median) ist hier verschieden vom Mittelwert.

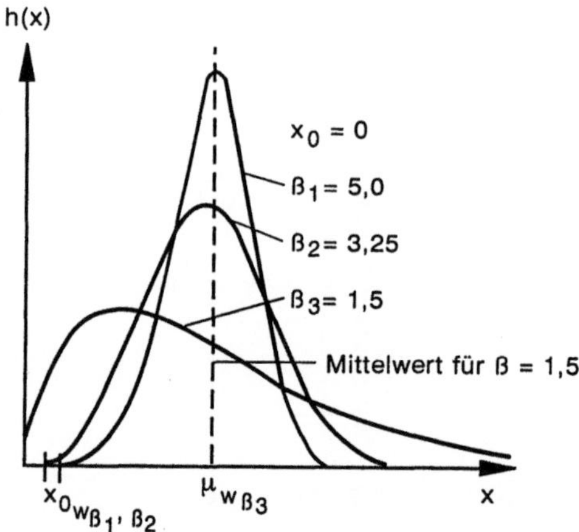

Abb. 9.6: Dichtefunktionen h(x) der Weibull-Verteilung mit verschiedenen Parametern β als die variabelste der Dichtefunktionen

Anders als die Normalverteilung, die durch die Angabe von Mittelwert und Standardabweichung eindeutig bestimmt ist, sind Weibullverteilung und logarithmische Normalverteilung erst durch die Angabe von drei Parametern festgelegt.

Anwendung auf die Meßergebnisse

Ein Test, welcher die Dichtefunktionen einer Meßreihe repräsentiert, setzt voraus, daß die Werte zufällig angeordnet sind und die Meßreihe homogen ist, d.h. daß weder Sprünge, noch Gruppenbildungen, noch Tendenzen auftreten. Nur dann darf angenommen werden, daß die durch die Meßreihe gegebene Stichprobe ein unverfälschtes Abbild einer Grundgesamtheit ist. Aber selbst dann, wenn von der Aus-

wahl der Fahrzeuge her eine homogene Meßreihe vorliegt, können bei den Meßreihen, hier bei denen der Abgaswerte, vereinzelt Ausreißer auftreten. Sie dürfen
beim Anpassungstest nicht berücksichtigt werden. Da es kein universell anwendba-
res Kriterium gibt, muß jeder als Ausreißer in Frage kommende Wert individuell
überprüft werden.

Die vorliegenden, von eventuellen Ausreißern befreiten Meßreihen mit jeweils
ca. 50 Messungen an jedem der 10 Fahrzeuge wurden hinsichtlich ihrer Verteilung
untersucht, indem die drei hier betrachteten Dichtefunktionen rechnerisch und gra-
phisch auf ihre Eignung zur Anpassung an die empirischen Verteilungen der
Emissionswerte geprüft wurden. Die für die Prüfung verwendeten Verfahren sind
in Tabelle 9.2 zusammengestellt.

Tabelle 9.2: Rechnerische und graphische Verfahren zur Ermittlung einer geigneten Dichtefunktion

Verteilungstyp	Rechnerisches Verfahren	Grafisches Verfahren
Normalverteilung	χ^2 - Test Test der 3. und 4. Momente	Darstellung im Wahrscheinlichkeitsnetz
Logarithmische Normalverteilung	χ^2 - Test Test der 3. und 4. Momente	Darstellung im logarithmischen Wahr- scheinlichkeitsnetz
Weibull-Verteilung	χ^2 - Test	Darstellung im Weibull-Netz

Generell haben die Untersuchungen folgendes ergeben:

*Bei Wiederholungsmessungen an ein und demselben Fahrzeug wird die
Verteilung der Meßwerte hinreichend genau durch die Normalverteilung wiedergegeben.*

Aus den großen Standardabweichungen, d.h. den großen Streuungen der Meßwerte, folgt die statistisch gesehen selbstverständliche Aussage:

*Einzelmessungen haben für Abgasuntersuchungen wenig Sinn. Nur der
Mittelwert aus den Ergebnissen vieler oder wenigstens mehrerer Messungen ist eine brauchbare Größe zur Beurteilung der Massenemission. Der Mittelwert entspricht näherungsweise dem wahren Emissionswert, wenn die Zahl n der Wiederholmessungen hoch genug ist.*

Da die gesetzlich vorgeschriebenen Typprüfungen (vgl. Abschn. 9.6) in Europa
bzw. in den USA nur eine begrenzte Zahl von Messungen vorsehen, existiert auch
für ein Fahrzeug, dessen wahre Emission kleiner oder gleich dem Grenzwert ist,
nur eine begrenzte Wahrscheinlichkeit, die Typprüfung zu bestehen. Umgekehrt
gibt es ein Risiko, daß bei einer Typprüfung ein Fahrzeug zugelassen wird, dessen
wahre Emissionen oberhalb der Grenzwerte liegen. Abb. 9.7 verdeutlicht diese
Situation. Drei Fälle sind hier zu unterscheiden (systematische Fehler werden dabei nicht betrachtet):

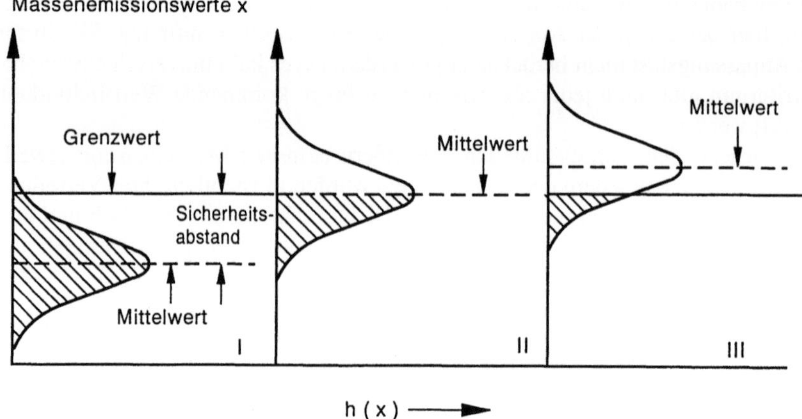

Abb. 9.7: Drei verschiedene Lagen der Dichtefunktionen von Massenemissionswerten in bezug auf den Grenzwert

I: Der Mittelwert hat einen genügenden Sicherheitsabstand von $2s$ vom Grenzwert. Mit einer Wahrscheinlichkeit P von 95 % liegen alle Meßwerte unterhalb des Grenzwertes.

II: Der Mittelwert ist gleich dem Grenzwert. Ein einzelner Meßwert hat die gleiche Wahrscheinlichkeit P von 50 %, oberhalb oder unterhalb des Grenzwertes zu liegen.

III: Der Mittelwert liegt höher als der Grenzwert. Mit genügender Wahrscheinlichkeit liegen einzelne Meßwerte noch unterhalb des Grenzwertes.

9.3 Operationscharakteristik

Diese Problematik, daß nämlich gute Fahrzeuge abgelehnt und schlechte angenommen werden können, macht es verständlich, daß die Kenntnis der Annahmewahrscheinlichkeit bzw. der Ablehnungswahrscheinlichkeit oder des jeweiligen Risikos sowohl für den Hersteller als auch für die Behörde von Bedeutung sind. Die Verhältnisse werden dadurch komplizierter, daß die Emissionen HC, CO und NO_x die jeweiligen Grenzwerte gleichzeitig erfüllen müssen. Daher ist die *Gesamtwahrscheinlichkeit* entscheidend. Kurven, die die Wahrscheinlichkeit als Funktion der Lage des Mittelwertes relativ zum Grenzwert angeben, heißen "Operationscharakteristiken". Sie sind ein geeignetes Kriterium zur Beurteilung von Prüfungen.

Abb. 9.8 zeigt Beispiele derartiger Operationscharakteristiken für den Fall eines Meßwertes (n = 1) mit den relativen Standardabweichungen $\sigma_r (\approx s_r)$ als Parameter, die aus früheren Wiederholmessungen der Anzahl m bekannt sind. Auf der Abszisse sind die relativen Mittelwerte $\mu_r \approx \bar{x}_r$ bezogen auf den Grenzwert (gleich 100 % gesetzt) der möglichen Grundgesamtheiten von Meßwerten aufgetragen.

Zu den Werten $x_r \leq \mu_r$ gehören die Wahrscheinlichkeiten, daß ein Meßwert x_r, der zu einer Grundgesamtheit mit dem Mittelwert μ_r gehört, unterhalb des Grenzwertes liegt. Das Fahrzeug würde die Prüfung mit dieser Wahrscheinlichkeit bestehen.

Zu den Werten $x_r \geq \mu_r$ gehören die Wahrscheinlichkeiten, mit der der Meßwert oberhalb des Grenzwerts liegt, bzw. das Fahrzeug den Test nicht bestehen würde.

Für $x_r = \mu_r$ ist die Wahrscheinlichkeit zu bestehen oder nicht zu bestehen gleich 50 % für alle σ_r (vgl. Abb. 9.7, mittlerer Fall).

Mit wachsendem σ_r verringert sich für x_r unterhalb μ_r die Wahrscheinlichkeit zu bestehen.

Nur die ideale Stufenkurve springt bei $x_r = \mu_r$ von $P = 100\,\%$ auf $P = 0\,\%$, d.h. beim Überschreiten des Grenzwertes wird die Wahrscheinlichkeit zu bestehen gleich null Prozent, das Risiko nicht zu bestehen gleich 100 %.

Bei jeder Typprüfung geht man davon aus, daß der Hersteller, der ein Fahrzeug zur Prüfung gibt, die Emissionen der zu prüfenden Abgaskomponenten vorher kennt. Vor der Typprüfung sind also vom Hersteller eine bestimmte Anzahl (m) von Messungen durchgeführt worden. Die Typprüfung durch die Behörde erfordert ebenfalls eine bestimmte Anzahl (n) von Messungen.

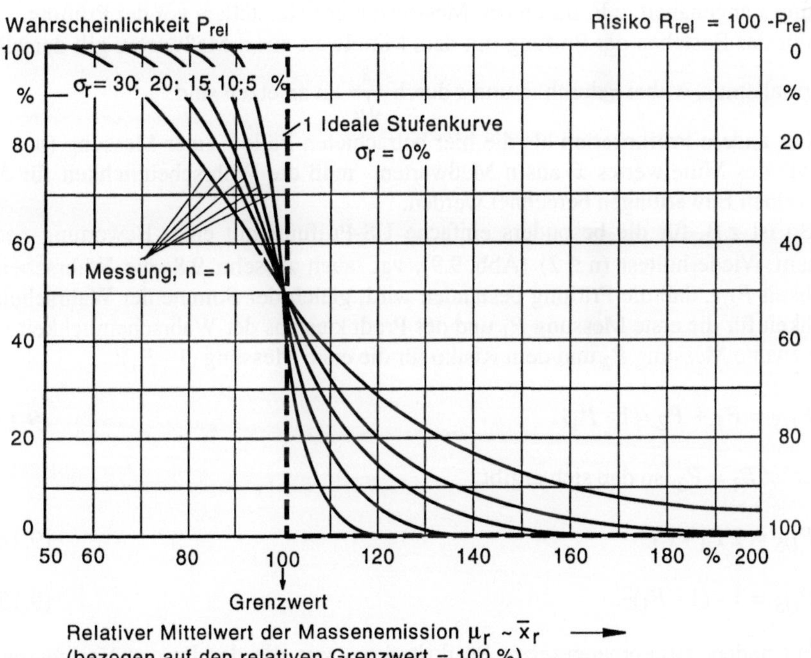

Abb. 9.8: Operationscharakteristiken für m $\Rightarrow \infty$ (Stufenkurve) und n = 1 für verschiedene σ_r als Parameter, die aus früheren Wiederholmessungen der Zahl m $\geq$ 25 bekannt sind.

$$\mu_r = \frac{x_r = \overline{x}}{\overline{x}} \cdot 100\,\% = 100\,\% .$$

Die Berechnung der absoluten Wahrscheinlichkeit ($0 \leq P \leq 1$) für das Bestehen einer Abgasprüfung mit dem Prüfkriterium *einer* Messung ($n = 1$; Meßwert x) ist mathematisch äquivalent mit der Integration über die Dichtefunktion $h(x)$ zwischen $-\infty$ und dem Wert x_G:

$$P \left(x_i \leq x_G \right) = \int_{-\infty}^{x_G} h(x)\, dx \quad \text{mit} \quad 0 \leq P(x) \leq 1 \tag{9.12}$$

Da die Massenemissionen einseitig nach oben begrenzt sind, interessiert hier nur die Wahrscheinlichkeit $P(x \leq x_G)$ dafür, daß der Meßwert x unter der Schranke x_G liegt.

Normalerweise setzt man voraus, daß die Meßwerte von Wiederholmessungen näherungsweise einer Normalverteilung gehorchen. Das wurde durch experimentelle Ergebnisse bestätigt. Dann wird $h(x)$ durch den wahren Mittelwert μ und die Standardabweichung σ der Grundgesamtheit vollständig beschrieben. Voraussetzung für die Berechnung ist dann die Kenntnis des wahren Mittelwertes μ sowie der Standardabweichung σ.

In praxi werden μ durch den Mittelwert $\bar{x}$, bzw. σ durch die Standardabweichung s angenähert, z.B. durch (m) Messungen des Herstellers vor der Prüfung.

Für das Bestehen der Prüfung mit dem Mittelwert aus n Meßwerten gilt derselbe Formalismus, wobei x durch $\bar{x}$ und s durch $\dfrac{s}{\sqrt{n}}$ zu ersetzen sind.

Für andere Prüfkriterien als die hier betrachteten Fälle - einer Messung ($n = 1$) sowie des Mittelwertes $\bar{x}$ aus n Meßwerten - muß die Wahrscheinlichkeit für die einzelnen Bewertungen berechnet werden.

So ist z.B. für die besonders einfache US-Prüfung mit einer Bewertung nach einem Wiederholtest ($n \leq 2$) (Abb. 9.9), vgl. auch Abschn. 9.8, die Wahrscheinlichkeit P_{US}, daß die Prüfung bestanden wird, gleich der Summe der Wahrscheinlichkeit für die erste Messung P_1 und des Produktes aus der Wahrscheinlichkeit für die zweite Messung P_2 und dem Risiko für die erste Messung ($1 - P_1$):

$$P_{US} = P_1 + P_2 \cdot (1 - P_1) \,. \tag{9.13}$$

Hier ist $P_1 = P_2$, so daß sich ergibt

$$P_{US} = 2\, P_1 - P_1^2 \tag{9.14}$$

$$P_{US} = 1 - (1 - P_1)^2 \,. \tag{9.15}$$

Für andere zusammengesetzte Prüfkriterien - wie die des Europa-Verfahrens - lassen sich die Betrachtungen analog durchführen.

Umgekehrt läßt sich für eine vorgegebene Wahrscheinlichkeit $P(\zeta)$ der maximal zulässige Emissionswert x_{Her} bzw. Emissionsmittelwert $\bar{x}_{Her}$ berechnen, der vom Automobilhersteller einzuhalten ist, bevor das Fahrzeug zur Prüfung gegeben wird (systematische Fehler sind nicht berücksichtigt).

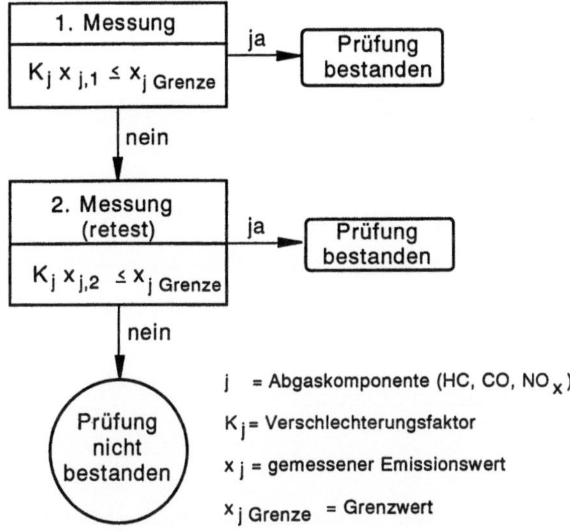

Abb. 9.9: Flußdiagramm der Bewertung der Meßergebnisse nach der US-Typprüfung. Hier ist eine Wiederholmessung erlaubt. Im Fall einer Wiederholmessung wird nur der Meßwert x_{j2} gewertet.

Monte Carlo-Methode

Die Gleichungen für Prüfkriterien können jedoch nicht in jedem Fall explizit gelöst werden. Solche Fälle lassen sich, wie auch die Berechnungen für andere Dichtefunktionen, nach der Monte-Carlo-Methode einfacher behandeln.

Diese Methode ist im Bd. A: Akustik, Abschn. 9.2.3 bereits beschrieben worden. Vorgegeben wird eine Dichtefunktion $h(x)$, z.B. die der Normalverteilung mit dem wahren Mittelwert μ und der Standardabweichung σ und damit ihre normierte Wahrscheinlichkeitsfunktion $P(x)$. Mit Hilfe eines Rechners werden Zufallszahlen z erzeugt, die zwischen 0 und 1 gleichverteilt sind. Diese Zahlen z verwendet man als P-Werte und bestimmt die zugehörigen Argumente x, wie in Abb. 9.10 zu sehen ist.

Diese Werte x sind dann entsprechend der vorgegebenen Dichtefunktion $h(x)$ zufallsverteilt. Dieses Verfahren ist auch für andere Dichtefunktionen anwendbar, weil die Wahrscheinlichkeitsfunktionswerte P per Definition immer zwischen 0 und 1 gleichverteilt sind.

Die einzelnen Werte der so erzeugten Stichprobe (im dargestellten Fall mindestens 1.000 Werte) werden als Meßwerte von Wiederholmessungen be-trachtet. Sie sind um ein vorgegebenes μ entsprechend der vorgegebenen Dichtefunktion verteilt und werden nach den verschiedenen gesetzlich vorgeschriebenen oder konstruierten Prüfkriterien mit Hilfe eines Rechners bewertet. Dazu werden diese Prüfkriterien vorher in Form von Flußdiagrammen dargestellt, wie z.B. die erwähnte US-Typprüfung, und entsprechende Rechnerprogramme erstellt.

Für jede in den Prüfkriterien zugelassene Messung, z.B. für die zwei Messungen des US-Verfahrens, muß je eine unabhängige Stichprobe erstellt werden. Am Beispiel des besonders einfachen US-Verfahrens soll das Prinzip des Rechengangs

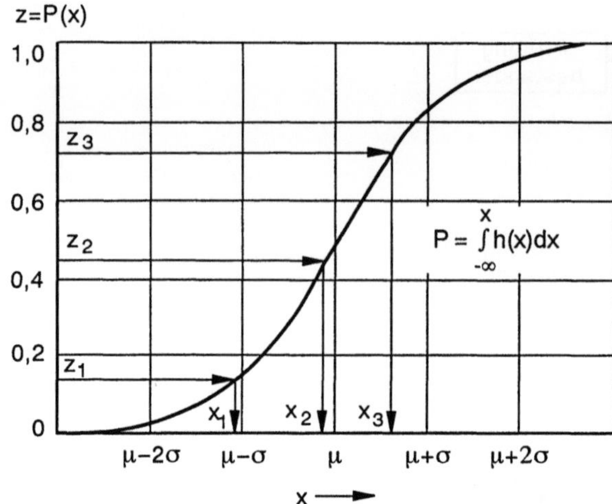

Abb. 9.10: Auswahl einzelner Werte x aus einer durch ihre Summenfunktion definierten Grundgesamtheit mit Hilfe von gleichverteilten Zufallszahlen z mit $0 \leq z \leq 1$.

erläutert werden. Geht man z.B. von 1000 Meßwerten für das vorgegebenes μ aus, so ergibt sich folgender Rechengang:

1. Die 1.000 Werte der Stichprobe werden darauf geprüft, ob sie kleiner oder gleich dem Grenzwert sind. Der Anteil, bezogen auf den Umfang der Stichprobe, der kleiner oder gleich dem Grenzwert ist (z.B. 600 Werte $\hat{=}$ 60 %), bestimmt die Wahrscheinlichkeit, die Typprüfung mit dem 1.Test zu bestehen (hier $P = 60$ %).

2. Mit diesen "gemessenen" Wahrscheinlichkeiten und dem Multiplikationstheorem der Wahrscheinlichkeitsrechnung erhalten wir die Wahrscheinlichkeit P^* dafür, daß der erste Test *nicht* bestanden wird, dafür aber der zweite zu

$$P^* = (1 - P_1)\, P_2 \tag{9.16}$$

Daraus folgt mit

$$P_1 = P_2 = 0{,}6 \hat{=} 60\,\% \tag{9.17}$$

$$P^* = (1 - 0{,}6)\, 0{,}6 = 0{,}24 \hat{=} 24\,\%. \tag{9.18}$$

Daraus folgt als Wahrscheinlichkeit dafür, daß der Test bei der ersten Messung, spätestens aber bei der zweiten bestanden wird:

$$P_{US} = P_1 + P^* = 60\,\% + 24\,\% = 84\,\% \tag{9.19}$$

Ein Vergleich mit (9.15) ergibt für $P_1 = P_2 = 0{,}6$ das gleiche Ergebnis.

3. Diese berechnete Wahrscheinlichkeit gilt für den vorgegebenen Mittelwert μ. Zur Berechnung der Wahrscheinlichkeiten für weitere Werte μ muß dieses Rechenverfahren jeweils erneut durchlaufen werden. Auf diese Weise erhält man schließlich die Operationscharakteristiken.

Der Rechengang bleibt derselbe für andere Prüfungen, die komplizierter sind als die US-Typprüfung, z.B. für die Europa-Typprüfung, vgl. Abb. 9.25.

Die Genauigkeit der Monte Carlo-Methode hängt in erster Linie von der Qualität der gleichverteilten Zufallszahlen ab.

Der Fehler der Näherung nimmt mit der Wurzel aus dem Stichprobenumfang n ab. Das bedeutet, daß bei n = 1000 dieser Fehler etwa 3 % beträgt.

Gesamtwahrscheinlichkeit

Die Gesamtwahrscheinlichkeit für das gleichzeitige Bestehen einer Abgasprüfung in allen begrenzten Komponenten ist dem eindimensionalen Fall entsprechend per Definition das Integral über die dreidimensionale Dichtefunktion $h(x,y,z)$ der Abgaskomponenten HC, CO, NO_X mit den Meßwerten x, y, z, zwischen $-\infty$ und den Grenzwerten der Abgaskomponenten x_G, y_G, z_G.

Besteht eine Korrelation zwischen den Abgaskomponenten, so hängt $h(x,y,z)$ auch von den Korrelationskoeffizienten ρ_{xy}, ρ_{xz}, ρ_{yz} ab.

Eine Lösungsmethode beruht auf einem Separationsverfahren, bei dem das dreifache Integral durch eine geeignete Transformation der Variablen auf das Produkt von einfachen Integralen zurückgeführt wird. Das ist im Fall der Normalverteilung immer möglich. Die Transformation wird so durchgeführt, daß die neuen Variablen stochastisch unabhängig sind. Sie sind ebenfalls normalverteilt. Die Integrale lassen sich dann mit relativ geringem Rechenaufwand numerisch berechnen.

Zum besseren Verständnis sei hier diese grundsätzliche Vorgehensweise für den zweidimensionalen Fall skizziert, daß die Prüfung nur für zwei Abgaskomponenten zu bestehen ist. Die entsprechende Gleichung für die Gesamtwahrscheinlichkeit für den Fall, daß zwischen diesen Abgaskomponenten eine lineare Korrelation besteht und bei der Prüfung nur eine Messung durchzuführen ist (n = 1), lautet:

$$P(x \leq x_G;\ y \leq y_G) = \int\limits_{-\infty}^{x_G} \int\limits_{-\infty}^{y_G} h(x,y)\,dx\,dy \tag{9.20}$$

mit

$$h(x,y) = \frac{1}{2\pi\,\sigma_x\,\sigma_y\,\sqrt{1-\rho_{xy}^2}} \cdot e^{-\frac{1}{2}g(x,y)} \tag{9.21}$$

und

$$g(x,y) = \frac{1}{1-\rho_{xy}^2}\left[\left(\frac{x-\mu_x}{\sigma_x}\right)^2 - 2\rho_{xy}\left(\frac{x-\mu_x}{\sigma_x}\right)\left(\frac{y-\mu_y}{\sigma_y}\right) + \left(\frac{y-\mu_y}{\sigma_y}\right)^2\right]. \tag{9.22}$$

Für den Fall, daß keine Korrelation zwischen den Abgaskomponenten besteht, d.h. für

$$\rho_{x,y} = 0, \tag{9.23}$$

ergibt sich für die zweidimensionale Dichtefunktion

$$h\,(x,y) = h_1(x) \cdot h_2(y) \tag{9.24}$$

und damit für die Gesamtwahrscheinlichkeit

$$P = \iint h(x,y)\,dx\,dy = \int\limits_{-\infty}^{x_G} h_1(x)\,dx \; \cdot \; \int\limits_{-\infty}^{y_G} h_2(y)\,dy = P(x) \cdot P(y), \tag{9.25}$$

d.h. die Gesamtwahrscheinlichkeit ist gleich dem Produkt der Einzelwahrscheinlichkeiten.

Bei Vorliegen einer Korrelation, d.h. für

$$\rho_{x,y} \neq 0, \tag{9.26}$$

führt man die Transformation

$$\begin{aligned}
x &\to x^* &\quad;\quad& x_G \to x_G{}^* \\
y &\to y^* &\quad;\quad& y_G \to y_G{}^*
\end{aligned} \tag{9.27}$$

als Transformation mit anschließender Drehung aus und berechnet dann die Gesamtwahrscheinlichkeit mit folgender Gleichung:

$$P(x_i \leq x_G \;;\; y_i \leq y_G) \;\; = \int\limits_{-\infty}^{x_G^*} h_1^*\,(x^*)\,dx^* \cdot \int\limits_{-\infty}^{y_G^*} h_2^*\,(y^*)\,dy^*. \tag{9.28}$$

Entsprechend läßt sich die Berechnung durchführen, wenn bei der Typprüfung mehrere Messungen (n) durchgeführt werden und der Mittelwert als Kriterium verwendet wird. Dazu sind $\sigma_x, \sigma_y, \sigma_z$ durch $\dfrac{\sigma_x}{\sqrt{n}}, \dfrac{\sigma_y}{\sqrt{n}}, \dfrac{\sigma_z}{\sqrt{n}}$ zu ersetzen.

Ergebnisse der Berechnungen

In Abb. 9.11 sind die berechneten Operationscharakteristiken für die frühere Europa-, für die heute gültige US-Typprüfung und für die letzte Stufe (vgl. Abb. 9.25 in Abschn. 9.6.1) der heutigen Europa-Typprüfung (n = 10) dargestellt,
und zwar für den realistischen Fall, daß beim Hersteller vorher 30 Messungen vorgenommen wurden (m = 30).

Außerdem sind die hypothetischen Fälle aufgeführt, daß beim Hersteller sehr viele Messungen (m $\Rightarrow \infty$) durchgeführt worden sind und somit der wahre Emissionsmittelwert $\bar{x}_r \Rightarrow \mu_r$ bekannt ist.

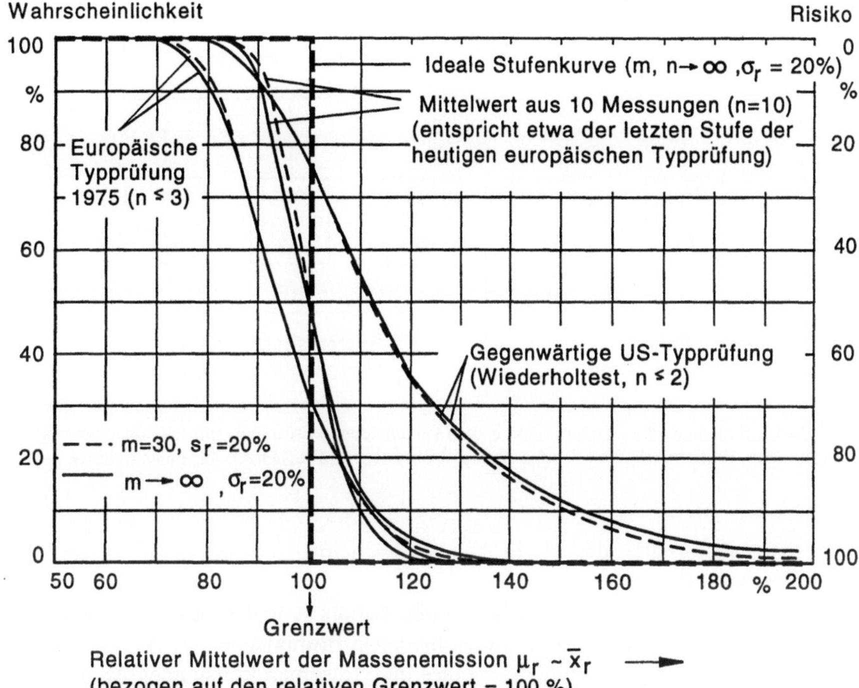

Abb. 9.11: Operationscharakteristiken für (m ⟹∞ und m = 30) mit verschiedenen Prüfkriterien

Die Operationscharakteristiken sind jeweils für m⟹ ∞ bzw. m = 30 dargestellt. Aufgetragen sind im einzelnen die Wahrscheinlichkeiten für das Bestehen der jeweiligen Typprüfung bzw. das Risiko durchzufallen.

Die Stufenkurve wurde schon erläutert. Untereinander unterscheiden sich die Prüfungen bezüglich ihrer Wahrscheinlichkeiten zu bestehen bzw. nicht zu bestehen deutlich.

Am günstigsten wäre der Mittelwert aus n = 10 Wiederholmessungen, der etwa der letzten Stufe des heutigen europäischen Typprüfverfahrens entspricht, vgl. Abb. 9.25 in Abschn. 9.6.1. Die US-Typprüfung (Wiederholtest) weist eine Operationscharakteristik auf, die für $x_r < 90\,\%$ praktisch gleich ist mit der für n = 10 Wiederholmessungen (z.B. Europa-Typprüfung letzte Stufe). Wegen der notwendigen Sicherheitsabstände liegt man ohnehin in diesem Bereich oder darunter. Die US-Typprüfung könnte daher weltweit eingesetzt werden. Die Europa-Typprüfung ist viel zu kompliziert und nur aus politischen Gründen eingeführt worden. Allerdings ist sie in den ersten Stufen für den Automobilhersteller flexibler als die US-Typprüfung.

9.4 Systematische Fehler, Ringvergleiche

Ein weiteres gravierendes Problem aller gegenwärtigen Abgasprüfungen - von der Typprüfung bis zur Feldüberwachung sind, wie immer in der Meßtechnik, die

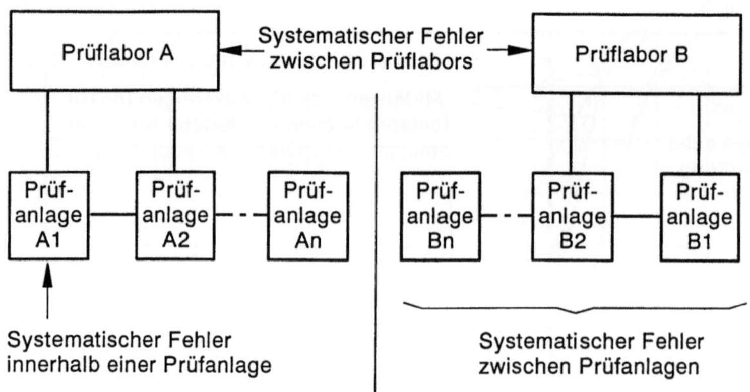

Abb. 9.12: Schematische Darstellung von zwei verschiedenen Prüflabors mit jeweils mehreren Prüfanlagen. Prüflabor A kann das des Automobilherstellers, Prüflabor B das einer Behörde sein.

systematischen Fehler, die wie in Abb. 9.12 schematisiert dargestellt, in verschiedener Weise auftreten können.

Systematische Fehler können zwischen den Labors A und B, aber auch innerhalb eines Labors A oder B, zwischen verschiedenen Prüfanlagen A1, A2, ... oder B1, B2, ... auftreten und sogar innerhalb eines und desselben Prüfstandes An bzw. Bn, wenn zu verschiedenen Zeiten gemessen wird. Oft kann ein solcher systematischer Fehler relativ 100 % und mehr betragen, d.h. die Meßwerte können sich um mehr als den Faktor 2 unterscheiden.

Die bisherige Diskussion der Meßergebnisse bezüglich Standardabweichung und Dichtefunktion beleuchtete ja nur die eine Seite der Gesamtproblematik, nämlich die der statistischen Fehler. Bei der bisherigen Diskussion wurde stets davon ausgegangen, daß die Meßwerte frei von systematischen Fehlern sind. Außer den statistischen treten bei Abgasmessungen aber auch systematische Fehler auf, die nicht ohne weiteres erkennbar sind und oft die entscheidende Rolle spielen. Systematische Fehler bzw. Abweichungen sind in der normalen Praxis häufig zu beobachten.

Ein schon fast klassisches Beispiel zeigen die Abb. 9.13 bis 9.15.

Hierbei wurde ein VW-Fahrzeug auf verschiedenen Prüfanlagen verschiedener Laboratorien, z.B. auf den Anlagen der offiziellen amerikanischen Abgasbehörden EPA und CARB (Califorien Air Resources Board, der kalifornischen Abgasbehörde) gemessen. Aufgetragen sind die relativen Emissionsmittelwerte, bezogen auf den relativen Mittelwert der Meßergebnisse, der auf den Wolfsburger Prüfanlagen ermittelt wurde.

Zwischen zwei verschiedenen Prüfanlagen der EPA trat für HC ein Unterschied von ca. 40 % auf. Bezogen auf den Mittelwert $\bar{x}_{rel}$ betrug der Unterschied für das Typprüflabor der EPA ca. +50 %.Mehr als 60 % Abweichung für CO trat zwischen dem Wolfsburger relativen Mittelwert $\bar{x}_{rel}$ und dem bei der Kalifornischen Abgasbehörde CARB gemessenen Wert auf. Vergleichbare Tendenzen der Unterschiede erkennt man bei NO_x.

Weitere Messungen zu einem späteren Zeitpunkt (einige Wochen) ergaben eine recht gute Übereinstimmung zwischen den EPA- und den Wolfsburger Werten.

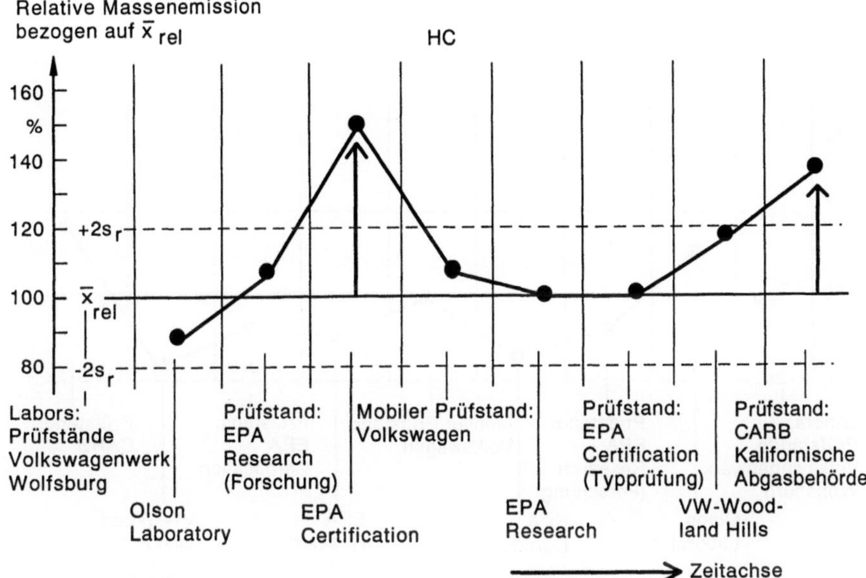

Abb. 9.13: Vergleich von relativen Abgasemissionsmittelwerten für HC, gemessen mit einem Fahrzeug in verschiedenen Labors und auf verschiedenen Prüfanlagen. Alle relativen Mittelwerte (aus drei Messungen pro Labor) wurden auf die bei VW in Wolfsburg ermittelten $\overline{x}_{rel}$-Werte = 100 % (Mittelwerte aus n = 13) bezogen.

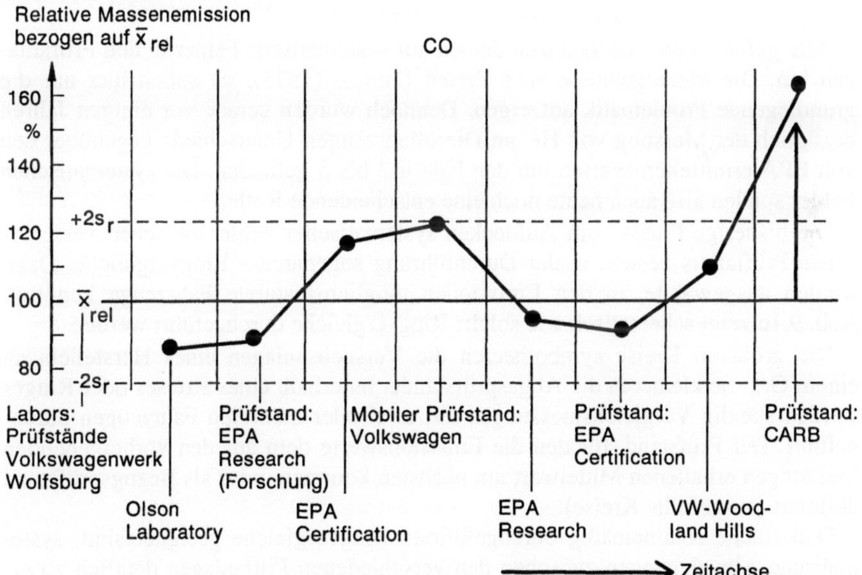

Abb. 9.14: Vergleich von relativen Abgasemissionsmittelwerten für CO, gemessen mit einem Fahrzeug in verschiedenen Labors und auf verschiedenen Prüfanlagen. Alle relative Mittelwerte (aus drei Messungen pro Labor) wurden auf die bei VW in Wolfsburg ermittelten $\overline{x}_{rel}$-Werte = 100 % (Mittelwerte aus n = 13) bezogen.

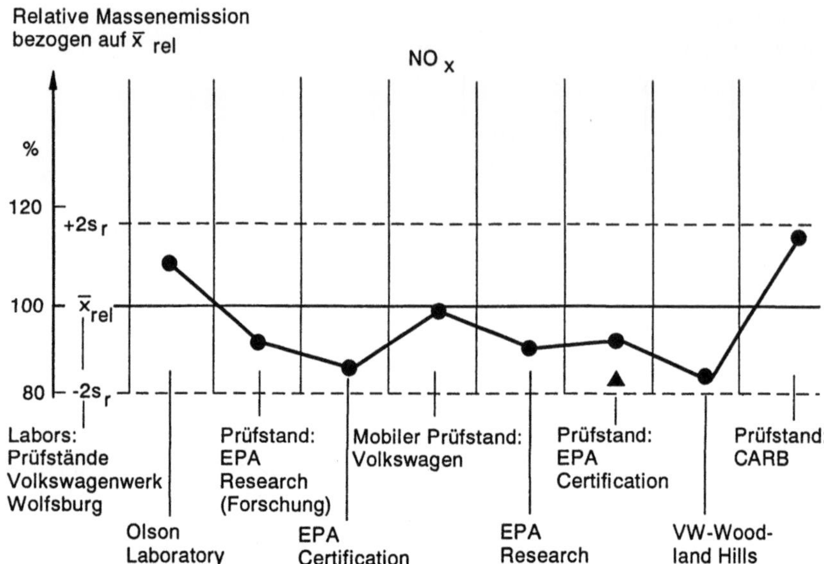

Abb. 9.15: Vergleich von Abgasemissionsmittelwerten für NO_x, gemessen mit einem Fahrzeug in verschiedenen Labors und auf verschiedenen Prüfanlagen. Alle Mittelwerte (aus drei Messungen pro Labor) wurden auf die bei VW in Wolfsburg ermittelten $\bar{x}$-Werte (Mittelwerte aus n = 13) bezogen.

Alle gefundenen Diskrepanzen deuten auf systematische Fehler in den Prüfanlagen hin. Die Meßergebnisse sind älteren Datums (1973), sie sollen hier nur die grundlegende Problematik aufzeigen. Dennoch wurden gerade vor einigen Jahren bezüglich der Messung von HC an Dieselfahrzeugen Unterschiede gegenüber den von EPA ermittelten Werten um den Faktor 2 bis 3 gefunden. Die systematischen Fehler spielen also auch heute noch eine entscheidende Rolle.

Die bisherige Praxis zum Aufdecken systematischer Fehler zwischen verschiedenen Prüflabors besteht in der Durchführung sogenannter Ringvergleiche. Dazu werden ausgewählte, in den Emissionen möglichst stabile Fahrzeuge benötigt. Abb. 9.16 zeigt schematisch wie solche Ringvergleiche durchgeführt werden.

Die größeren Kreise symbolisieren die Versuchsanlagen eines Herstellers an einem Ort, die kleineren die Abgasprüfstände. Innerhalb eines Kreises oder Ringes werden ständig Vergleichsmessungen mit zwei oder mehreren Fahrzeugen durchgeführt. Der Prüfstand, für den die Emissionswerte dem aus den vorhergehenden Messungen erhaltenen Mittelwert am nächsten kommen, wird als Bezugsprüfstand definiert (ausgefüllte Kreise).

Daß solche routinemäßig durchgeführten Ringvergleiche geeignet sind, systematische Abweichungen zwischen den verschiedenen Prüfanlagen deutlich zu erkennen, zeigen die Abb. 9.17 bis 9.19.

Hier sind die Mittelwerte von 30 bis 70 Testergebnissen mit drei Ringvergleichsfahrzeugen auf neun untersuchten Prüfständen (Nr. 4 bis 13) eines Herstellers aufgetragen.

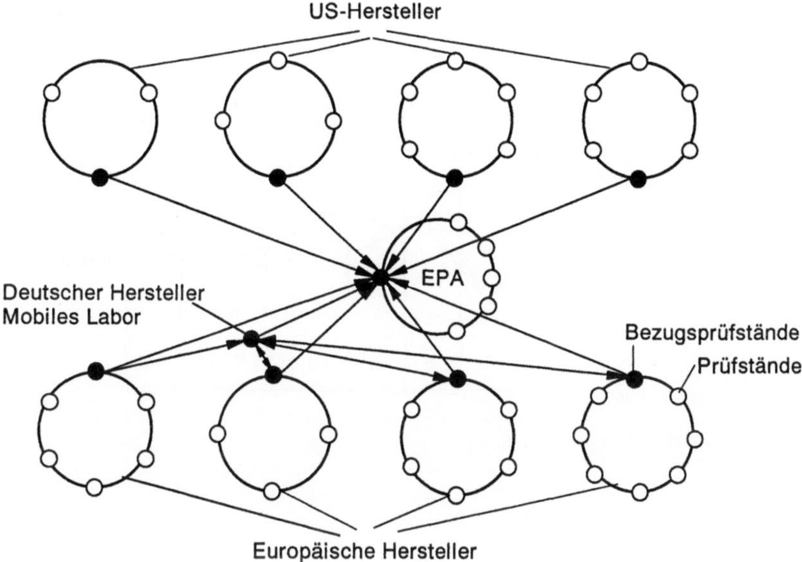

Abb. 9.16: Schema eines Ringvergleiches

Bei parallelem Verlauf der Kurven für alle drei Fahrzeuge kann man davon ausgehen, daß die Abweichungen zwischen den Prüfständen nicht fahrzeug-spezifisch sind. Wegen der immer noch relativ großen Streuungen der Emissionen der Testfahrzeuge kann diese grobe Methode nur als ein erster Schritt in Richtung auf ein zuverlässiges Verfahren zur Aufdeckung und Beseitigung systematischer Fehler gewertet werden. Das gegenwärtige Verfahren ist bei weitem nicht ausreichend. Für solche Ringvergleiche werden auch mobile Abgaslabors eingesetzt, die zum Zweck der Feldüberwachung verwendet werden, vgl. Abschn. 9.11.

Abb. 9.20 zeigt die Phantomzeichnung eines solchen mobilen Abgaslabors.

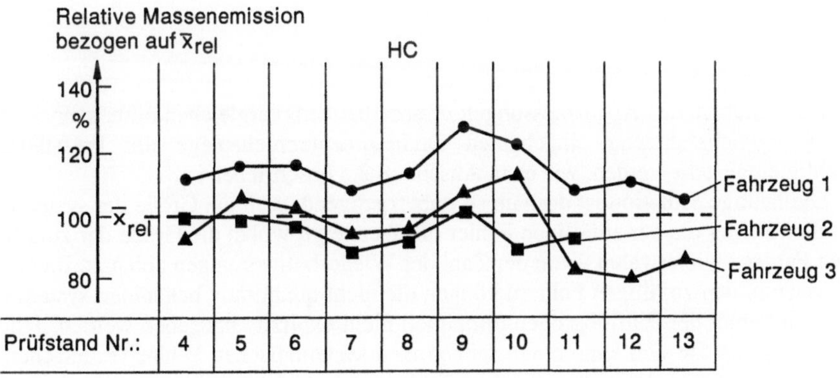

Abb. 9.17: Ringvergleichsergebnisse für HC auf verschiedenen Prüfstanden. Drei verschiedene Fahrzeuge

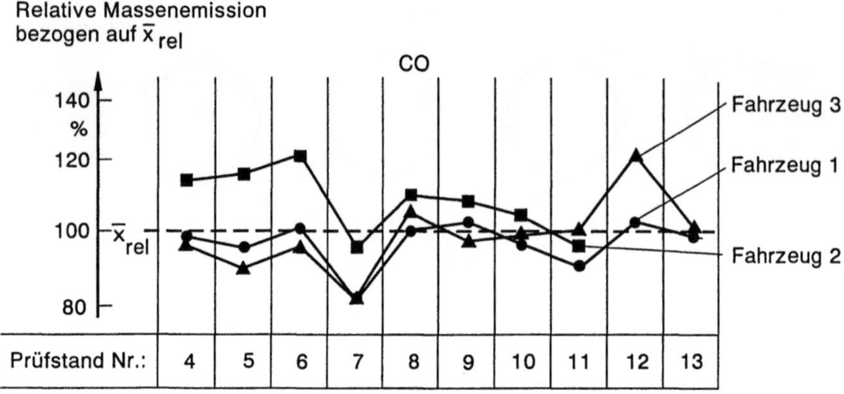

Abb. 9.18: Ringvergleichsergebnisse für CO

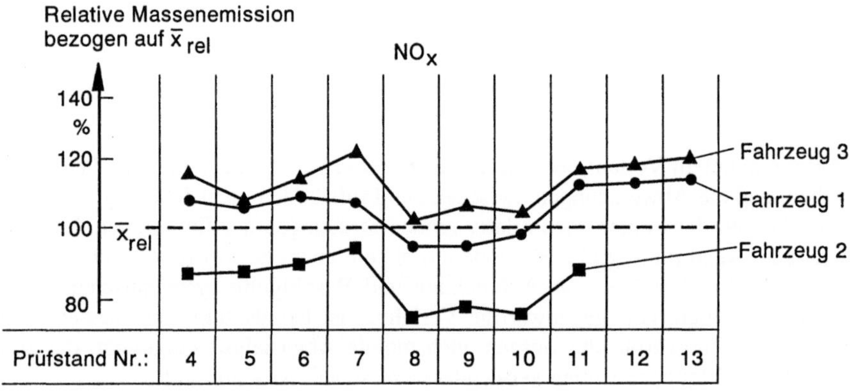

Abb. 9.19: Ringvergleichsergebnisse für NO_x

Zusätzlich zu den Abgasmessungen müssen bei Ringvergleichen mittels einer im Ringvergleichsfahrzeug eingebauten Drehmomentenmeßanlage die Prüfstände richtig eingestellt werden, wie es in Abschn. 8.2.5 beschrieben ist.

Die heutige Situation ist deshalb so unbefriedigend, weil die Größe der systematischen Fehler die der zufälligen Fehler oft übersteigt, wobei die Größe der zufälligen Fehler - wie erwähnt - von der Zahl der Wiederholmessungen abhängt. Im Gegensatz zu den zufälligen Fehlern können die nicht quantitativ bekannten systematischen Fehler der Einflußgrößen prinzipiell nicht explizit angegeben werden. Jede Einflußgröße für sich kann einen sehr großen systematischen Fehler verursachen. Daher bestimmen die systematischen Fehler noch stärker den Sicherheitsabstand als die zufälligen. Erst die generelle Einführung von Standard-fahrzeugen mit Emissionen geringer Streuung wird die Situation verbessern.

Abb. 9.20: Phantomzeichnung eines mobilen Abgaslabors, links ein Bus mit den Meßanlagen, rechts ein Sattelschlepper mit einem Abgasrollenprüfstand. Meß- und Datenleitungen werden nach dem Aufbau verbunden.

9.5 Fehlerrechnung für statistische und systematische Fehler

9.5.1 Beide Fehlerarten

Die Fehler ergeben sich aus den folgenden Gleichungen zur Berechnung der Meßunsicherheit von n Messungen auf N Prüfständen:

$$y = \bar{x} \pm u \tag{9.29}$$

$$y = \bar{x} \pm t \left(\sqrt{\frac{\sigma^2}{n} + \frac{1}{3N} \sum_{j=1}^{l} \left(\Delta z_j \right)^2} \right) \tag{9.30}$$

oder auch

$$y = \bar{x} \pm \sqrt{\frac{A_1}{n} + \frac{A_2}{N}} \, . \tag{9.31}$$

Dabei sind

u	die Meßunsicherheit des Mittelwertes $\bar{x}$,
Δz_j	die statistisch zu behandelnden systematischen Fehleranteile von mehreren Fahrern, Prüfständen, usw.,
t	der statistische Faktor,
$\sigma \approx s$	die Standardabweichung,
l	die Anzahl der systematischen Fehleranteile,
n	die Anzahl der Messungen und
N	die Anzahl der benutzten Prüfeinrichtungen bzw. Meßanlagen.

Diese Gleichungen erlauben praktisch anwendbare Schlußfolgerungen. Beispielsweise geht daraus hervor, daß die Summe der abschätzbaren systema-tischen Fehler beim Einsatz nur eines Meßmittels (z.B. nur eines Rollenprüfstandes; $N = 1$) ihren maximalen Wert annimmt und unabhängig von der Zahl der Messungen einen konstanten Beitrag zur Meßunsicherheit liefert. Dieser Fehleranteil kann nur durch Verwendung weiterer gleicher Meßmittel (z.B. von N Prüfständen) reduziert werden.

Beispielsweise sollte man für die Typprüfung in den USA die zweite Messung auf einem anderen Prüfstand durchführen lassen, wenn Zweifel an der Richtigkeit der ersten Messung bestehen. Es ist zu beachten, daß bei einem geübten Fahrer die Meßwerte weniger streuen als bei einem ungeübten Fahrer (vgl. Abb. 8.14 bis 8.17 in Abschn. 8.2.4). Bei vergleichenden Messungen sollte immer derselbe Fahrer eingesetzt werden oder ein Automat, vgl. Abschn. 8.2.4. Setzt man dagegen verschiedene Fahrer ein, dann müssen bei einem Vergleich auch die Fehler, die durch die Fahrer verursacht werden, berücksichtigt werden.

Der zufällige Fehler hingegen kann bekanntlich durch wiederholte Messungen ($n > 1$) verringert werden. Wegen des Aufwandes und der Dauer einer Abgasmessung mit Vorbereitung (Kaltstart: Konditionierung 12 h, Testdauer 1 h, vgl. Abschn. 8) sind der möglichen Zahl der Wiederholmessungen praktische Grenzen gesetzt.

9.5.2 Zuordnung statistischer Fehler zur Meßkette

Bei der Berechnung statistisch zu behandelnder Fehler muß von den Gleichungen zur Bestimmung der Massenemission ausgegangen werden. Die Meßunsicherheit ergibt sich nach dem Gaußschen Fehlerfortpflanzungsgesetz aus den Meßunsicherheiten der einzelnen Einflußgrößen. Man stößt dabei auf das Problem, daß zwar der Gesamtemissionswert mit seinem Gesamtfehler ermittelt werden kann, der Einfluß der einzelnen Größen der Meßkette (Rolle, Fahrer, etc.) jedoch abgeschätzt werden muß.

Abbildung 9.21 zeigt am Beispiel des US-Verfahrens schematisch, welche Einflußgrößen zu den einzelnen Meßunsicherheiten (MU) beitragen und wie sich diese zur Gesamtmeßunsicherheit (GMU) zusammensetzen.

Hier sind jeweils in der linken Spalte die Einflußgrößen zusammengestellt, die die einzelnen Meßunsicherheiten (MU) und schließlich die Gesamtmeßunsicherheit (GMU) bestimmen.

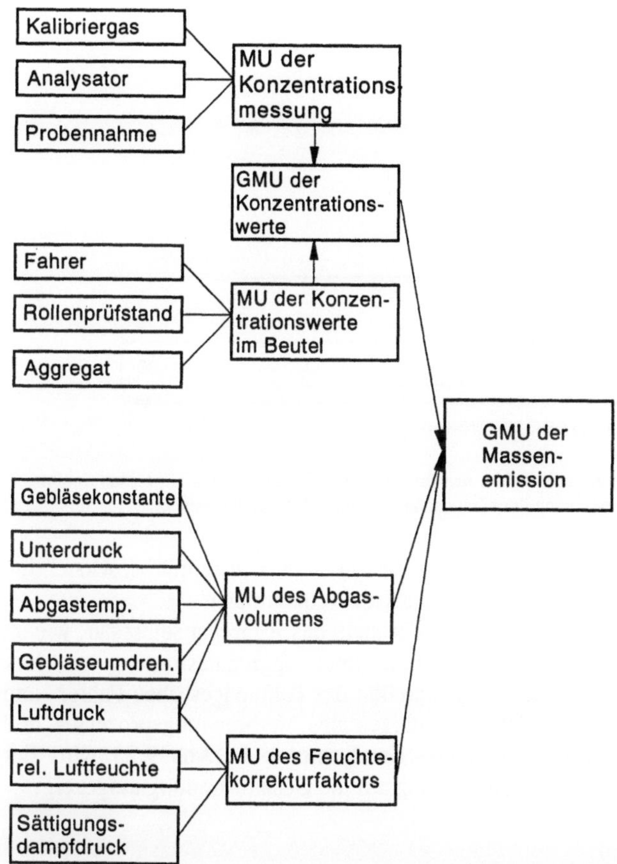

Abb. 9.21: Schematische Auflistung der Einflußgrößen für das US-75-Verfahren zur Berechnung des Einflusses der einzelnen Meßunsicherheiten (MU) zur Gesamtmeßunsicherheit der Massenemissionswerte. Zu beachten ist das Gaußsche Fehlerfortpflanzungsgesetz.

Abbildung 9.22 zeigt schematisch die Ergebnisse solcher Berechnungen und Abschätzungen der Einzelfehler gemittelt über die Abgaskomponenten. Diese Werte stellen die Meßunsicherheiten dar, die bei sorgfältiger Kalibrierung der Meßgeräte und des Rollenprüfstandes im Mittel zu erreichen sind.
Der relative Fehler der Meßanlage (Aufbau der Meßgeräte) trägt mit 5 % nur wenig zur Gesamtmeßunsicherheit bei. Diese wird im wesentlichen durch Meßwertstreuungen des Aggregats, des Fahrers und des Rollenprüfstandes bestimmt. Weitere wichtige Einflußgrößen sind die Umweltbedingungen.
Die Erfahrung zeigt, daß der Fahrer selbst dann große Streuungen verursachen kann, wenn er sich bemüht, die zulässigen Toleranzen der Fahrkurve einzuhalten. Kritisch ist dabei die Drosselklappenbewegung.
Generell sind jedoch nicht so sehr die einzelnen Werte interessant, als vielmehr die Werte der Gesamtmeßunsicherheit *ohne Aggregateeinfluß* von ca. 16 % für das

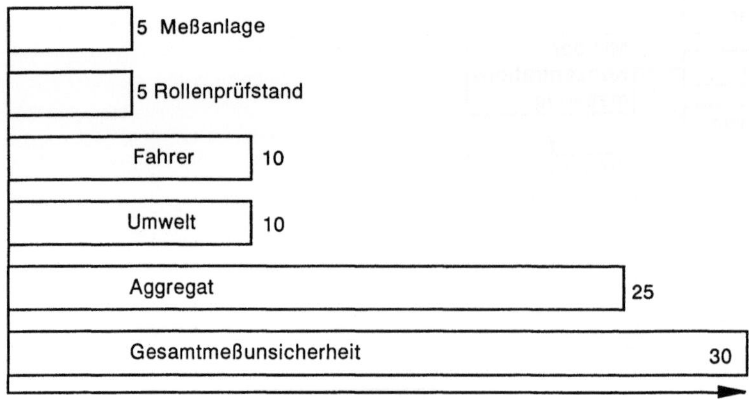

Abb. 9.22: Abschätzung der relativen Fehler der verschiedenen Einflußgrößen zur Gesamtmeßunsicherheit der Massenemissionen nach dem Gaußschen Fehlerfortpflanzungsgesetz

Europa- bzw. US-Testverfahren, wenn man die Umwelteinflüsse mit berücksichtigt, und von ca. 12 % ohne Berücksichtigung der Umweltparameter.

Die im allgemeinen wichtigste Einflußgröße stellt das Aggregat selbst dar, wie im Einzelfall schon aufgezeigt wurde, vgl. (9.2). Unter Aggregatestreuung wird hier die Streuung der Meßwerte durch die Instabilität des Fahrzeuges ohne Fahrer- und Rollenprüfstandseinfluß verstanden (Streuungen des Verbrennungsprozesses und der Nachbehandlungsaggregate, z.B. des Katalysators). In Abb. 9.23 wird der Einfluß dieses Parameters Aggregatestreuung auf die Gesamtstreuung aufgezeigt.

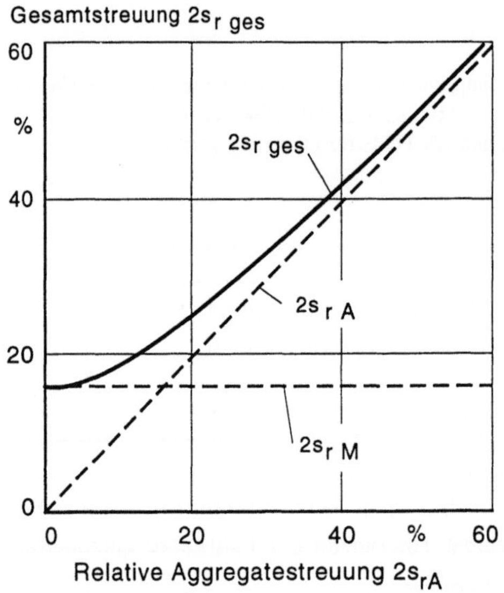

Abb. 9.23: Relative Gesamtstreuung 2s$_{rges}$ der Meßwerte als Funktion der relativen Aggregatestreuung 2s$_{rA}$ unter Berücksichtigung der relativen Meßunsicherheit 2s$_{rM}$

Nimmt man hier z.B. eine Aggregatestreuung von 20 bis 40 % an, so ist die Streuung der Meßwerte im wesentlichen auf die Aggregatestreuung $2s_{rA}$ zurückzuführen. Erst im Fall einer Aggregatestreuung $2s_{rA}$ kleiner als 15 % würde der Anteil anderer Einflußgrößen überwiegen, vgl. aber (9.2).

9.5.3 Gesamt-Sicherheitsabstand

Als logische Konsequenz aus der Unvermeidbarkeit statistischer und systematischer Fehler ergibt sich für den Automobilhersteller die Notwendigkeit, bei der Typprüfung einen großen Sicherheitsabstand zum Grenzwert einzuhalten. Die schematische Darstellung in Abb. 9.24 verdeutlicht die Situation. Hier sind die Abgastestresultate wieder in Form eines Histogrammes sowie einer angepaßten Dichtefunktion (hier der Normalverteilung) dargestellt. Zusätzlich wurde noch der systematische Fehler F eingezeichnet.

Wenn bei der Prüfung nur eine oder weniger Messungen erfolgen, so setzt sich der Gesamt-Sicherheitsabstand aus der gesamten Meßwertstreuung $(2 \cdot s)$ und aus dem systematischen Fehler (F) zusammen. Um mit hoher Wahrscheinlichkeit von z.B. 95 % die gesetzlich vorgeschriebene Abgasprüfung bei der Behörde mit einer Messung zu bestehen, muß der Mittelwert der Abgastestresultate um den eingezeichneten Betrag des Gesamt-Sicherheitsabstandes unter dem Grenzwert x_G liegen. Das gilt für jede einzelne Abgaskomponente.

Der Gesamtsicherheitsabstand leitet sich also aus den statistischen und systematischen Fehlern ab. Die aus dem Gesamt-Sicherheitsabstand S_{ges} resultierende Lage des Mittelwertes aus Wiederholungsmessungen führt bei $P = 95 \%$ zum Entwicklungsziel E:

$$E = x_G - S_{ges} = x_G - (F + 2s) \tag{9.32}$$

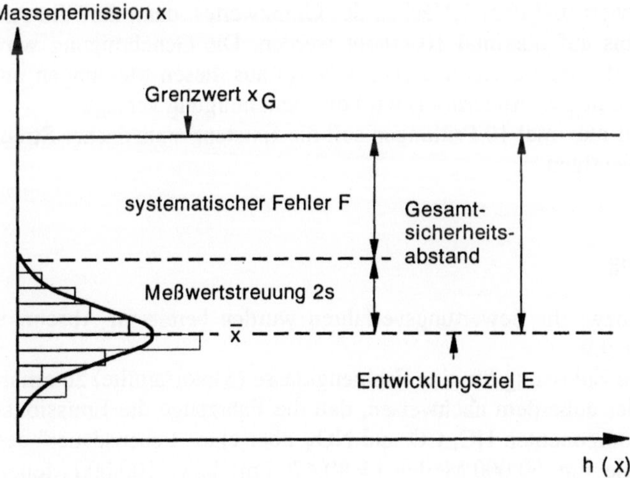

Abb. 9.24: Streuung der Meßwerte, nicht erkannte systematische Fehler, Gesamtsicherheitsabstand, Entwicklungsziel

Dadurch ergibt sich eine indirekte Verschärfung der Grenzwerte bis zu einem Faktor zwei und mehr. Diese Verschärfung ist der Öffentlichkeit nicht bewußt. Es entstehen hohe zusätzliche, aber ungewollte Kosten, die letzlich der Autokäufer zu tragen hat. Außerdem verlängern sich die Entwicklungszeiten. Bei weiterer Verschärfung der Grenzwerte wird das Problem immer gravierender.

9.6 Typprüfung

9.6.1 Europäische Typprüfung

Die Neuzulassung eines Fahrzeugtyps in Europa erfordert das Bestehen einer Abgastypprüfung für die Komponenten CO, HC und NO_X in relativ komplizierter Bewertung. Abb. 9.25 zeigt diese Bewertung in Form eines Flußdiagramms.

Die Genehmigung wird, wie aus dem Flußdiagramm zu entnehmen ist, nach einer Prüfung erteilt, wenn der Meßwert für CO und der Summenwert (HC + NO_X) kleiner oder gleich dem 0,7fachen der festgelegten Grenzwerte sind.

Ist einer dieser Werte größer als das 0,7fache, aber kleiner oder gleich dem 0,85fachen seines Grenzwerts, dann wird die Genehmigung nach einer zusätzlichen zweiten Prüfung erteilt, wenn die Werte der zweiten Prüfung unterhalb ihrer Grenzwerte und die Summenwerte aus der ersten und zweiten Prüfung für CO und für (HC + NO_X) unterhalb dem 1,7fachen der jeweiligen Grenzwerte liegen.

Wird das nicht erfüllt, ist eine dritte Prüfung erforderlich. Dann muß der arithmetische Mittelwert aus den drei Prüfungen für CO und für (HC + NO_X) unterhalb dem jeweiligen Grenzwert liegen. Dabei darf höchstens einer dieser sechs Einzelwerte seinen Grenzwert um mehr als 10 % übersteigen.

Übersteigt sowohl für CO als auch für (HC + NO_X) höchstens ein Wert den jeweiligen Grenzwert um 10 % und liegen die Mittelwerte für CO oder (HC + NO_X) zwischen dem Grenzwert und dem 1,1fachen des Grenzwertes, dann darf die Anzahl der Prüfungen bis auf maximal 10 erhöht werden. Die Genehmigung wird erteilt, wenn die Mittelwerte für CO und (HC + NO_X) aus diesen Messungen unterhalb der Grenzwerte liegen. Andernfalls wird die Genehmigung versagt.

Diese Erhöhung auf maximal 10 Prüfungen soll die Existenz statistischer Streuungen besser berücksichtigen.

9.6.2 US-Typprüfung

Die US-Typprüfung bzw. ihr Bewertungsverfahren wurden bereits in Abschn. 9 beschrieben, vgl. Abb. 9.9.

Um für die USA die Zulassung für eine Fahrzeugklasse (Motorfamilie) zu erhalten, muß der Hersteller außerdem nachweisen, daß die Fahrzeuge die Emissionsgrenzwerte für die Komponenten HC, CO und NO_X über eine "Lebensdauer" des Fahrzeugs erfüllen, die mit 50.000 Meilen ($\hat{=}$ 80.470 km) bzw. 100.000 Meilen ($\hat{=}$ 160.940 km) mit jeweils anderen Grenzwerten definiert ist.

Für die Typprüfung muß der Hersteller zwei Fahrzeugflotten betreiben:

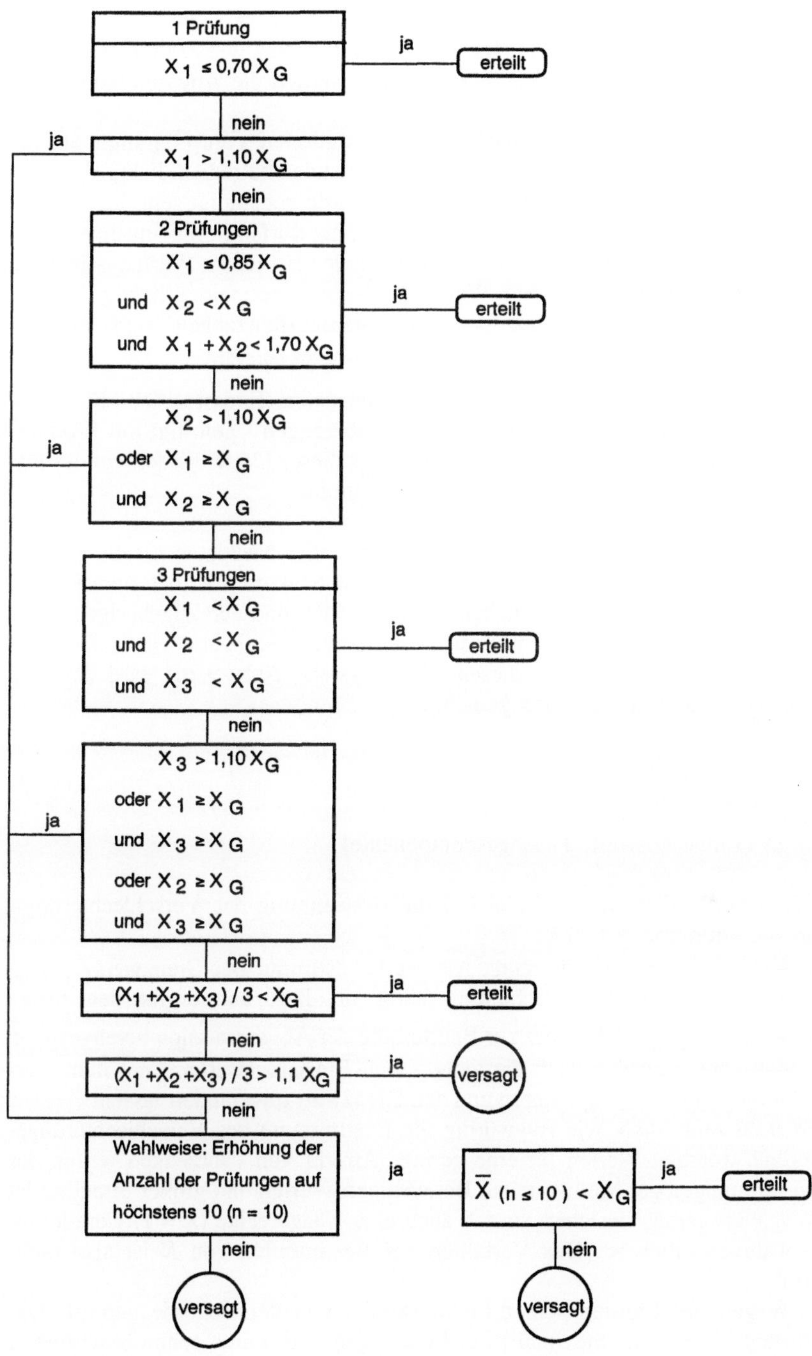

Abb. 9.25: Flußdiagramm der Bewertung zur Genehmigungserteilung nach der europäischen Typprüfung, gilt für die limitierten Abgaskomponenten, d.h. für CO, HC + NO_x (x_G = Grenzwert)

A)   Die Dauerversuchsflotte (Durability-Data-Fleet) dient zur Ermittlung des Verschlechterungsfaktors. Die Fahrzeuge werden z.B. 50.000 bzw. 100.000 Meilen gefahren, und alle 5.000 Meilen werden die Abgasemissionen gemessen.

Die Fahrzeuge werden nach einem bestimmten Fahrprogramm auf der Straße, heute vornehmlich auf Dauerprüfständen betrieben. Fahrprogramme bzw. Strecke müssen vorher von der Behörde genehmigt sein. Inspektions- und Wartungsarbeiten im zulässigen Umfang dürfen in regelmäßigen Intervallen erfolgen. Emissionsmessungen werden bei jedem Wartungs-intervall verlangt. Außerplanmäßige Wartungsarbeiten sind meldepflichtig. Alle außergewöhnlichen Maßnahmen an Dauerlauffahrzeugen sind nur mit schriftlicher Erlaubnis des EPA-Administrators zulässig.

B)   Die Flotte zur Bestimmung von Emissionsdaten (Emission-Data-Fleet) soll die Bestimmung der Emissionen von Fahrzeugen - gefertigt mit Produktionswerkzeugen - erlauben. Die Fahrzeuge dieser Flotte werden vor der Prüfung 4.000 Meilen ($\hat{=}$ 6.436 km) eingefahren.

Für jede Motorfamilie werden unter Verwendung aller Meßdaten für die Komponenten HC, CO und NO_x jeweils Verschlechterungsfaktoren K (deterioration factors) berechnet. Aus den tatsächlichen Meilenständen und den zugehörigen Emissionsmeßdaten werden über eine Ausgleichsgerade die Werte für 4.000 bzw. 40.000 Meilen berechnet. Mit diesen Werten (siehe Abb. 9.26) wird der Verschlechterungsfaktor K bestimmt gemäß:

$$K_j = \frac{x\,(50.000 \text{ mi})}{x\,(4.000 \text{ mi})} \qquad\qquad (9.33)$$

(x - Emissionswert; j - Abgaskomponente)

Abb. 9.26 verdeutlicht am Beispiel CO die Bestimmung des Verschlechterungsfaktors (deterioration factor) K.

Die Ausgleichsgerade ist durch die Meßwerte bestimmt. Der Grenzwert ($x_{j\,Grenze}$) wird durch den Verschlechterungsfaktor dividiert und ergibt den neuen "Grenzwert" ($x_{j\,Grenze} / K_j$), der zur Beurteilung der Abgasemission herangezogen wird. Man kann natürlich auch die gemessenen Emissionswerte x_j mit dem Verschlechterungsfaktor multiplizieren und den Grenzwert unverändert lassen.

Abb. 9.26 zeigt auch, wie fragwürdig die Bestimmung des Verschlechterungsfaktors aus wenigen Werten für eine geringe Anzahl von Fahrzeugen wegen der großen Streuungen der Meßwerte ist. Bei wenigen Werten und großer Streuung ist die Ausgleichsgerade unsicher, so daß auch eine waagerechte ($K = 1$) Gerade genauso wahrscheinlich ist. Das Verfahren zur Bestimmung von K ist also nicht sinnvoll.

Die Wagen der Emissionsdaten-Flotte werden von der Behörde geprüft. Die Typprüfung besteht aus maximal zwei Messungen und wurde schon beschrieben (vgl. Abb. 9.9). Bei Verkaufszahlen ab 9.000 Stück pro Jahr führt die Behörde auch an Dauerlauffahrzeugen Prüfungen durch. Maßgebend ist der von der Behörde gemessene Emissionswert bei 50.000 bzw. 100 000 Meilen.

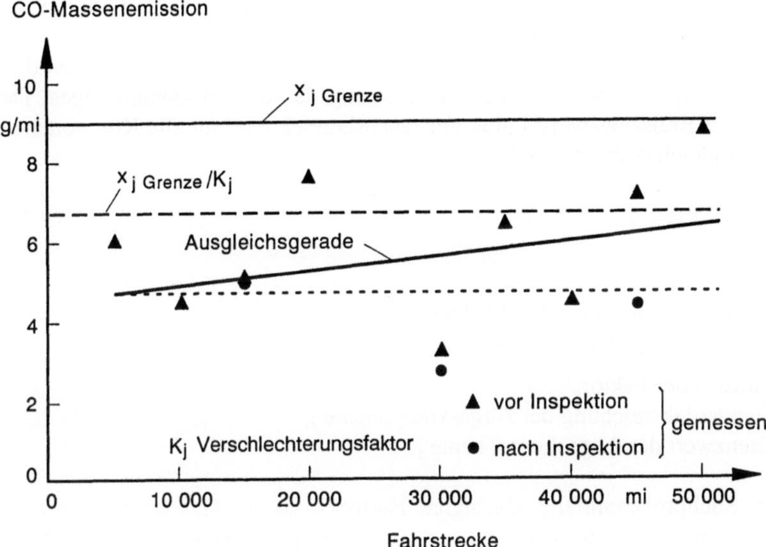

Abb. 9.26: Bestimmung des Verschlechterungsfaktor K_j aus der Massenemission, gemessen in Gramm pro Meile über die Testlaufstrecke in Meilen.

Für die Typprüfung in den USA hat sich ein äußerst umfangreicher bürokratischer Aufwand der Anmeldung entwickelt.

9.7 Serienprüfung

Aus zahlreichen Messungen an US- und Europa-Serienfahrzeugen (Stichproben mindestens 100 pro Typ) ist bekannt, daß die an die Histogramme am besten angepaßte Dichtefunktion $h(x)$ eine log-normale ist, vgl. Abschn. 9.2. Im folgenden wird daher für Serienfahrzeuge immer diese Dichtefunktion angesetzt.

Wenn man eine größere Stichprobe von 100 Fahrzeugen aus der Serie vermißt, dann ergeben sich beträchtliche Streuungen zwischen den Emissionen der Einzelfahrzeuge. Die log-normale Dichtefunktion ist daher lang ausgestreckt (vgl. z.B. Abb. 9.34).

9.7.1 Europäische Serienprüfung, variable Methode

In Europa erfolgt die Serienprüfung als Messung an zunächst nur einem der Produktion entnommenen Fahrzeug. Die zu erfüllenden Grenzwerte liegen für HC um 30 %, für CO um 20 % und für NO_x um 20 % höher als bei der Typprüfung. Besteht das Fahrzeug diese Prüfung nicht, so kann der Hersteller die Messung einer Stichprobe von mehreren Sereinfahrzeugen verlangen, wobei die Stichprobe das "durchgefallene" Fahrzeug enthalten muß. Der Hersteller bestimmt den Stichprobenumfang.

Beurteilt wird die Serie dann anhand des Mittelwertes und der Standardabweichung der Stichprobe unter Berücksichtigung des Stichprobenumfanges. Der Mittelwert des Emissionswertes plus Vertrauensbereich muß für alle Komponenten kleiner oder gleich dem Grenzwert sein:

$$\bar{x}_j + k\,s_j \le x_{j,G} \tag{9.34}$$

mit

j Abgaskomponente (HC, CO, NO_X),
$\bar{x}_j$ Mittelwert der Abgaskomponente j,

k statistischer Faktor,
s_j Standardabweichung der Abgaskomponente j,
x_{jG} Grenzwert der Abgaskomponente j.

Der vom Stichprobenumfang abhängige Faktor k ist im Gesetzesblatt für die Wahrscheinlichkeit $P = 80\,\%$ bis zu $n \le 19$ in Tabellenform bzw. für $n \ge 20$ zu $k = 0{,}860 / \sqrt{n}$ angegeben. Der Ausdruck $k \cdot s$ entspricht dem einseitigen Vertrauensbereich des Mittelwertes, der in den vorangegangenen Abschnitten mit $\dfrac{t\,s}{\sqrt{n}}$ bezeichnet wurde. Dort wurde aber von $P = 95\,\%$ ausgegangen.

Voraussetzung für die Gültigkeit dieser Beziehungen ist, daß die Meßwerte näherungsweise normal verteilt sind. Aber auch bei log-normal verteilten Meßwerten ist dieses Verfahren eine gute Näherung, da für nicht zu kleine Stichprobenumfänge ($n \ge 10$) die Mittelwerte von Stichproben aus einer Grundgesamtheit immer näherungsweise normal verteilt sind. Dies folgt aus dem "zentralen Grenzwertsatz": Die t-Verteilung (Student-Verteilung) nähert sich mit wachsendem n immer mehr der Normalverteilung an.

Das europäische Serienprüfverfahren ist also eine sogenannte *Variablenprüfung*, d.h. der Mittelwert wird bewertet.
Allerdings wird diese Prüfung in praxi nicht durchgeführt.

9.7.2 US-Serienprüfung (SEA), attributive Methode

Für die USA, außer für Kalifornien, gilt seit Anfang 1977 ein als Selective Enforcement Auditing (SEA) bezeichnetes Serienprüfverfahren. Es ist für gelegentliche Nachprüfungen durch die Behörde gedacht und soll den Hersteller veranlassen, ein eigenes Qualitätskontrollprogramm nach seinem Ermessen durchzuführen, ohne daß dem Hersteller sein eigenes Programm im einzelnen vorgeschrieben wird. Diese Prüfung durch die Behörde soll normalerweise einmal im Jahr erfolgen.

Der Stichprobenumfang hängt bei SEA von der Größe des Produktionsloses der zu prüfenden Fahrzeuge (Motor-Getriebe-Kombinationen) ab und beträgt maximal 60 Fahrzeuge. Durch die Verwendung eines Stufenplanes benötigt man meist erheblich weniger als die maximale Anzahl von 60 zu messenden Fahrzeugen.

Wie ein Produktionslos zu bestimmen ist, wird im Einzelfall von den Behörden festgelegt. In der Regel erfolgt eine Messung pro Fahrzeug. Auf Verlangen des Herstellers können jedoch bis zu drei Messungen pro Fahrzeug durchgeführt werden. Für das Fahrzeug gilt dann jeweils der Mittelwert aus den drei Meßwerten. Die Bewertung der Testergebnisse erfolgt im Gegensatz zum europäischen Verfahren nach der sogenannten *attributiven* Methode, d.h. jedes Fahrzeug wird als "gut" oder "schlecht" bewertet, je nachdem, ob seine Emissionen den Grenzwerten genügen oder nicht. Dabei ist der Verschlechterungsfaktor zu berücksichtigen, der bei der Typprüfung ermittelt wird.

Eigentlich eignet sich eine solche Methode nur für eine Ja-Nein-Aussage wie für das Testen von Glühlampen, aber nicht für Prüfungen bei denen die Werte Streuungen unterworfen sind. Das Gesamtergebnis der Prüfung nach dem vorgeschriebenen Stufenplan ließ einen Schlechtanteil von maximal 40 % zu, d.h. 40 % der Fahrzeuge durften in ihren Emissionen von HC, CO und NO_x die Grenzwerte überschreiten. Dieser Prozentsatz wurde in den folgenden Jahren auf 10 % verringert. Die folgenden Überlegungen sind aber von dem Prozentsatz nicht abhängig. Abb. 9.27 zeigt schematisch Dichtefunktion und Überschreitungsrate.

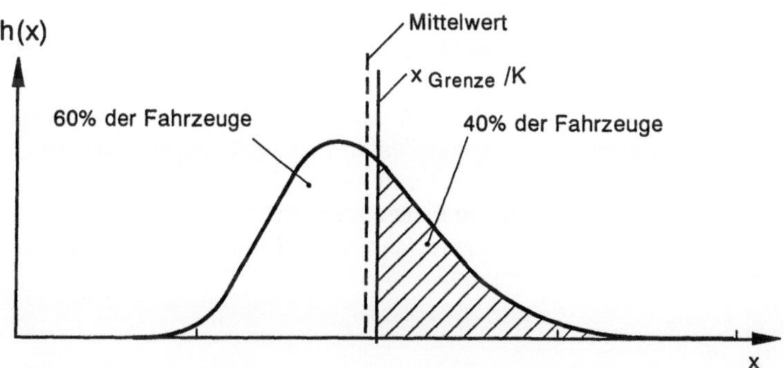

Abb. 9.27: US-Serienverfahren mit maximal zulässiger Überschreitungsrate beim SEA (40 %), dargestellt für eine logarithmische Normalverteilung h(x) (K - Verschlechterungsfaktor); gilt für HC, CO und NO_x

Grundlage des SEA ist der Clean Air Act, der heute so gedeutet wird, daß *de jure* für jedes Fahrzeug die Emissionsgrenzwerte einzuhalten sind, was die Existenz von Streuungen leugnet. Die Zulassung eines Schlechtanteils stellt *de facto* eine Abkehr von dieser Forderung dar.

Unter Berufung auf den Clean Air Act wird andererseits aber gefordert, daß jedes einzelne bei der Überprüfung gemessene Fahrzeug, das den Abgastest nicht bestanden hat, solange nachgebessert und erneut getestet werden muß, bis es den Test besteht. Anderenfalls darf es nicht verkauft werden. Diese Vorgehensweise ist - wie in Abschn. 9.74 ausgeführt - unlogisch und in praxi nicht durchführbar.

9.7.3 Kalifornische Serienprüfung, variable Methode

Für Kalifornien gibt es seit 1970 eine andere Serienprüfung. An allen produzierten Fahrzeugen muß der Leerlaufgehalt an Kohlenwasserstoffen und Kohlenmonoxid vom Hersteller gemessen werden (Steady State Inspection Test). Diese Werte sind der kalifornischen Behörde zu übergeben. Sie dürfen Kontrollgrenzen nicht überschreiten, die jeweils an den ersten 100 Fahrzeugen einer Motorfamilie bestimmt werden. Als Kontrollgrenze wird der Mittelwert aus den ersten 100 Messungen plus zweimal die Standardabweichung verwendet, sofern gesetzliche Grenzwerte x_G dadurch nicht überschritten werden:

$$\bar{x}_i + 2s \leq x_G \, . \tag{9.35}$$

Die Kontrollgrenzen sind jedes Quartal neu zu bestimmen.

Weiterhin müssen vom Hersteller mindestens 2 % einer Quartalsproduktion zusätzlich nach einem der Typprüfung entsprechenden Abgastest gemessen werden, zur Zeit also nach dem US-75-Test (FTP-Test). Die Werte sind der Behörde zu übergeben.

Das seit Modelljahr 1977 zugelassene Verfahren beruht auf der Variablenprüfung. Es benutzt die Mittelwerte der im Quartal angefallenen Meßwerte einer Motorfamilie als Kriterium. Für jede Komponente muß der Mittelwert unter dem entsprechenden Grenzwert liegen. Die Verschlechterungs-faktoren sind zu berücksichtigen. Das ähnelt dem Europa-Serienprüfverfahren.

Von dem gesamten Kohlenwasserstoff-Emissionswert darf bei beiden Bewertungsverfahren der Methananteil abgezogen werden. Einzelne Fahrzeuge, deren Emissionen bei der Leerlaufprüfung oder dem vollständigen Test über den Grenzwerten liegen, müssen wie beim SEA nachgebessert und erneut geprüft werden.

Außerdem findet gelegentlich eine Nachprüfung von Neufahrzeugen durch die Behörden an einer geringeren Anzahl von Fahrzeugen (z.B. n = 20) statt.

Abb. 9.28 verdeutlicht das Bewertungsverfahren. der Mittelwert muß unterhalb x_{Grenze} / K liegen.

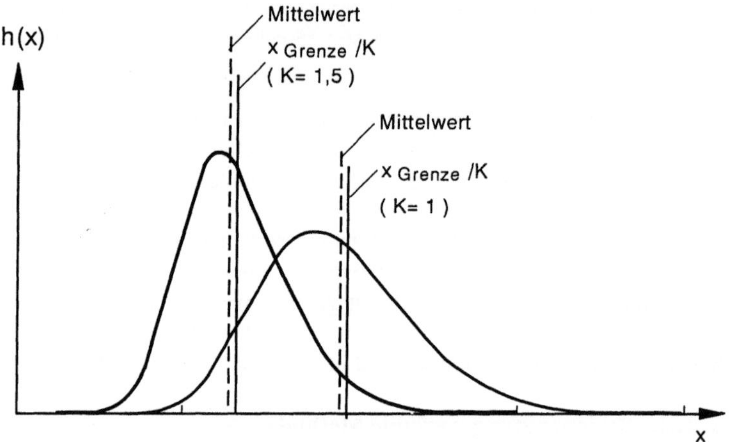

Abb. 9.28: Kalifornien, Variablenprüfung (K - Verschlechterungsfaktor) für zwei Dichtefunktionen und zwei Verschlechterungsfaktoren von zwei Fahrzeugtypen

9.7.4 Diskussion der bestehenden Serienprüfungen

Die kritische Größe bezüglich der Umweltbelastung ist die Gesamtemission aller im Verkehr befindlichen Fahrzeuge. Eine attributive Methode, die nur die Zahl der Fahrzeuge festlegt, die in ihren Emissionen bestimmte Grenzwerte nicht überschreiten dürfen, kann zu falschen Folgerungen führen.

Abb. 9.29 zeigt zwei Dichtefunktionen zweier Fahrzeugtypen, für die jeweils 10 % der Emissionswerte über dem Grenzwert liegen. Ihre Mittelwerte dagegen unterscheiden sich deutlich und damit auch die Wirkung auf die Umwelt. Solche Dichtefunktionen sind durchaus realistisch.

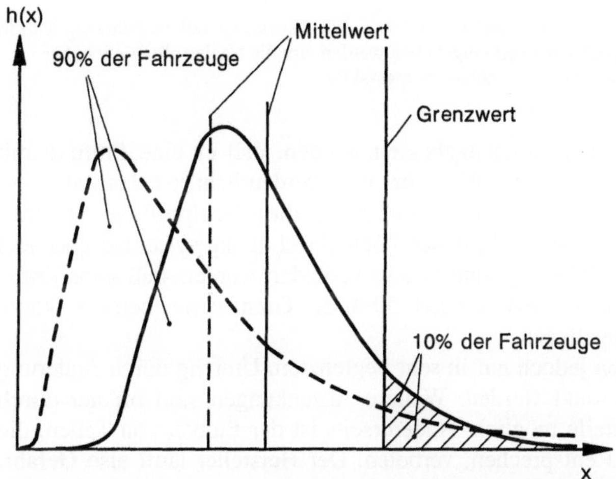

Abb. 9.29: Zwei Dichtefunktionen (logarithmische Normalverteilungen) für zwei Fahrzeugtypen mit identischen Überschreitungsraten von 10 %, aber unterschiedlichen Mittelwerten. Die Umweltbelastung ist für den Fall der ausgezogenen Kurve wesentlich höher, weil der Mittelwert höher liegt. Dennoch wird in beiden Fällen das Urteil "bestanden" gefällt.

Die attributive Methode des SEA ist demnach auch hinsichtlich einer Verringerung der Umweltbelastung eine prinzipiell schlechte Serienprüfung.

Im Hinblick darauf, daß sowohl beim SEA als auch bei den kalifornischen Serienprüfungen ein Teil der Serienfahrzeuge die Grenzwerte überschreiten darf, ist weiterhin die Forderung, daß jedes einzelne gemessene Fahrzeug in den Emissionen die Grenzwerte nicht überschreiten darf, nicht nur unlogisch, sondern unerfüllbar.

Hier geht man nämlich von der Bewertung vieler Fahrzeuge plötzlich zur Bewertung einzelner Fahrzeuge über, was statistisch unzulässig ist. Das kann anhand von Abb. 9.30 verdeutlicht werden.

Geht man davon aus, daß in der Stichprobe einige Fahrzeuge über dem Grenzwert liegen (entsprechend einer Überschreitungsrate von 40 %), so kann z.B. ein Fahrzeug Y in der Emission den Grenzwert um 40 % überschreiten. (Die Diskussion gilt entsprechend für eine 10%ige Überschreitungsrate.)

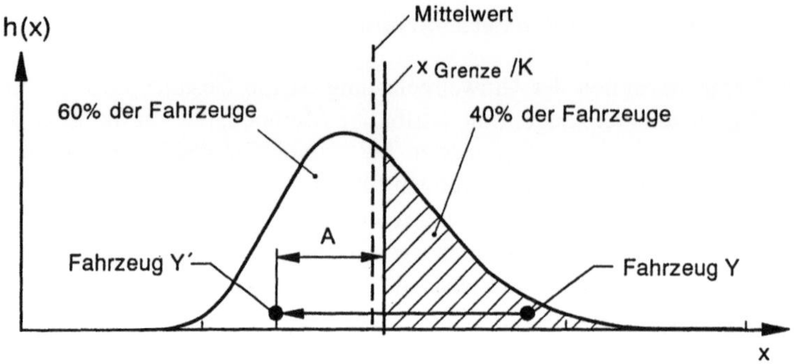

Abb. 9.30: Situation der SEA-Serienprüfung in der Praxis. Für das durchgefallene Fahrzeug Y muß ein Sicherheitsabstand (A) vom Grenzwert eingehalten werden, um die Nachprüfung mit hoher Wahrscheinlichkeit zu bestehen. (K - Verschlechterungsfaktor)

Dieses Fahrzeug soll nun so nachgebessert werden, daß es eine Prüfung mit höchstens drei Messungen besteht. Wie Abb. 9.24 verdeutlicht, ist dann aber ein großer Sicherheitsabstand $A = F + 2s$ notwendig, um die Einzelprüfung mit genügend hoher Wahrscheinlichkeit zu bestehen (Berücksichtigung systematischer und statistischer Fehler). Das Fahrzeug muß also so verändert werden, daß seine Emissionen um den Sicherheitsabstand, der z.B. 50 % des Grenzwertes betragen kann, unterhalb des Grenzwertes liegen.

Emissionswerte können jedoch nur in sehr begrenztem Umfang durch Änderung der Motoreinstellung gesenkt werden. Weitere Absenkungen sind oft nur durch den Einbau anderer Bauteile möglich. Andererseits ist der Einbau von Teilen, die nicht dem Serienzustand entsprechen, verboten. Der Hersteller läuft also Gefahr, daß bei der Serienprüfung unverkäufliche Fahrzeuge anfallen.

Alle *nicht geprüften* Fahrzeuge der Serie, von denen nach statistischen Regeln 40 % bzw. 10 % in den Emissionen höher als der Grenzwert liegen können, dürfen aber verkauft werden, was unlogisch ist. Das hat eine weitere Konsequenz. Wenn die einzelnen Fahrzeuge für sich betrachtet werden, dann muß sich der Hersteller genötigt fühlen, jede zusätzliche Messung zu vermeiden. Anderenfalls werden weitere Fahrzeuge identifiziert und dürften eigentlich dem Gesetz nach nicht verkauft werden. Damit wird die erklärte Absicht des SEA, bei den Herstellern ein umfassendes Qualitätskontrollprogramm zu veranlassen, genau in das Gegenteil verkehrt.

Der Übergang von der Serienprüfung, bei der, wenn man den Mittelwert betrachtet, eine relativ große statistische Sicherheit durch die höhere Anzahl der Fahrzeuge gegeben ist, zu der Prüfung des einzelnen Fahrzeugs mit maximal drei Messungen und einer entsprechend hohen Unsicherheit ist daher abzulehnen.

Gegenüber den attributiven Methoden werden diese logischen Widersprüche bei den Verfahren der Variablenprüfung mit der Bewertung des Mittelwertes und der Standardabweichung, wie sie in Europa und als Option B in Kalifornien vorgeschrieben sind, vermieden.

Wie im Falle der Typprüfung wird die Effektivität eines Serienprüfverfahrens am Übersichtlichsten durch seine Operationscharakteristik (Kennlinie der Annahmewahrscheinlichkeit) verdeutlicht.

Bei der Variablenprüfung ist ähnlich wie bei der Typprüfung die Lage des Mittelwertes in bezug auf den Grenzwert als Prüfgröße zu betrachten. Bei den attributiven Verfahren ist aber im Gegensatz zu den Typprüfverfahren die Prüfgröße der Schlechtanteil in der Grundgesamtheit. Ein Vergleich zwischen den Operationscharakteristiken der Variablenprüfung und der attributiven Prüfung ist nur möglich, wenn die Dichtefunktion bekannt ist.

Zur Berechnung der Operationscharakteristik können zunächst wieder Grundgesamtheiten mit bekannten Parametern vorgegeben werden. Bei der Variablenprüfung werden der wahre Mittelwert μ und die relative Standardabweichung σ_r, bei den attributiven Verfahren, dem SEA und der Option A der Kalifornien-Serienprüfung werden ein Schlechtanteil und die relative Standardabweichung vorgegeben. Diese Operationscharakteristiken können der Literatur entnommen werden. Sie untermauern die obige qualitative Diskussion.

9.8 Beziehungen zwischen der Typ-, Serien- und Feld-Prüfung

Wie inzwischen eine Vielfalt von Untersuchungen ergeben hat, ist der Emissionsmittelwert eines Vorserien-Fahrzeugs (Typprüfung) annähernd gleich dem Emissionsmittelwert der Serienfahrzeuge. Ohne diesen Zusammenhang hätte eine Typprüfung auch keinen Sinn. Diese Tatsache ist physikalisch verständlich, da gemäß den gesetzlichen Vorschriften für das Serienfahrzeug alle die Abgasemission beeinflussenden Bauteile mit denen des Prototyps gleich sein müssen und die bei der Optimierung der für die Typprüfung entwickelten Vorserienfahrzeuge durchgeführten Variationen der Bauteile, die die Emission beeinflussen, in der Serie durch die Toleranzen der Bauteile *per se* wiederholt werden.

In Abb. 9.31 sind am Beispiel des HC für eine Reihe von Fahrzeugen die Mittelwerte aus Typprüfung und Serienprüfung gegenübergestellt.

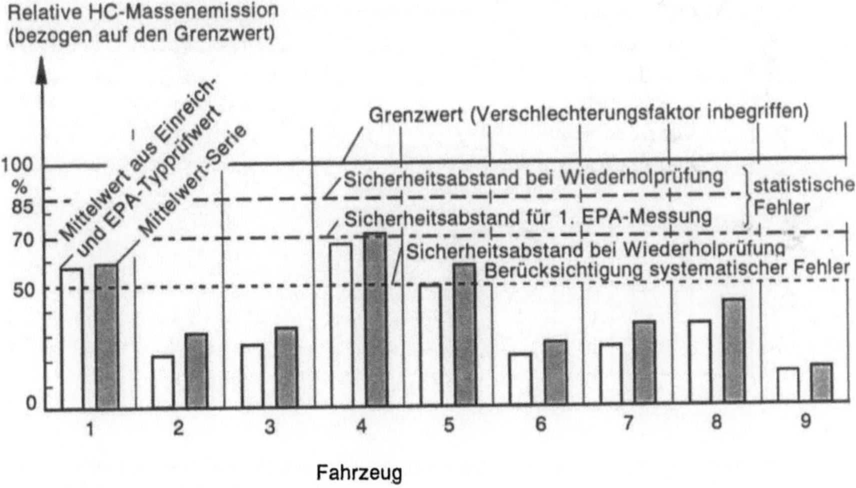

Abb. 9.31: Werte der US-Typprüfung und Mittelwerte der Serienüberwachung für Kalifornien für HC in Prozent, bezogen auf den Grenzwert, für die Fahrzeugtypen 1 bis 9 als Beispiel

Mittelwert der Serie und Mittelwert aus Einreich- und Typprüfwert sind annähernd gleich. Hier werden besonders hohe Sicherheitsabstände eingehalten. Für andere Komponenten und Baujahre gilt diese Aussage ebenso.

Die Kenntnis der Wechselwirkung ist sehr wichtig, da die Verfahren zur Serienprüfung im Hinblick auf die Luftqualität die größere Bedeutung haben. Daher sollten die Typprüfverfahren schon unter dem Aspekt der Serienprüfung ausgewählt und optimiert werden. Das ist jedoch nicht geschehen, da in der historischen Entwicklung die Typprüfung vor der Serienprüfung eingeführt wurde.

Die Prüfverfahren zur Feldüberwachung sind in ähnlicher Weise mit Typ- und Serienprüfung verknüpft. Letzlich entscheidend für die Luftqualität sind die Abgasemissionen der Fahrzeuge in Kundenhand. Das Hauptproblem hierbei ist der Wartungszustand dieser Fahrzeuge. Untersuchungen haben ergeben, daß die Emissionswerte von Fahrzeugen in Kundenhand, z.B. infolge falscher Motoreinstellung, teilweise erheblich über den zulässigen Grenzwerten lagen. Nach entsprechender Korrektur der Einstellwerte gemäß Herstellerangaben stimmten die Abgaswerte im Mittel wieder mit den bei der Serienprüfung gefundenen überein. Die Abb. 9.32 und 9.33 zeigen entsprechende Meßwerte für CO bzw. HC, durchgeführt an ca. 50 Fahrzeugen in Deutschland. Die Mittelwerte der Feldfahrzeuge entsprechen nach der Einstellung innerhalb der Vertrauensbereiche denen der Neufahrzeuge.

In Abb. 9.34 ist die Wechselwirkung der Mittelwerte aus Typ-, Serien- und Feldmessungen noch einmal im Zusammenhang dargestellt.

Trotz unterschiedlicher Dichtefunktionen (Typprüfwerte - normalverteilt; Serienprüfwerte und Feldwerte - logarithmisch normalverteilt) stimmen die Mittelwerte annähernd überein. Wegen des für die Typprüfung erforderlichen Sicherheitsabstandes A hat auch der Mittelwert der Serie etwa diesen Abstand vom Grenzwert. Dies gilt im Falle der Feldwerte nur, wenn die Fahrzeuge vorher gewartet und eingestellt worden sind. Die gegenüber den Grenzwerten der Typprüfung höheren Grenzwerte der Europäischen Serienprüfung sind - aus nicht verständlichen Gründen eingeführt - wegen dieses Zusammenhanges unnötig.

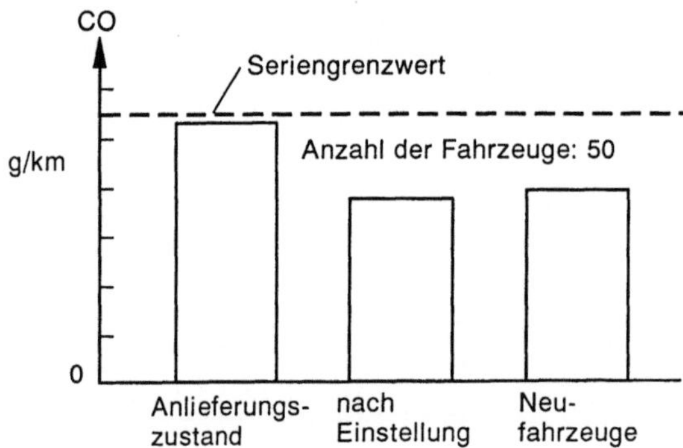

Abb. 9.32: Prinzipieller Vergleich der CO-Emissionswerte von 50 Neufahrzeugen mit den Werten von ca. 50 im Verkehr befindlichen Fahrzeugen (Quelle: TÜV Rheinland, Köln). Die Mittelwerte der Fahrzeuge im Feld sind nach Einstellung praktisch gleich mit dem Mittelwert der Neufahrzeuge. Fahrzeuge deutscher Produktion

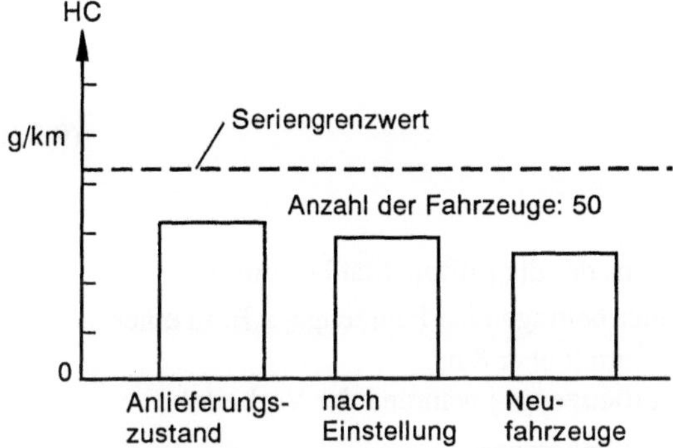

Abb. 9.33: Prinzipieller Vergleich der HC-Emissionswerte von 50 Neufahrzeugen mit den Werten von ca. 50 im Verkehr befindlichen Fahrzeugen (Quelle: TÜV Rheinland, Köln). Die Mittelwerte der Fahrzeuge im Feld sind nach Einstellung praktisch gleich mit dem Mittelwert der Neufahrzeuge. Fahrzeuge deutscher Produktion

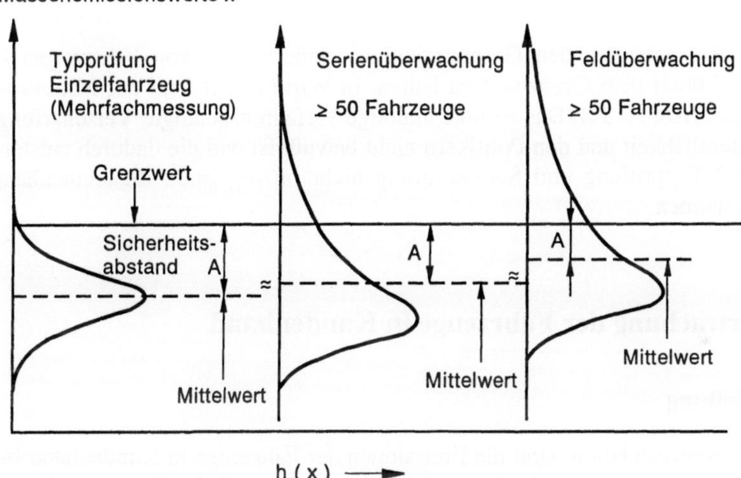

Abb. 9.34: Typische Dichtefunktionen von Abgasresultaten für Typ-, Serien- und Feldmessung.

Kennt man nun diese Zusammenhänge, so fällt es nicht mehr schwer, eine harmonisierte Abgasprüfung zu definieren; harmonisiert in dem Sinne, daß die beschriebene Wechselwirkung der drei Prüfungen in angemessener Weise berücksichtigt und mit dem Gedanken des Umweltschutzes in Einklang gebracht werden. Wie schon mehrfach betont wurde, hängt der Einfluß der Abgasemissionen auf die Luftqualität, d.h. auf die Immissionsmittelwerte bei definierten Verkehrs- und Klimasituationen, nur von den Mittelwerten der Emissionen aller im Verkehr befindlichen Fahrzeuge ab. Dieser Zusammenhang läßt sich für eine Abgaskomponente formelmäßig so darstellen:

$$\bar{y} = f(x_{total}) \tag{9.36}$$

$$x_{total} = \sum_{j=1}^{n} x_j = n \cdot \bar{x} \tag{9.37}$$

mit

$\bar{y}$	-	Immissionsmittelwert, der die Luftqualität bestimmt,
x_{total}	-	Gesamtemission aller beitragenden Fahrzeuge, z.B. in einer Straßenschlucht gemittelt über 8 h,
x_j	-	Emission des Einzelfahrzeugs j während der Vorbeifahrt,
n	-	Zahl der betrachteten Fahrzeuge,
$\bar{x}$	-	Mittelwert der Emissionen aller betrachteten Fahrzeuge.

Daraus folgt unmittelbar, daß die Immission $\bar{y}$ nur noch eine Funktion der Gesamtzahl n der Fahrzeuge und des Emissionsmittelwertes $\bar{x}$ der Fahrzeuge ist:

$$\bar{y} = f(n \cdot \bar{x}). \tag{9.38}$$

Es würde also genügen, den Gesamtmittelwert einer Flotte von Fahrzeugen in Kundenhand unter dem Grenzwert zu halten. In Wirklichkeit liegt der Mittelwert aber darunter (Abb. 9.34). Das ist eine unnötige verfahrensbedingte Verschärfung, die der Öffentlichkeit und den Politikern nicht bewußt ist und die dadurch entstanden ist, daß Typprüfung und Serienprüfung nicht im logischen Zusammenhang entwickelt wurden.

9.9 Überwachung der Fahrzeuge in Kundenhand

9.9.1 Einleitung

Wie schon mehrfach betont sind die Emissionen der Fahrzeuge in Kundenhand für die Immissionen entscheidend. Betrachten wir als Beispiel die Entwicklung der Methoden der Überwachung in Deutschland.

In Deutschland gibt es die TÜV-Hauptuntersuchungen. Daher lag es nahe, über die schon lange durchgeführte CO-Messung im Leerlauf hinaus, eine tiefergehende Prüfung der Abgasanlage anzuschließen. Dazu mußte aber ein Prüfverfahren entwickelt werden, das gleich mehrere, teilweise gegenläufige Voraussetzungen erfüllen muß.

Von Regierungsseite wurde bereits 1976 gefordert, daß die Hauptuntersuchung der Kraftfahrzeuge nach §29 StVZO um eine umfassende Prüfung des Abgasverhaltens erweitert werden sollte. Im Ausschuß "Kraftfahrzeugabgase" der VDI-Kommission "Reinhaltung der Luft" wurde 1976 eine Bauteile-Inspektion zur Überprüfung des Abgasverhaltens von Fahrzeugen in Kundenhand vorgeschlagen. Bauteile-Inspektion bedeutet eine Überwachung derjenigen Bauteile, die das Abgasverhalten beeinflussen können. Diesem Ausschuß gehörten Vertreter der Automobilindustrie, der Zulieferer, der Verbände, der Ministerien, des Umweltbundesamtes sowie verschiedener TÜV an.

Dieser Vorschlag wurde von dem VDI-Ausschuß aufgegriffen. Erste Spezifikationen wurden verabschiedet und 1977 wurde beschlossen, einen Arbeits-kreis unter Federführung der Forschungsvereinigung Verbrennungskraftmaschinen (FVV) zu bilden, dem auch das Umweltbundesamt und die TÜV angehörten.

In diesem Arbeitskreis wurden zwei Forschungsvorhaben ausgearbeitet und teils an die Firma Porsche, teils an die Abgasprüfstelle des RW-TÜV in Essen und an den TÜV Rheinland in Köln vergeben. Die Finanzierung übernahm zu 100 % das UBA. Die Abschlußberichte wurden 1980 publiziert.

Aus diesen Forschungsvorhaben wurde das Verfahren zur Abgassonderuntersuchung (ASU) im Rahmen der Hauptuntersuchung nach §29 der StVZO entwickelt.

Bei dieser Abgassonderuntersuchung sind der Gehalt an Kohlenmonoxid im Abgas bei Leerlauf, die Leerlaufdrehzahl und der Zündzeitpunkt sowie bei kontaktgesteuerten Zündanlagen der Schließwinkel auf Einhaltung der vom Fahrzeughersteller für das Fahrzeug angegebenen Sollwerte nach den Anleitungen des Fahrzeugherstellers zu prüfen.

Sofern für das Fahrzeug vom Hersteller keine Sollwerte angegeben sind, gilt die Einstellung nach dem jeweiligen Stand der Technik als erfüllt, wenn die Schadstoffemission bei betriebssicherer Funktion der Motors minimiert sind.

Diese ASU I sollte nach Willen der Bundesregierung bis Ende 1987 um die Überprüfung der Katalysator- und Dieselfahrzeuge zur ASU II erweitert werden. Daher hat das UBA einen Vorschlag formuliert (im folgenden UBA-Test genannt), der auf Messungen von CO, HC und NO_X hinter dem Katalysator bei konstanter Belastung und zwei Betriebszuständen (Leerlauf und 50 km/h auf einem Rollenprüfstand) basiert und von den TÜV in einem größeren Programm mit 4000 Fahrzeugen erprobt wurde. Für Dieselfahrzeuge soll auf dem Prüfstand die Partikelmessung nach der Bosch-Filtermethode bei Vollast erfolgen.

Da dieser Vorschlag für die Automobilindustrie und die Werkstätten aus wirtschaftlichen und technischen Gründen nicht akzeptabel war, hat dann der Verband deutscher Automobilhersteller (VDA) einen eigenen Vorschlag vorgelegt. In diesem Vorschlag wird die ASU I durch den Zusatz erweitert, daß für Katalysatorfahrzeuge eine CO-Messung hinter dem Katalysator bei Leerlauf erfolgen soll und die λ-Regelung überprüft wird. Inzwischen wurde diese CO-Leerlaufmessung hinter dem Katalysator vorgeschrieben.

Als Alternative zur CO-Leerlaufmessung hinter dem Katalysator und Beibehaltung des VDA-Vorschlages hat die VW-Forschung einen Vorschlag entwickelt, der auf dem Prinzip der freien Beschleunigung (Belastung des Motors durch die Trägheitskräfte der rotierenden Teile bei Beschleunigung von Leerlaufdrehzahl aus) und CO-, HC- sowie NO_X-Messung vor und hinter dem Katalysator beruht.

Ein vertieftes Verständnis der in das Gesetz aufgenommenen Überprüfungen der Fahrzeuge in Kundenhand wird durch die Betrachtung der historischen Entwicklung mit den verschiedenen Lösungsvorschlägen erleichtert.

Tabelle 9.3 zeigt eine Übersicht über die in Vorphase diskutierten Lösungsvorschläge für Fahrzeuge mit Ottomotor.

Tabelle 9.3: Gegenüberstellung und Bewertung der diskutierten Lösungsvorschläge der Abgasuntersuchung (AU) für Fahrzeuge mit Ottomotor

Vorschlag	Arbeiten	Grenzwerte	Abhilfemaßnahmen	Bewertung
Systemprüfung (VDA-Vorschlag)	- Sichtprüfung - ASU nach §47a StVZO (Funktions-prüfung des Abgasrückführungs- bzw. Sekundärluftsystems) - CO-Messung vor Katalysator (wenn Entnahmestelle vorhanden); alternativ : elektrische Funktions-prüfung der λ-Sonde incl. des Regelkreises	Nach Herstellerangaben	Defekte Bauteile werden ausgetauscht bzw. Einstellwerte korrigiert	- Nur wenige Bauteile (verantwortlich für ca. 90 % der Emissionen) sind zu prüfen - Fehlererkennung ermöglicht sofortige Reparatur
	- CO-Messung am Abgasendrohr bei Nullast	- geregelte Konzepte: max. 0,5 Vol.% CO - ungeregelte Konzepte: nach Herstellerangaben		- CO-Leerlaufmessung nach Katalysator funktioniert nicht ausreichend
UBA-Vorschlag	- stationäre Messung der gasförmigen Schadstoffe (HC,CO,NO$_x$) im Leerlauf und auf einem Rollenprüf-stand bei einem Lastpunkt von 7 kW bei 50 km/h - bei geregelten Konzepten: Messung am Endrohr	- Typspezifische Referenzwerte für die Komponeneten HC, CO, NO$_x$ müssen vom Automobilhersteller vorher für jedes Konzept aufwendig ermittelt werden	- Fahrzeug muß in die Werkstatt - Kein Hinweis auf die möglichen Fehlerursachen	- Nur stationäre Messungen möglich - großer Nachteil: Bestimmung typspezifischer Grenzwerte mit hohem Aufwand für die Automobilhersteller (zusätzlich Messungen nach gesetzlich vorgeschriebenem Test notwendig)
	- bei ungeregelten Konzepten: Messungen vor und nach Katalysator	Zur Beurteilung werden die Konvertierungsraten η heran-gezogen; Grenzwerte liegen nicht vor		Funktioniert nicht ausreichend, da nur stationäre Zustände im λ-Bereich erfaßt werden

Fortsetzung der Tabelle 9.3

Tabelle 9.3: Gegenüberstellung und Bewertung der diskutierten Lösungsvorschläge der Abgasuntersuchung (AU) für Fahrzeuge mit Ottomotor

Vorschlag	Arbeiten	Grenzwerte	Abhilfemaßnahmen	Bewertung
Bauteiletest/Katalysator (VW-Forschung) anstelle der CO-Leerlaufmessung nach Katalysator, sonst Systemprüfung (VDA-Vorschlag)	- Abgasmessung vor und nach Katalysator (Last wird ohne Rollenprüfstand dynamisch nach dem Prinzip der „freien Beschleunigung" erzeugt) - Katalysator mit λ-Regelung: eine Messung bei Grundeinstellung; Bestimmung der Konvertierungsraten η für die Komponenten HC, CO, NO_x	Konvertierungswerte η: Für geregelte Konzepte: $\eta_{HC} = 70\ \%$ $\eta_{CO} = 70\ \%$ $\eta_{NOx} = 30\ \%$	Ist η für alle 3 Komponenten kleiner als ein Grenzwert, muß Katalysator ersetzt werden; ist η für eine oder zwei Komponenten kleiner als der Grenzwert, so ist die Motoreinstellung zu überprüfen	- Belastung vergleichbar dem vom UBA vorgeschlagenen Rollentest, aber dynamisch - Keine typspezifischen Grenzwerte notwendig - Sichere Erkennung von Ausreißern, - Geringe Investitionskosten - Wegen dynamischer Belastung und Messung in zwei λ-Bereichen (λ>1, λ<1) sichere Erkennung von Ausreißern möglich
	- Katalysator ohne λ-Regelung: je eine Messung von CO, HC im „mageren" ($\lambda > 1$) und von NO_x im „fetten" ($\lambda < 1$) Bereich erforderlich	für ungeregelte Konzepte: bei $\lambda > 1$ $\eta_{HC} = 50\ \%$ $\eta_{CO} = 50\ \%$; bei $\lambda < 1$ $\eta_{NOx} = 30\ \%$		

9.9.2 Zusammenfassung bisheriger Erkenntnisse

Wie bereits beschrieben, ist aus zahlreichen Untersuchungen bekannt, daß für die Abgasemissionen sowohl bei Wiederholmessungen für das einzelne Fahrzeug als auch bei Messungen an vielen Fahrzeugen sehr große Streuungen auftreten.

Bei Wiederholmessungen an ein und demselben Fahrzeug ist die Dichtefunktion der Abgasemissionswerte in guter Näherung eine Normalverteilung. Die Dichtefunktion der Abgasemissionswerte, gemessen an vielen Fahrzeugen einer Stichprobe, folgt in guter Näherung einer logarithmischen Normalverteilung. Abb. 9.35 zeigt qualitativ diese Dichtefunktion der log.-Normalverteilung, den zugehörigen Mittelwert und den zu erfüllenden Seriengrenzwert; mit eingezeichnet sind Mittelwert und Dichtefunktion eines einzelnen Fahrzeugs aus dieser Stichprobe.

Die Emissionen einzelner Serienfahrzeuge aus der Stichprobe können wesentlich höher sein als der Grenzwert. Gemäß ECE-Reglement bei Serienüberwachungen muß letzlich der Mittelwert $\bar{x}_s$ der Emissionen einer vom Hersteller zu bestimmenden Stichprobe unter dem Grenzwert liegen, wobei noch die Unsicherheit des Mittelwertes zu berücksichtigen ist.

Wenn man jetzt das einzelne Fahrzeug in Kundenhand bezüglich seiner Abgasemissionen überwachen will, stößt man auf ein unlösbares Problem, ein echtes *Dilemma*. Das wird durch Abb. 9.35 verdeutlicht.

Wenn man nämlich ein Einzelfahrzeug aus dem oberen Teil der logarithmischen Normalverteilung betrachtet (in der Abb. durch einen Punkt angedeutet), so liegt dieses Fahrzeug in seinen Abgasemissionen bei dieser Komponente z.B. den Faktor 2 oberhalb des Grenzwertes, aber noch innerhalb der Verteilung, die für das

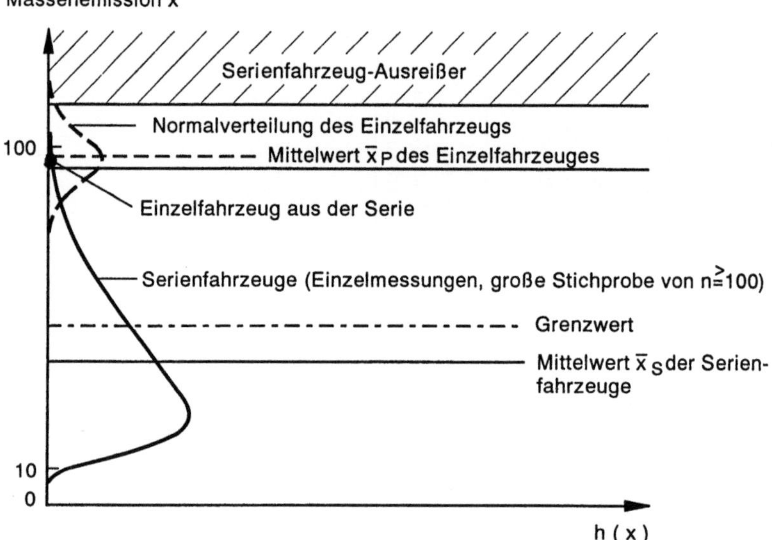

Abb. 9.35: Die logarithmisch normale Dichtefunktion der Massenemissionen einer großen Stichprobe (n = 100) von Serienfahrzeugen. Die Massenemissionen sind nach oben aufgetragen. Die Dichtefunktion einer Normal-Verteilung gilt für das Einzelfahrzeug aus dieser Stichprobe.

entsprechende Produktmodell gilt. Damit ist es nach der gesetzlichen Serienprüfung noch ein „gutes" Fahrzeug.

Die Ergebnisse von Wiederholmessungen an diesem Einzelfahrzeug würden, wie bereits geschildert, ebenfalls beträchtlich streuen und angenähert einer Normalverteilung folgen, wie sie oben in Abb. 9.35 als gestrichelte Kurve gezeigt ist.

Der Mittelwert $\bar{x}_P$ dieser Wiederholmessung am Einzelfahrzeug (ebenfalls eingezeichnet) gibt dann näherungsweise den "wahren" Wert dieses Fahrzeuges wieder. Wenn man an diesem Fahrzeug nur eine oder zwei Messungen durchführt, wie das in der Praxis der Fall sein dürfte, dann muß man zusätzlich die Streuung der Wiederholmessungen als Unsicherheit statistisch berücksichtigen, ganz abgesehen von den systematischen Fehlern.

Die Tatsache, daß die Emissionen eines Einzelfahrzeuges weit über dem Grenzwert liegen können, führt nun zum erwähnten Dilemma. Man kann nämlich nur solche Fahrzeuge als "schlecht" bezeichnen, deren wahre Abgasemissionen außerhalb der Verteilungen liegen, die an entsprechenden Neufahrzeugen ermittelt werden. Im angegebenen Beispiel dürfen bei Berücksichtigung der oben beschriebenen Meßunsicherheit nur solche Fahrzeuge disqualifiziert werden, deren Emissionswerte im schraffierten Bereich der Abb. 9.35 liegen.

Folglich können nur Fahrzeuge, deren Abgasemissionen größer sind als die Summe aus Grenzwert plus dem Vier- bis Fünffachen der Standardabweichung s der Abgasemissionen der Serienfahrzeuge, also

$$x_j > x_G + 4\cdots5\,s \tag{9.39}$$

überhaupt als "schlechte" Fahrzeuge (Ausreißer) definiert werden.

Diese großen Streuungen zwischen den Fahrzeugen der Serie bzw. für das einzelne Fahrzeug bei Wiederholmessungen sind aber für - wie bereits ausgeführt - den Umweltschutz unerheblich, denn die gesamten Emissionen lassen sich nicht durch Einengung der Streuungen, wohl aber durch Verringerung der Mittelwerte der Emissionen der Fahrzeuge im Verkehr senken. Durch Aussondern von Ausreißern erzielt man aber nur dann eine Verbesserung der Luftqualität, wenn die Zahl dieser Ausreißer so groß ist, daß eine signifikante Absenkung des Gesamtmittelwertes eintritt.

Ein weiteres Dilemma besteht darin, daß, wie Abb. 9.36 zeigt, aus solchen Einzelmessungen nicht abzuleiten ist, ob die Zahl der Ausreißer so groß ist, daß sich der Mittelwert der Gesamtverteilung dieses Fahrzeugtyps überhaupt verändert hat, oder ob er sich sogar soweit verändert hat, daß er über dem Grenzwert liegt (gestrichelte Verteilung 2 in Abb. 9.36). Eine solche Veränderung wäre nur erkennbar, wenn eine statistisch ausreichende Anzahl von Daten der Fahrzeuge des betrachteten Modells einer alle relevanten Informationen sammelnden Stelle zur Entscheidung vorliegen würde. Diese Stelle müßte die Gesamtzahl der Ausreißer entsprechend bewerten. In praxi ist das wohl kaum durchführbar.

Diese Betrachtungen gelten für den offiziellen Test nach ECE- oder auch nach US-Vorschrift, d.h. für das Durchfahren einer vorgeschriebenen Fahrkurve mit Leerlauf-, Beschleunigungs-, Konstant- und Verzögerungsphasen nach Start mit kaltem Motor (Kaltstart).

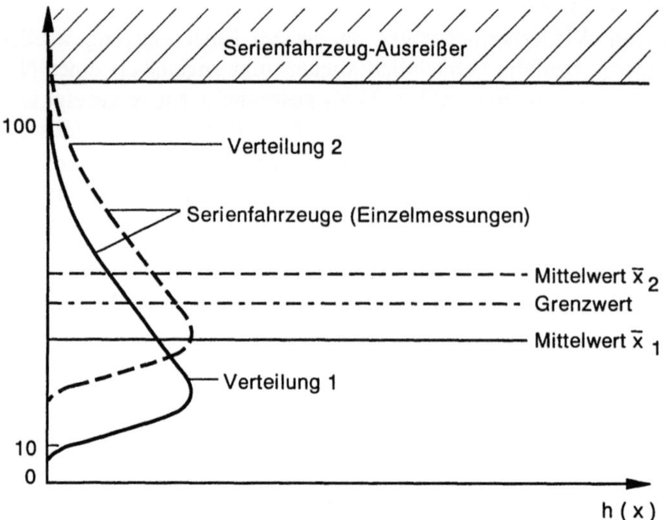

Abb. 9.36: Beispiel einer Änderung der Emissionen. Der Mittelwert $\bar{x}_2$ ist über den Grenzwert abgewichen.

9.9.3 Kurztests

Nach diesen mehr grundsätzlichen Betrachtungen erhebt sich nun die Frage nach einem geeigneten Prüfverfahren zur Identifikation von Ausreißerfahrzeugen. Dieses Prüfverfahren müßte gleich mehrere, teilweise gegenläufige Voraussetzungen erfüllen:

- es soll schnell durchführbar sein,
- mit vernünftigem Aufwand an Investitionen und Zeit,
- es soll zuverlässig sein und
- nur geringe Betriebskosten verursachen.

Es ist evident, daß diese Anforderungen durch die bekannten offiziellen Prüfverfahren (z.B. US-, ECE-, Japan-Tests) nicht erfüllbar sind, insbesondere was den Aufwand und damit die Kostenfrage betrifft. Aus diesem Grund wird schon seit langem weltweit an Prüfungen gearbeitet, die den Aufwand drastisch reduzieren sollen und die man deshalb auch unter dem Begriff *Kurztest* zusammenfaßt.

Ein substantielles Kriterium zur Beurteilung solcher Kurztests war früher die Forderung nach einer genügenden Korrelation zwischen den Ergebnissen der Kurztests und denjenigen der offiziellen Testverfahren. Dies kann aber ein Kurztest - der diese Bezeichnung auch verdient - aus physikalischen Gründen nicht leisten; schon allein aufgrund der simplen Tatsache, daß die offiziellen Tests generell auf einem Kaltstart mit genau definierter, aufwendiger Konditionierung basieren. Man muß also bewußt darauf verzichten, eine Korrelation der Testergebnisse mit den Ergebnissen der offiziellen Tests zu fordern.

Kurztests gibt es bereits. Handelt es sich um einen Test bei Leerlauf oder bei konstanter höherer Drehzahl (Nullasttest), wobei in der Regel die Konzentrationen von Kohlenmonoxid bzw. von Kohlenwasserstoffen (als Summenwert) gemessen und als Beurteilungskriterien für das Abgasverhalten des Motors herangezogen werden, dann haben diese Verfahren, hauptsächlich wegen der nur geringen Belastung des Motors, leider einen gravierenden Nachteil. Der Test sagt im Fall der Kohlenwasserstoffe wenig, im Fall der Stickoxide praktisch nichts über das Emissionsverhalten des Motors unter realistischen Fahrbedingungen auf der Straße aus.

Das grundsätzliche Problem solcher nicht korrelierenden Kurztests ist die Forderung, daß keine Fahrzeuge mittels Kurztest ausgesondert werden dürfen, die den offiziellen Test bestehen. Dazu müssen typenspezifische Grenzwerte eingeführt werden, die dann meistens so hoch gewählt werden müssen, daß praktisch keine Ausreißer erfaßt werden, wie in Abb. 9.37 schematisch gezeigt wird. Dabei müßte der Automobilhersteller auch noch einen großen Meßaufwand zur Bestimmung der typspezifischen Grenzwerte leisten.

In Abb. 9.37 fallen die Meßpunkte geteilt durch die Grenzwerte in vier Felder I bis IV. Der typspezifische Grenzwert des Kurztest muß dabei so angepaßt werden, daß auf keinen Fall Fahrzeuge mittels Kurztest ausgesondert werden, die den offiziellen Test bestehen. Wie Abb. 9.36 verdeutlicht, kann der Fall auftreten, daß dann fast alle Meßwerte unterhalb des typspezifischen Grenzwertes liegen (Lage 2), so daß nur ein oder zwei Fahrzeuge als Ausreißer identifiziert werden. Außerdem müssen die obigen Ausführungen zum Kriterium für Ausreißer vgl. (9.39) berücksichtigt werden, die eine solche Prüfung unrealistisch werden lassen.

CO-Leerlaufmessungen

Es wurden auch CO-Leerlaufmessungen hinter dem Katalysator durchgeführt. Abb. 9.38 zeigt die CO-Konzentration aufgetragen über dem US-75-Kaltstartergebnis für Fahrzeuge der Anlage XXIII der StZVO.

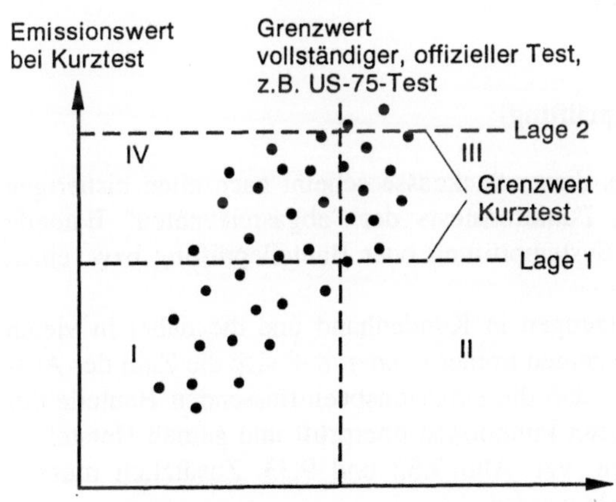

Abb. 9.37: Zusammenhang zwischen Werten nach Kurztest bzw nach offiziellem Test

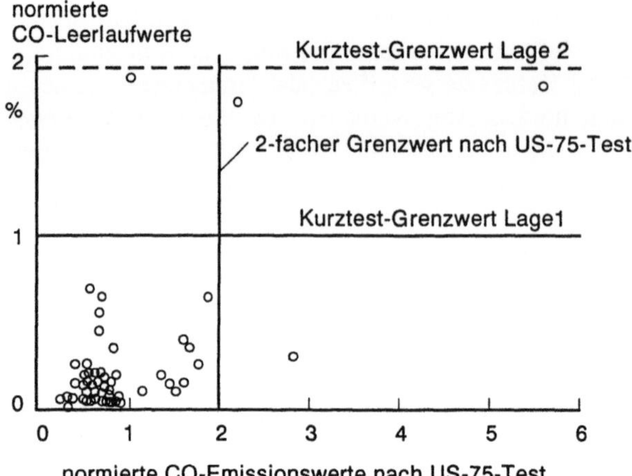

Abb. 9.38: Relative CO-Ergebnisse des US-75-Kaltstarts und der CO-Leerlaufmessung von Fahrzeugen der Anlage XXIII, dargestellt nach Muster von Abb. 9.37 und bezogen auf den doppelten US-Grenzwert bzw. auf spezifische Leerlaufgrenzwerte.

Legt man den Kurztestgrenzwert so, daß die Fahrzeuge den spezifischen CO-Leerlaufgrenzwert von 0,2 % einhalten (Lage 1) und legt man die zweifache Grenzwertüberschreitung nach dem US-Test zugrunde, so kommt es zu zwei Fehlbeurteilungen. Ein Fahrzeuge besteht den offiziellen Test, wird jedoch im Kurztest beanstandet; nur ein Fahrzeug besteht den offiziellen Test nicht, wird jedoch im Kurztest nicht beanstandet. Will man zumindest die erste Fehlbeurteilung durch Anpassung des spezifischen Leerlaufgrenzwertes ausschließen, so muß man die Lage 2 wählen. Dann wird aber kein Ausreißer mehr selektiert, wie bei der Behandlung der Kurztests gezeigt wurde.

Mit diesem Verfahren ist nach diesen Ergebnissen eine eindeutige Selektierung des auffälligen Fahrzeuges nicht möglich. Das gleiche gilt prinzipiell auch für den sehr viel aufwendigeren UBA-Test.

9.9.4 Systemprüfung (Bauteileprüfung)

Ein praktikabler Lösungsweg aus dieser Sackgasse scheint nach allen bisherigen Erfahrungen darin zu bestehen, Funktionstests der "abgasrelevanten" Bauteile durchzuführen, eine sogenannte Systemprüfung oder Bauteileprüfung bzw. einen Bauteiletest.

Unzählige Messungen an Fahrzeugen in Kundenhand und die dabei in vielen Jahren gesammelten Erfahrungen zeigen immer wieder, daß sich die Zahl der Ausreißer dadurch gering halten läßt, daß die emissionsbeeinflussenden Bauteile der Fahrzeuge vor der Messung in ihren Funktionen überprüft und gemäß Herstellerspezifikationen eingestellt werden, vgl. Abb. 9.32 und 9.33. Zusätzlich müssen eventuell defekte Teile ausgetauscht werden.

Diese Erfahrungen haben dazu geführt, als möglichen Test für die Fahrzeuge in Kundenhand die sogenannte "Systemprüfung" zu diskutieren, die auch Grundlage des VDA-Vorschlages war. Für eine "Systemprüfung" besteht die Aufgabe, Funktionstests für diejenigen Bauteile anzuwenden, die die Abgasemissionen wesentlich beeinflussen.

Der Vorteil dieser Art der Überwachung liegt darin, daß man hier nicht nur die Ausreißer bezüglich der Emissionen identifiziert, sondern dem Kunden bzw. der Werkstatt auch gleich die Ursache für die hohe Emission, nämlich das "defekte" Bauteil, lokalisieren kann. Bei den anderen Tests, die nur Abgasmeßwerte liefern, muß diese Ursache erst nachträglich gesucht werden.

Die Leerlauf-CO-Messung nach AU ist in diesem Sinne auch als ein Bauteiletest zu werten, um z.B. das Funktionieren des Katalysators zu überprüfen.

9.9.5 Die Abgasuntersuchung (AU) in Deutschland

Ziel eines Kurztests zur Überwachung von Fahrzeugen in Kundenhand muß es sein, sicher zu stellen, daß die Emissionswerte der gesamten überwachten Fahrzeugflotte im Mittel unterhalb der jeweils gültigen Grenzwerte liegen. Dazu sind Ausreißer zu identifizieren.

Seit dem 01.12.1993 ist in Deutschland z.B. für Katalysatorfahrzeuge eine Abgasuntersuchung (AU) nach §47a und b der StVZO vorgeschrieben.

Die AU beinhaltet im wesentlichen folgende vier Schritte:

a)   Aufnahme der Fahrzeugdaten:
Eingabe der fahrzeugspezifischen Sollwerte in das Prüfgerät.

b)   Sichtprüfung der abgasbeeinflussenden Bauteile:
Katalysator, Abgasanlage und Lambda-Sonde werden auf Vollständigkeit und Beschädigung überprüft.

c)   Konditionierung des Fahrzeuges:
Das Fahrzeug wird bis zu einer vorgeschriebenen Motoröltemperatur warmgefahren und anschließend zur Erwärmung von Katalysator und Lambda-Sonde mit erhöhter Drehzahl betrieben.

d)   Funktionsprüfungen:
- Ermittlung der Drehzahl und der CO-Emission im Leerlauf als Bauteiletest,
- Ermittlung der CO-Emission und des Lambda-Wertes im erhöhten Leerlauf ($n \geq 2000$ U/min) als Bauteiletest und
- Überprüfung des Lambda-Regelkreises durch Aufschalten einer Störgröße (z.B. Zuführung einer bestimmte Falschluftmenge durch Abziehen eines Schlauches oder Aktivieren des Bremskraftverstärkers).
Zuerst muß die Störgröße sichtbar sein und anschließend diese über den Regelkreis ausgeregelt werden. Die Rücknahme der Störgröße muß ebenfalls erkennbar ausgeregelt werden.

Der technische Aufwand für die AU beschränkt sich am Fahrzeug also darauf, das Aufschalten einer Falschluftzufuhr zu ermöglichen. Die Prüfstelle benötigt demgegenüber ein spezielles Meßsystem, von dem die Meßwerte menügesteuert aufgenommen, mit den Sollwerten verglichen und das Ergebnis protokolliert werden kann.

Die AU muß regelmäßig alle zwei Jahre, bei Neufahrzeugen alle drei Jahre von autorisierten Prüfstellen durchgeführt werden und ist kostenpflichtig.

Kritisch ist zur AU zu bemerken, daß sie nur eine eingeschränkte Aussage über den Zustand des Abgasstranges gibt, da sie nur eine Überprüfung des Katalysators und der Lambdasonde umfaßt. Bei der Lambda-Sondenprüfung kann nur eine grobe Unterbrechung des Regelkreises erkannt werden. Die Überprüfung des Katalysators erfolgt bei geringer Beanspruchung im Leerlauf, entsprechend einer Umwandlungs-rate für CO von ca. 50 %.

9.9.6 Die On-Board-Diagnose (OBD)

Die logische Weiterentwicklung der Bauteileprüfung ist die on-board-Diagnose, die erstmals in Kalifornien verlangt wurde.

Der erste konkrete Gesetzesentwurf des „California Air Resources Board" zur On Board Diagnose (OBD) stammt aus dem Jahre 1984 und führte zur Einführung von OBD I ab Modelljahr (MJ) 1988. Bei OBD I mußten alle Komponenten überwacht werden, die mit dem elektronischen Steuergerät der Motorsteuerung direkt in Verbindung stehen.

Die Forderungen der OBD II sind demgegenüber sehr viel weitergehend. Hier müssen alle abgasrelevanten Komponenten und Systeme überwacht werden. Ein typisches Beispiel ist der Katalysator.

Inzwischen liegt auch von der Environmental Protection Agency (EPA) für die anderen 49 US-Staaten eine Gesetzesforderung für ein OBD-System vor, welche allerdings bis zum Modelljahr 1998 durch das kalifornische OBD II abgedeckt werden kann.

Das Ziel der OBD-Forderungen ist es, während des normalen Fahrbetriebes sämtliche abgasrelevanten Komponenten im Kraftfahrzeug auf ihre Funktion hin zu überwachen. Festgestellte Fehlfunktionen sollen möglichst genau lokalisiert und in einem Fehlerspeicher abgelegt werden. Können die Fehlfunktionen bei weiterer Fahrt bestätigt werden, soll der Fahrer über eine Signallampe im Armaturenbrett informiert und aufgefordert werden, sein Fahrzeug zu einer Servicewerkstätte zu bringen.

Der Gesetzgeber hat folgende Zielsetzungen:

- *Überwachung*	aller abgasrelevanten Komponenten und Systeme,
- *Schützen*	von gefährdeten Komponenten (Katalysator),
- *Speichern*	von Informationen über aufgetretene Fehler,
- *Anzeigen*	wenn schädliche Abgaskomponenten vorgegebene Schwellen überschreiten,
- *Übertragen*	der gespeicherten Informationen bei Werkstattaufenthalt.

Diese Zielsetzung erfordert die

- Überwachung des Katalysators,
- Überwachung der λ-Sonden,

- Erkennung der Verbrennungsaussetzer,
- Überwachung des Kraftstoffsystems,
- Überwachung des Sekundärluftsystems,
- Überwachung der Abgasrückführung,
- Überwachung der Tankentlüftung,
- Überwachung weiterer Systeme.

Benötigt werden dazu

- standardisierte Schnittstellen,
- Speicherung der Betriebsbedingungen,
- standardisierte Fehlerlampensteuerung,
- Meldung der Inspektionsbereitschaft,
- Eingriffschutz zum Steuergerät.

Außer den vom Gesetzgeber namentlich genannten Teilen und Systemen sind über die Forderung nach Überwachung des Kraftstoffsystems und der Erkennung von Verbrennungsaussetzern alle Komponenten des Motorsteuerungssystems in die Überwachung einbezogen.

In Abb. 9.39 sind diese Komponenten grafisch hervorgehoben.

Als Beispiel sei hier die Überwachung des Katalysators betrachtet, die eine der wichtigsten OBD II-Forderungen ist. Aufgabe ist die Überwachung auf Unterschreitung einer definierten Konvertierungsrate von Kohlenwasserstoffen
- im dynamischen Betrieb (FTP 75) oder
- im Stationärbetrieb (optional für MJ '94 und '95).

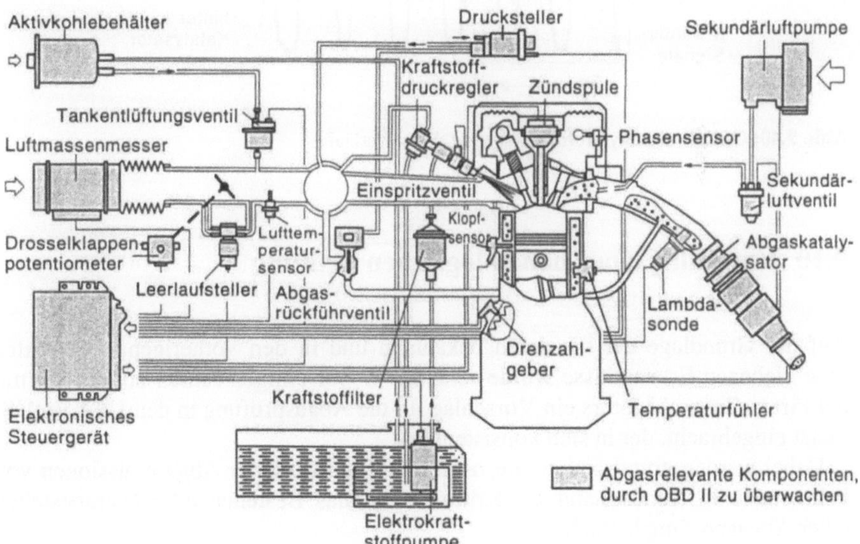

Abb. 9.39: Motorsteuerungssystem MOTRONIC mit Hervorhebung der abgasrelevanten Komponenten (Quelle Bosch)

Die Lösung besteht in

-     der Ausnutzung der Sauerstoffspeicherfähigkeit des Katalysators,
-     der Verwendung einer zusätzlichen λ-Sonde hinter dem Katalysator und
-     dem Vergleich der Signalamplituden der λ-Sonden vor und hinter dem Katalysator.

Abb. 9.40 zeigt typische Signalverläufe der beiden Sonden bei einem neuen und bei einem stark gealterten Katalysator. Durch das Prinzip der verwendeten λ-Regelung ergibt sich bei der λ-Sonde vor dem Katalysator eine relativ konstante Signalamplitude der Regelschwingung. Im oberen Bildteil ist das Dämpfungs- verhalten des neuen Katalysators am Signal der Sonde hinter dem Katalysator deutlich erkennbar. Ein gealterter Katalysator kann, wie im unteren Bildteil zu sehen ist, ein wesentlich geringeres Speicherverhalten haben, so daß die vor dem Katalysator vorhandene Regelschwingung dann auf die Sonde hinter dem Kataly- sator durchschlägt.

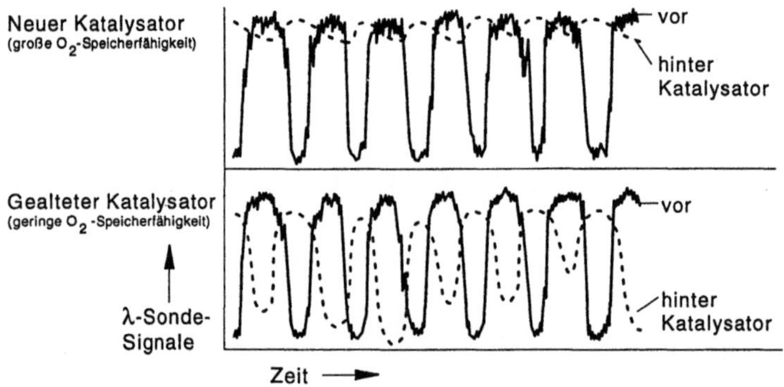

Abb. 9.40: OBD II - Katalysatorüberwachung, Signalverläufe

9.10 Vorschlag einer neuen logischen Prüfung

Auf der Grundlage der bis dahin bekannten und in den vorherigen Abschnitten beschriebenen Erkenntnisse wurde seitens VW vor einigen Jahren zusammen mit der Firma General Motors ein Vorschlag für die Abgasprüfung in den USA im US-Senat eingebracht, der in sich konsistent ist.

Dabei werden grundsätzlich nur noch die Mittelwerte der Abgasemissionen von Fahrzeugen in Kundenhand als Kriterium für das Bestehen oder Nichtbestehen einer Abgasprüfung betrachtet.

Nach diesem Vorschlag sollen Zulassungs- und Serienprüfung durch die Behör- de entfallen. Diese fallen in den Verantwortungsbereich des Herstellers, da er si- cherstellen muß, daß später die Fahrzeuge im Feld die Grenzwerte erfüllen.

Nach der beschriebenen engen Wechselwirkung zwischen den drei Abgasprüfungen kann der Hersteller bei Beachtung des Sicherheitsabstandes für Prototypen bzw. Produktionsfahrzeuge mit genügend hoher Wahrscheinlichkeit gewährleisten, daß der Mittelwert der Fahrzeuge im Feld auch tatsächlich unter dem Grenzwert bleibt.

Natürlich muß die Behörde das überprüfen. Dazu könnte eine genügend große Stichprobe von Fahrzeugen in Kundenhand einem offiziellen Abgastest unterzogen werden. Die Stichprobe müßte einen repräsentativen Querschnitt der gesamten Fahrzeugflotte eines Herstellers umfassen, und die Fahrzeuge müßten vor dem Test in einwandfreiem Wartungszustand sein, notfalls nach Einstellung gemäß der Herstellerspezifikationen.

Abb. 9.41 verdeutlicht die Grundphilosophie des Vorschlages.

Der mit den Verkaufszahlen gewichtete Mittelwert der gesamten Pkw-Produktion eines Herstellers wird mit dem Grenzwert verglichen und gebührenpflichtige Maßnahmen ergriffen. Es gibt einen Bonusbereich und einen Gebührenbereich, je nach Lage des Mittelwertes zum Grenzwert. Liegt der Mittelwert oberhalb der Marke: Grenzwert minus Vertrauensbereich des Mittelwertes, wird eine Gebühr fällig. Liegt der Mittelwert unterhalb dieser Marke wird dem Hersteller ein Bonus gutgeschrieben.

Die Höhe der Gebühr sollte dabei so beschaffen sein, daß sie einen empfindlichen Wettbewerbsnachteil bedeutet. Auch ein Verkauf eines Bonus eines Herstel-

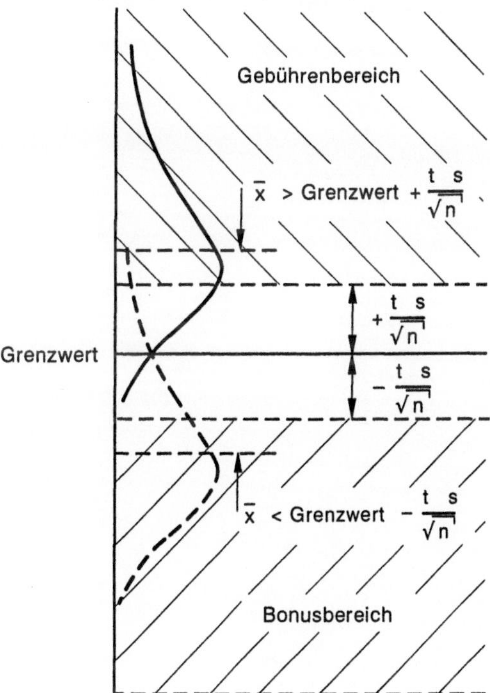

Abb. 9.41: Vorschlag einer konsistenten Abgasprüfung

lers an einen anderen könnte erlaubt werden, weil letztlich nur der Gesamtmittelwert der Emissionen aller im Verkehr befindlichen Fahrzeuge die Immissionswerte
bestimmt, vgl. (9.36) bis (9.38).

Soviel zu dem Vorschlag, der in den USA unter dem Schlagwort "Averaging" in
regelmäßigen Abständen immer wieder diskutiert wird. Für Dieselpartikeln wird
ein Teil dieses Verfahren in den USA ab Modelljahr 1987 angewandt, aber ohne
gebührenpflichtige Maßnahmen.

Generell kann man sagen, daß der Vorschlag bei aller inneren Logik und Konsi-
stenz mit den Problemen der Beschaffung einer repräsentativen Stichprobe von
Fahrzeugen in Kundenhand behaftet ist. Natürlich ist dieses Problem lösbar; in
USA zögert man aber, diese Probleme auf dem Verordnungswege zu lösen.

10 Abgasmeßtechnik - Quo Vadis?

10.1 Generelles

Der Aufwand, der in der Abgasmeßtechnik notwendig ist, muß sich an den Forderungen und Vorgaben des Gesetzgebers orientieren. Im Zuge der weiteren Erforschung des Wirkungspotentials unterschiedlicher Substanzen auf die Umwelt, wozu, nicht zu vergessen, auch das globale Klima gehört, wird sich die Anzahl der Abgaskomponenten erhöhen, deren Emission oder Immission gesetzlich begrenzt werden wird. Um es schlagwortartig auszudrücken:

„Aus nicht limitierten Komponenten werden limitierte".

Darüber hinaus betreibt der Gesetzgeber, im Interesse der Vermeidung oder Minderung der Umweltbelastung, eine präventive Politik der fortlaufenden Herabsetzung der Grenzwerte.

Die Festlegung von Grenzwerten hat natürlich nur dann einen Sinn, wenn ihre Einhaltung überwacht werden kann, die Emissions- und Immissionswerte also gemessen werden können. Das Messen wird aber durch die wachsende Vielzahl der limitierten Substanzen und ebenso durch die Festlegung fortlaufend niedrigerer Grenzwerte immer schwieriger, weil einmal viele in der Gesetzgebung neu hinzukommende Stoffe und zum anderen die immer geringer werdenden Konzentrationen mit der herkömmlichen Meßtechnik nicht mehr oder nur unter beträchtlich höherem Aufwand zu erfassen sind. Eigentlich ist der Frage

„Abgasmeßtechnik - Quo Vadis ?"

die Frage

„Abgasgesetzgebung - Quo Vadis ?"

voranzustellen.

Die Grenzwertverschärfung und das Hinzukommen weiterer Stoffe zeigt eindrucksvoll das Beispiel der Automobilabgasgesetzgebung in Kalifornien.

Der technische Fortschritt ist nicht an der Abgasmeßtechnik vorbeigegangen, man muß aber darüber nachdenken, welcher Weg zu beschreiten ist, um den zu erwartenden extremen Anforderungen gerecht zu werden. Dabei sind auch wirtschaftliche Überlegungen zulässig.

Als Schritt in die Zukunft der Abgasmeßtechnik können zum Beispiel Vielkomponenten-Meßgeräte zur simultanen Bestimmung einer größeren Anzahl von umweltrelevanten Komponenten gelten, vgl. Abschn. 6. Darüber hinaus sind seit einiger Zeit Bestrebungen im Gange, die Abgasemissionen direkt und kontinuierlich an Bord des Fahrzeuges zu messen, also Sensoren in-line oder on-line einzusetzen. Derartige On-board-Messungen sind zum Teil schon vom Gesetzgeber vorgegeben. Die On-board-Messung ist aber nur möglich, wenn kleine und preiswerte Analysatoren, im üblichen Sprachgebrauch Sensoren, zur Verfügung stehen.

10.2 Vielkomponentenmeßeinrichtungen

Die Multikomponenten- oder Vielkanalgasanalyse läßt sich im Prinzip mit Hilfe mehrerer Meßmethoden realisieren, z.B. dem Multiplexverfahren. Die bekannteste Multiplexmethode ist die Fouriertransformspektrometrie (Abschn. 6.1.4). Als Multiplexspektrometer bezeichnet man spektrometrische Anordnungen, die gleichzeitig und ohne eine räumlich ausgedehnte Vielkanaldetektorenanordnung zu benötigen, alle in einem größeren spektralen Bereich anstehenden spektralen Informationen zu messen gestatten. Die Stellen, an denen die Spektren der zu messenden Gase liegen, werden per Software aussortiert.

Aufgrund der Meßvorgänge und des Aufbaus kann auch z.B. mit Massenspektrometern eine quasi-simultane Mehrkomponentenmessung vorgenommen werden. Hier ist jedoch eine zeitliche Durchstimmung erforderlich, die aber sehr schnell ablaufen kann.

Vielkomponentenmeßeinrichtungen sind bereits auf dem Markt oder in der Entwicklung. Der Entwicklung wurde, in Voraussicht der heutigen Situation, ein Anforderungsprofil zugrundegelegt. Die wesentlichen Kriterien sind
- die Anzahl der simultan oder quasi-simultan meßbaren Komponenenten,
- die Nachweisgrenzen bzw. die Meßempfindlichkeit,
- die Selektivität oder Querempfindlichkeit, d.h. der Einfluß von Störgasen,
- die Ansprechzeit bzw. die 90 %-Zeit des Signalanstieges,
- die Langzeit- und Kurzzeitmeßgenauigkeit,
- die Meßbereichsdynamik und
- die Handhabbarkeit und Verfügbarkeit.

Natürlich sind die einzelnen Kriterien miteinander verknüpft, was einige Beispiele verdeutlichen sollen:
1. Die Meßbereichsdynamik hängt von den physikalischen Grundlagen des Meßprinzips ab. So ist die Analysenfunktion in der Absorptionsspektrometrie eine gekrümmte Kurve, während die Analysenfunktion in der Massenspektrometrie durch eine Gerade dargestellt wird.
2. Die Nachweisgrenze wird von dem Vorhandensein von Störgasen beeinflußt. Maßnahmen gegen die Querempfindlichkeit verursachen im allgemeinen eine Minderung der Meßempfindlichkeit.
3. Die Stabilität des Meßsignals ist bei größeren Meßbereichen im allgemeinen höher als bei kleinen Meßbereichen.
4. Die Ansprechzeit, die zur Ermöglichung der Echtzeitaufzeichnung von Emissionsverläufen möglichst kurz sein sollte (ca. eine Sekunde), beeinflußt das Signal/Rauschverhältnis.

10.3 On-board-Meßverfahren

Den Einsatzbereich der On-board-Meßverfahren stellt in erster Linie die Direktmessung der Automobilabgasemission im Betrieb des Fahrzeuges dar. Dieser Einsatz ist aber nur möglich, wenn kleine und preiswerte Analysatoren (Sensoren) zur Verfügung stehen. Man könnte sich dann die Installation relativ aufwendiger und teurer Meßeinrichtungen ersparen und die Abgasemission kontinuierlich im Fahrzeugbetrieb überwachen.

Derzeit wird eine sehr große Anzahl von unterschiedlichen Gassensoren auf dem Markt angeboten. Von wenigen Ausnahmen (z.B. Sauerstoffmessung) abgesehen, sind diese Sensoren zwar für einfache Überwachungsaufgaben recht gut geeignet, von einer Meßgerätequalität aber noch weit entfernt.

Zur Zeit konzentriert sich die Entwicklung von Sensoren zur Gaskonzentrationsmessung in-situ, d.h. direkt im Gasstrom, auf drei Typen von Sensoren:
1. Potentiometrische elektrochemische Sensoren mit Festkörperelektrolyt,
2. Resistive physikalisch-chemische Sensoren auf Halbleiterbasis,
3. Physikalische Sensoren, das sind im allgemeinen stark miniaturisierte Gasanalysatoren.

Elektro-chemische Sensoren

Der sozusagen klassische Festkörperelektrolytsensor ist die Zirkoniumdioxidsonde, die zur in-situ-Messung von Sauerstoff eingesetzt wird und die eine überaus weite Verbreitung als sogenannte Lambda-Sonde zur Gemischregelung bei Kraftfahrzeugen mit Dreiwegekatalysator gefunden hat. Der ZrO_2-Festelektrolyt zeigt bei höheren Temperaturen eine spezifische Leitfähigkeit für Sauerstoffionen. Festelektrolyten mit einer spezifischen Leitfähigkeit für Ionen anderer Gase sind bisher, zumindest außerhalb von Forschungslaboratorien, nicht bekannt. Der streng sauerstoffselektiv und mit hoher Meßqualität arbeitende Zirkoniumdioxidsensor ist noch immer eine „Insellösung".

Physikalisch-chemische Sensoren

Intensiv gearbeitet wird an der Entwicklung von resistiven Sensoren, wobei sich der innere Widerstand des Sensormaterials durch Einbau von eindiffundierten Ionen in die Gitterstruktur eines Halbleiters ändert. Einige Erfolge sind bisher mit Titandioxid (TiO_2) und Metalltitanaten ($MeTiO_3$) als Sensorenmaterial erzielt worden, der Mechanismus läuft allerdings wieder nur mit Sauerstoffionen. Die Entwicklung läuft darauf hinaus, auf die Oberfläche des Sensormaterials bestimmte, auch katalytisch wirksame Substanzen aufzutragen, die nicht nur den Sauerstoff oxidierender Gase freisetzen, sondern auch eine hohe chemische Affinität gegenüber Störgasen aufweisen. In der Praxis einsetzbare Sensoren sind noch nicht vorzuweisen.

Zur Herstellung der chemischen Sensoren werden vermehrt Dick- oder Dünnfilmtechnik angewendet. So können zum Beispiel das eigentliche Sensormaterial, die Elektroden, die katalytischen Schichten und die Heizung gemeinsam auf einem kleinen keramischen Träger aufgebracht werden.

Physikalische Gassensoren

Die chemischen bzw. elektrochemischen Sensoren können als eine eigene Meßfühlerspezies angesehen werden. Bei den physikalischen Gassensoren dagegen handelt es sich in der Regel um stark miniaturisierte und vereinfachte Gasanalysatoren, die ansonsten nach den üblichen Meßprinzipien, wie z.B. der IR-Absorptionspektrometrie arbeiten. Eine mögliche Anordnung zeigt beispielhaft Abb. 10.1, in der der prinzipielle Aufbau eines Infrarotgassensors und dessen Anbringung an einem Abgasrohr dargestellt sind.

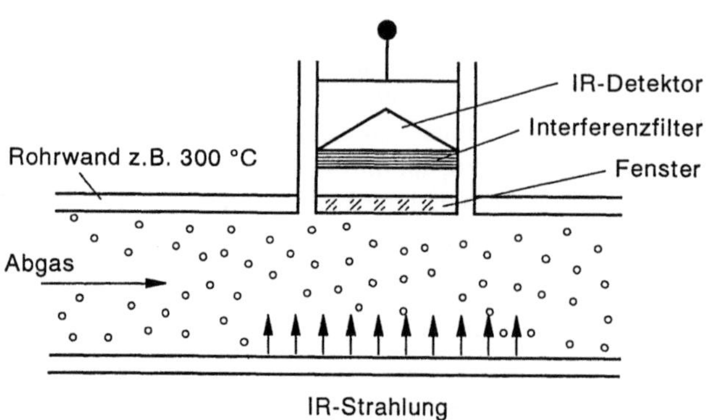

Abb. 10.1 Prinzipdarstellung eines Infrarotgassensors an einem Abgasrohr

Der Detektor ist ein infrarotempfindlicher Festkörperdetektor. Zur Selektivierung auf eine bestimmte Komponente des Meßgases wird ein optisches Interferenzfilter vorgeschaltet. Beide Bauteile können sehr klein, in Millimeterabmessungen, gehalten werden. Als Infrarotstrahlenquelle kann die Wärmestrahlung des heißen Gasführungsrohres dienen.

An miniaturisierten Gasanalysatoren, auch in Verbindung mit Lichtleitfasern, und an Mikrosystemen, wozu z.B. der Aufbau eines Spektrometers auf einem Chip gehört, wird schon längere Zeit gearbeitet. Eine praktische Erprobung ist bisher nicht bekannt geworden.

Die Verwirklichung eines solchen Sensors wäre auch wirtschaftlich interessant, weil die komplizierten Meß- und Prüfanlagen hohen Aufwand (Investitionen, Instandhaltung, Personal) erfordern. Für einen europäischen weltweit operierenden Automobilhersteller belaufen sich allein die Investitionen für Abgasprüfanlagen auf ca. DM 300 Mio.

10.4 Ausblick

Die Meßtechnik hat im Dienst des Umweltschutzes immer die ihr gestellten Aufgaben erfüllt. Zuweilen hat der Fortschritt der Meßtechnik, insbesondere auf dem Gebiet der extremen Spurenanalytik, das Auffinden bestimmter Substanzen erst ermöglicht, was aber oft zu neuen, meistens unberechtigten Forderungen der Umweltschützer führte.

Der Gesetzgeber wird die Vorschriften zur Emissions- und Immissionsbegrenzung verschärfen. Die Forderung nach kontinuierlicher Überwachung wird zunehmen, mit steigenden Anforderungen an die Meßtechnik. Wenn man annimmt, daß der Gesetzgeber keine unerfüllbaren Vorschriften erläßt, sind die meß-technischen Anforderungen, mit welchem Aufwand auch immer, wahrscheinlich zu erfüllen; aber auch wirtschaftlich fundierte, Nutzen/Kosten-Analyse dürfen nicht tabuisiert werden. Man denke nur an die fehlende Standardisierung der Vorschriften.

Unter diesen Aspekten kann, bezogen auf die Problematik der Luftreinhaltung, die Antwort auf die eingangs gestellte Frage „Abgasmeßtechnik - Quo Vadis ?" lauten:

* *Standardisierung der Prüfungen;*
* *Beschränkung auf Flotten-Emissions-Mittelwerte;*
* *Weiterentwicklung und zunehmende Anwendung der Vielkomponentenmeßtechnik;*
* *Verstärkte Anstrengungen in der Entwicklung von selektiven „Abgas-onboard"-Sensoren.*

Literatur

Bücher

1   Baumbach,G.; Baumann,K.; Dröscher,F.; Gross,H.; Steisslinger,B.:
    Luftreinhaltung. Entstehung, Ausbreitung und Wirkung von
    Luftverunreinigungen - Meßtechnik, Emissionsminderungen und Vorschriften.-
    Berlin; Heidelberg: Springer-Verlag, 1990 ISBN 3-540-52677-3

2   Brosthaus,J.; Jost,P.; Sonnborn,K.S.: Abgasemissionsprognose für den Pkw-
    Verkehr in der Bundesrepublik Deutschland im Zeitraum von 1970 bis 2000.-
    Köln: Verlag TÜV Rheinland, 1983

3   Budzikiewicz,H.: Massenspektrometrie: Eine Einführung. 3.Aufl.- Weinheim:
    VCH Verlagsgesellschaft, 1992 ISBN 3-527-26870-7

4   Chantry,G.W.[Hrsg.]: Modern Aspects of Microwave Spectroscopy.- London,
    New York, Tokyo: Academic Press, 1979

5   Der Rat von Sachverständigen für Umweltfragen: Waldschäden und
    Luftverunreinigungen (Sondergutachten, März 1983).- Stuttgart; Mainz:
    W.Kohlhammer Verlag, 1983 ISBN 3-17003265-8

6   Deutscher Bundestag [Hrsg.]: Schutz der Erdatmosphäre: Eine internationale
    Herausforderung. Zwischenbericht der Enquete-Kommission des 11.
    Deutschen Bundestages "Vorsorge zum Schutz der Erdatmosphäre" am
    9.3.1989.- Bonn: Deutscher Bundestag, Referat Öffentlichkeitsarbeit, 1989
    ISBN 3-924521-27-1

7   Deutscher Bundestag [Hrsg.]: Schutz der Erde: eine Bestandsaufnahme mit
    Vorschlägen zu einer neuen Energiepolitik. Dritter Bericht der Enquete-
    Komission "Vorsorge zum Schutz der Erdatmosphäre" des Deutschen
    Bundestages. Teilbände I und II Bonn: Economica Verlag, 1991 ISBN 3-
    926831-91-X

8   Ehhalt,D.H.; Drummond,J.W.: The Tropospheric Cycle of NOx.-In:
    Georgii,H.W.; Jaeschke,W.: Chemistry of the Unpolluted and Polluted
    Troposphere, S.219-251.- Dordrecht: D.Reidel Publ.Co., 1982

9   Georgii,H.W.; Jaeschke,W. [Hrsg.]: Chemistry of the Unpolluted and Polluted
    Troposphere.-Proceedings of the Nato Advanced Study Institute Held on the
    Island of Corfu (Greece),Sept. 28 - Oct. 10, 1981.- Dordrecht: D.Reidel Publ.
    Co., 1982

10   Hauschulz,G.; Heich,H.-J.; Leisen,P.; Raschke,J.; Waldeyer,H.; Winckler,J.:
     Emissions- und Immissionsmeßtechnik im Verkehrswesen.- Köln: Verlag TÜV
     Rheinland, 1983 ISBN 3-88585-58-3

11   Herzberg, G.: Molecular Spectra and Molecular Structure. II. Infrared and
     Raman Spectra of Polyatomic Molecules.- Malabar, Fla., USA Krieger Publ.
     Co., 1991

12   Ishinishi,N.; Koizumi,A.; McClellan,R.O.; Stöber,W.: Carcinogenic and
     Mutagenic Effects of Diesel Engine Exhaust.-In: Development in Toxicology
     and Environmental Science, Volume 13 (Congress Report).- Amsterdam; New
     York; Oxford: Elsevier Science Publishers, 1986

13   Klingenberg,H. et al.: Versuchs- und Meßtechnik. Kapitel 7 in: Bussien:
     Automobiltechnisches Handbuch. Ergänzungsband zur 18. Auflage.- Berlin;
     New York: Walter de Gruyter, 1979

14   Lewtas,Y. [Editor]: Toxicological Effects of Emission from Diesel Engines
     (Congres report).- Amsterdam: Elsevier Science Publishing Co., 1981

15   Lindinger,W.: Internal and Translational Energy Effects. In: Futrell,J.H.
     [Hrsg.]: Gaseous Ion Chemistry.- New York: John Wiley & Sons Inc., 1986

16   Meyer,V.: Praxis der Hochleistungs-Flüssigkeitschromatographie
     (Laborbücher Chemie). 7.Aufl.- Frankfurt am Main: Otto Salle Verlag, 1992
     ISBN 3-7935-5452-X

17   Nießlein,E; Voss,G.: Was wir über das Waldsterben wissen.- Deutscher
     Institutsverlag, 1985 ISBN 3-602-14158-6

18   N.N. CO_2-Minderung durch staatliche Maßnahmen.-VDI-Berichte Nr. 997.-
     Düsseldorf: VDI-Verlag, 1992

19   Sachs,L: Angewandte Statistik - Anwendung statistischer Methoden. 7.Aufl.-
     Berlin, Heidelberg: Springer-Verlag, 1992 ISBN 3-341-00753-9

20   Schröder,E.: Massenspektrometrie: Begriffe und Definitionen.- Berlin;
     Heidelberg: Springer-Verlag, 1991 ISBN 3-540-53329-X

21   Seiffert,U.; Walzer,P.: Automobiltechnik der Zukunft.- Düsseldorf: VDI-
     Verlag, 1989 ISBN 3-18-400836-3

22   Smith,R.A.: Air and Rain. The Beginning of a Chemical Climatology.- London:
     Longmans, Green and Co., 1872

23   Staab,J.: Industrielle Gasanalyse.- München; Wien: R.Oldenbourg, 1994 ISBN
     3-486-22808-0

24   Storm,R.: Wahrscheinlichkeitsrechnung, mathematische Statistik und
     statistische Qualitätskontrolle. 9.Auflage.- Leipzig: Fachbuchverlag, 1988
     ISBN 3-343-00181-3

25   Unger,K.K. [Hrsg.]: Handbuch der HPLC, Teil 1: Leitfaden für Anfänger.-
     Darmstadt: GIT Verlag, 1989 ISBN 3-921956-84-6

26   Willeke,K.; Baron,P.A.: Aerosol Measurement. Principles, Techniques, and
     Applications.- New York: Van Nostrand Reinhold Co., 1993 ISBN 0-442-
     00486-9

27   Toxic Air Pollutants from Mobile Sources: Emissions and Health Effects.
     International Specialty Conference, Air & Waste Management Association,
     Pittsburgh, Pennsylvania (1992)

Veröffentlichungen

Zu Abschnitt 2

1   Berg,W.: Aufwand und Probleme für Gesetzgeber und Automobilindustrie bei
der Kontrolle der Schadstoffemissionen von Personenkraftwagen mit Otto- und
Dieselmotoren (Dissertation).- Braunschweig: Techn. Universität, 1982

2   Brosthaus,J.; Jost,P.; Sonnborn,K.S.: Abgasemissionsprognose für den Pkw-
Verkehr in der Bundesrepublik Deutschland im Zeitraum von 1970 bis 2000.-
Köln: Verlag TÜV Rheinland, 1983

3   Franke,H.-U.; Witzenhausen,K.; Klingenberg,H.: Variation of the Particulate
Size Distribution in the Exhaust Pipe of a Stationary Diesel Engine.- Paper on
4.Int.Aerosol Conf., Session 7E5, Los Angeles, 1994

4   Hassel,D.; Dursbeck,F.; Jost,P.; Hofmann,K.; Waldeyer,H.: Das
Abgasemissionsverhalten von Pkw in der Bundesrepublik Deutschland im
Bezugsjahr 1985 (UBA-Bericht 07/87).- Berlin: Erich Schmidt Verlag, 1987

5   Klingenberg,H.; Kuhler,M.; Schürmann,D.: Stand und Entwicklungstendenzen
der Abgasgesetzgebung in den USA. - Technische Akademie Esslingen,
Unterlagen zum Lehrgang Meßverfahren und Meßtechnik für
Kraftfahrzeugabgase, 18.10.82

6   Klingenberg,H.; Schürmann,D.: Abgasemissions- und Kraftstoffverbrauchs-
prognosen für den Pkw-Verkehr in der Bundesrepublik Deutschland im
Zeitraum von 1970 bis 2000 auf der Basis der verschiedenen Grenzwert-
situationen. Schriftenreihe der Forschungsvereinigung Automobiltechnik e.V.
(FAT) Nr. 45, 1985

7   Klingenberg,H.; Schürmann,D.; Staab,J.: Einfluß verschiedener
Katalysatorkonzepte auf die Abgasemissionen bei realen Straßenfahrten.- MTZ
49 (1988) 2

8   Klingenberg,H.; Schürmann,D.; Lies,K.-H.: Dieselmotorabgas - Entstehung
und Messung.- VDI-Berichte Nr. 888 (1991) S. 119-131

9   Klingenberg,H.; Wagner,G.: Umweltschutzstrategien der Automobilindustrie
am Beispiel der Volkswagen AG. In: Steger,U.: Handbuch des
Umweltmanagements.- München: C.H.Beck'sche Verlagsbuchhandlung, 1992

10   Klingenberg,H.; Franke,H.-U.; Witzenhausen,K.: Größenverteilung der
Dieselpartikeln längs des Abgasstranges.- Begleitkongreß zur UMTEC '94,
Magdeburg, 1994

11   Lach,G.; Winckler,J.: Kraftstoffdampf-Emissionen von Personenwagen mit
Ottomotor.- ATZ Automobiltechnische Zeitschrift (Stuttgart) 92 (1990), H.7/8

12   Meier,E.; Plaßmann,E.; Wolff,C. et al.: Großversuch zur Untersuchung der
Auswirkung einer Geschwindigkeitsbegrenzung auf das Abgas-
Emissionsverhalten von Personenkraftwagen auf Autobahnen (Abgas-
Großversuch).- Essen: Vereinigung der Technischen Überwachungs-Vereine
e.V., 1985

13   Metz,N.: Entwicklung der Abgasemissionen des Personenwagen-Verkehrs in
     der BRD von 1970 bis 2010.- ATZ Automobiltechnische Zeitschrift (Stuttgart)
     92 (1990), H.4 S. 176-183
14   Obländer,K.; Kräft,D.: Abgasgesetzgebung, Grenzwerte und Meßverfahren im
     Kraftfahrzeugwesen.- MTZ 34 (1973) 3, S.84-91
15   Schürmann,D.; Wagner,G.; Klingenberg,H.: Social Impact of the Car. - 93rd
     General Assembly of the Alliance Internationale de Tourisme, In: Sydney,
     Australia (1991)
16   von Goßlar,V.: Grenzen der Motorisierung in Sicht.- Aktuelle
     Wirtschaftsanalyse (Deutsche Shell), Hamburg, (1989) H. 20
17   Witzenhausen,K.; Franke,H.-U.; Klingenberg,H.: Morphology Changes of
     Diesel Particulate in the Exhaust Pipe at Different Static Loads.- Paper on
     4.Int.Aerosol Conf., Session 7E7, Los Angeles, 1994

Zu Abschnitt 3
1   Bolin,B.; Arrhenius,E.: Nitrogen - An Essential Life Factor and a Growing
     Environmental Hazard (Report from Nobel Symposium No. 38).- AMBIO VI
     (1977), 2-3
2   Böttger, A.; Ehhalt,D.H.; Gravenhorst,G.: Atmosphärische Kreisläufe von
     Stickoxiden und Ammoniak.- Berichte der Kernforschungsanlage Jülich, Nr.
     1558 (1978)
3   Crutzen,P.J.: The Role of NO and NO_2 in the Chemistry of the Troposphere
     and Stratosphere.- Ann.Rev.Earth Planet.Sci.   (1979), 7, 443-472
4   Crutzen, P.J.: Atmospheric Interactions - Homogeneous Gas Reactions of C,
     N, and S Containing Compounds.-In: Bolin, B,; Cook, R.B. (eds.): The Major
     Biogeochemical Cycles and Their Interactions.- SCOPE   (1983)
5   EPA: National Air Quality and Emission Trends Report 1981.- US-EPA
     (1983)
6   Fishman,J.; Seiler,W.: Correlative Nature of Ozone and Carbon Monoxide in
     the Troposphere: Implication for the Tropospheric Ozone Budget.-
     J.Geophys.res. 88 (1983), C6, 3662-3670
7   Fricke,W.: Großräumige Verteilung und Transport von Ozon und Vorläufern.-
     VDI-Berichte Nr.500 (1983) S.55-62
8   Hahn,J.: The Cycle of Atmospheric Nitrous Oxide.- Phil.Trans.R.Soc.London
     A 290 (1979), 495-504
9   Kuhler,M.; Kraft,J.; Klingenberg,H.; Schürmann,D.: Natürliche und
     anthropogene Emissionen.- Automobil-Industrie 30 (1985) 2, 165-176
10   Logan,J.A.: Nitrogen Oxides in the Troposphere: Global and Regional
     Budgets.- J.Geophys.Res. 88 (1983), C15, 10785-10807
11   Maxwell,C.; Martinez,J.R.: Performance Evaluation of three Chemical Models
     Used with the Empirical Kinetic Modeling Approach(EKMA) APCA 82-20.2
     (1982)
12   Mosier,A.R.; Hutchinson,G.L.: Nitous Oxide Emissions from Cropped Fields.-
     J.Environ.Qual. 10 (1981), 2,

13 Nolting,F.; Zetzsch,C.: Smogkammeruntersuchungen zur Luftchemie biogener Kohlenwasserstoffe in Gegenwart von Ozon, NO_x und SO_2 (Abschlußbericht). KfK-PEF 58, Kernforschungszentrum Karlsruhe (1990)

14 Paul,E.A.: Nitrogen Cycling in Terrestrial Ecosystems.-In: Environmental Biogeochemistry, Vol.1 (ed. by J.O.Nriagu).- Ann Arbor: Ann Arbor Science Publishers Inc., 1976

15 Rotty,R.M.: Uncertainties Associated with Global Effects of Atmospheric Carbon Dioxide.- DOE-Contract EY 76C050033, Oak Ridge Associated Universitie, Institute for Energy Analysis. (1979)

16 Schönwiese,C.-D.: Das Problem menschlicher Eingriffe in das Globalklima ("Treibhauseffekt") in aktueller Übersicht.-Frankfurter Geowissenschaftliche Arbeiten, Serie B, Metereologie und Geophysik Bd.3.-   1991 ISBN 3-922540-34-1

17 Schwela, D.: Vergleich der nassen Deposition von Luftverunreinigungen in den Jahren um 1970 mit heutigen Belastungswerten.- Staub - Reinhaltung der Luft 43 (1983) 4, 135-139

18 Seiler,W.: The Cycle of Atmospheric CO.- Tellus XXVI (1974), 1-2, 116-135

19 Seiler,W.; Zankl,H.: Man's Impact on the Atmospheric Carbon Monoxide Cycle.-In: Nriagu, J.O. [Hrsg.]: Environmental Biogeochemistry, Vol.1.- Ann Arbor: Ann Arbor Science Publishers Inc., 1976

20 Seiler,W.; Crutzen,P.J.: Estimate of Gross and Net Fluxes of Carbon Between the Biosphere and the Atmosphere from Biomass Burning.- Climatic Change (D.Reidel Publ.Co.), Dordrecht (1980), 2, 207-247

21 Seiler,W.; Fishman,J.: The Distribution of Carbon Monoxide and Ozone in the Free Troposphere.- J.Geophys.Research 86 (1981), C 8, 7255-7265

22 Seiler,W.; Conrad,R.; Scharffe,D.: Field Studies of Methane Emission from Termite Nests into the Atmosphere and Measurements of Methane Uptake by Tropical Soils.- J.Atmosph.Chemistry (1984), 1, 171-186

23 Seiler,W.: Contribution of Biological Processes to the Global Budget of CH4 in the Atmosphere.-In: Klug,M.J.; Raddy,C.A.[Hrsg.]:Current Perspectives in Microbiological Ecology, S.468-477.- Washington D.C.: American Society for Microbiology, 1984

24 Seiler,W.; Holzapfel-Pschorn,A.; Conrad,R.; Scharffe,D.: Methane Emissions from Rice Paddies.- J.Atmosph.Chem. (1984), 1, 241-268

25 Stein,N.: The Role of the Terrestrial Vegetation in the Global Carbon Cycle.- In: Georgii,H.W.; Jaeschke,W. [Hrsg.]: Chemistry of the Unpolluted and Polluted Troposphere, S.185-202.- Dordrecht: D.Reidel Publ.Co., 1982

26 Wagner,H.G.; Zellner,R.: Abbau von Kohlenwasserstoffen in der Atmosphäre.- Erdöl und Kohle - Erdgas - Petrochemie. Brennstoffchemie 37 (1984), 212

27 Wagner,H.G.; Zellner,R.: Die Geschwindigkeit des reaktiven Abbaus anthropogener Emissionen in der Atmosphäre.- Angew.Chem. 91 (1979), 707

28 Wang,W.Ch.; Sze,N.D.: Coupled Effects of Atmospheric N2O and O3 on the Earth's Climate.- Nature 286 (1980), 589-590

Zu Abschnitt 4

1   Chock,D.P.: A Simple Line Source Model for Dispersion Near Roadways.-
    Atmospheric Environ. 12 (1978), 823
2   Johnson,W.B.; Ludwig,F.L.; Dabberdt,W.F.; Alle,R.J.: An Urban Diffusion
    Simulation Model for Carbon Mooxide.- JAPCA 23 (1973), 490
3   Kuhler,M.; Kraft,J.; Koch,W.; Windt,H.. Dispersion of Car Emissions in the
    Vicinity of a Highway. In: Grefen,K.; Löbel,J.: Environmental Metereology.-
    Dordrecht: Kluwer Academic Publishers, 1988
4   Verein Deutscher Ingenieure, Kommission Reinhaltung der Luft: VDI-
    Richtlinie 3210: Maximale Immissions-Werte.- Berlin: Beuth-Verlag, 1974

Zu Abschnitt 5

1   Aufderheide,M.; Mohr,U.; Thiedemann, K.U.; Heinrich, U.: Quantification of
    hyperplastic areas in hamster lungs after chronic inhalation of different
    cadmium compounds. Toxicol. Environ. Chem. 27; 173-180 (1990)
2   Creutzenberg,O.; Bellmann,B.; Klingebiel,R.; Heinrich,U.; Muhle, H.: Toxic
    and carcinogenic effects of solid particles in the respiratory tract. International
    Life Sciences Institut-ILSI-, Washington/D.C; Selbstverlag. 1994, S. 549-552
3   Bellmann,B.; Muhle,H.; Creutzenberg,O.; Mermelstein,R.: Irreversible
    pulmonary changes after dust overloading of lungs in rats, J. Aerosol Med. 3
    (1): 68-69 (1990)
4   Bellmann,B.; Muhle,H.; Creutzenberg,O.; Mermelstein,R.: Recovery behaviour
    after dust overloading of lungs in rats. J. Aerosol Sci., 21; 377-380 (1990)
5   Creutzenberg,O.; Bellmann,B.; Heinrich,U.; Fuhst,R.; Koch,W.; Muhle,H.:
    Clearance and retention of inhaled diesel exhaust particles, carbon black, and
    titanium dixide in rats at lung overload conditions. J. Aerosol Sci., 21 (1): 455-
    458 (1990)
6   Bellmann,B.; Muhle,H.; Creutzenberg,O. and Mermelstein,R.: Irreversible
    Pulmonary changes induced in rat lung by dust overload, Environ, Health
    Persp. 97, 189-191 (1992)
7   Ishinishi,N.; Koizumi,A.; McClellan,R.O.; Stöber,W.: Carcinogenic and
    Mutagenic Effects of Diesel Engine Exhaust.-In: Development in Toxicology
    and Environmental Science, Volume 13 (Congress Report).- Amsterdam; New
    York; Oxford: Elsevier Science Publishers, 1986
8   Deutsche Forschungsgemeinschaft: Maximale Arbeitsplatzkonzentrationen und
    Biologische Arbeitsstofftoleranzwerte 1991 (Mitteilung XXVII der
    Senatskomission zur Prüfung gesundheitlicher Arbeitsstoffe).- Berlin;
    Heidelberg: VCH Verlagsgesellschaft, 1991 ISBN 3-527-27398-0
9   Heinrich;U.; et al.: Chronic Effects on the Respiratory Tract of Hamsters, Mice
    and Rats after Long-Term Inhalation of High Concentrations of Filtered and
    Unfiltered Diesel Engine Emissions. Journal of Applied Toxicology, Vol. 6 (6),
    383-395, 1986

10 Heinrich,U.: Gesundheitliche Wirkung der Dieselabgasemission; Stand der
    Forschung. In: Abgas- und Geräuschemissionen von Nutzfahrzeugen, VDI-
    Berichte 885: VDI Verlag, Düsseldorf, S. 1-100 (1991)

11 Heinrich,U.; Pott,F.; Roller,M.: Polycyclische aromatische Kohlenwasserstoffe
    - Tierexperimentelle Ergebnisse und epidemiologische Befunde zur Risiko-
    Abschätzung. In VDI-Berichte 888: VDI Verlag. Düsseldorf, S. 71-92 (1991)

12 Heinrich,U.; Fuhst,R.; Mohr,U.: Tierexperimentelle Inhalationsstudien zur
    Frage der tumorinduzierenden Wirkung von Dieselmotorabgasen und zwei
    Teststäuben. In: ökologische Forschung, Auswirkungen von
    Dieselmotorabgasen auf die Gesundheit, BMFT-Broschüre, S. 21-30. (1992)

13 Heinrich,U.: Toxic and carcinogenic effects of solid particles in the respiratory
    tract. International Life Sciences Institut-ILSI-, Washington/D.C; Selbstverlag.
    1994, S. 57-73

14 Henschler,D.: Verhältnismäßigkeit im Umweltschutz. Nachr. Chem. Techn.
    Lab. 36 (1988) 9

15 Klingenberg, H.; Stöber, W.; Heinrich, U.: Stand der Arbeiten zur biologischen
    Wirkung von Abgasemissionen aus Verbrennungsmotoren - ein Statusbericht.-
    Kongreßbericht zur FISITA, Hamburg, 1980

16 Klingenberg, H.: Automotive Emissions and Health Effects Research Need:
    The European View.- SAE-Papert 840906   1984

17 Klingenberg,H.: Wirkungsforschung - Aufgabe der Automobilindustrie?.-
    Automobil-Industrie 32 (1987) 2, 105-114

18 Klingenberg, H.: Studies on Health Effects of Automobile Exhaust Emissions.-
    Proceedings of the Third International Highway-Pollution Symposium,
    Munich, 1989

19 Klingenberg,H.: Wie gefährlich sind Dieselmotorabgase?. Österreichische
    Ingenieur- und Architekten-Zeitschrift (ÖIAZ), 134. Jg. Heft 11 (1989)

20 Klingenberg,H.; Winneke,H.: Studies on Health Effects of Automotive Exhaust
    Emissions.-How Dangerous are Diesel Emissions?.- The Science of the Total
    Environment (Elsevier Sci. Publ.) 93 (1990) S.95-105

21 Levsen,K.; Behnert,S.; Prieß,B.; Winkeler, H.D.; Zietlow, J.: Der Eintrag
    organischer Verbindungen in den Boden durch Niederschläge. VDI Bericht
    837, 401-435 (1990)

22 Mohr,U.; Bader,R.; Ernst, H.; Ettlin, R.; Gembardt,C.; Harleman,J.H.,
    Hartig,F.; Jahn,W.; Kaliner, G.; Karbe,E.; Kaufmann,W.; Krieg,K.; Krinke,G.;
    Küttler,K.; Landes,C.; Mettler,F.; Morswitz, G.; Notman,J.; Püschner,H.
    Qureshi,S.; Reznik,G.; Rittinghausen,S.; Tuch,K.; Urwyler,H.; Weisse,G.;
    Weisse,I.; Zehnder,J.: Tumor REGISTRY Data Base, Suggestions for a
    systematized nomenclature for pre-neoplastic and neoplastic lesions in rats.
    Exp. Pathol., 38; 1-18 (1990)

23 Mohr,U.; Rittinghausen,S.; Takenaka, S.; Ernst,H.; Dungworth,D.L.;
    Pylev,L.N.: Tumours of the lower respiratory tract and pleura. In: Turusov,
    V.S.; Mohr,U. (eds.) Pathology of tumours in laboratory animals. Vol I.
    Tumours of the rat. 2nd edition. IARC Scientific Publications. 99: 275-299
    (1990)

24 Morrow,P.E.; Muhle,H.; Mermelstein,R.: Chronic inhalation study findings as
    a basis for proposing a new occupational dust exposure limit. J. Am. Coll.
    Toxicol. 10: 279-290 (1991)
25 Muhle,H.; Creutzenberg,O.; Bellmann,B.; Heinrich,U.; Mermelstein,R.: Dust
    overloading of lungs; investigations of various materials species differences and
    irreversibility of effects. J. Aerosol Med., 3; 111-128 (1990)
26 Muhle,H.; Bellmann,B.; Creutzenberg,O.: Toxic and carcinogenic effects of
    solid particles in the respiratory tract. International Life Sciences Institut-ILSI-,
    Washington/D.C; Selbstverlag. 1994, S. 29-41
27 N.N. Verbundforschungsprogramm "Auswirkungen von Automobilabgasen auf
    die Gesundheit und Umwelt".- Bundesanzeiger Bonn, 38 (1986), 1121
28 Stöber,W.: On the Health Hazards of Particulate Diesel Engine Exhaust
    Emissions. SAE Technical Paper Series 871988 (1987)
29 Stöber,W.; Rosner,G.: Health aspects of indoor air pollution by organic matter
    and combustion products. In: Kasuga, H. (ed.) Indoor air quality. Springer
    Verlag. Berlin, Heidelberg, 403-414 (1990)

Zu Abschnitt 6
1   Heise, H.M.: Infrarotspektrometrische Gasanalytik - Verfahren und
    Anwendungen. In:Analytiker-Taschenbuch Band 9.- Berlin, Heidelberg:
    Springer-Verlag, 1990
2   Heller, B.; Klingenberg, H.; Lach, G.; Winckler, J.: Dynamic Exhaust Emission
    Measurement System (SESAM) According to Legal Demands and for
    Development Purposes.- ISATA-Proceedings, Vol. III, Stream c, P. 17-24
    ISATA
3   Heller,B.; Klingenberg,H.; Lach,G,; Winckler,J.: Performance of a New
    System for Emission Sampling and Measurement,- SAE-Paper 900275,   1990
4   Klingenberg,H.: Meß- und Prüfverfahren für Automobilabgase - Übersicht und
    Kritik.- atm 44 (1977) H. 1-4 S. 3-14, 53-60, 95-102, 133-138
5   Klingenberg, H.; Winckler, J.: Multicomponent Automobile Exhaust
    Measurements.- S. 108-115 in: Proceedings of the International Symposium
    "Monitoring of Gaseous Pollutants by Tunable Diode Lasers", Fraunhofer
    Institut, Freiburg, 1986
6   Klingenberg,H.; Staab,J.: Zeitaufgelöste Messung von Automobilabgasen -
    Grenzen der Technologie und Notwendigkeit der Anwendung.- ATZ 90
    (1988) 10
7   Klingenberg,H.; Jecht,U.: Mehrkomponentenmessung an Kfz-Abgasen mittels
    eines On-Line-FTIR-Spektrometers.- VDI-Berichte Nr. 838 (1990) S. 111-
    146
8   Martin,K.: Spurenanalytik anorganischer Verbindungen mittels
    Gaschromatographie/Codestillation/Matrixisolation/Fouriertransorm-
    Infrarotspektroskopie. Dissertation, Universität Hannover, (1993)
9   Riedel,W.J. etal.: Infrared Diode Laser Exhaust Gas Analyser for Trace
    Components ISATA paper 910309 Florence, Italy, 1991

10   Riedel,W.J.: Optics for Tunable Diode Laser Spectrometers.- Proc. SPIE
     Vol.1433 (1991) S.179-189

11   Staab,J.; Fabinski,W.; Zöchbauer,M.: Ein Betriebsfotometer nach dem
     Resonanzabsorptionsverfahren zur Messung von Stickstoffoxid.- Technisches
     Messen (1978) 1, S.11-75

12   Staab,J.; Klingenberg,H.; Schürmann,D.: Strategy for the Development of a
     New Multicomponent Exhaust Emissions Measurement Technique.- SAE-
     Paper 830437, 1983

13   Staab,J.; Klingenberg,H.; Herget,W.F.; Riedel,W.I.: Progress in the Prototype
     Development of a New Multicomponent Exhaust Gas Sampling and Analysing
     System.- SAE-Paper 840470 1984

14   Staab,J.; Klingenberg,H.; Pflüger,H.; Herget,W.F.; Tromp,M.I.: First
     Experiences in Testing a New Multicomponent Exhaust Gas Sampling and
     Analysing System.- SAE-Paper 851659, 1985

15   Staab,J.; Klingenberg,H.: Ein neues Vielkomponenten-Meßsystem zur
     gleichzeitigen Messung der limitierten und von nicht limitierten
     Automobilabgasemissionen.- Automobil-Industrie 31 (1986) , 359-369

Zu Abschnitt 7

1   Cadle,S.H.; Mulawa,P.A.: Sulfide Emissions from Catalyst-Equipped Cars.-
     SAE-Paper 780200, 1978

2   Grimmer,G.; Hildebrandt,A.; Böhnke,H.: Probennahme und Analytik von PAK
     in Kfz-Abgasen.- Erdöl und Kohle - Erdgas - Petrochemie 25 (1972), 442

3   Grimmer,G.; Glaser,A.; Böhnke,H.: Probenahme und Analytik polyzyklischer
     aromatischer Kohlenwasserstoffe im Kraftfahrzeugabgas.- Proc. Third
     Intern.Clean Air Congress, S.C 50 - C 53, Düsseldorf, 1973

4   Hartung,A.; Kraft,J.; Lies,K.-H., Schulze,J.: Messen polycyclischer
     aromatischer Kohlenwasserstoffe im Abgas von Dieselmotoren.- MTZ 43
     (1982), 263

5   Hartung,A.; Kraft,J.; Schulze,J.; Kieß;H.; Lies,K.-H.: The Identification of
     Nitrated PAH in Diesel Particulate Extracts.- Chromatographia 19 (1984,)
     269

6   Hartung,A.; Kraft,J.; Schulze,J.; Lies,K.-H.: Identifizierung und quantitative
     Bestimmung von Nitroderivaten der polycyclischen aromatischen
     Kohlenwasserstoffe in Diesel-Partikel-Extrakten.- Z.Anal.Chem. 320 (1985),
     702

7   Hartung,A.; Schulze,J.; Kieß,H.; Lies,K.-H.: Nitroderivate der PAK als
     Artefakte bei der Probennahme aus dem Dieslabgas.- Staub - Reinh. Luft 46
     (1986), 132

8   Hertel,R.F.; König, H.P.; Inacker,R.; Malessa, R.: Nachweis der Freisetzung
     und Indentifizierung von Edelmetallen im Abgasstrom von
     Katalysatorfahrzeugen. In: Ökologische Forschung. GSF, Neuherberg und
     KFZ/Jülich. (eds.). 16-21 (1990)

9   Klingenberg,H.: Dieselpartikelemission: Entstehung, Schädlichkeit. Schweizer Automobil-Revue 47, 19.11.87, 27-33

10   Klingenberg,H.; Schürmann,D; Lies, K.H.: Air Pollutants from European Passenger Cars - Emissions and Ambient Air Concentrations. Air & Waste Management Association, EPA, Environmental Criteria and Assessment Office, Motor Vehicle Manufacturers Association, American Petroleum Institute, Engine Manufacturers Association, Detroit, 1991

11   Klingenberg,H.; Franke,H.-U.; Witzenhausen,K.: Untersuchungen der Partikelemission von Dieselmotoren.- GIV-Kolloquium, Frankfurt/Main, 1994

12   Kraft,J.; Hartung,A.; Lies,K.-H.: Quantitative Determination of Polycyclic Aromatic Hydrocarbons by Means of Glass Capillary Chromatography in Exhaust Gases of Automobiles.-In: Fourth International Symposium on Capillary Chromatography, Hindelang 1981.- Heidelberg: Hüthig, 1981

13   Kraft,J.; Lies,K.-H.: Polycyclic Aromatic Hydrocarbons in the Exhaust of Gasoline and Diesel Vehicles.- SAE paper 810082   1981

14   Kraft,J.; Hartung,A.; Schulze,J.; Lies,K.-H.: Determination of PAH in Diluted and Undiluted Exhaust Gas of Diesel Engines.- SAE paper 821219   1982

15   Kraft,J.; Kuhler,M.: Aldehydes from Motor Vehicles: Toxicity and Air Quality.- SAE-Paper 851661, 1985

16   Levsen,K.; Schilhabel,J.: Identification of nitrated polycyclic hydrocarbons in diesel particulate extracts by tandem mass spectrometry. Proceeding of the 38th ASMS Conference on Mass Spectrometry and Allied Topics. Tucson (USA). 637-638 (1990)

17   Lies,K.-H.; Postulka,A.; Gring,H.: Particulate Emissions from Diesel Engines - Evaluation of Measurement and Results.- SAE paper 830455   1983

18   Lies,K.-H.; Postulka,A.;Gring,H.: Characterization of Exhaust Emissions from Diesel-Powered Passenger Cars with Particular Reference to Unregulated Components.- SAE paper 840361   1984

19   Lies, K.-H.; Klingenberg, H.; Schürmann, D.: Meßmethoden und Meßergebnisse nicht limitierter Abgaskomponenten.- VDI-Fortschritt-Berichte Reihe 12, Nr.86 (1987) 57-77

20   MacDonald,J.S.; Plee,S.L.; D'Arcy,J.B.; Schreck,R.M.: Experimental Measurements of the Independent Effects of Dilution Ratio and Filter Temperature on Diesel Exhaust Particulate Samples.- SAE paper 800185 1980

21   Schuetzle,D.: Sampling of Vehicle Emissions for Chemical Analysis and Biological Testing.- Environ.Health Perspect.J. 47 (1983), 65

22   Schulze,J.; Hartung,A.; Kieß,H.; Kraft,J.; Lies,K.-H.: Identification of Oxy-PAH in Diesel Particulate Matter by GC and GC/MS.- Chromatographia 19 (1984), 391

23   Schulze,J.; Hartung,A.; Kieß,H.; Lies,K.-H.: Oxy-Derivate der PAK in Dieselabgas und Artefakt-Bildung während der Probennahme.- Staub-Reinh. Luft 47 (1987), 135

24   Schürmann,D; Lies,K.-H.; Schulze,J. et al.: Nicht limitierte Automobil-
     Abgaskomponenten.- Wolfsburg: Volkswagen AG, Forschung und
     Entwicklung, 1988 -
25   Schürmann, D.; Klingenberg, H.; Lies, K.-H.; Schulze, J.: Nicht limitierte
     Automobilabgaskomponenten.- Automobil-Industrie 34 (1989) 5
26   Ten Noever De Brauw,M.C.: Combined Gas Chromatography - Mass
     Spectrometry: A Powerful Tool in Analytical Chemistry.- J.Chromatogr. 165
     (1979), 207
27   Truex,T.J.; Windawi,H.; Ellgen,P.C.: The Chemistry and Control of H2S
     Emissions in Three-WAy-Catalysts.- SAE-Paper 872162, 1987
28   Wiedemann,B.; Neumann,K.-H.: Vehicular Experience with Additives for
     Regeneration of Ceramic Diesel Filters.- SAE-Paper 850017,   1985

Zu Abschnitt 8
1   Juneja,W.K.; Horchler,D.D.; Hasken,H.M.: Exhaust Emission Test
     Variability.- Proc. APCA-Meeting, New Orleans, 1975
2   Klingenberg,H.; Fock,M.; Lies,K.-H.,Pazsitka,L.: A Critical Study of the
     United States Exhaust Emission Certification,Test Error Analysis for the Test
     Procedure.- Paper No. 74-242.- 67th Annual Meeting of the Air Pollution
     Control Association (APCA), Denver, Col., 1974
3   Klingenberg,H.; Lies,K.-H.: Critical Survey of the Exhaust Emission Test
     Procedures for USA and Europe.- Proceedings, Vol.1.- ISATA 75: Fourth
     International Symposium on Engine Testing Automation. Performance,
     Emission and Diagnostics.- Naples (Italy), 1975
4   Klingenberg, H.; Kinne,D.; Schürmann, D.; Will, R.: A Method for Correlating
     Different Exhaust Emission Test Cells.- Proceedings, Vol.1, ISATA 1976,
     Rome (Italy), 1976
5   Klingenberg, H.; Kinne, D.; Schürmann, D.: Torque Measurements and
     Mechanized Driver for Correlating Exhaust Emission Test Facilities.- SAE-
     Paper 770139, 1977
6   Klingenberg,H.: Driving Cycles. Sitzung der UNO-Kommission: GRPA Genf,
     13.02.79
7   Kuhler,M.; Karstens,D.; Klingenberg,H.; Schürmann,D.; Krause,N.; Kinne,D.:
     Should Europe adopt a Modified FTP? Automotive Engineering, Juni 1978
8   N.N.: VDI-Richtlinie 3490: Messen von Gasen: Prüfgase.- Düsseldorf: VDI-
     Verlag, 1980

Zu Abschnitt 9

1 Karstens,D.; Klingenberg,H.; Kuhler,M.: Entwicklung eines verbesserten Fahrprogramms für Abgasmessungen.- ATZ Automobiltechnische Zeitschrift 80 (1978) H. 6, S. 251-257

2 Klingenberg,H.; Legro, S.: Meeting of EPA (Stan Legro, Assistant Administrator for Enforcement) with VW AG, (H. Klingenberg et al) to discuss the Selective Enforcement Auditing Program, Washington D.C., February 18, 1976

3 Klingenberg,H.; Kuhler,M.; Lies,K.-H.; Pazsitka,L.; Schürmann,D.: Comparison and Optimization of Exhaust Emission Test Procedures.- SAE-Paper 770137   1977

4 Klingenberg,H.; Schürmann,D. et al.: Analyse der in Europa und in den USA gesetzlich vorgeschriebenen Prüfmethoden und Meßverfahren für Automobilabgase.- Wolfsburg: Volkswagenwerk AG, Forschung und Entwicklung, 1977

5 Klingenberg,H.: Harmonization of Testing Procedures for Automotive Exhaust Gas.- SAE-Paper 780647,   1978

6 Klingenberg, H.: Effects of Exhaust Emissions Test Data Variability and Interrelation between the Certification-, the Assembly-Line- and the Field testing.- Proceedings, APCA-Meeting: Quality Assurance in Air Pollution, 1979

7 Klingenberg, H.; Kuhler, M.: Influence of Variability and Distribution of Exhaust Emission Values on Assembly Line Tests.- APCA 1979 New Orleans 1979

8 Klingenberg,H.; Schürmann.D.: Proposal of New Exhaust Emission Compliance and Testing Procedure Based on Averaging.- SAE-Paper 821192, 1982

9 Klingenberg,H.; Neumann,K.-H.: Überprüfung der Abgasemissionen des Einzelfahrzeuges in Kundenhand - ein unlösbares Problem?.- ATZ 86 (1984) 1, 13-16

10 Klingenberg,H.; Schürmann,D.: Eine Idee zur Überprüfung der Effizienz von Abgaskatalysatoren im Personenwagen.- MTZ Motortechnische Zeitschrift 46 (1985) 7/8, 261-262

11 Klingenberg,H.; Neumann,K.-H.: Exhaust Gas Emission Control at the Car-Owner Level - An Insoluble Problem?.- SAE-Paper 851658,   1985

12 Klingenberg,H.: Probleme der Abgasmessungen an neuen und gebrauchten Automobilen.- Automobil-Industrie 31 (1986) 1, 23-33

13 Klingenberg,H.; Müller,R.-H.: Vorschlag zur Überprüfung der Effizienz von Abgas-Katalysatoren in Personenwagen ohne Rollenprüfstand.- MTZ 47 (1986) 5, 181-184

14 Klingenberg,H.; Kluczynski,G.: Abgasfelduntersuchungen an Katalysatorfahrzeugen mit dem neuen Testverfahren "Bauteiletest / Katalysator".- MTZ 48 (1987) 2, 55-58

15 Klingenberg,H.: Inspection and Maintenance of Cars in Use.- SAE-Paper 871101,   1987

16   Klingenberg,H.: ASU-Methode für Fahrzeuge mit Katalysator.- Automobil-
     Industrie 33 (1988) 1, 29-36

Zu Abschnitt 10
1   Klingenberg,H.: Meßtechnik im Dienste des Umweltschutzes - Quo vadis?.-
     VDI-Tagung Umweltmeßtechnik, Leipzig, 1992
2   Staab,J.; Klingenberg,H.; Schürmann,D.: Strategy for the Development of a
     New Multicomponent Exhaust Emissions Measurement Technology. SAE
     paper 830437, 1983

Sachwortverzeichnis

Springer-Verlag und Umwelt

Als internationaler wissenschaftlicher Verlag sind wir uns unserer besonderen Verpflichtung der Umwelt gegenüber bewußt und beziehen umweltorientierte Grundsätze in Unternehmensentscheidungen mit ein.

Von unseren Geschäftspartnern (Druckereien, Papierfabriken, Verpackungsherstellern usw.) verlangen wir, daß sie sowohl beim Herstellungsprozeß selbst als auch beim Einsatz der zur Verwendung kommenden Materialien ökologische Gesichtspunkte berücksichtigen.

Das für dieses Buch verwendete Papier ist aus chlorfrei bzw. chlorarm hergestelltem Zellstoff gefertigt und im pH-Wert neutral.

H. Klingenberg

Automobil-Meßtechnik

Band A: Akustik

Das vierbändige Werk behandelt in voller Breite die Meßtechnik in der Forschung und Entwicklung der Automobilindustrie. Der Autor kann dabei auf langjährige Erfahrungen als Leiter der Meßtechnik-Abteilung des größten deutschen Automobilherstellers zurückgreifen. Die einzelnen Bände beschäftigen sich mit den Meßverfahren der Kraftfahrzeugentwicklung, insbesondere mit der **Akustik (Band A)** und der *Optik (Band B)*. Neben den klassischen Standard-Methoden werden moderne Verfahren (Laser etc.) erläutert. Des weiteren widmet sich der Autor den *Abgasmeßverfahren (Band C)* und den Meßmethoden in der *Fahrzeugsicherheitstechnik (Band D)*. Obgleich die Bände die für die Fahrzeugentwicklung relevante Meßtechnik zum Thema haben, kann das Gesamtwerk als wichtiges Hand- und Lehrbuch der allgemeinen Meßtechnik angesehen werden, da viele auch für andere Gebiete der Technik verwendbare Verfahren enthalten sind.

2. Aufl. 1991.
XXI, 264 S. 232 Abb.
(Bd. A) Geb.
DM 108,-;
öS 842,40; sFr 104,-
ISBN 3-540-53753-8

Springer

Tm.BA95.03.30

H. Klingenberg

Automobil-Meßtechnik

Band B: Optik

Das dreibändige Werk behandelt in voller thematischer Breite die Meßtechnik in der Kraftfahrzeugentwicklung und -forschung. Die Titel der Einzelbände sind: A Akustik B Optik C Abgas In dem vorliegenden Buch sind die Grundlagen der optischen Meßmethoden und Meßverfahren einschließlich spezieller Meßanordnungen dargestellt. Insbesondere wird auf die Lasermeßmethoden eingegangen. Vorausgestellt ist ein sehr kurz gehaltenes Kapitel der theoretischen Grundlagen der Optik. Folgende Themen werden behandelt: - Physikalische Grundlagen der Optik - Wellenoptik - Geometrische Optik - Laser - Messen mit Laserlicht Anwendungen u.Untersuchungen im Motorbrennraum Untersuchungen am Fahrzeug und an Fahrzeugbauteilen - Messen mit Weißlicht Optische Eigenschaften der Fahrzeugverglasung Fahrzeugsicherheit Nahbereichsfotogrammetrie

1994. XVIII, 239 S.
177 Abb. (Bd. B)
Geb. **DM 128,-**;
öS 998,40; sFr 123,-
ISBN 3-540-57714-9

Springer

Tm.BA95.03.30